JN224394

パーフェクト Excel VBA

Excel **VBA**

高橋宣成　著

技術評論社

はじめに

Excel VBAをスキルとして身につけたいというのであれば、大きな書店やAmazonを覗けばわかるとおり、とてもたくさんの中から書籍を選ぶことことができます。Excel VBAに関して調べたいことがあれば、Googleで検索をすることで多くの解決策を見出すことができます。

私自身、これまでExcel VBAを学ぶ過程でそれらの情報源を大いに活用させていただきましたし、今も活用させていただいています。それにより、Excelを中心とした様々な作業の自動化を実現でき、VBAとそのスキルは「働く」の心強い右腕として力を発揮してくれています。

しかし、学習を進めていくにしたがって、VBAには他のプログラミング言語では、それほど目立たない、いくつかの「弱点」があるように見えてきました。

・理解があやふやなのに動いてしまっているため、エラーや仕様変更が発生したときの対応に大変な労力がかかる
・同じ目的に対して、それを実現するための書き方がいくつも存在していて混乱する
・たくさんの「自己流」が存在していて、他のVBAユーザーとの協力体制を築きづらい
・クラスやオブジェクトモジュールなどの概念について学ぶ機会がないため、他の方法で実現してしまっている

なぜ、このような弱点が生まれるかというと、それはVBAという言語の特性であったり、VBAの主なユーザーが専門のプログラマーではないことが多いという事実であったり、様々な要素に起因していると考えています。

この問題を解決するために、本書は以下のステップでVBAというプログラミング言語を再学習することを提案します。

1. 言語としてのVBAとその学習環境の特徴を知る
2. プログラミング言語VBAの体系を学習の土台として整える
3. その土台の上に、主要なライブラリについての知識を乗せ直す

VBAはプログラマーではない多くの方も活用されているので、「初心者向けの簡単に身につけられ

る言語」と捉えられがちですが、決してそうではありません。まずは、その事実を確認しつつ、学習をする上での心構えを整えます。その役割は1章が担っています。

　その上で、値、式、ステートメント、プロシージャ、モジュール、プロジェクトとライブラリという、言語を構成するレイヤーを正しく理解して、言語の構造と体系を理解します。多くの場合、プロシージャやモジュール、ライブラリといった上位レイヤーの理解が不足がちです。しかし、皆さんがExcel VBAを使う目的は、セルやワークシートを操作すること、つまり「Excelライブラリ」の活用です。ライブラリとは何か、どのように作られているのかといった理解は、「Excelライブラリ」について理解を深め、その活用をする上で道標のような役割を果たします。2章から7章までは、下位の小さなレイヤーから最上位のレイヤーまで順番に理解していただくように構成しています。土台を作ることが最大の目的なので、読み飛ばしをせずに、すべてのコードを写経し、理解してください。

　8章以降は、主要なライブラリの紹介をします。ライブラリがどういう構成になっているか、また主なクラスやモジュールを使う際のポイントとともに、リファレンス的に主なメンバーとその紹介をしています。紹介しているライブラリはいずれも重要なものなので、すべてをご覧いただければと思います。

　しかし、本書は「パーフェクトExcel VBA」というタイトルはついていながらも、ライブラリに含まれるすべてのメンバーとその使い方を網羅的に掲載することはしていません。VBAの体系が土台として身についているのであれば、効果的に知識を取り入れ、活用することができるため、その役割はMicrosoftによる公式ドキュメント、既存のWebページ、および逆引き辞典などにお任せしています。

　14章は、アプリケーション開発の例を紹介しています。13章までの知識の実務への活用イメージを持っていただくとともに、実際に活用するからこそ出てくる問題やその解決の考え方についても触れています。

　お手にとっていただいたとおり、本書を読破し、土台を整えて、知識を取り入れるには、それなりの時間を要するものと思います。しかし、それを乗り越えた先、Excel VBAの学習と活用にかかる労力は大きく軽減でき、新たなExcel VBAの世界を魅力的に感じていただけるはずです。

　本書を活用することで、ひとりでも多くのExcel VBAユーザーの学習時間、活用時間の価値が高まってくれることを期待しています。

2019年10月　筆者

▌目次▐

Part

1

Excel VBA
~ overview

1章
イントロダクション
── VBAの概要

VBAについて本格的なスキルを身につけるために、言語の特性やとりまく環境を理解しておくのは有効です。ここでは、VBAがどのような言語なのか、また皆さんがどのようにその学習を進めるべきなのかについて見ていくことにしましょう。

1-1 VBAを学び続けるために必要なこと

1-1-1 ▶ VBAはやさしい言語か？

　VBAはとても多くの方が活用している人気のプログラミング言語です。書店の「Excel VBA」コーナーは、すべての言語の中でも最も広いといってもよいほどの棚面積を専有していて、毎月新しい入門書や解説書が出版されています。

　表計算ソフトExcelはビジネスマンなら誰もが使うといっても過言ではありません。そして、VBAはそのExcelに搭載されているわけですから、人気があるのはうなずける話です。Excelがインストールされていれば、開発環境の準備といった技術的なハードルも低く、気軽に、そしてすぐにVBAの扉を開くことができます。

　VBAはExcelを操作するのが得意ですから、日々のオフィス業務に直接的な効果をもたらします。何時間もかけていた、いつものExcel作業が、マクロを組んでみたら一瞬で終わってしまった。そんな感動を多くの方が味わっています。

　このように、VBAはITエンジニアだけでなく、すべてのビジネスマンに門戸を開き、その仕事の価値を高めるチャンスを提供している、希少なプログラミング言語の一つです。そして、一般的にはプログラミング初心者向けの「やさしい言語」と考えられています。

　そんなVBAですが、ある程度学習と実践を重ね、いくつかのマクロを本格的に活用し始めた頃から「VBAならではの苦労」に悩まされるようになります。以下のように感じるようになるのです。

・VBAの情報が頭の中でごちゃごちゃになっている感覚がある

・コードを書くときにいつも「この方法でいいのか」と不安がある

・開発したツールのメンテナンスが重荷になっている

・以前書いたコードを読み返すのに時間がかかる

・前にできていたはずのことができなくなってしまった

・動くには動いているけど身についている実感がない

・新しい命令を覚えるのが負担になってきている

　学び始めたころには感動でいっぱいであったものが、次第に不安感、不信感、負担、苦痛、焦り…そういったものに取って代わられるようになってきます。あなたは、いかがでしょうか？

　多くの方は、この理由を「自分がプログラミングに向いてないからだ」などと考えてしまうこともありますが、それは早計です。主な原因は他にある可能性があります。

　その確認をするために、まずVBAの言語の特性や歴史を知ることから進めていきましょう。また、VBA独特の学習環境について認識しましょう。すると、VBAは初心者にはやさしいが、中級者から難易度が急激に上がる、そんな特性を持っていることがわかるはずです。入り口は楽ですが、進めば進むほど険しい道になる。それが、VBAの学習の道なのです。

　つまり、VBAは誰に対してもやさしい言語ではないのです。

1-1-2 ▷ 歴史と言語の特徴

　まず、VBAの言語の特徴について、その歴史から紐解いていきましょう。

　VBAの大元をたどると、それは1964年に開発された教育用の言語「BASIC」です。教育用、つまりプログラミング初心者が習得できることを重視して作られました。

　その後、Microsoftが1991年にオブジェクト指向の考え方を取り入れて開発したものが、「Visual Basic 1.0」です。1997年に、Visual Basicをアレンジして、Officeアプリケーションに搭載したものが最初の「VBA」ということになります。

　Visual Basicはその後、完全なオブジェクト指向言語として「Visual Basic .NET」へと進化を遂げました。一方で、VBAは独自にアップデートを重ね、2019年現在ではそのバージョンは7.1となっています。

表1-1 VBAの歴史年表

年	出来事
1964	教育用言語としてBASICが誕生
1975	Microsoft BASICが開発される
1991	オブジェクト指向の基本的な部分を実装したVisual Basic 1.0が誕生
1994	Excel5.0に初のVisual Basic for Applicationsが搭載される
1997	Office97からWordやAccessにも搭載。バージョンはVBA5.0
1999	Office2000からVBA6.0を搭載
2002	VB6.0の後継として完全なオブジェクト指向としたVisual Basic .NETが誕生
2010	Office2010からVBA7.0を搭載。64ビット環境への対応
2013	Office2013からVBA7.1を搭載

　教育用のBASICから派生していることも影響していると考えられますが、VBAは初心者にやさしい言語として作られています。ただ、その「やさしさ」が仇となっているケースがあります。

　たとえば、よく見かけるコードとして以下リスト1-1のようなものがあります。

リスト1-1 セルへの文字列の入力

```
Range("A1") = "Hoge"
```

A1セルに「Hoge」という文字列を入力する命令です。確かに、直感的でやさしいです。とりあえず動かすという目的でいえば問題ありませんが、このコードを「正しく理解する」のはなかなか難しいということにお気づきでしょうか。

このステートメントが、標準モジュールに記載されたものであればApplicationプロパティ、Active Sheetプロパティ、Valueプロパティがそれぞれ省略されています（図1-1）。それらをすべて記述するとリスト1-2のようになります。

リスト1-2 セルの文字列の入力を省略せずに記述(標準モジュール)

```
Application.ActiveSheet.Range("A1").Value = "Hoge"
```

図 1-1 3つものプロパティが省略されている

| Application. | ActiveSheet. | Range("A1") | .Value | = "Hoge" |

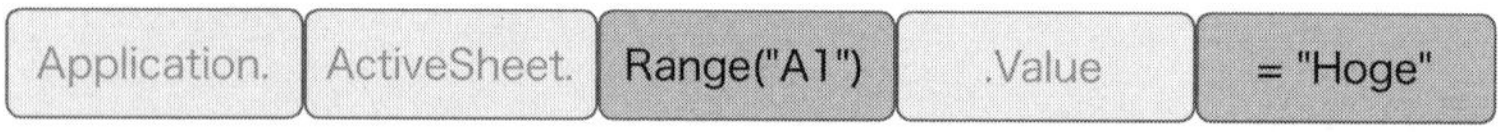

Memo 厳密にはValueプロパティの省略ではないと考えられますが、11章で詳しく解説をしています。

初心者が、リスト1-1の書式を初めて目にしたときに、オブジェクト名や各プロパティが省略されていることを知らずにいたとしたら、以下のような勘違いをして記憶をする可能性があります。

・オブジェクトに「代入」ができる
・セルの入力はアクティブシートにするものだ
・上位のオブジェクトは存在しない

このように、VBAにはルールがゆるくできていたり、選択肢が複数用意されていたりします。それは、初心者が直感的に、すぐに活用できるようにするためには有効です。しかし、その副作用として、前述のような勘違いを脳内に刻み込んでしまうというリスクがあります。

勘違いをして学習してしまった場合、それを正しく修正するというエネルギーを割く必要があり、それは学習効率によくない影響を及ぼします。つまり、VBAは初心者より先を目指そうとすると「やさしくない」言語といえるかもしれません。

もう一つのVBAの特徴として、再度、表1-1を見返して、歴史の長さとアップデートの頻度について確認しておきましょう。1999年にVBA6.0が搭載されてから、VBA7.0が搭載されたのは2010年ですから、バージョンが1つ上がるのに11年を要しています。また、2013年にVBA7.1となりましたが、2019年現在まで6年間、大きなバージョンアップがありません。

Officeアプリケーションに搭載されているという特性上、思い切ったバージョンアップにより過去の資産が使えなくなるようなアップデートは難しいと予想されます。結果的に、新しいプログラミング言語や、アップデートが活発なプログラミング言語と比較すると、洗練されているとは言いづらい部分や、古くさく見えてしまう部分があるのは事実です。

まとめると、VBAについて以下のような特徴が見えてきます。

・VBAは初心者にはやさしいが、その先を目指すときにはやさしくない
・オブジェクト指向の基本的な部分をサポートしている
・他の言語と比較するとアップデートが遅く、洗練度は高くない

1-1-3 ▶ 学習環境

続いて、学習環境について見ていきましょう。

プログラミング言語を学ぶ方々の多くは、職業としてプログラマーであるか、もしくはプログラマーを目指す人です。その場合、プログラミングによる成果物はその所属する組織にとって収益に直結します。シンプルに表現するなら「プログラミング＝仕事」です。

ですから、多くの組織では、プログラマーがそのスキルを上げ続け、クオリティの高い成果物を開発し続けられるように、サポートをする体制が敷かれています。

たとえば、以下のような体制です。

・組織でメンバーのスキルやコードをマネジメントする
・クオリティを保つための体制やガイドラインが整っている
・学ぶ機会の提供、学び合う仲間、学習に関する資金の援助がある
・知識やノウハウを蓄積、共有できる
・スキルの高いリーダーやメンターによる学習サポートやフィードバックがある

プログラマーにとっては、学習という視点でいうと、継続しやすく、その効果を高めやすい環境が、所属する組織から提供してもらえることが多いのではないでしょうか。

次に、VBAの学習環境について見ていきましょう。

VBAのユーザーの多くは、プログラマーを職業としていません。つまり、「プログラミング≠仕事」です。成果はプログラミングとは別の何かに設定されていて、プログラミングはその成果を達成するための選択肢の一つでしかありません。

ですから、所属する組織では、プログラミングに関しての体制や理解が十分でないことが多いのが事実。結果的に以下のような体制下で学習をすることが多いのです。

・スキルやコードの管理は個人に依存
・クオリティは個人のスキルや考え方次第
・未経験から独学で学ぶ
・知識やノウハウは個人で蓄積
・他人によるサポートやフィードバックはない

比較をすると、その学習環境には大きな差があることがわかります。

　個人の判断で学習と開発を進めますので、どうしても視野が狭く、かつ短期的になりがちです。たとえば、目的のマクロを動かすことだけにフォーカスしがちになります。それを続けると、その場しのぎの知識が脳内に次々と記憶され、メンテナンスや再利用が困難なコードがプロジェクトに溜まっていってしまいます。

　また、選択した手法や書いたコードについて、上級者が見ると明らかに悪手だったとしても、そのフィードバックを得ることはできません。その悪手が、そのまま脳内に書き込まれ、コードとして書き出されてしまいます。

　このように、学習という観点で見ると、VBAの学習環境は正しく効果的な学習がしづらい環境であり、また、その事実に気づく機会にすら恵まれにくいということが言えます。

　このような環境が、VBAの学習をたいへん難しいものにしている要因の一つになっていることを知っておく必要があります。

1-1-4 ▸ VBAならではの課題への対策

　ここまでを整理すると、VBAの学習においては以下のような課題があるという点が見えてきました。

・初心者にはやさしいが継続的に学習をするのは難しい
・歴史が長く洗練されていない部分がある
・学習環境が整っていないために効果的な学習をしづらい

　しかし、課題が見えてきたということは、対策が打てるということです。VBAについて効果的に学習を重ね、実務で楽に活用をし続けるためには、その対策を打っておく必要があります。

　その対策とは以下の2つです。

1. VBAの体系を理解し、知識の整理整頓をすること
2. VBAの作法を身につけ、書くコードに一貫性を持たせること

　では、それぞれの対策が具体的にどのようなものか、より詳しく見ていくことにしましょう。

1-2　VBAの体系を理解し、知識の整理整頓をする

1-2-1 ▸ 正しい学習とは

　学習というと、「新しい知識を増やすこと」と捉えがちですが、決してそれだけではありません。学習と記憶は非常に密接な関係にありますが、その観点でいうと、学習は以下の2つと定義づけられ

るでしょう。

1. 新しい知識を記憶する
2. 記憶した知識を活用できるようにする

つまり、新しい知識を増やすだけではなく、その知識を活用しやすく記憶することも重要なのです。

VBAに関しては、ユーザーが何かやりたいことがあるならば、書籍やネットなどから、それについての十分な情報を得ることができます。たとえば、メッセージダイアログを表示したい、文字列の長さを取得したいなど、そのやりたいことに対する答えとしての書き方を、すぐに調べることができます。

このような学習法を重ねると、以下表1-2のように「やりたいこと」と「書き方」のセットで記憶が蓄積されます。

表1-2 やりたいことと書き方のセットを蓄積する学習

やりたいこと	書き方
メッセージダイアログを表示する	MsgBox メッセージ
文字列の長さを取得する	Len(文字列)
セル範囲をコピーする	Range(コピー元アドレス).Copy 貼り付け先アドレス
ワークブックを開く	Workbooks.Open ファイルパス
アクティブウィンドウについて新しいウィンドウを開く	ActiveWindow.NewWindow

以降もこのタイプの学習を続けるとどうなるでしょうか。やりたいこととその方法のセットの数だけ、個別の記憶が増えていくことになります。

簡単なマクロであれば20〜30個程度でよいかもしれませんが、より高度なことを実現してくのであれば、数百という単位の命令が必要になってきます。現に、Excelライブラリだけでも300以上のクラスが用意されていて、それぞれその配下にたくさんのメソッドやプロパティが存在しています。すべてを利用するわけではありませんが、この方向でまともに覚えようと思っても、いつかは限界が来るのは明らかです。

人間の記憶容量には実質的な限界はないと言われていますが、効率の悪い記憶の仕方をしているのであれば、それを探し出すのに多くのエネルギーが必要になります。そうなると、取り出すのに時間がかかったり、そもそも取り出すことができなくなったりしてしまうのです。その場合、また書籍やネットから情報を入手するということになるのですが、それでは本末転倒です。学習の効率がよいとは言えませんよね。

1-2-2 ◱ 体系の理解と関連付け

では、どうすればよいのでしょうか。

ポイントは、体系の理解と関連付けです。たとえば、表1-2の命令群は、まとめ方を変えると以下

の表1-3のように整理できます。

表1-3 分類に当てはめて学習した場合

モジュール	プロシージャ	引数	戻り値
Module Interaction	Function MsgBox	Prompt他	VbMsgBoxResult
Module Strings	Function Len	Expression	Long
Class Range	Function Copy	Destination	
Class Workbooks	Function Open	Filename他	Workbook
Class Window	Function NewWindow		Window

　一見、横文字が多いので難しく見えるかもしれませんが、整理整頓されているのが見て取れます。単語の意味が何を表すのかを知る必要がありますが、それさえわかればスッキリしていきます。

　まず、「プロシージャ」の列を見てください。これは、各メンバーがFunctionプロシージャで作られているということを示しています。ですから、その作りや、特性には共通点があります。さらに、いずれも「Module」か「Class」かのモジュールに属しています。どちらかに属しているかで使い方は変わりますが、この2つのパターンのどちらかに当てはまるということになります。

　したがって、「モジュール」や「プロシージャ」といった、どの命令でも共通で使用できる概念やその書き方の理解を先に得られているのであれば、新たな命令を記憶する必要が出てきたときに、その全てを新たに覚える必要がないのです。カバーできない部分だけを選定して記憶に追加すればよいのです。

　学習とは、記憶の「足し算」のように捉えられますが、その記憶する量が増えてくると、いずれかのタイミングで共通化、整理整頓をする「引き算」が必要になります。つまり、そのことが体系を知るということなのです。

　VBAには、プログラムを構成する要素が定義されていて、図1-2のような階層構造を形作っています。

図1-2 VBAを構成する要素と階層構造

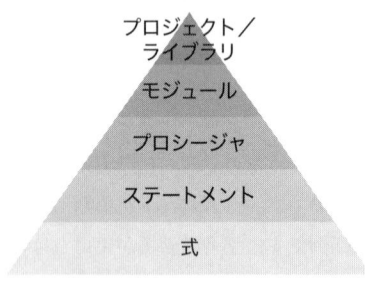

　各要素には作り方のルールがあります。式はステートメントの構成要素の一つです。また、プロシージャはステートメントを複数集めて構成され、モジュールの一部となり……といった具合です。

　VBAで作るあらゆるものはこのルールに則っていますから、そのルールを知識として身につけておくことで、新たな情報はそれに当てはめて記憶することができます。結果として、新たに記憶するのはルールでは説明できない部分だけになりますから、記憶する情報の量を減らすことができるわけで

す。そして、それは数多くの命令を扱うことになればなるほど効果を発揮します。

　ＶＢＡの「体系を理解する」ということは、これらの要素がどのようなもので、どのように作られているのか。また、どのような種類があり、全体としてどのような構造になっているかを理解することです。

　また、ＶＢＡの体系を理解した後に学習した記憶は、少ないエネルギーで取り出しやすくなります。その理由を説明しましょう。

　まず、「体系」はＶＢＡの多くの事項に関わる情報ですから、そのアクセス頻度は記憶の中でも高いものとなります。そして、新たに学習する対象も「体系」に当てはまることが多いわけですから、そのアクセス頻度の高い記憶と関連付けられて記憶されます。そして、アクセス頻度の高い情報に関連付けられた記憶は、そうでない記憶と比較して、より少ないエネルギーで呼び出しやすくなるのです。つまり、取り出しやすい状態で記憶されることになります。

　ですから、体系を学び、それに関連付けて新たな学びを重ねることは、学習効率として高いものとなるのです。

　ただ、1-1でお伝えしたとおり、ＶＢＡはその言語の特徴や、学習環境に起因して、この体系の学習の機会に恵まれづらい傾向があります。

　本書は、その部分を補完する役割として、ＶＢＡの体系についての知識を提供しています。本書の学習を通して、ＶＢＡの新しい知識を関連付けるベースとなる、堅牢な体系の知識を記憶の中心としてセッティングすることを目的としています。

1-3　ＶＢＡの作法を身につけ、コードに一貫性を持たせる

1-3-1 ▣ 選択肢が多いことによる弊害

　「Excel VBAでセルに値を入力する方法」で書籍やネットを調べてみましょう。すると、その方法として、それはもう多数のパターンのコードを見つけることができるはずです。

リスト1-3 セルへ文字列を入力するコードのパターン

```
Range("A1") = "Hoge"
Range("A1").Value = "Hoge"
Range("A" & 1).Value = "Hoge"
Cells(1, 1).Value = "Hoge"
Sheet1.Range("A1").Value = "Hoge"
ActiveSheet.Range("A1").Value = "Hoge"
Worksheets(1).Range("A1").Value = "Hoge"
Sheets("Sheet1").Range("A1").Value = "Hoge"
```

　前述のとおり、ＶＢＡは言語として要請する縛りがゆるく、多くの選択肢が存在しています。セルに文字列を入力するという、初心者がまずトライするようなコードを書く場合でも、以下のような選択

を迫られます。

- ・Valueプロパティを省略するかどうか
- ・対象となるWorksheetオブジェクトを省略して記述するかどうか
- ・Rangeプロパティを使うかCellsプロパティを使うか
- ・Rangeプロパティの引数をどのように与えるか
- ・シートのオブジェクト名を使うかどうか
- ・Worksheetsコレクションを使うかSheetsコレクションを使うか
- ・Itemプロパティの引数にインデックスを使うかシート名を使うか

　これまで書いたコード数が少なく、複雑なプロジェクトを作成することのない初心者のうちは、あまり気にしなくてもよいかもしれません。しかし、その選択肢があることや正しく選択する能力を身につけずに、多数のコードを書き残してきたのであれば、どのようなことが起こるでしょうか?

　同じ目的であるにも関わらず様々なパターンで記述してしまっているため、コードが読みづらい状態になってしまっていることでしょう。ですから、そのコードを見直したり、再利用をしたりすることが困難になります。

　また、実行環境が変わったり、マクロを機能追加したり、そのコードを別のマクロに流用したりすると、原因がわからない不具合が発生してしまう可能性が高まります。

　コードの書き方だけではありません。VBAにおいてはシステムの構成をする際にも、さまざまな選択を迫られます。その考慮すべき重要な項目の一つとしてはデータの持ち方があります。

　多くの場合、VBAで取り扱うデータはシート上に持つことになります。1つのシートに複数のテーブルを持つことができますし、その開始行は何行目でも許されます。フィールドの型も統一する必要はありませんし、セルの結合も可能です。

　通常、ITシステムであれば、簡単な処理でデータを取り扱えるように、データベースにデータを保管するのが当然のルールとなっていますが、Excel VBAの場合は、データをどのように持つかという選択肢がユーザーに与えられています。データの持ち方がよくないために、必要以上に複雑なコードを書き続けてしまうかもしれません。

　また、別の視点として、既存の機能との棲み分けという視点もあります。Excel VBAであれば、目的を実現するためにワークシート関数や、リボンの機能など、Excelに搭載されている既存の機能を使うという選択肢があります。それらを効果的に使えば、わざわざVBAで作らなくてよいコードというのも出てくる可能性があります。

1-3-2 ▣ VBAの作法と4つの指針

　このように、VBAはその作り方、書き方の選択肢について、ユーザーの自由な判断に委ねられていることが多いのです。

　ですから、VBAのスキル習得のいずれかの過程、そしてそれはできるだけ早い段階で、それら多種多様な選択肢があること、またその正しい判断ができるようなガイドラインを構築し、それに則ってマクロを作るようにならなければいけません。そのガイドラインを本書では「作法」と呼んでいます。

　本書では、一定の作法に則ってすべてのサンプルコードとその紹介を行っていきます。そのまま採用してもよいですし、皆さんそれぞれのカスタマイズを加えてもよいでしょう。しかし、最も重要なのは、選択肢から選ぶ能力を身につけること、そしてその選択の一つひとつに一貫した本質的な理由を持たせることです。

　その本質的な理由として、助けになる図1-3に示す4つの指針があります。

図1-3 作法を決める4つの指針

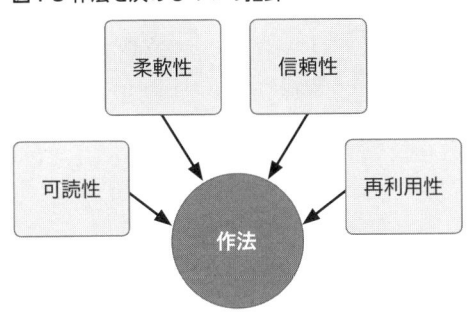

　VBAの開発を進めるあらゆるステップについて、これらの指針と付け合せながら納得のいく選択ができる力を身につけていきましょう。

1-3-3 ▶ 可読性

　可読性とは、コードの読みやすさのことです。コードを素早く読めれば、デバッグをする、メンテナンスをする、またその一部を他のプログラムに再利用するなどといった、以降のあらゆる作業についての効率性を確保することができます。

　一方で、読みづらいコードを残しているなら、それを読み取るだけで多大な工数を要してしまいます。そのようなコードをたくさん残してしまっているのであれば、それはたくさんの地雷のような性質を持ち、あなたにとっての大きな負債となってしまっていることでしょう。

　コードを書いた本人はもちろん読み返すことがあるでしょうし、また、本人以外の他のユーザーが、コードを参考にしたり、共同で開発をしたり、引き継ぎをしたりということも考えられます。ですから、誰が見ても、スピーディに内容を理解できる書き方、これが未来そしてチームの生産性やストレスの大小に明らかな影響を及ぼします。

　可読性を上げるためには、以下のような観点でよい選択をするべきです。後述する柔軟性や再利用性とも大きく関わります。指針の中でも最も重要なものと位置づけてよいでしょう。

・コードのフォルムを整える

・適切なネーミングをする

・スコープを小さくする

・処理の共通化、部品化

・直値を使用しない

・読むコストが増加する省略をしない

・適切なコメントを入れる

・構造化データを使用する

・Excelの機能を効果的に組み合わせる

・一貫性を保つ

　なお、プログラム外の項目として、構造化データやExcelの機能の活用を挙げています。VBAにも得手不得手がありますので、すべてについてVBAで吸収しなくてはいけないという思い込みは捨てておくほうがよいでしょう。それよりも、データの持ち方やExcel機能の活用に目を向けたほうが、総合的によい選択であることも多いのです。

1-3-4 ▶ 柔軟性

　柔軟性は、プログラムの変更や機能の拡張がしやすいかどうかの指標です。マクロを作成しても、業務や環境の変化に応じて、変更や拡張などの作業が必要になることがあります。その作業がしやすければ、柔軟性が高いということになります。

　具体的には、以下のような観点でよい選択をするべきでしょう。

・処理の共通化、部品化

・直値を使用しない

・弾力性を持たせる

　弾力性とは、データの増減に対応をしやすく組んでおくということです。たとえばExcel表であればテーブル化をすることで、データの行範囲、列範囲の増減があったとしても、その範囲を柔軟に取得することができるようになります。コレクションや列挙型の活用なども手段として考えられるでしょう。

　ただ、一点注意があります。項目によっては柔軟性を考慮しすぎると、コードの量や複雑性が増す、つまり可読性とトレードオフになることがあります。

　たとえば、消費税率は変更の可能性がありますし、パラメータ1つの変更で対応ができるので、可変にできるように組んでおくのは柔軟性の観点で有効です。しかし、通貨の単位「円」が変更されてしまうかもしれないといった柔軟性を持たせておくことは、現実に起こりうる可能性と、その備えを

するコードの複雑さから考えると、効果は薄いかもしれません。

1-3-5 ▶ 信頼性

信頼性とは、常に正しくプログラムが動くかどうかの指標です。たとえば、ActiveWorkbookや ActiveSheetなどのプロパティはユーザーの操作によって、その取得対象がかわります。それによる影響で、エラーが発生するようなプログラムは信頼性が高いとは言えないでしょう。

信頼性の観点では、以下のような項目を検討するとよいでしょう。

・ユーザーの干渉を受けづらくする
・リスクの高まる省略をしない
・処理の共通化、部品化
・実行時間を減らす
・データ量を抑える
・実行環境や操作方法を限定する

信頼性については、利便性との関係を理解しておく必要があります。つまり、ユーザーの利便性を高めようとして、さまざまな環境で正しく実行できるようにしたり、ユーザーすべての操作に対して例外処理を加えたりする場合、その信頼性をキープするには、そのための処理を追加することになります。つまり、結果としてコード量が増え、可読性に影響を与えます。

当然ながら、必要な要件は取り入れるべきですが、運用のガイドラインや利用者のリテラシー向上でカバーしたほうが、全体としてのコストが抑えられることもありますので、その選択肢も考慮しておくとよいでしょう。

1-3-6 ▶ 再利用性

再利用性は、過去に作成した処理を、別の場所で再利用しやすいかどうかという指標です。過去のコードが再利用しやすいのであれば、それは資産が蓄積されているようなものです。新たなプログラムを作る際に、再利用を繰り返して、そうでない場合よりも圧倒的に効率よく開発を進めることができます。

一方で、再利用がしづらいコードばかりが残されているのであれば、管理をすべき対象が増える一方になってしまいます。つまり負債が蓄積されていくような状態になってしまいます。

再利用性は可読性および柔軟性と高い関連性があります。読みやすく、変更しやすいコードは、再利用がしやすくなります。

特に、以下の視点は重要です。

・適切なネーミングをする

・スコープを小さくする

・処理の共通化、部品化

初級レベルのVBAユーザーであれば、処理を部品化する際には、プロシージャ化という手法が思い浮かぶかもしれませんが、クラスの作り方やモジュールの概念を知ることで、その部品化の選択肢をぐっと広げることができるのです。

1-4 本書を使ったVBA学習の進め方

VBAにはその言語仕様や学習環境から、初級から先を目指そうとすると学習難易度が上がってしまうという特徴があり、そこを乗り越えるには体系の理解と作法の習得が必要という点をお伝えしてきました。

本書は、その道標として用意させていただいたものです。

まず、1-5でVisual Basic Editorにひととおり目を通しておきましょう。本書を進めるにあたり、オブジェクトブラウザ、イミディエイトウィンドウ、プロジェクトエクスプローラー、ローカルウィンドウなどを活用していきますので、その役割と使い方をつかんでおいてください。

続いて、2章から7章にかけて、VBAの体系を構成する以下の要素について、小さな要素から順に積み上げるように解説をしていきます（図1-4）。

図1-4 VBAの要素の学習を積み上げる

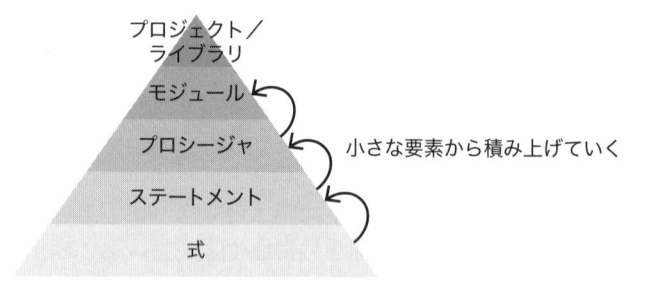

これらの章は飛ばさずに順番に進めるようにしてください。ステートメントは、式をその構成要素としますし、プロシージャはステートメントにより構成されます。小さな要素の正しい理解が得られていないと、それにより構成される上位の要素の正しい理解が得られません。

8章から13章までは、各ライブラリの解説とリファレンスです。普段、皆さんが使用しているVBA関数や、Excel関連のオブジェクトが含まれる基本的なライブラリを、7章までに獲得した体系の知識をベースに解説をします。具体的には以下のライブラリとなります。

・VBA ライブラリ

・Excel ライブラリ

・MSForms ライブラリ

・Scripting ライブラリ

これまで、バラバラに記憶されていた命令や操作を、体系に当てはめることで、関連付けをしていくことができるでしょう。また、主なクラスやメンバーについても表としてまとめていますので、リファレンスとしてもご活用ください。

14章は実践編として、データ管理をするアプリケーション開発をとおして、それまで蓄積した知識の実践での活用法を学びます。また、実際の業務への活用をする際に考慮すべき、実行環境、データの持ち方、Excel機能も含めたシステム構成に関する作法についても身につけることができるはずです。

全編をとおして、これまで知識が曖昧だった点、勘違いした点があった場合、そのポイントについてはメモを取る、ラインを引くようにしましょう。手を動かすことで、脳が刺激されますので、学習効果が上がります。

また、サンプルコードを実際に入力して実行をしてみましょう。知識をコードとして出力し、実行結果としてフィードバックを得るという、一連の体験をもって記憶を定着させることができます。

1-5 Visual Basic Editorについて

本書では、前提としてVBAを開発する環境であるVisual Basic Editor（VBE）の使い方はある程度習得しているものとしていますが、VBAの体系と作法を身につける上で、ポイントとなる機能についておさらいをしておきましょう。

1-5-1 ▶ プロジェクトエクスプローラー

プロジェクトエクスプローラーは現在開いているプロジェクトの内容を一覧表示するウィンドウです。VBAによる開発は「プロジェクト」という単位で進めますが、各プロジェクトにどのようなモジュールが含まれているかを一覧で確認することができます。

プロジェクトエクスプローラーは「表示」メニューの「プロジェクトエクスプローラー」を選択するか、ショートカットキー［Ctrl］+［R］を使うことで、表示またはウィンドウへの移動をすることができます（図1-5）。

図1-5 プロジェクトエクスプローラー

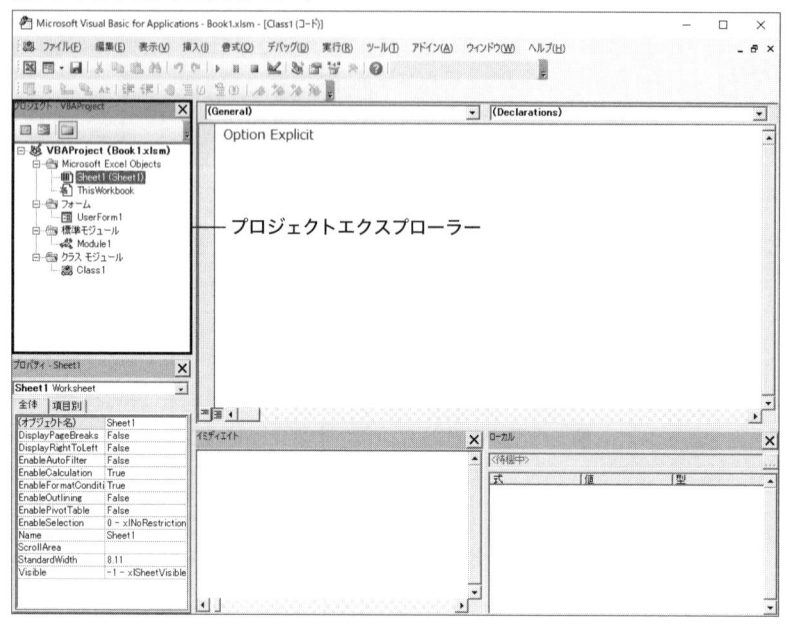

図1-6に示すとおり、プロジェクトエクスプローラーの上部にあるボタンアイコンまたはモジュールを右クリックしたメニューから、コードの表示、オブジェクトの表示、フォルダー表示の切り替えを行うことができます。

図1-6 プロジェクトエクスプローラーのボタンアイコンと右クリックメニュー

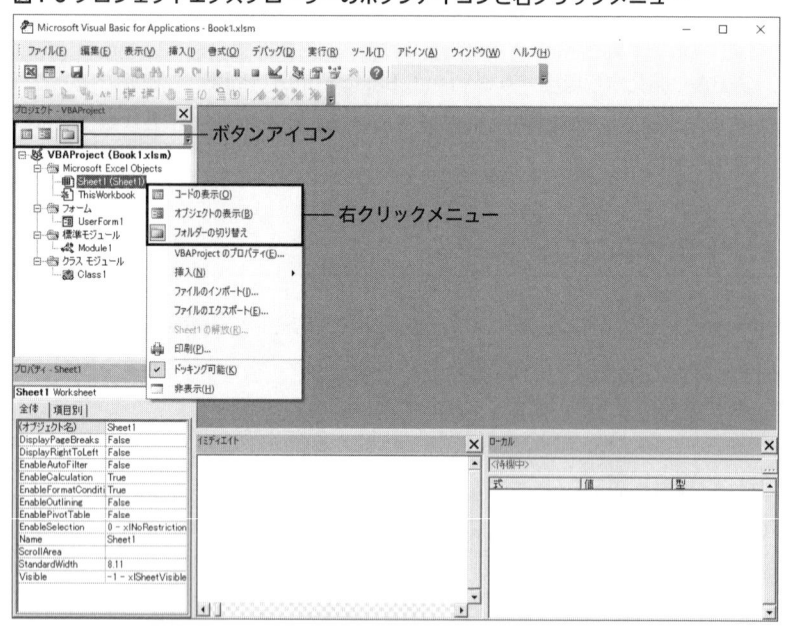

また、プロジェクトエクスプローラーのモジュールをダブルクリックすると、コードまたはユーザーフォームを開くことができます。

1-5-2 ▷ プロパティウィンドウ

プロパティウィンドウでは、選択しているオブジェクトのオブジェクト名やデザイン時プロパティの確認と設定を行うことができます（図1-7）。デザイン時プロパティというのは、VBEから設定可能なプロパティをいいます。

プロパティウィンドウは、「表示」メニューの「プロパティウィンドウ」を選択するか、[F4] キーを使用することで表示、またはウィンドウに移動することができます。

図1-7 プロパティウィンドウ

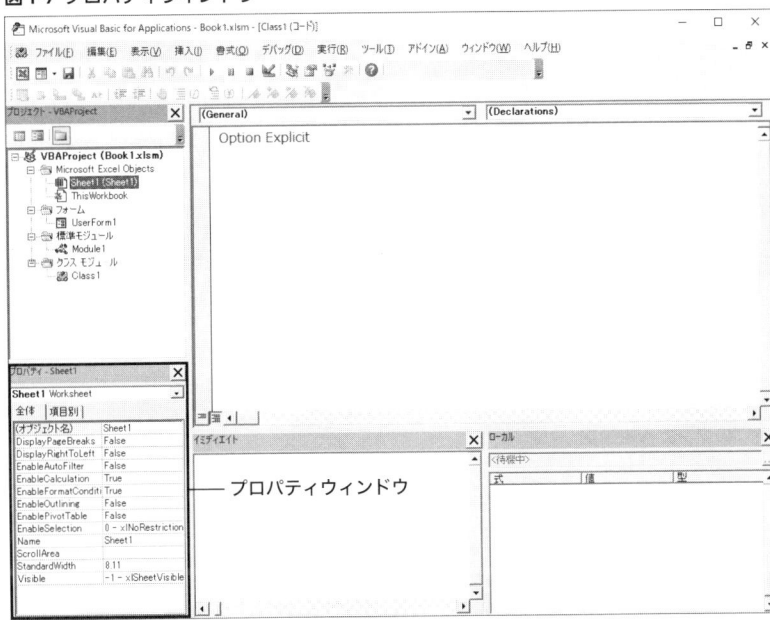

プロパティの値を変更するには、左の列でプロパティを選択し、右の列を直接編集またはプルダウンで選択をします。

表示する対象を選択するには、図1-8のように、プロジェクトエクスプローラーまたはユーザーフォームで直接クリックするか、プロパティウィンドウの「オブジェクトボックス」から選択します。

図1-8 プロパティウィンドウに表示する対象を選択

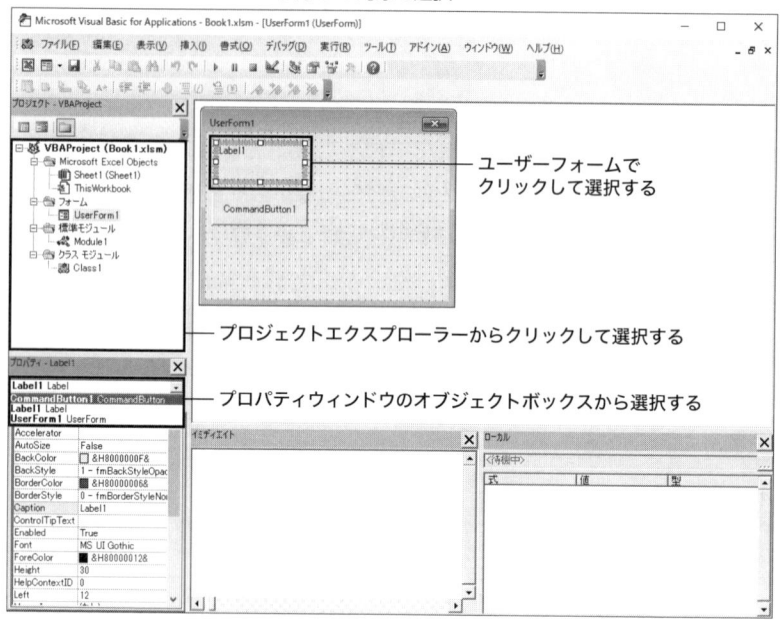

ユーザーフォームで
クリックして選択する

プロジェクトエクスプローラーからクリックして選択する

プロパティウィンドウのオブジェクトボックスから選択する

　プロパティの表示は、プロパティウィンドウの「全体」タブでアルファベット順の表示に、「項目別」タブで項目別の表示に切り替えることができます。また、複数のコントロールを選択している場合、プロパティウィンドウには選択しているコントロールに共通のプロパティのみが表示されます（図1-9）。まとめてプロパティを変更したいときに便利ですので、覚えておきましょう。

図1-9 プロパティウィンドウのタブと複数選択

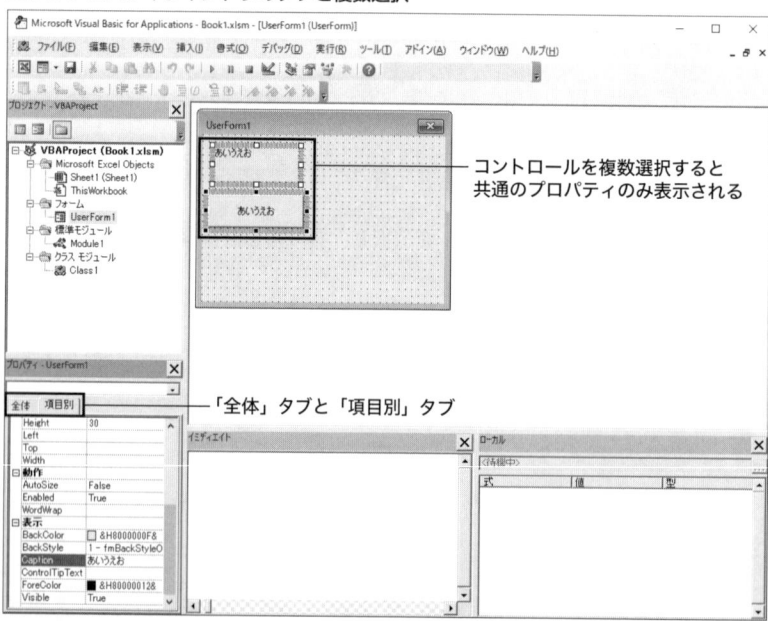

コントロールを複数選択すると
共通のプロパティのみ表示される

「全体」タブと「項目別」タブ

1-5-3 ▶ コードウィンドウ

　コードウィンドウを使ってコードを編集していきます。コードウィンドウは、「表示」メニューの「コード」を選択するか、[F7]キーを使用することで表示、またはウィンドウに移動をすることができます(図1-10)。または、1-5-1でお伝えしたように、プロジェクトエクスプローラーでモジュールをダブルクリックするなどでも開くことができます。

　また、VBEでは複数のモジュールのコードウィンドウを開いておくことができますが、現在編集中のプロジェクトとモジュールについては、VBEのウィンドウのタイトルバーで確認をすることができます。

図1-10 コードウィンドウ

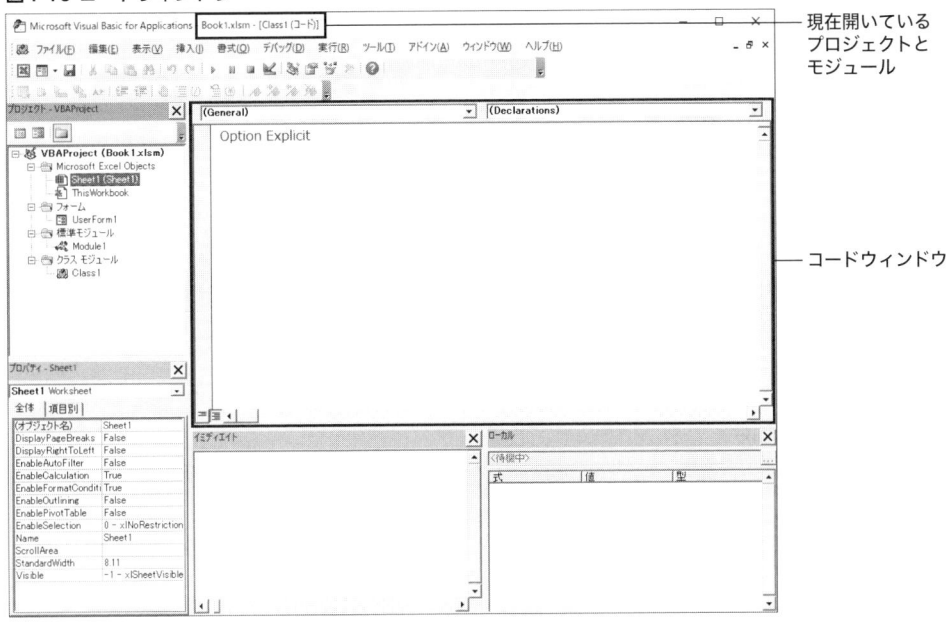

　図1-11に示す各機能を解説していきましょう。

　コードウィンドウの上部にある2つのプルダウンは、左から「オブジェクトボックス」と「プロシージャボックス」です。オブジェクトボックスは、編集中のモジュールに紐づくオブジェクトを選択することができます。プロシージャボックスは、オブジェクトボックスの内容に応じたプロシージャがリストされます。モジュール内のプロシージャへジャンプしたり、イベントプロシージャを作成したりするときに使用することができます。

図 1-11 コードウィンドウの機能

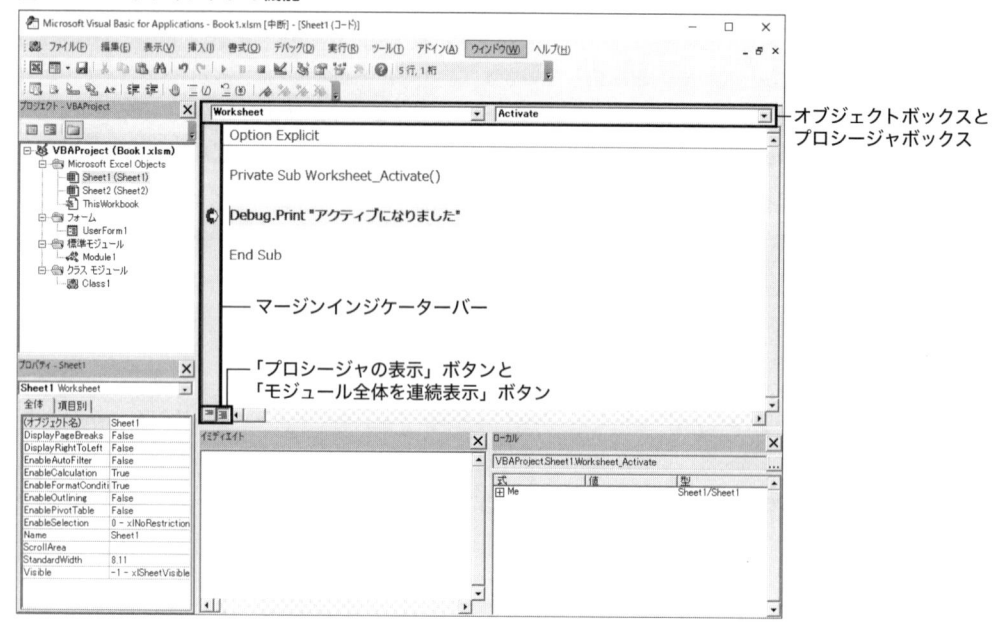

マージンインジケーターバーは、表1-4に示すコードの実行や編集に関する目印となるマージンインジケーターを表示する領域です。デバッグの際に使用することで、その効率を上げることができるでしょう。

表 1-4 マージンインジケーター

表示	名称	説明
●	ブレークポイント	ブレークポイントを設定したステートメントで一時停止し、ブレークモードに入ります。マージンインジケーターをクリックすることで設置、解除することができます。
⇨	次のステートメント	次に実行されるステートメントを示します。ブレークモード時に、このインジケーターを移動することで、再開時の実行位置を変更することができます。
▭	ブックマーク	ブックマークを示します。設定することでブックマーク間をジャンプ移動することができます。「編集」メニューの「ブックマーク」またはツールバーで設定、解除、ブックマーク間の移動を行うことができます。
▷	呼び出し元	ブレークモードでプロシージャの呼び出し元を示します。「表示」メニューの「呼び出し履歴」（[Ctrl] + [L]）で表示することができます。

また、「プロシージャを表示」ボタンと「モジュール全体を連続表示」ボタンで、現在のプロシージャのみを表示するか、モジュール全体を連続して表示するかを切り替えることができます。

1-5-4 ▶ イミディエイトウィンドウ

イミディエイトウィンドウは入出力を行うことができる、いわゆるコンソール画面です（図1-12）。コードに記述されたデバッグ文の結果の出力、ステートメントの入力と実行、およびその結果を表示

することができます。

　イミディエイトウィンドウは、「表示」メニューの「イミディエイトウィンドウ」を選択するか、［Ctrl］
＋［G］キーを使用することで表示、またはウィンドウに移動をすることができます。

図1-12 イミディエイトウィンドウ

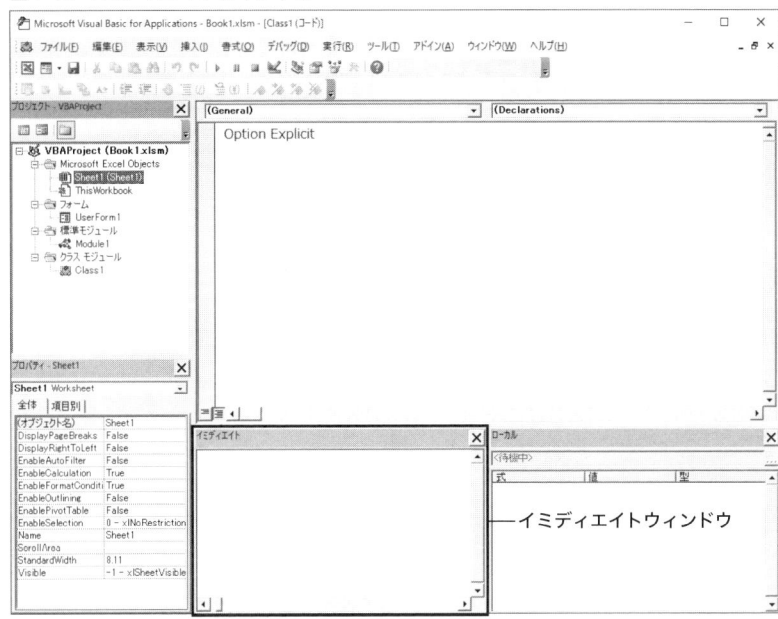

　コードからイミディエイトウィンドウに変数やプロパティの値など、何らかの情報を出力するには、
Debug.Printステートメントを使います。式*expression*が表すテキストをイミディエイトウィンドウ
に出力します。

```
Debug.Print [expression] [charpos]
```

　式*expression*を省略した場合は空行が出力されます。また、オプションとして*charpos*を指定する
と、次の文字の出力ポイントを指定します（表1-5）。

表1-5 Debug.Printステートメントのcharposオプション

charpos	次の出力ポイント
省略	次の行
, （カンマ記号）	タブの後
; （セミコロン記号）	直後

　イミディエイトウィンドウからステートメントを実行するには、コードを入力して［Enter］キーを
押すことで実行することができます。ステートメントのテストやプロシージャの呼び出しをする際に
便利です。また、コードの入力は、ブレークモードでも行うことができますので、デバッグ中の式の

確認や変更に活用することができます。

なお、イミディエイトウィンドウでの入力の際は、「Debug.Print」の省略記法としてクエスチョンマーク記号（**?**）を使うことができます。

```
? [expression] [charpos]
```

1-5-5 ▶ ローカルウィンドウとウォッチウィンドウ

ローカルウィンドウとウォッチウィンドウは、プログラムで使用している変数の値を調べるためのウィンドウで、主にブレークモードで使用します。いずれも、式とその値、また変数のデータ型／値のデータ型が表示されます（図1-13）。

オブジェクトや配列については、「＋」記号のアイコンで展開をすることで、下位の変数について確認することができます。

図1-13 ローカルウィンドウとウォッチウィンドウ

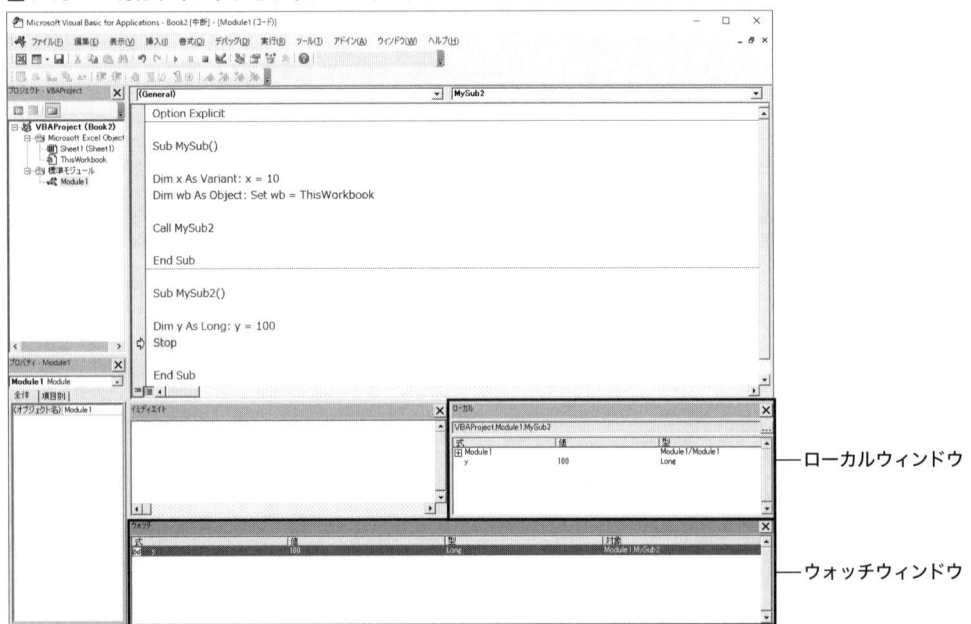

ローカルウィンドウは「表示」メニューの「ローカルウィンドウ」で開くことができます。実行中のプロシージャ内で使用されている変数すべてが自動的に表示されます。

現在実行中のプロシージャの変数のみが一覧表示されますが、「…」記号のアイコンをクリックすると、「呼び出し履歴」ダイアログが開き、過去に呼び出された他のプロシージャで使用中の変数についての表示一覧に切り替えることができます（図1-14）。

図1-14 ローカルウィンドウと呼び出し履歴

ウォッチウィンドウは「表示」メニューの「ウォッチウィンドウ」で開くことができます。ウォッチウィンドウ上で右クリックして表示されるメニュー内の「ウォッチ式の追加」または「ウォッチ式の編集」で開くダイアログで、ウォッチ式の編集を行います（図1-15）。ウォッチ式には変数だけでなく、さまざまな式を追加することができます。

また、コードウィンドウやイミディエイトウィンドウから、選択した式をウォッチウィンドウにドラッグすることでも、ウォッチ式の追加が可能です。

図1-15 ウォッチウィンドウとウォッチ式の編集

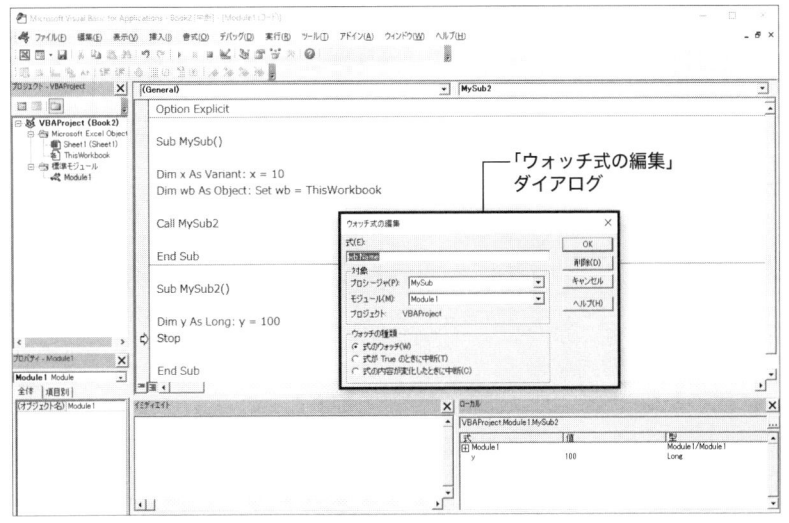

　変数が少なく全体を見渡したい場合は、式の追加が不要なローカルウィンドウだけで十分です。しかし、多数の変数が存在しているときや、配列、オブジェクトの配下のいずれかの変数を確認したいとき、および特定の式の結果をすばやく確認したいときなどにはウォッチウィンドウを使用したほうがよいでしょう。

1-5-6 ▶ オブジェクトブラウザ

　オブジェクトブラウザでは現在参照しているライブラリとプロジェクトに属するクラスやメンバーなどのアイテムの検索と、その情報を表示することができます（図1-16）。VBAによる開発を進める上で、オブジェクトやそのメンバーやその使い方を調べるという目的で有用なツールであるとともに、VBAの体系を理解する上で、とても重要な役割を果たすものです。本書でも、オブジェクトブラウザの使用を頻繁に行っていきます。

　オブジェクトブラウザを表示するには、「表示」メニューの「オブジェクトブラウザ」または [F2] キーを使用します。

図1-16 オブジェクトブラウザ

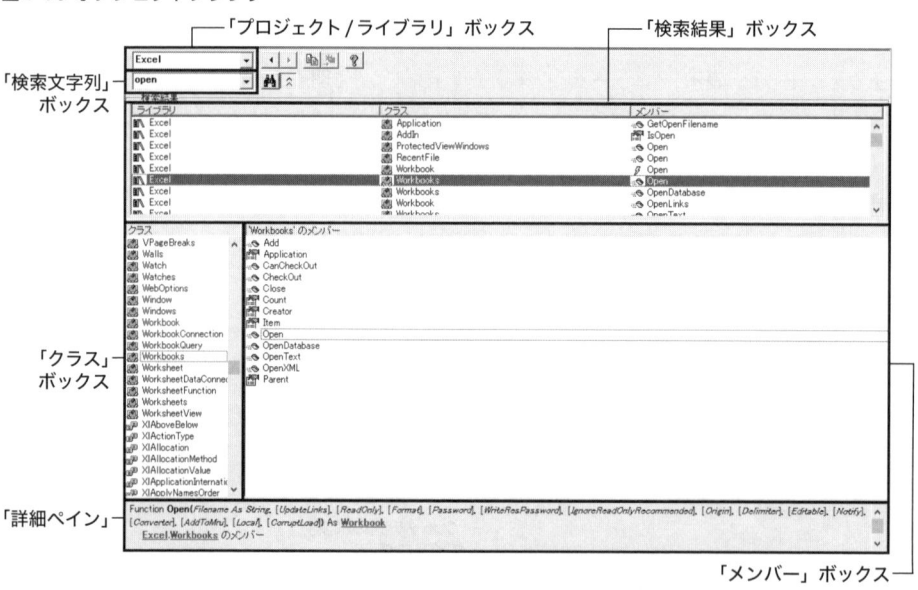

　「プロジェクト／ライブラリ」ボックスには、現在参照されているライブラリとプロジェクトがプルダウンでリストされています。選択することで、「クラス」ボックスと「メンバー」ボックス他のボックスに表示する内容を絞り込むことができます。

　「検索文字列」ボックスにキーワードを入力し、[Enter] キーを押すことで、そのキーワードを含むアイテムを検索し、「検索結果」ボックスに表示をすることができます。

　「クラス」ボックスには、現在選択されているライブラリ、または現在のプロジェクトに含まれる、クラス／標準モジュール／構造体／列挙体が一覧表示されます。選択をすると、それに含まれるメン

バーが「メンバー」ボックスに表示されます。

　「詳細ペイン」では、「クラス」ボックスのアイテムが選択されていれば、その種類、名称と含まれているライブラリまたはプロジェクトについて、「メンバー」ボックスのアイテムが選択されていれば、その種類、名称、データ型、使用する引数、含まれているクラスやモジュールなどについて確認をすることができます。

　また、「クラス」ボックスおよび「メンバー」ボックスでいずれかを選択した状態で［F1］キーを押下することで、そのヘルプページを開くことができます（図1-17）。より詳しく調べたいときに、活用をするようにしましょう。

図1-17 Workbooks.Open メソッドのヘルプページ

　オブジェクトブラウザでは、各要素についてわかりやすくアイコンを用いて表現されています。これらのアイコンの意味を理解することで、よりオブジェクトブラウザの活用がしやすくなりますので、ぜひ覚えておきましょう。

表1-6 アイコンの意味

表示	説明	詳細ペインでの表記
	クラス	Class
	標準モジュール	Module
	列挙体	Enum
	構造体	Type
	定数	Const
	メソッド	Sub・Function
	イベント	Event
	プロパティ	Property・Private・Public
	プロジェクト	
	ライブラリ	
	組み込み型	
	グローバル	

1-5-7 ▶ 自動メンバー表示／自動クイックヒント／自動データヒント

　VBAによる開発をサポートする、VBEの3つの便利機能を紹介していきます。これらの機能は、コードウィンドウとイミディエイトウィンドウの両方で使用することができます。また、使用するためには「ツール」メニューの「オプション」で、それぞれ有効にされている必要がありますので、一度確認をしておきましょう。

　1つ目は、自動メンバー表示です。これは、図1-18のように、次の入力候補をドロップダウンリストで表示してくれる機能です。

図1-18 自動メンバー表示

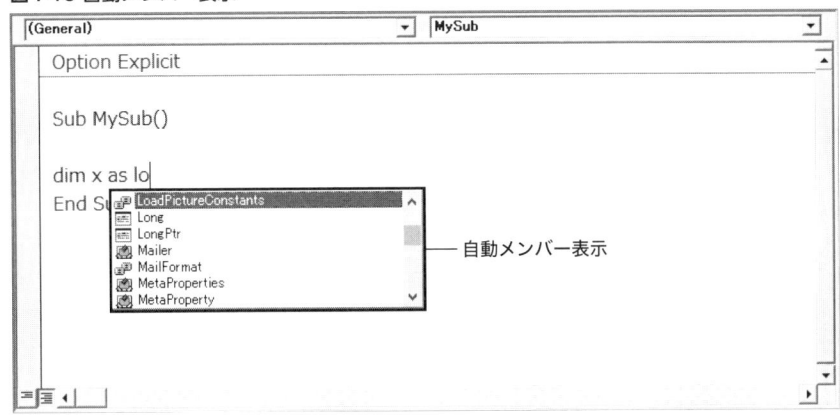

入力内容に応じて指定されたデータ型や定数を入力したときや、オブジェクトに続くピリオドを入力したときに、自動で表示されます。また、[Ctrl] + [Space] キーで呼び出すことができ、文字を入力すると候補の絞り込みが行われ、[↑] [↓] キーで選択、[Tab] キーで入力確定することができます。

ですから、多数あるオブジェクトとそのメンバーのスペルについては正確に記憶していなくても構いません。

自動メンバー表示では、表示されるアイテムがアイコンつきで表示されます。これらのアイコンは、表1-6で紹介したオブジェクトブラウザで使用されているものと共通です。ですから、その意味を正しく理解しておくことは、開発においても大きな助けになります。

自動クイックヒントは図1-19のように、現在入力しているメンバーについて、その引数の情報をポップアップ表示する機能です。引数の順番や、名前を確認することができます。

メンバーに続いてスペースを入力した時点で自動表示されますが、メンバー名にカーソルを置いた状態で [Ctrl] + [I] キーでも呼び出すことができます。

図1-19 自動クイックヒント

```
(General)                                      MySub

Option Explicit

Sub MySub()

Dim x As Long: x = 10
msgbox x
MsgBox(Prompt [Buttons As VbMsgBoxStyle = vbOKOnly], [Title], [HelpFile], [Context]) As VbMsgBoxResult

                        ┗━ 自動クイックヒント
```

　図1-16をご覧いただくとわかるとおり、自動クイックヒントの表記は、オブジェクトブラウザの詳細ペインの表記と同一のものになりますので、読み方に慣れておくとよいでしょう。

　自動データヒントは、ブレークモードの際に、変数の上にマウスカーソルをホバーすることで、その変数の値をポップアップする機能です（図1-20）。

　ブレークモードでの変数の確認の方法としては、イミディエイトウィンドウでプリントをする方法、ローカルウィンドウやウォッチウィンドウを使う方法がありますが、コード表示されている変数についてすばやく調べたいときには、自動データヒントも役立つことでしょう。

図1-20 自動データヒント

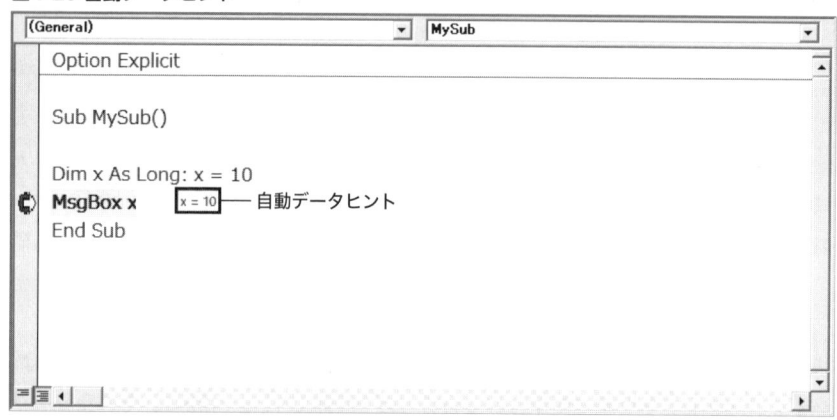

　VBEについての解説は以上となります。これらの機能を駆使することは、開発やデバッグの効率を上げることはもちろん、VBAの体系や構造を確認する上でも、大きな助けとなります。本書でも、各機能を使用しながら学習を進めていきます。

　次章から実際にVBAの体系を構成する要素について一つひとつ紹介していきます。まず、その構成要素の最小単位である「式」と、それが表す「データ」についての理解を進めていくことにしましょう。

Part

2

Excel VBAの
言語仕様

2章

式と値

「式」とはVBAのプログラムを構成する最も小さな単位の要素のひとつです。式を正しく理解することは、VBAプログラミングの全体の正しい理解につながります。ここでは、式とそれが生成する値について、詳しく見ていくことにしましょう。

2-1 式とその構成要素

2-1-1 ▶ 式とは何か

　VBAプログラミングを学習する過程で、数式、条件式、オブジェクト式、代入式など、様々な種類の「式」に出会います。しかし、式とはいったい何でしょうか？　ステートメントと式の違いは説明できますか？

　式とは、数値、ブール値、日付、文字列、オブジェクトなどの**値**を生成するリテラル、演算子、変数、定数、関数、キーワードなどによる組み合わせのことをいいます。式は計算された結果、いずれかの値に確定します。式の値が確定することを、**式を評価する**ともいいます。

　式にはその生成する値の種類に応じて、表2-1のように、いくつかの種類があります。

表2-1 VBAで用いられる式の種類

名称	生成する値	例
数値式	数値	100 (1 + 2) – 3 * 4 / 5 0.1234@ Len("Hoge")
ブール式	ブール値	True 3 < 4 x = 10 And y = 10 IsNumeric("Hoge")
日付式	日付	#12/31/92# #1992-12-31 10:20:30# Now
文字列式	文字列	"Hello" "i:" & 1 Left("Hogehoge", 4) TypeName(0.1234@)
オブジェクト式	オブジェクト	ThisWorkbook Workbooks(1).Range("A1")

式はステートメントの構成要素になり、それより上位の要素について学ぶには、その理解が必須となります。そして、さらにその式を構成する要素には、リテラル、変数、定数、演算子、関数、配列の要素、プロパティやメソッドなど、様々な種類があり、それらがVBAの体系の最小の要素といえます。

以降で、それらの式の構成要素についてどのようなものがあるかを紹介していきます。それぞれを宣言するステートメントとその構文については3章以降で詳しく紹介しますので、ここでは個々の概要をつかむことを目的に読み進めてください。

2-1-2 ▶ リテラル

表2-1の例の中で、「100」という数値や、「True」というブール値、"Hello"という文字列など、その値自体を表すような式があることに気づいたことでしょう。

VBAで取り扱う値のうち、数値、文字列、ブール値、日付を含めて多くのものについては、それぞれ定められた記法により、式の中で直接使用することができます。その定められた記法のこと、また記述された値自体のことをリテラルと呼びます。

リテラルは、他の要素とともに式の構成要素となりますが、リテラル単体であったとしても値を生成するものとなりますから、それは式ということができます。

2-1-3 ▶ 変数

変数は数値、文字列などの値を格納することができる名前付きの保存場所です。変数を使うことで、値を一時的に保管したり、値をわかりやすい名称で取り扱ったりすることができるようになります。

変数も式の構成要素になり得ますが、それ自体が「評価されると何らかの値を生成する」といえますので、変数単体も式ということができます。

変数の値はプログラム内で変更することができ、そのことを代入といいます。また、変数の名前と種類について定義することを宣言といいます。

変数の代入と宣言の例として、リスト2-1をご覧ください。

リスト2-1 変数の宣言と代入

```
標準モジュールModule1
Sub MySub()

    Dim x As Long '変数の宣言
    x = 10 '変数の代入
    Debug.Print x

End Sub
```

なお、リスト2-1の「x=10」のように、変数を宣言してから最初に値を格納することを、初期化といいます。したがって、初期化される前の変数は、未初期化の状態となります。

VBAでは複数の値をまとめて取り扱う仕組みとして、配列を使用することができます。配列の要素

も評価され値を生成しますので、式の構成要素となります。

> **Memo** 2-1-1の冒頭で式の例として「代入式」を挙げましたが、代入はプログラムによって評価されず値を生成しません。したがって本書では、代入を式として取り扱わず、ステートメントとして取り扱います。

2-1-4 ▣ 定数

変数は格納されている値の変更が可能でしたが、一度格納した値の変更を許可したくないときがあります。そのようなときには、定数を使用します。

変数と同様に数値、文字列などの値を格納し、名前をつけることができますが、一度格納した値を変更することができません。定数を使用する場合は、リスト2-2のように、宣言と初期化を同時に行います。

リスト2-2 定数の宣言と初期化

```
標準モジュールModule1
Sub MySub()

    Const X As Long = 10 '定数の宣言と初期化
    Debug.Print X

End Sub
```

定数も式の構成要素になり得ますが、それ自体が「評価されると何らかの値を生成する」といえますので、定数単体も式となります。

また、「vb」や「xl」などではじまる定数を見かけたことがあるでしょう。これらは、VBAであらかじめ定められた定数で、組み込み定数といいます。

なお、整数の値を持つ複数の定数をまとめて取り扱う仕組みとして列挙型があります。列挙型のメンバーも評価され値を生成しますので、式の構成要素です。

2-1-5 ▣ 関数

VBAでプログラミングを進める上で、一定の処理の集まり、すなわち手続きをひとまとめにして、それに名前をつけて管理をすることができます。そのように、手続きに名前をつけたものをプロシージャといいます。VBAではSubプロシージャ、Functionプロシージャ、Property Let/Setプロシージャ、Property Getプロシージャという種類のプロシージャが存在しています。

プロシージャを呼び出す際には、値を渡すことができますが、その渡す値を引数といいます。また、プロシージャの種類によっては値を返す機能を持たせることができます。その返す値を戻り値といいます。

関数とは、プロシージャのうち、単体で呼び出すことができ、かつ戻り値を返すものをいいます。

リスト2-3はSubプロシージャMySubから、FunctionプロシージャXを呼び出し、その戻り値をイミディエイトウィンドウに出力するというものです。この場合、Xは単体で呼び出すことができ、値を戻すことから、関数ということができます。

リスト2-3 関数の宣言と呼び出し

```
標準モジュールModule1
Sub MySub()

    Debug.Print X

End Sub

Function X() As Long

    X = 10

End Function
```

VBAでは、文字列や日付の操作、数学計算、ユーザーの入力、値の変換や判定を行うなどの様々な関数があらかじめ用意されていて、すぐにプログラム内で活用をすることができます。また、リスト2-3のように、独自で関数を作成することもできます。

関数も戻り値という形で値を生成しますので式の構成要素であり、それ単体でも式ということができます。

2-1-6 ▶ オブジェクトのメンバー

Excel VBAではWorkbook、Worksheet、Rangeをはじめ、多数用意されているオブジェクトを操作することで、様々なマクロを実現することができます。オブジェクトの操作をするには、そのオブジェクトが持つメソッドまたはプロパティといったメンバーを使用します。

それら、オブジェクトのメンバー*member*は、以下のようにオブジェクト*object*に対して、ドット記号に続けて記述することで呼び出すことができます。

```
object.member
```

例として、リスト2-4をご覧ください。WorkbooksオブジェクトのAddメソッドは、新たにWorkbookオブジェクトを生成してそれを値として返します。WorkbookオブジェクトのNameプロパティは、そのブック名を戻します。

リスト2-4 メソッドとプロパティの呼び出し

```
標準モジュールModule1
Sub MySub()

    Dim wb As Workbook
```

```
        Set wb = Workbooks.Add
        Debug.Print wb.Name

End Sub
```

　このように、オブジェクトのメンバーを呼び出した結果として値を返す場合、そのメンバーの呼び出しは式の構成要素となります。ただし、すべてのメンバーが値を生成するわけではありませんので、式として使用する場合は、個々のメンバーが値を返すものかどうかを確認する必要があります。

2-2 データ型

2-2-1 ▶ データ型とその種類

　式は値を生成するものとお伝えしてきましたが、その生成する値には種類があります。値の種類が数値であれば加減乗除などの計算をすることができますが、文字列に対してそのような計算をすることができません。このように、値の種類によって実行できる処理が変わってきます。ですから、式を構成するのであれば、その式がどの種類の値を生成するのかを把握しておく必要があります。

　値の種類は、大きな分類では数値、ブール値、日付、文字列、オブジェクト、その他となります。VBAの内部では、表2-2のように、その扱える範囲や使用するメモリ容量に応じて、より細かい種類に分類されています。

表2-2 VBAで扱えるデータ型

分類	名称	データ型	未初期化状態の値	説明
数値	バイト型	Byte	0	1Byteで表せる正の整数値
	整数型	Integer	0	2Byteで表せる整数値
	長整数型	Long	0	4Byteで表せる整数値
	単精度浮動小数点数型	Single	0	4Byteで表せる浮動小数点値
	倍精度浮動小数点数型	Double	0	8Byteで表せる浮動小数点値
	通貨型	Currency	0	8Byteで表せる固定小数点値
ブール値	ブール型	Boolean	False	TrueまたはFalseのどちらかの値を取るデータ型
日付	日付型	Date	1899年12月30日の0時0分0秒	日付と時刻
文字列	文字列型	String	vbNullString	文字列
オブジェクト	オブジェクト型	Object	Nothing	任意のオブジェクト参照を表すデータ型
	固有オブジェクト型	Range/Worksheetなど	Nothing	特定の種類のオブジェクト参照を表すデータ型
ユーザー定義型		ユーザーが定義したデータ型	要素ごとの未初期化状態の値	Typeステートメントを使用して定義される任意のデータ型
バリアント型		Variant	Empty	あらゆる種類の値を扱う特殊なデータ型

これらの種類のことを、**データ型**または**組み込みデータ型**といいます。

VBAは入門者のハードルを下げるために、扱っている値のデータ型が表2-2のどれなのかについて、あまり意識をせずにプログラミングを進められるようにできています。

しかし、ある程度の規模のマクロを開発するとなると、それが弊害になり得ます。というのも、変数に値を格納したり、プロシージャやメソッドに引数を渡したりするケースが増えてくるからです。

値の受け皿となる変数、プロシージャの引数にもデータ型があります。受け皿のデータ型と、値のデータ型がマッチしないのであれば、それは予期しないエラーの発生源になります。ですから、データ型の理解があやふやなまま開発を進めるのはリスクとなってしまいます。

一方で、VBAでは変数やプロシージャのデータ型の宣言について、省略をしたり、もしくは緩やかな指定をしたりすることが許されています。たとえば、リスト2-5のように、格納する値のデータ型について柔軟性を持つバリアント型Variantや、オブジェクト型Objectを宣言して、データ型のアンマッチによるエラーの発生率を下げようとするかもしれません。しかし、それも推奨できる選択肢ではありません。

リスト2-5 データ型の省略および緩やかな指定

```
Dim x
Dim msg As Variant
Dim rng As Object
```

ご覧いただければわかるとおり、データ型がコード内で明示されていないために、その変数の役割を知るためには、それを文脈から読み取る必要が出てきます。つまり、可読性が犠牲になってしまうのです。

リスト2-6のようにデータ型の指定をするだけで、変数名との組み合わせで、その役割が浮き彫りになり、想定しやすくなります。

リスト2-6 データ型の指定

```
Dim x As Long
Dim msg As String
Dim rng As Range
```

バリアント型Variantや、オブジェクト型Objectについて、決して使ってはいけないというわけではありません。局面によっては、その使用が有効な場合もありますし、使用せざるを得ないときもあります。たとえば、格納されるまでその型か不明である場合の変数や、実行時の状態によって戻り値の型が変わるようなプロシージャを用意する際には、使用する必然性が出てきます。

このようにVBAの習得について一定レベルまで達した場合には、データ型の理解が不可欠になってきます。以降、各データ型について、またその使用する場合のポイントについて解説を進めていきます。

2-2-2 ▶ 数値型

　数値型では、整数や実数の取り扱いと、算術演算による計算を行うことができます。10進数の数値はコード内でそのまま記述することができ、それがリテラルとなります。VBAでは16進数の記述も可能で、「&H」に続けて記述することで表現をすることができます。

　以下のリスト2-7の各行についてイミディエイトウィンドウで実行をしてみましょう。

リスト2-7 10進数と16進数

```
? 123
? 0.123
? &H10
? &HFF
```

　VBAの数値のデータ型はByte、Integer、Long、Single、Double、Currencyとバリエーションが豊富です。表2-3に数値のデータ型について、より詳しい説明を加えてまとめています。なお、いずれのデータ型についても、未初期化状態（変数を宣言して最初の値を代入していない状態）の値は「0」となります。

表2-3 数値のデータ型

名称	データ型	型宣言文字	説明	範囲と補足情報
バイト型	Byte		1Byteで表せる正の整数値	0~255 バイナリデータに使われる
整数型	Integer	%	2Byteで表せる整数値	-32,768~32,767
長整数型	Long	&	4Byteで表せる整数値	-2,147,483,648~2,147,483,647
単精度浮動小数点数型	Single	!	4Byteで表せる浮動小数点値	負の値: -3.402823E38~ -1.401298E-45 正の値: 1.401298E-45~ 3.402823E38
倍精度浮動小数点数型	Double	#	8Byteで表せる浮動小数点値	負の値: -1.79769313486231E308~ -4.94065645841247E-324 正の値: 4.94065645841247E-324~ 1.79769313486232E308
通貨型	Currency	@	8Byteで表せる固定小数点値	-922,337,203,685,477.5808~ 922,337,203,685,477.5807 通貨など正確性が求められる計算を行う際に使われる

　ひと昔前はコンピュータの性能も高くありませんでしたので、メモリ使用量や計算速度を意識するために、想定される数値の大きさに合わせてデータ型を選択するのが推奨されていたようです。しかし、現在はコンピュータの性能も上がっていますので、そこまで意識をしなくても良いかもしれません。

　したがって、主に使用する数値のデータ型は以下に挙げるもので良いでしょう。

・整数を扱う場合: Long

・実数を扱う場合: Double

・通貨など正確性が求められる場合：Currency

　実数の計算について補足しておきましょう。まず、コンピュータは数値を2進数で取り扱っているわけですが、その場合、小数点以下の数値を正しく表現することができないという事実があります。それで、コンピュータは実数を近似値で表現することにしています。

　たとえば、リスト2-8をイミディエイトウィンドウで実行をすると、意外な結果になるはずです。

リスト2-8 小数の比較

```
? 0.3 = 0.1 + 0.2
```

　イミディエイトウィンドウには「False」と出力されます。これは、等号の右辺と左辺が一致した値ではないことを表します。なぜ、このようなことが生じるかというと、コンピュータは小数点以下の数値を近似値でしか持ちえないからです。

　浮動小数点型というのは、その誤差が少なくなるように小数点の位置を可変にできるデータ型です。さらに、Double型を使うことで、より精度を上げることができますが、その誤差がゼロになることはありません。

　その問題を解決する一つの手段が、通貨型Currencyです。通貨型の値について計算をする場合、コンピュータ内部では数値を10000倍して整数化してから、計算結果を10000で割ってもとに戻すという処理をしています。整数であれば、コンピュータは正確に誤差なく表現ができるからです。

　確認のために、リスト2-9についてイミディエイトウィンドウで実行してみましょう。

リスト2-9 Currency型に型宣言した小数の比較

```
? 0.3@ = 0.1@ + 0.2@
```

　今回は、「True」と出力されるはずです。これは、等号の右辺と左辺が一致した値であることを表します。

　「@」はCurrencyの型宣言文字です。数値リテラルの後に付与することで、その型をCurrency型にするように指定することできます。Currency型の計算にすることで、正確に表現ができるようになったのです。

　しかし、通貨型がいつでも安心かというとそうではありません。小数点以下の桁数が5桁以上になると、小数点以下の桁が残りますので、正確に計算ができなくなるので注意が必要です。

　VBAでは、数値をそのまま記述することがその記述法、つまり数値リテラルとなります。しかし、数値型のうちのどのデータ型に分類するかは、VBAが桁数や小数点などを解釈して自動で決めています。整数であればIntegerやLong、小数であればDoubleになります。

　もし、数値リテラルを使用する際に、データ型を特定したいのであれば、表2-3を参考に、型変換文字を付与するようにしましょう。

2-2-3 ◪ ブール型

ブール型Booleanは、「真または偽」「YesまたはNo」「成立している、または成立していない」といった二者択一の状態を、「True」「False」という値で表現するデータ型です。ブール型のリテラルは、「True」または「False」の2種類です。なお、未初期化状態の値はFalseです。

リスト2-10の各行について、イミディエイトウィンドウで実行してみましょう。それぞれのブール式が評価され、TrueまたはFalseのいずれかの値が出力されるはずです。

リスト2-10 ブール式の評価

```
? 5 <= 10
? IsNumeric("Hoge")
```

実は、ブール値は内部的には数値として取り扱われていて、Trueは-1、Falseは0と等しいと判定されます。リスト2-11を実行して、その判定結果を確認してみましょう。

リスト2-11 ブール値と数値の判定

```
? True = -1
? True = 0
? False = -1
? False = 0
```

ブール型は条件分岐と密接な関係にあります。プログラム内で特定の条件によって、その先の処理を分岐させたいときに、特定の式のブール値がTrueなのか、もしくはFalseなのかを判定材料として使用します。

2-2-4 ◪ 日付型

日付型Dateは日時を表すデータ型です。具体的には、年、月、日、時、分、秒までを表現できます。また、取り扱える範囲は西暦100年1月1日から西暦9999年12月31日23時59分59秒です。

日付型のリテラルはハッシュ記号（#）で囲む「#年/月/日 時:分:秒#」という形式になります。日付部のみ「#年/月/日#」や、時刻部のみ「#時:分:秒#」といった表現も許されています。また、日付部のハイフン記号(-)の代わりに、使い慣れているスラッシュ記号(/)を使用することができます。

たとえば、リスト2-12をコードウィンドウに入力してみましょう。

リスト2-12 日付リテラル

```
Dim d1 As Date: d1 = #2018-12-31#
Dim d2 As Date: d2 = #10:20:30#
Dim d3 as Date: d3 = #12/31 22:20:30#
```

入力するとすぐさま、リスト2-13のように「#月/日/年 時:分:秒 AMまたはPM #」という表記に自動変換されます。VBAが解釈できる範囲であれば、その表記の揺れや項目の記載順は許容され

ます。

リスト2-13 変換後の日付リテラル

```
Dim d1 As Date: d1 = #12/31/2018#
Dim d2 As Date: d2 = #10:20:30 AM#
Dim d3 As Date: d3 = #12/31/2018 10:20:30 PM#
```

　また、日付型の値は、内部的にはシリアル値とよばれる実数で取り扱われていて、整数部が日付、小数部が時刻を表します。1899年12月30日の0時0分0秒が0の設定で、以降1日プラスすると1を、12時間つまり半日プラスすると0.5が加算されるという形です。

　リスト2-14の各行についてイミディエイトウィンドウで実行をしてみましょう。CDbl関数は引数の値をDouble型に変換する関数です。

リスト2-14 日付型のシリアル値

```
? CDbl(#1899/12/31 12:0:0#)
? CDbl(#100/1/1 0:0:1#)
? CDbl(#9999/12/31 23:59:59#)
```

2-2-5 ▶ 文字列型

　文字列型Stringは文字列を表すデータ型です。文字列型のリテラルはダブルクォーテーション記号(")で囲む「"文字列"」という形式です。リテラルの中でダブルクォーテーション記号を使用したい場合は、二重引用符「""」とすることで表現することができます。

　リスト2-15の各行をイミディエイトウィンドウで実行して確認してみましょう。

リスト2-15 文字列リテラルと二重引用符

```
? "Hello VBA"
? "Hello ""VBA"""
```

　文字列には「長さ0の文字列」が存在し、これを空文字といいます。空文字は、ダブルクォーテーション内にいずれの文字も記述しないことで表現します。リスト2-16をイミディエイトウィンドウで実行すると「0」と表示されます。

リスト2-16 長さ0の文字列

```
? Len("")
```

　また、改行やタブなど直接表現ができない特殊な文字や文字列を表す場合は、表2-4に表す組み込み定数を使用することができます。Chr関数は引数の文字コードに対応する文字を返す関数です。

表2-4 特殊な文字列を表す組み込み定数

定数	値	説明
vbCrLf	Chr(13) + Chr(10)	キャリッジリターンとラインフィードの組み合わせ
vbCr	Chr(13)	キャリッジリターン
vbLf	Chr(10)	ラインフィード
vbNewLine	Chr(13) + Chr(10) ※Macの場合はChr(13)	プラットフォームに応じた改行文字
vbNullString		文字列型の未初期化の状態を表す値
vbTab	Chr(9)	タブ

> **Memo** 表2-4の定数はVBAライブラリ内Constantsモジュールのメンバーです。Constantsモジュールには他にいくつかの定数が定義されています。

リスト2-17をイミディエイトウィンドウで実行をして、その動作を確認してみましょう。

リスト2-17 特殊な文字列を含む文字列式

```
? "Hello" & vbNewLine & vbTab & "VBA"
```

> **Memo** よく、空文字とvbNullStringが同義で扱われますが、厳密には異なるものです。「vbNullString=""」はTrueとなるので勘違いをするのも仕方ありませんが、指定された文字列が格納されているメモリのアドレスを返すStrPtr関数を使うとその点の確認ができます。vbNullStringは初期値が設定されていない、すなわち未初期化の状態を表し、アドレスが割り当てられていません。空文字は長さ0の文字列であり、初期化がされています。したがってアドレスが割り当てられています。

2-2-6 ▶ オブジェクト型

オブジェクト型はその名のとおり、オブジェクトを表すデータ型です。Excel VBAでは、Range、Worksheet、Workbook、Collection、UserFormなどをはじめ、非常にたくさんのオブジェクトがクラスとして定義されており、その一つひとつがデータ型となります。ユーザーが独自のクラスを作成した場合も同様に、そのクラス専用のデータ型を使用できるようになります。

2-2-1でお伝えしたとおり、Objectはすべてのオブジェクトを取り扱うことができるデータ型となりますが、可読性などの観点から、可能であれば固有のデータ型を使用するようにしたほうがよいでしょう。

オブジェクトをコード内で直接表現するためのリテラルは用意されていません。オブジェクトを表現するためには、Setステートメントで変数に参照設定をする、プロパティやメソッドを組み合わせてオブジェクト式を使用するなどの方法があります。

オブジェクト型で取り扱われる特別な値である、Nothingについて補足をしておきます。Nothingは、オブジェクトへの参照がされていない状態を表す特別な値です。オブジェクト型で宣言をして、

Setステートメントによる参照設定がされていない変数の値はNothingとなります。

リスト2-18は、Collection型の変数を宣言した時点、変数を宣言したのちに新たなオブジェクトを生成して参照設定をした時点で、それぞれIs演算子でその値がNothingかどうかを判定して出力するというものです。

リスト2-18 Nothingかどうかの判定

```
標準モジュールModule1
Sub MySub()

    Dim c As Collection
    Debug.Print c Is Nothing 'True

    Set c = New Collection
    Debug.Print c Is Nothing 'False

End Sub
```

実行すると、変数cは宣言した時点ではNothingで、参照設定をするとそうではなくなるということがわかります。オブジェクト参照については3章で詳しく解説をしますので、ここではNothingが「オブジェクトの参照がない状態を表す値」である、という言葉の定義として確認ください。

 Memo SetステートメントでNothingを指定してもオブジェクトの破棄はされません。Nothingはあくまで「参照がない」という状態なので、破棄とは異なります。

2-2-7 ◨ バリアント型

バリアント型Variantは、あらゆる値を取り扱える万能のデータ型です。他のプログラミング言語では、このようなデータ型が存在することが多くないため、Variant型の存在はVBAの大きな特徴の一つといえます。

Variant型を使用することで、受け取る値のデータ型が特定できないときに柔軟に受け取ることができます。また、変数やプロシージャの宣言時にデータ型を指定しないものは、すべてVariant型として取り扱われます。

ただし、繰り返しお伝えしているとおり、必要以上にVariant型を多用すべきではありません。たとえば、リスト2-19は数値や数字の文字列について加算や乗算をするという内容ですが、得られる結果を予測できますでしょうか。

リスト2-19 Variant型の計算

```
標準モジュールModule1
Sub MySub()

    Dim a, b
    a = 1: b = 2: Debug.Print a + b, a * b '3 2
    a = "1": b = 2: Debug.Print a + b, a * b '3 2
```

```
    a = "1": b = "2": Debug.Print a + b, a * b '12  2

End Sub
```

　VBAでは異なるデータ型どうしの演算が含まれていたとしても、暗黙的に型を変換して式の評価を行うことがあります。ただ、その仕組みがあまりにも柔軟なために、人がその挙動を想定しきれないというリスクをはらみます。結果として、予期しないエラーの発生源になったり、可読性を低下させたりという原因となってしまうのです。

　ここで、Variant型で取り扱われる特殊な値であるNullとEmptyおよびエラー値について補足をしておきます。EmptyはVariant型の未初期化状態を表す値です。Nullは有効なデータではないことを表す値です。また、エラー値は、VBAのコンパイル時や実行時のエラーとは異なるもので、セルから「#N/A」や「#VALUE!」などのエラー値を取得したときの値を表します。

　Null、Emptyはそれ自体がそれぞれのリテラルとなります。エラー値にはリテラルは用意されていません。

> **Memo** エラー値を生成するにはCVErr関数を使用します。また、Null、Emptyおよびエラー値を判定するには、それぞれIsNull関数、IsEmpty関数、IsError関数を用いて判定をすることができます。もしくは、VarType関数の戻り値で確認することもできます。これらの関数はVBAライブラリに含まれています。本書では、これらの関数とその使い方について、8章で詳しく紹介します。

2-3 式と演算子

　式を構成する上で重要な役割を持つ、**演算子**について解説をしていきます。演算子とは、加算や減算などの算術的な計算や、値の比較などといった演算を行うための記号で、VBAでは大きく分けて以下の4種類の演算子が用意されています。

- **算術演算子**: 数学計算を行うための演算子
- **連結演算子**: 文字列を連結するための演算子
- **比較演算子**: 比較を行うための演算子
- **論理演算子**: 論理演算を行うための演算子

　演算子自体は値を生成しませんので、単体では式にはなりませんが、他の構成要素と組み合わせて使用することで式を構成します。

> **Memo** VBAでは、これ以外に代入演算子 (=) が用意されていますが、3章で解説します。

2-3-1 ▶ 算術演算子

算術演算子は四則演算など数学的な演算を行うための演算子です。以下のように、2つの式 *expression1* と *expression2* の間に、算術演算子 *arithmeticoperator* を記述することで、その演算子の種類に応じた値を生成します。

```
expression1 arithmeticoperator expression2
```

算術演算は、主に数値データ型（Byte,Integer,Long,Single,Double,Currency）に加えて、日付型で使用します。表2-5にVBAで使用できる算術演算子についてまとめています。

表2-5 算術演算子

算術演算子	説明	例
+	加算	2 + 2 '4 459.35 + 334.90 '794.25
-	減算・符号の反転	2 – 2 '0 459.35 - 334.90 '124.45
*	乗算	2 * 2 '4 453.35 * 334.90 '151826.915
/	除算	2 / 2 '1 1 / 0.3 '3.33333333333333
¥	整数除算	5 ¥ 2 '2 100 ¥ 3 '33
Mod	剰余	5 Mod 2 '1 100 Mod 3 '1
^	べき乗	2 ^ 2 '4 (-5) ^ 3 '-125

算術演算子の使用例を、リスト2-20に掲載しています。変数xと変数yの値をいろいろと変更をしながら、その動作を確認してみましょう。

リスト2-20 算術演算

```
標準モジュールModule1
Sub MySub()

    Dim x As Long: x = 9
    Dim y As Long: y = 4

    Debug.Print x + y '13
    Debug.Print x – y '5
    Debug.Print x * y '36
    Debug.Print x / y '2.25
    Debug.Print x Mod y '1
    Debug.Print x ^ y '6561
    Debug.Print -x '-9

End Sub
```

算術演算の評価値がどのデータ型になるのかというルールは、なかなかに複雑です。

数値型の加算、減算、乗算であれば、基本的により精度の高いほうのデータ型に揃えられますが、Single型とLong型の組み合わせのときのみ、評価値のデータ型が特別にDouble型になるというルールがあります。また、通常であれば、除算はDouble型、整数除算や剰余についてはByte型、Integer型、Long型のいずれかになります。

日付型と数値型の加算、減算であれば、その評価値は日付型となりますが、日付型どうしの減算であれば、その結果はDouble型になります。

その他、Variant型を使用した場合のルールや、例外的なルールがいくつかありますが、すべてのルールを完全に覚えるのは困難ですし、その必要はありません。よく遭遇するパターンについて理解した上で、以下の点を踏まえながら使用するとよいでしょう。

・必然性がないVariant型は使用しない
・異なるデータ型どうしの演算にならないように式を構成する
・型宣言文字を使用して型を特定する

2-3-2 ▸ 連結演算子

連結演算子は文字列の連結を行うための演算子で、VBAではアンパサンド記号（&）を使用します。以下のように2つの式を連結します。

```
expression1 & expression2
```

リスト2-21は連結演算子の使用例です。実行結果から、式が文字列型以外のデータ型の場合には、文字列型に型変換された上で連結が行われていることを確認できるはずです。

リスト2-21 連結演算

```
標準モジュールModule1
Sub MySub()

    Debug.Print "Hello" & "VBA!" 'HelloVBA!
    Debug.Print "iの値: " & 100 'iの値: 100
    Debug.Print 12 & 3.4 '123.4
    Debug.Print True & False 'TrueFalse
    Debug.Print #12/1/2018# & #10:20:30 AM# '2018/12/0110:20:30

End Sub
```

なお、連結演算子としては&演算子のほか、+演算子を使用することができますが、算術演算か連結演算かの評価のあいまいさを避け、可読性を高めるために、連結演算子としての使用は推奨できません。

2-3-3 ▶ 比較演算子

比較演算子は式を比較するための演算子です。

比較演算子としておなじみのものが、値の大小や等しいかどうかを判定する「<」「>」「=」の組み合わせによる比較演算子です。

以下のように、2つの式 *expression1* と *expression2* の間に比較演算子 *comparisonoperator* を記述することで、その種類に応じて True または False のいずれかのブール値を生成します。表2-6に比較演算子の種類と役割についてまとめています。

```
expression1 comparisonoperator expression2
```

表2-6 値の比較を行う比較演算子

比較演算子	説明	例
<	未満	1 < 2 'True 10 < 10 'False
<=	以下	1 <= 2 'True 10 <= 10 'True
>	より大きい	1 > 2 'False 10 > 10 'False
>=	以上	1 >= 2 'False 10 >= 10 'True
=	等しい	1 = 2 'False 10 = 10 'True "a" = "b" 'False "Hoge" = "Hoge" 'True
<>	等しくない	1 <> 2 'True 10 <> 10 'False "a" <> "b" 'True "Hoge" <> "Hoge" 'False

これらは、主に数値型、ブール型、日付型、または文字列型どうしの値を比較するのに用いられます。リスト2-22にその使用例を挙げていますので、変数xと変数yの値をいろいろと変更をしながら、動作を確認してみましょう。

リスト2-22 比較演算

```
標準モジュールModule1
Sub MySub()

    Dim x As Long: x = 5
    Dim y As Long: y = 4

    Debug.Print x < y 'False
    Debug.Print x <= y 'False
    Debug.Print x > y 'True
    Debug.Print x >= y 'True
    Debug.Print x = y 'False
```

```
        Debug.Print x <> y 'True

End Sub
```

　数値型と日付型、ブール型と文字列型という異なるタイプの比較も可能ですが、その得られる結果については想定しづらいので、比較の際は2つの式のデータのタイプは極力揃えたほうがよいでしょう。

　Is演算子は、2つのオブジェクトの参照が等しいかどうかを判定する演算子です。以下のように、2つのオブジェクト*object1*と*object2*の間に Is演算子を記述して使用します。その評価値は、これらのオブジェクトが同じオブジェクトを参照している場合はTrue、そうでない場合にはFalseとなります。

```
object1 Is object2
```

　例としてリスト2-23をご覧ください。シートのオブジェクト名「Sheet1」が存在しているワークブック（新規のワークブックなど）で、その動作を確認してみましょう。

リスト2-23 オブジェクト参照の比較

```
標準モジュールModule1
Sub MySub()

    Dim wb As Workbook, ws As Worksheet, rng As Range
    Set wb = ThisWorkbook
    Set rng = Sheet1.Range("A1")

    Debug.Print wb Is ThisWorkbook 'True
    Debug.Print Sheet1 Is Nothing 'False
    Debug.Print rng Is Sheet1.Range("A1") 'False

End Sub
```

　ここで、Rangeオブジェクトについての判定結果がFalseになることを確認しておきましょう。Rangeオブジェクトは取得するごとに別のメモリアドレスに格納されるという特性があるため、Is演算子で比較をすることができません。したがって、Addressプロパティでアドレスを取り出すなど、別の方法で比較する必要がありますので、覚えておきましょう。

　Like演算子は文字列が特定のパターンに当てはまるかどうかを判定する演算子です。以下のように、文字列*string*とパターン文字列*pattern*の間に Like演算子を記述して使用します。文字列*string*がパターン文字列*pattern*に一致すると True、そうでない場合はFalseが生成されます。

```
string Like pattern
```

文字列パターンは、表2-7に示す文字を組み合わせることで構成します。リスト2-24にその使用例を掲載しています。

表2-7 Like演算子の式で使用するパターン内の文字

パターン内の文字	説明	パターン文字列の例	マッチする文字列の例
?	任意の1文字	B?b こん??は	Bob、Bab、B2b こんにちは、こんばんは
*	0文字以上の文字	B*b *区	Bb、Bob、Boob 新宿区、板橋区
#	任意の1桁の数字 ※全角数字もマッチ	0##	012、090、012
[charlist]	charlistの任意の1文字	[SML] *[都道府県]	S、M、L 東京都、埼玉県
[!charlist]	charlistにない任意の1文字	[!ABC]	D、Z、a
-	[]内の開始と終了の文字の間で使用することで範囲を表す	[A-Za-z] [ぁ-ん] [ア-ケ]	A、B、Z、a、b、z ぁ、あ、ん ァ、ア、ン、ケ

リスト2-24 Like演算子による比較

```
標準モジュールModule1
Sub MySub()

    Dim myPattern As String: myPattern = "###-####"

    Debug.Print "123-4567" Like myPattern 'True
    Debug.Print "123-456" Like myPattern 'False
    Debug.Print "１２３-４５６７" Like myPattern 'True

End Sub
```

2-3-4 ▷ 論理演算子

　論理演算子は、「AまたはB」や「AかつB」などといった論理演算を行うための演算子です。

　Not演算子のみ、対象の式が1つの単項演算子であり、以下の書式となります。式*expression*の結果を反転します。

```
Not expression
```

　それ以外の論理演算子については、以下のように2つの式*expression1*と*expression2*の間に、論理演算子*logicaloperator*を記述することで、その演算子の種類に応じた値を生成します。

```
expression1 logicaloperator  expression2
```

　表2-8にVBAで使用できる論理演算子と、そのブール式に対する演算結果についてまとめています。

表2-8 ブール式に対する論理演算子

論理演算子	説明	式1	式2	結果
Not	論理否定	True False	-	False True
And	論理積	True True False False	True False True False	True False False False
Or	論理和	True True False False	True False True False	True True True False
Xor	排他的論理和	True True False False	True False True False	False True True False
Eqv	論理同値	True True False False	True False True False	True False False True
Imp	論理包含	True True False False	True False True False	True False True True

EqvとImpは、あまり見かけませんよね。演算子「A Eqv B」は「Not (A Xor B)」と等価、「A Imp B」は「(Not A) Or B」と等価なので、他の演算子で代替が可能なのです。

ブール式に対する論理演算子の使用例をリスト2-25に挙げています。変数xと変数yをいろいろな値に変更しながら、その動作を確認してみましょう。

リスト2-25 ブール式に対する論理演算

```
標準モジュールModule1
Sub MySub()

    Dim x As Long: x = 5
    Dim y As Long: y = 20

    Debug.Print x >= 10 'False
    Debug.Print Not x >= 10 'True

    Debug.Print x >= 10 And y >= 10 'False
    Debug.Print x >= 10 Or y >= 10 'True
    Debug.Print x >= 10 Xor y >= 10 'True

End Sub
```

論理演算子の対象はブール式である場合が多いわけですが、VBAでは数値式に対しても論理演算をすることが可能です。数値式を使用した場合は、数値を2進数のビット列として捉えた場合の、各桁の値（ビット値といいます）に対してそれぞれ論理演算をした結果を返します。

表2-9にビット値に対する論理演算子とその結果をまとめています。

表2-9 ビット値に対する論理演算子

論理演算子	説明	式1	式2	結果
Not	論理否定	1 0	- 	0 1
And	論理積	1 1 0 0	1 0 1 0	1 0 0 0
Or	論理和	1 1 0 0	1 0 1 0	1 1 1 0
Xor	排他的論理和	1 1 0 0	1 0 1 0	0 1 1 0
Eqv	論理同値	1 1 0 0	1 0 1 0	1 0 0 1
Imp	論理包含	1 1 0 0	1 0 1 0	1 0 1 1

　ビット値に対する論理演算は、いわゆるマスクを使った操作に使用されます。

　VBAの組み込み定数の中には、その値が2の累乗の値に設定されているものがいくつかあります。たとえば、表2-10はファイルやフォルダの属性を表すVbFileAttribute列挙型の定数一覧で、ファイルやフォルダの状態を表す際に用いられます。

表2-10 VbFileAttribute列挙型の定数

定数	値	ビット桁	説明
vbNormal	0	1	通常ファイル
vbReadOnly	1	1	読み取り専用ファイル
vbHidden	2	2	隠しファイル
VbSystem	4	3	システムファイル
vbVolume	8	4	ボリュームファイル
vbDirectory	16	5	ディレクトリ
vbArchive	32	6	アーカイブ
vbAlias	64	7	エイリアス（Macのみ）

　あるファイルが読み取り専用ファイルでかつ隠しファイルであれば、その状態を表す値は、その状態を表す定数を加算した値である3になります。それを2進数で表すと「0000011」となります。通常フォルダであれば数値は16、2進数では「0010000」です。ですから、2進数にした場合の各桁の値を確認すれば、そのファイルやフォルダがどのような状態かを確認できるという仕組みです。

　この際に、数値に対する論理演算を使うことで、ビット値の判定やオン／オフに活用することができます。対象となる数値とマスクとして用意した数値について論理演算をすることで、以下のような

操作を実現します。

・And演算：マスクで1としているビット値だけを取り出す
・Or演算：マスクで1としているビット値を1に設定する
・Xor演算：マスクで1としているビット値だけを反転する

この使用例として、リスト2-26を確認してみましょう。変数xが表す数値について、変数maskを使ってそのビット値の取得、設定、反転などの操作を行っています。

リスト2-26 数値式に対する論理演算

```
標準モジュールModule1
Sub MySub()

    Dim x As Long: x = 8 + 0 + 2 + 1 '→1011
    Dim mask As Long: mask = 0 + 4 + 2 + 1 '→0111

    Debug.Print x And mask '3 → 0011
    Debug.Print x Or mask '15 → 1111
    Debug.Print x Xor mask '12 → 1100

End Sub
```

2-3-5 ▸ 演算子の優先順位

式の構成要素に複数の演算子が含まれている場合、あらかじめ定められた順序で各演算が実行され評価されます。この順序を、演算子の優先順位といいます。

演算子の種類では、優先度の高い順から算術演算子、連結演算子、比較演算子、論理演算子という順序になります。同じ種類の演算子どうしでも優先順位が決められています。表2-11にまとめます。

表2-11 演算子の優先順位

種類	優先順位	演算子	説明
算術演算子	1	^	べき乗
	2	-	符号の反転
	3	*、/	乗算・除算
	4	¥	整数除算
	5	Mod	剰余
	6	+、-	加算・減算
連結演算子	7	&	文字列の連結
比較演算子	8	<、<=、>、>=、=、<>、Is、Like	未満、以下、より大きい、以上、等しい、等しくない、オブジェクト参照、文字列のパターンマッチ
論理演算子	9	Not	論理否定
	10	And	論理積
	11	Or	論理和
	12	Xor	排他的論理和
	13	Eqv	論理同値
	14	Imp	論理包含

　優先順位が同列の場合は、左から右へ順に評価されます。丸かっこ〔()〕で囲んだ範囲は、その範囲の演算を他の演算よりも先に評価をさせることができます。

　2章では、式とその構成要素、またその評価された結果が持ち得るデータ型について解説をしてきました。式は構成要素の組み合わせにより、それこそ無限ともいえるパターンで作成することができますから、複雑に思えるかもしれません。しかし、どんな複雑な式も、最終的にはたった1つの値に評価されます。そして、その評価のルールの多くについては本章の内容で説明がつくはずです。

　VBAの体系の中で最小の部品となる式が理解できたならば、その式を構成要素とするステートメントの学習が容易になるはずです。次章では、そのステートメントについて見ていくことにしましょう。

3章

ステートメント

VBAプログラムは「ステートメント」に完全に分解することができ、それが実行の単位となります。ここでは、ステートメントについての基礎知識とともに、宣言や代入といったいくつかの重要なステートメントについて学んでいきましょう。

3-1 ステートメントとは

3-1-1 ▶ ステートメントとその分類

VBAではマクロを実行すると、記述されたコードの上から順番に命令が実行されていきます。その命令の一つひとつを**ステートメント**といいます。多くのステートメントは改行を挟まずに1行で記述しますが、フロー制御ステートメントやプロシージャの宣言など、複数行で記述するステートメントもあります。

すべてのVBAプログラムは、1つ以上のステートメントで構成されており、完全にステートメントに分解することができます。

VBAのステートメントは、表3-1に示す3種類に分類されています。

表3-1 ステートメントの分類

名称	説明	例
宣言ステートメント	変数、定数、プロシージャなどに名前をつけて定義する	Dim x As Long Const X As Long = 10
代入ステートメント	変数やプロパティに値を代入する	x = 10 Set wb = Workbooks.Add
実行可能ステートメント	何らかの動作を開始する	Debug.Print x Workbooks.Add

宣言ステートメントと代入ステートメントについては、それらに含まれるステートメントの種類はあまり多くはありませんが、一方で使用頻度が高いものが含まれます。実行可能ステートメントは、分岐や反復などのフロー制御をするためのもの、関数やメソッドの実行など、その数は豊富です。

なお、これらの分類は完全に独立しているわけではありません。「Set wb = Workbooks.Add」のように、実行可能ステートメントを含む代入ステートメント、「Const X As Long = 10」のように、代入ステートメントを含む宣言ステートメントも存在していますので、ご注意ください。

本章では、宣言ステートメントのいち部分と代入ステートメントについて解説をしていきます。本章以降について、フロー制御ステートメントは4章、プロシージャの宣言に関するステートメントは

5章でそれぞれ紹介をします。

Microsoftの公式ドキュメントでは、「1種類の処理、宣言、または定義を表す、構文的に完全な単位。」と定義されている一方で、「ステートメント | Microsoft Docs」に列挙されている項目から、一部の命令のみをステートメントという、狭い範囲の定義を読み取ることができます。ですから、いくつかの文献では「値を返さない命令」のことをステートメントと定義していることがありますが、本書では、前者の定義を採用し「すべての命令」をステートメントの定義として進めます。

3-1-2 ▶ ステートメントの記述

ステートメントはその種類に応じて、キーワード、式、記号などで構成された決められた構文で記述します。例として、リスト3-1をご覧ください。

リスト3-1 ステートメント

```
標準モジュールModule1
Sub MySub() ─❶

    Dim i As Long ─❷
    For i = 1 To 10 ─❸
        Debug.Print i ─❹
    Next i ─❸

End Sub ─❶
```

このマクロをステートメントに分解すると、❶～❹の4つのステートメントに分解することができます。Subステートメント、Dimステートメント、For～Nextステートメント、Debug.Printステートメントです。それぞれの構文があり、その通りに記述する必要があります。

多くは、❷や❹のように1行で完結するものですが、❶や❸のように宣言やフロー制御を行うステートメントには、複数行で構成するものや、その間にいくつかのステートメントを挟むような記述をするものもあります。

別のステートメントを記述する場合は、改行して別の行に記述するのが基本ですが、コロン記号(:)を用いることで、1行に複数のステートメントを記述することができます。リスト3-2のように、変数の宣言と初期化を1行にまとめることで可読性を高めることができます。また、リスト3-3のようにフロー制御ステートメントを1行にまとめることで、イミディエイトウィンドウでの実行も可能になります。

リスト3-2 変数の宣言と代入を1行に記述

```
Dim message As String: message = "Hoge"
```

リスト3-3 For~Nextステートメントを1行に記述

```
For i = 1 To 10: Debug.Print i: Next i
```

　また、半角スペースとアンダースコアの組み合わせ（ _ ）を使用すると、ステートメントの途中で改行を加えることができます。これを行連結文字といいます。リスト3-4のように、コード行が長くなってしまった場合に、可読性を高めるテクニックとして有効です。

リスト3-4 行連結文字

```
x = WorksheetFunction.SumIfs( _
    ws.Range("F:F"), _
    ws.Range("B:B"), ws.Cells(i, 2).Value, _
    ws.Range("C:C"), ws.Cells(i, 3).Value _
)
```

3-1-3 ▣ 構文の表記規則

　本書では、様々なステートメントの構文を紹介しますが、構文の表記に用いられている単語の役割や、構成の仕方について、書体や記号などの表記規則で表しています。表3-2に表記規則についてまとめていますので、確認をしておきましょう。なお、この表記規則は、Microsoft公式ドキュメントの表記規則に準拠しています。

表3-2 構文の表記規則

表記例	説明
Sub、If、Debug、Print、True	太字で先頭が大文字の単語は、VBA固有のキーワードを表します
0、1	そのとおりに入力すべき単語は、太字で表します
object、*varname*、*arglist*	斜体の単語は、ユーザーが何らかの情報を入力する箇所を表します
[*expressionlist*]	角かっこ([])内の項目は省略可能であることを表します
{While|Until}	波かっこ({})内のパイプ記号(|)で区切られたいずれかを選択して記述することを表します
[Public|Private]	角かっこ([])内のパイプ記号(|)で区切られたいずれかを選択するか、もしくは両方共省略可能であることを表します

3-2 スコープ

3-2-1 ▣ スコープの種類

　宣言ステートメントは、変数、定数、プロシージャなどを定義するステートメントです。宣言ステートメントを記述することで、その定義した対象を使用することができます。

　ただし、その宣言ステートメントの記述する場所や、記述内容に応じて、それらを参照したり、呼び出したりできる範囲が制限されます。その使用できる範囲のことを**スコープ**といいます。スコープは、適用範囲や可視性などとも呼ばれます。VBAには、表3-3のように3種類のスコープがあります。

表3-3 スコープの種類

スコープ	説明
プロシージャレベル	宣言されたプロシージャ内でのみ使用できる
プライベートモジュールレベル	宣言されたモジュール内でのみ使用できる
パブリックモジュールレベル	宣言されたモジュール以外の他のモジュールから使用できる

プライベートモジュールレベルとパブリックモジュールレベルをあわせて、**モジュールレベル**と呼びます。

また、列挙型およびプロシージャに関しては、プロシージャ内で宣言することができませんので、プロシージャレベルのスコープは存在していません。宣言する対象と、指定できるスコープの種類の対応について、表3-4にまとめています。

表3-4 宣言の対象と指定できるスコープ

宣言する対象	プロシージャレベル	プライベート モジュールレベル	パブリック モジュールレベル
変数	○	○	○
定数	○	○	○
列挙型		○	○
プロシージャ		○	○

> **Memo** パブリックモジュールレベルのスコープは、既定では同一プロジェクト内に限定されます。ただし、参照設定などを行うことで、他のプロジェクトからもアクセスを可能とすることができます。その方法については7章で詳しく解説します。

3-2-2 ▶ 宣言セクション

モジュールレベルで宣言する際の宣言ステートメントは、モジュールの宣言セクションと呼ばれるエリアに記述をします。宣言セクションは、図3-1に示すとおり、モジュールの先頭のプロシージャよりも上の領域のことで、宣言ステートメントやモジュール全体に関わるステートメントを記述します。

図3-1 宣言セクション

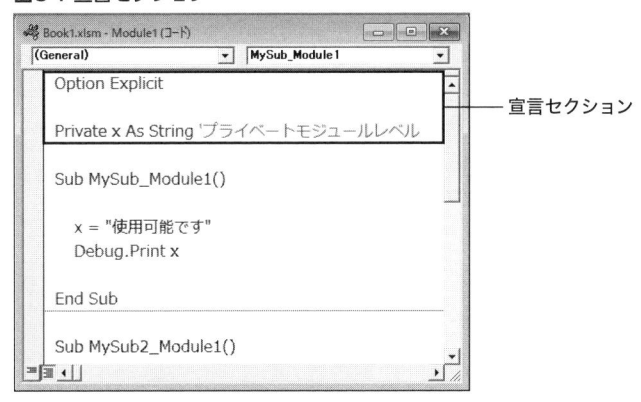

宣言セクション

3-2-3 ▶ プロシージャレベル

変数を例に、その変数の使用できる範囲について見ていきましょう。

まず、プロシージャレベルの変数ですが、プロシージャ内でDimステートメントを使用して宣言した変数は、プロシージャレベルの変数となります。変数を使用するなら、多くの場合でプロシージャレベルの変数が使用されます。

プロシージャレベルの変数がどの範囲から使用できるかについて、リスト3-5で検証をしていきます。標準モジュールは、VBEのメニューから「挿入」→「標準モジュール」を選択することで挿入可能ですので、Module1とModule2の2つのモジュールを用意してコードを入力してください。

リスト3-5 プロシージャレベルの変数

```
標準モジュールModule1
Sub MySub_Module1()

    Dim x As String 'プロシージャレベル

    x = "使用可能です"
    Debug.Print x

End Sub

Sub MySub2_Module1()

    x = "使用可能です" '※コンパイルエラー
    Debug.Print x

End Sub

標準モジュールModule2
Sub MySub_Module2()

    x = "使用可能です" '※コンパイルエラー
    Debug.Print x

End Sub
```

変数xはプロシージャレベルの変数です。自身の宣言ステートメントであるDimステートメントが記述されているSubプロシージャ MySub_Module1では、プロシージャの実行をすることができ、イミディエイトウィンドウに「使用可能です」と出力されます。つまり、変数xの使用が可能です。

一方で、同じModule1に記述されているSubプロシージャ MySub2_Module1を実行しようとすると、図3-2のように「変数が定義されていません」というコンパイルエラーとなります。変数xは他のプロシージャからすると、見ることができないもの、存在していないものという扱いになっているのです。

図3-2 スコープ外からのアクセス

Module2に記述したSubプロシージャ MySub_Module2を実行した場合も同様にコンパイルエラーになりますので、確認をしてみてください。

つまり、プロシージャレベルの変数xのスコープは、図3-3のように宣言されたプロシージャ内がその範囲となります。

図3-3 プロシージャレベルのスコープ

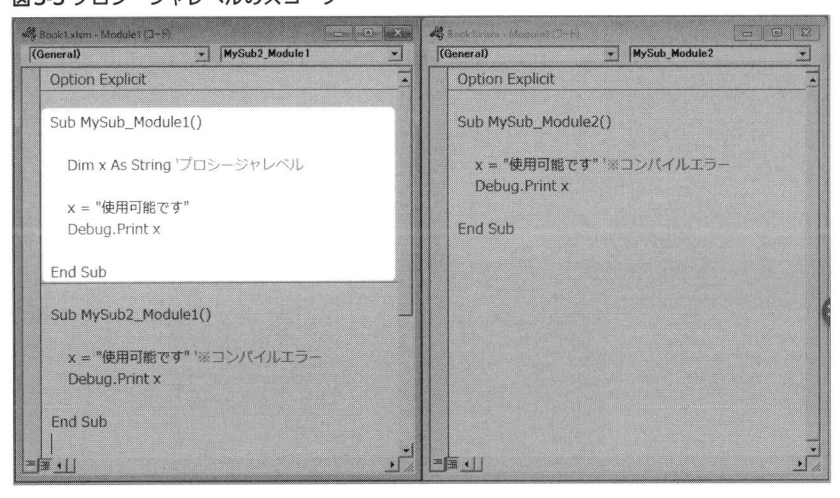

3-2-4 ▷ プライベートモジュールレベル

プライベートモジュールレベルの変数について、その使用可能な範囲を見ていきましょう。リスト3-6をご覧ください。リスト3-5での変数xの宣言を、宣言セクションでのPrivateステートメントに変更をしています。このように宣言された変数は、プライベートモジュールレベルの変数となります。

他の部分はリスト3-5と同一です。

リスト3-6 プライベートモジュールレベルの変数

```
標準モジュールModule1
Private x As String 'プライベートモジュールレベル

Sub MySub_Module1()

    x = "使用可能です"
    Debug.Print x

End Sub

Sub MySub2_Module1()

    x = "使用可能です"
    Debug.Print x

End Sub

標準モジュールModule2
Sub MySub_Module2()

    x = "使用可能です"  '※コンパイルエラー
    Debug.Print x

End Sub
```

Module1に存在しているSubプロシージャ MySub_Module1とMySub2_Module1ではどちらもエラーは出ずに実行をすることができます。一方で、他のモジュールであるModule2のSubプロシージャ MySub_Module2はコンパイルエラーとなります。

つまり、プライベートモジュールレベルのスコープは、図3-4のように宣言されたモジュール内ということになります。

図3-4 プライベートモジュールレベルのスコープ

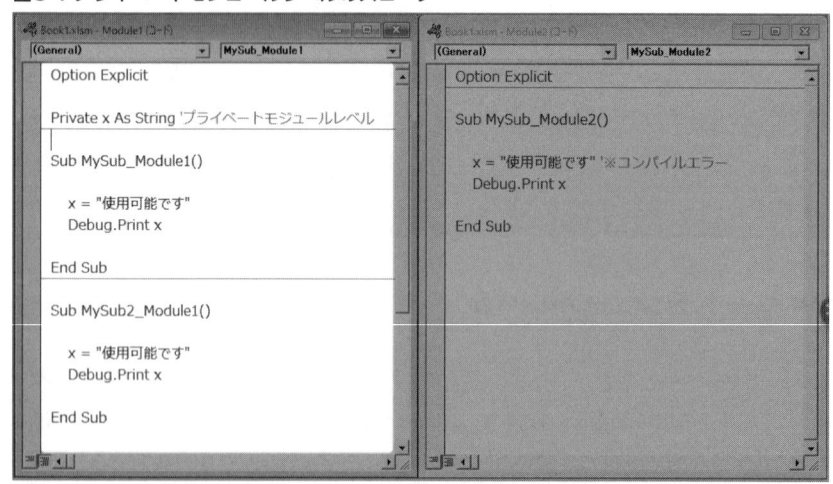

3-2-5 ◨ パブリックモジュールレベル

　パブリックモジュールレベルの変数は、プロジェクト内の他のモジュールからも使用が可能です。それについて、確認していきましょう。リスト3-6の変数xについての宣言を、リスト3-7のようにPublicステートメントに変更をしましょう。宣言セクションにてPublicステートメントで宣言された変数は、パブリックモジュールレベルの変数となります。

リスト3-7 パブリックモジュールレベルの変数

```
標準モジュールModule1
Public x As String 'パブリックモジュールレベル
```

　今回は3つのSubプロシージャについて、いずれもコンパイルエラーが出ずに実行可能です。パブリックモジュールレベルのスコープは、図3-5のようにプロジェクト内のすべてのモジュールとなります。

図3-5 パブリックモジュールレベルのスコープ

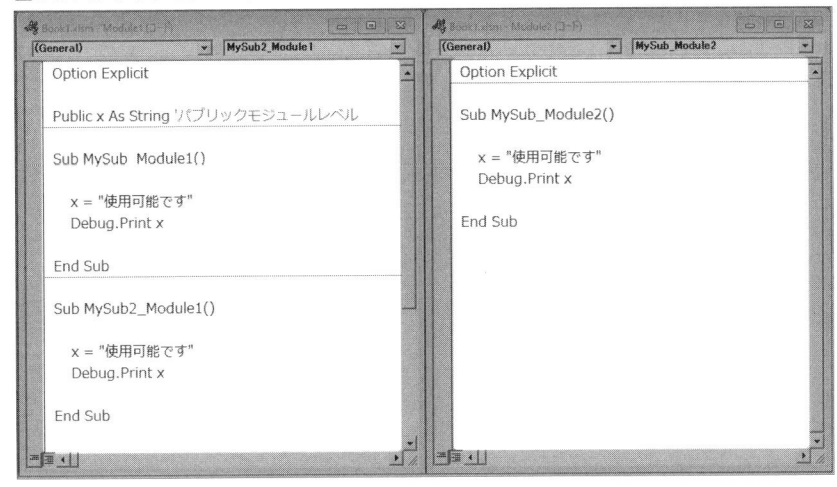

3-2-6 ◨ スコープを絞る重要性

　プライベートモジュールレベルやパブリックモジュールレベルは、その使用できる範囲が広くなるため便利と思われるかもしれませんが、決してそういうことはありません。むしろ、可読性や安全性という点では、スコープはできる限り狭くとるべきです。

　例として、リスト3-8をご覧ください。これは、これまでの例から一部のプロシージャを抜粋したものです。変数xが使用されていますが、この変数のスコープはどの範囲でしょうか。まだ、そのデータ型は何でしょうか。

リスト3-8 宣言ステートメントがない変数

```
Sub MySub2_Module1()

    x = "使用可能です"
    Debug.Print x

End Sub
```

　文脈から、スコープはモジュールレベルのいずれかであるということはわかりますが、プライベートかパブリックかの判断は、ここでは特定することができません。また、データ型はString型のように見えますが、もしかするとVariant型の可能性もありますので、同様に特定することができません。

　このように、目に入る範囲でほしい情報を取得できなくなりますので、スコープを広くとることは可読性の面でデメリットです。

　また、モジュールレベルで宣言した変数について、モジュール内またはプロジェクト内のすべての処理について、管理すべき対象となってしまいます。つまり、どのような状態なのか、どのような影響を与えるかといったことを、常に意識をしなくてはいけなくなります。プロシージャレベルであれば、他のプロシージャからすると存在しないものという扱いになるので、意識から外すことができます。

　したがって、特別な理由がない限りは、スコープは最も狭い範囲に絞るようにしましょう。

　また、同じプロシージャレベルであったとしても、宣言ステートメントは実際に使用する処理の近くに配置するほうが可読性や開発効率の面でメリットがあります。例としてリスト3-9とリスト3-10を見比べてみましょう。

リスト3-9 プロシージャの先頭で宣言

```
標準モジュールModule1
Sub MySub()

    Dim arr As Variant
    Dim x As Long, y As String, z As Date

    arr = Array(10, "Hoge", #1/1/2019#)
    x = arr(0)
    y = arr(1)
    z = arr(2)

    Debug.Print x, y, z

End Sub
```

リスト3-10 使用する処理の直前で宣言

```
標準モジュールModule1
Sub MySub()

    Dim arr As Variant: arr = Array(10, "Hoge", #1/1/2019#)

    Dim x As Long: x = arr(0)
    Dim y As String: y = arr(1)
```

```
    Dim z As Date: z = arr(2)

    Debug.Print x, y, z

End Sub
```

どちらのほうが読みやすいでしょうか。リスト3-9のほうは、登場する4つの変数に値を代入する際に、そのデータ型を意識化に呼び戻さなくてはいけないという点に負荷を感じないでしょうか。一方で、リスト3-10であれば、宣言した直後に代入がされるので、その負荷は感じないはずです。

この例は、コードのステップ数も少ないですが、よりステップ数や扱う変数が多いような複雑なプロシージャになれば、この負荷は高まっていきます。また、変数の型を確認するために、画面をスクロールする回数も増えますので、効率も損なうことになります。

スコープレベルが同じであったとしても、さらにその内部の暗黙的に存在するスコープによって可読性や開発効率が左右されます。この点も意識して、宣言ステートメントを使用することで、楽にVBAの開発を進められるようになるはずです。

3-3 識別子とネーミング

3-3-1 ▶ 識別子の命名規則

宣言ステートメントは、変数、定数、プロシージャなどを定義するものですが、もう一つ重要な役割を持っています。それは、名前をつけるという役割です。プロシージャの宣言の際には、プロシージャ名のほかに、プロシージャで使用する引数の命名もします。それら、宣言ステートメントで命名する名前のことを識別子といいます。

VBAでは、識別子の命名についてのいくつかのルール、すなわち命名規則があります。

・数字や記号ではじめることはできない

・アンダースコア以外の記号、空白は使用できない

・長さは255文字以内

・予約語は使用できない

・同じレベルのスコープ内で同じ名前を重複して使用できない

予約語というのは、VBAで特別な意味を持つキーワードとしてあらかじめ定められたものです。たとえば、変数の宣言の際に使用する「Dim」や、分岐処理に使用する「If」「Then」、ブール値を表す「True」「False」などです。

VBEでは大文字と小文字は区別されません。また、アルファベットや数字の全角文字や半角文字は区別されません。この点の確認のために、リスト3-11について、イミディエイトウィンドウで実行してみましょう。

リスト3-11 識別子の区別

```
abc = "Hoge"
? Abc
? abC
? ａｂｃ
? ＡＢＣ
```

　いずれの出力も「Hoge」となるはずです。コードウィンドウでは全角のアルファベットや数字は半角に自動で変換されます。

　また、「dim」「ｉｆ」など、予約語を小文字表記にしたり、全角文字にしたりしても使用することはできません。

3-3-2 ▶ ネーミングの方針

　以上の命名規則ルールさえ守っていれば、識別子の命名は自由です。たとえば、最初の文字だけアルファベットで数字が数桁という「ID」のようなものや、ひらがなや漢字を用いた日本語でのネーミングも可能です。VBAの識別子のネーミングは自由度が高く、多くの選択肢があるのです。

　ただし、そのネーミングの仕方は、コードの可読性や開発効率に大きく影響を与えるということを念頭に置いておく必要があります。名前はその中身を表現する貴重な情報になりますから、その情報量が多く、かつ読みやすいネーミングが理想です。以下のポイントを参考にネーミングをするとよいでしょう。

- ・中身や役割がわかるような情報密度の高い名前をつける
- ・とくに理由がない限りはアルファベットによる英単語を使用する
- ・変数にはキャメル記法、モジュールやプロシージャ、メソッドおよびプロパティにはパスカル記法、定数にはアッパースネーク記法を使う
- ・変数やプロパティには名詞、SubプロシージャやFunctionプロシージャおよびメソッドは動詞のワードからはじめる
- ・配列やコレクションの変数名は複数形にする
- ・VBAですでに定義されているオブジェクトやそのメンバー、定数などに使われているものは避ける

　ここで登場した3つの記法について補足しておきましょう。

　キャメル記法は、1つ目の単語の頭文字を小文字に、かつ複数の単語を連結した場合に、2つ目以降の単語の頭文字を大文字にするという記法で、プロシージャ内の変数などによく用いられています。たとえば、lastRow、userNameなどです。

　キャメル記法の1つ目の単語の頭文字を大文字にすると、それはパスカル記法になります。たとえばSetValueやEndOfMonth、IsClearなどです。プロシージャ、モジュール、メソッド、プロパティなどにはパスカル記法が用いられることが多いです。

アッパースネーク記法は、すべての単語を大文字にし、単語をアンダースコア(_)で連結するというもので、TAX_RATE、TARGET_URLなどです。この記法は、定数によく用いられます。

　これらの記法を使用することは、識別子の役割を判別する助けになり、VBEの自動変換機能が動作するかどうかによるスペルミスの発見にもつながります。

　実際のコーディングにおいて、前述のポイントを常に必ず守らなくてはいけないというわけではありません。場合によって、日本語の識別子が有効なこともあります。大切なのは、常にどのネーミングが総合的に効果的かを考えて判断するということです。その際に、検討のベースとして、前述のポイントからスタートをするという使い方をお勧めします。

3-4 　変数

3-4-1 ▷ 変数の宣言

　変数は値を格納できる名前付きの保存場所で、その内容はプログラム内で変更をすることができます。変数を使用する際に、その名前を付けメモリを割り当てることを、変数の宣言といいます。

　変数はそのスコープに応じて、記述する場所や使用するステートメントが異なります。

　プロシージャレベルの変数を宣言するには、使用するプロシージャ内でDimステートメントを使用します。プロシージャレベルの変数をローカル変数とも言います。**Dim**キーワードに続いて、変数名*varname*を指定することで、以降の手続きの中で*varname*を変数として指定できるようになります。

```
Dim varname [As type]
```

　Asキーワードに続く*type*は、LongやStringといったデータ型を指定しますが、構文的には省略可能です。省略した場合、宣言した変数のデータ型はVariant型になります。2-2でお伝えしたとおり、Variant型の乱用は予期しないエラーや可読性の低下の要因になるので避けるべきです。

　リスト3-12に、プロシージャレベル変数の宣言の例を記載しています。Stopステートメントで中断しているときに、ローカルウィンドウでその値や型を確認してみましょう。

リスト3-12プロシージャレベル変数の宣言

```
標準モジュールModule1
Sub MySub()

    Dim msg As String
    Dim x As Long, y As Long
    Stop

End Sub
```

変数xと変数yを宣言しているように、カンマ区切りで連続して記述することで、複数の変数を同時に宣言することが可能です。ただし、「x, y As Long」とすると変数xの値がEmpty値に、データ型がVariant型になっていることを確認できるはずです。カンマ区切りで宣言するときも、すべての変数について型を指定するようにしましょう。

プライベートモジュールレベルの変数を宣言するには、使用するモジュールの宣言セクションでPrivateステートメントを使用します。なお、プライベートモジュールレベルの変数は、プライベート変数ともよばれます。

```
Private varname [As type]
```

パブリックモジュールレベルの変数は、いずれかのモジュールの宣言セクションでPublicステートメントを使用します。なお、パブリックモジュールレベルの変数は、パブリック変数ともよばれます。

```
Public varname [As type]
```

いずれのステートメントについても、変数名varname、データ型typeの指定については、Dimステートメントと同様です。また、モジュールレベルで宣言された変数をモジュール変数といいます。

リスト3-13はプライベート変数とパブリック変数の宣言の例です。ブレークモードでローカルウィンドウを確認し、それぞれの変数の値や型について確認してみましょう。

リスト3-13 プライベート変数とパブリック変数の宣言

```
標準モジュールModule1
Public msg As String
Private x As Long, y As Long

Sub MySub()

    Stop

End Sub
```

> **Memo** 宣言セクションでDimステートメントを用いて変数を宣言すると、その変数はプライベート変数となります。ただ、プライベート変数であることを明示するために、そのことがひと目でわかるPrivateステートメントを使用することをおすすめします。

3-4-2 ▶ 変数の宣言を強制する

VBAでは変数の宣言をするかどうかはユーザーに委ねられています。その場合、宣言をされていない変数はすべてVariant型として取り扱われます。変数の宣言をせずに使用することは、データ型

が不定なことによる予期しないエラーの発生だけでなく、スペルミスや可読性の低下を招くことにつながります。

そのようなことを防ぐために、Option Explicitステートメントを記述して、変数の宣言を強制することができます。

```
Option Explicit
```

Option Explicitステートメントは、モジュールの宣言セクションに記述する必要があります。記述したモジュール内では、変数の宣言が強制されます。

VBEでは、「変数の宣言を強制する」のオプション設定をすることで、デフォルトでOption Explicitステートメントが挿入されるようにできます。

VBEの「ツール」メニューから「オプション」を選択し、「オプション」ダイアログ内の「編集」タブで「変数の宣言を強制する」にチェックを入れます（図3-6）。これで、新たに作成したモジュールの上部に「Option Explicit」が入るようになります。

図3-6「オプション」ダイアログで変数の宣言を強制する

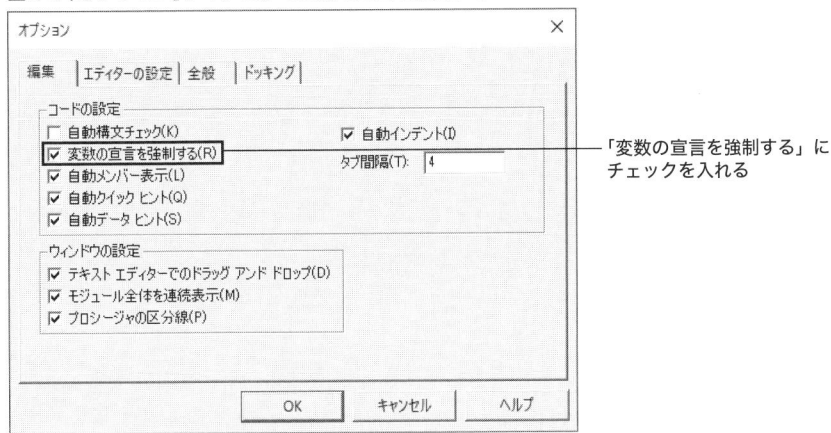

「変数の宣言を強制する」に
チェックを入れる

3-4-3 ▶ 変数の有効期間

変数は宣言をすると、そのための領域がメモリ上に確保されます。その確保された領域は、いずれかのタイミングで解放されますので、それまでの間が変数を使用できる期間となります。その変数を使用できる期間を、有効期間といいます。

プロシージャレベル変数の場合は、宣言からプロシージャの終了までがその有効期間となります。プロシージャが終了すると、変数の割り当てはメモリから解放され、その値は破棄されます。実際に、スコープ外で使用することはありませんので、プロシージャレベル変数を使用している場合に、有効期間が問題になることはほぼありません。

ただ、プロシージャレベル変数について、プロシージャ終了後にも値を保持しておきたいときには、

Staticステートメントを使うという方法があります。以下のStaticステートメントを使って変数を宣言すると、プロシージャが終了後も値を保持することができます。

```
Static varname [As type]
```

変数名varname、データ型typeの指定については、Dimステートメントと同様です。なお、Staticステートメントは宣言セクションで使用することはできません。

Staticステートメントの使用例としてリスト3-14をご覧ください。

リスト3-14 Staticステートメント

```
標準モジュールModule1
Sub MySub()

    Static x As Long
    x = x + 1
    Debug.Print "x:", x

End Sub

Sub MySub2()

    Stop

End Sub
```

Subプロシージャ MySubを実行するたびに、イミディエイトウィンドウのxの値が1ずつ増加していくことがわかります。つまり、プロシージャが終了してもその値が保持されているということです。Subプロシージャ MySubを何回か実行した後に、Subプロシージャ MySub2を実行して、中断時のローカルウィンドウを見てみましょう。

図3-7 Staticステートメントのスコープ

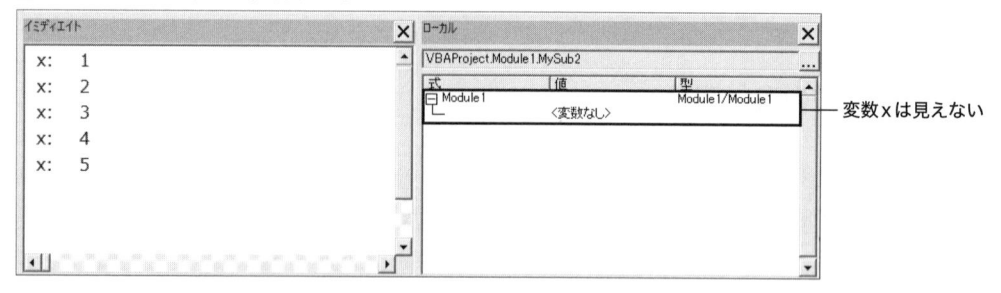

図3-7は、その際のイミディエイトウィンドウとローカルウィンドウの様子です。変数xの値は5という値が保持されているはずですが、MySub2実行時にローカルウィンドウでその値を確認することができません。つまり、変数xのスコープは引き続きプロシージャレベルということになります。したがって、Staticステートメントはプロシージャレベルのスコープのまま、有効期間を変更したいときに使用することになります。

なお、Static ステートメントによる変数の有効期限は、その記載されているモジュールがメモリ上に割り当てられている間となります。しかし、標準モジュールの場合は以下のケースなどでリセットされますので注意が必要です。

- ・Excelブックを閉じたとき
- ・モジュールを変更したとき
- ・実行時エラーが発生したとき

　たとえば、標準モジュールModule1に新たなSubプロシージャやプライベート変数またはパブリック変数を宣言するステートメントを追加したり、別のモジュールを追加したりした後に、リスト3-14を再実行してみてください。変数xの値がリセットされることが確認できるはずです。

　プライベート変数とパブリック変数の有効期間についてはどうでしょうか。
　これらについては、Staticステートメントによる有効期間と同様、そのモジュールがメモリ上に割り当てられている間が有効期間であり、その間は変数の値は保持されます。
　ただし、標準モジュールについてはStaticステートメントによる変数と同様のルールが適用されているように見受けられます。リスト3-15をご覧ください。

リスト3-15 プライベート変数の有効期間

```
標準モジュールModule1
Private x As Long


Sub MySub()

    x = x + 1
    Debug.Print x

End Sub


Sub MySub2()

    Dim y As Long
    y = "hoge"

End Sub
```

　SubプロシージャMySubを複数回実行すると、変数xの値が1ずつ増加していく様子を確認できます。その後に、モジュールにプロシージャを追加するなどの変更を加えたり、新たなモジュールを挿入したり、SubプロシージャMySub2を実行して実行時エラーを発生させたりします。再度、SubプロシージャMySubを実行すると、変数xの値がリセットされていることを確認できるはずです。

> **Memo** Staticステートメントによる変数の有効期間のリセット条件は、Microsoftサポートの「Visual Basic for Applicationsの変数の適用範囲」で確認しています。標準モジュールのパブリック変数およびプライベート変数の有効期間のリセット条件については、Microsoftの公式ドキュメントでは明記されていませんが、その動作のようすから同じルールが適用されているのではないかと予想しています。
>
> いずれにしても、標準モジュールにおける変数の値の保持については完全に信頼をすることはせずに、何らかのきっかけで失われる可能性があるという前提で使用することをおすすめします。長期的に値を保存したいのであればExcelシート上のセルを使用するのが手軽かつ信頼性が高い方法です。
>
> なお、クラスモジュールの場合はインスタンスが破棄されるまで、フォームモジュールの場合はフォームが閉じられるまでがその有効期間となります。

3-5 代入

3-5-1 ▶ 2種類の代入

　代入とは、「変数やプロパティに値を格納すること」、そしてその代入の方法は「変数 = 値」と紹介されていることが多いでしょう。この説明は間違いではありませんが、ここにもVBAの「やさしさ」が影響をして、勘違いを生じさせる可能性のある要因が含まれています。

　まず、VBAにおいて変数への代入ステートメントは2種類あります。つまり、その定義は1種類ではないのです。1つは、一般的に説明されている「変数やプロパティに値を格納する」代入です。もう1つが「変数やプロパティにオブジェクト参照を格納する」代入です。つまり、値を格納するか、オブジェクト参照を格納するかで使用するステートメントが異なります。

　代入がプログラミングにおいて、頻繁に使用する重要な処理であることは疑いの余地はありません。そして、これらたった2つについて理解をするのにさほど労力は要しませんので、ぜひここで正しい知識を身につけておきましょう。

3-5-2 ▶ 値の代入

　値の代入から見てきましょう。変数やプロパティに値を代入するには、Letステートメントを使用します。以下のように、Letキーワードに続いて、変数名*varname*、イコール記号（=）、そして式*expression*を記述します。リスト3-16に使用例を記載しています。

```
[Let] varname = expression
```

リスト3-16 値の代入

```
標準モジュールModule1
Sub MySub()
```

```
    Dim num As Long: Let num = 10
    Dim message As String: Let message = "Hoge"

    Debug.Print num
    Debug.Print message

End Sub
```

Letステートメントの構文では**Let**キーワードが角かっこ（[]）で囲われています。これは、構文として省略可能であることを表します。省略して記述すると、以下のように一般的に知られている代入文となるわけです。

varname = *expression*

つまり、リスト3-16は、ほとんどの場合においてリスト3-17のように記述されます。

リスト3-17「Let」を省略した値の代入

```
標準モジュールModule1
Sub MySub()

    Dim num As Long: num = 10
    Dim message As String: message = "Hoge"

    Debug.Print num
    Debug.Print message

End Sub
```

ここでは、一般的に語られている代入文はLetステートメントの「Let」を省略したものであること、そして後述するSetステートメントと同様に、ステートメントの一種であるということを押さえておいてください。

3-5-3 ▶ オブジェクト参照とは

Letステートメントを使ってオブジェクトの代入をすることはできません。たとえば、リスト3-18のように、オブジェクトを代入しようとすると、図3-8に示すような実行時エラーが発生します。

リスト3-18オブジェクトの代入

```
標準モジュールModule1
Sub MySub()

    Dim x As Workbook
    x = ThisWorkbook
    Debug.Print x.Name

End Sub
```

図3-8 Letステートメントでオブジェクトを代入したときの実行時エラー

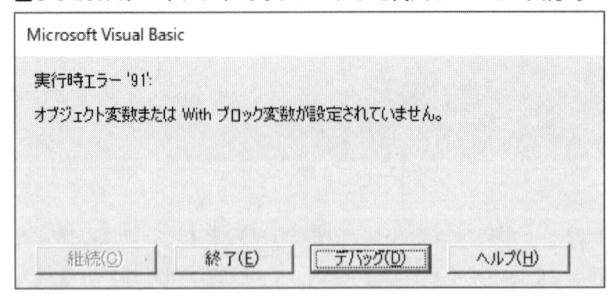

Microsoft Visual Basic

実行時エラー '91':

オブジェクト変数または With ブロック変数が設定されていません。

| 継続(C) | 終了(E) | デバッグ(D) | ヘルプ(H) |

なぜ、他の値と同様に格納ができないのでしょうか。その理由をメモリの様子を見ながら探っていきましょう。まず、参考として数値を変数に代入するときのことを考えましょう。リスト3-19を実行するときを考えます。

リスト3-19 数値の代入

```
標準モジュールModule1
Sub MySub()

    Dim x As Long
    x = 10
    Debug.Print x

End Sub
```

Dimステートメントでは、メモリ領域としてLong型の容量分が確保され、変数xはそのメモリの内容を指し示すように設定されます。便宜上、そのアドレスを（001）としましょう。続く、代入ステートメント「x=10」で、10という値が生成されて、xが指し示すアドレス（001）に格納されます（図3-9）。

図3-9 メモリ上の変数と数値

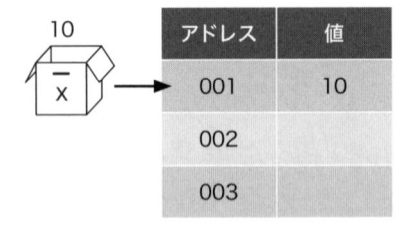

10
x

アドレス	値
001	10
002	
003	

　一方で、リスト3-18を追いながら、現在開いているWorkbookオブジェクトを変数として取り扱いをしたいときを考えましょう。まず、「Dim x As Workbook」で、xが指し示すメモリ領域が確保されます。それをアドレス（001）としましょう。

　しかし、xに代入したいオブジェクトはThisWorkbook、つまり現在マクロを記述しているワークブックですから、既に存在しています。ということは、図3-10のようにメモリ上の別のアドレスに既に展開されているのです。そのアドレスを（101）とします。

図3-10 メモリ上の変数とオブジェクト

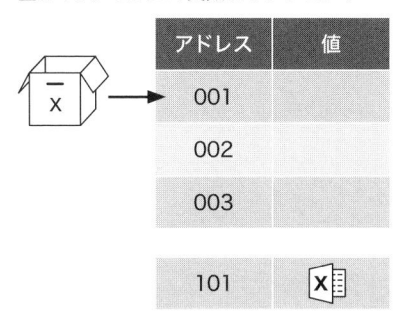

アドレス	値
001	
002	
003	
101	

　そこで、オブジェクトを変数として取り扱う場合は、変数にオブジェクトそのものではなく、オブジェクトが存在するメモリ領域を指し示すアドレスを格納するという手段が用意されています。そのアドレスを参照値といいます。図3-11のように、xが指し示すアドレス（001）には、目的とするオブジェクトが存在するアドレス（101）への参照値が格納され、それを経由して対象のオブジェクトを操作するという仕組みです。

図3-11 オブジェクト変数とその参照

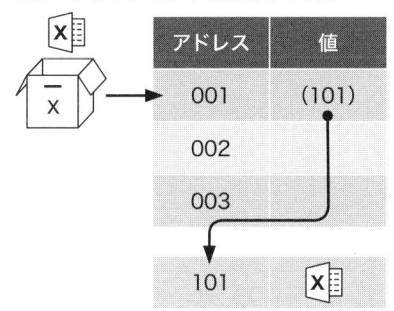

アドレス	値
001	(101)
002	
003	
101	

　つまり、VBAではオブジェクト自体を変数に代入することはせずに、オブジェクトの参照値を変数に代入することで、オブジェクト自体を操作しているような振る舞いを実現しています。そして、オブジェクトの参照値を代入する変数はオブジェクト変数といいます。

　オブジェクト変数は、数値や文字列を代入する変数と同様にDimステートメントで宣言をすることができますが、その仕組みは異なるものであるということを念頭に置いておきましょう。

3-5-4 ▶ オブジェクト参照の代入

　オブジェクト参照を代入するためのステートメントとして、Setステートメントが用意されています。以下のように、Setキーワードに続いて、オブジェクト変数名*objectvar*、イコール記号（=）、そしてオブジェクト式*objectexpression*を記述します。

```
Set objectvar = objectexpression
```

リスト3-20はその使用例です。実行すると、ThisWorkbookのブック名と、アクティブセルのアドレスがイミディエイトウィンドウに出力されるだけのコードですが、それぞれのオブジェクトの参照値が、オブジェクト変数に代入されているということを意識するようにしましょう。

リスト3-20 オブジェクト参照の代入

```
標準モジュールModule1
Sub MySub()

    Dim wb As Workbook: Set wb = ThisWorkbook
    Dim rng As Range: Set rng = ActiveCell

    Debug.Print wb.Name
    Debug.Print rng.Address

End Sub
```

よく、Setステートメントによる Nothing の代入が、オブジェクトの破棄と混同されていますが、それは正しくありません。2-2でお伝えしたとおり、Nothingはオブジェクトへの参照がなされていない状態を表す値です。一方で、オブジェクトの破棄はオブジェクト自体がメモリから解放されることですので、異なる事象を表すものです。この点は、オブジェクト変数とオブジェクト参照の代入について理解していれば、明らかに区別がつくようになりますよね。

たとえば、リスト3-21のような手続きを考えてみましょう。

リスト3-21 オブジェクト変数へのNothingの代入

```
標準モジュールModule1
Sub MySub()

    Dim wb As Workbook: Set wb = ThisWorkbook
    Set wb = Nothing

    Debug.Print ThisWorkbook.Name

End Sub
```

変数wbにNothingを代入したとしても、ThisWorkbookつまりWorkbookオブジェクト自体がメモリから解放されるわけではありません。ですから、イミディエイトウィンドウにはThisWorkbookのブック名がきちんと出力されるはずです。

3-6 定数／列挙型

3-6-1 ▷ 定数の宣言

　コード内に消費税率や、列番号などの数値が直接書き込んであるなら、それを**マジックナンバー**または**直値**といいます。マジックナンバーはそれ自体が持つ情報量が少ないため、可読性が低く、その変更の難易度を上げてしまうので好ましくありません。文字列や日付についても同様に、コード内への直打ちは望ましくはありません。そのようなときには、定数や列挙型を使用するとよいでしょう。

　まず、**定数**から解説していきます。定数とは、変数と同様に値を格納できる名前つきの保存場所です。ただし、その値はプログラム内で変更をすることはできません。

　定数の宣言は値の代入も兼ねており、Constステートメントを使用します。

[Public|Private] Const *constname* **[As** *type*] = *expression*

　定数のスコープは、パブリックモジュールレベル、プライベートモジュールレベル、プロシージャレベルから選択できます。パブリックモジュールレベル、プライベートモジュールレベルであれば、Constステートメントを宣言セクションに記述し、それぞれ**Public**キーワードまたは**Private**キーワードを構文の先頭に付与します。いずれのキーワードも省略した場合には、プライベートモジュールレベルとなります。

　プロシージャレベルの場合は、それらのキーワードを使用せずにプロシージャ内で宣言します。

　続いて、**Const**キーワード、定数名*constname*、**As**キーワード、データ型*type*、イコール記号(=)、そして式*expression*を記述します。

　Asキーワードとデータ型*type*は省略可能ですが、その場合VBAが自動で判別した型が設定されます。わかりやすさのために、明示しておいたほうがよいでしょう。

　リスト3-22にConstステートメントの使用例を記載しています。

リスト3-22 定数の宣言

```
標準モジュールModule1
Sub MySub()

    Const X As Long = 10
    Const MESSAGE As String = "Hoge"

    Debug.Print X
    Debug.Print MESSAGE

End Sub
```

　なお、式*expression*には使用できる構成要素に制限があります。使用できるのは、リテラルまたは他の定数、Isを除く演算子のみと決められています。つまり、変数や関数、プロパティなどを使用す

ることはできません。また、結果としてオブジェクト式を構成することができませんので、オブジェクトを定数として宣言をすることはできません。

3-6-2 □ 列挙型の宣言

列挙型とは、定数のグループに名前をつけたものです。列挙型を宣言すると、そのメンバーは定数として使用することができます。ただし、列挙型のメンバーが持てる値は整数値のみです。

また、列挙型を宣言することで、列挙型およびそのメンバーは、自動メンバー表示を使って呼び出すことができます。たとえば、表の列番号や、店舗番号、色指定のパターンなどは、同じグループにしておくことで、その管理がしやすくなりますし、開発効率の向上も期待できます。

列挙型の宣言には、Enumステートメントを使います。列挙型はプロシージャレベルで宣言することはできません。したがって、Enumステートメントは宣言セクションに記述します。

```
[Public|Private] Enum name
    membername [= constantexpression]
    membername [= constantexpression]
    …
End Enum
```

パブリックモジュールレベルにするのであれば**Public**キーワード、プライベートモジュールレベルにするのであれば**Private**キーワードを構文の先頭に付与します。いずれのキーワードも省略した場合は、パブリックモジュールレベルとなります。

Enumキーワードにつづく、*name*が列挙型の名前になります。*membername*が列挙型のメンバーとする要素の名前で、「End Enum」との間に複数指定することができます。*constantexpression*には各メンバーに割り当てる整数を指定します。これは省略ができますが、その場合最初のメンバーであれば0、2つ目以降のメンバーであれば前のメンバーに1を加算した整数が割り当てられます。

Enumステートメントで列挙型を宣言することで、コード内では以下のように各メンバーの値を参照することができます。

```
[name.]membername
```

定数のようにメンバー名*membername*のみで記述することができます。ただし、列挙型名*name*に続いて、ピリオド（.）を用いると、自動メンバー表示を用いてメンバーを指定することができます。

リスト3-23に、表の列番号を列挙型として定義する例を記載しています。

リスト3-23 列挙型の宣言

```
標準モジュールModule1
Private Enum myEnums
    hoge
```

```
    fuga
    piyo
End Enum

Private Enum e
    都道府県 = 1
    県庁所在地
    人口
    面積
End Enum

Sub MySub()

    Debug.Print hoge, fuga, piyo '0  1  2
    Debug.Print e.都道府県, e.人口 '1  3

End Sub
```

　このように列挙型を宣言しておくことで、たとえばCellsプロパティの引数に与える列番号を「e.人口」などと指定することができ、可読性が高まります。また、列構成が変更になる場合も、Enumステートメントの宣言内容を変更するだけで、他のコードを変更する必要はありませんから、柔軟性も高く保つことができるようになります。

3-7 配列

3-7-1 ▶ 配列とは

　変数を使うことで、値に名前をつけて取り扱うことができますが、同種の値をいくつも取り扱いたい場合、それぞれ変数として宣言して管理をするのには手間がかかってしまいます。VBAではそのような値の集合を扱う方法がいくつか提供されていますが、その一つが**配列**です。

　配列は、図3-12のように複数の入れ物が連結しているような構造になっています。

図3-12 配列のイメージ

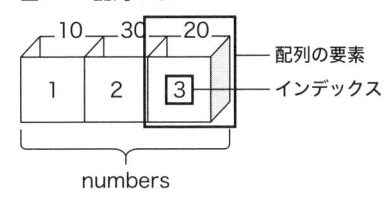

　配列のそれぞれの入れ物を配列の要素といいます。配列の要素には0または1から順番に整数が割り振られており、この整数をインデックスといいます。また、配列の要素の数を要素数またはサイズといいます。

　配列の要素にはそれぞれ異なる値を代入することができますが、そのデータ型は配列全体で統一と

なります。

　VBAの配列には、サイズが固定である固定配列と、サイズを変更することができる動的配列の2種類があります。

3-7-2 ▶ 固定配列の宣言

　まず、固定配列の使い方から見ていきましょう。固定配列を宣言するには、変数と同様にDimステートメント、Privateステートメント、Publicステートメントを用います。プロシージャレベルであれば、プロシージャ内にDimステートメントを、プライベートモジュールレベルまたはパブリックモジュールレベルであれば、宣言セクションにPrivateステートメントまたはPublicステートメントを使用します。宣言セクションにDimステートメントによる宣言をすることもでき、その場合はプライベートモジュールレベルになりますが、わかりやすさのためにPrivateステートメントを使用したほうがよいでしょう。

　単一の変数の宣言と異なる点は、以下のように配列名*varname*の後に丸かっこを付与し、その中にインデックスの下限値と上限値を指定するという点です。

```
Dim varname([lower To] upper) [As type]
```

```
Private varname([lower To] upper) [As type]
```

```
Public varname([lower To] upper) [As type]
```

　配列のインデックスについて*upper*にはその上限値を、*lower*には下限値を指定します。これにより、*lower*から*upper*までのインデックスを持つサイズが固定の配列を配列名*varname*で取り扱うことができるようになります。*lower*は**To**キーワードとともに省略可能です。省略した場合は、後述するOption Baseステートメントの設定値となります。わかりやすさのために明記をしておくとよいでしょう。

　Asキーワードとデータ型*type*は省略することができ、その場合は変数の宣言と同様にVariant型になります。

　このように宣言された配列について、その要素を参照するには、以下のように、配列名*varname*につづいて、丸かっこでインデックス*index*を指定します。

```
varname(index)
```

　配列の各要素については、通常の変数と同様に値の代入や取得を行うことができます。リスト3-24にその使用例を記載します。

```
標準モジュールModule1
Sub MySub()

    Dim numbers(1 To 3) As Long
    numbers(1) = 10
    numbers(2) = 30
    numbers(3) = 20

    Debug.Print numbers(1)
    Debug.Print numbers(2)
    Debug.Print numbers(3)

End Sub
```

 Memo Static ステートメントでも同様に配列の宣言をすることが可能です。

　宣言セクションにOption Baseステートメントを記述すると、そのモジュールでの配列の下限値を設定することができます。指定できる値は0または1で、デフォルトでは0となります。

```
Option Base {0|1}
```

Memo Option Baseステートメントは多くの場合、配列の下限値を1に設定するために使用されます。ParamArrayキーワードを使用して作成した配列の下限値は常に0となりますので注意が必要です。

3-7-3 ▶ 多次元配列

　VBAでは多次元の配列を使用することも可能です。特に、2次元配列はシートの値をデータの集合として取り扱うのに適しており、その場合は1次元目が行を、2次元目が列を表します。

　多次元配列を宣言するには、Dimステートメントの丸かっこ内の下限値*lower*、Toキーワード、上限値*upper*で構成されるインデックス指定を、次元数の分だけカンマ区切りで指定します。Privateステートメント、Publicステートメントも同様です。

　また、多次元配列の要素を参照するには、丸かっこ内のインデックスの指定をカンマ区切りで指定します。図3-13の2次元配列の宣言と参照について、リスト3-25に示しますのでご覧ください。

図3-13 2次元配列

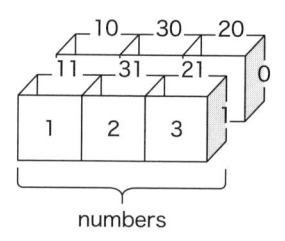

numbers

リスト3-25 2次元配列の宣言

```
標準モジュールModule1
Sub MySub()

    Dim numbers(1, 1 To 3) As Long
    numbers(0, 1) = 10: numbers(0, 2) = 30: numbers(0, 3) = 20
    numbers(1, 1) = 11: numbers(1, 2) = 31: numbers(1, 3) = 21

    Debug.Print numbers(0, 1), numbers(0, 2), numbers(0, 3)
    Debug.Print numbers(1, 1), numbers(1, 2), numbers(1, 3)

End Sub
```

3-7-4 ▶ 動的配列の宣言

　固定配列は一度宣言をしたら、そのサイズを変更することができません。プログラムを実行する中で、配列のサイズを変更したい場合には、動的配列として配列を宣言します。動的配列は、以下のように宣言とサイズの設定を別のステートメントで行います。

1. Dimステートメントでサイズ未定で配列を宣言
2. ReDimステートメントでサイズを設定

　まず、Dimステートメント、Privateステートメント、Publicステートメントによる配列の宣言ですが、以下のように丸かっこ内のインデックスの指定を省略します。

```
Dim varname() [As type]
```

```
Private varname() [As type]
```

```
Public varname() [As type]
```

　その上で、配列の要素数の設定を行う処理として、以下のReDimステートメントを使用します。

```
ReDim [Preserve] varname([lower To] upper)
```

丸かっこ内のインデックス指定は固定配列の宣言時のものと同様で、サイズの下限値*lower*と上限値*upper*を指定します。下限値は省略可能で、省略した場合はOption Baseステートメントの設定にしたがいます。

ReDimステートメントは繰り返しそのサイズを変更可能です。その際、上限値*upper*は減らすこともできますが、その場合に減らされた分の要素とその値は失われます。

また、ReDimステートメントは実行するたびに配列内の値がクリアされますが、**Preserve**キーワードを付与することで、要素に代入済みの値をクリアせずに保持することができます。

リスト3-26に動的配列の使用例を記載しますので、実行して確認をしてみましょう。

リスト3-26 動的配列の宣言とサイズの設定

```
標準モジュールModule1
Sub MySub()

    Dim numbers() As Long

    ReDim numbers(1 To 2) As Long
    numbers(1) = 10: numbers(2) = 30
    Debug.Print numbers(1), numbers(2)

    ReDim Preserve numbers(1 To 3)
    numbers(3) = 20
    Debug.Print numbers(1), numbers(2), numbers(3)

End Sub
```

> **Memo** 配列のサイズの変更は面倒と感じることも多いかもしれません。要素数について柔軟性が求められるデータの集合には、コレクションなどの他の仕組みを使用したほうがよい場合も多いでしょう。

3-7-5 ▶ Variant型の変数と配列

異なるデータ型の値を配列の要素として持ちたい場合、リスト3-27のようにVariant型で宣言をするという方法が考えられます。

リスト3-27 Variant型の配列

```
標準モジュールModule1
Sub MySub()

    Dim values(1 To 3) As Variant
    values(1) = "Bob"
    values(2) = 25
```

```
    values(3) = #1/1/1993#

    Debug.Print values(1), values(2), values(3)

End Sub
```

この場合、リスト3-27はVariant型の変数とArray関数を用いて、リスト3-28のように書き換えることができます。

リスト3-28 Variant型の変数に配列を格納する

```
標準モジュールModule1
Sub MySub()

    Dim values As Variant
    values = Array("Bob", 25, #1/1/1993#)

    Debug.Print values(0), values(1), values(2)

End Sub
```

つまりVariant型の変数は配列として宣言をしなくても、配列を格納できます。その際に、配列のサイズの指定をする必要はありません。生成された配列は動的配列になりますので、ReDimステートメントでサイズの再設定を行うことができます。

リスト3-27に示すVariant型を要素とする配列と同様の方法で、要素へのアクセスが可能です。

> **Memo** Array関数は配列を含むVariant型を返す関数です。10章で改めて紹介します。
> また、セル範囲の値をまとめて配列に取得する場合も同様にVariant型の変数を用いることができます。これについては11章で紹介をします。

3-7-6 ▶ 配列の初期化と解放

配列の消去を行うステートメントとして、Eraseステートメントがあります。以下のように**Erase**キーワードに続いて、*arraylist*として配列をカンマ区切りで指定します。

```
Erase arraylist
```

Eraseステートメントは、その対象が固定配列か動的配列かによって、動作が異なります。固定配列の場合は、その要素がデータ型に応じて初期化されますが、確保しているメモリが解放されるわけではありません。一方、動的配列の場合は、確保しているメモリが解放されます。解放した動的配列を再度使用する場合には、ReDimステートメントを使用して配列のサイズを再設定する必要があります。

リスト3-29を用いて、固定配列と動的配列とそれぞれにEraseステートメントを使用した際の様子

を確認してみましょう。

リスト3-29 配列の初期化と解放

```
標準モジュールModule1
Sub MySub()

    Dim staticArray(1 To 3) As Long
    staticArray(1) = 10: staticArray(2) = 30: staticArray(3) = 20

    Dim dinamicArray() As Long
    ReDim dinamicArray(1 To 3)
    dinamicArray(1) = 11: dinamicArray(2) = 31: dinamicArray(3) = 21

    Erase staticArray, dinamicArray
    Stop

End Sub
```

　Stopステートメントによるブレークモード時のローカルウィンドウの様子が図3-14になります。配列staticArrayは各要素の領域が確保されたまま値のみが初期化されています。一方、配列dinamicArrayは要素の領域自体が解放されていることが確認できます。

図3-14 固定配列の初期化と動的配列の解放

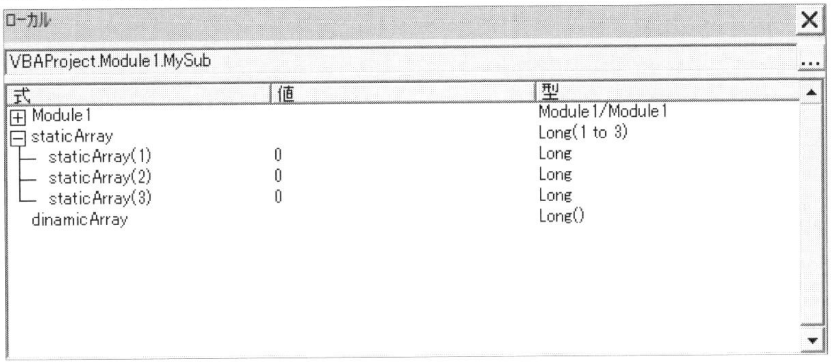

3-8 ユーザー定義型

　VBAでは、複数のデータ型を組み合わせてユーザーが自由にデータ型を定義することができます。それを**ユーザー定義型**といいます。たとえば、名前、年齢、生年月日といった異なるデータ型をまとめてユーザー定義型としておくと、管理がしやすくなります。また、ユーザー定義型を宣言すると、自動メンバー表示の候補になります。

　ユーザー定義型を宣言するには、以下のTypeステートメントを使用します。ユーザー定義型はプロシージャレベルでは宣言することができませんので、Typeステートメントは宣言セクションに記述します。

```
[Private|Public] Type varname
    elementname[([lower To] upper)] As type
    elementname[([lower To] upper)] As type
    …
End Type
```

パブリックモジュールレベルにするのであればPublicキーワード、プライベートモジュールレベル
にするのであればPrivateキーワードを構文の先頭に付与します。いずれのキーワードも省略した場
合は、パブリックモジュールレベルとなります。

varnameがユーザー定義型の名前となります。elementnameはユーザー定義型の要素の名前で、
「End Type」との間に複数指定することができます。ユーザー定義型の要素は配列とすることもでき
ますので、その場合は丸かっこ内のそのインデックスの下限値lower、上限値upperの指定を行います。
typeには各要素のデータ型を指定します。

このように宣言したユーザー定義型は、Dimステートメントで変数を宣言する際のデータ型として
指定することができます。

ユーザー定義型をデータ型とした変数は、以下のように、変数名nameに続いて、ピリオド（.）、
要素名elementnameとすることで、各要素の値を参照することができます。

```
name.elementname
```

リスト3-30に、ユーザー定義型の例を記載していますので、SubプロシージャMySubを実行して
その動作を確認してみましょう。

リスト3-30 ユーザー定義型の宣言

```
標準モジュールModule1
Private Type Person
    Name As String
    Age As Long
    Birthday As Date
End Type

Sub MySub()

    Dim p As Person
    p.Name = "Bob"
    p.Age = 25
    p.Birthday = #1/1/1993#

    Debug.Print p.Name, p.Age, p.Birthday

End Sub
```

> **Memo** ユーザー定義型で実現できることは、クラスを定義することで実現可能です。したがって、ユーザー定義型を使用する必要はないという意見もあります。とくに、各要素に対して処理を行いたいときや、コレクションに追加したいときなどは、ユーザー定義型では実現できませんので、クラスを使うことになります。

3-9 コメント

コメントは、プログラム内に記述できる説明やメモ書きのことです。コメントはプログラムの実行には影響をしません。上手にコメントを残しておくことで、後でコードを読み返すときや、他の人がコードを読むときに助けとなります。

また、動作確認やデバッグの際に、一部のコードやコードブロックをコメント化して、その部分だけ実行させないようにするというテクニックがあります。これをコメントアウトといいます。コメントアウトを解除することを、コメントインといいます。

このようにコメントはプログラムの可読性や、開発の効率を上げる有効な手段です。しかし、VBEのデフォルトではショートカットキーが設定されていませんので、独自で設定をしておくようにするとよいでしょう。

> **Memo** 「VBEにコメントブロックのショートカットキーを設定する方法」は以下のページで紹介していますので、参考にしてください。
> https://tonari-it.com/excel-vba-vbe-comment-shortcut-key/

プログラム内に説明やメモとしてコメントを入れるには、アポストロフィ記号（'）を使用すると紹介されていることが多いと思います。実は、この記述方法はRemステートメントの省略系です。Remステートメントは以下のように記述します。

```
Rem comment
```

アポストロフィ記号（'）を使用すると、以下のように記述することができます。

```
'comment
```

ステートメントの後に**Rem**キーワードを用いてコメントを入力したい場合は、リスト3-31のようにコロン（:）で区切る必要があります。しかし、アポストロフィ（'）を使えば、リスト3-32のようにコロン（:）は不要になります。

リスト3-31 Remステートメントによるコメント

```
標準モジュールModule1
Sub MySub()

    Rem Hoge

    Dim message As String
    message = "Hoge": Rem ステートメントの後のコメントはコロンを使用する

End Sub
```

リスト3-32 アポストロフィ(')によるコメント

```
標準モジュールModule1
Sub MySub()

    'Hoge

    Dim message As String
    message = "Hoge" 'ステートメントの後でもコロンは不要

End Sub
```

　手軽に入力ができますので、主にアポストロフィ（'）の記述によるコメントを使用することで全く問題はありません。しかし、コメントもステートメントの一種であるということを、ぜひ頭に入れておいてください。Remステートメントは「VBAのすべての命令はステートメントである」ということを表す好例です。

　さて、本章では、ステートメントとは何か、また代入ステートメントと宣言ステートメントのいくつかを解説してきました。VBAの処理はステートメントで構成されており、その単位に完全に分解することができます。正しく分解して捉えるようになること、また個々の意味を理解し、使いこなせるようになることが、VBA上達への近道になります。

　ステートメントには、本章で紹介した他にも種類がありますが、それぞれ「構文的に完全な単位」ですから、書き方のルールが決まっています。次章では、処理を分岐させたり、繰り返しを行ったりといったフロー制御を実現するステートメントについて見ていくことにしましょう。

4章

フロー制御ステートメント

VBAには「分岐」や「反復」をはじめ、さまざまな処理の流れを実現する「フロー制御ステートメント」が数多く用意されています。ここでは、それらをよりよい選択・使い方で活用できるように、学習を進めていくことにしましょう。

4-1 If～Then～Elseステートメント

4-1-1 ▶ 単一の条件による分岐

　VBAではマクロを実行すると、記述された順番に1つずつステートメントが実行されていきます。しかし、特定の条件が成立しているときだけ処理を実行させたい、または特定の条件に応じて異なる処理を実行させたいといったことがあります。これを条件分岐、または単に分岐といいます。

　VBAには、分岐処理を実現するいくつかのステートメントが用意されており、その代表ともいえるのが、If～Then～Elseステートメントです。

　If～Then～Elseステートメントは、単一の条件による分岐で、かつ、実行するステートメントが1行で記述できるものであれば、以下のように記述することが可能です。

```
If condition Then [statements] [Else elsestatements]
```

　Ifキーワードに続いて、条件式conditionを記述します。条件式conditionはブール式、または数値式を指定します。数値式であれば0のみがFalse、それ以外の数値はすべてTrueの判定となります。条件式conditionがTrueであれば、Thenキーワードに続く処理statementsを実行します。条件式conditionがFalseであれば、Elseキーワードに続く処理elsestatementsを実行します（図4-1）。

　なお、Elseキーワードとそれに続く処理elsestatements（合わせてElse句といいます）は省略可能です。また、Else句が存在している場合、処理statementsは省略可能で、その場合は、conditionがFalseのときのみに処理が実行されることになります。

図4-1 If〜Then〜Elseステートメントによる条件分岐

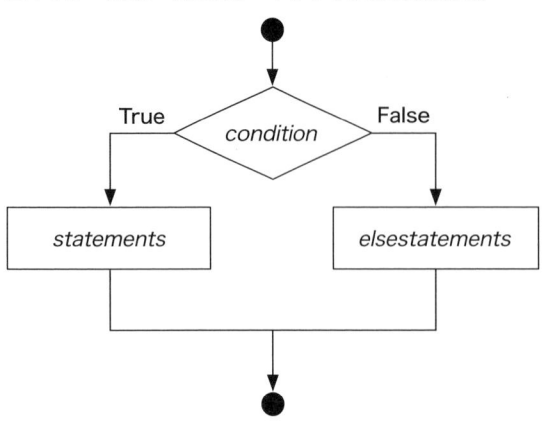

リスト4-1はIf〜Then〜Elseステートメントの使用例です。変数digitsの値を変更すると、それに応じてイミディエイトウィンドウの出力結果が変わるのを確認することができます。

リスト4-1 If〜Then〜Elseステートメントによる条件分岐

```
標準モジュールModule1
Sub MySub()

    Dim digits As Long: digits = 3
    Dim msg As String
    If digits = 1 Then msg = "1桁です" Else msg = "2桁以上です"
    Debug.Print msg

End Sub
```

処理statementsおよびelsestatementsは、複数ステートメントであればコロン記号（:）を用いて、1行で記述しても問題ありません。ただし、あまり1行にステートメントを詰め込みすぎると可読性に影響が出ます。前述の構文は、改行を加えた以下の構文と同様です。可読性を高く記述できるほうを選択するようにしましょう。

```
If condition Then
    [statements]
[Else
    elsestatements]
```

4-1-2 ▶ ElseIfキーワードによる複数の条件分岐

条件式conditionが成立せず、別の条件式を用いてさらなる分岐を行いたいときには、以下のようにElseIfキーワードを用いたElseIf句を追加して複数の条件による分岐処理を構成することができます。

```
If condition Then
    [statements]
[ElseIf condition-n Then]
    [elseifstatements-n]
[Else
    elsestatements]
End If
```

　条件式*condition*がFalseの場合に、次の**ElseIf**キーワードに続く条件式*condition-1*が評価されます。それがTrueであれば処理*elseifstatements-1*が実行されます。このElseIf句は複数配置することができ、存在していれば次の**ElseIf**キーワードに続く条件式*condition-2*が評価されるという処理になります。すべての条件式がFalseの場合に、処理*elsestatements*が実行されます（図4-2）。

図4-2 ElseIfキーワードを使用した複数の条件分岐

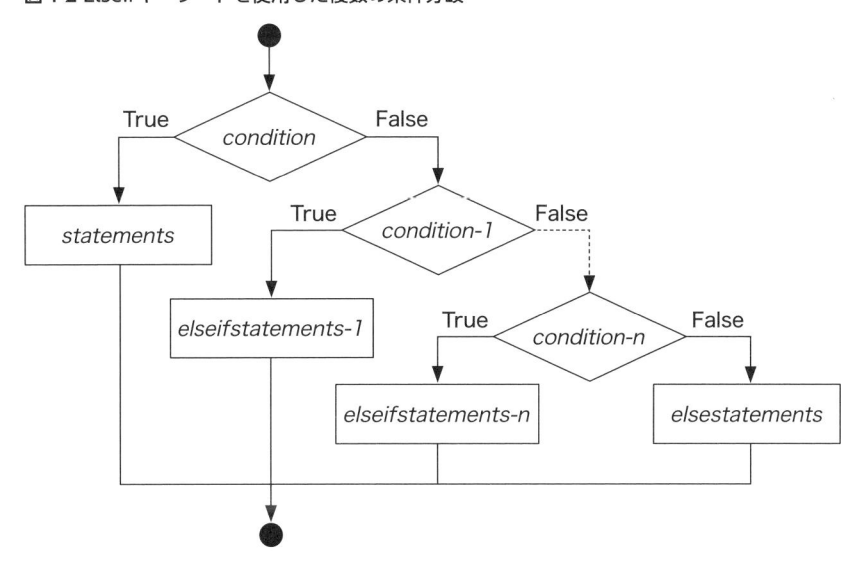

　リスト4-2はElseIfキーワードも含む複数の条件を使用した分岐処理と、1行で記述した分岐処理を組み合わせた例です。変数numの値により、変数msgの内容が変わることを確認しましょう。

リスト4-2 If〜Then〜Elseステートメントによる条件分岐

```
標準モジュールModule1
Sub MySub()

    Dim num As Long: num = 53
    Dim digits As Long, msg As String

    '複数行で記述したIf〜Then〜Elseステートメント
    If num < 10 Then
        digits = 1
```

```
        ElseIf num < 100 Then
            digits = 2
        Else
            digits = 3
        End If

        ' 1行で記述したIf～Then～Elseステートメント
        If digits = 1 Then msg = "1桁です" Else msg = "2桁以上です"

        Debug.Print msg

    End Sub
```

4-2 Select Case ステートメント

4-2-1 ▶ 多岐分岐

　If～Then～Elseステートメントでは一度に2通りにしか処理を分岐させることができません。ElseIf句を用いれば、それ以上の分岐が可能になりますが、ElseIf句を増やしすぎると、コードが複雑になり可読性に影響があります。そのようなときは、Select Caseステートメントを使用することができます。

　Select Caseステートメントでは、1つの式を評価します。その結果に応じて、いくつかの処理のうちいずれかを実行させることができます。構文は以下のとおりです。

```
Select Case testexpression
    [Case expressionlist-n
        [statements-n]]
    [Case Else
        [elsestatements]]
End Select
```

　Select Caseキーワードに続いて、テスト式testexpressionは数値、文字列、ブール値、日付のいずれかを評価する式です。つまり、オブジェクト式は指定することができません。Select Caseステートメント実行時に、テスト式testexpressionが評価されて、その値を生成します。

　Select CaseからEnd Selectまでの間にCaseキーワードとそれに続く式リストexpressionlist-nの組み合わせ（Case句といいます）を複数配置することができます。式リストexpressionlist-nを記述された順に判定し、テスト式testexpressionの評価値と一致したならば、そのCase句に含まれる処理statements-nを実行し、Select Caseステートメントを抜けて、次に処理を移します。Case Else句は省略可能ですが、配置した場合は、いずれの式リストの結果とも一致しなかった場合に、処理elsestatementsが実行されます（図4-3）。

図4-3 Select Caseステートメントによる多岐分岐

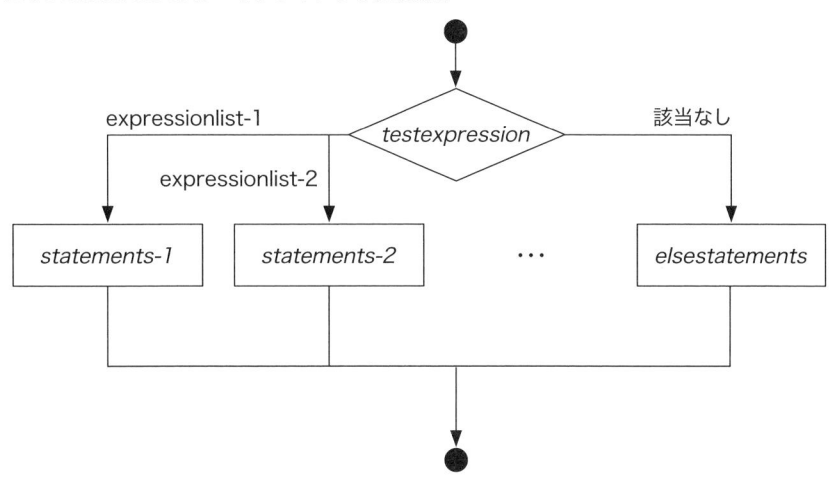

Select Caseステートメントのシンプルな例としてリスト4-3をご覧ください。

リスト4-3 Select Caseステートメントによる多岐分岐

```
標準モジュールModule1
Sub MySub()

    Dim rank As String: rank = "優"
    Dim msg As String

    Select Case rank
        Case "優"
            msg = "すごいですね！"
        Case "良"
            msg = "頑張りましたね"
        Case "可"
            msg = "ギリギリでしたね"
        Case Else
            msg = "次がんばりましょう"
    End Select

    Debug.Print msg

End Sub
```

4-2-2 ▶ 複雑な式リストを構成する

　式リストですが、その名のとおり、カンマ区切りで列挙することで複数の式を指定することができます。また、それぞれの式は、ToキーワードおよびIsキーワードを使用して、範囲を指定することも可能です。

　Toキーワードを使用することで、*expression1*から*expression2*の間の範囲を表すことができます。

```
expression1 To expresson2
```

Isキーワードを使用することで、比較演算子 *comparisonoperator*（Is演算子とLike演算子を除く）と組み合わせた範囲を表すことできます。なお、Isキーワードを記述しないで比較演算子を入力した場合、Isキーワードが自動で挿入されます。

```
Is comparisonoperator expression
```

> 📝
> **Memo** Isキーワードは、Select Caseステートメントの式リストを表すためのキーワードであり、2つのオブジェクトの参照を比較する演算子であるIs演算子とは異なるものです。ややこしいですが、ご注意ください。

　これらを用いて、より複雑な式リストを指定した場合のSelect Caseステートメントの使用例を、リスト4-4にまとめています。この例では、式リストにToキーワードを用いて80と96の間の範囲や、Isキーワードを用いて50以上といった範囲を指定したCase句を作成しています。

リスト4-4 複雑な式リストを用いたSelect Caseステートメント

```
標準モジュールModule1
Sub MySub()

    Dim point As Long: point = 49
    Dim msg As String

    Select Case point
        Case 100
            msg = "満点ですね！"
        Case 97, 98, 99
            msg = "ほぼ満点ですね！"
        Case 80 To 96
            msg = "すごいですね！"
        Case Is >= 50
            msg = "頑張りましたね"
        Case Else
            msg = "次がんばりましょう"
    End Select

    Debug.Print msg

End Sub
```

4-2-3 ▶ 文字列を判定する

　Select Caseステートメントでは、テスト式 *testexpression* に文字列式を指定することで、文字列

の判定が可能です。その際に、式リストに**To**キーワードや**Is**キーワードを用いることで、文字列が指定の範囲に含まれるかという判定が可能です。例として、リスト4-5を紹介します。Toキーワードの範囲を式リストに指定することで、半角数値であるかどうかや、半角のアルファベットかの判定をしています。

リスト4-5 文字列を範囲で判定する

```
標準モジュールModule1
Sub MySub()

    Dim char As String: char = "3"
    Dim msg As String

    Select Case char
        Case "0" To "9"
            msg = "半角の数字です"
        Case "A" To "Z", "a" To "z"
            msg = "半角のアルファベットです"
        Case Else
            msg = "半角の数字でも半角のアルファベットでもありません"
    End Select

    Debug.Print msg

End Sub
```

4-2-4 ▶ 条件式を判定する

　Select Caseステートメントの式リストに、条件式を設定したいということがあります。そのような場合は、テスト式に「True」を固定で指定します。式リストを上から順に評価し、式リストに指定した条件式がTrueであれば、そのCase句の処理を実行します。例としてリスト4-6のように、式リストにLike演算子を使って、特定の文字列が含まれるかどうかを判定するコードを紹介します。

リスト4-6 式リストに条件式を指定する

```
標準モジュールModule1
Sub MySub()

    Dim text As String: text = "HOGFUGABA"
    Dim msg As String

    Select Case True
        Case text Like "*HOGE*"
            msg = "HOGEを含みます"
        Case text Like "*FUGA*"
            msg = "FUGAを含みます"
    End Select

    Debug.Print msg

End Sub
```

ElseIf句を使った複数の条件分岐を記述するより、Select Caseステートメントのテスト式にTrue を指定するほうが、読みやすいコードになることもありますので、覚えておくとよいでしょう。

4-3 For〜Nextステートメント

4-3-1 ▣ 数を用いた反復処理

VBAでは、ステートメントが実行されると、次のステートメントに処理が移るというのが基本の流れになります。しかし、目的によっては、特定の処理を何度も繰り返し実行したい場合があります。これを反復、またはループなどといいます。同じことを正確に繰り返すのはプログラムの得意とするところですから、ほとんどのプログラミング言語には、繰り返しを実現するための構文が用意されています。

VBAでも、反復を実現するためのステートメントがいくつか用意されています。その代表的なものが、For〜Nextステートメントです。For〜Nextステートメントは、指定の「数」について反復処理を行うのに適しており、以下のように記述します。

```
For counter = start To end [Step step]
    [statements]
Next [counter]
```

For〜Nextステートメントでは、数値型のカウンター変数counterを使用して、反復を制御します。

まず、反復処理の開始時点でカウンター変数の値は、初期値startにセットされます。その後、Forブロック内の処理statementsが繰り返し実行されますが、その際に処理statementsが1回実行されるたびに、カウンター変数の値が増減値step分だけ増減されます。

表4-1に示すように、増減値stepの値が0以上か、0未満かで繰り返しの条件が決まります。なお、増減値stepは省略可能で、その場合の既定値は1となります。

表4-1 For〜Nextステートメントの繰り返し条件

増減値 step の値	繰り返しの条件
0以上	カウンター変数counterが終了値end以下であれば繰り返す
0未満	カウンター変数counterが終了値end以上であれば繰り返す

For〜Nextステートメントの処理を図4-4にフロー図としてまとめていますので、合わせてご覧ください。

図4-4 For〜Nextステートメントによる反復

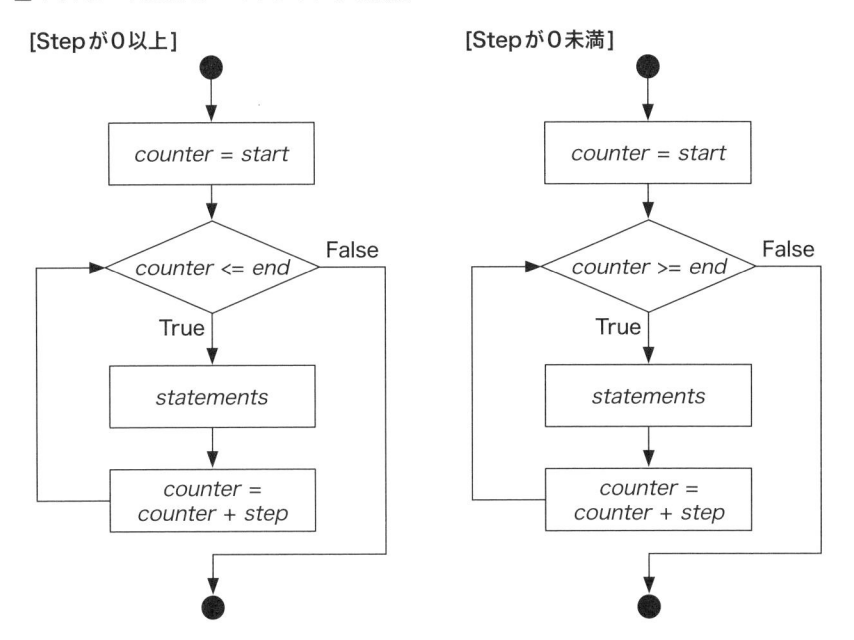

[Stepが0以上]

[Stepが0未満]

　なお、カウンター変数*counter*はFor〜Nextステートメントの前に宣言をしておく必要があります。一般的には整数型で、アルファベットのiやjが用いられます。

　このようにしてFor〜Nextステートメントで作られたループをForループといいます。

　For〜Nextステートメントの使用例をリスト4-7にまとめています。

リスト4-7 For〜Nextステートメントによる反復

```
標準モジュールModule1
Sub MySub()

    Dim i As Long

    '初期値1、終了値5、増減値1
    For i = 1 To 5
        Debug.Print "iの値:", i
    Next i

    '初期値10、終了値0、増減値-3
    For i = 10 To 0 Step -3
        Debug.Print "iの値:", i
    Next i

End Sub
```

4-4 For Each～Nextステートメント

4-4-1 ▶ 集合に対する反復処理

コレクションや配列などの集合に対して、その要素の数だけ反復処理を行いたい場合は**For Each～Next**ステートメントを使うことができます。多くの場合、For～Nextステートメントでも実現可能ですが、For Each～Nextステートメントは、対象となる集合の要素数が不明であっても、反復処理を実現できるという点が特長となります。

For Each～Nextステートメントは、以下のように記述します。

```
For Each element In group
    [statements]
Next [element]
```

集合*group*はループの対象のコレクションまたは配列を指定します。For Each～Nextステートメントでは、反復のたびにグループからまだ取り出していない要素を取り出します。その要素を変数*element*に格納した上で処理*statements*を行います。すべての要素を取り出し終わったら、ループを終了し、次の処理に移ります（図4-5）。

ここで、変数*element*は事前に宣言をしておく必要があります。そのデータ型は、集合がコレクションであれば、Variant型、Object型、または該当の固有オブジェクト型を指定します。また、集合が配列であればVariant型でなければなりません。

このようにしてFor Each～Nextステートメントで作られたループは、For Eachループまたは単にForループともいいます。

図4-5 For Each～Nextステートメントによる反復

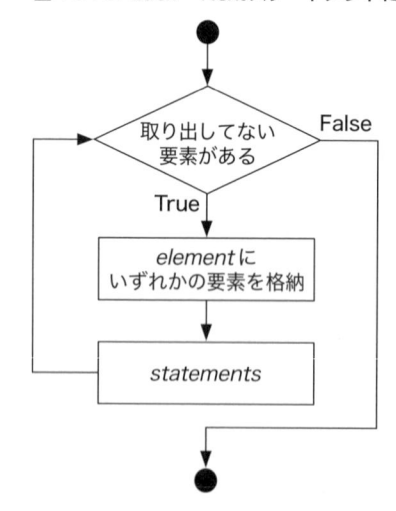

4-4-2 ▶ コレクションに対する反復処理

Excel VBAでは、多くのオブジェクトについてその集合を表すコレクションが用意されています。たとえば、Workbooks、Worksheets、Range、ListRowsなどです。For Each～Nextステートメントはこれらのコレクションに対してのループを、シンプルに実現することができます。

例として、リスト4-8では、ThisWorkbookのすべてのワークシート名と、Sheet1のセル範囲「A1:C2」の各セルのアドレスを出力します。

リスト4-8 コレクションに対する反復

標準モジュールModule1
```
Sub MySub()

    Dim ws As Worksheet

    For Each ws In ThisWorkbook.Sheets
        Debug.Print ws.Name
    Next ws

    Dim cell As Range

    For Each cell In Sheet1.Range("A1:C2")
        Debug.Print cell.Address
    Next cell

End Sub
```

多くのコレクションは、その要素数を返すCountプロパティを持ちますので、リスト4-9のようにFor～Nextステートメントで代替することも可能です。

可読性はFor Each～Nextステートメントのほうが高いことが多いですが、処理の順番をインデックス順に固定したい場合や、ループ内でインデックスを使用したい場合には有効です。

リスト4-9 For～Nextステートメントによるコレクションの反復

標準モジュールModule1
```
Sub MySub()

    Dim i As Long
    For i = 1 To ThisWorkbook.Sheets.Count
        Debug.Print i, ThisWorkbook.Sheets(i).Name
    Next i

    For i = 1 To Sheet1.Range("A1:C2").Count
        Debug.Print i, Sheet1.Range("A1:C2")(i).Address
    Next i

End Sub
```

4-4-3 ▶ 配列に対する反復処理

For Each～Nextステートメントを使用することで、配列に対しての反復処理を行うこともできます。リスト4-10はその使用例です。

リスト4-10 配列に対する反復

```
標準モジュールModule1
Sub MySub()

    Dim numbers(1 To 3) As Long
    numbers(1) = 10
    numbers(2) = 30
    numbers(3) = 20

    Dim number As Variant
    For Each number In numbers
        Debug.Print number
    Next number

End Sub
```

配列に対する反復処理の場合は、ループ内で使用する変数をVariant型にする必要があり、その点でわかりづらくなってしまうというデメリットがあります。また、ループで対象となっている要素のインデックスを使用したい場合も多いでしょう。そこで、リスト4-11のようにFor～Next文の初期値にLBound関数、終了値にUBound関数を用いる記述を用いることのほうが多いようです。

リスト4-11 For～Nextステートメントによる配列の反復

```
標準モジュールModule1
Sub MySub()

    Dim numbers(1 To 3) As Long
    numbers(1) = 10
    numbers(2) = 30
    numbers(3) = 20

    Dim i As Long
    For i = LBound(numbers) To UBound(numbers)
        Debug.Print numbers(i)
    Next i

End Sub
```

> 📝 **Memo** LBound関数、UBound関数については、多次元配列に対してFor～Nextステートメントでループを行う方法も含め、10章で詳しく紹介します。

一方で、対象となる配列が多次元になっている場合を見てみましょう。その場合でも、リスト4-12のように単一のFor Each～Nextステートメントだけで反復処理を実現することができます。ループ

を入れ子構造つまりネストする必要がないのは、可読性の観点では大きなメリットといえます。

リスト4-12 For Each〜Nextステートメントによる二次元配列の反復

```
標準モジュールModule1
Sub MySub()

    Dim numbers(1, 1) As Long
    numbers(0, 0) = 0: numbers(1, 0) = 1
    numbers(0, 1) = 2: numbers(1, 1) = 3

    Dim number As Variant
    For Each number In numbers
        Debug.Print number
    Next number

End Sub
```

4-5 Do〜Loopステートメント

4-5-1 ▶ ループの前で条件を判定する

For〜Nextステートメントはカウンター変数の数値により反復を制御しましたが、あらかじめ開始値や終了値などを設定することが難しい場合もあります。そのような場合は、条件によって反復を行う、**Do〜Loopステートメント**を使うことができます。

Do〜Loopステートメントには、条件式をループの前に配置するか、または後に配置するかによって、2通りの書式が用意されています。いずれの場合も、Do〜Loopステートメントで構成されたループを、**Doループ**といいます。

ループの前に条件判断をする場合は、以下のように記述します。

```
Do [{While|Until} condition]
    [statements]
Loop
```

Doキーワードの後に、**While**キーワードまたは**Until**キーワードを選択します。**While**キーワードを記述した場合は、条件式*condition*がTrueの間は処理*statements*を繰り返し、Falseになったら終了し**Loop**キーワードの後に処理が移ります。つまり、この場合の条件式*condition*は継続条件となります。

一方で、**Until**キーワードを記述した場合は、条件式*condition*がFalseの間は処理*statements*を繰り返し、Trueになったら終了し**Loop**キーワードの後に処理を移します。すなわち、この場合の条件式*condition*は終了条件となります。

それぞれの場合のフローについて図4-6に表していますので、ご覧ください。

図4-6 ループの前で判定をするDo～Loopステートメント

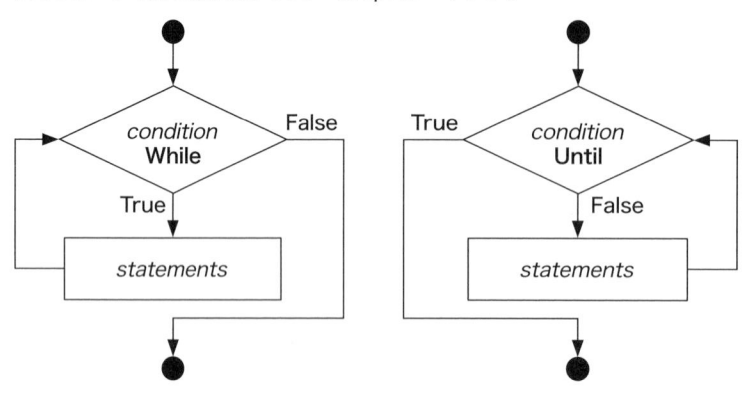

　リスト4-13にループの前で条件を判定するDo～Loopステートメントの使用例を記載します。変数xおよび変数yの値を繰り返しのたびに3倍にして、100を超えたらループを抜けるというものです。

リスト4-13 ループの前で条件を判定するDo～Loopステートメント

```
標準モジュールModule1
Sub MySub()

    'Whileキーワードによる反復制御
    Dim x As Long: x = 1
    Do While x < 100
        Debug.Print "xの値", x
        x = x * 3
    Loop

    'Untilキーワードによる反復制御
    Dim y As Long: y = 1
    Do Until y >= 100
        Debug.Print "yの値", y
        y = y * 3
    Loop

End Sub
```

　ご覧のとおり、条件式を反転させることでWhileキーワードとUntilキーワードのどちらを用いても同様の反復処理を実現することができます。

　どちらが読みやすいかどうかで判断をすべきですが、ループの前に条件があるのであれば一般的には、「～の間」を表すWhileキーワードを用いたほうがわかりやすい場合が多いかもしれません。

> **Memo**　条件による反復を行うステートメントとして、While～Wendステートメントがあります。ただし、このステートメントは、ループの前で条件を判定するWhileキーワードを用いたDo～Loopステートメントと全く同様の働きをするものです。また、ループから抜けるExitステートメントと組み合わせることができません。これらの理由から、While～Wendステートメントをあえて使用する理由はないでしょう。

4-5-2 ◪ ループの後で条件を判定する

Do～Loopステートメントで、ループの後に条件判断をするには、以下のように記述します。

```
Do
    [statements]
Loop [{While|Until} condition]
```

WhileキーワードまたはUntilキーワード、および条件式conditionをLoopキーワードの後に記述します。つまり、処理statementsを実行してから、条件式conditionを判定します。Whileキーワードを記述していれば条件式conditionがTrueの間、Untilキーワードを記述していれば条件式conditionがFalseの間はループを継続します。

図4-7を見るとわかるとおり、ループの後の条件判断の場合は、必ず1回は処理statementsが実行されるという点に注目しておきましょう。

図4-7 ループの後で判定をするDo～Loopステートメント

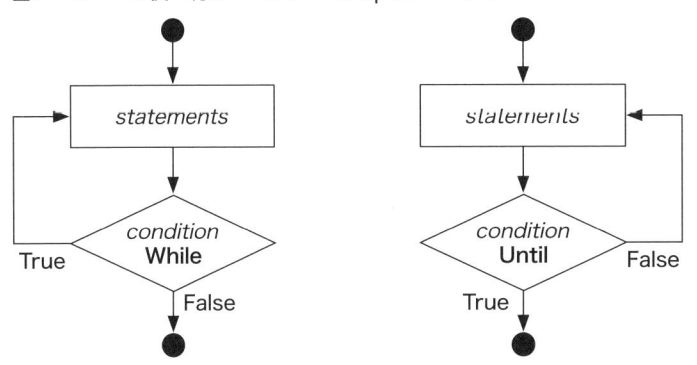

リスト4-14にループの後で判定する場合のDo～Loopステートメントの使用例を示します。変数xおよび変数yに1から3までの乱数を発生させたものを代入します。その値が3になった時点でループを終了するというものです。

リスト4-14　ループの後で条件を判定するDo～Loopステートメント

```
標準モジュールModule1
Sub MySub()

    'Whileキーワードによる反復制御
    Dim x As Long
    Do
        x = Int(Rnd * 3) + 1
        Debug.Print "xの値", x
    Loop While x <> 3

    'Untilキーワードによる反復制御
    Dim y As Long
```

```
    Do
        y = Int(Rnd * 3) + 1
        Debug.Print "yの値", y
    Loop Until y = 3

End Sub
```

　こちらも条件式を反転させることで、While キーワードおよび Until キーワードのどちらでも同様の反復処理を実現可能です。この例では、ループの後の判定ということもあり、「〜まで」を意味する Until キーワードのほうが読みやすいと感じる方が多いかもしれません。

4-5-3 ▶ 無限ループ

　Do〜Loop ステートメントを使用する際には、必ずループが終了するようにコードを組む必要がある点に注意してください。たとえば、リスト 4-15 を実行すると、イミディエイトウィンドウに「xの値　0」と出力され続けて、処理が止まらなくなってしまうのです。

リスト 4-15 無限ループ

```
標準モジュールModule1
Sub MySub()

    Dim x As Long
    Do While x < 100
        Debug.Print "xの値", x
        x = x * 3
    Loop

End Sub
```

　このように、ループの終了する条件が満たされずに永久に処理が繰り返されるような状態を、無限ループといいます。無限ループが含まれるマクロを実行してしまった場合は、[Esc] キーを素早く押して、強制的に処理を停止する必要があります。また、強制停止が間に合わない場合には、Excel のアプリケーションのタスクを終了せざるを得なくなるときもあります。
　リスト 4-15 の例では、変数 x の初期化が行われていないため、未初期化状態の値である 0 のままであることが原因です。このような少しのミスで意図せず無限ループを構成してしまうことがありますので、Do〜Loop ステートメントを使用する際には終了条件を十分に確認するとともに、必ずコードを保存してから実行確認をするようにしましょう。

> **Memo**　Do〜Loop ステートメントでは、While キーワードおよび Until キーワードと条件式 *condition* を省略することも可能です。つまり、その場合は、意図的な無限ループとなります。その上で、ループ内に If〜Then〜Else ステートメントを設けて、特定の条件により Exit ステートメントによるループからの離脱をはかるという構成にすることも可能です。この方法については、続く 4-6 で紹介します。

4-6 処理の終了とスキップ

4-6-1 ▶ Exitステートメント

たとえば、ループを用いてある範囲についてデータを探索するようなプログラムの実行を考えましょう。該当のデータを発見したのであれば、それ以降の探索は不要となります。そこで、条件を判定してループを終了するのは、実行時間などの観点で有効といえます。

ループを終了して抜け出す際には、**Exitステートメント**を使用します。Do〜Loopステートメントでは終了条件を設定できますが、ExitステートメントはForループにも使用できますし、かつループ内の任意の箇所に記述することができるなど、柔軟な制御が可能となります。

また、Exitステートメントはループだけでなく、プロシージャを終了して抜け出す際にも使用することができます。Exitステートメントの種類には5種類があり、書式は以下となります。その種類について表4-2にまとめていますので、合わせてご覧ください。

```
Exit {Do|For|Function|Property|Sub}
```

表4-2 Exitステートメントの種類

ステートメント	説明
Exit Do	Do〜LoopステートメントによるDoループを終了する
Exit For	For〜NextステートメントおよびFor Each〜NextステートメントによるForループを終了する
Exit Function	Functionプロシージャの処理を終了する
Exit Property	Propertyプロシージャの処理を終了する
Exit Sub	Subプロシージャの処理を終了する

4-6-2 ▶ Exitステートメントによるプロシージャの終了

Exitステートメントでプロシージャを終了する例としてリスト4-16をご覧ください。

リスト4-16 プロシージャの終了

```
標準モジュールModule1
Sub MySub()

    Debug.Print "MySubのCallステートメント前です"
    Call MySub2
    Debug.Print "MySubのCallステートメント後です"

End Sub

Sub MySub2()

    Debug.Print "MySub2のExitステートメント前です"
    Exit Sub
    Debug.Print "MySub2のExitステートメント後です"  '出力されない
```

```
End Sub
```

　実行をすると、そのイミディエイトウィンドウの出力から、Exitステートメントの時点でSubプロシージャ MySub2の処理を抜け出し、Subプロシージャ MySubに処理が戻ってきたことを確認できるはずです。

　つまり、Exitステートメントによりプロシージャを終了した場合は、その呼び出し元の次に処理が移ります。これはFunctionプロシージャおよびPropertyプロシージャの場合も同様です。

4-6-3 ▶ Exitステートメントによるループの終了

　Do〜Loopステートメントで終了条件を設定せずに、ループ内の条件分岐を別途設けてExitステートメントでループを抜けるという手法も考えられます。例として、リスト4-17をご覧ください。

リスト4-17 Do〜Loopステートメントによるループの終了

```
標準モジュールModule1
Sub MySub()

    Dim y As Long
    Do
        y = Int(Rnd * 3) + 1
        Debug.Print "yの値", y
        If y = 3 Then Exit Do
    Loop

End Sub
```

　ご覧のとおり、Do〜Loopステートメントではループを終了する条件が指定されていません。しかし、ループ内のIf文の条件式がTrueであれば、Doループを抜け出すように構成されていますので、無限ループにはなりません。

　このように、条件分岐とExitステートメントを用いることで、WhileキーワードやUntilキーワードを略してDo〜Loopステートメントを構成することが可能です。この方法のほうが、Doループの終了条件が把握しやすいかもしれません。

　別の例として、ループが入れ子構造になっている（ネストといいます）ときについて見てみましょう。リスト4-18をご覧ください。実行すると、イミディエイトウィンドウの出力がどうなるか、予想できるでしょうか。

リスト4-18 ネストされているループの終了

```
標準モジュールModule1
Sub MySub()

    Dim i As Long, j As Long
```

```
    For i = 1 To 3
        For j = 1 To 3
            If i = 2 And j = 2 Then Exit For
            Debug.Print i, j
        Next j
    Next i

End Sub
```

　変数iと変数jがともに2の値になると、Exitステートメントが実行されます。しかし、イミディエイトウィンドウの出力から、その後も処理が継続していることが確認できるはずです。

　これは、Exitステートメントで終了したのが、変数jを用いている内側のForループであることを示しています。この性質は、For Each～NextステートメントやDo～Loopステートメントによるループでも同様で、常に最も内側のループのみを終了します。

　VBAでは外側のループを終了させるという機能は提供されていませんので、それを実現するためには工夫が必要になります。その一つの対策として、リスト4-19をご覧ください。

リスト4-19 ネストの外側のループを終了する

```
標準モジュールModule1
Sub MySub()

    Dim i As Long, j As Long
    i = 1
    Do While i <= 3
        For j = 1 To 3
            If i = 2 And j = 2 Then Exit Do
            Debug.Print i, j
        Next j
        i = i + 1
    Loop

End Sub
```

　イミディエイトウィンドウの出力を確認すると、変数iと変数jがともに2の値になった時点で、すべての処理が終了していることがわかります。リスト4-19のネストは、内側がForループ、外側がDoループで構成されています。そして、Exitステートメントの対象はDoループですから、一気に外側のDoループを抜けるということになるのです。外側のループを抜けたい場合のテクニックとして覚えておくとよいでしょう。

4-6-4 ▶ GoToステートメントによるループのスキップ

　ループに対してExitステートメントを用いるとループを抜け出します。ただし、特定の条件において現在の処理だけをスキップして、ループ自体は継続したいというときもあるでしょう。他のプログラミング言語には、Continue文などのそのための専用の構文が用意されていますが、VBAでは用意されていません。

代替手段として使用できるのが、プロシージャ内の指定の行に処理を移す**GoToステートメント**です。GoToステートメントの書式は以下のようになります。

```
GoTo line
```

lineには任意に付与することができる行ラベル、または行番号を指定することができます。ただし、行番号はコードの修正のたびに変化しますので、GoToステートメントの指定としては現実的ではありません。行ラベルは、コロン記号(:)を用いた以下の書式で、同じプロシージャ内であれば任意の行に配置することができます。

なお、行ラベルはインデントによる字下げをすることができません。VBEにより自動で字下げなしに調整されます。

```
line:
```

リスト4-20はGoToステートメントを用いたループのスキップの例です。iの値が3の倍数の際にイミディエイトウィンドウへの出力はなされませんが、ループは終了値の数まで行われていることが確認できます。

リスト4-20 GoToステートメントを用いたループのスキップ

```
標準モジュールModule1
Sub MySub()

    Dim i As Long
    For i = 1 To 10
        If i Mod 3 = 0 Then GoTo Continue
        Debug.Print "iの値", i
Continue:
    Next i

End Sub
```

ループのスキップを実現する方法として、スキップの対象となる処理群をIfブロックとして構成するという方法があります。ただし、その場合はIfブロックが長くなると可読性に影響が出るので注意が必要です。また、ラベルとして「Continue:」とすることで、ループをスキップしていることが明示されますので、GoToステートメントを使用するほうがよい選択かもしれません。

> **✎ Memo** GoToステートメントを使用すると、処理の流れがわかりづらくなるというデメリットがあるため、本節で紹介したループのスキップ、4-7で紹介するエラー処理など、特定の目的以外での使用は避けたほうがよいでしょう。

4-7 処理の中断

4-7-1 ◪ Stopステートメント

　任意の場所で実行を中断するには**Stopステートメント**を使用します。Stopステートメントが実行されると、その箇所で一時中断しブレークモードに入ります。ブレークポイントの使用目的と同様に、ローカルウィンドウやウォッチウィンドウ、自動データヒントでの変数の確認、イミディエイトウィンドウでのステートメントの実行など、プログラムの動作確認やデバッグの際に活用することができます。

　Stopステートメントの書式は以下のようにシンプルです。

```
Stop
```

　リスト4-21にその使用例を示します。Forループについて、変数iが5の倍数になるたびに中断をします。

リスト4-21 Stopステートメントによる中断

```
標準モジュールModule1
Sub MySub()

    Dim i As Long
    For i = 1 To 10
        If i Mod 5 = 0 Then Stop
        Debug.Print "iの値", i
    Next i

End Sub
```

4-7-2 ◪ Debug.Assertステートメント

　リスト4-21に示すような目的で中断をするのであれば、**Debug.Assertステートメント**を使用するほうが本来の意図にかなっているかもしれません。Stopステートメントは実行されると、どのような場合でも処理を中断しますが、Debug.Assertステートメントは条件に応じた処理の中断を実現します。Debug.Assertステートメントの書式は以下のとおりです。

```
Debug.Assert booleanexpression
```

　booleanexpressionはブール式で、Falseに評価された場合にのみ、処理を中断します。Trueであれば中断されずに、処理は続行されます。

　リスト4-21について、Debug.Assertステートメントを使用するとリスト4-22のように、If文を使

用することなく記述することができます。

リスト4-22 Debug.Assertステートメントによる中断

```
標準モジュールModule1
Sub MySub()

    Dim i As Long
    For i = 1 To 10
        Debug.Assert i Mod 5 <> 0
        Debug.Print "iの値", i
    Next i

End Sub
```

　また、Debug.Assertステートメントは異常値の検出にも有効です。たとえば、特定のセル範囲には、本来0以上の数のみしか存在し得ないのであれば、リスト4-23のようにDebug.Assertステートメントを入れておくことで、負の数が検出された時点で処理が中断し、異常値への対応を行うことができます。Sheet1のA1:A10のセル範囲内に負の数を入力して実行してみてください。

リスト4-23 Debug.Assertステートメントによる異常値の検出

```
標準モジュールModule1
Sub MySub()

    Dim cell As Range
    For Each cell In Sheet1.Range("A1:A10")
        Debug.Assert cell.Value >= 0
        Debug.Print cell.Value
    Next cell

End Sub
```

> **Memo**　Debug.Assertステートメントは、DebugオブジェクトのAssertメソッドですから、本来は「フロー制御ステートメント」として本章で紹介するのは、分類としては正確ではないかもしれません。ただ、Stopステートメントと並列に紹介したほうがわかりやすい点、VBAにおいてDebugオブジェクトの立ち位置が特殊であるという点を踏まえて、あえてここで紹介しています。

4-8 エラー処理

4-8-1 ▸ On Errorステートメント

　本来、プログラムはエラーが発生しないように作られるべきものです。しかし、どれだけ入念に動作確認を行ったとしても、完全にすべてのエラーを防ぐことは困難です。というのも、Excel VBAによるマクロは、セルの入力内容、シートの名前や配置、マクロブックの保存場所など、実行するユーザー

の操作による干渉を受けやすい環境にあります。マクロを使用するユーザーの動作環境やリテラシーの高さにも様々な違いがあります。そのすべてのケースについて、想定し、対応をするのは、労力がかかりすぎてしまいます。

そのようなときに使用するのが**エラー処理**です。通常、実行時エラーが発生すると、エラーダイアログが表示されマクロが中断されてしまいますが、エラー処理を準備しておくと、エラーの発生をキャッチして処理を分岐させることができます。

VBAでは、以下の **On Error** ステートメントを用いることで、エラー処理を制御することができます。

```
On Error {GoTo line|Resume Next|GoTo 0}
```

On Errorステートメントには3つの種類がありますので、表4-3にまとめています。

表4-3 On Errorステートメントの種類

ステートメント	説明
On Error GoTo *line*	エラー処理を有効にし、以降で実行時エラーが発生した際に、lineで指定した行ラベルまたは行番号に処理を移す
On Error Resume Next	エラー処理を有効にし、以降で発生したすべての実行時エラーを無視する
On Error GoTo 0	有効になっているエラー処理をすべて無効にする

On Error GoTo lineステートメントまたはOn Error Resume Nextステートメントは、それ以降のエラー処理を有効にするもので、On Error GoTo 0ステートメントでエラー処理を無効にするものです。つまり、これらのステートメントはエラー処理の有効と無効を切り替えるスイッチのような役割を果たします。

4-8-2 ▶ エラー発生時に処理を分岐する

実際にエラー処理を作成していきましょう。リスト4-24は実行すると、図4-8のような実行時エラーが発生します。変数yが初期化されていないため、未初期化の値0で除算をしてしまったということによる実行時エラーです。

リスト4-24 実行時エラーが発生するプロシージャ

```
標準モジュールModule1
Sub MySub()

    Dim x As Long, y As Long
    x = 1
    Debug.Print x / y

End Sub
```

図4-8 実行時エラー11: 0で除算しました

```
Microsoft Visual Basic

実行時エラー '11':

0 で除算しました。

         継続(C)        終了(E)       デバッグ(D)      ヘルプ(H)
```

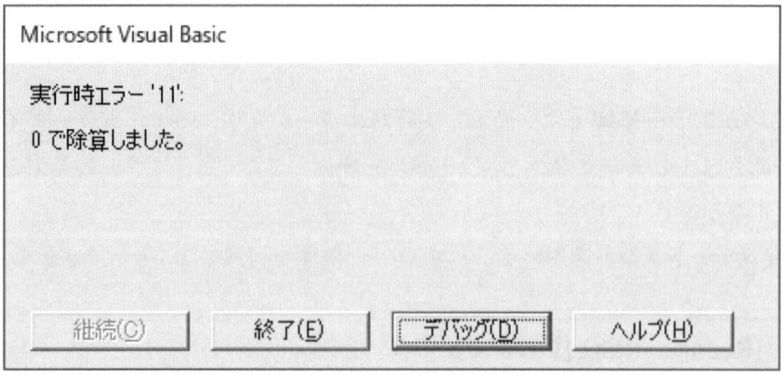

　この例について、On Error GoTo lineステートメントを使ったエラー処理を作成していきましょう。On Error GoTo lineステートメントを使用して、エラー処理を有効にしておくと、エラー処理ルーチンに処理を分岐させることができます。lineで指定したラベルまたは行番号以降の処理がエラー処理ルーチンとなります。

　GoToステートメントと同様で、多くの場合lineは行番号ではなくラベルで指定し、「ErrorHandler」といった自明のものがよく使用されます。

```
line:
```

　また、一般的にエラー処理ルーチンは、プロシージャの本体処理とは明確に分離をするために、Exitステートメントの後のプロシージャの末尾に配置します。リスト4-25にその例を示します。

リスト4-25 On Error GoTo lineステートメントによるエラー処理

```
標準モジュールModule1
Sub MySub()

    On Error GoTo ErrorHandler

    Dim x As Long, y As Long
    x = 1
    Debug.Print x / y

    Exit Sub

ErrorHandler:
    Debug.Print Err.Description

End Sub
```

　リスト4-25を実行すると、イミディエイトウィンドウに「0で除算しました。」というメッセージが出力されます。これは、エラー処理が有効になっていたため、エラーのキャッチにより「ErrorHandler:」に処理が移ったためです。エラーが発生しなければ、Exit SubステートメントでSubプロシージャが終了しますので、イミディエイトウィンドウには何も表示されません。

4-8-3 ▶ エラーを無視する

リスト4-24について、On Error Resume Nextステートメントを使ってエラー処理を作成した例が、リスト4-26です。

リスト4-26 On Error Resume Nextステートメントによるエラー処理

```
標準モジュールModule1
Sub MySub()

    On Error Resume Next

    Dim x As Long, y As Long
    x = 1
    Debug.Print x / y
    Debug.Print "エラーが無視されました"

End Sub
```

Exitステートメントや、エラー処理ルーチンを設けなくてよいため、簡潔な記述となります。しかし、一方で、本当にそのエラーの発生を無視してよいのかどうかという判断が必要になります。後述するOn Error GoTo 0ステートメントと組み合わせて、その有効範囲を最小限にするとともに、エラーを無視してもその後の処理に影響がないという確信がある場合にのみ使用すべきでしょう。

4-8-4 ▶ エラー処理を無効にする

有効にしたエラー処理を無効にしたい場合には、On Error GoTo 0ステートメントを使用します。On Error Resume Nextステートメントを使用する際には、その影響範囲を少なくすることができますので、積極的に使用するとよいでしょう。

たとえば、リスト4-26については、On Error GoTo 0ステートメントを組み合わせて、リスト4-27のようにすることができます。これにより、エラー処理の機能する範囲が限定され、その動作を想定しやすくなります。

リスト4-27 On Error GoTo 0を使用したエラー処理

```
標準モジュールModule1
Sub MySub()

    Dim x As Long, y As Long
    x = 1

    On Error Resume Next
    Debug.Print x / y
    Debug.Print "エラーが無視されました"
    On Error GoTo 0

    '以降の処理

End Sub
```

4-8-5 ▶ Resumeステートメント

On Erro GoTo lineステートメントを使うことで、エラー処理ルーチンに分岐することができますが、実はエラー処理ルーチンから、元の処理に戻ることもできます。その場合には、以下のResumeステートメントを使用します。

```
Resume  [{Next|line}]
```

Resumeステートメントには表4-4に示すように、いくつかの種類があります。いずれの場合も、エラー処理ルーチンでのみ使用します。

表4-4 Resumeステートメントの種類

ステートメント	説明
Resume	エラーが発生したステートメントに処理を移す
Resume Next	エラーが発生したステートメントの次のステートメントに処理を移す
Resume line	lineで指定した行ラベルまたは行番号に処理を移す

リスト4-28はResumeステートメントを使って、エラー処理ルーチンでエラーの対処をして元のステートメントに戻る例です。

リスト4-28 Resumeステートメントでエラー処理ルーチンから処理を戻す

```
標準モジュールModule1
Sub MySub()

    On Error GoTo ErrorHandler

    Dim x As Long, y As Long
    x = 1
    Debug.Print x / y

    Exit Sub

ErrorHandler:
    y = 5
    Resume

End Sub
```

エラー処理ルーチン内で発生したエラーの内容を判定できるのであれば、Resumeステートメントで処理を戻したり、別のエラー処理ルーチンに分岐したりといった対処も可能になります。

しかし、エラー処理を充実させるとコードが増え、可読性やメンテナンスの負荷が上がります。もちろん、エラーの発生自体を抑えるのがベストですが、それが難しい場合にはエラー処理で対処する手段とともに、運用ルールで吸収できないかといった選択肢もバランスよく考慮していくことをおすすめします。

4-9 Withステートメント

4-9-1 ▣ オブジェクトに一連のステートメントを実行する

Excel VBAでは同じオブジェクトのメンバーに連続してアクセスしたいときがあります。たとえば、リスト4-29では、Sheet1のA1セルについていくつかの操作を行っていますが、何度も「Sheet1.Range("A1")」と入力しなくてはいけませんし、冗長です。

リスト4-29 同じRangeオブジェクトのメンバーへのアクセス

```
標準モジュールModule1
Sub MySub()

    Sheet1.Range("A1").Value = 1000
    Sheet1.Range("A1").Interior.Color = RGB(255, 255, 0)
    Sheet1.Range("A1").Font.Bold = True

End Sub
```

このような場合に、**With**ステートメントを使用することができます。Withステートメントは、指定したオブジェクトまたはユーザー定義型に対して、一連のステートメントを実行します。つまり、リスト4-29のようなオブジェクトの繰り返し入力を省略することができます。

Withステートメントの書式は以下のとおりです。

```
With object
    [statements]
End With
```

Withキーワードに続き、オブジェクト（またはユーザー定義型）objectを指定します。End Withとの間に一連の処理statementsを記述しますが、これをWithブロックといいます。Withブロック内ではobjectを省略して、以下のようにピリオド（.）からの記述とすることができます。

```
.member
```

リスト4-29について、Withステートメントを使用して書き換えたものがリスト4-30です。

```
標準モジュールModule1
Sub MySub()

    With Sheet1.Range("A1")
        .Value = 1000
        .Interior.Color = RGB(255, 255, 0)
        .Font.Bold = True
    End With

End Sub
```

SubプロシージャMySubを実行すると、A1セルへ入力、背景色の設定、フォントの太字といった処理が行われていることが確認できます。

このように、Withステートメントを使用することで、入力の手間を軽減するだけでなく、一連の処理の対象オブジェクトがブロックで明確になることにより可読性を高める効果もあります。

Withステートメントでは、対象となるオブジェクトは単一である必要があります。ただし、オブジェクトが親子関係にあるのであれば、リスト4-31のようにWithステートメントを入れ子関係にすることで、複数のオブジェクトをそれぞれのWithブロックで対象にすることが可能です。

実行して、リスト4-30の結果に加えて、フォント種類の変更と、フォントサイズの変更行われていることを確認しましょう、

リスト4-31 Withステートメントのネスト

```
標準モジュールModule1
Sub MySub()

    With Sheet1.Range("A1")
        .Value = 1000
        .Interior.Color = RGB(255, 255, 0)
        With .Font
            .Name = "Meiryo UI"
            .Bold = True
            .Size = 8
        End With
    End With

End Sub
```

4-9-2 ▶ Withステートメントのオブジェクト参照のしくみ

Withステートメントを使用するメリットはもう一つあります。それは、オブジェクト参照の回数を減らせるということです。

検証のために、リスト4-32を用意しました。Withステートメントの対象オブジェクトは変数rng、すなわち「Sheet1.Range("A1")」としていますが、そのブロック内でrngの参照先を別のセルに変更しています。実際に処理されるのはA1セルでしょうか、それともB1セルでしょうか?

リスト 4-32 With ステートメントのオブジェクト参照のしくみ

```
標準モジュールModule1
Sub MySub()

    Dim rng As Range: Set rng = Sheet1.Range("A1")

    With rng
        Set rng = Sheet1.Range("B1")
        .Value = 1000
        .Font.Bold = True
        .Interior.Color = RGB(255, 255, 0)
    End With

End Sub
```

実行をすると、実際に処理されるのはA1であることを確認できます。どうしてそうなるかを解説しましょう。

Withステートメントでは、Withブロック内で用いるための一時的な変数が用意されます。その変数に、対象となるオブジェクト参照を代入して利用しています。リスト4-32の結果は、そのオブジェクト参照の代入が、最初の一度だけ行われており、Withブロック内で変更されることがないということを示しています。

ですから、たとえばループとWithステートメントを組み合わせるのであれば、Withステートメントの中にループを配置するほうが実行速度という面では望ましいといえます。現在のPCの性能とマクロの規模から、これによる実行速度の差を感じることは多くはないかもしれませんが、可読性に差がないのであれば意識しておいて損はありません。

本章ではフロー制御を実現するステートメントを紹介してきました。これらのステートメントを使用することで、分岐や反復をはじめ、さまざまなフロー制御を実現することができます。VBAではフローの制御においても、同じ目的に対して複数の選択肢がある場合があります。本章では、一般的にある程度使用されていると思われるものについては、隠さずに紹介をするようにしました。実際に、どれをどのように使用するかについてのヒントにも触れながら解説を進めましたが、都度「作法」と照らし合わせて、判断をするようにしてください。

さて、フロー制御ステートメントには、単一行で完結するものもあれば、複数のステートメントをまとめたブロックを対象にするものもありました。次章では、それらをまとめた単位としての「手続き」、つまりプロシージャについて解説を進めていくことにします。

5章

プロシージャ
── 手続きに名前をつける

VBAの開発や運用においてプログラムの「部品化」は非常に重要なテクニックです。その最も基礎になるのが、5種類のプロシージャです。ここでは、それぞれの役割と使い方について、詳しくて見ていくことにしましょう。

5-1 プロシージャとは

5-1-1 ▶ プロシージャ化とそのメリット

プロシージャとは一連のステートメントをまとめたもの、つまり手続きのことです。マクロを作成するのであれば、少なくとも1つのプロシージャが必要になります。後述しますが、VBAのプロシージャにはいくつかの種類があります。

動作をさせることだけを考えるなら、単一のSubプロシージャに、必要なステートメントを順番に記述していくことで、マクロは作ることができます。ですから、マクロを複数のプロシージャで構成する必要性について、疑問を持たれるかもしれません。しかし、VBAプログラミングにおいて、できる限り労力をかけたくないというのであれば、マクロを複数のプロシージャから構成するという発想と、それを実現するテクニックを身につけるべきです。

一連の処理を取り出して、別のプロシージャとして定義することを**プロシージャ化**といいます。適切にプロシージャ化を行うことは多くのメリットをもたらします。

ひとつの例を見てみましょう。リスト5-1をご覧ください。

リスト5-1 単一のSubプロシージャ

```
標準モジュールModule1
Sub MySub()

    Const TAX_RATE As Currency = 0.08

    With Sheet1
        '税込み価格を求める
        .Range("B1").Value = .Range("A1").Value * (1 + TAX_RATE)

        '月末日を求める
        Dim dt As Date: dt = .Range("A2").Value
        .Range("B2").Value = DateSerial(Year(dt), Month(dt) + 1, 0)

    End With

End Sub
```

A1セルの値の税込価格をB1セルに、A2セルの日付からその月末日をB2セルに書き込むという簡単なマクロです。このコードを眺める限り、コメントも入っていますし、可読性もそれほど低くないように見えます。何らかの処理を追加する場合も、すぐに対応することができるでしょう。

しかし、リスト5-2のように、いくつかのステートメントのまとまりについてプロシージャ化してみたらどうでしょうか。

リスト5-2 複数のプロシージャ

```
標準モジュールModule1
Sub MySub()

    With Sheet1
        .Range("B1").Value = GetTaxIncluded(.Range("A1").Value)
        .Range("B2").Value = GetEndOfMonth(.Range("A2").Value)
    End With

End Sub

Function GetTaxIncluded(ByVal price As Long) As Currency

    Const TAX_RATE As Currency = 0.08
    GetTaxIncluded = price * (1 + TAX_RATE)

End Function

Function GetEndOfMonth(ByVal dt As Date) As Date

    GetEndOfMonth = DateSerial(Year(dt), Month(dt) + 1, 0)

End Function
```

再度、リスト5-1に目を戻してください。セルに値を読み書きする、税込価格を計算する、月末日を求めるという種類の異なる処理とそれに伴うデータが同じプロシージャ内、ところによっては同じステートメント内に混在しています。したがって、それら3つの処理のいずれかのステートメントについて修正をしたり、追加したりする場合には、他方の2つの処理を意識下に置いて作業をする必要があります。つまり、その分、脳のメモリを余計に使うことになっています。

一方で、リスト5-2であれば、それら3つの処理が別のプロシージャとして分離されています。いずれかの処理について作業を進める際に、他方の2つの処理について気にすべきは、その役割と入出力部分だけです。内部のステートメントや変数一つひとつについて意識下に置いておく必要はありません。

つまり、プロシージャ化をすることで、プログラムの複雑性を排除し、作業者の脳の負担を減らすことができるようになります。

さらに、FunctionプロシージャGetTaxIncludedとGetEndOfMonthは再利用が可能です。同じプロジェクト内であれば、それらのFunctionプロシージャを呼び出すことができます。他のプロジェクトでも、コピーをすれば使用することができます。適切にプロシージャ化を進め、それを蓄積するこ

とは、再利用可能な資産を増やすことと同等です。

> **Memo** プロシージャ化と似た手法としてGoSub〜Returnステートメントを用いたサブルーチン化があります。同一プロシージャ内のサブルーチン化した一連の処理へ分岐し、サブルーチンの終了後に元に処理に戻るというフロー制御を実現するものです。しかし、GoSub〜Returnステートメントと同様のことをプロシージャ化で実現可能であり、可読性が高くありませんので、とくに使用する理由はないでしょう。

5-1-2 ▣ プロシージャの仕組みと分類

2章で簡単に触れていますが、再度プロシージャと関数について、その仕組みを確認しておきましょう。

プロシージャは、他のプロシージャから呼び出すことができます。その際に、値の受け渡しをすることができます。プロシージャを呼び出した際に、そのプロシージャに渡す値を**引数**といいます。呼び出されたプロシージャは、受け取った引数を格納するための変数を用意しておく必要があり、それを**パラメーター**といいます。

また、呼び出されたプロシージャから処理を戻す際に、返す値を**戻り値**といいます。これらの様子を表したのが図5-1です。

関数とはプロシージャのうち、単体で呼び出せるもの、かつ戻り値を返すもののことです。

図5-1 プロシージャの呼び出しと値の受け渡し

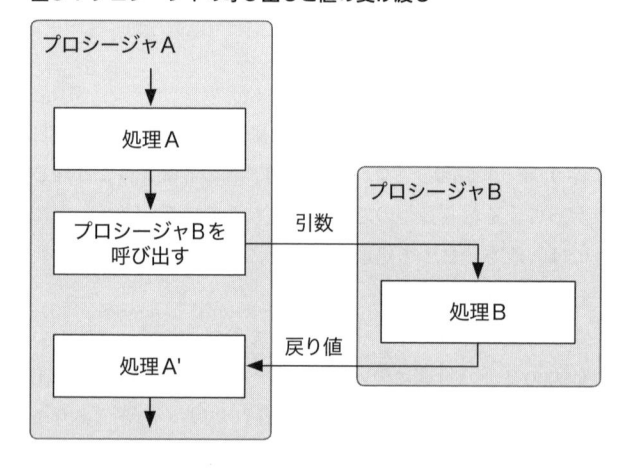

VBAでは、その目的に応じて、表5-1に示すような5種類のプロシージャが存在しています。また、それぞれについて定義をするための宣言ステートメントと、定義したプロシージャを呼び出すための構文が用意されています。

表5-1 プロシージャの分類

名称	目的	戻り値を返せるか
Subプロシージャ	手続きの実行	返せない
Functionプロシージャ	手続きの実行	返せる
Property Letプロシージャ	プロパティへの値の設定	返せない
Property Setプロシージャ	プロパティへのオブジェクト参照の設定	返せない
Property Getプロシージャ	プロパティからの値の取得	返せる

　目的が手続きの実行であれば、SubプロシージャかFunctionプロシージャを定義します。その際に戻り値を使用するのであれば、Functionプロシージャを用います。それが単体で呼び出せるものであれば、そのFunctionプロシージャは関数ということができます。

　Propertyプロシージャは3つの種類があります。いずれもプロパティを操作するためのもので、主にクラスを構成するときに使用すると紹介されることがありますが、他のモジュールでも使用可能です。

5-1-3 ▣ プロシージャとスコープ

　プロシージャにもスコープがあります。プロシージャの場合は、プライベートモジュールレベルとパブリックモジュールレベルの2つのレベルを選択します。プロシージャレベルは存在しません。

　プライベートモジュールレベルのプロシージャを**プライベートプロシージャ**、パブリックモジュールレベルのプロシージャを**パブリックプロシージャ**といいます。

　プロシージャの宣言ステートメントでPrivateキーワード、Publicキーワードを指定することで、そのレベルを指定することができ、省略した場合はパブリックプロシージャとなります。

　マクロが単一のモジュールで構成されているものであれば、スコープは気にする必要はありません。つまり、プロシージャの宣言ステートメントでスコープに関するキーワードを指定せずに、すべてパブリックプロシージャで構成したとしても何ら問題はありません。

　しかし、複数のモジュールでマクロを構成する場合には、そのスコープを意識する必要が出てきます。パブリックプロシージャであればそれらのキーワードは省略可能ではあるのですが、わかりやすさのためにPrivateキーワードとともにPublicキーワードも明示するようにするとよいでしょう。

5-2 Subプロシージャ

5-2-1 ▣ Subプロシージャの定義

　Subプロシージャは、戻り値の不要な手続きの実行をするためのプロシージャです。Excelの「開発」→「マクロ」で開くマクロダイアログや、ワークシートに配置したフォームコントロールボタンなどから、マクロとして呼び出すことができるのは、Subプロシージャのみです。

Subプロシージャを定義するには、以下のSubステートメントを使用します。

```
[Private|Public] Sub name([arglist])
    [statements]
End Sub
```

プロシージャのスコープは、パブリックモジュールレベル、プライベートモジュールレベルのいずれかになります。プライベートモジュールレベルであれば**Private**キーワードを、パブリックモジュールレベルであれば**Public**キーワードをSubステートメントの先頭に付与します。いずれのキーワードも省略した場合には、パブリックモジュールレベルになります。

続いて**Sub**キーワード、プロシージャ名*name*、丸かっこ内に引数リスト*arglist*を指定します。Subプロシージャに収める処理*statements*をEnd Subまでの間に記述します。

引数リスト*arglist*は、受け取るパラメーター名やそのデータ型、その他引数についての様々な指定を組み合わせたものをカンマ区切りで複数指定することができます。引数の構文については、5-3節で詳しく解説します。

5-2-2 ▶ Subプロシージャの呼び出し

Subプロシージャを他のプロシージャから呼び出すときには、Callステートメントを使います。

```
[Call] name [argumentlist]
```

Callキーワードに続いて呼び出すSubプロシージャ名*name*、そして引数リスト*argumentlist*です。引数リスト*argumentlist*は引数として渡す式をカンマ区切りで指定します。

Callキーワードは省略可能ですので、Subプロシージャ名から記述することも可能です。

Subプロシージャに引数を渡すのであれば、その記述には注意が必要です。以下の表5-2のように**Call**キーワードを記述した場合は、引数リスト*argumentlist*には丸かっこ〔()〕が必要になります。一方で、**Call**キーワードを省略し、記述しなかった場合は、引数リスト*argumentlist*を丸かっこで囲んではいけません。

表5-2 Callキーワードの有無とCallステートメントの構文

Call キーワード	引数リストの丸かっこ	構文
記述する	必要	**Call** *name* (*argumentlist*)
記述しない	不要	*name argumentlist*

リスト5-3はCallキーワードを記述した場合のSubプロシージャの呼び出しの例です。Callキーワードを省略した場合のCallステートメントがリスト5-4です。

リスト5-3 Callキーワードを使ったSubプロシージャの呼び出し

```
標準モジュールModule1
Sub MySub()

    Call SayHello("Bob")

End Sub

Sub SayHello(ByVal name As String)

    MsgBox "Hello, " & name & "!"

End Sub
```

リスト5-4 Callキーワードを省略したSubプロシージャの呼び出し

```
標準モジュールModule1
Sub MySub()

    SayHello "Bob"

End Sub
```

　比べてみるとわかるとおり、Callキーワードを記述したほうが、Subプロシージャを呼び出していることが読み取りやすくなります。したがって、Subプロシージャの呼び出しの際には、Callキーワードを記述することをおすすめします。

> **Memo**　Callキーワードを記述した場合、引数リストを丸かっこで囲わないと構文エラーとなります。一方で、Callキーワードを省略した場合、リスト5-4のように引数が1つであれば、丸かっこで囲んでも動作をします。このときの丸かっこは引数リストを囲むためのものではなく、演算を優先に行うための丸かっことして認識されるのです。さらにこの場合、演算が行われることで式が評価され値が確定しますので、強制的に値渡しとなります。いずれにしても、正しい挙動を予測しづらくなりますので、Callキーワードを付与かつ引数は丸かっこで囲うという作法を一貫させたほうがよいでしょう。

5-3　引数の構文

5-3-1 ▶ 引数の指定項目

　プロシージャが引数を受け取る場合には、その宣言ステートメントに引数リストを記述します。引数リストには、引数に対するパラメーター名とデータ型だけでなく、様々な機能的な指定をすることができます。この節では、Subプロシージャを例にとって、引数リストの書式について確認をしていきます。

　まず、Subプロシージャの宣言をする、Subステートメントの構文を再掲します（この構文では、わかりやすさのためにスコープを指示するキーワードは省略しています）。

```
Sub name([arglist])
    [statements]
End Sub
```

　丸かっこ内の引数リスト*arglist*に、以下で表す書式を、受け取る引数の数だけカンマ区切りで指定します。以降、この構文を引数の構文と呼びます。

```
[Optional] [ByVal|ByRef] [ParamArray] varname[()] [As type] [ = defaultvalue]
```

　ご覧のとおり、引数の構文には、多くの指定項目があり、そしてそのほとんどは省略可能です。表5-3に各指定項目についてまとめています。

表5-3 引数の構文へ指定する項目

項目	説明
Optional	引数が必須ではないことを表すキーワード
ByVal	引数が値渡しで渡されることを表すキーワード
ByRef	引数が参照渡しで渡されることを表すキーワード（既定はByRef）
ParamArray	任意の数の引数を配列として受け取ることを表すキーワード
varname	引数を受け取るパラメーター名
type	引数のデータ型を*type*に指定する（既定はVariant型）
defaultvalue	**Optional**キーワードを記述しているときのみに有効で、必須ではない引数が渡されなかったときの既定値を指定する

　これらの詳細について、一つひとつ解説を進めていきます。

5-3-2 ▶ 引数の順序と名前

　まず、プロシージャに複数の引数を渡した場合の、その渡す順序について確認しておきましょう。とくに指定をしない場合は、プロシージャを呼び出す際の引数の数と、呼び出されるプロシージャの宣言ステートメントで用意するパラメーターの数は一致している必要があります。引数が一致していない場合は、コンパイルエラーとなります。

　引数は、そのCallステートメントの引数リストに列挙されている順に、第1引数、第2引数……といいます。第1引数は受け取るプロシージャの宣言ステートメントで最初に登場するパラメーターに、第2引数はその次に記述されているパラメーターに……というように、順番に格納されていきます。

　リスト5-5の例であれば、「Hello」がパラメーター messageに、「Bob」がパラメーター nameに渡されます。その様子を図にしたものが、図5-2です。

リスト5-5 引数の順序

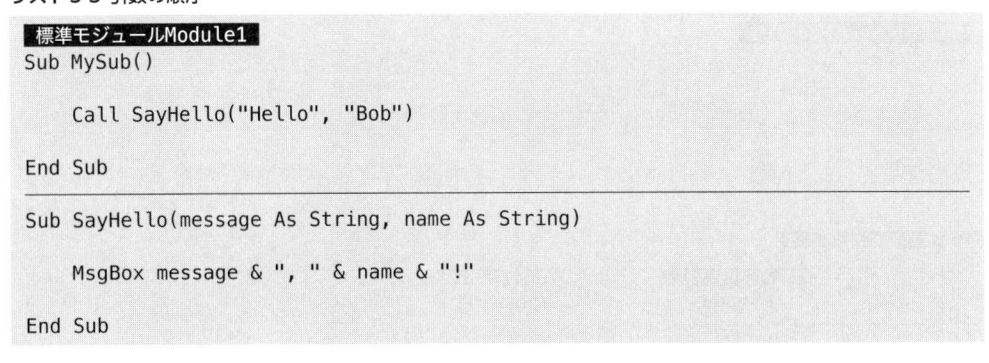

```vb
標準モジュールModule1
Sub MySub()

    Call SayHello("Hello", "Bob")

End Sub

Sub SayHello(message As String, name As String)

    MsgBox message & ", " & name & "!"

End Sub
```

図5-2 順序で引数を渡す

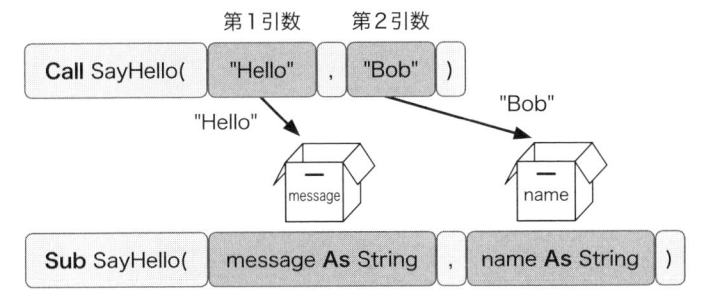

　プロシージャを呼び出す際に、引数を渡す順序を変更したいときや、省略できる引数を飛ばして後ろの引数を渡したいときには、名前付き引数を使用することができます。名前付き引数とは、パラメーター名を指定して引数を渡す方法です。

　プロシージャの宣言ステートメントにおける引数の構文について、説明のためいくつかの項目を除外して以下のように表現するとします。

> *varname* [**As** *type*]

　プロシージャを呼び出す際に、名前付き引数を渡すには、Callステートメントの引数リストにパラメーター名*varname*を用いて、以下のように記述します。

> *varname***:=***expression*

　パラメーター名*varname*に続いて、コロン記号とイコール記号（:=）、そして渡す引数を表す式*expression*を記述します。つまり、名前付き引数の「名前」はパラメーター名なのです。

　リスト5-5のCallステートメントは名前付き引数を用いることで、リスト5-6のように、渡す引数の順序を入れ替えることができます。図5-3も合わせてご覧ください。

リスト5-6 名前付き引数

```
標準モジュールModule1
Sub MySub()

    Call SayHello(name:="Bob", message:="Hello")

End Sub
```

図5-3 名前で引数を渡す

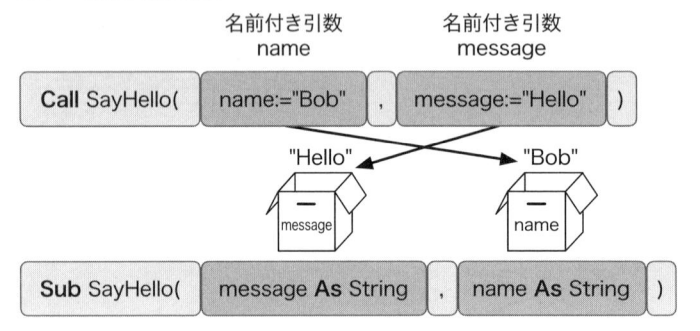

また、Callステートメントの引数リストについて、順序での指定と、名前での指定は混在させることが可能です。つまり、リスト5-5のCallステートメントは、リスト5-7のように記述することもできます。この例では、あまり効果的ではありませんが、省略可能な引数を飛ばして、順序が後ろの引数を指定する場合などでは効果的です。

リスト5-7 順序による引数と名前付き引数

```
標準モジュールModule1
Sub MySub()

    Call SayHello("Hello", name:="Bob")

End Sub
```

プロシージャの宣言ステートメントで定義した場合、引数の順番および名前は、図5-4のように自動クイックヒントで確認可能です。

プロシージャの宣言ステートメントにおけるパラメーターの定義は、呼び出す際に、その記述がスムーズに行えるように順序や名前を考慮する必要があります。つまり、省略することが少ないだろう引数は順序を前にしたり、わかりやすいパラメーター名を指定したりといった工夫が、コーディングの効率や可読性を上げることにつながります。

図5-4 自動クイックヒントで引数を確認する

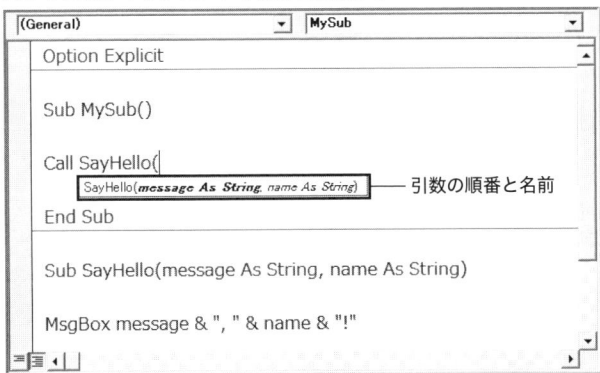

5-3-3 ▶ 引数をオプションにする

　引数の構文で以下のようにOptionalキーワードを用いると、その引数を省略可能にすることができます。

> **Optional** *varname* [**As** *type*] [= *defaultvalue*]

　引数の構文の最初にOptionalキーワード挿入します。また、引数の構文の最後にイコール記号（=）に続いて、引数が実際に省略された場合の既定値*defaultvalue*を設定することができます。既定値*defaultvalue*には定数、または定数を要素とする式を指定します。既定値*defaultvalue*を省略した場合、パラメーターにはそのデータ型に応じた未初期化状態の値が割り当てられます。

　Optionalキーワードを用いて、引数を省略可能とすることを、引数をオプションにするともいいます。

　なお、Optionalキーワードを使用する際のルールとして、引数をオプションにした場合、その引数以降に定義する引数もすべてオプションにしなければいけませんので、注意してください。

　Optionalキーワードの使用例としてリスト5-8を見てみましょう。

リスト5-8 引数をオプションにする

```
標準モジュールModule1
Sub MySub()

    Call SayHello("Hello", "Tom")
    Call SayHello("Goodbye")

End Sub

Sub SayHello(message As String, Optional name As String = "Bob")

    MsgBox message & ", " & name & "!"

End Sub
```

Subプロシージャ SayHelloを最初に呼び出した際にはパラメーター nameには「Tom」が渡され
ますが、2回目の呼び出しの際には省略されていますので、既定値である「Bob」が採用されます。

　自動クイックヒントでプロシージャの引数について確認すると、オプションにした引数は角かっこ
([])で囲まれていることが確認できます（図5-5）。

図5-5 自動クイックヒントでオプションにした引数を確認する

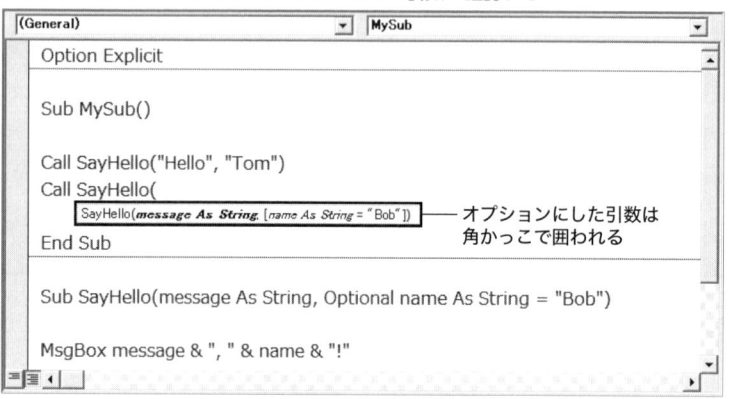

> **Memo** 引数のデータ型がオブジェクト型の場合には、オプションの既定値defaultvalueには
> Nothingのみが設定可能です。ただし、既定値defaultvalueを省略した場合には、そのデー
> タ型の未初期化状態の値が設定されますから、オブジェクト型の場合はNothingです。
> つまり、引数がオブジェクト型の場合には、既定値defaultvalueの設定には実質的な意味はありません。

5-3-4 ▶ 値渡しと参照渡し

　プロシージャを呼び出す際の引数の渡し方には、値渡しと参照渡しの2種類があります。引数の構
文で以下のようにパラメーター名varnameの前に**ByRef**キーワードまたは**ByVal**キーワードを指定
することで、引数の渡し方を指定することができます。

```
[ByVal|ByRef] varname [As type]
```

　ByValキーワードであれば値渡しに、**ByRef**キーワードであれば参照渡しとなります。また、いず
れのキーワードも指定しない場合は参照渡しとなります。したがって、**ByRef**キーワードは記述する
必要はありませんが、意図を持って参照渡しをしているということを表すために、明記をすることを
おすすめします。

　値渡しと参照渡しでは、引数として渡すものが異なります。それにより、処理の挙動が異なる場合
がありますので、よく理解をしておく必要があります。

　では、値渡しから見ていくことにしましょう。値渡しとは文字どおり、パラメーターに値を渡す渡
し方です。例として、リスト5-9をご覧ください。

```
標準モジュールModule1
Sub MySub()

    Dim x As Long: x = 10
    Call Increment(x)
    Debug.Print x '10

End Sub

Sub Increment(ByVal num As Long)

    num = num + 1

End Sub
```

SubプロシージャIncrementのパラメーターnumにByValキーワードを付与しています。つまり、パラメーターnumへの引数は値渡しとなります。

値渡しの場合、引数を渡すときに文字どおり、その値を渡します。図5-6は、変数xとパラメーターnum、そしてそれぞれが割り当てられているメモリの様子を表したもので、これを使って解説しましょう。

図5-6 引数の値渡し

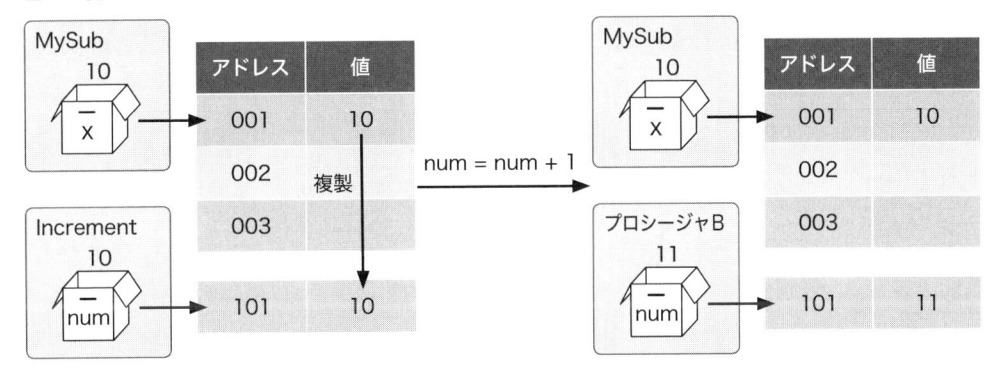

SubプロシージャIncrementを呼び出す際、変数xの「10」という値がパラメーターnumに渡されます。パラメーターnumも変数ですから、メモリ上のアドレスが割り当てられています。そのアドレスを便宜的に（101）とすると、そのメモリ内に「10」という値が複製されて格納されるということになります。

「Increment」は数値を1加算することです。パラメーターnumがインクリメントされるということは、すなわちアドレス（101）の内容がインクリメントされるということで、結果としてその値は「11」となります。この一連の処理の中では、変数xが割り当てられるアドレス（001）には何の作用もありません。ですから、SubプロシージャMySubを実行すると、イミディエイトウィンドウには、初期化時の値である10が出力されます。

　では、リスト5-9のSubプロシージャIncrementについて、リスト5-10のように変更してみましょう。パラメーターnumに指定していたByValを削除するのです。すると、引数の渡し方が**参照渡し**になります。SubプロシージャMySubを実行すると、イミディエイトウィンドウに出力される値はいくつになるでしょうか？

リスト5-10 引数の参照渡し

```
標準モジュールModule1
Sub Increment(num As Long)

    num = num + 1

End Sub
```

　実行すると、イミディエイトウィンドウには「11」と表示されます。変数xについて加算は行っていないはずですが、インクリメントされるのです。これは、引数が参照渡しで渡されていることによります。

　その動きを、図5-7を見ながら確認していきましょう。この図は、参照渡しの場合の変数x、パラメーターnum、それぞれが割り当てられているメモリの様子を表したものです。

図5-7 引数の参照渡し

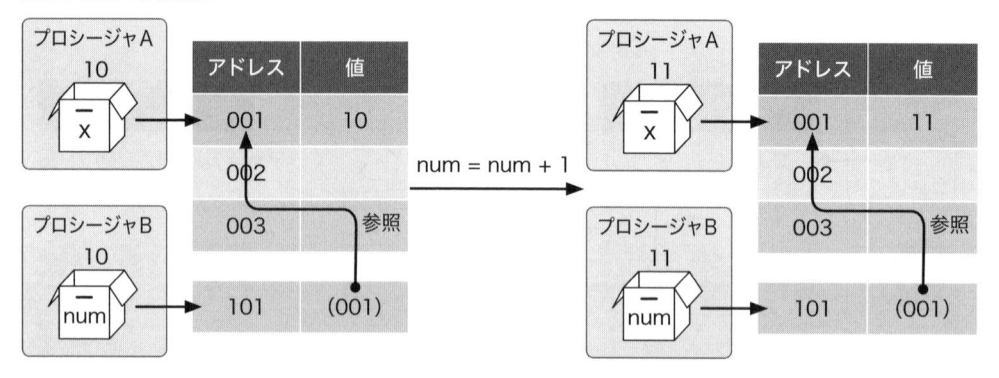

　SubプロシージャIncrementを呼び出す際、変数xの値そのものではなく、そのメモリ上のアドレス、つまり参照値がパラメーターnumに渡されます。パラメーターnumのアドレス（101）には、変数xが割り当てられているアドレス（001）への参照値が格納されます。

　パラメーターnumをインクリメントすると、それが参照しているアドレス（001）の値がインクリメントされます。変数xが指し示すアドレスも（001）ですから、結果として変数xの値もインクリメントされることになるのです。

　引数を参照渡しにすると、呼び出し元の変数の変化も意識してプログラミングをする必要が出てきますので、その管理の複雑さが増したり、可読性が低下したりします。特に理由がなければ、ByValキーワードを付与して値渡しにするほうがよいでしょう。

Memo 引数としてオブジェクト変数を用いる場合は参照渡ししかできないと思われるかもしれませんが、値渡しも可能です。オブジェクト変数はオブジェクトの参照値を格納していますので、それをコピーしてパラメーターに渡すのです。参照渡しの場合は、「オブジェクト変数への参照値」をパラメーターに渡します。つまり、「オブジェクトの参照値を格納する変数の参照値」を渡しています。

5-3-5 ▶ 配列を引数として渡す

プロシージャを呼び出す際に、引数として配列を渡すことができます。その場合、動的配列として受け取る方法と、Variant型の変数として受け取る方法と2つの方法があります。

まず、動的配列として受け取る方法ですが、引数の構文で以下のようにパラメーター名に続いて丸かっこを付与するというものです。

```
varname() [As type]
```

この場合、ルールとしてパラメーターには配列の下限値および上限値を設定することができません。したがって、パラメーターは常に動的配列となります。また、配列を引数とする際にByValキーワードを付与することはできません。固定配列とした場合、ByValキーワードを付与した場合は、いずれも構文エラーとなります。

引数に配列を渡す例として、リスト5-11をご覧ください。

リスト5-11 配列を引数として渡す

```
標準モジュールModule1
Sub MySub()

    Dim x(1 To 3) As Long
    x(1) = 10
    x(2) = 30
    x(3) = 20

    Call Increment(x)
    Debug.Print x(1), x(2), x(3) ' 11  31  21

End Sub

Sub Increment(ByRef num() As Long)

    Dim i As Long
    For i = LBound(num) To UBound(num)
```

```
        num(i) = num(i) + 1
    Next i

End Sub
```

参照渡しで引数を渡しているので、呼び出し先での加算が、呼び出し元の変数xにも反映されます。

パラメーターをVariant型の変数とすることでも、引数として渡された配列を受け取ることができます。

```
varname [As Variant]
```

この場合、変数varnameの前にByValキーワードを付与することで、配列を値渡しで渡すことができます。

リスト5-12は、配列をVariant型のパラメーターに渡す例です。Subプロシージャ MySubを実行すると、配列xの各要素はSubプロシージャ Incrementの処理の影響を受けずに、その初期値がイミディエイトウィンドウに出力されることを確認できます。

リスト5-12 配列を引数としてVariant型のパラメーターに渡す

```
標準モジュールModule1
Sub MySub()

    Dim x(1 To 3) As Long
    x(1) = 10
    x(2) = 30
    x(3) = 20

    Call Increment(x)
    Debug.Print x(1), x(2), x(3) '10  30  20

End Sub

Sub Increment(ByVal num As Variant)

    Dim i As Long
    For i = LBound(num) To UBound(num)
        num(i) = num(i) + 1
    Next i

End Sub
```

> 📝 リスト5-11について、パラメーターにByRefキーワードが付与されていたとしても、Callス
> **Memo** テートメントを「Call Increment((x))」とすることで、強制的に値渡しにするという手法もあ
> ります。丸かっこで囲むことで、式としての変数xを値として確定させた後に渡すことになるからです。
> ただし、ByRefキーワードがあるにも関わらず、呼び出し側でそのルールを上書きするのは、コード
> の一貫性や信頼性という観点でおすすめできません。

5-3-6 ▣ パラメーター配列

　パラメーター配列を使用すると、任意の数の引数を配列として受け取ることができます。パラメーター配列を使用するには、引数の構文に ParamArray キーワードを使用します。

> [**ParamArray**] *varname*( ) [**As** *type*]

　パラメーター配列を使用する際には、以下のルールがありますので、注意してください。

- ・パラメーター配列は引数リストの最後の引数にのみ適用でき、自動的にオプションになる
- ・他の引数はオプションにはできない
- ・ByVal キーワード、ByRef キーワードは付与できず、パラメーター配列は常に参照渡しになる
- ・パラメーター名 *varname* の後ろに丸かっこの記述が必要
- ・パラメーターのデータ型 *type* は Variant 型とする
- ・パラメーター配列のインデックスの下限値は Option Base ステートメントの影響を受けずに常に0となる

　リスト5-13はパラメーター配列の使用例です。この場合に引数と、その格納されるパラメーターの様子を表したものが図5-3です。

リスト5-13 パラメーター配列

```
標準モジュールModule1
Sub MySub()

    Dim x As Long, y As Long, z As Long
    x = 10
    y = 30
    z = 20

    Call Increment(x, y, z)
    Debug.Print x, y, z '10  31  21

End Sub

Sub Increment(ByVal x As Long, ParamArray num() As Variant)

    Dim i As Long
    For i = LBound(num) To UBound(num)
        num(i) = num(i) + 1
    Next i

End Sub
```

図5-7 パラメーター配列

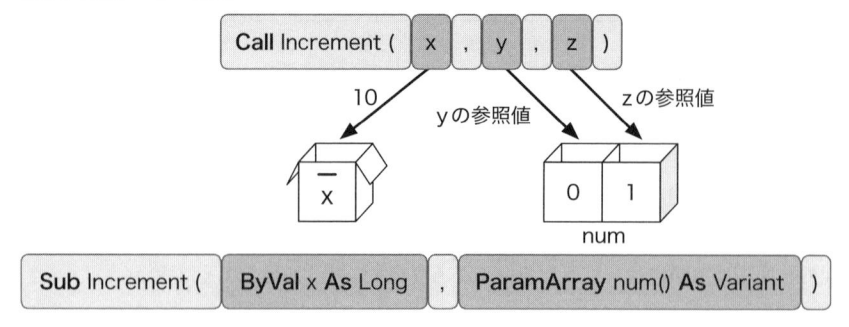

SubプロシージャMySubを実行すると、変数yと変数zが、パラメーター配列に渡されてインクリメントされていることがわかります。一方で、変数xは、別の引数として値渡しで渡されていますので、出力としては初期値がそのままとなります。

パラメーター配列は常に参照渡しになりますので、その扱いには注意が必要です。呼び出し元に影響を与えないようにするのであれば、パラメーター配列の要素には変更を加えないようにする、または評価後の確定値を渡すなどの工夫が求められます。

5-4 Functionプロシージャ

5-4-1 ▶ Functionプロシージャの定義

Functionプロシージャは、手続きを実行した結果戻り値を返すプロシージャです。一般的に、関数を作るのであれば、Functionプロシージャの作成がひとつの選択肢になります。また、Excel VBAでは、Functionプロシージャにより、独自のワークシート関数を作成することができます。

Functionプロシージャを定義するには、以下の**Function**ステートメントを使用します。

```
[Private|Public] Function name([arglist]) [As type]
    [statements]
    [name = expression]
End Function
```

Functionプロシージャのスコープの指定はSubプロシージャと同様です。Functionステートメントの先頭に、プライベートモジュールレベルであれば**Private**キーワード、パブリックモジュールレベルであれば**Public**キーワードを付与します。いずれのキーワードも省略した場合には、パブリックモジュールレベルになります。

続いて、**Function**キーワード、プロシージャ名name、丸かっこ内に引数リストarglistを指定します。引数リストarglistは、5-3で解説した引数の構文による引数をカンマ区切りで列挙したものです。

次に、**As**キーワード、そしてFunctionプロシージャの戻り値のデータ型typeを指定します。**As**キー

ワードとデータ型*type*は省略可能ですが、その場合はVariant型となります。End Functionまでの間に、Functionプロシージャに収める処理*statements*を記述します。

プロシージャ名*name*にイコール記号 (=) で式*expression*を指定すると、これがFunctionプロシージャの戻り値となります。戻り値の指定は、Functionプロシージャ内の任意の位置に、いくつでも配置することができ、Functionプロシージャの処理が終了、または抜け出したときに設定されている値が戻り値となります。戻り値が指定されていない場合は、データ型*type*に応じた未初期化状態の値が戻り値となります。

5-4-2 ▶ Functionプロシージャの呼び出し

Functionプロシージャを他のプロシージャから呼び出すには、戻り値を使用するかどうかで2つの構文を使い分ける必要があります。

戻り値を受け取らずに、破棄してもよい場合は、Subプロシージャの呼び出しと同様、Callステートメントを使用することで、Functionプロシージャ*name*を呼び出すことができます。

```
[Call] name [argumentlist]
```

戻り値を受け取るようにFunctionプロシージャを使用する場合は、以下のようにFunctionプロシージャ名*name*に続けて、引数リスト*augumentlist*を丸かっこで囲みます。引数を一つも渡さない場合は丸かっこは不要となります。

```
name[(argumentlist)]
```

Functionプロシージャの呼び出しの例について見ていきましょう。

リスト5-14は、Functionプロシージャ GetTaxIncludedをCallステートメントで呼び出します。つまり、Subプロシージャ MySubを実行すると、引数についてその税込価格をメッセージダイアログで表示するという動作になります。この例では、FunctionプロシージャをCallステートメントで呼び出しましたので、戻り値は使用せずに破棄されます。

リスト5-14 Functionプロシージャの戻り値を破棄

```
標準モジュールModule1
Sub MySub()

    Dim x As Long: x = 100
    GetTaxIncluded x

End Sub

Function GetTaxIncluded(ByVal price As Long) As Currency

    Const TAX_RATE As Currency = 0.08
    GetTaxIncluded = price * (1 + TAX_RATE)
```

```
    MsgBox GetTaxIncluded

End Function
```

　リスト5-15は同じくFunctionプロシージャGetTaxIncludedを呼び出しますが、その戻り値をイミディエイトウィンドウに出力するものです。リスト5-14の実行と同様にメッセージダイアログが表示されますが、その戻り値を受け取り、それがイミディエイトウィンドウに出力されます。

リスト5-15 Functionプロシージャの戻り値を使用

```
標準モジュールModule1
Sub MySub()

    Dim x As Long: x = 100
    Debug.Print GetTaxIncluded(x)

End Sub
```

　このように、Functionプロシージャを呼び出す場合は、戻り値を使用するかどうかで引数リストを丸かっこで囲むかどうかが決まりますので注意が必要です。

5-4-3 ▶ Functionプロシージャから複数の値を返す

　Functionプロシージャの戻り値は複数にすることはできません。したがって、複数の値を返したいというときには、ひと工夫が必要になります。

　例として、税抜価格を与えて、税込価格と税額の2つの値を求めたい場合を考えましょう。1つの方法として、リスト5-16のようにユーザー定義型を使うという方法を考えることができます。

リスト5-16 戻り値をユーザー定義型にする

```
標準モジュールModule1
Type TaxPrice
    price As Long
    tax As Currency
End Type

Sub MySub()

    Dim price As Long: price = 500
    Dim t As TaxPrice: t = CalcTax(price)

    Debug.Print "税込価格", t.price
    Debug.Print "税額", t.tax

End Sub

Function CalcTax(ByVal price As Long) As TaxPrice

    Const TAX_RATE As Currency = 0.08
```

```
    Dim t As TaxPrice
    t.tax = price * TAX_RATE
    t.price = price + t.tax
    CalcTax = t

End Function
```

　税込価格と税額の2つの要素を持つTaxPriceというユーザー定義型を宣言し、TaxPrice型の変数をFunctionプロシージャからの戻り値としています。Typeステートメントによるユーザー定義型の宣言と、呼び出し元と呼び出し先のそれぞれのプロシージャで変数の宣言が必要になり、記述するコードの量が増えてしまいますが、可読性は確保できています。

　別の方法として、リスト5-17のような例も考えられます。価格priceと税額taxを参照渡しとし、Functionプロシージャでそれら引数の内容を書き換えるというものです。

リスト5-17 参照渡しの引数を戻り値のように扱う

```
標準モジュールModule1
Sub MySub()

    Dim price As Long: price = 500
    Dim tax As Currency
    Call CalcTax(price, tax)

    Debug.Print "税込価格", price
    Debug.Print "税額", tax

End Sub

Function CalcTax(ByRef price As Long, ByRef tax As Currency)

    Const TAX_RATE As Currency = 0.08
    tax = price * TAX_RATE
    price = price + tax

End Function
```

　参照渡しになりますので、FunctionプロシージャCalcTaxでの処理内容が、SubプロシージャMySubから引数として指定した変数の値にも影響します。実際、価格priceの値は上書きされ、初期値は失われます。

　リスト5-16より、コードの行数は少なく記述できますが、扱う難易度は高くなるといえます。

> **📝 Memo**　参照渡しによる方法であれば、Subプロシージャでも実現可能です。ただ、そこまでするとSubプロシージャやFunctionプロシージャというそもそもの区別の考え方から、だいぶ離れてしまいますので、避けたほうがよいでしょう。

　値の集合が同じ種類であれば、配列やコレクションを戻り値として使用するという方法もあります。また、クラスで実現するという方法もあり、本節で使用した題材であれば、クラスのほうが望ましい

かもしれません。

このように、「戻り値を複数にする」という課題に対する手段は、多くの選択肢があり、これはVBAという言語の特長をよく表しています。つまり、VBAは同じ目的に対して多くの選択肢が存在していて、その中からメリットとデメリットを踏まえて判断する能力が求められるということです。

5-5 Propertyプロシージャ

5-5-1 ▶ Propertyプロシージャとプロパティ

Propertyプロシージャは、プロパティの作成や操作を行うためのプロシージャです。Propertyプロシージャは、さらに3種類があります。すなわち、値を取得するProperty Getプロシージャ、値またはオブジェクト参照を設定する、Property LetプロシージャとProperty Setプロシージャです。

表5-1からPropertyプロシージャのみ抜粋したものを、表5-4に再掲します。

表5-4 Propertyプロシージャの種類

名称	目的	戻り値を返せるか
Property Letプロシージャ	値の設定	返せない
Property Setプロシージャ	オブジェクト参照の設定	返せない
Property Getプロシージャ	値の取得	返せる

Propertyプロシージャは、クラスモジュールで使用されるものと言われることが多いですが、標準モジュールを含め、他のモジュールでも使用することができます。

詳しくは6章で紹介しますが、クラスのプロパティはクラスモジュールに定義したモジュール変数とPropertyプロシージャで作成することができます。同様に、標準モジュールなどの他のモジュールでも、モジュール変数とPropertyプロシージャで、それぞれのモジュールに属する「プロパティ」を作成することができます。

本節では、標準モジュールに「プロパティ」を作成していく方法を見ていくことにしましょう。

5-5-2 ▶ Property Let/Setプロシージャの定義

Property LetプロシージャおよびProperty Setプロシージャは、モジュール変数に値またはオブジェクト参照を設定するためのプロシージャです。

単に、モジュール変数に値やオブジェクト参照を代入するだけであれば、代入ステートメントを使えばよいということになります。あえてProperty　Letプロシージャ、Property Setプロシージャを使用するメリットは、何らかの処理を介して値やオブジェクト参照を設定できるという点にあります。

Property Let/Setプロシージャを定義するには、以下のProperty Let/Setステートメントを使用します。

```
[Private|Public] Property {Let|Set} name ([arglist,] value)
    [statements]
End Property
```

　スコープの指定は他のプロシージャと同様で、プライベートモジュールレベルであれば**Private**キーワード、パブリックモジュールレベルであれば**Public**キーワードをステートメントの先頭に付与します。いずれのキーワードも省略した場合には、パブリックモジュールレベルになります。

　Propertyキーワードに続き、値の設定であれば**Let**キーワード、オブジェクト参照の設定であれば**Set**キーワードを記述します。Property Let プロシージャと Property Set プロシージャの構文で異なる点は、この一点のみとなります。

　その後に、プロシージャ名*name*、丸かっこ内には引数リスト*arglist*と値*value*をそれぞれ指定します。Property Let プロシージャ、Property Set プロシージャは、最低1つの引数が必須で、それを受け取るパラメーターが*value*となります。2つ以上の引数がある場合は、引数リスト*arglist*として指定します。パラメーター *value* および引数リスト*arglist*の記述はともに、5-3で解説した引数の構文に準じます。

　End Propertyまでの間に、プロシージャに収める処理*statements*を記述します。一般的に*statements*に、パラメーター *value* と引数リスト*arglist*をもとに、モジュール変数に何らかの値またはオブジェクト参照を設定する代入ステートメントを含めます。

5-5-3 ▣ Property Let プロシージャの呼び出し

　Property Let プロシージャを呼び出すには、代入ステートメントのLetステートメントを使用します。その記述は以下のとおりです。

```
[Let] name[(arguments)] = expression
```

　これにより、式*expression*の評価値が設定すべき値としてProperty Let プロシージャ *name*に渡されます。他の引数も渡すのであれば、引数リスト*arguments*を丸かっこで囲み指定します。

　Property Let プロシージャの定義と呼び出しのサンプルとして、リスト5-18をご覧ください。

リスト5-18 Property Let プロシージャの呼び出し

```
標準モジュールModule1
Private price_ As Long

Public Property Let Price(ByVal newPrice As Long)

    If newPrice >= 0 Then price_ = newPrice Else price_ = 0
    Debug.Print price_ '100

End Property
```

```
標準モジュールModule2
Sub MySub()

    Price = 100

End Sub
```

標準モジュール Module2 の Sub プロシージャ MySub を実行すると、イミディエイトウィンドウに100と出力されることが確認できます。

このマクロの動作について、図5-8を見ながら確認していきましょう。

標準モジュール Module1 には、プライベート変数 price_ と、Property Let プロシージャ Price が定義されています。変数 price_ はプライベートレベルの変数ですから、他のモジュールからアクセスすることはできません。一方で、Property Let プロシージャ Price はパブリックプロシージャですから、他のモジュールである標準モジュール Module2 から呼び出すことが可能です。

つまり、Property Let プロシージャを介することで、他のモジュールからプライベート変数に値を設定することができるようになります。

このような役割を持つプロシージャをセッター（Setter）といいます。

図5-8 他のモジュールからプライベート変数に設定をする

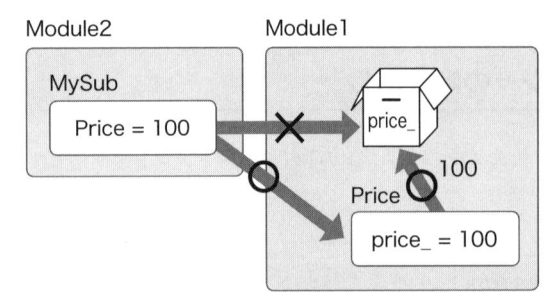

また、Property Let プロシージャ Price に渡す値をマイナスの整数にして、再度実行をしてみましょう。If〜Then〜Else ステートメントにより、引数として渡した値が0未満の場合は、変数 price_ の値は0に設定されます。

このように、設定値に制限をかけたい場合などにも、Property Let プロシージャを活用することができます。

> 📝 **Memo** Property プロシージャで操作をする対象となるプライベート変数には、プライベートであるということを明示的にするため、変数名に一定のルールを持たせるのが一般的です。本書では、変数名を小文字にして後ろにアンダースコアをつけるというルールを採用しています。

Property Let プロシージャに渡す引数が複数になった場合の例を見てみましょう。リスト5-19をご覧ください。

```
標準モジュールModule1
Private price_(1 To 3) As Long

Public Property Let Price(ByVal index As Long, ByVal newPrice As Long)

    If newPrice >= 0 Then price_(index) = newPrice Else price_(index) = 0
    Debug.Print index, price_(index)

End Property
```

```
標準モジュールModule2
Sub MySub()

    Price(1) = 100
    Price(2) = -200
    Price(3) = 300

End Sub
```

　Property　Letプロシージャ Priceを呼び出す際に丸かっこ内に指定した値が引数として先に渡され、イコール記号の右辺に指定した値が最後の引数、つまりこの例では第2引数として渡されます。その様子を、図5-9に表します。

　Property Letプロシージャを呼び出したときの引数の渡し方は、他のプロシージャと異なり、特徴的ですので確認をしておきましょう。

図5-9 Property Letプロシージャに引数を渡す

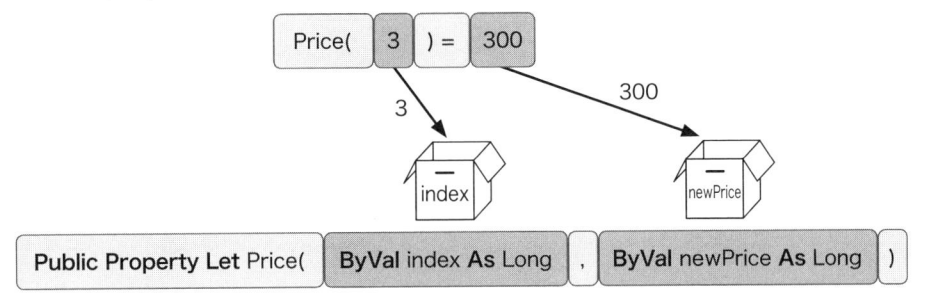

　Subプロシージャ MySubを実行すると、図5-10のように、配列price_の要素にProperty Letプロシージャの処理結果が反映されている様子がわかります。

図5-10 Property Letプロシージャで複数の引数を渡して配列を操作

```
イミディエイト                                    ✕
  1     100
  2     0
  3     300
```

5-5-4 ▶ Property Setプロシージャの呼び出し

Property Setプロシージャを呼び出すには、代入ステートメントのSetステートメントを以下のように記述します。

```
Set name[(arguments)] = objectexpression
```

Setキーワードを使用するという点を除くと、Property Letプロシージャの呼び出しと同様です。続けて、プロシージャ名name、引数リストarguments、イコール記号、式objectexpressionと記述します。式objectexpressionはオブジェクト式となります。

これにより、式objectexpressionの評価するオブジェクト参照がProperty Setプロシージャnameに渡されます。

Property Setプロシージャの定義と呼び出しのサンプルとして、リスト5-20をご覧ください。

リスト5-20 Property Setプロシージャの呼び出し

```
標準モジュールModule1
Private count_ As Long
Private rng_ As Range

Public Property Set MyRange(ByVal newRng As Range)

    Set rng_ = newRng
    count_ = newRng.Count

    Debug.Print rng_.Address, count_    '$A$1:$C$5    15

End Property
標準モジュールModule2
Sub MySub()

    Set MyRange = Sheet1.Range("A1:C5")

End Sub
```

Subプロシージャ MySubを実行すると、イミディエイトウィンドウにはプライベート変数rng_が参照するRangeオブジェクトのアドレスと、プライベート変数count_に格納されたセル数が出力されます。

このように、Property Setプロシージャを呼び出した際に、複数のプライベート変数を設定することも可能です。

5-5-5 ▶ Property Getプロシージャの定義

Property Getプロシージャは、モジュール変数の値を取得するためのプロシージャです。Property Getプロシージャを用いることで、何らかの処理を介して、モジュール変数から値の取得をすること

ができます。

Property Getプロシージャを定義するには、以下のProperty Getステートメントを使用します。戻り値を返すことが前提となりますので、その記述方法はFunctionステートメントと類似しています。

```
[Private|Public] Property Get name ([arglist]) [As type]
    [statements]
    [name = expression]
End Property
```

プライベートモジュールレベルであれば**Private**キーワード、パブリックモジュールレベルであれば**Public**キーワードをステートメントの先頭に付与します。いずれのキーワードも省略した場合には、パブリックモジュールレベルになります。

続いて、**Property**キーワード、**Get**キーワード、プロシージャ名*name*、丸かっこ内には引数リスト*arglist*を指定します。引数リスト*arglist*は、5-3で解説した引数の構文による引数をカンマ区切りで列挙します。

次に、**As**キーワード、そしてProperty Getプロシージャの戻り値のデータ型*type*を指定します。**As**キーワードとデータ型*type*は省略可能ですが、その場合はVariant型となります。

End Propertyまでの間に、プロシージャに収める処理*statements*を記述します。Property Getプロシージャは一般的に戻り値を返しますので、それをプロシージャ名*name*にイコール記号（=）で式*expression*を指定することで表します。戻り値の指定は、End Propertyまでの任意の位置に、いくつでも配置することができ、プロシージャの処理が終了、または抜け出したときに設定されている値が戻り値となります。戻り値が指定されていない場合は、データ型*type*に応じた未初期化状態の値が戻り値となります。

5-5-6 ▶ Property Getプロシージャの呼び出し

Property Getプロシージャを他のプロシージャから呼び出すには、以下のように記述します。

```
name[(argumentlist)]
```

これにより、引数リスト*argumentlist*を渡しつつ、Property Getプロシージャ*name*を呼び出します。引数が不要の場合は丸かっこも含めて省略することができます。

Property Getプロシージャは何らかの値を取得するものですから、Callステートメントで呼び出すことはできず、必ず戻り値を持ちます。

Property Getプロシージャの定義と呼び出しの例として、リスト5-21をご覧ください。

リスト5-21 Property Getプロシージャの呼び出し

```
標準モジュールModule1
Private price_ As Long

Public Property Let Price(ByVal newPrice As Long)

    If newPrice >= 0 Then price_ = newPrice Else price_ = 0

End Property

Public Property Get Price() As Long

    Price = price_

End Property

Public Property Get TaxIncluded() As Currency

    Const TAX_RATE As Currency = 0.08
    TaxIncluded = price_ * (1 + TAX_RATE)

End Property

標準モジュールModule2
Sub MySub()

    Price = 100
    Debug.Print Price, TaxIncluded '100        108

End Sub
```

標準モジュールModule1のコードは、リスト5-18のコードに、2つのProperty Getプロシージャを追加したものです。

Property GetプロシージャPriceは、プライベート変数price_の値をそのまま戻り値として返すというシンプルなものです。図5-11に示すように、プライベート変数は他モジュールからはアクセスできませんが、Property Getプロシージャを介して、それを取得することができるようになります。

図5-11 他のモジュールからプライベート変数の値を取得する

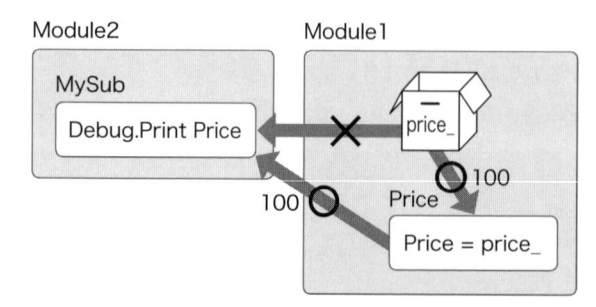

このような役割を持つプロシージャをゲッター（Getter）といいます。多くの場合、リスト5-21のように、同名のProperty Let（またはSet）プロシージャによるセッターと、Property Getプロシージャによるゲッターを組み合わせて1つのプロパティを構成します。

もうひとつのProperty Getプロシージャ TaxIncludedは、プライベート変数について、その税込価格を返すというものです。Property Getプロシージャは手続きを持つことができますので、モジュール変数に処理を加えて取り出すことができます。つまり、モジュール変数を増やさずとも、新たなプロパティを作ることができます。

Property Getプロシージャに引数を渡す場合を見てみましょう。リスト5-19にProperty Getプロシージャとそれを確認するステートメントを追加したものがリスト5-22です。

リスト5-22 Property Getプロシージャに引数を渡す

```
標準モジュールModule1
Private price_(1 To 3) As Long

Public Property Let Price(ByVal index As Long, ByVal newPrice As Long)

    If newPrice >= 0 Then price_(index) = newPrice Else price_(index) = 0

End Property

Public Property Get Price(ByVal index As Long) As Long

    Price = price_(index)

End Property
標準モジュールModule2
Sub MySub()

    Price(1) = 100
    Price(2) = -200
    Price(3) = 300

    Debug.Print Price(1), Price(2), Price(3) '100      0      300

End Sub
```

Property Getプロシージャ Priceに引数として値を渡しています。それが、配列のインデックスとしての役割を果たし、それぞれ該当の要素から値を取り出していることが確認できます。

本章ではプロシージャの定義と、その呼び出しをするステートメントについて解説を進めてきました。適切なプロシージャ化は、ただのコードの羅列についてその役割を浮き彫りにして、使い回しがきくようにします。また、その守備範囲を線引きして、無関係な処理との関連性を下げます。プログラムの可読性、柔軟性、信頼性、再利用性というすべての面でプラスに働きます。

ある処理が存在するとき、それについてどのようなまとまりでプロシージャ化するのか、またどの

ようなプロシージャ名にするか、引数や戻り値の受け渡し方法はいかにするかなど常に考えを巡らせて、その判断力を磨き続けていきましょう。

　さて、6章ではプロシージャの一回り大きな単位であるモジュールについて見ていきます。モジュール化はプロシージャ化と同様に、プログラムの部品化の有効な手法の一つで、それを知り使いこなすことで、プログラミングに大きなメリットをもたらします。また、「クラス」の考え方を知ることは、データと処理をどう持つかという点で、新たな視座をもたらしてくれるはずです。

6章

モジュール
—— プログラムを部品ごとにまとめる

規模の大きなプログラムを作るのであれば、「モジュール」についての理解とその活用が多大なメリットをもたらします。ここでは、各モジュールの役割と使い分けについて、またそれによる部品化のテクニックを学んでいきましょう。

6-1 モジュールとは

6-1-1 ▶ モジュール化とそのメリット

モジュールとは、宣言ステートメントをまとめたもの、またそのコードを記述する領域のことです。具体的には、以下のようなステートメントで構成されます。

- ・モジュールレベルの変数や定数の宣言
- ・列挙型、ユーザー定義型の宣言
- ・Option Explicit ステートメント、Option Base ステートメントなどモジュールに関する設定
- ・プロシージャの宣言
- ・イベントの宣言

モジュールはそれぞれ固有の名前を持つことができ、モジュール名はVBEの入力補完対象になります。

多くのVBAプログラムについて、動かすことだけを考えるのであれば単一の標準モジュールに必要なステートメントを記述していくことだけで実現が可能です。しかし、より大きな規模のプログラムを開発、運用をしたり、別のプログラムへの再利用をしたりすることを考えるのであれば、複数のモジュールを活用する選択肢を持っておくべきです。

VBAプログラムの部品を別のモジュールとして部品化することをモジュール化といいます。

たとえば、リスト6-1のような例を考えてみましょう。

金額の税込価格と税額を求める処理を、それぞれFunctionプロシージャとして宣言して使用する例です。

リスト6-1 単一の標準モジュールに複数のプロシージャ

```
標準モジュールModule1
Const TAX_RATE As Currency = 0.08
```

```
Sub MySub()

    Dim price As Long: price = 500
    Debug.Print "税込価格", GetTaxIncluded(price)
    Debug.Print "税額", GetTax(price)

End Sub

Function GetTaxIncluded(ByVal price As Long) As Currency

    GetTaxIncluded = price * (1 + TAX_RATE)

End Function

Function GetTax(ByVal price As Long) As Currency

    GetTax = price * TAX_RATE

End Function
```

　全体として単純でコードの量も多くありませんので、可読性は悪くない状態に見えます。また、Functionプロシージャを分けたことで、それらの処理の再利用もしやすくなりました。

　しかし、メインの処理であるSubプロシージャMySubにもっとたくさんの処理を盛り込む必要が出てきたとしましょう。また、その過程で新たなFunctionプロシージャが切り出されて、それも同じ標準モジュールに列挙していきます。すると、標準モジュールModule1のコード量も記述されるプロシージャの数も増えてきますので、全体の可読性や管理のしやすさは、みるみる低下していってしまいます。

　そこで、いくつかの宣言ステートメントを、その機能に応じて別のプロシージャに切り出すのです。

　たとえば、リスト6-1について、2つのFunctionプロシージャと定数TAX_RATEの宣言ステートメントを、リスト6-2のように別の標準モジュールPriceに分離することができます。

リスト6-2 別の標準モジュールに処理を分離する

```
標準モジュールModule1
Sub MySub()

    Dim myPrice As Long: myPrice = 500
    Debug.Print "税込価格", GetTaxIncluded(myPrice)
    Debug.Print "税額", GetTax(myPrice)

End Sub

標準モジュールPrice
Public Const TAX_RATE As Currency = 0.08

Public Function GetTaxIncluded(ByVal price As Long) As Currency

    GetTaxIncluded = price * (1 + TAX_RATE)

End Function
```

```
Public Function GetTax(ByVal price As Long) As Currency

    GetTax = price * TAX_RATE

End Function
```

　標準モジュールModule1にはSubプロシージャMySubのみが存在していますので、その処理を追加、修正するときには、それだけに集中して作業を進めることができます。新たに設けた標準モジュールPriceは、そのモジュール名のとおり、金額に関連したモジュールレベル変数や定数、プロシージャの宣言ステートメントを記述するモジュールとして活用することができます。

　このように、機能別にモジュールを分けることで、ステートメントやプロシージャをうまく管理することができるようになるのです。ただし、モジュール化には、単に記述するモジュールを分ける以上の意義があります。それはオブジェクトモジュールを使うことで初めて生まれることになりますが、それについては、次節で解説を進めていきます。

6-1-2 ▶ メンバーをどこに追加するか

　リスト6-2のようにモジュールを分割することは、とてもよさそうなのですが、実は一つ困った問題が残っています。

　その問題について確認するために、リスト6-2を作成している状態でオブジェクトブラウザを開いてください。そして、図6-1のように、「プロジェクト/ライブラリ」ボックスで「VBAProject」を、「クラス」ボックスで「<グローバル>」を選択します。

図6-1 オブジェクトブラウザでグローバルのメンバーを確認

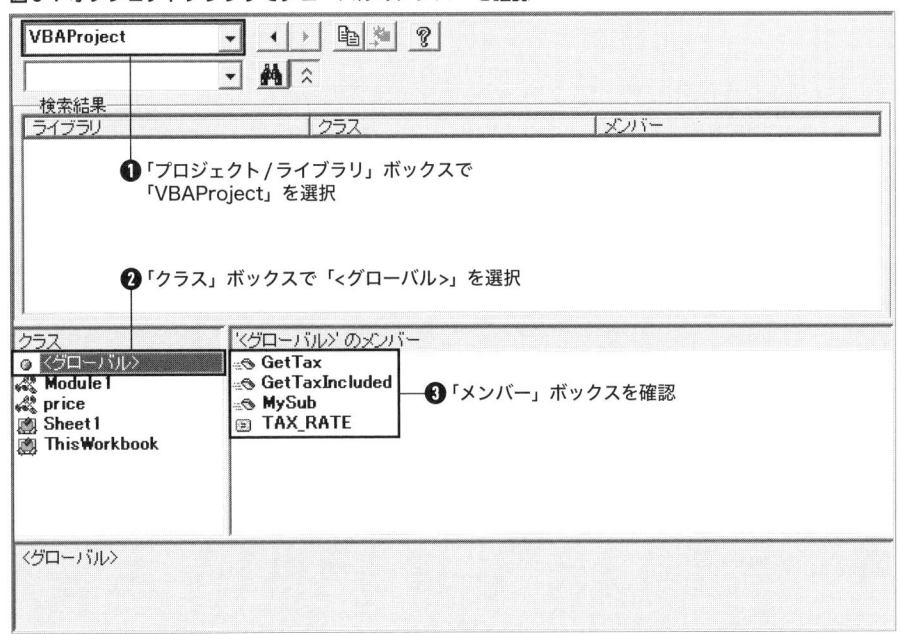

「<グローバル>」のメンバーというのは、コード内で直接メンバー名を記述することで呼び出せるメンバーのことです。標準モジュールに記述したパブリックレベルのメンバーは、常にグローバルのメンバーとなります。つまり、以下のように、属するモジュール名*modulename*を省略してメンバー*member*を呼び出せるということになります。

```
[modulename.]member
```

　記述するモジュールは異なっていますから、機能別に管理できているように見えます。しかし、いずれも、どこからでも呼び出せるという点では、モジュールを分ける意味は生じていません。つまり、標準モジュールで定義したパブリックなメンバーはすべて「並列にプロジェクトに属している」という状態になっているということもできます。

> **✎ Memo** モジュール名*modulename*を省略せずに記述することで、他の標準モジュールの同名のパブリックなメンバー*member*にアクセスすることができます。ただし、管理のしやすさという観点では同名のプロシージャを複数作成することはおすすめできません。

　標準モジュールにパブリックレベルのメンバーを多数追加していったときを想像してみてください。別のモジュールに分けて記述したとしても、どこからでも呼び出せるグローバルのメンバーが増えていきます。それぞれのメンバーが、どのように相互に作用しているのかは実際のコードを確認して追いかける必要が出てきます。さらに、識別子のバッティングも注意する必要がありますので、命名にも苦労をするかもしれません。

　記述する場所は分けていたとしても、結局のところプロジェクト全体ですべてのメンバーを管理するという意識が必要になってしまいます。

　その問題を解決するための一つの手段として、標準モジュールではなく、オブジェクトモジュールを使うという選択肢が用意されています。

　たとえば、リスト6-3はオブジェクトモジュールの一種である、クラスモジュールを使用した例です。

リスト6-3 クラスモジュールに分割

```
標準モジュールModule1
Sub MySub()

    Dim myPrice As Price: Set myPrice = New Price

    myPrice.Value = 500
    Debug.Print "税込価格", myPrice.TaxIncluded
    Debug.Print "税額", myPrice.Tax

End Sub

クラスモジュールPrice
Private Const TAX_RATE As Currency = 0.08
Public Value As Long
```

```
Public Property Get TaxIncluded() As Currency

    TaxIncluded = Value * (1 + TAX_RATE)

End Property

Public Property Get Tax() As Currency

    Tax = Value * TAX_RATE

End Property
```

Subプロシージャ MySubを実行すると、イミディエイトウィンドウではリスト6-2と同様の結果が得られます。

機能は同じですが、メンバーの扱いが異なります。では、オブジェクトブラウザを開いて、各メンバーがどのように追加されているか確認してみましょう。図6-1と同様に、「プロジェクト/ライブラリ」ボックスで「VBAProject」を、「クラス」ボックスで「<グローバル>」を選択すると、グローバルのメンバーは図6-2のように「MySub」のみであることが確認できます。

図6-2 オブジェクトブラウザでグローバルのメンバーを確認

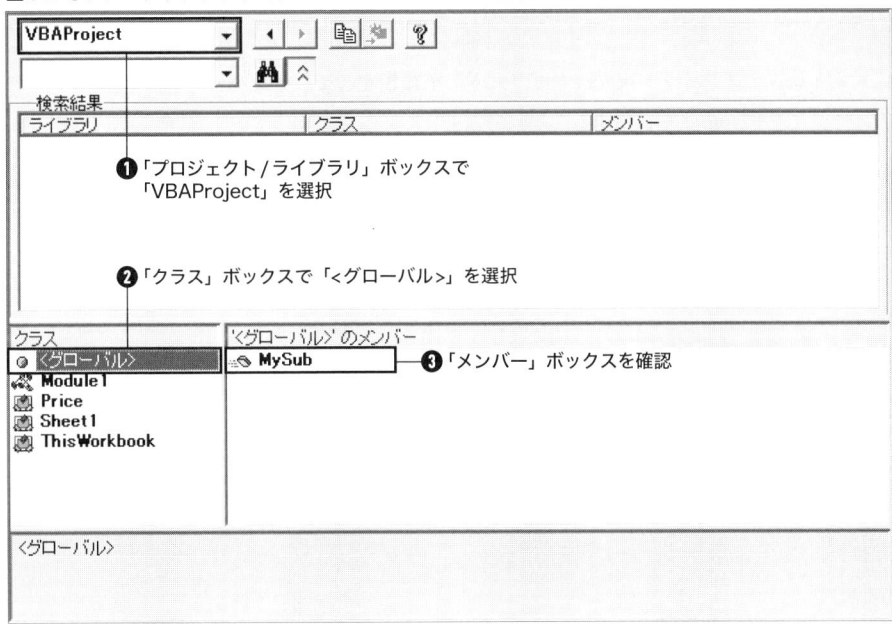

つまり、クラスモジュールに記述されたメンバーは、グローバルのメンバーではなくなります。では、各メンバーはどこに存在しているのでしょうか。オブジェクトブラウザの「クラス」ボックスで「Price」をクリックすると、図6-3のように、Price クラスの中にメンバーが存在していることが確認できます。

図6-3 オブジェクトブラウザでクラスPriceのメンバーを確認

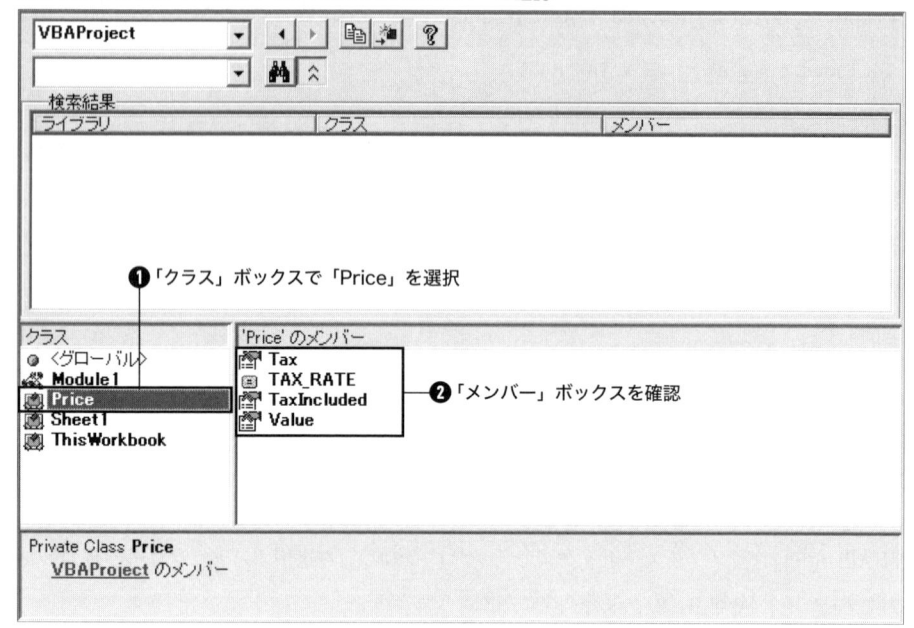

つまり、クラスモジュールPriceに記述したメンバーは、パブリックであるにも関わらず、グローバルのメンバーにはなりません。では、どのように他のモジュールからアクセスするかというと、以下のように対象となるオブジェクト*object*をピリオドの前に指定して、メンバー*member*にアクセスをします。オブジェクト*object*を省略することはできません。

```
object.member
```

今回の例では、オブジェクト「myPrice」に続けて、ピリオド、そしてクラスモジュールPriceも定義したメンバーを記述することで呼び出すことができます。実際、各メンバーを入力する際に、図6-4のように「myPrice」に使用できるメンバーとして、自動メンバー表示の候補として認識されていたはずです。

図6-4 定義したメンバーが自動メンバー表示の候補に

このように、オブジェクトモジュールを使うことで、メンバーをプロジェクト全体にではなく、「特定のオブジェクトに属するもの」として定義をすることができます。つまり、「オブジェクト」という囲いの中に、メンバーを追加していくのです。

オブジェクトに追加したメンバーは、グローバルのメンバーではありません。その作用する対象は、その属するオブジェクトのみに特定されます。さらに、他のモジュールに存在するメンバーとの識別子のバッティングを気にする必要がありません。その一方で、パブリックなメンバーとすることができ、他のモジュールから前述の構文で呼び出すことができます。

このように、モジュールによる機能の部品化をする上で、オブジェクトにメンバーを追加するという選択肢は重要かつ効果的です。それを実現するためには、標準モジュールだけではなく、それ以外のモジュールとその使い方について知る必要があります。

6-1-3 ▶ モジュールの分類

VBAのモジュールは大きく分けて、標準モジュールとオブジェクトモジュールの2種類に分類することができます。

標準モジュールは、どのオブジェクトにも属さない汎用的なコードを記述するモジュールです。一般的にマクロを作るといえば、多くの場合で標準モジュールを使用します。

オブジェクトモジュールは、属しているオブジェクト固有のコードを格納するモジュールです。そして、Excel VBAの場合、オブジェクトモジュールはさらに4種類に分類されます。それは、シートモジュール、ブックモジュール、フォームモジュール、クラスモジュールの4つです。

これらモジュールの分類について、表6-1をご覧ください。

表6-1 モジュールの分類

モジュール		説明
標準モジュール		オブジェクトに属さない汎用的なコードを格納するモジュール
オブジェクトモジュール	シートモジュール	シートに属するモジュール
	ブックモジュール	ブックに属するモジュール
	フォームモジュール	ユーザーフォームに属するモジュール
	クラスモジュール	クラスの定義を記述するモジュール

シートモジュール、ブックモジュールはそれぞれ実在するシートまたはブックの一つひとつに設けられるモジュールです。これらのモジュールにコードを記述することで、既に存在しているWorksheetオブジェクト、Workbookオブジェクトなどに、それぞれ固有のメンバーを追加することができます。

フォームモジュールは、独自のフォームを作成するためのユーザーフォームに付随するモジュールです。ユーザーフォーム自体を表すUserFormオブジェクトと、ユーザーフォームに配置するコントロールと呼ばれるオブジェクト群を操作するためのメンバーを追加していきます。

クラスモジュールは、オブジェクトの定義すなわちクラスを作成するためのモジュールです。クラスモジュールを使用することで、オリジナルのオブジェクトを作成することができます。

これら、個々のモジュールとその使い方に関しては、6-3以降で解説をしていきます。その前に、まずモジュールの大分類である標準モジュールと、オブジェクトモジュールの違いについて明らかにしていきましょう。

> 📝 **Memo** シートモジュールやブックモジュールは、合わせてドキュメントモジュールとも呼ばれます。Excelではない、他のVBAを使用可能なOfficeアプリケーションでは、シートモジュールやブックモジュールは存在していません。たとえば、Wordであればその名も「ドキュメントモジュール」というドキュメントモジュールが存在しています。PowerPointでは、ActiveXコントロールを配置した場合にのみ出現する「Slideモジュール」が存在しています。

6-2 標準モジュールとオブジェクトモジュール

標準モジュールとオブジェクトモジュールの違いは、一言でいえば「オブジェクトに属するか、属さないか」です。ただし、それぞれ使用できるキーワードやステートメントが異なります。主な差異について、まとめたのが表6-2です。

表6-2 標準モジュールとオブジェクトモジュールの差異

項目	標準モジュール	オブジェクトモジュール
他のモジュールからのメンバーの呼び出し	*[modulename.]member*	*object.member*
Meキーワード	使用できない	属するオブジェクト自身を参照する
パブリックな定数	宣言できる	宣言できない
パブリックなユーザー定義型	宣言できる	宣言できない
イベント	定義できない	定義できる
イベントプロシージャ	※一部の特殊なイベントプロシージャを宣言できる	宣言できる

他のモジュールからのメンバーの呼び出しについては、前節でお伝えしたとおり、オブジェクトモジュールに記述したメンバーは、対象オブジェクトを指定しないと呼び出すことができません。

以降で、その他の差異について一つずつ確認をしていきましょう。

6-2-1 ▸ Meキーワード

オブジェクトモジュールでは、Meキーワードを使用することができます。Meキーワードは、その記述されたモジュールが属するオブジェクトを参照します。オブジェクト*object*が**Me**キーワードで表されるオブジェクトであれば、以下のように記述することができます。

> `[Me.]`*member*

なお、**Me**キーワードとピリオドは省略し、そのメンバー*memer*から直接記述することができます。

たとえば、リスト6-4をご覧ください。

リスト6-4 Me キーワード

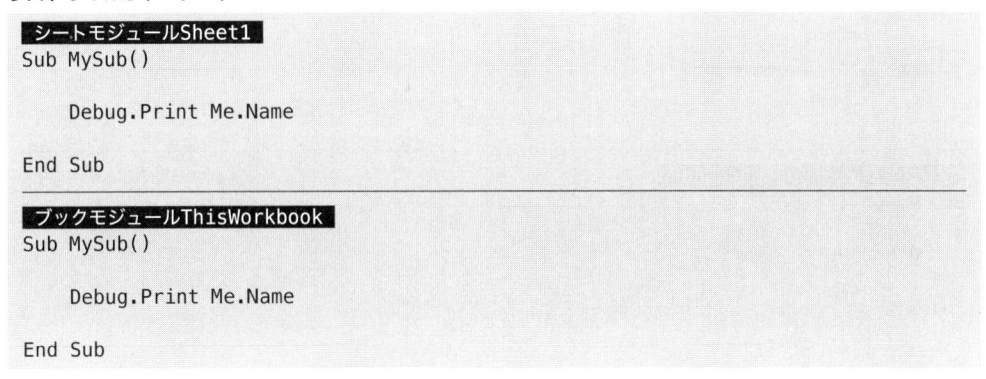

```
シートモジュールSheet1
Sub MySub()

    Debug.Print Me.Name

End Sub
```
```
ブックモジュールThisWorkbook
Sub MySub()

    Debug.Print Me.Name

End Sub
```

シートモジュールSheet1 とブックモジュール ThisWorkbookに、それぞれ「Me」のNameプロパティをデバッグ出力するSubプロシージャ MySubを記述しています。プロジェクトエクスプローラーで、シートモジュールまたはブックモジュールをダブルクリックすることで、そのコードがコードウィンドウに展開されますので、それぞれ編集をしてみてください。

それぞれのモジュールについて、そのSubプロシージャ MySubを実行すると、シートモジュールSheet1 ではシート名、ブックモジュール ThisWorkbookではブック名が、イミディエイトウィンドウに出力されます。

一方、標準モジュールでは、Meキーワードを使用することができません。使用すると、図6-5のように「Meキーワードの使用方法が不正です。」というコンパイルエラーになります。

図6-5 標準モジュールでMeキーワードを使用した際のエラーメッセージ

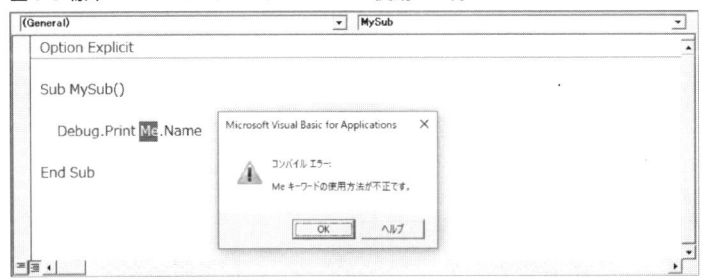

> **📝 Memo** クラスモジュールにMeキーワードを記述した場合は、そのクラスから生成されたインスタンス自身を表します。クラスとインスタンスについては、6-7で詳しく解説をしています。

さて、オブジェクトモジュールにおいてMeキーワードは省略することができますので、リスト6-4はリスト6-5のように書き直すことができます。

リスト6-5 Me キーワードの省略

```
シートモジュールSheet1
Sub MySub()

    Debug.Print Name

End Sub
```

```
ブックモジュールThisWorkbook
Sub MySub()

    Debug.Print Name

End Sub
```

　つまり、オブジェクトに関する処理は、そのオブジェクトが属するオブジェクトモジュールに記述するほうが簡潔に記述でき、かつ対象オブジェクトを省略した場合にも対象の特定が確実です。

　一方で、標準モジュールについてのオブジェクトの省略は複雑です。省略されたとみなされるプロパティがどのプロパティなのか、またActiveSheetプロパティやActiveWorkbookプロパティが、どのオブジェクトを指すのか、これらについてはコードの文脈や実行時の状態によって異なるからです。

　可読性や信頼性を考えるのであれば、オブジェクトモジュールを使用するという選択肢が有効である場合があるというのは明らかです。

6-2-2 ▶ 宣言できるメンバー

　宣言ステートメントによっては、その記述するモジュールの種類が制限される場合があります。たとえば、パブリックレベルの定数は、標準モジュールでは宣言できますが、オブジェクトモジュールでは構文エラーとなり、宣言することができません。

　パブリックレベルのメンバーの宣言について、モジュールによるいくつかの制約がありますので、表6-3にまとめました。

表6-3 パブリックなメンバーの宣言とモジュール

宣言ステートメント	標準モジュール	オブジェクトモジュール
変数	○	○
定数	○	×
列挙型	○	○※
ユーザー定義型	○	×
プロシージャ	○	○

　まず、定数とユーザー定義型に関しては、オブジェクトモジュールに記述することはできませんので、標準モジュールに記述しなければなりません。したがって、これらのメンバーは必然的にプロジェ

クト全体で管理することになります。

　パブリックレベルの列挙型はオブジェクトモジュールでも記述可能ですが、これも実質的にはプロジェクト全体で管理することになります。たとえば、リスト6-6のように、シートモジュールにパブリッククレベルの列挙型を宣言します。

リスト6-6 シートモジュールに列挙型を宣言する

```
シートモジュールSheet1
Public Enum Hoge
    a = 1
    b
End Enum

Public Enum Fuga
    x = 3
    y
End Enum
```

　ここでオブジェクトブラウザを開いて、「プロジェクト/ライブラリ」ボックスで「VBAProject」を選択してみましょう。すると、図6-6のように、宣言した2つの列挙型は「クラス」ボックスに含まれていることがわかります。

　また、「<グローバル>」をクリックすると、2つの列挙型のメンバーがすべて表示されます。

　つまり、列挙型はオブジェクトモジュールで宣言しても、グローバルのメンバーつまりプロジェクト全体で管理すべきメンバーとなります。ですから、列挙型をオブジェクトモジュールに記述するメリットは、プライベートレベルで宣言をする以外には、特にあるわけではありません。

図6-6 シートモジュールで宣言した列挙型

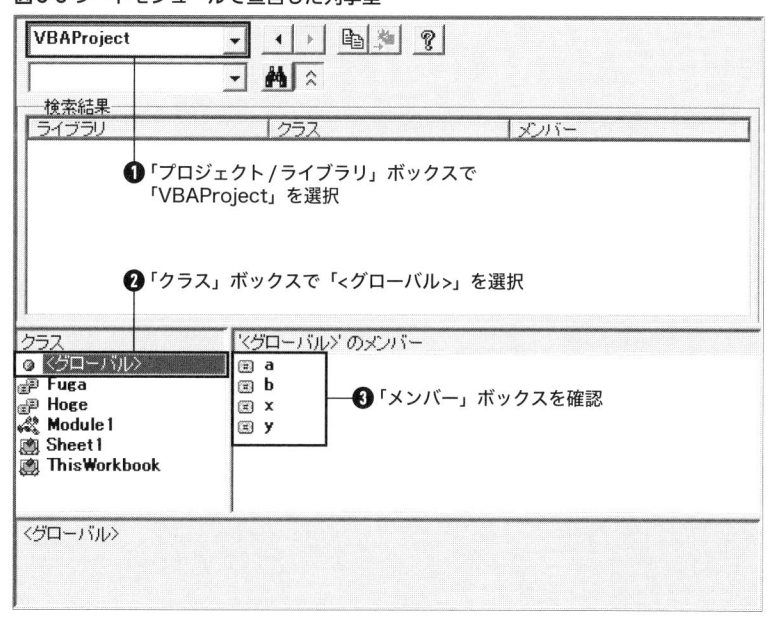

ですから、パブリックレベルのメンバーについては、オブジェクトモジュールには変数とプロシージャそして後述するイベント関連のステートメントの記述のみ行うことになります。一方で、パブリックレベルの定数、ユーザー定義型および列挙型は、常に標準モジュールに記述するという方針でよいでしょう。

6-2-3 ▶ イベントとイベントプロシージャ

VBAではオブジェクトの状態の変化をキャッチして、それをきっかけとして動作するプロシージャを作成することができます。その「オブジェクトの状態の変化」は事前に定義されている必要があり、それをイベントといいます。また、それにより動作するプロシージャをイベントプロシージャといいます。

Excel VBAでは、Workbook、Worksheet、UserFormなどのオブジェクトに対して、ユーザーがすぐに利用できるように、たくさんのイベントがあらかじめ定義されています。ごく一例ですが、一部のイベントについて、表6-4にまとめています。

表6-4 Excel VBAで利用できるイベントの例

オブジェクト	イベント	説明
Workbook	Open	ワークブックが開いた後
Workbook	BeforeClose	ワークブックが閉じる前
Worksheet	BeforeDelete	ワークシートが削除される前
Worksheet	Activate	ワークシートがアクティブになった後
Worksheet	Change	ワークシートが変更された後
UserForm	Initialize	ユーザーフォームが初期化されたとき
CommandButton	Click	コマンドボタンがクリックされたとき
TextBox	KeyDown	テキストボックスにキー入力がされたとき
CheckBox	Change	チェックボックスの値が変更されたとき

これらのイベントをきっかけとして動作するイベントプロシージャは、そのイベントが発生するオブジェクトに属するモジュールに記述しておく必要があります。たとえば、シート「Sheet1」の何らかのイベントをキャッチして動作するイベントプロシージャは、シートモジュールSheet1に記述することで動作します。

イベントプロシージャはイベントプロシージャ名をオブジェクト*object*とイベント*event*をアンダースコアで連結したものとすることで作成することができます。引数*arglist*はイベントプロシージャの種類によって、パラメーター名やそのデータ型が定められていますので、そのとおりに記述します。

```
Private Sub object_event([arglist])
    [statements]
End Sub
```

オブジェクト*object*とイベント*event*は、コードウィンドウのオブジェクトボックスとプロシージャボックスから選択することができます。それによりイベントプロシージャのひな形をコードウィンドウに呼び出すことができます。したがって、そのオブジェクトの表記やイベントの種類、引数の指定の方法について詳細に記憶しておく必要はありません。

例として、図6-7にしたがって、シートモジュールにWorksheetオブジェクトに対するイベントプロシージャを作成してみましょう。シートモジュールを開き、コードウィンドウの上部にあるオブジェクトボックスをクリックして展開します。「Worksheet」のみが選択可能となっています。続いて、Worksheetに対してあらかじめ定義されているイベントの一覧が選択できますので、ここでは「Activate」を選択しましょう。

図6-7 イベントプロシージャのひな形を呼び出す

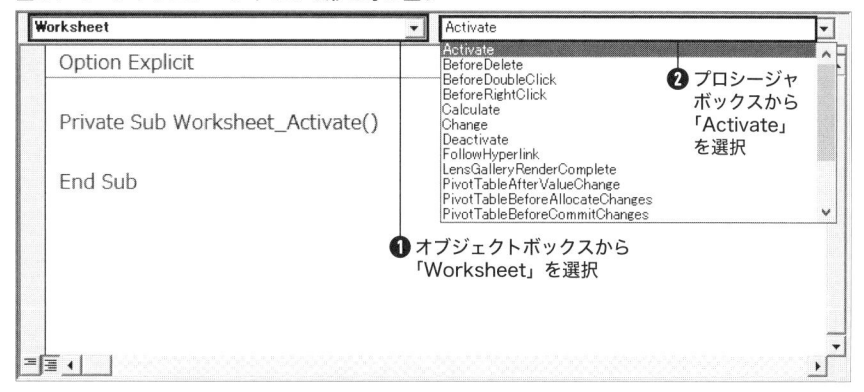

すると、イベントプロシージャのひな形がコードウィンドウに挿入されます。続いて、イベントプロシージャにステートメントを記述してみましょう。リスト6-7のように入力してみてください。

リスト6-7 シートがアクティブになったときに動作するイベントプロシージャ

```
シートモジュールSheet1
Private Sub Worksheet_Activate()

    MsgBox "Sheet1がアクティブになりました"

End Sub
```

一度、他のシートを選択してアクティブにしてから、「Sheet1」を再度アクティブにしてみましょう。すると、図6-8のようにイベントプロシージャ内に記述したステートメントが実行されたことを確認できます。

図6-8 シートがアクティブになったときに表示されたメッセージ

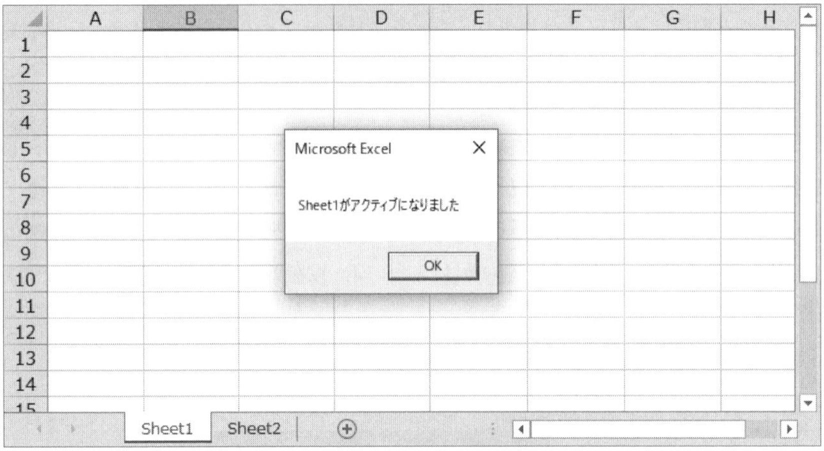

同様に、Workbookオブジェクトのイベントプロシージャはブックモジュールに、ユーザーフォームに関連するイベントプロシージャであればフォームモジュールに記述します。

> **Memo** 標準モジュールではAuto_Open、Auto_Closeなどといったプロシージャを使用することで、ブックを開いたとき、閉じる前などに動作させるプロシージャを記述することができます。ただし、これらの機能は過去の古いバージョンで搭載されたものです。Workbook、Worksheetなどのオブジェクトに対するイベントのほうが、より新しい機能で、豊富なイベント処理が実現できます。

VBAではここで紹介したイベントプロシージャの使い方だけではなく、WithEventsキーワードによるオブジェクト変数についてイベントプロシージャを宣言する方法もあります。また、あらかじめ用意されているイベントを使用するだけでなく、独自のイベントを定義することができます。

これらイベントについての発展的な活用については、6-8で解説します。

6-2-4 ▶ オブジェクトモジュールの役割

ここで、標準モジュールとオブジェクトモジュールの使い分けについて整理をしておきましょう。

標準モジュールはどのオブジェクトにも属さない汎用的なモジュールです。標準モジュールに記述したパブリックなメンバーは、グローバルのメンバーとなりますので、モジュール名を指定せずに直接メンバー名で呼び出すことができますが、プロジェクト全体の管理下に置かれます。なお、パブリックレベルの定数、ユーザー定義型、列挙型については、プロジェクト全体の管理になります。

一方で、オブジェクトモジュールは、特定のオブジェクトに属するモジュールです。オブジェクトモジュールに記述されたメンバーは、オブジェクトの管理下に置かれます。したがって、オブジェクトモジュールは独立性の高い良質な「部品」として機能します。また、イベントに関するステートメントは対象となるオブジェクトモジュールに記述するのが基本となります。

つまり、オブジェクトモジュールを使うポイントは以下のような場合といえるでしょう。

・特定のオブジェクトに関連する変数、プロシージャの宣言

・イベントプロシージャおよびイベントの定義

　この方針に則って、標準モジュールから、適切にオブジェクトモジュールに切り出していくことができれば、オブジェクトという囲いの中にメンバーを取り分けることができます。それにより、一度にたくさんのメンバーを意識しながら開発を進めるという複雑性を抑制していくことができるようになります。

　しかし、実際にオブジェクトモジュールにコードを記述していくことを考えてみましょう。

　シートやブックに関連したコードはシートモジュールやブックモジュールを使うとして、それ以外のコードはオブジェクトに関連しませんから、結果的にほとんどのコードを標準モジュールに記述することになってしまわないでしょうか？

　いえ、オブジェクトがないなら、作ってしまえばよいのです。それを実現するのが、クラスモジュールです。クラスモジュールは、独自のオブジェクトを作ることができます。ですから、そのオブジェクトに関連するコードをクラスモジュールに寄せていくことで、標準モジュールで管理すべき対象を削減していくことができるのです。

　続く節では、オブジェクトモジュールに具体的にメンバーを追加する方法、すなわちプロパティ、メソッド、イベントの定義の方法について解説を進めていきます。

6-3　プロパティとメソッドの定義

6-3-1 ▶ オブジェクトのプロパティとメソッド

　前節でお伝えしたとおり、オブジェクトモジュールには、そのオブジェクトに属する変数、プロシージャ、イベントに関する宣言ステートメントを記述していきます。それらの宣言により、そのオブジェクトのメンバーとして、プロパティ、メソッド、イベントを追加することができます。本節ではオブジェクトのメンバーとしてプロパティおよびメソッドを追加する方法をお伝えしていきます。

　オブジェクトのプロパティとは、オブジェクトへのデータの設定、オブジェクトからのデータの取得のいずれかの機能、または両方の機能のことをいいます。プロパティを作成するには、以下のとおりいくつかの方法があります。

・モジュールレベル変数

・Property Let/Setプロシージャ

・Property Getプロシージャ

　他のモジュールから読み書きを可能にするかどうか、読み書きをする際に手続きを伴うかどうかで、作成する手段が変わってきます。

また、オブジェクトに対して処理を実行するためのメンバーがメソッドです。オブジェクトにメソッドを追加するには、以下のどちらかのプロシージャをオブジェクトモジュールに宣言します。

・Subプロシージャ
・Functionプロシージャ

それぞれのプロシージャの本来の役割どおりですが、戻り値を使用するか否かで、どちらのプロシージャを使用するかを選択することになります。

以降でそれぞれの方法によるプロパティおよびメソッドの追加の仕方について見ていきましょう。

6-3-2 ▶ パブリック変数によるプロパティ

オブジェクトにプロパティを追加する最もシンプルな方法は、その属するモジュールにPublicステートメントによりパブリック変数を宣言することです。Publicステートメントの構文は以下のとおりでした。

```
Public varname [As type]
```

これにより、varnameプロパティをオブジェクトのメンバーとして追加することができます。追加したプロパティにアクセスするには、以下の書式となります。

```
object.varname
```

例として、シートモジュールにFirstNameプロパティを追加して、それにアクセスしてみましょう。リスト6-8です。

リスト6-8 パブリック変数によるプロパティ

```
標準モジュールModule1
Sub MySub()

    Sheet1.FirstName = "Bob"
    Debug.Print Sheet1.FirstName

End Sub

シートモジュールSheet1
Public FirstName As String
```

SubプロシージャMySubを実行すると、イミディエイトウィンドウに「Bob」と表示されます。これにより、Sheet1のFirstNameプロパティが定義されていて、その読み書きができているということが確認できます。

オブジェクトブラウザを確認すると、図6-9のようにFirstNameプロパティがSheet1のメンバーとして追加されていること、また詳細ペインではそれがPublicステートメントで作成されていることが確認できます。また、メンバー追加後は、FirstNameプロパティが自動メンバー表示でSheet1のメンバー候補として含まれるようになります。

図6-9 パブリック変数によるプロパティ

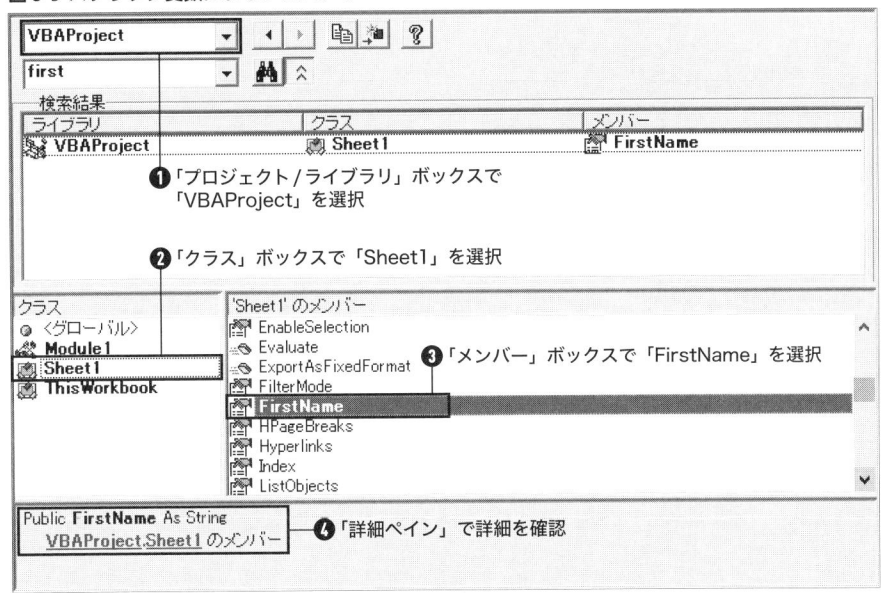

6-3-3 ▶ プライベート変数によるプロパティ

オブジェクトモジュールにプライベート変数を宣言すると、他のモジュールからアクセスすることができないプライベートプロパティを作成することができます。プライベート変数は、以下のPrivateステートメントの構文で宣言をすることができました。

```
Private varname [As type]
```

例として、リスト6-9をご覧ください。シートモジュールSheet1にPrivateステートメントでプライベートプロパティfirstName_を宣言しています。

リスト6-9 プライベート変数によるプロパティ

```
シートモジュールSheet1
Private firstName_ As String
```

リスト6-9の入力後、オブジェクトブラウザを確認した画面が図6-10です。Sheet1のメンバーとして、プロパティfirstName_が追加されており、それがPrivateステートメントで宣言されていること

を確認できます。

図6-10 プライベート変数によるプロパティ

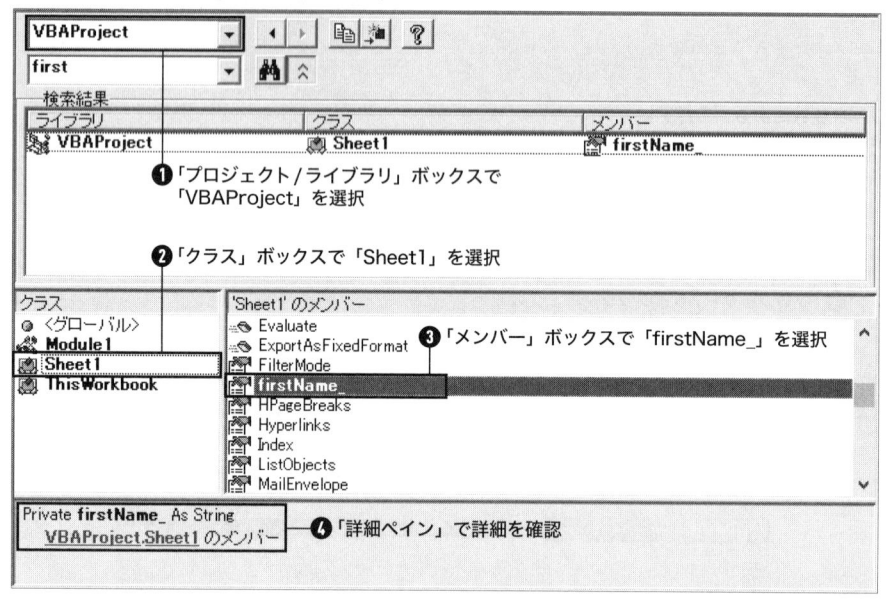

Private ステートメントで宣言されたプロパティは、プライベートプロパティですから、他のモジュールからアクセスすることができません。標準モジュールからアクセスをしようとすると、図6-11のように「メソッドまたはデータメンバーが見つかりません。」というコンパイルエラーになります。

図6-11 プライベートプロパティにアクセス

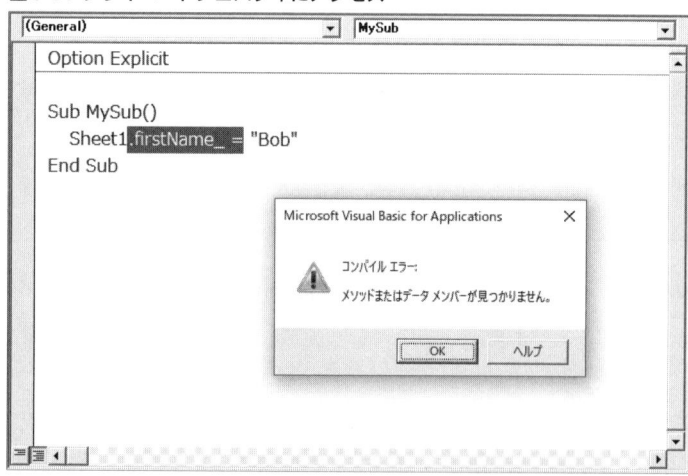

他のモジュールからアクセスできないのであれば、プライベートプロパティに意味がないと思われるかもしれませんが、そうではありません。

プライベートプロパティは、同じモジュール内からはアクセス可能ですから、他のモジュールから

はアクセスできない安全なデータの置き場として利用します。つまり、モジュール内のプロシージャから利用したり、それを介して他のモジュールから呼び出したりするのです。

6-3-4 ◘ Property Let/Setプロシージャによるプロパティの設定

プライベートプロパティに他のモジュールから値を設定するとき、または、プロパティに値を設定する際に何らかの処理を伴いたいときには、Property Let/Setプロシージャを使用します。

以下に、Property Let/Setステートメントの構文を再掲します。設定するのがオブジェクト参照であれば**Set**キーワードを、それ以外の値であれば**Let**キーワードとなります。プロシージャ名*name*がプロパティ名となります。

```
[Private|Public] Property {Let|Set} name ([arglist,] value)
    [statements]
End Property
```

処理*statements*は、一般的にモジュールレベル変数に値を設定する代入ステートメントを含みます。

プロパティにアクセスするには、Property Let/Setプロシージャの呼び出しをすることになりますので、以下の構文を使用します。オブジェクトのメンバーになりますので、プロパティ名*name*の前に対象オブジェクト*object*とピリオドの記述は必須です。式*expression*の評価値が、Property Let/Setプロシージャのパラメーター*value*に渡されます。

```
{[Let]|Set} object.name[(arguments)] = expression
```

プライベートプロパティに値を設定する簡単な例が、リスト6-10です。

リスト6-10 Property Letプロシージャによるプロパティの設定

```
標準モジュールModule1
Sub MySub()
    Sheet1.FirstName = "Bob"
End Sub

シートモジュールSheet1
Private firstName_ As String

Public Property Let FirstName(ByVal newName As String)
    firstName_ = newName
    Debug.Print firstName_   'Bob
End Property
```

SubプロシージャMySubを実行すると、イミディエイトウィンドウには「Bob」と出力されます。つまり、プライベートプロパティ firstName_ に値が設定できていることを確認できます。

Property Letプロシージャ FirstNameはパブリックなプロシージャですから、他のモジュールから

呼び出しが可能です。そして、そのプロシージャはシートモジュールSheet1にありますから、プライ
ベート変数firstName_にアクセスすることができるのです。

オブジェクトブラウザも確認してみましょう。Sheet1のメンバーの中に、プライベートプロパティ
「firstName_」とは別に「FirstName」というプロパティが追加されていることが確認できます。つまり、
オブジェクトモジュールでProperty Letプロシージャを定義した場合も、その属するオブジェクトの
プロパティとなるのです。

詳細ペインを見ると、その定義がPropertyプロシージャでされており、そのスコープはパブリック
レベルであるということが確認できます。

図6-12 Property Letプロシージャによるプロパティ

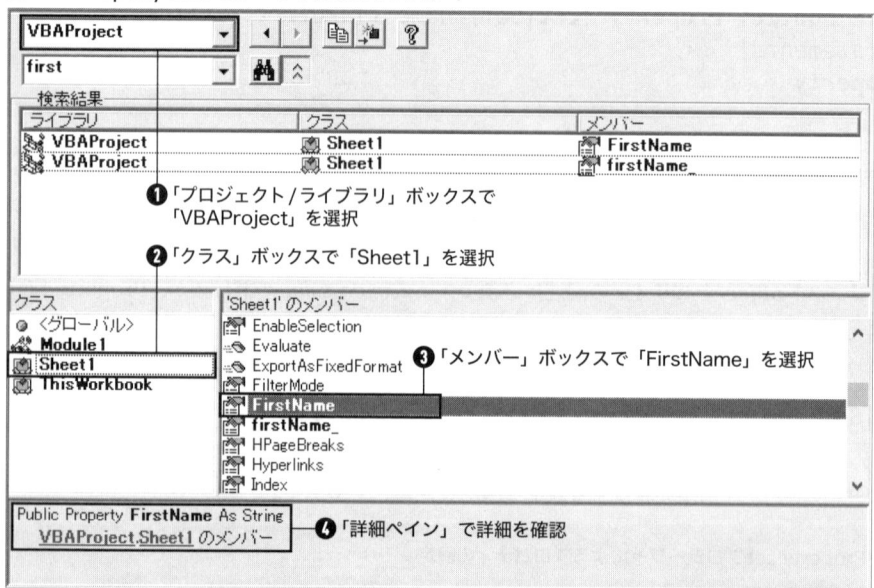

Property Letプロシージャによるプロパティの設定について、別の例としてリスト6-11をご覧くだ
さい。

リスト6-11 Property Letプロシージャで設定する値を制限する

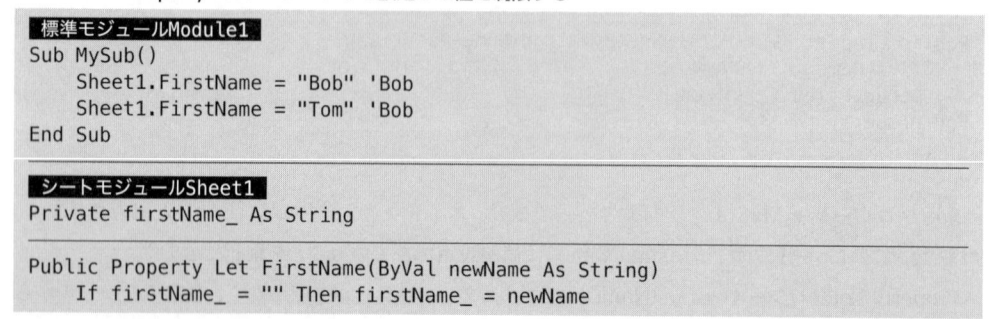

```
標準モジュールModule1
Sub MySub()
    Sheet1.FirstName = "Bob" 'Bob
    Sheet1.FirstName = "Tom" 'Bob
End Sub

シートモジュールSheet1
Private firstName_ As String

Public Property Let FirstName(ByVal newName As String)
    If firstName_ = "" Then firstName_ = newName
```

```
    Debug.Print firstName_
End Property
```

Subプロシージャ MySub を実行してみてください。FirstNameプロパティが2度呼び出されることになりますが、いずれもイミディエイトウィンドウには「Bob」と出力されます。つまり、一度セットされたFirstNameプロパティは、Sheet1が存在している間は上書きすることができなくなります。

このように、手続きを追加して設定する値に制限をかけたいときにも、Property Letプロシージャを使用することができます。

Property Let/Setプロシージャでプロパティを作成した場合、それ単体では書き込み専用のプロパティとなります。読み取りも可能にするためには、続くProperty Getプロシージャを使用することになります。

6-3-5 ▶ Property Getプロシージャによるプロパティの取得

プライベートプロパティの値を他のモジュールから取得するとき、または、オブジェクトから値を取得する際に何らかの処理を伴いたいときには、Property Getプロシージャを使用します。

以下に、Property Getステートメントの構文を再掲します。プロシージャ名*name*がプロパティ名に、またプロシージャの処理の終了時または抜け出した時点で*name*に代入されている式*expression*の評価値が、戻り値となります。

```
[Private|Public] Property Get name ([arglist]) [As type]
    [statements]
    [name = expression]
End Property
```

プロパティの値を取得するには、Property Getプロシージャの呼び出しである以下構文を使用します。対象オブジェクト*object*に続き、ピリオド、プロパティ名*name*を指定します。

```
object.name[(argumentlist)]
```

最も簡単な例としては、プライベートプロパティをProperty Getプロシージャを経由して取得できるようにすることです。

リスト6-11のプロパティFirstNameは一度だけ書き込みができる、書き込み専用のプロパティですが、リスト6-12のようにProperty Getプロシージャを追加することで、読み取りをすることができるようになります。

```
標準モジュールModule1
Sub MySub()
    Sheet1.FirstName = "Bob"
    Debug.Print Sheet1.FirstName 'Bob
End Sub

シートモジュールSheet1
Private firstName_ As String

Public Property Let FirstName(ByVal newName As String)
    If firstName_ = "" Then firstName_ = newName
End Property

Public Property Get FirstName() As String
    FirstName = firstName_
End Property
```

Subプロシージャ MySubを実行すると、プライベートプロパティ firstName_の値を取得できていることが確認できます。

オブジェクトブラウザを確認してみましょう。図6-12を見ると、Property Getプロシージャ FirstNameを追加する前にすでにSheet1のメンバーとしてFirstNameプロパティが存在していました。今回のオブジェクトブラウザについて図6-13に示しますが、Property Getプロシージャを追加しても、特にメンバーの追加や、詳細ペインでのFirstNameプロパティの表示の変化は見受けられません。

つまり、Property Letプロシージャで既に存在していたFirstNameプロパティが読み取りもできるようになったという捉え方になっているようですね。

図6-13 Property プロシージャによるプロパティ

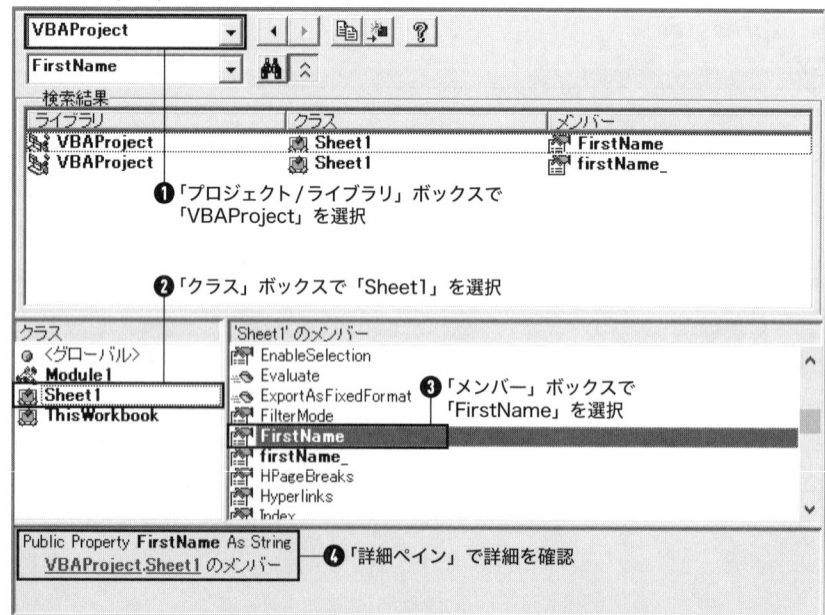

176

このようにProperty Let/Setプロシージャと、Property Getプロシージャを組み合わせて、ひとつのプロパティを構成することができます。パブリックプロパティの定義と比べると、かなりコード量が増えてしまいますが、設定または取得のいずれかに制限をかけたいときや、何らかの処理を伴わせたいときは、こちらの手法を選択することになります。

　別の例を見てみましょう。リスト6-12について、Property Getプロシージャ NameInitialを追加してリスト6-13のようにしてみましょう。Property Getプロシージャのみを定義すると、どのようになるのでしょうか。

リスト6-13 Property Getプロシージャによる読み取り専用のプロパティ

```
標準モジュールModule1
Sub MySub()
    Sheet1.FirstName = "Bob"
    Debug.Print Sheet1.NameInitial 'B
End Sub

シートモジュールSheet1
Private firstName_ As String

Public Property Let FirstName(ByVal newName As String)
    If firstName_ = "" Then firstName_ = newName
End Property

Public Property Get FirstName() As String
    FirstName = firstName_
End Property

Public Property Get NameInitial() As String
    NameInitial = Left(firstName_, 1)
End Property
```

　SubプロシージャMySubを実行すると、イミディエイトウィンドウにはFirstNameプロパティの頭文字が出力されます。

　オブジェクトブラウザを確認してみましょう。図6-14です。

　すると、Sheet1のメンバーとしてNameInitialプロパティが新たに追加されており、さらにその詳細ペインでは「読み取り専用」という表示を確認できます。

図6-14 Property プロシージャによるプロパティ

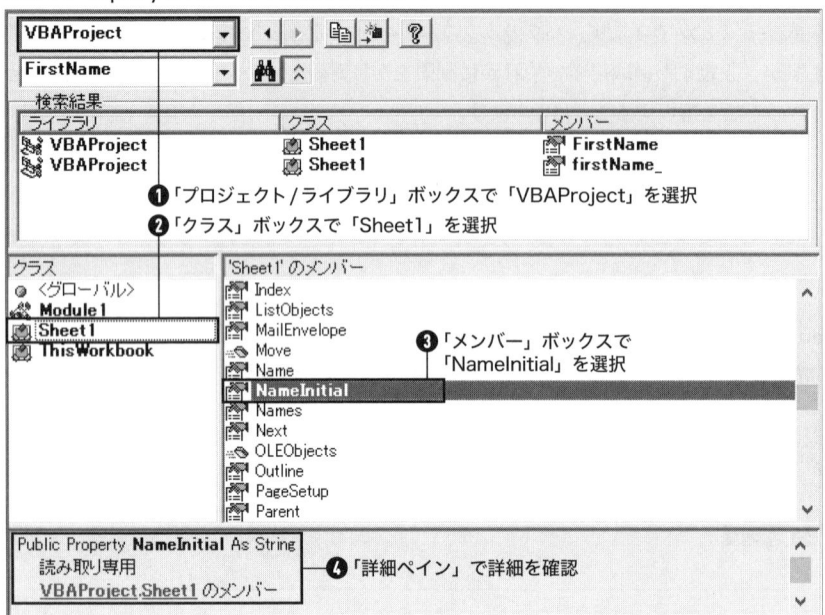

つまり、Property Get プロシージャのみでもプロパティを作成することができ、その場合は読み取り専用になるということになります。

既にオブジェクトのモジュール変数の値に処理を加えることで目的のデータを取得することができるのであれば、新たにモジュール変数を追加せずとも、Property Get プロシージャを作成するだけでプロパティを追加できるということです。

6-3-6 ▣ Sub プロシージャによるメソッドの定義

戻り値を必要としないメソッドを追加するときには、オブジェクトモジュールに Sub プロシージャを宣言します。Sub ステートメントの構文を以下に再掲します。

```
[Private|Public] Sub name([arglist])
    [statements]
End Sub
```

プロシージャ名 name がメソッド名となり、以下の構文のとおり、オブジェクト object に続いてピリオド、そしてメソッド名 name で呼び出すことができます。

```
object.name [argumentlist]
```

なお、上記構文は Call ステートメントの Call キーワードを省略したものです。Call キーワードを省

略せずに記述することも可能です。しかし、対象となるオブジェクト*object*の記述も必須であるということもあり、メソッドの呼び出しであることは読み取れますので、省略して記述することがほとんどのようです。

Subプロシージャによるメソッドの簡単な例としてリスト6-14をご覧ください。

リスト6-14 Subプロシージャによるメソッド

```
標準モジュールModule1
Sub MySub()
    Sheet1.FirstName = "Bob"
    Sheet1.Greet
End Sub

シートモジュールSheet1
Public FirstName As String

Public Sub Greet()
    MsgBox "こんにちは!" & FirstName & "です。"
End Sub
```

Sheet1にSubプロシージャGreetを宣言し、Greetメソッドを追加しました。Subプロシージャ MySubを実行すると、図6-15のようなメッセージが表示されます。

図6-15 Subプロシージャのメソッドによるメッセージダイアログ

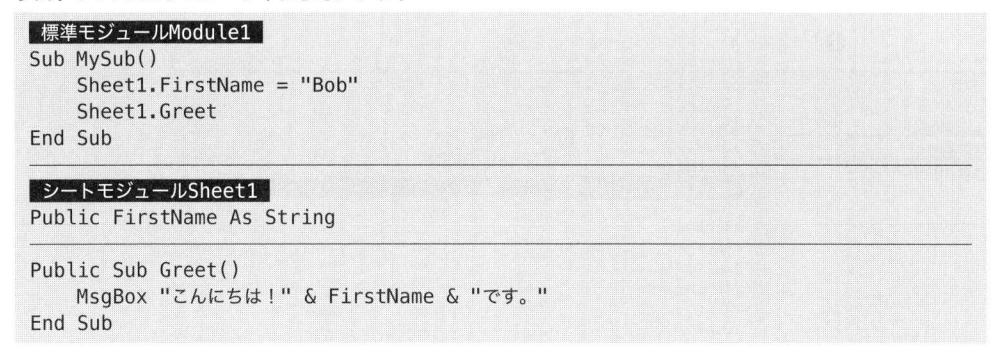

オブジェクトブラウザを確認してみましょう。図6-16のように、Sheet1のメンバーとしてGreetメソッドが確かに追加されています。詳細ペインでは、それがSubプロシージャによるものであることも確認できます。

図6-16 Subプロシージャによるメソッド

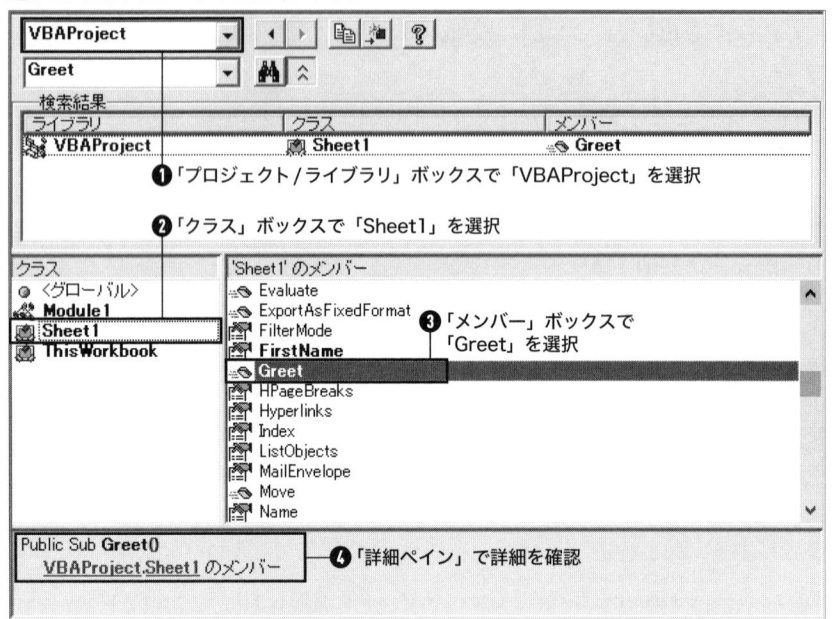

6-3-7 ▶ Functionプロシージャによるメソッドの定義

メソッドで戻り値を必要とする場合は、オブジェクトモジュールにFunctionプロシージャを宣言します。Functionステートメントの構文を以下に再掲します。

```
[Private|Public] Function name([arglist]) [As type]
    [statements]
    [name = expression]
End Function
```

プロシージャ名nameがメソッド名となります。また、Functionプロシージャの処理が終了、または抜け出したときに、nameに代入されている式expressionの評価値が、メソッドの戻り値となります。

Functionプロシージャによるメソッドの呼び出しは、戻り値を使用しない場合はSubプロシージャによるメソッドの呼び出しと同様で、以下の構文のとおりとなります。オブジェクトobjectに続いてピリオド、そしてメソッド名nameで呼び出すことができます。Callキーワードも使用できますが、一般的にCallキーワードは省略した記法を使用します。

```
object.name [argumentlist]
```

戻り値を使用する場合は、以下の構文となります。引数を渡すときに、それらを丸かっこで囲む必要があります。

```
object.name[(argumentlist)]
```

リスト6-14のGreetメソッドを、戻り値を得られるようにFunctionプロシージャでの宣言に変更したものがリスト6-15です。

リスト6-15 Functionプロシージャによるメソッド

```
標準モジュールModule1
Sub MySub()
    Sheet1.FirstName = "Bob"
    Debug.Print Sheet1.Greet 'はい(Y):6／いいえ(N):7
End Sub

シートモジュールSheet1
Public FirstName As String

Public Function Greet() As Long
    Dim msg As String
    msg = "こんにちは！" & FirstName & "です。お元気ですか？"
    Greet = MsgBox(msg, vbYesNo)
End Function
```

Subプロシージャ MySubを実行すると、図6-17のように「はい」ボタンと「いいえ」ボタンが配置されたメッセージダイアログが表示されます。これはMsgBox関数の第2引数に「vbYesNo」を指定していることによります。

MsgBox関数の戻り値は、「はい」であれば6、「いいえ」であれば7といったように、押されたボタンに割り当てられている整数になります。その整数をGreetメソッドの戻り値としており、それがそのままイミディエイトウィンドウに出力されます。

図6-17 Functionプロシージャのメソッドによるメッセージダイアログ

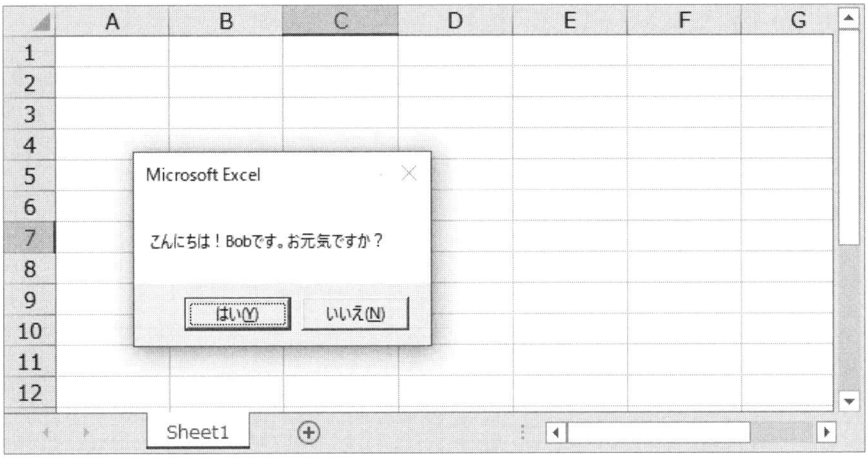

オブジェクトブラウザを見てみましょう。図6-18のように、Sheet1のメンバーにGreetメソッドが追加されています。詳細ペインでは、それがFunctionプロシージャで作られていること、その戻り値がLong型であるということが確認できます。

図6-18 Fucntionプロシージャによるメソッド

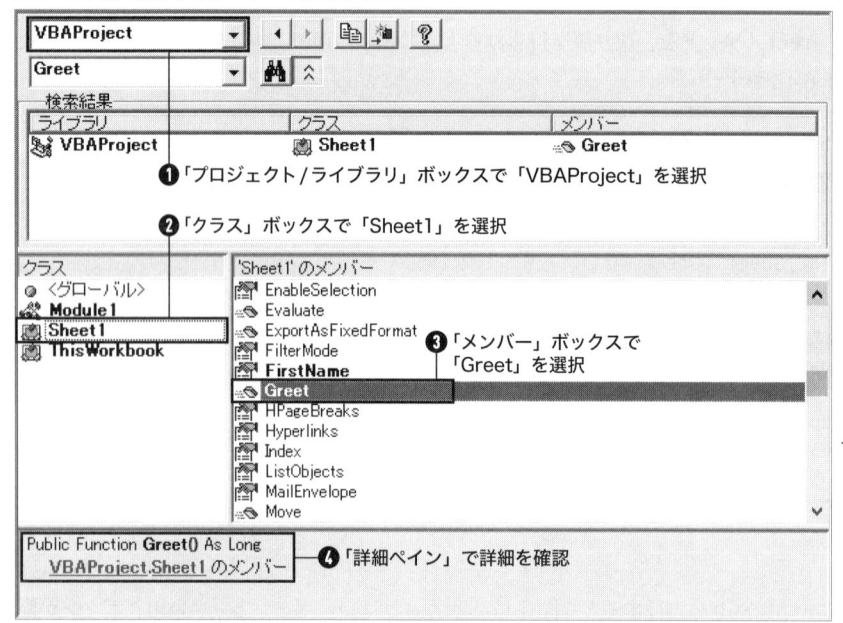

6-3-8 ▶ プロパティとメソッドを追加する方法の指針

オブジェクトモジュールに記述したFunctionプロシージャは、そのモジュールレベル変数にアクセス可能で、かつ戻り値を返すことができます。ということは、Property Let/Setプロシージャが役割として持つデータの設定、Property Getプロシージャが役割として持つデータの取得、いずれの機能も実現できるということになります。

しかし、あえてPropertyプロシージャが用意されているのは、なぜでしょうか？

それは、VBAの言語の要請として、オブジェクトに関するデータの設定／取得はプロパティが、処理の実行はメソッドがその役割を担うということを分けておきたいという意図が読み取れます。

ですから、オブジェクトモジュールのメンバーの作成時にどの選択肢をとるかという点において、ベースとしてその意図に従うと一貫性を保ちやすいでしょう。

すべてのケースにおいて、必ずきれいに当てはまるわけではありませんが、以下の表6-5のように使い分けるのが、ひとつの指針となるでしょう。

表6-5 プロパティ／メソッドを追加する方法の指針

メンバー	主な用途	処理や読み書きの制限	戻り値	宣言する対象
メソッド	処理の実行	伴う	不要	Sub プロシージャ
			必要	Function プロシージャ
プロパティ	データの設定・取得		必要	Property プロシージャ
		伴わない		パブリック変数

　さて、ここまではオブジェクトモジュールと、それにプロパティおよびメンバーを追加する方法について見てきましたが、ここからはオブジェクトモジュールに含まれる4つのモジュールについて、1つずつ詳しく見ていくことにしましょう。

6-4 シートモジュール

6-4-1 ▶ シートモジュールとは

　シートモジュールはシートに属するモジュールです。そのシートに対するイベントで動作するイベントプロシージャや、そのシートに関連する処理を記述するモジュールとして使用することができます。
　図6-19は新規のExcelブックについてVBEを開いたところです。
　新規のExcelブックであれば、デフォルトで1つのシート「Sheet1」が挿入されています。ですから、プロジェクトエクスプローラーには、そのシートに属するシートモジュール「Sheet1」が既に存在していることを確認できます。
　また、プロパティウィンドウでは、オブジェクト名およびVBEから編集可能なプロパティであるデザイン時プロパティの設定を行うことができます。

図6-19 シートモジュールとその設定

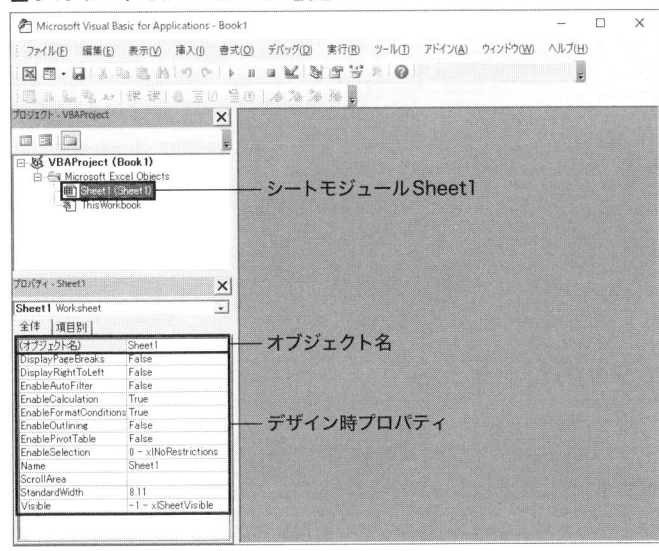

>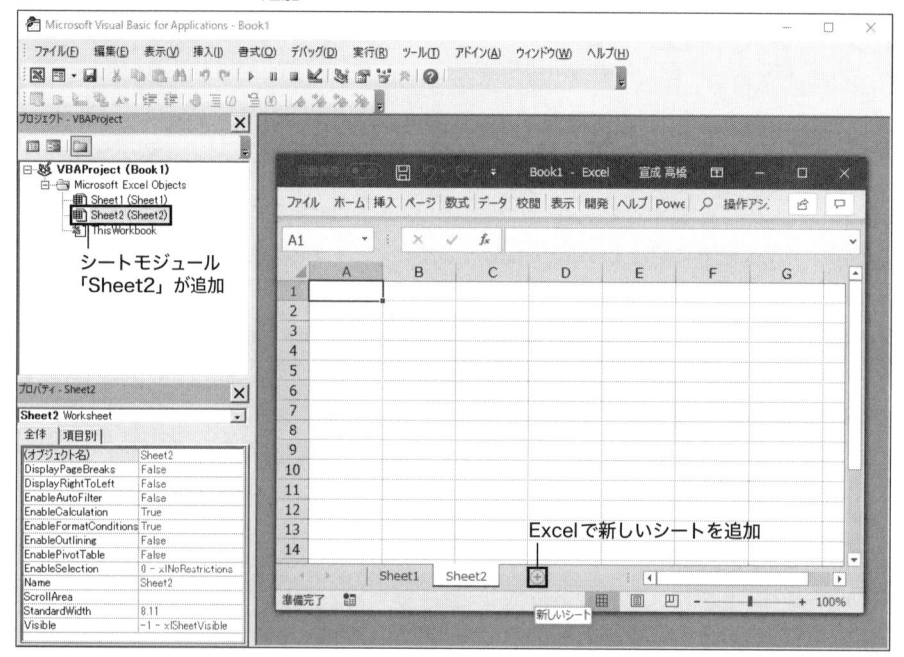
>
> **Memo** 「ワークシート」のシートモジュールであれば、それはWorksheetオブジェクトに属するモ
> ジュールですが、対象のシートが「グラフシート」である場合は、Chartオブジェクトに属す
> るモジュールになります。本書では、「ワークシート」のシートモジュールを中心に解説を進めていき
> ます。

シートモジュールを追加したい場合には、図6-20のようにExcel上で「新しいシート」を追加しま
す。すると、プロジェクトエクスプローラー上に、追加シートに属する新たなシートモジュールが追
加されます。

図6-20 シートモジュールの追加

つまり、実際に存在するシート1つに対して、1つのシートモジュールが存在することになります。
そもそも、ワークシートであるならば、VBAではWorksheetオブジェクトとそのメンバーがあらかじ
め用意されていて、それらを呼び出すことで操作が可能です。シートモジュールは、個々の実在する
シートごとに、すでに存在しているメンバーに加えて、新たな機能や処理を追加したいときに使用す
ることができるモジュールであるといえます。

6-4-2 ▸ シートのオブジェクト名とシート名

シートモジュールについて、プロパティウィンドウの「(オブジェクト名)」の欄を編集することで、
オブジェクト名を変更することが可能です。これがすなわちシートモジュール名となりますが、この
名称はコード内でその属するオブジェクトを指し示すものとしても使用することができます。スコー

プ内であれば、以下の構文の*object*として使用し、そのメンバー*member*にアクセスすることができきます。

```
object.member
```

オブジェクト名はVBEの入力補完の対象となります。そのシートの役割を表すわかりやすいアルファベットの名称に変更をするとよいでしょう。

ここでは、シートモジュールのオブジェクト名が、いわゆる「シート名」とは異なることに注意してください。シート名は、Excelのシートをダブルクリックすることで編集可能です。しかし、それはオブジェクト名とは別物で、具体的にはオブジェクトのNameプロパティの値です。

その点を、実際にオブジェクト名とシート名の変更と、それを行った場合の様子を見て確認をしていきましょう。

まず、図6-21のようにオブジェクト名を編集して「SheetObject」としてみましょう。すると、プロジェクトエクスプローラー内のシートモジュールの表記が「SheetObject(Sheet1)」に変更されます。

図6-21 シートモジュールのオブジェクト名を変更する

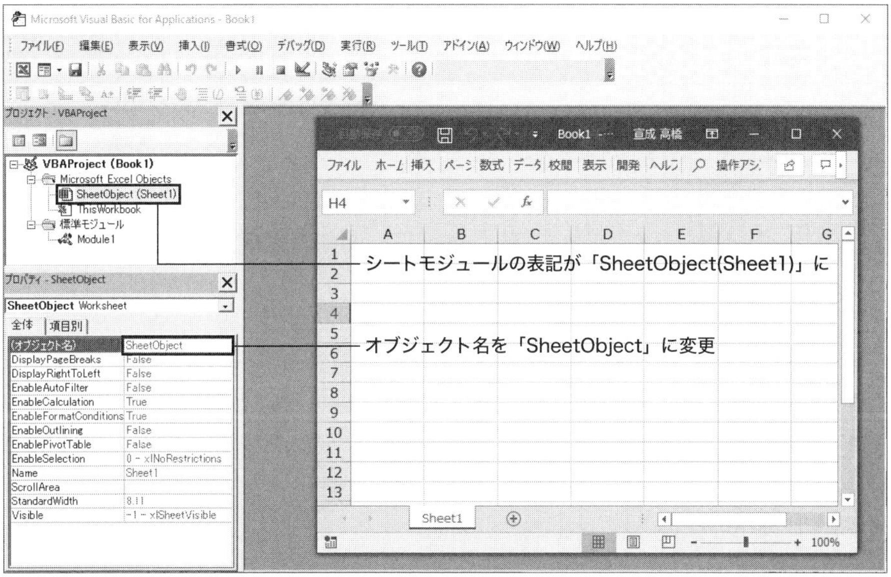

オブジェクト名を変更しましたので、それはコード内でそのオブジェクトを指し示すものとして使用可能です。リスト6-16をイミディエイトウィンドウで実行して、変更後のオブジェクト名が使用できるかどうか確認しておきましょう。

リスト6-16 シートモジュールのオブジェクト名

```
SheetObject.Range("A1").Value = "Hoge"
```

　また、プロジェクトエクスプローラー内のシートモジュールの表記が「SheetObject(Sheet1)」に変わったことを確認できます。つまり、先に記述されているものがオブジェクト名で、丸かっこ内はシート名ということになります。なお、この時点では実際のシート名は「Sheet1」のまま変更されていません。

　続いて、シート名を変更していきましょう。図6-22のように、プロパティウィンドウのNameプロパティの欄を「シート名」に編集してみましょう。

図6-22 シート名を変更する

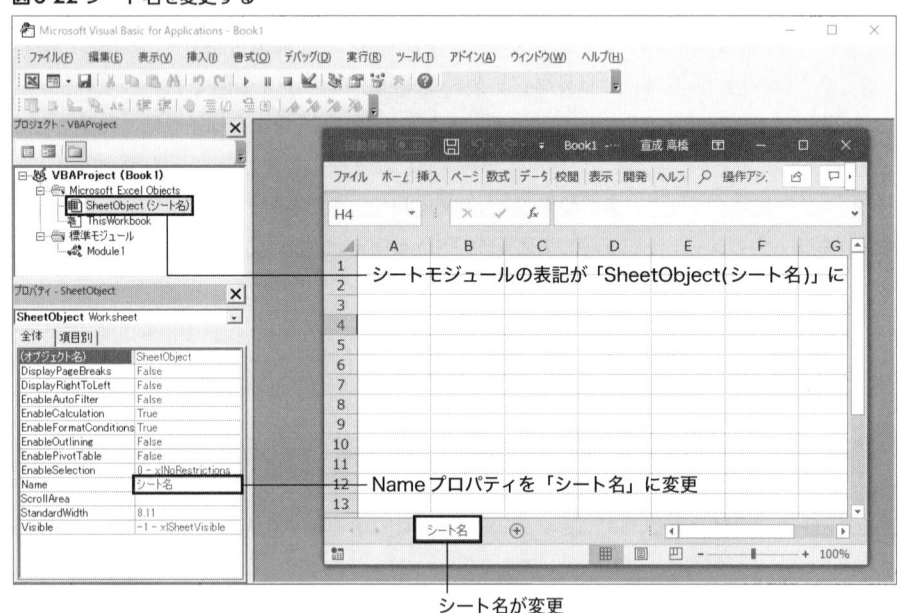

　すると、プロジェクトエクスプローラーのシートモジュールの表記が「SheetObject(シート名)」に変更されます。実際の、Excel上でのシート名の表記も変更されていることが確認できます。

　オブジェクト名はコード内で使用する名前、シート名はExcel上の表向きの名前です。コードで使用する場合は、オブジェクト名を使用するほうが確実かつ簡潔にオブジェクトの指定が可能になりますので、積極的に活用していきましょう。

6-4-3 ▶ シートモジュールの使用

　Excel VBAでは、データテーブルや書類のテンプレートなどをシートで実現し、そのシートに読み書きをすることが多いでしょう。そのような、値を読み書きするシートがあらかじめ決まっているケースでは、シートモジュールを使うと効果的です。

　簡単な例を見ていきましょう。図6-23のように領収書のひな形になるようなシートがあります。このシートの氏名、合計金額、但し書きを入力するという処理をマクロで作成したいとします。

図6-23 領収書のひな形シート

標準モジュールで実装すると、リスト6-17のようになります。

リスト6-17 標準モジュールによる領収書へのデータの書き込み

```
標準モジュールModule1
Sub MySub()

    With Sheet1
        .Range("A4").Value = "鈴木 一郎 様"
        .Range("C7").Value = 4860
        .Range("B9").Value = "但 研修参加費 として上記領収いたしました。"
    End With

End Sub
```

実行すると図6-24のように、目的のセルに各データを入力することができました。

複数の領収書を作成する必要が出てきたら、入力する値を変化させながらループをさせ、都度別ファイルで保存をするような処理を追加することになりますね。

図6-24 領収書のひな形にデータを入力

では、シートモジュールを使ってこのマクロを実装してみましょう。リスト6-18をご覧ください。

リスト6-18 シートモジュールによる領収書のデータの書き込み

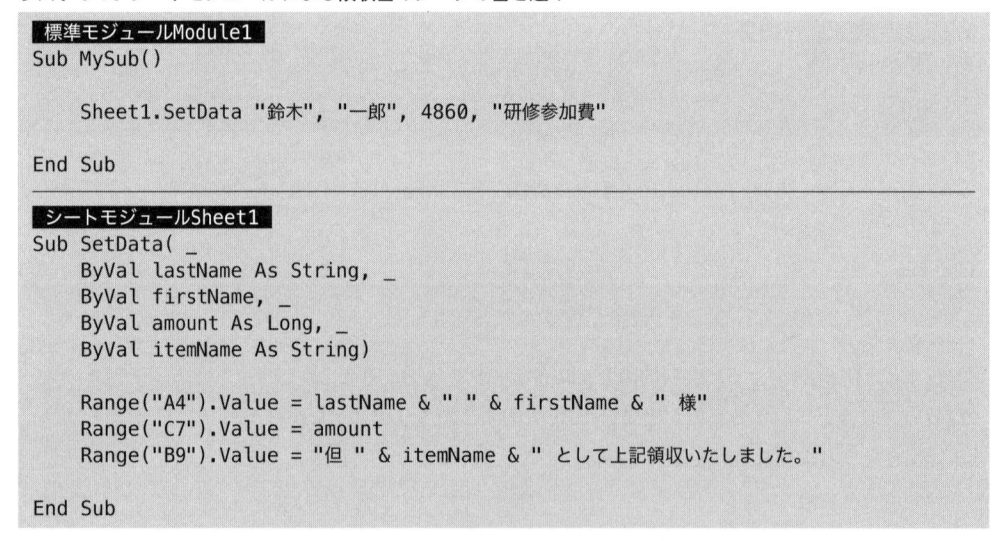

```
標準モジュールModule1
Sub MySub()

    Sheet1.SetData "鈴木", "一郎", 4860, "研修参加費"

End Sub
```

```
シートモジュールSheet1
Sub SetData( _
    ByVal lastName As String, _
    ByVal firstName, _
    ByVal amount As Long, _
    ByVal itemName As String)

    Range("A4").Value = lastName & " " & firstName & " 様"
    Range("C7").Value = amount
    Range("B9").Value = "但 " & itemName & " として上記領収いたしました。"

End Sub
```

　標準モジュールModule1のSubプロシージャMySubを実行すると、図6-24と同様に正しくデータが入力されることを確認できるはずです。シートモジュールSheet1のSubプロシージャSetDataがシートにデータを書き込む処理で、すなわちSetDataメソッドとなります。

　シートへの書き込み処理をシートモジュールに切り出したことで、標準モジュールに書くべき処理が大いに削減できたことがわかります。

　このように、データの読み書きなど、あらかじめ存在するシートへの固有の処理については、シー

トモジュールに記述していくと、標準モジュールをコンパクトに保つことができます。

また、シートで発生したイベントによって動作させるイベントプロシージャは、その対象のシートモジュールに記述する必要があります。Worksheetオブジェクトで用意されているイベントについては、11章で紹介します。

6-5 ブックモジュール

6-5-1 ▶ ブックモジュールとは

ブックモジュールはブック、すなわちWorkbookオブジェクトに属するモジュールです。そのブックに対するイベントで動作するイベントプロシージャや、そのブックに関連する処理を記述するモジュールとして使用できます。

図6-25は新規のブックについてVBEを開いたときの画面です。新規のブックには、必ず「ThisWorkbook」というブックモジュールが挿入されており、プロジェクトエクスプローラーでその存在を確認することができます。

また、プロパティウィンドウでは、オブジェクト名とVBEから編集可能なデザイン時プロパティの設定を行うことができます。

図6-25 ブックモジュールとその設定

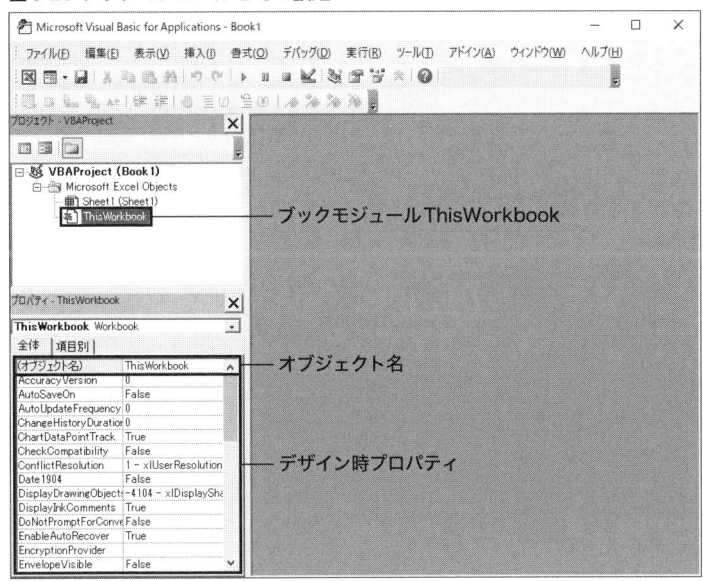

ブックモジュールはブックに属するモジュールですから、ブックに対して1つだけ存在することができます。したがって、ブックのプロジェクトに別のブックモジュールを追加することはできません。実際に、新たなブックを追加すると、図6-26のように別のプロジェクトが追加され、そこに追加した

ブックに属するブックモジュールThisWorkbookが含まれるという形になります。

図6-26 ブックモジュールの追加

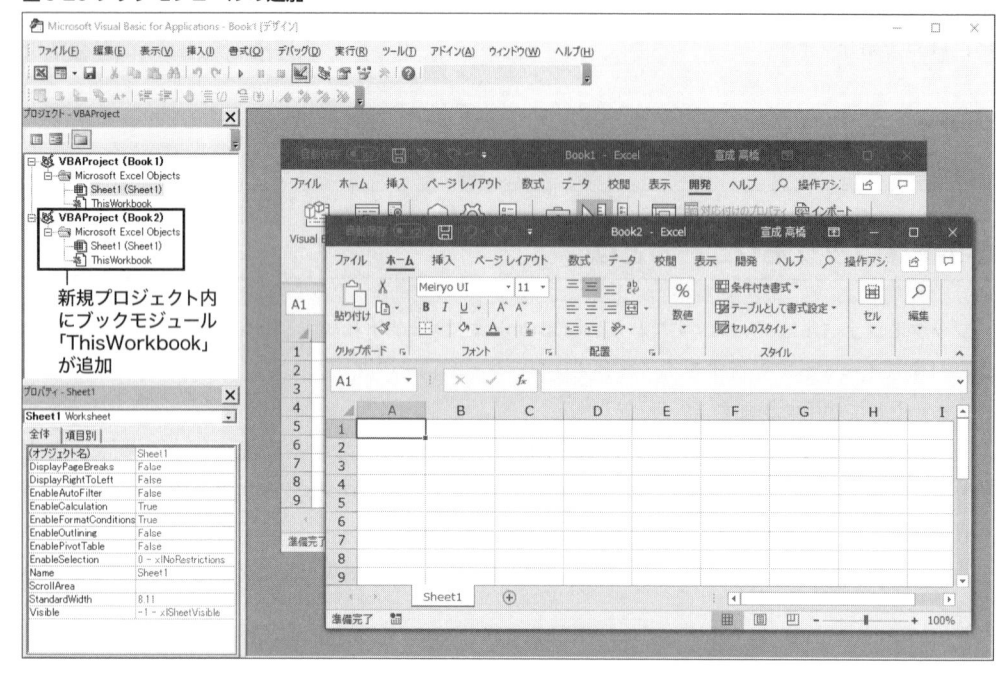

新規プロジェクト内にブックモジュール「ThisWorkbook」が追加

ブックモジュールの役割もシートモジュールと同様といえます。あらかじめVBAで用意されているWorkbookオブジェクトとそのメンバーを使用することができますが、さらにブックに対して機能や処理を追加したいときに利用をすることができます。

6-5-2 ▶ ブックのオブジェクト名とブック名

ブックモジュールのオブジェクト名は、コード内でその属するWorkbookオブジェクトを指し示すものとして使用可能です。スコープ内であれば、以下の構文のobjectとして使用して、他のモジュールからそのmemberにアクセスすることができます。

```
object.member
```

ブックモジュールのオブジェクト名は、プロパティウィンドウの「(オブジェクト名)」を編集することで変更をすることができます。このオブジェクト名は、VBEの入力補完の対象になります。しかし、ブックモジュールはプロジェクトで1つしか存在しませんから、デフォルトのThisWorkbookを変更する理由は、特にないかもしれません。

また、ブックモジュールのオブジェクト名は、「ブック名」とは異なるものです。ブック名はExcelファイル名、WorkbookオブジェクトのNameプロパティです。リスト6-11を実行して、オブジェクト名

ThisWorkbookを使用して、ブック名を出力してみましょう。

リスト6-19 オブジェクト名とブック名

```
? ThisWorkbook.Name
```

　実行すると、図6-27のように、イミディエイトウィンドウには現在のプロジェクトが含まれるブック名が出力されます。そして、それはブックモジュールのオブジェクト名である「ThisWorkbook」とは異なるものです。

図6-27 ブックモジュールのオブジェクト名とブック名

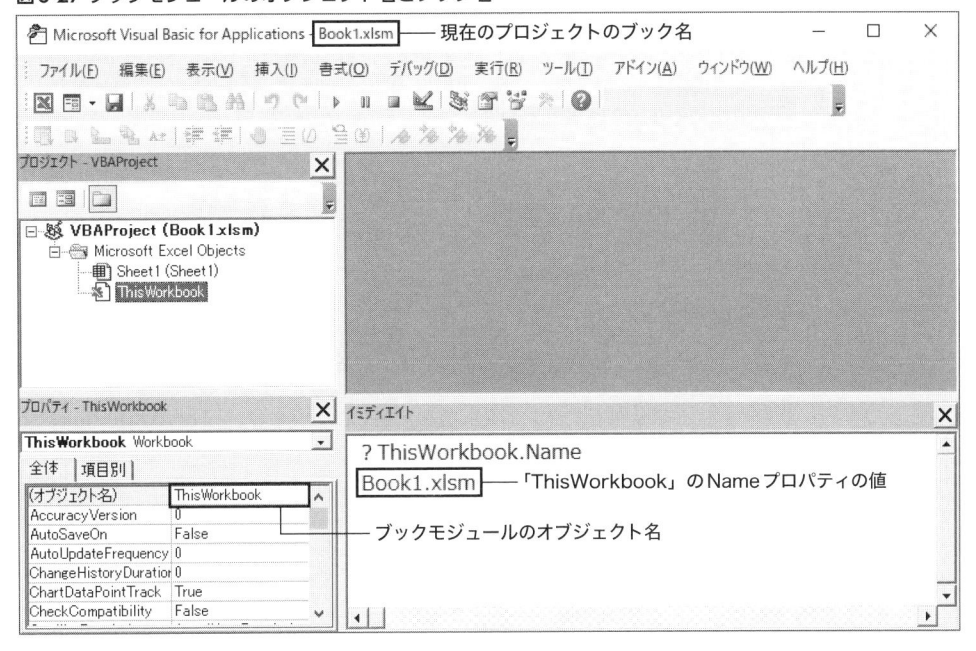

　さて、Excel VBAには「ThisWorkbookプロパティ」というプロパティが存在しているのをご存知でしょうか。Excelアプリケーションを表すApplicationオブジェクトのメンバーで、以下のように表記することで現在マクロが実行されているWorkbookオブジェクトを返すプロパティです。

```
[Application.]ThisWorkbook
```

　ThisWorkbookプロパティはグローバルのメンバーなので、対象となっているApplicationオブジェクトを省略可能です。つまり、ブックモジュールのデフォルトのオブジェクト名「ThisWorkbook」と全く同じように使用することができるものです。

　試しに、オブジェクト名を「MyBook」に変更をして、再度リスト6-19を実行してみましょう。その結果は図6-28をご覧ください。

図6-28 ブックモジュールのオブジェクト名とThisWorkbookプロパティ

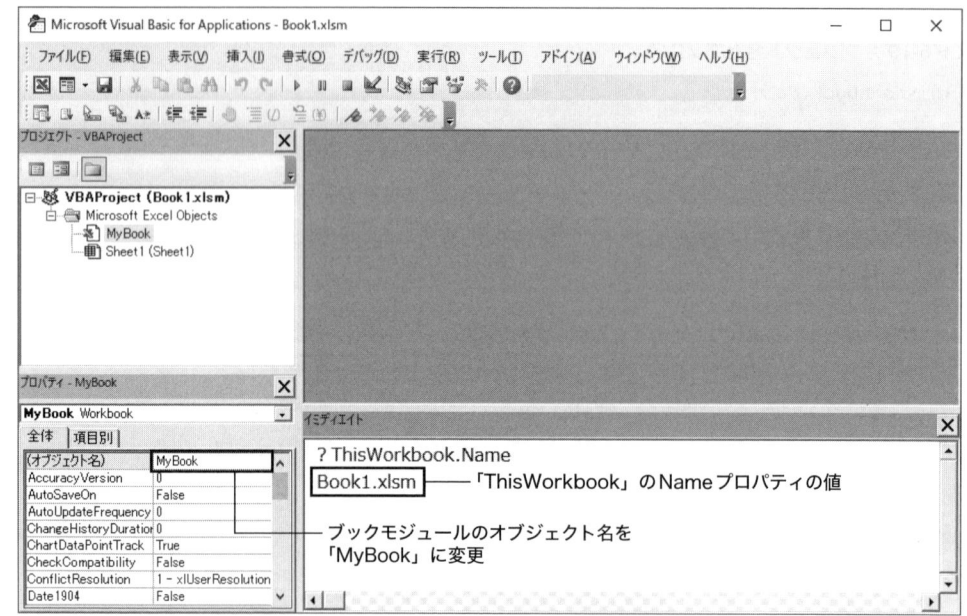

「ThisWorkbook」が現在マクロを実行しているブックを参照していることがわかります。Excel VBAでは、ブックのオブジェクト名が「ThisWorkbook」であるときは、「ThisWorkbook」をオブジェクト名として解釈します。もし、ブックのオブジェクト名を変更したときには、「ThisWorkbook」をThisWorkbookプロパティとして解釈します。

つまり、いつでも「ThisWorkbook」というワードを、現在マクロを実行しているブックを参照するワードとして使用することができるということになります。

6-5-3 ▶ ブックモジュールの使用

ブック固有の処理が必要になれば、それはブックモジュールに記述するとよいでしょう。たとえば、ブックに関する何らかの情報を取得したいときには、独自のプロパティを実装することができます。

リスト6-20は、現在のブックのシート名の一覧を文字列で返すSheetNamesプロパティです。

リスト6-20 ブックのシート名の一覧を取得する

```
標準モジュールModule1
Sub MySub()
    Debug.Print ThisWorkbook.SheetNames
End Sub

ブックモジュールThisWorkbook
Public Property Get SheetNames() As String
    Dim ws As Worksheet
    SheetNames = ""
    For Each ws In Worksheets
        SheetNames = SheetNames & ws.Name & " "
```

```
    Next ws
End Property
```

また、ブックモジュールの使いどころとしては、イベントを外すことはできません。ブックが開い
たときに動作するイベントプロシージャWorkbook_Openをはじめ、Workbookオブジェクトには便
利なイベントが用意されていますので、それについては11章で紹介します。

6-6　ユーザーフォーム

6-6-1 ▶ ユーザーフォームとは

VBAには独自のフォームを作る仕組みが用意されており、それを**ユーザーフォーム**といいます。

ユーザーフォームでは、コマンドボタンやテキストボックス、ラベル、チェックボックスなど、あ
らかじめ用意されている部品を配置することができ、これらを**コントロール**といいます。

ユーザーフォームやそのコントロールの操作によるイベントプロシージャや、関連処理を記述する
ことができるモジュールが、**フォームモジュール**です。ユーザーフォーム1つに対して、フォームモ
ジュール1つを持ちます。

デフォルトのプロジェクトにはユーザーフォームが存在していませんので、使用するにはユーザー
フォームを挿入する必要があります。図6-29のようにVBEのメニューから「挿入」→「ユーザーフォー
ム」を選択することで、新規のユーザーフォームを挿入することができます。

図6-29 ユーザーフォームの挿入

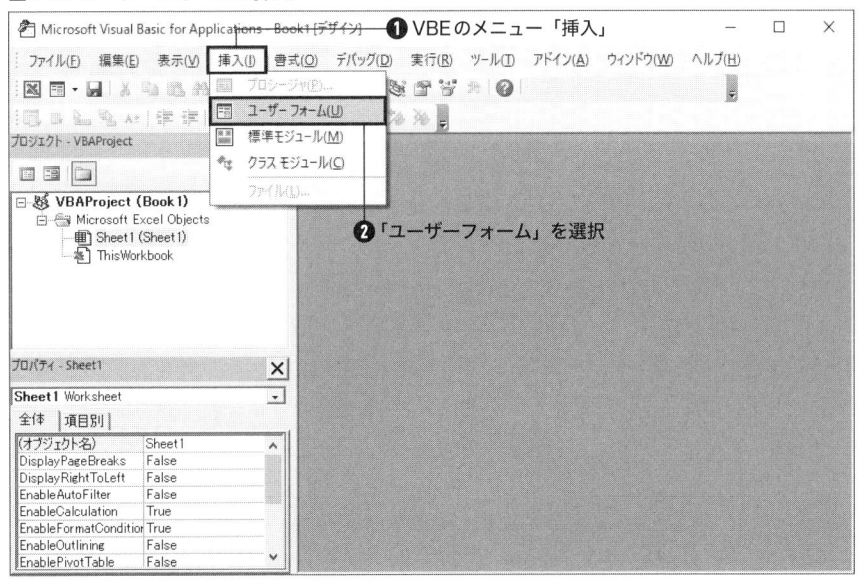

ユーザーフォームを挿入して開くと、図6-30の画面になります。プロジェクトエクスプローラーには挿入したユーザーフォームUserForm1が追加されます。

画面の右側には、実際のユーザーフォームのビジュアルイメージが表示されます。ツールボックスでは、ユーザーフォームに配置するコントロールを選択することができます。コントロールを選択した状態で、ユーザーフォーム上にドラッグ＆ドロップすることで、ユーザーフォームにコントロールを配置することができます。

図6-30 ユーザーフォーム

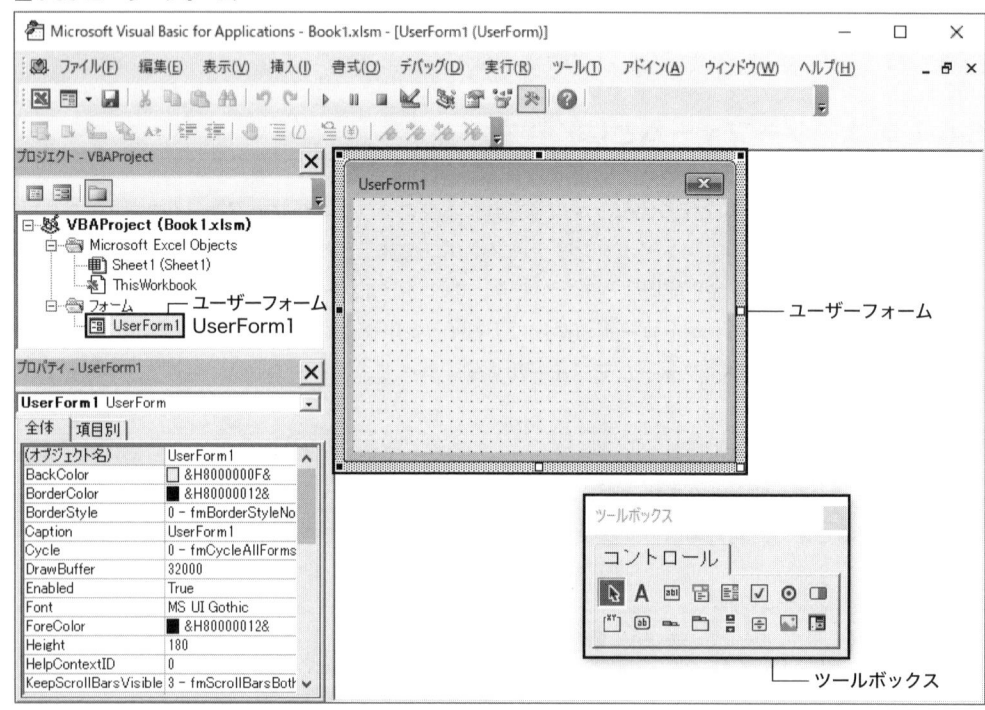

プロパティウィンドウのオブジェクトボックスでは、ユーザーフォームが選択されていることを確認してください。このとき、プロパティウィンドウでは、そのユーザーフォームのオブジェクト名と、デザイン時プロパティの設定を行うことができます。

図6-31は、ユーザーフォームの背景色を表すBackColorプロパティについて「パレット」タブから選択し「&H00FFFC0&」に設定、フォームのタイトル表示を表すCaptionプロパティについて「HogeForm」に変更をしたところです。

このようにプロパティウィンドウを用いて、ユーザーフォームの色やフォント、サイズなどの設定することができます。

図6-31 ユーザーフォームの設定

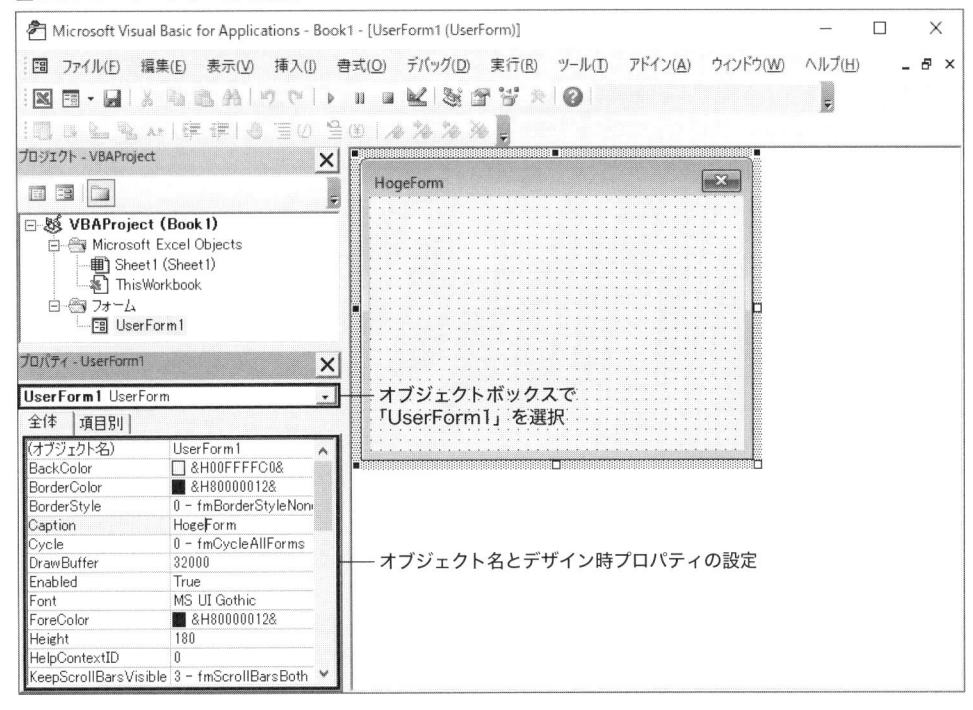

6-6-2 ▶ フォームモジュールとユーザーフォームの実行

　VBEのメニューからユーザーフォームを挿入した場合、VBE上でデザインをすることができるユーザーフォームが挿入されます。それはつまりUserFormオブジェクトの実体が生成されたことになります。挿入したユーザーフォームにはコードを記述できる領域であるモジュールが付随しており、それをフォームモジュールといいます。

　ユーザーフォームのフォーム上をダブルクリックするか、VBEの「表示」メニューから「コード」を選択する（[F7] キーでも可）と、図6-32のようにフォームモジュールを開きコードを編集することができます。フォームモジュールにユーザーフォームやコントロールで発生したイベントに対するイベントプロシージャや、関連する処理を記述していきます。

図6-32 フォームモジュールのコードを編集

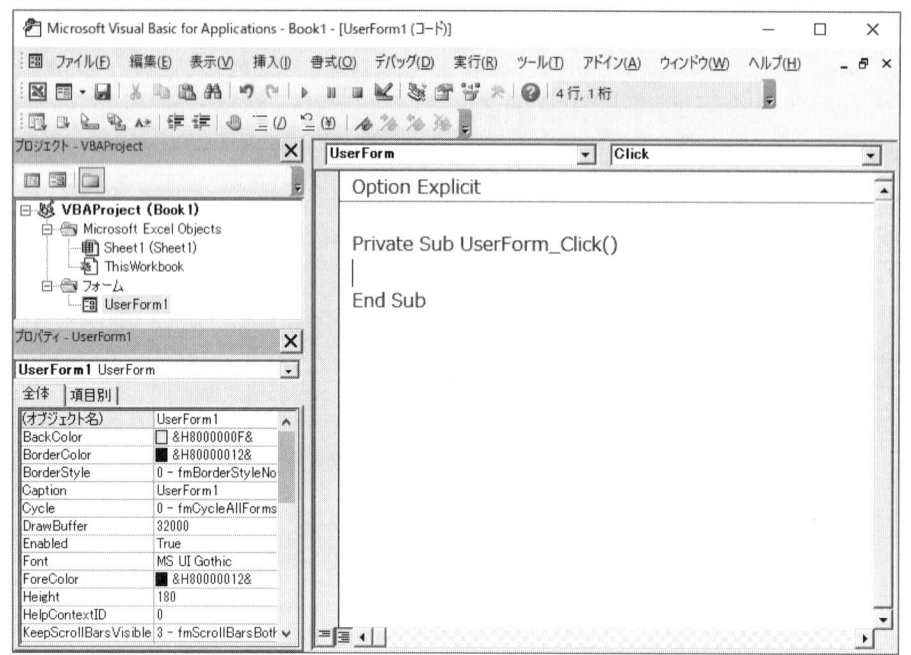

　では、ここでフォームモジュールに、ユーザーフォームをクリックした際に動作するイベントプロシージャ UserForm_Clickを作成してみましょう。おそらく、図6-32のようにデフォルトでSub UserForm_Click プロシージャのひな形がコードウィンドウに入力されていると思います。あらためてイベントプロシージャのひな形を入力したい場合は、コードウィンドウ上部のオブジェクトボックスとプロシージャボックスから選択すれば入力が可能です。

リスト6-21 ユーザーフォームのイベントプロシージャ

```
フォームモジュールUserForm1
Private Sub UserForm_Click()
    MsgBox Caption & "がクリックされました"
End Sub
```

　Caption プロパティの対象オブジェクトが省略されていますが、この場合は「Me キーワード」すなわち、UserFormオブジェクトUserForm1が対象となりますね。

　では、フォームの実行をして動作を確認してみましょう。

　ユーザーフォームの実行をするには、図6-33のようにツールバーの「Sub ／ユーザーフォームの実行」アイコンをクリックします。[F5] キーでも実行は可能です。

図6-33 ユーザーフォームの実行

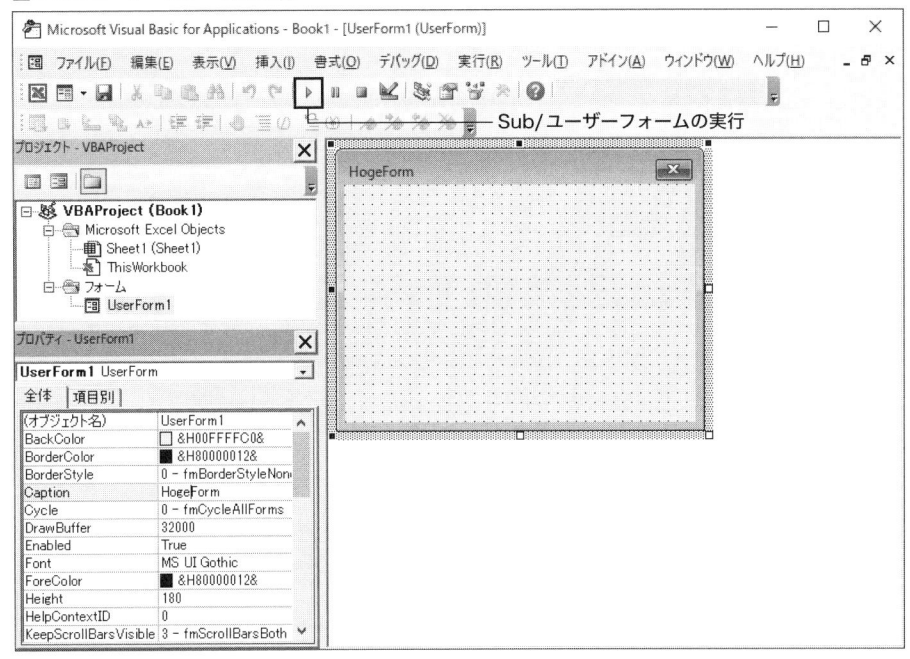

ユーザーフォームの実行をすると、図6-34のように実際のユーザーフォームの表示を確認することができます。フォーム上をクリックすると、イベントプロシージャ UserForm_Click が動作をして、メッセージダイアログが表示されることも確認できます。

図6-34 ユーザーフォームの表示

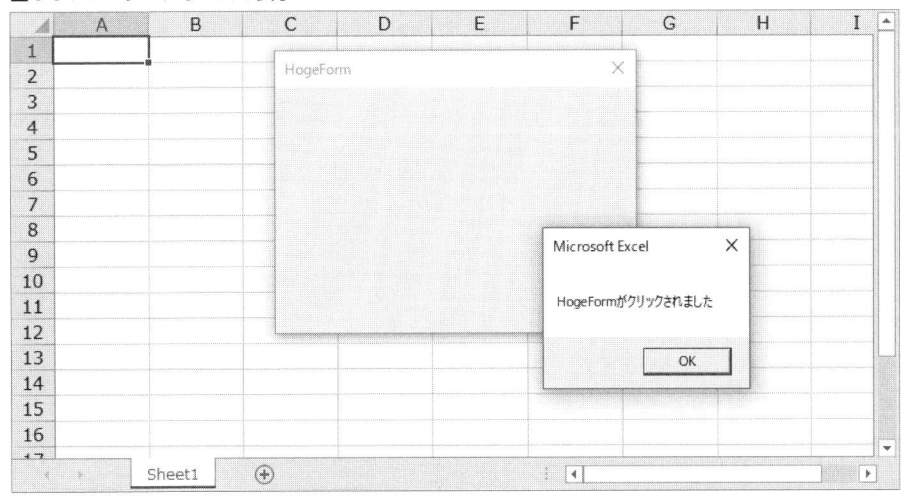

6-6-3 ▶ コントロールとは

VBAでは、ユーザーフォーム上に配置することができる、様々なコントロールが用意されています（表6-6）。コマンドボタン、テキストボックス、ラベル、チェックボックス、オプションボタンなどをはじめ、バリエーション豊かに用意されていますので、ニーズに応じた多様なユーザーフォームを作成することができます。

表6-6 コントロールの種類

コントロール	クラス	説明
チェックボックス	CheckBox	オン／オフの2つの選択状態を切り替える
コンボボックス	ComboBox	テキスト入力またはリスト選択をする
コマンドボタン	CommandButton	ボタンを押下する
フレーム	Frame	フォーム上でコントロールを囲う枠
イメージ	Image	画像ファイルを表示する
ラベル	Label	フォームに表示する文字列
リストボックス	ListBox	リストから選択をする（複数選択可）
マルチページ	MultiPage	タブによってページを切り替える（各ページは異なるコントロールを配置可能）
オプションボタン	OptionButton	オン／オフの2つの選択状態を切り替える（グループで1つのみがオンにできる）
スクロールバー	ScrollBar	スクロールにより範囲の値を設定する
スピンボタン	SpinButton	2つのボタンで値を上下する
タブストリップ	TabStrip	タブでページを切り替える（各ページで同じコントロールのみ配置可能）
テキストボックス	TextBox	テキストを入力する
トグルボタン	ToggleButton	ボタンの押下で2つの状態を切り替える

> **Memo** 表6-6に紹介した以外に、ツールボックスでは「RefEditコントロール」というコントロールが確認できます。ワークシート上のセル範囲を選択するコントロールです。他のコントロールと異なり、MSFormsライブラリには含まれておらず、RefEditライブラリという専用のライブラリに含まれています。

6-6-4 ▶ コントロールの配置と設定

では、コントロールの配置と設定の方法について見ていきましょう。

ユーザーフォームにコントロールを配置するには、ツールボックスで配置したいコントロールをクリックして選択してから、ユーザーフォーム上でマウスドラッグをします。すると、ドラッグした位置と大きさでコントロールを配置することができます。ユーザーフォームに配置したコントロールはマウス操作でその位置やサイズを変更することができます。

図6-35は、コマンドボタンを選択して配置しました。オブジェクトボックスではそのオブジェクト名が「CommandButton1」であることが確認できます。そして、プロパティウィンドウでCaptionプロパティを「入力」に設定し、ボタンに表示するテキストを変更しました。

図6-35 コマンドボタンの配置と設定

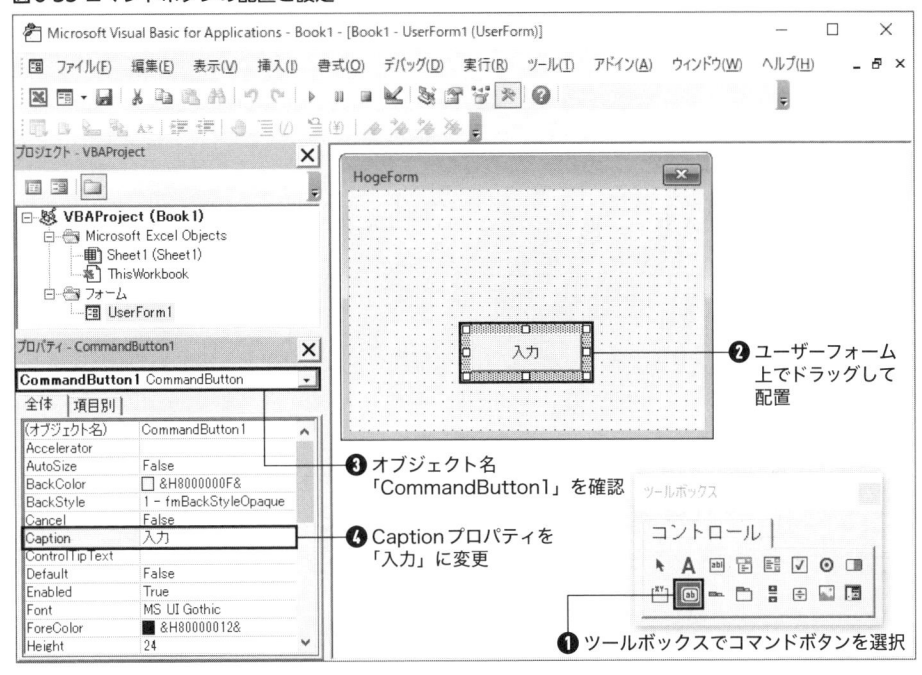

続いて、ツールボックスでテキストボックスを選択し、ユーザーフォーム上でドラッグして配置をします。そのオブジェクト名は「TextBox1」であることを確認できます（図6-36）。

図6-36 テキストボックスの配置

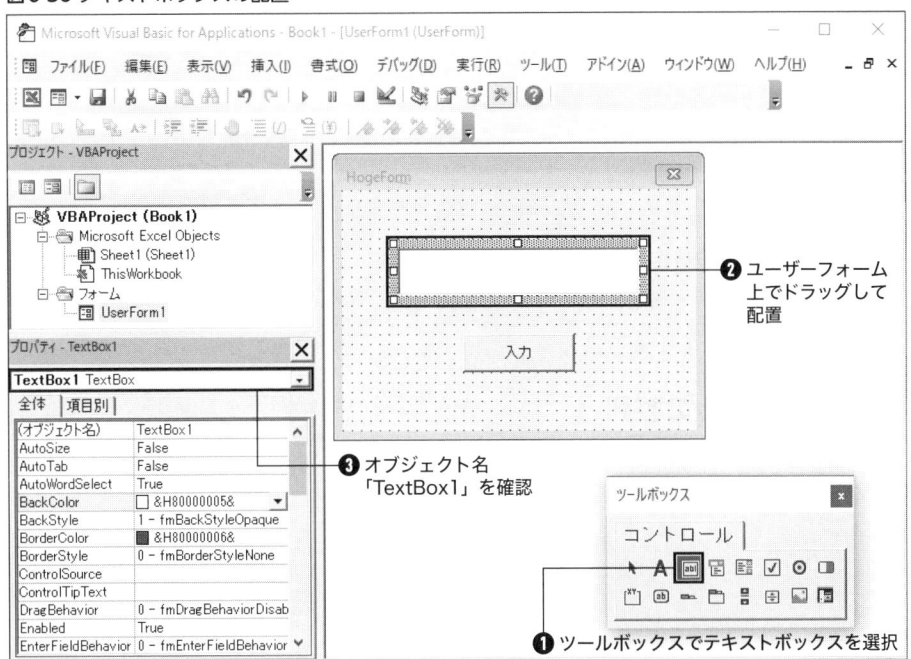

では、フォームモジュールを開いて、リスト6-22を入力してみましょう。コードウィンドウのオブジェクトボックスに「CommandButton1」が追加されていますので、イベントプロシージャのひな形を呼び出すことができます。プロシージャボックスとともに活用しましょう。

リスト6-22 コマンドボタンのイベントプロシージャ

```
フォームモジュールUserForm1
Private Sub CommandButton1_Click()
    MsgBox Caption & "で" & TextBox1.Value & "が入力されました"
End Sub
```

フォームを実行してみましょう。テキストボックスに文字列を入力しコマンドボタンを押下すると、図6-37のように、その入力した文字列を含むメッセージダイアログが表示されます。TextBoxオブジェクトのValueプロパティは、その入力されている値を表します。

ここで、プロシージャはコマンドボタンのイベントプロシージャでしたが、Captionプロパティの対象オブジェクトはユーザーフォームUserForm1であったことに注意してください。フォームモジュール上では「Meキーワード」は常に、その属するオブジェクトすなわちユーザーフォームとなります。

図6-37 テキストボックスとコマンドボタン

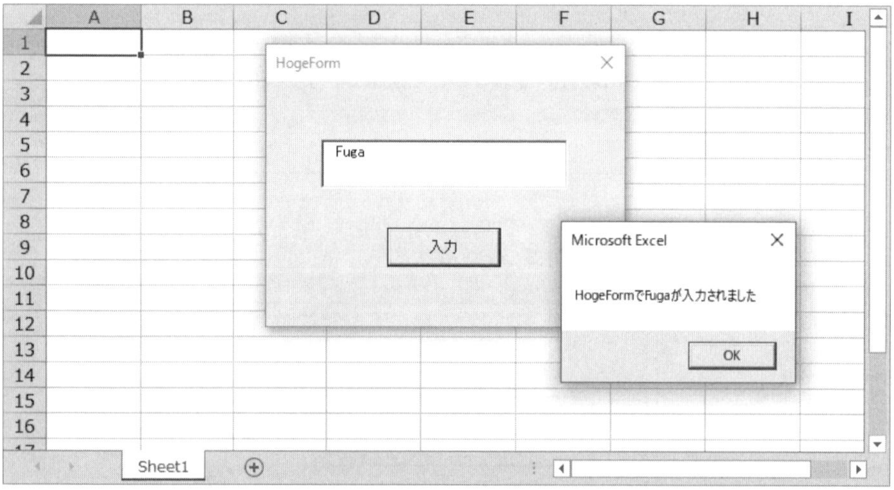

6-6-5 ▶ コントロールの整列

複数のコントロールをユーザーフォームに配置した際、図6-38のようにコントロールの位置やサイズがバラバラになってしまっているとします。

図6-38 複数のコントロールを配置したユーザーフォーム

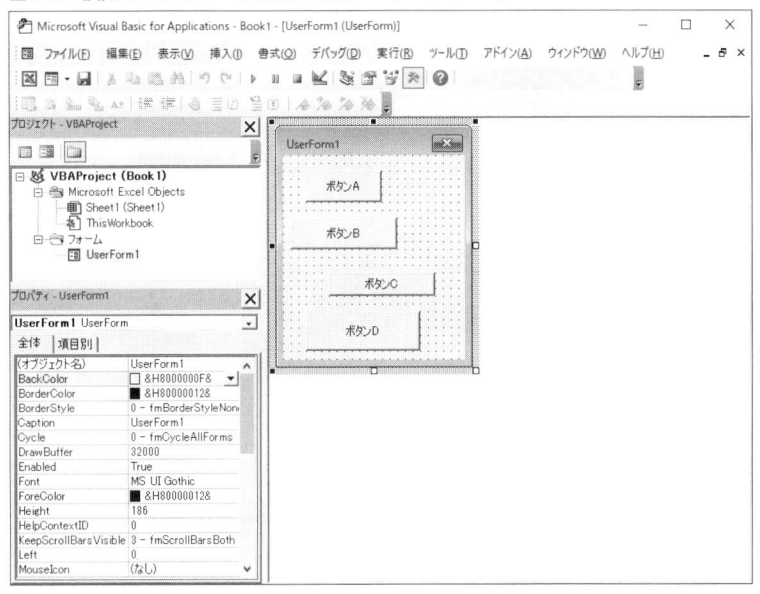

マウス操作で1つずつその位置やサイズを調整することもできますが、VBEの機能でまとめてサイズを揃え、整列させることができます。

ユーザーフォーム上のコントロールは［Ctrl］キーを押しながらクリックするか、範囲をドラッグすることで、複数のコントロールを選択することができます。その状態で、右クリックをすると、「整列」や「同じサイズに揃える」というメニューが含まれるショートカットメニューが表示されます。まず、図6-39のように「同じサイズに揃える」から、「両方向」を選択してみましょう。

図6-39 複数のコントロールを同じサイズに揃える

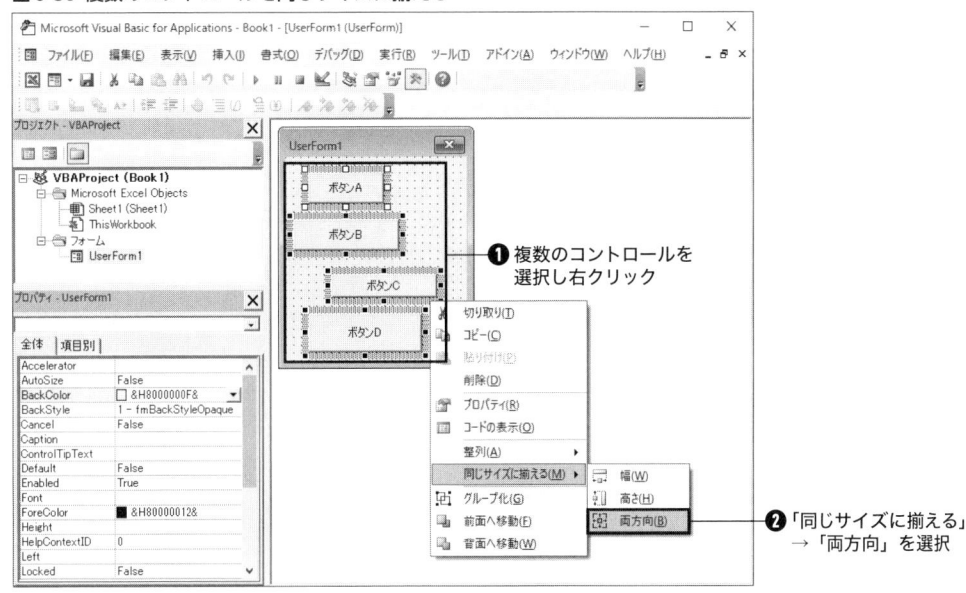

201

すると、選択したすべてのコントロールについて、同じサイズに揃えることができます。すべての
コントロールについて選択されている状態のまま、マウスドラッグをすることで、すべてのコントロー
ルのサイズ調整をまとめて行うことも可能です。

次に、各コントロールについて選択状態のまま、図6-40のように、右クリックメニューから「整列」
→「左」を選択してみましょう。

図6-40 複数のコントロールを整列する

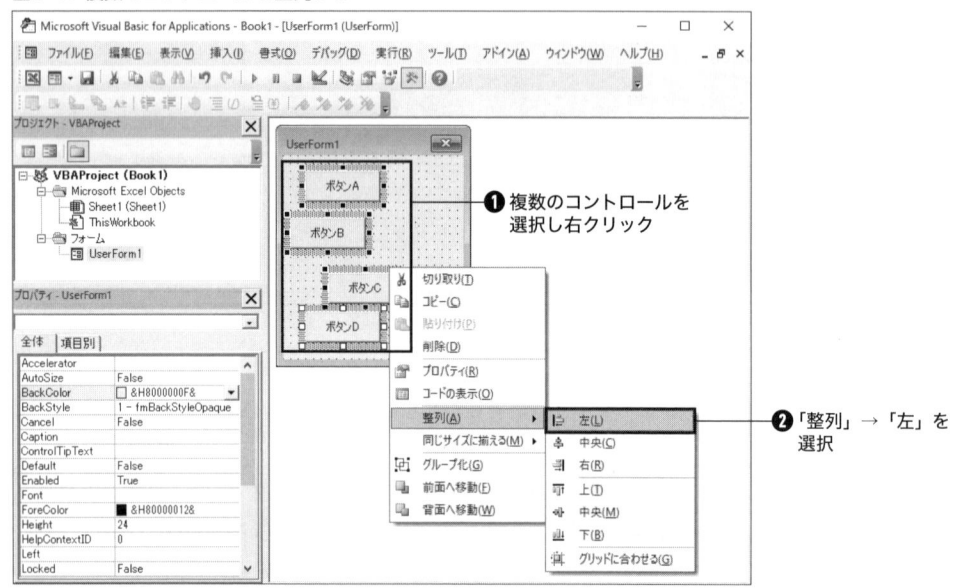

これにより、図6-41のようにコントロールを左揃えで整列がすることができます。

図6-41 複数のコントロールのサイズと位置を揃える

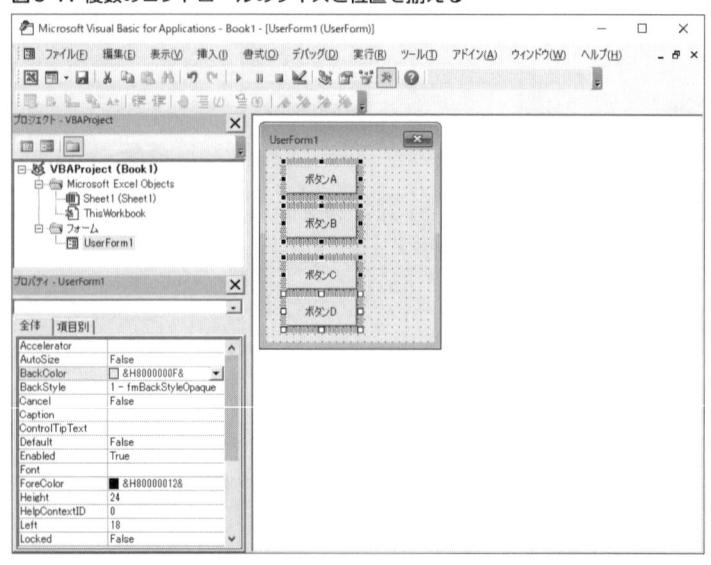

6-6-6 ▶ タブオーダー

作成したユーザーフォームについてキーボード操作をする際に、[Tab] キーや [Shift] + [Tab] キーで、フォーカスするコントロールを移動させることができます。このフォーカスの移動の順番のことをタブオーダーといいます。

図6-42は「ボタンC」にフォーカスがあたっている状態です。

図6-42 ユーザーフォームのフォーカス

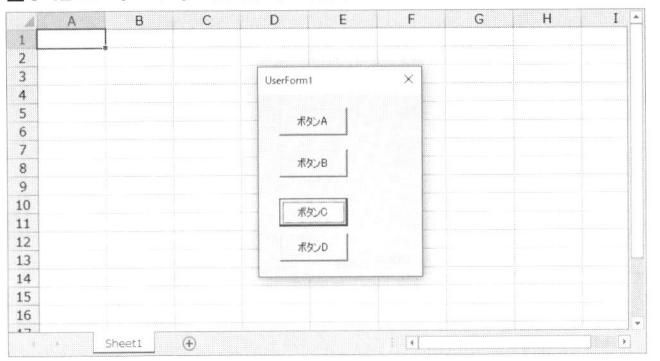

理想としては、ここで [Tab] キーを押したら「ボタンD」に、[Shift] + [Tab] キーを押したら「ボタンB」にフォーカスを移動させたいところです。しかし、コントロールを配置した順番によっては、理想のタブオーダーになっていないことがあります。

このタブオーダーは、VBEの「タブオーダー」ダイアログでまとめて設定が可能です。ユーザーフォームを右クリックして表示されたショートカットメニューから「タブオーダー」を選択することで、表示することができます（図6-43）。

図6-43「タブオーダー」ダイアログの表示

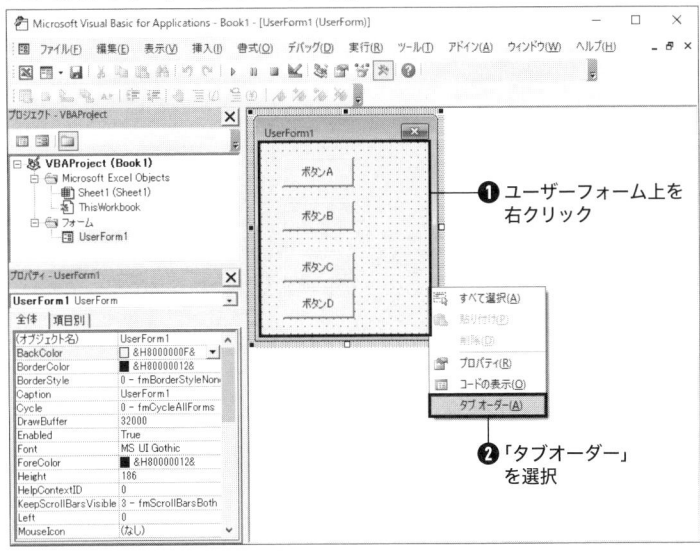

すると、図6-44のように「タブオーダー」ダイアログが開きます。ダイアログ内で、各コントロールについて「上に移動」「下に移動」で順序を入れ替えることで、タブオーダーを設定することができます。

図6-44 タブオーダーを設定する

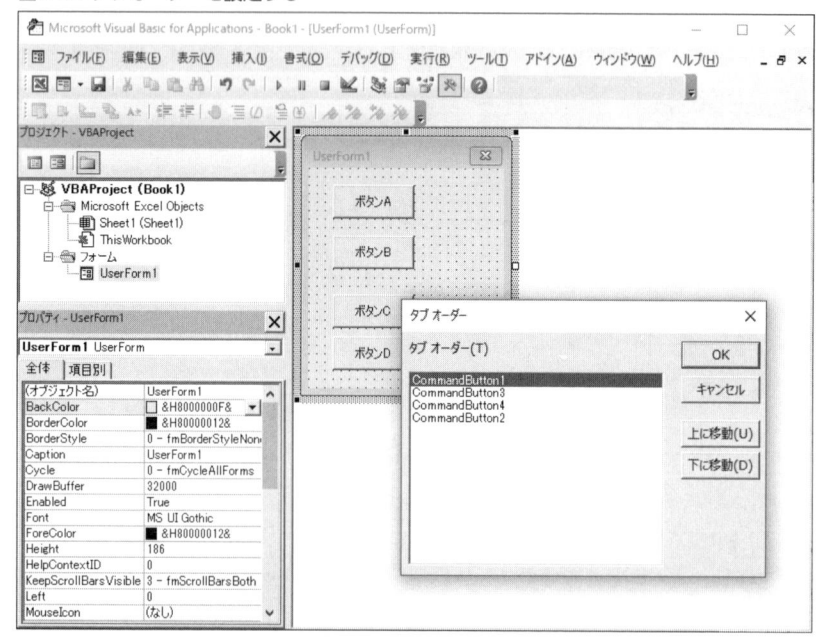

Memo　タブオーダーは各コントロールのTabIndexプロパティで設定がされており、「タブオーダー」ダイアログはそれらをまとめて設定する機能です。また、コントロールのTabStopプロパティがFalseに設定されている場合は、タブオーダーの順序を設定しても、[Tab] キーによりフォーカスが当たることはありません。ラベルは、デフォルトでTabStopプロパティがFalseに設定されています。

6-7 クラスモジュール

6-7-1 ▶ クラスモジュールとは

クラスモジュールは、独自のオブジェクトを作成するためのモジュールです。クラスモジュールに、宣言ステートメントやプロシージャを記述することで、オブジェクトとそのメンバーの定義をしていきます。その定義をしたものを**クラス**といいます。

デフォルトのプロジェクトにはクラスモジュールは存在していませんので、使用する際にはクラスモジュールの挿入をする必要があります。図6-45のようにVBEのメニューから「挿入」→「クラスモジュール」を選択することで、新規のクラスモジュールを挿入することができます。

図6-45 クラスモジュールの挿入

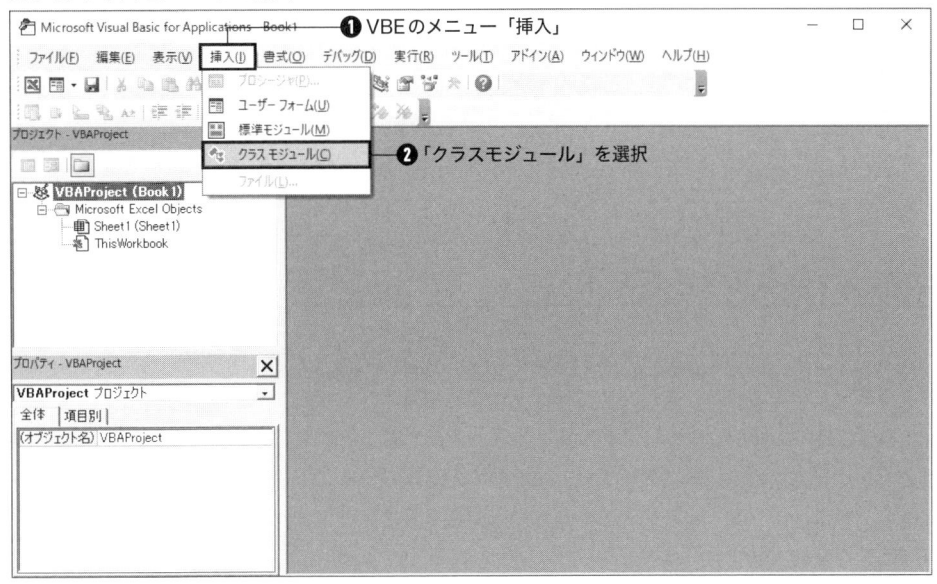

クラスモジュールを挿入すると、図6-46のようにプロジェクトエクスプローラーにクラスモジュール「Class1」が挿入されました。クラスモジュールを開くと、コードウィンドウでコードの編集をすることができます。

プロパティウィンドウでは、「(オブジェクト名)」を変更することができます。これはクラスモジュール名でもありますが、クラス名としても使用されます。後述しますが、クラス名はインスタンスの生成や、それを格納する変数の宣言に使用しますので重要な役割を持ちます。

図6-46 クラスモジュールとクラス名

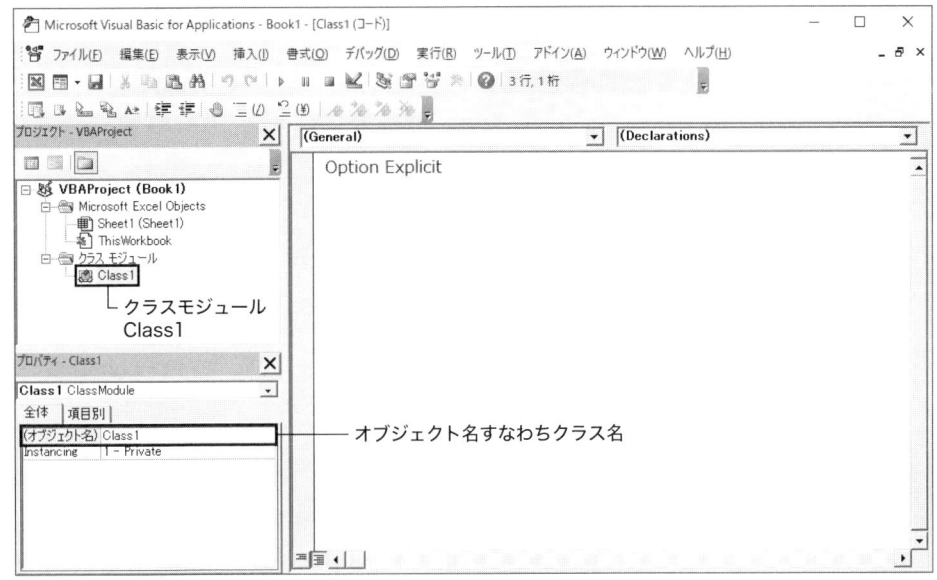

Excel VBAではWorkbook、Worksheet、Rangeなど多数のオブジェクトがあらかじめ用意されています。それらのオブジェクトには、プロパティやメソッド、イベントなどのメンバーが定義されていて、それらを呼び出すことでオブジェクトに対して様々な操作を行うことができます。それらのオブジェクトとメンバーも、クラスによって定義されています。

ですから、クラスの作り方を理解するということは、あらかじめ用意されているオブジェクトについて深く理解することの助けにもなります。

6-7-2 ▶ クラスとインスタンス

シートモジュール、ブックモジュールは既に存在しているオブジェクトに機能や処理を追加することができるモジュールでした。また、フォームモジュールは、ユーザーフォームの挿入を行うと同時に追加されますので、対象となるUserFormオブジェクトが常に存在することになります。

クラスモジュールはオブジェクトモジュールなので、それらのモジュールと類似している部分も多いのは確かですが、モジュールを挿入しただけでは対象となるオブジェクトが実体化されていないという点は大きく異なる点です。

また、クラスモジュールにいくつかのコードを記述してクラスを作成したとしても、それはオブジェクトを作るための「オブジェクトの定義」のことであり、その時点でもオブジェクトは実体として存在するようになっていません。実際にそのオブジェクトを操作できるようにするには、クラスからオブジェクトを生成するという手順が必要になります。

そのオブジェクトを生成する手順を、インスタンス化といいます。また、インスタンス化によって生成されたオブジェクトのことをインスタンスといいます。

作成したクラス*classname*のインスタンス化をするには、以下のようにSetステートメント内にNewキーワードを使用します。

```
Set objectvar = New classname
```

この際、変数*objectvar*は事前に宣言がされている必要がありますが、クラス*classname*をそのデータ型として指定することができます。つまり、以下のいずれかのステートメントのように宣言をすることができます。

```
Dim objectvar As classname
```

```
Private objectvar As classname
```

```
Public objectvar As classname
```

図6-47に示すように、クラスモジュールを挿入した時点で、データ型を入力する際の自動メンバー表示に、そのクラスが含まれるようになります。汎用的に使用できるObject型やVariant型も指定可

能ですが、可読性などの観点から、作成したクラスをデータ型として指定したほうがよいでしょう。

図6-47 自動メンバー表示でクラスを入力

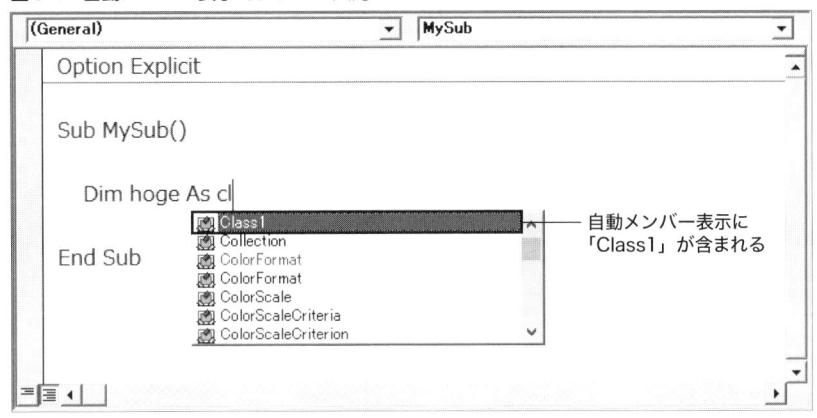

> **Memo** オブジェクト変数の宣言とインスタンスの生成を1行で記述する「Dim hoge As New Class1」という記述のしかたを見かけることがあります。この書式でのNewキーワードは、インスタンスの暗黙的な作成を可能にする役割を持ち、そのオブジェクト変数をはじめて参照したときに、自動的にインスタンスを生成するというものです。
> この書式では、インスタンスの生成タイミングがコード上で見えづらくなりますので、Setステートメントで明示的にインスタンスを生成するほうがよいでしょう。

　では、実際にクラスをインスタンス化するコードを見ていきましょう。クラスモジュールClass1は何も記述しない状態で構いませんので、標準モジュールにリスト6-23のコードを入力して実行してみましょう。

リスト6-23 クラスのインスタンス化

標準モジュールModule1
```
Sub MySub()

    Dim hoge As Class1: Set hoge = New Class1
    Dim fuga As Class1: Set fuga = New Class1
    Stop

End Sub
```
クラスモジュールClass1

　Stopステートメントによる中断時にローカルウィンドウを確認すると、図6-48のように2つの変数の内容と型を確認することができます。いずれもデータ型は「Class1」となっており、これはクラスClass1のインスタンスであることを表しています。

図6-48 生成したインスタンスを確認する

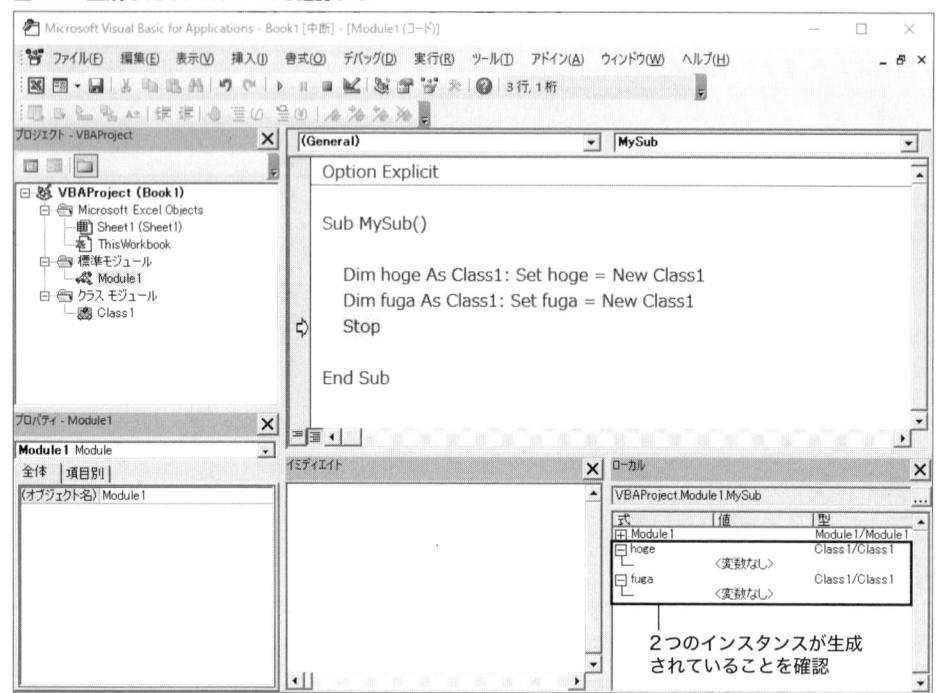

Workbook、Worksheet、Rangeなどのオブジェクトはクラスで作られているはずなのに、インスタンス化をしたという覚えがないと思われるかもしれません。

これらのオブジェクトについては、Excelの機能または、あらかじめ用意されているAddメソッドなどで、新たなインスタンスを生成するように作られています。したがって、ユーザーがあえてNewキーワードでインスタンス化ができるように作られてはいないのです。

6-7-3 ▶ クラスのメンバーの定義

クラスにメンバーを定義すると、そのクラスから生成されたインスタンスすべてがそれらのメンバーを持つようになります。プロパティやメソッドの定義の方法は6-3でお伝えしたとおりになりますが、ひとつの例を用いてクラスへのメンバーの定義について確認をしていきましょう。

データとしてDate型を持ち、それに対して様々な処理を行えるオブジェクトDateObjectクラスを作成していきます。図6-49のとおりに新規のクラスモジュールを挿入し、そのモジュール名を「DateObject」に変更します。これがクラス名となります。

図6-49 クラスモジュールDateObjectの挿入

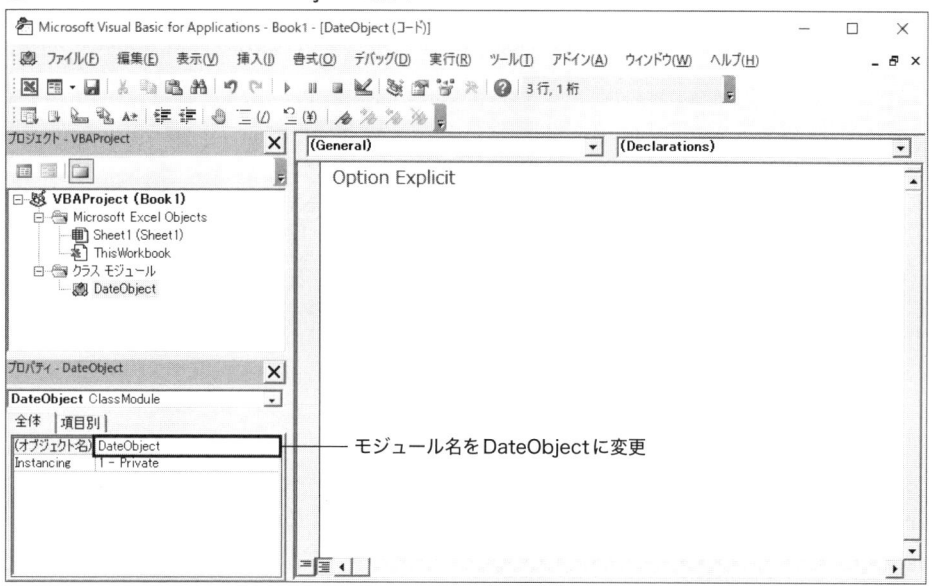

モジュール名をDateObjectに変更

それでは、クラスモジュールDateObjectと、標準モジュールModule1にリスト6-24のコードを記述していきましょう。

リスト6-24 DateObjectクラスの定義と確認

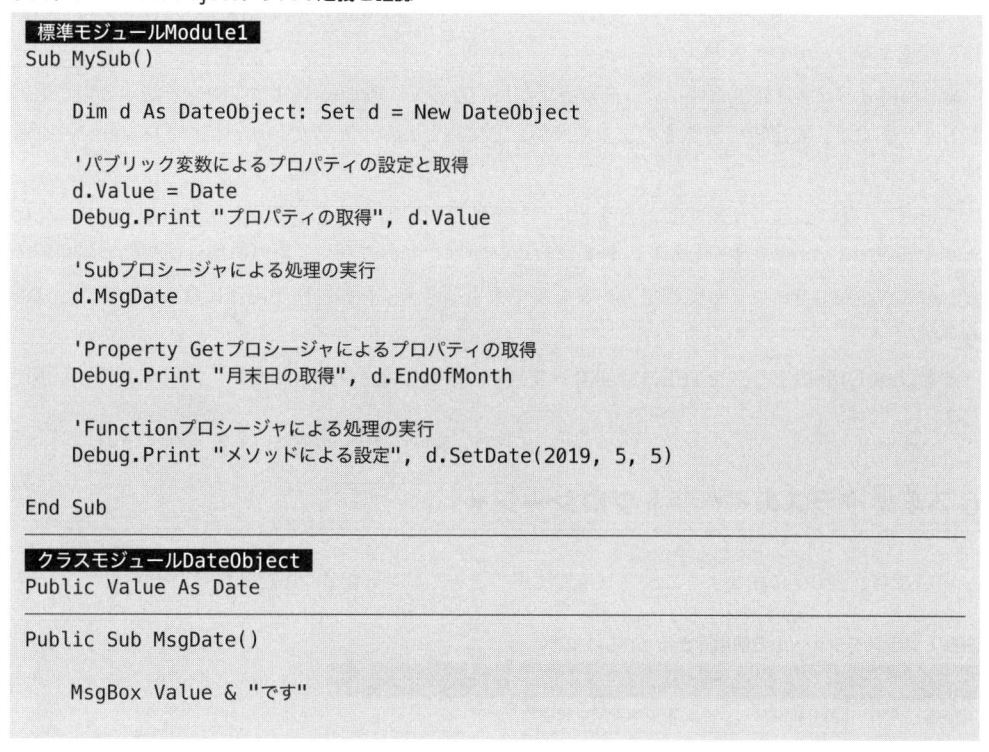

```
標準モジュールModule1
Sub MySub()

    Dim d As DateObject: Set d = New DateObject

    'パブリック変数によるプロパティの設定と取得
    d.Value = Date
    Debug.Print "プロパティの取得", d.Value

    'Subプロシージャによる処理の実行
    d.MsgDate

    'Property Getプロシージャによるプロパティの取得
    Debug.Print "月末日の取得", d.EndOfMonth

    'Functionプロシージャによる処理の実行
    Debug.Print "メソッドによる設定", d.SetDate(2019, 5, 5)

End Sub
```

```
クラスモジュールDateObject
Public Value As Date

Public Sub MsgDate()

    MsgBox Value & "です"
```

```
End Sub

Public Function SetDate(ByVal y As Long, ByVal m As Long, d As Long) As Date

    Value = DateSerial(y, m, d)
    SetDate = Value

End Function

Public Property Get EndOfMonth() As Date

    EndOfMonth = DateSerial(Year(Value), Month(Value) + 1, 0)

End Property
```

DateObjectクラスが持つメンバーは以下のとおりです。

- ・Valueプロパティ：DateObjectオブジェクトの保有するDate型の値。読み書き可能。
- ・MsgDateメソッド：Valueプロパティの値をメッセージダイアログで表示する。
- ・SetDateメソッド：Valueプロパティを年、月、日を表す整数のカンマ区切りで設定する。設定
  した値をDate型で返す。
- ・EndOfMonthプロパティ：Valueプロパティに対して、その月末日のDate型の値を取得する。

Subプロシージャ MySubを実行すると、クラスモジュールDateObjectに作成した各メンバーの動作を確認することができます。

SetDateメソッドは処理を伴うデータの設定が目的なので、Property Letプロシージャという選択肢もありますが、設定後の値をそのまま戻り値として返したかったのでFunctionプロシージャを選択しています。

この例について、よく使用するだろうメンバーを独自で追加することで、より便利なクラスに発展させていくことができます。しかし、各メンバーが独立しているため、その追加は比較的容易に行うことができ、かつそれによって標準モジュールで書くべきメインの処理が複雑になるということはありません。

またDateObjectクラスを適正に管理することで、様々なマクロで再利用し、活用することも可能です。

6-7-4 ▶ クラスのイベントプロシージャ

VBAでは、表6-7に示すように、クラスで使用できるイベントが2つ用意されています。

表6-7 クラスモジュールで使用できるイベントの例

オブジェクト	イベント	説明
Class	Initialize	インスタンスが生成されたとき
Class	Terminate	インスタンスへの参照がされなくなったとき

他のプログラミング言語では、インスタンス生成時に動作する手続きをコンストラクタ、インスタンス破棄時に動作する手続きをデストラクタといいます。これにならってインスタンスの生成時に動作するSubプロシージャClass_Initializeはコンストラクタ、インスタンスへの参照がすべて失われたときに動作するSubプロシージャClass_Terminateはデストラクタとも呼びます。

> **Memo** オブジェクト変数にNothingをセットしても、他のオブジェクト変数からそのインスタンスを参照しているのであれば、インスタンスは破棄されませんのでTerminateイベントは発生しません。そのインスタンスへの参照がすべてなくなったときにTerminateイベントは発生します。

　これらのイベントプロシージャは、図6-50に示すようにクラスモジュールを開いたコードウィンドウで、オブジェクトボックスで「Class」を選択、プロシージャボックスでイベントを選択することで、それぞれのイベントプロシージャのひな形を入力することができます。

図6-50 クラスに関するイベントプロシージャの入力

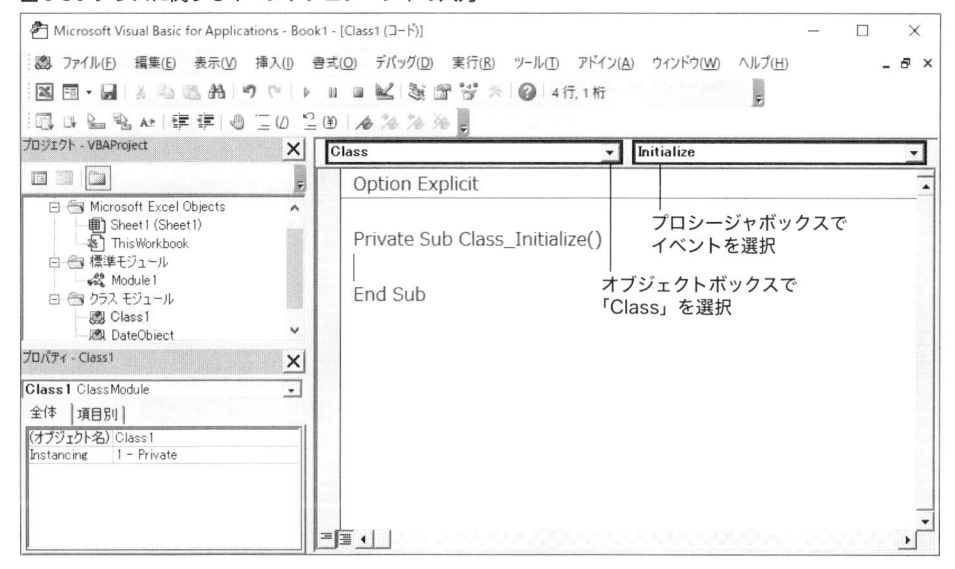

　InitializeイベントとTerminateイベントを使用する例をリスト6-25に示します。

リスト6-25 InitializeイベントとTerminateイベント

```
標準モジュールModule1
Sub MySub()

    Dim d As DateObject: Set d = New DateObject
    Debug.Print d.Value '実行時の日時
    Set d = Nothing

End Sub

クラスモジュールDateObject
Public Value As Date
```

```
Private Sub Class_Initialize()

    Value = Now

End Sub
```

```
Private Sub Class_Terminate()

    Debug.Print "Terminate時の値:" & Value

End Sub
```

Subプロシージャ MySubを実行して、インスタンスが生成されるとSubプロシージャ Class_Initializeにより実行時の日時がValueプロパティに格納されます。その後、オブジェクト変数dにはNothingが設定されます。このときに、インスタンスへの参照がすべて失われますので、Subプロシージャ Class_Terminateが動作し、イミディエイトウィンドウに出力がなされます。

6-8 イベントを活用する

6-8-1 ▶ イベントに応答するオブジェクト変数を宣言する

シートやブックで発生するイベントで動作するイベントプロシージャは、その属するオブジェクトモジュールであるシートモジュールまたはブックモジュールに記述する必要がありました。しかし、マクロの実行中に新規作成したシートやブックに対しては、そのモジュールにコードを記述することは叶いません。

また、ユーザーフォーム上の複数のコントロールに同じイベントで同じ処理を追加したい場合、すべてのコントロールについて同じイベントプロシージャを定義するのは明らかに冗長ですから、共通化をしたいと考えるでしょう。

そのようなときに、**WithEvents**キーワードを使うことができます。WithEventsキーワードを付与して宣言したオブジェクト変数は、イベントに応答するようになります。

モジュールレベル変数の宣言ステートメントに以下のように付与します。

```
Private WithEvents varname [As type]
```

```
Public WithEvents varname [As type]
```

変数varnameに設定された固有オブジェクト型typeのオブジェクトは、その定義されているイベントに応答するようになり、そのイベントの発生をきっかけとしたイベントプロシージャを定義することができるようになります。なお、WithEventsキーワードを用いて宣言する場合は、配列変数にすることはできません。

WithEventsキーワードの使用例としてリスト6-26をご覧ください。

リスト6-26 新しく追加したシートのイベント

```
シートモジュールSheet1
Private WithEvents ws As Worksheet

Public Sub MySub()

    Set ws = Worksheets.Add

End Sub

Private Sub ws_Activate()

    MsgBox ws.Name & "がアクティブになりました"

End Sub
```

シートモジュールSheet1にWithEventsキーワードを付与してWorksheet型のオブジェクト変数wsを宣言します。このPrivateステートメントを記述すると、シートモジュールSheet1を開いたコードウィンドウのオブジェクトボックスでは、図6-51のようにオブジェクト変数wsを選択することができるようになります。

図6-51 宣言したオブジェクト変数のイベントプロシージャ

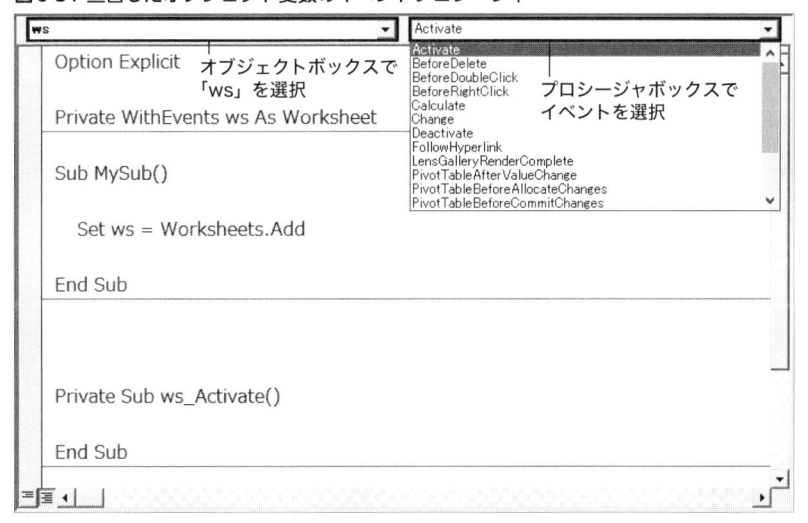

プロシージャボックスでは、Worksheetクラスのイベントを選択することができますので、これによりイベントプロシージャのひな形をコードウィンドウに挿入することができます。

そのようにして、リスト6-26を完成させた後、SubプロシージャMySubを実行すると、ブックに新しいシートが挿入されますが、そのシートはオブジェクト変数wsにセットされます。

オブジェクト変数wsはWorksheetオブジェクトのイベントに応答しますので、シートを切り替えてアクティブにすると、図6-52のように処理が実行されるのです。

図6-52 新しいシートのイベントプロシージャが動作する

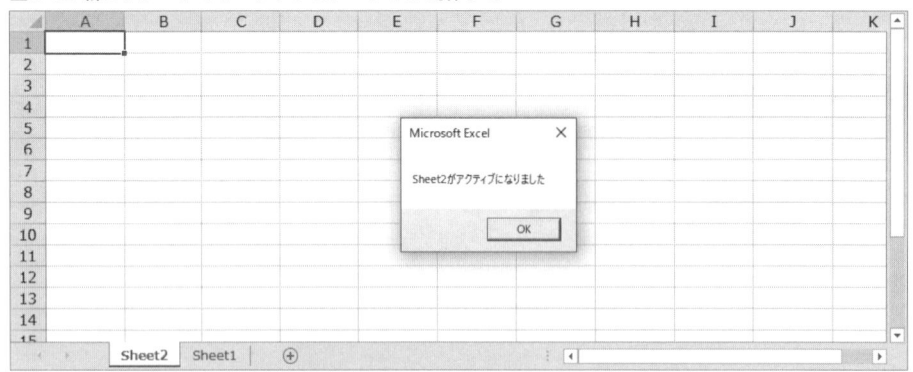

6-8-2 ▶ 独自のイベントを定義する

　イベントはあらかじめ用意されているものを活用する以外にも、作成したクラスに独自のイベントを定義して使用することができます。クラスで独自のイベントを定義するEventステートメント、定義したイベントを発生させるRaiseEventステートメントを用います。

　また、前述のWithEventsキーワードを用いた変数宣言ステートメントと、イベントプロシージャを組み合わせて定義したイベントの発生を捕捉します。

　まず、クラスにイベントを定義するEventステートメントから見ていきましょう。イベントを定義したいクラスモジュールに以下の構文を用います。

[Public] Event *name* [(*arglist*)]

　Eventキーワードに続く*name*がイベント名となります。イベントはプライベートレベルでは宣言することができません。したがって、**Public**キーワードは省略可能ですが、常にパブリックレベルとなります。

　引数リスト*arglist*を持つことができ、これは後述するRaiseEventステートメントから引数リスト*argumentlist*を受け取るもので、プロシージャの引数の構文と書式は同一です。イベント発生時に引数リスト*arglist*は、イベントプロシージャに渡されます。

　Eventステートメントで定義されたイベントを発生させるには、同一のクラスモジュールのいずれかのプロシージャ内にRaiseEventステートメントを用います。構文は以下のとおりです。

RaiseEvent *name* [(*argumentlist*)]

　RaiseEventキーワードに続き、発生させるイベント名*name*を指定します。引数をイベントに渡したいときには、引数リスト*argumentlist*を丸かっこ内に指定します。引数リストに指定の仕方は、プロシージャのそれと同様、カンマ区切りのリストとなります。

これら、イベントの定義およびイベントの発生について記述したクラスから生成したインスタンスを、WithEventsキーワードで宣言したオブジェクト変数にセットします。それにより、そのオブジェクト変数に対して、定義したイベントで動作するイベントプロシージャを宣言することができるようになります。

これらの例としてリスト6-27をご覧ください。

リスト6-27 独自のイベントを作成する

```
ブックモジュールThisWorkbook
Private WithEvents c As SheetsCounter

Private Sub Workbook_NewSheet(ByVal Sh As Object)
    If c Is Nothing Then Set c = New SheetsCounter
    c.Count = Worksheets.Count
End Sub

Private Sub c_Over(ByVal value As Long, ByVal max As Long)
    Dim msg As String
    msg = ""
    msg = msg & "現在のシート数: " & value & vbNewLine
    msg = msg & "シート数は" & max & " を超えないようにしましょう"
    MsgBox msg
End Sub

クラスモジュールSheetsCounter
Private count_ As Long
Private Const MAX_COUNT As Long = 2

Public Event Over(ByVal value As Long, ByVal max As Long)

Public Property Let Count(ByVal newCount As Long)
    count_ = newCount
    If count_ > MAX_COUNT Then RaiseEvent Over(count_, MAX_COUNT)
End Property
```

クラスモジュールSheetsCounterにイベントOverを定義しています。Property Letプロシージャ Countはプライベートプロパティcount_を設定するものです。ここで、インスタンスが保有するプライベートプロパティcount_の値が、定数MAX_COUNTの値を超えたら、イベントOverが発生するようになっています。その際、プライベートプロパティcount_と定数MAX_COUNTの値が引数として渡されます。

ここで、オブジェクトブラウザを確認しておきましょう。図6-53をご覧ください。

図6-53 Eventステートメントによるイベント

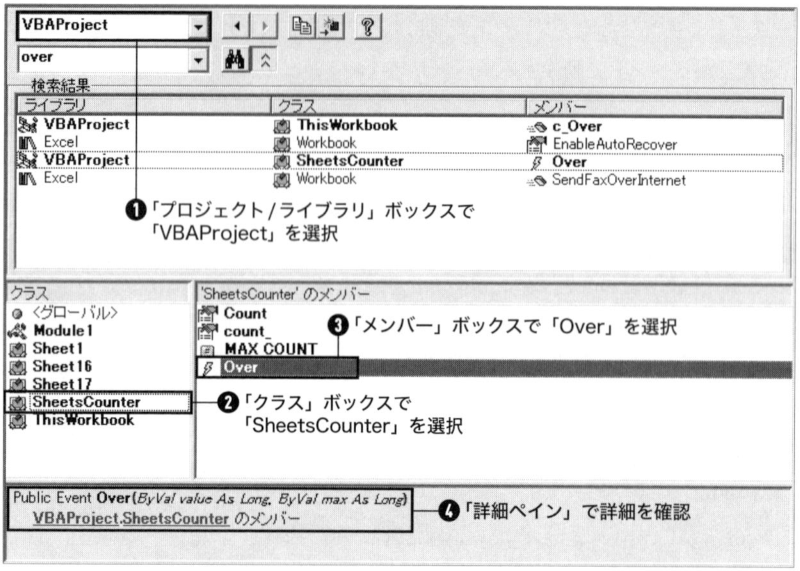

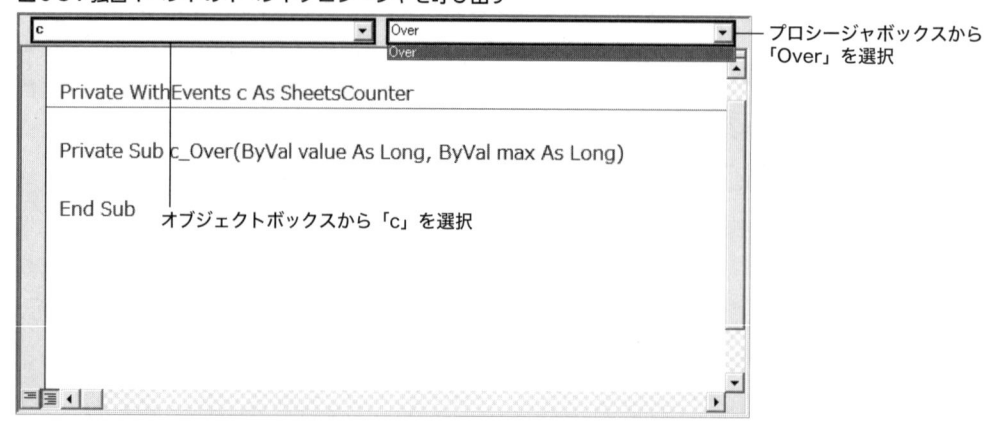

クラスSheetsCounterのメンバーとしてイベントOverが追加されていることを確認できます。詳細ペインでは、イベントがどのような引数を受け取るかも確認することができます。

続いて、リスト6-27のブックモジュールThisWorkbookを見ていきましょう。まず、SheetsCounter型のオブジェクト変数cがWithEventsキーワードを伴って宣言されています。これにより、オブジェクト変数cに格納されたSheetsCounterクラスのインスタンスは、その定義されたイベントに応答するようになります。

さらに、ブックモジュールThisWorkbookを開いたコードウィンドウでは図6-54のように、オブジェクトボックスでオブジェクト変数cを、プロシージャボックスでイベントOverを選択し、イベントプロシージャのひな形をコード内に呼び出すことができるようになります。

図6-54 独自イベントのイベントプロシージャを呼び出す

ブックモジュールThisWorkbookのイベントプロシージャ Workbook_NewSheetは、ブックに新しいシートが追加されたときに発生するイベントプロシージャで、ブックのシート数を、オブジェクト変数cのCountプロパティにセットする処理です。つまり、シートの挿入が行われたときに、クラスモジュールSheetsCounterのProperty Letプロシージャ Countが動作しますが、その際にそのシート数が定数MAX_COUNTを超えていれば、イベントOverが発生します。そのイベントOverの発生をキャッチして、イベントプロシージャ c_Overが動作をするのです。

　イベントプロシージャ c_Overは、図6-55のようにシート数について注意をうながすメッセージダイアログを表示するというものです。

図6-55 独自イベントの発生により表示したメッセージ

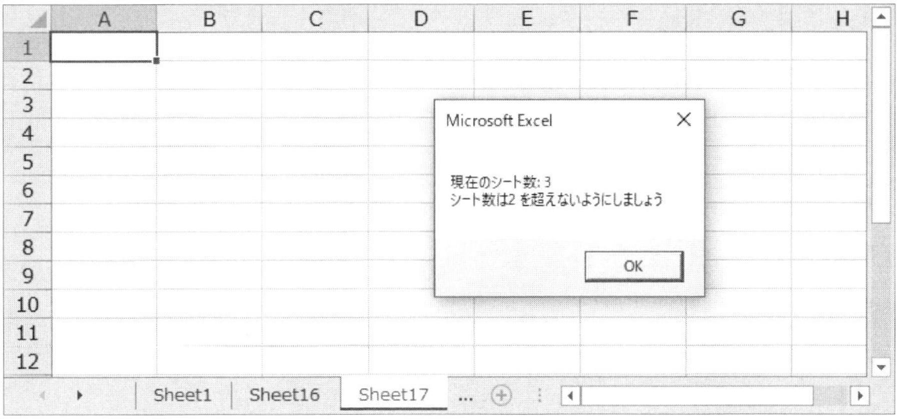

　独自イベントは、この例のようにユーザーの操作によって何らかの応答をさせたいとき、かつ、あらかじめ用意されているイベントでそれが実現できないときに使用することができます。また、VBAのイベントの機能を深く理解できるよい機会なので、ぜひ一通りコードと動きの確認をするとよいでしょう。

6-9　モジュールとデバッグ

　デフォルトの設定では、モジュールの種類によってデバッグの挙動が異なりますので、ここで確認をしておきましょう。例として、リスト6-28を見てみましょう。

リスト6-28 実行時エラーのダイアログ

```
標準モジュールModule1
Sub MySub()

    Dim x As Long
    x = 1 / 0

End Sub
```

```
シートオブジェクトSheet1
Sub MySub()

    Dim x As Long
    x = 1 / 0

End Sub
```

　標準モジュールとシートモジュールに同じプロシージャを記述しています。いずれも、0で除算をしているのでエラーを発生します。その際に、表示されるエラーダイアログを確認してみましょう。

　標準モジュールのSubプロシージャMySubを実行すると、図6-56のようなダイアログが表示されます。「デバッグ」ボタンが配置されていますので、これを押下することで、図6-57のようにエラーが発生したステートメントで停止したブレークモードに入ることができます。ブレークモードでは、その時点での変数の値を調べたり、その位置からステップ実行をしたりといったデバッグ作業を行うことができます。

図6-56 標準モジュールでの実行時エラー

図6-57 実行時エラーが発生した時点でブレークモードに入る

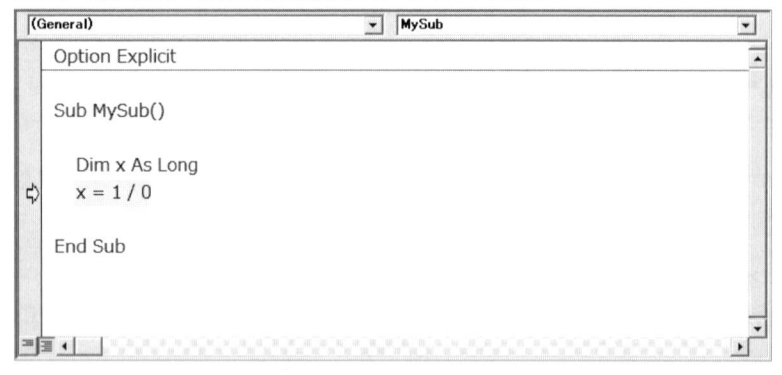

　では、シートモジュールのSubプロシージャMySubを実行してみましょう。同様に実行時エラーが発生しますが、図6-58のように、そのダイアログには「デバッグ」ボタンが存在しません。

図6-58 シートモジュールでの実行時エラー

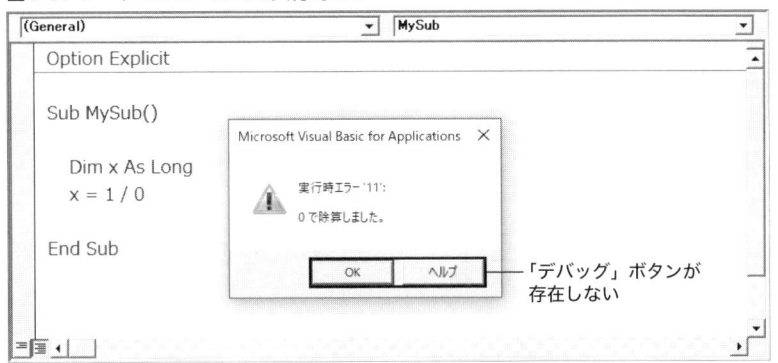

　このようにデフォルトの状態では、シートモジュール、ブックモジュール、クラスモジュールについては、エラー発生時のダイアログに「デバッグ」ボタンが存在していません。ただし、設定をすることで「デバッグ」ボタンを表示することができます。

　図6-59のように、VBEの「ツール」メニューから「オプション」を選択し、「オプション」ダイアログを開きます。

図6-59 オプションダイアログを開く

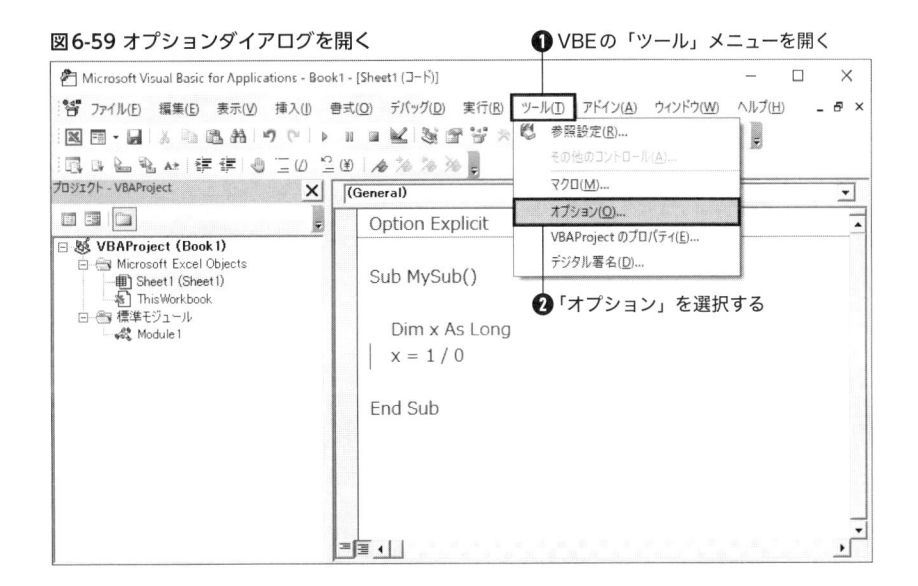

　「オプション」ダイアログの「全般」タブを開きます。デフォルトでは、「エラートラップ」の設定が「エラー処理対象外のエラーで中断」となっていますが、これを「クラスモジュールで中断」に切り替えます。

図6-60 オプションダイアログの全般タブ

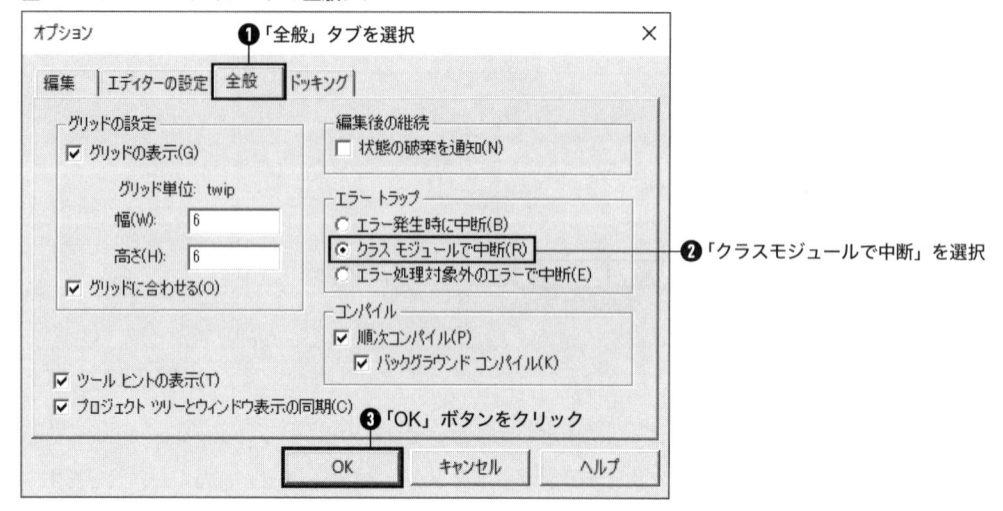

これで、シートモジュール、ブックモジュール、クラスモジュールについても、エラー発生時のダイアログからブレークモードに入れるようになります。これらのモジュールを頻繁に使用するのであれば、このエラートラップの設定を変更しておくとよいでしょう。

なお、「エラー発生時に中断」は、すべてのエラーでブレークモードに入ることができますが、エラー処理がアクティブでもエラーダイアログが表示されるようになります。

6-10 モジュールの再利用と編集

6-10-1 ▶ モジュールのインポートとエクスポート

モジュールはその単位でインポートおよびエクスポートが可能ですので、モジュール化は再利用性という観点でも効果的です。また、エクスポートしたコードを、Gitなどのバージョン管理ツールでコードを管理することも可能になります。

ただし、モジュールの種類によってエクスポートの形式が異なるという点を確認しておきましょう。モジュールの種類とエクスポートした際のファイル形式について、表6-8にまとめていますのでご覧ください。

表6-8 モジュールとエクスポートしたファイルの拡張子

モジュール	拡張子
標準モジュール	bas
シートモジュール	cls
ブックモジュール	cls
ユーザーフォーム	frm frx
クラスモジュール	cls

モジュールのインポートおよびエクスポートは、図6-61のようにVBEの「ファイル」メニューの「ファイルのインポート」「ファイルのエクスポート」から行うことができます。または、プロジェクトエクスプローラーのモジュールを右クリックしたメニューからも選択して実行することが可能です。

図6-61 ファイルのエクスポート

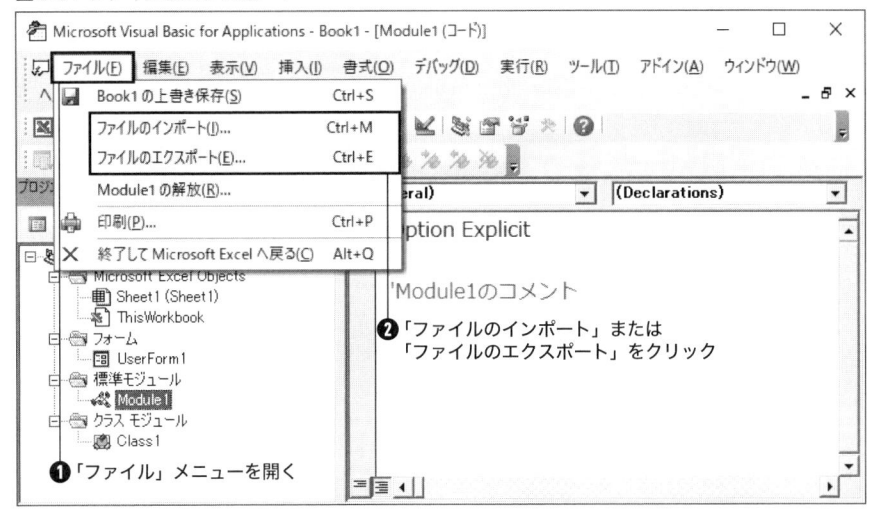

　エクスポートしたbasファイル、clsファイル、frmファイルは、モジュールのコードを表すテキストファイルになりますので、テキストエディタで開くことが可能です。図6-62はbasファイルをメモ帳で開いたものです。

図6-62 メモ帳でエクスポートしたファイルを開く

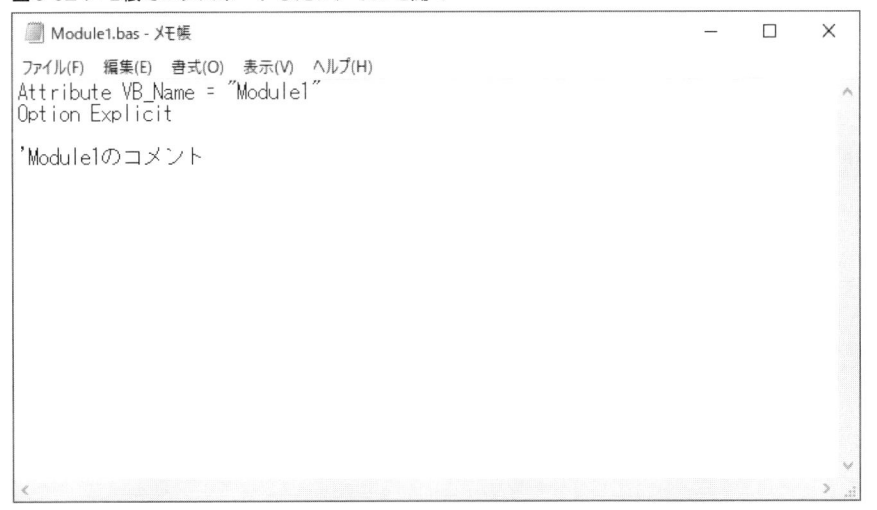

　シートモジュールとブックモジュールに関しては、クラスモジュールと同じくcls形式でのエクスポートとなります。しかし、これらをインポートするとクラスモジュールとしてインポートされてし

まうという点は注意が必要です。したがって、これらのモジュールを再利用するには、コードをモジュールにコピー＆ペーストをしなければいけません。

また、ユーザーフォームはfrm形式とfrx形式の2つのファイルに分かれてエクスポートされます。frm形式のファイルがコードを含むテキストファイルで、frx形式のファイルはフォームの情報を含むバイナリファイルです。ユーザーフォームをインポートするには、frmファイルをインポートすることになりますが、その際にfrmファイルと同じフォルダに、frxファイルも存在している必要があります。そうでない場合は、エラーが発生しインポートをすることができません。

6-10-2 ▶ モジュールをプロジェクトにコピーする

複数のブックを開いている状態であれば、プロジェクトエクスプローラー上でモジュールをドラッグ＆ドロップすることで、モジュールをコピーすることが可能です。

図6-63のように、コピーしたいモジュールを、他のプロジェクトにドラッグ＆ドロップします。

図6-63 他のプロジェクトにモジュールをコピーする

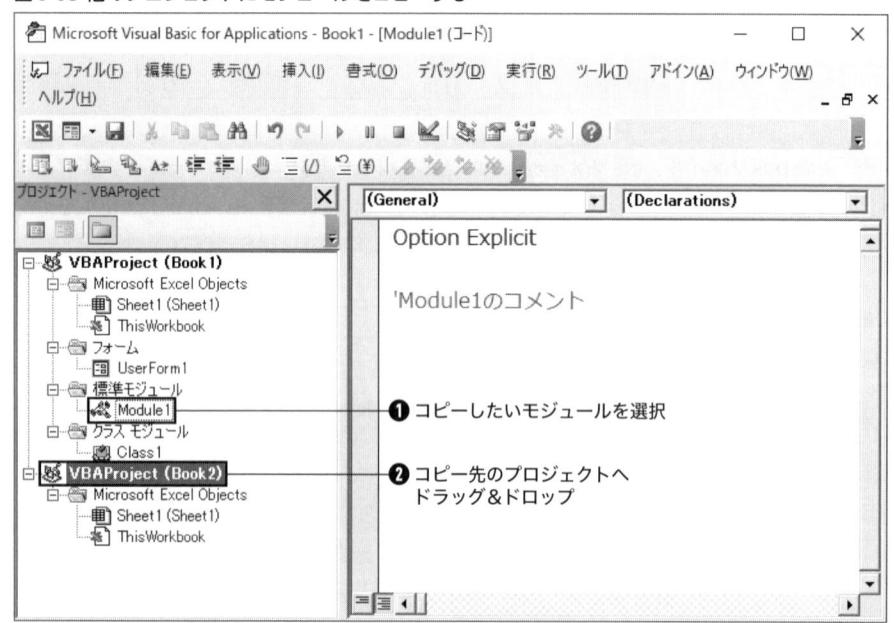

ただし、ドラッグ＆ドロップでコピーができるのは、標準モジュール、ユーザーフォーム、クラスモジュールのみとなっています。シートモジュールとブックモジュールに関しては、ドラッグ＆ドロップの操作が行えないようになっています。シートモジュールについては、シート自体をコピーすることで、シートモジュールのコードを含めてコピーをすることができます。ブックモジュールは、そのコードをのみをコピー＆ペーストをしなければいけません。

6-10-3 ▶ モジュールの解放

　不要になったモジュールは解放をすることで、プロジェクトから削除をすることができます。対象となるモジュールを選択して、VBEの「ファイル」メニューの「……の解放」をクリックします。図6-64は、標準モジュールModule1を選択している状態の「ファイル」メニューです。

　または、プロジェクトエクスプローラーのモジュールを右クリックしたメニューからもモジュールの解放を行うことができます。

図6-64 モジュールの解放

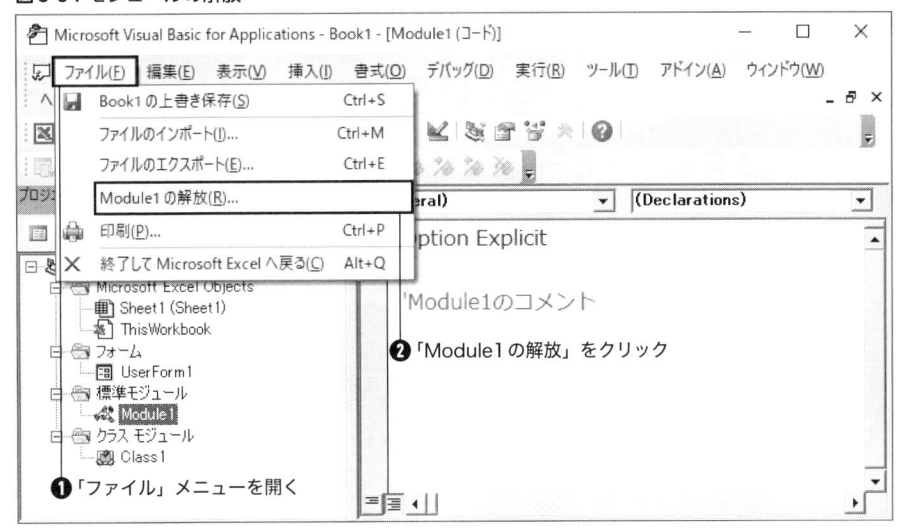

　モジュールの解放を実行すると、図6-65のように「削除する前に……をエクスポートしますか？」というダイアログが表示されます。必要であれば「はい」を選択してエクスポートをすることができます。不要であれば「いいえ」を選択すれば、そのまま解放してモジュールを削除することができます。

図6-65 モジュールを削除するときに表示されるダイアログ

6-11 属性を編集する

6-11-1 ▸ 属性とその種類

モジュールをエクスポートする目的は再利用だけとは限りません。エクスポートしてテキストファイルなどで編集をすることで、属性と呼ばれる項目を設定することができます。

属性を設定することで、モジュールのメンバーに説明を追加したり、既定のメンバーを定義したりすることができます。しかし、VBAではVBE上で属性の設定を行うことはできません。したがって、対象のモジュールをエクスポートし、テキストエディタなどで「Attribute」から始まる命令文を追記、その後インポートすることで有効にすることができます。

表6-9に主な属性とその構文についてまとめています。モジュール変数についての属性設定は、その宣言の直後に、プロシージャについての属性設定は、そのプロシージャ内にインデントをせずに記述します。

表6-9 属性の設定

構文	説明
Attribute VB_Name = *moduleName*	クラスまたはモジュール名*moduleName*を設定する
Attribute VB_Exposed = {True|False}	Trueにするとクラス*moduleName*のInstancingプロパティが2-PublicNotCreatableに設定される（デフォルトはFalseでInstancingプロパティ1-Private）
Attribute VB_PredeclaredId = {True|False}	クラス*moduleName*に、クラスと同名のデフォルトインスタンスを持たせる
Attribute *variableName*.VB_VarDescription = *description*	モジュール変数*variableName*の説明を設定する
Attribute *variableName*.VB_VarUserMemId = 0	0を指定するとモジュール変数*variableName*をクラスのデフォルトメンバーに設定する
Attribute *procName*.VB_Description = *description*	プロシージャ*procName*の説明を設定する
Attribute *procName*.VB_UserMemId = {0|-4}	0を指定するとプロシージャ*procName*をクラスのデフォルトメンバーに設定、-4を指定するとプロシージャ*procName*が列挙子を返すように設定する

6-11-2 ▸ 属性の設定をする

では、実例を見ていきましょう。リスト6-29のように、DateObjectクラスを作成します。

リスト6-29 DateObjectクラス

```
クラスモジュールDateObject
Public Value As Date


Public Property Get EndOfMonth() As Date


    EndOfMonth = DateSerial(Year(Value), Month(Value) + 1, 0)


End Property
```

ブックを保存してから、DateObjectクラスをエクスポートして、テキストエディタを開くと、すでにいくつかの属性の設定がされていることを確認できます。テキストエディタ上で編集をして、以下のように設定を変更します。

・VB_PredeclaredIdをTrueに変更
・モジュール変数ValueにVB_VarDescriptionで説明を追加
・モジュール変数ValueをVB_VarUserMemIdで既定のメンバーに設定
・プロシージャ EndOfMonthにVB_Descriptionで説明を追加

　修正後のリストがリスト6-30です。

リスト6-30 DateObjectクラスに属性を設定

```
DateObject.cls
VERSION 1.0 CLASS
BEGIN
  MultiUse = -1  'True
END
Attribute VB_Name = "DateObject"
Attribute VB_GlobalNameSpace = False
Attribute VB_Creatable = False
Attribute VB_PredeclaredId = True
Attribute VB_Exposed = False
Option Explicit

Public Value As Date
Attribute Value.VB_VarDescription = "DateObjectが持つ値"
Attribute Value.VB_VarUserMemId = 0

Public Property Get EndOfMonth() As Date
Attribute EndOfMonth.VB_Description = "DateObjectが持つ日付に対して同月の月末日を返す"

    EndOfMonth = DateSerial(Year(Value), Month(Value) + 1, 0)

End Property
```

　VBEに存在しているDateObjectクラスはいったん開放をして、DateObject.clsをインポートしてください。

　オブジェクトブラウザで図6-66の手順で確認をしてみましょう。Valueプロパティのアイコンが変わっていますね。このアイコンは、既定のメンバーであることを表します。また、詳細ペインでは、既定のメンバーの文言とともに、プロシージャの説明が追記されていることが確認できます。プロシージャ EndOfMonthの説明も確認をしておきましょう。

図6-66 既定のメンバーとメンバーの説明

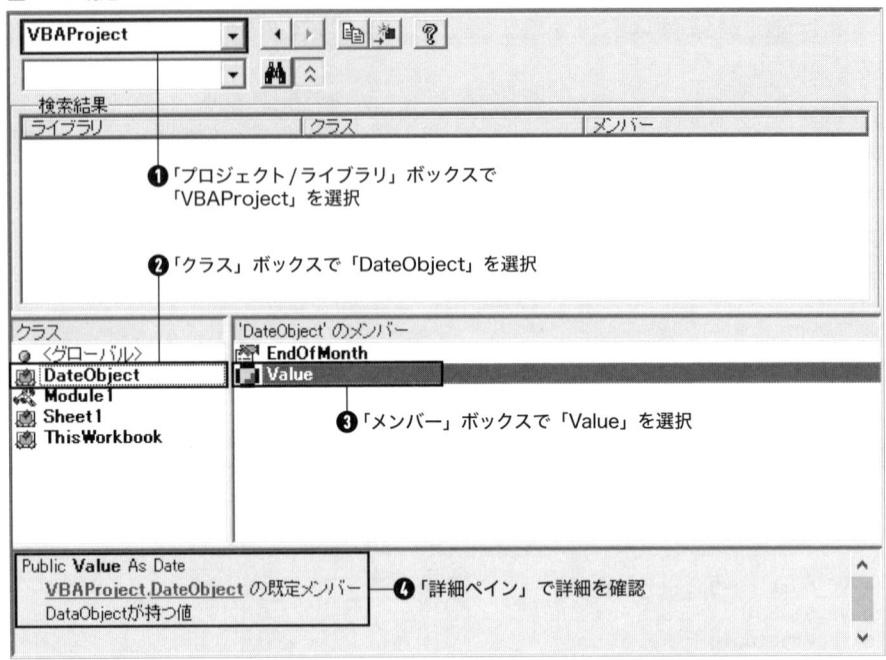

❶「プロジェクト/ライブラリ」ボックスで
「VBAProject」を選択

❷「クラス」ボックスで「DateObject」を選択

❸「メンバー」ボックスで「Value」を選択

❹「詳細ペイン」で詳細を確認

　DateObjectクラスの既定のメンバーとデフォルトインスタンスの動作確認として、リスト6-31を
実行してみましょう。

リスト6-31 既定のメンバーとデフォルトインスタンス

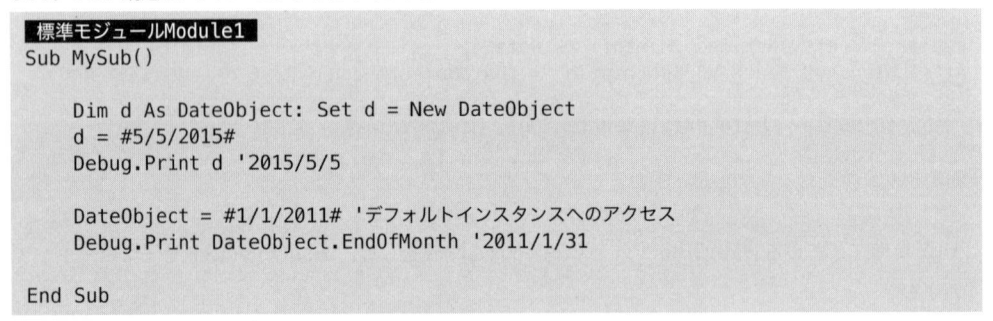

```
標準モジュールModule1
Sub MySub()

    Dim d As DateObject: Set d = New DateObject
    d = #5/5/2015#
    Debug.Print d '2015/5/5

    DateObject = #1/1/2011# 'デフォルトインスタンスへのアクセス
    Debug.Print DateObject.EndOfMonth '2011/1/31

End Sub
```

　DateObjectクラスのインスタンスについて、メンバーを省略しても既定のメンバーであるValueプ
ロパティにアクセスしていることが確認できます。また、クラス名と同名のデフォルトインスタンス
も動作していることがわかります。

　本章では、モジュールについて解説を進めてきました。
　モジュール化はプログラムの部品化をすることです。標準モジュールだけであれば、たくさんの処
理やデータを、全体で同時に管理しなければいけなくなりますが、オブジェクトモジュールも含めて
適切にモジュール化を進めることで、個々の独立した領域に分けて部分的に個別に管理をすることが

できるようになります。さらに、それら部品化したモジュールは、他のプロジェクトでも容易に再利用をすることができます。

　また、モジュールに種類があるという点は、VBAというプログラミング言語を特徴づける点の一つです。それぞれのモジュールの役割や特性を知る必要があり、それは面倒に思えるかもしれません。しかし、種類があるということには、その理由があります。つまり、シートに関連するものはシートモジュールに、オブジェクトを作るものはクラスモジュールにというように、私たちが「どのように部品化をすべきか」は既に指し示されています。それを活用しない手はないのです。

　7章ではモジュールの上位の単位であるプロジェクト、そしてライブラリについて見ていきます。この単位を理解することで、VBAの世界の全体像を把握することができるようになります。

7章

プロジェクトとライブラリ

VBAプログラムを構成する最も大きい単位である「プロジェクト」。あらかじめ用意されている豊富な「ライブラリ」。これらはいずれもモジュールで構成されています。こここでは、それらの概要と活用の仕方について学んでいきましょう。

7-1 プロジェクト

7-1-1 ▶ プロジェクトとは

プロジェクトとは、モジュールをまとめたものです。Excel VBAの場合は、1つのExcelブックに対して、1つのプロジェクトを持つことができます。新規のExcelブックを作成すると、自動で「VBAProject」というプロジェクトが用意されるので、そのプロジェクト内のモジュールを使ってプログラムを構成していきます。

現在開いているプロジェクトについては、図7-1のようにプロジェクトエクスプローラーで確認をすることができます。この例では、プロジェクト「VBAProject」の配下に、5つのモジュールが存在していることが確認できます。なお、プロジェクト名に続いて記述されている丸かっこ内の表記は、そのプロジェクトが含まれているブック名を表しています。

図7-1 プロジェクトエクスプローラーとプロジェクト

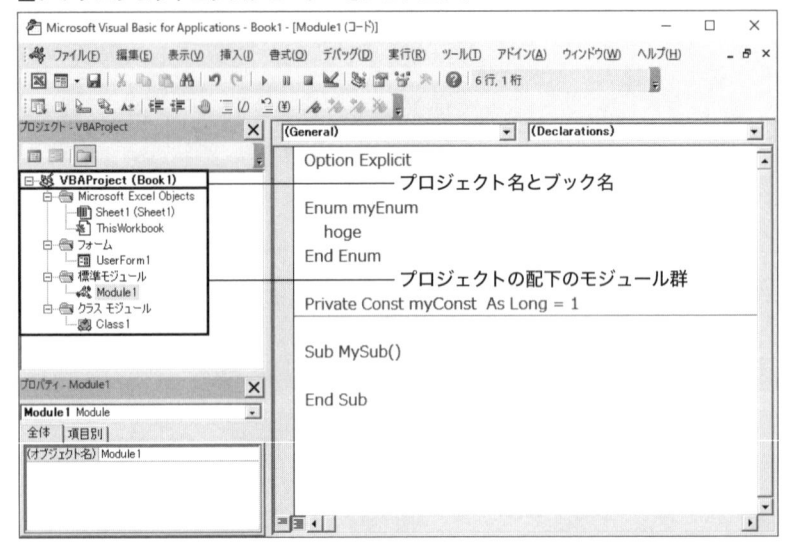

プロジェクトエクスプローラーでプロジェクトを選択している状態で、オブジェクトブラウザーを開くと、図7-2のように選択したプロジェクトとそのメンバーについて、より詳しい情報を得ることができます。

図7-2 オブジェクトブラウザーとプロジェクト

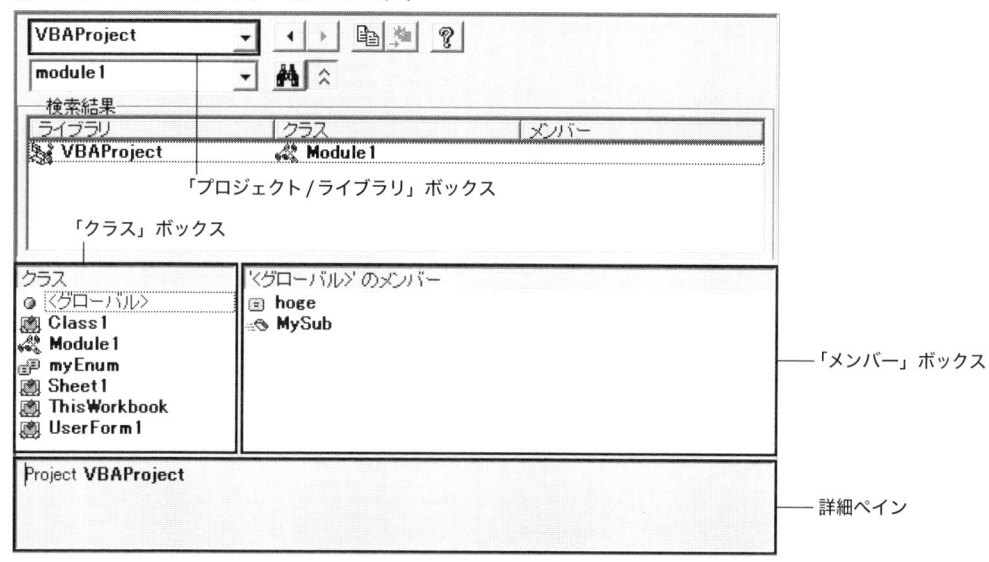

　「プロジェクト/ライブラリ」ボックス、プロジェクトを選択することで、そのメンバーであるモジュールやクラス、列挙型が「クラス」ボックスに表示されます。「クラス」ボックス内のいずれかを選択すれば、それに含まれるメンバーが「メンバー」ボックスに表示されます。

　「<グローバル>」を選択すると、そのプロジェクト内から対象のモジュールやオブジェクトを指定せずにアクセスできるグローバルのメンバーを確認することができます。また、「詳細ペイン」では、現在選択されている対象の詳しい情報を確認することができます。

7-1-2 ◘ プロジェクトの設定をする

　新たなブックを開くと、プロジェジェクトエクスプローラーには、そのブックに属するプロジェクトが追加表示されます。図7-3は、Book2.xlsmを開いたときのVBEの画面です。

図7-3 別のプロジェクトを開く

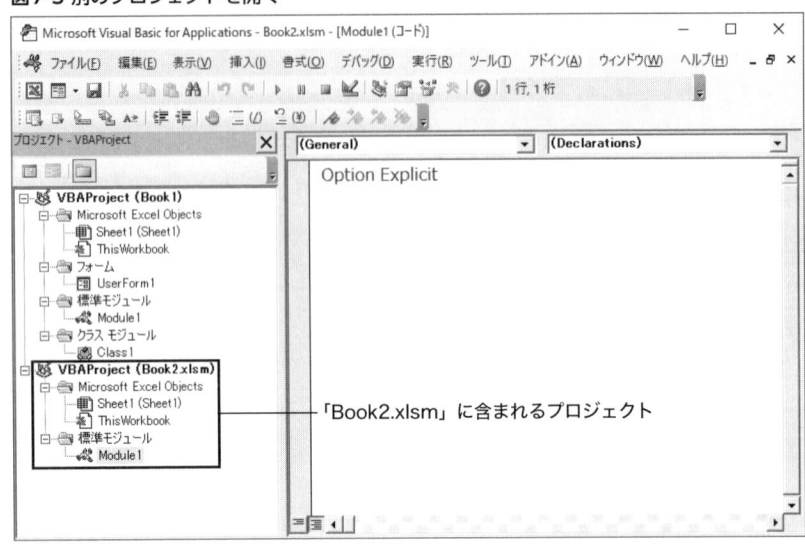

「Book2.xlsm」に含まれるプロジェクト

　同時に複数のプロジェクトを開く場合、プロジェクト名は同名でも構いません。この例でも、2つのプロジェクトについて、そのプロジェクト名は両方ともデフォルトの「VBAProject」のままとなっています。

　プロジェクト名を変更したい場合には、「プロジェクトのプロパティ」ダイアログを使用します。プロジェクトエクスプローラーで変更したいプロジェクトを選択した状態で、VBEの「ツール」メニューから「VBAProjectのプロパティ」を選択します。このメニュー表示の「VBAProject」はプロジェクト名を変更している場合は、そのプロジェクト名になります。

図7-4 プロジェクトのプロパティ　　　　　　❷ VBEメニュー「ツール」を開く

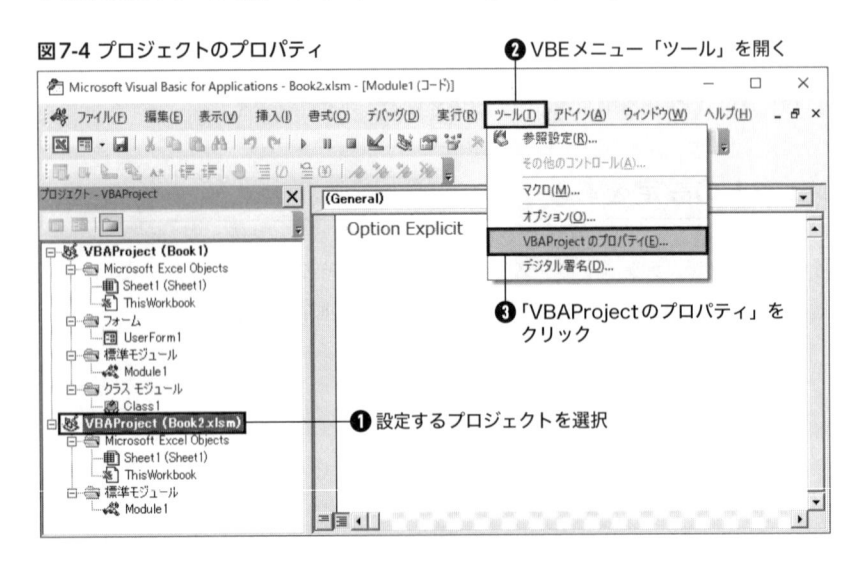

❸「VBAProjectのプロパティ」を
クリック

❶ 設定するプロジェクトを選択

　すると、図7-5のように「プロジェクトプロパティ」のダイアログが開きます。このダイアログの「全般」タブでは、プロジェクト名、プロジェクトの説明の設定を行うことができます。今回は例として、

プロジェクト名を「VBAProject2」に、またプロジェクトの説明に適当な説明を入力してみます。完了したら「OK」ボタンをクリックしてください。

なお、プロジェクト名はプロパティウィンドウの「(オブジェクト名)」の編集をすることでも変更が可能です。

図7-5 「プロジェクトプロパティ」ダイアログの「全般」タブ

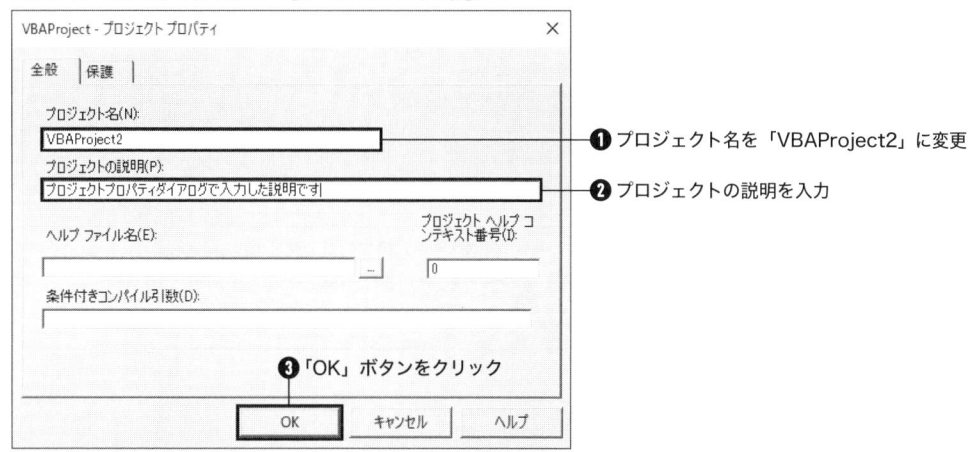

「プロジェクトプロパティ」ダイアログでは、ヘルプファイルや条件付きコンパイルについての設定も行うことができますが、本書での解説は割愛します。ダイアログの「ヘルプ」ボタンで、公式ドキュメントページにリンクしますのでご覧ください。

プロジェクトエクスプローラーとオブジェクトブラウザーの表示を確認してみましょう。図7-6をご覧ください。

プロジェクトエクスプローラーでは、プロジェクト名が「VBAProject2」に変更されていることを確認できます。また、オブジェクトブラウザーを開くと、「プロジェクト/ライブラリ」ボックス内の選択肢に「VBAProject2」が含まれています。また、プロジェクトVBAProject2を選択時の「詳細ペイン」では、先ほど設定したプロジェクトの説明が表示されていることも確認できます。

図7-6 プロジェクト名とプロジェクトの説明

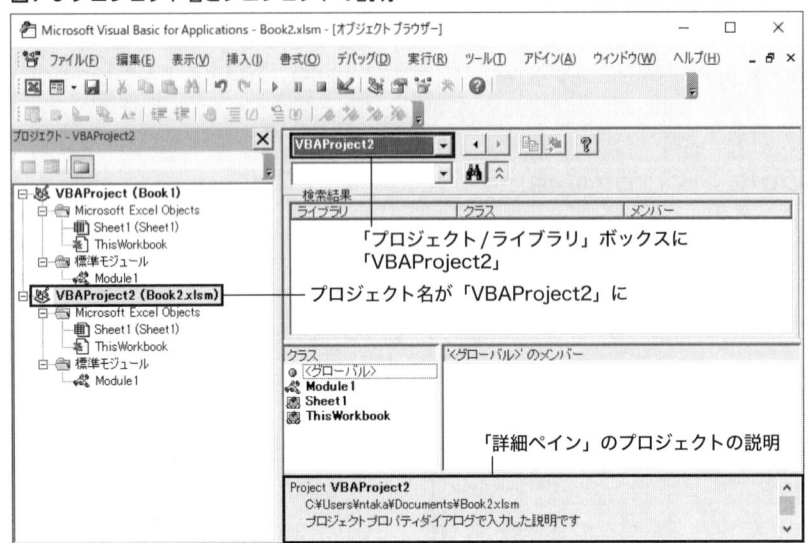

7-1-3 ▶ パスワードで保護をする

プロジェクトはパスワードをかけて、他のユーザーが編集できないように保護をすることができます。

この設定も、前述の「プロジェクトプロパティ」ダイアログで行います。VBEの「ツール」メニューから「VBAProjectのプロパティ」を選択してダイアログを開きます。

図7-7のように「保護」タブを選択し、「プロジェクトを表示用にロックする」にチェックを入れます。「パスワード」と「パスワードの確認入力」に保護を解除するためのパスワードを入力し、「OK」ボタンをクリックします。

図7-7 プロジェクトプロパティダイアログの保護タブ

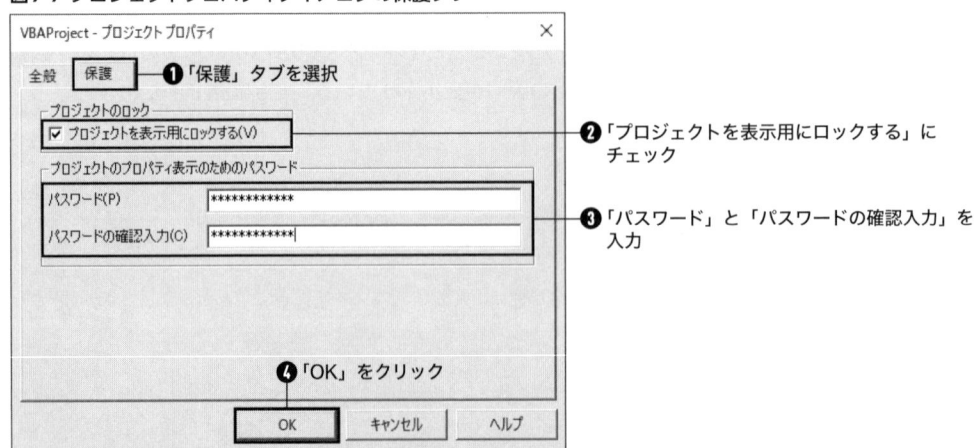

ブックを保存して閉じると、パスワードの保護が有効になります。再度ブックを開き、VBEでプロジェクトを展開する際に、図7-8のようにパスワードを求められるようになります。設定した解除用のパスワードを入力して「OK」ボタンをクリックすると、プロジェクト内のモジュールが展開され、編集が可能になります。

図7-8 プロジェクトのパスワード入力ダイアログ

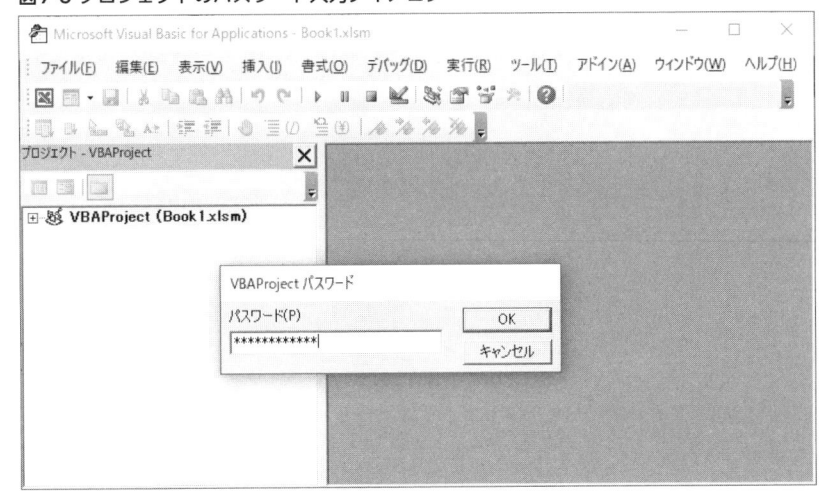

7-2　参照設定

7-2-1 ▶ プロジェクトを参照する

　プロジェクト内のモジュールからアクセスできるメンバーは、同一プロジェクト内のメンバーに限られています。しかし、他のプロジェクトを参照するという手順を踏めば、その参照したプロジェクトのメンバーを呼び出すことができるようになります。

　他のプロジェクトを参照する手順を見ていきましょう。例として、現在のプロジェクトBook1から、保存済みのBook2.xlsmに属するプロジェクトVBAProject2を参照していきます。

　参照設定をするには、図7-9のようにVBEの「ツール」メニューから「参照設定」を選択し、参照設定ダイアログを開きます。

図7-9 参照設定ダイアログを開く

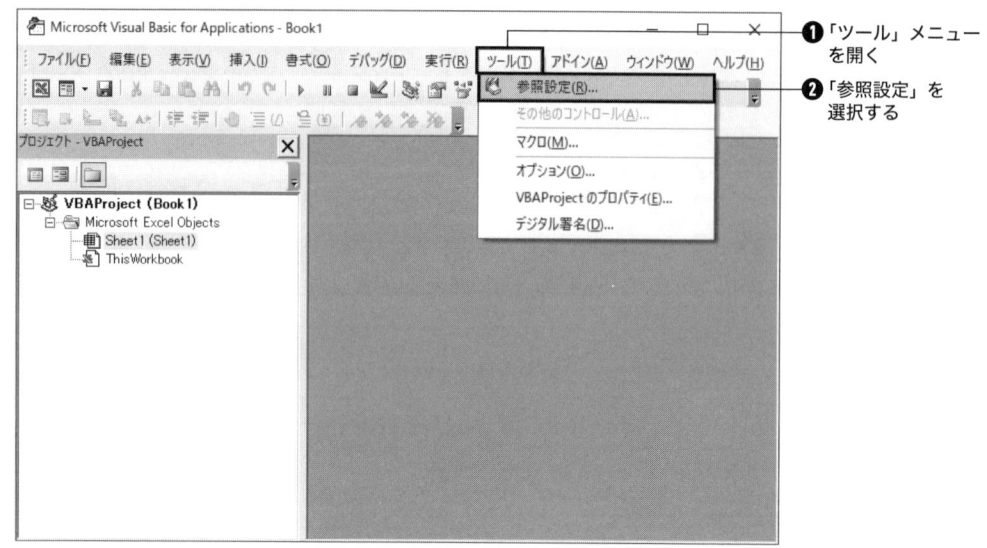

❶「ツール」メニュー
を開く

❷「参照設定」を
選択する

　すると、図7-10のように参照設定ダイアログが開きます。他のプロジェクトを参照するには、「参照」
ボタンをクリックします。

図7-10 参照設定ダイアログ

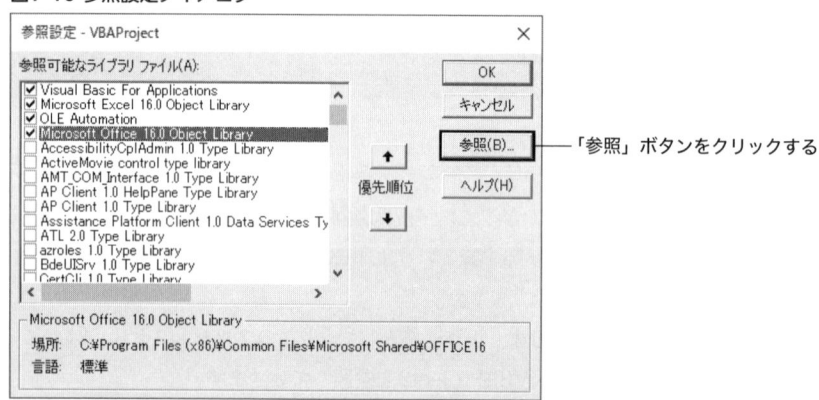

「参照」ボタンをクリックする

　図7-11のように、ファイルの参照ダイアログが開きますので、参照するプロジェクトが含まれるファ
イルを選択します。ファイル形式について以下の5種類から選択できるようになっていますが、ここ
では「Microsoft Excel Files」に変更をします。

- ・Microsoft Excel Files(*.xlsm; *.xlam; *.xls; *.xla)
- ・タイプライブラリ (*.olb; *.tlb; *.dll)
- ・実行可能ファイル (*.exe; *.dll)
- ・ActiveX コントロール (*.ocx)
- ・すべてのファイル (*.*)

すると、Excelファイルがダイアログに表示されるようになりますので、保存されているフォルダを開き「Book2.xlsm」を選択し、「開く」をクリックします。

図7-11 ファイルの参照ダイアログ

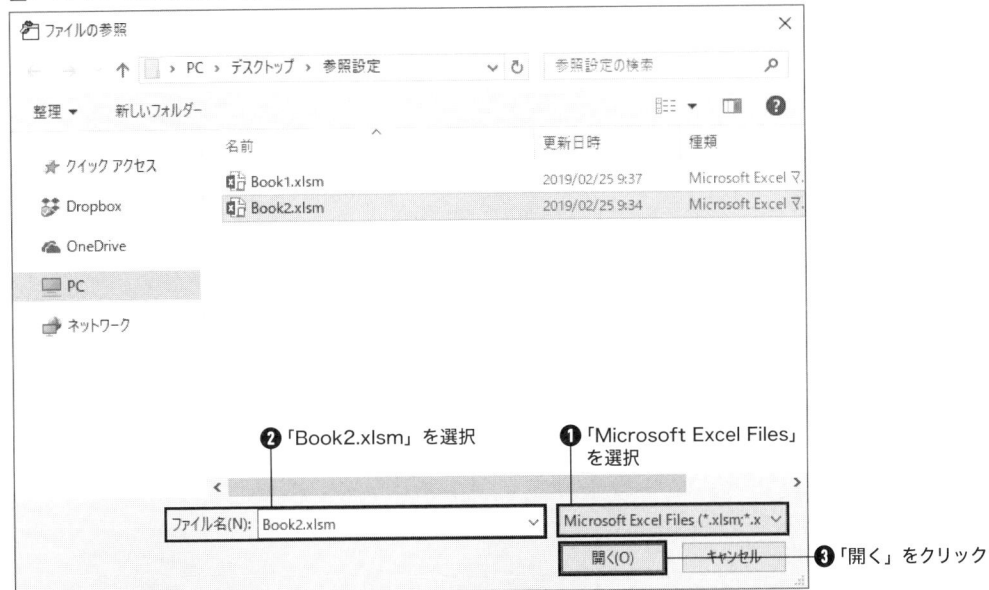

　参照設定ダイアログに戻りますが、図7-12のように「Book2.xlsm」に属するプロジェクト「VBAProject2」がリスト内に追加され、チェックボックスにチェックが入っていることが確認できます。ここ「OK」をクリックすると、「Book2.xlsm」が自動で開きます。

図7-12 参照設定ダイアログにプロジェクトが追加

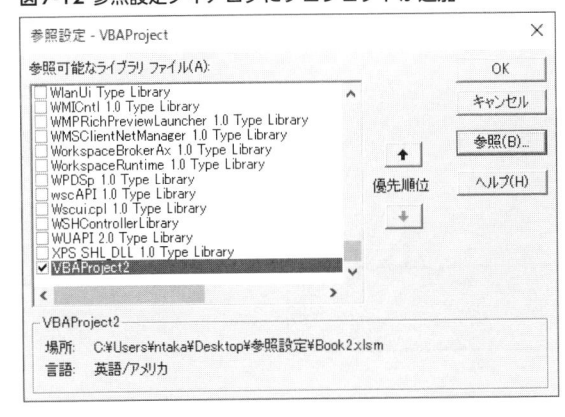

　プロジェクトエクスプローラーを確認すると、図7-13のように「参照設定」フォルダ内に「参照先Book2.xlsm」が追加されていることが確認できます。

図7-13 プロジェクトの参照先

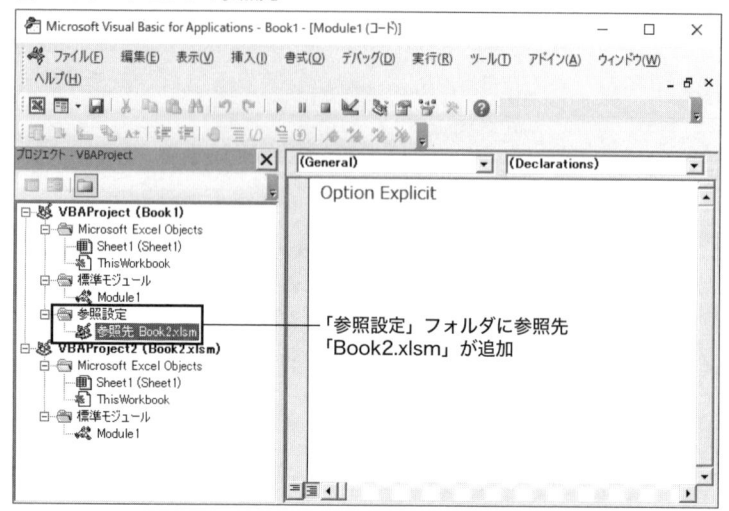

また、プロジェクトエクスプローラーでプロジェクト「VBAProject」を選択時にオブジェクトブラウザーを開くと、図7-14のように、「プロジェクト/ライブラリ」ボックスに「VBAProject2」が追加されており、そのメンバーの情報を得られるようになっていることがわかります。

図7-14 オブジェクトブラウザーとプロジェクトの参照

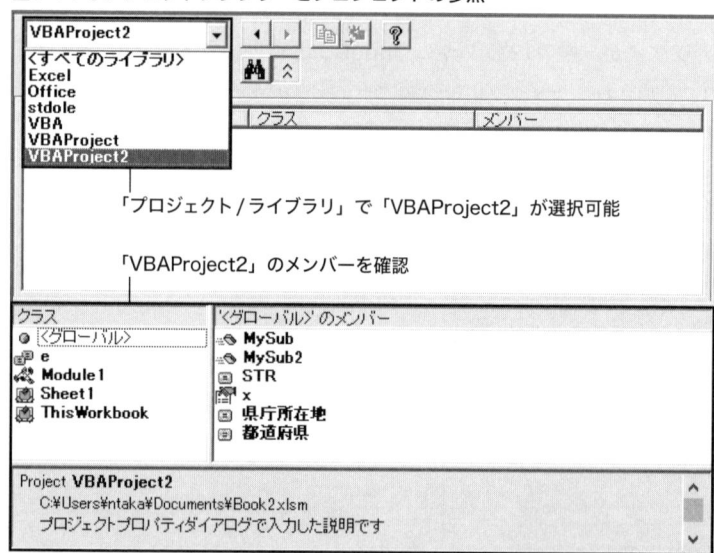

なお、指定するブックに属するプロジェクトのプロジェクト名が、既に開いているプロジェクト名と重複している場合、図7-15に示すエラーとなり、参照をすることができません。プロジェクト名を変更するようにしてください。

図7-15 同名プロジェクトがある場合のエラーダイアログ

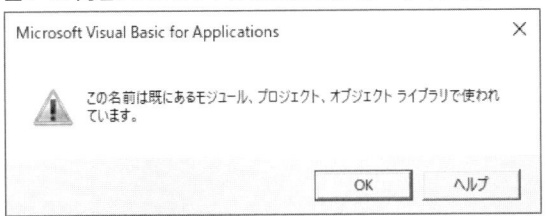

7-2-2 ▣ 他のプロジェクトのメンバーにアクセスする

　他のプロジェクトを参照すると、そのプロジェクトのメンバーにアクセスできるようになります。アクセスするメンバーが標準モジュールのメンバーであれば、参照したプロジェクト名*projectname*、モジュール名*modulename*そして、メンバー名*member*を用いて、以下のように呼び出すことができます。

```
[projectname.][modulename.]member
```

　つまり、他の標準モジュールのメンバーを呼び出すときの記述の前部分に、プロジェクト名とピリオドを追加する形になります。また、ここでメンバー名が呼び出し元も含めて唯一であるならば、プロジェクト名*projectname*、モジュール名*modulename*を省略して呼び出すことができます。

　では、参照したプロジェクトのメンバーにアクセスする例を見ていきましょう。

　まず、参照先プロジェクトは、ブック「Book2.xlsm」に属するプロジェクト「VBAProject2」とします。VBAProject2の標準モジュールに、リスト7-1のように色々なメンバーを定義していきましょう。

リスト7-1 参照先プロジェクトの標準モジュール

```
VBAProject2標準モジュールModule1
Public x As Long
Public Const MSG As String = "HOGE"
Public Enum e
    都道府県 = 1
    県庁所在地
End Enum

Public Sub MySub()

    Debug.Print "MySubです"

End Sub

Public Sub MySub2()

    Debug.Print "MySub2です"

End Sub
```

7章 プロジェクトとライブラリ

参照元のブックとしてブック「Book1」を用意します。ブック「Book2.xlsm」のプロジェクト VBAProject2について参照を行います。その上で、ブック「Book1」の標準モジュールに、リスト 7-2のようなコードを記述します。

リスト7-2 参照先プロジェクトの標準モジュールのメンバーにアクセス

```
VBAProject標準モジュールModule1
Sub MySub()

    x = 123: Debug.Print "変数x", x '123
    Debug.Print "定数MSG", MSG 'HOGE
    Debug.Print "列挙型e", e.都道府県, e.県庁所在地  '1  2

    Call VBAProject2.MySub 'MySubです
    Call MySub2 'MySub2です

End Sub
```

リスト7-2のSubプロシージャMySubを実行すると、イミディエイトウィンドウの出力から、 VBAProject2の各メンバーにアクセスできているということを確認できます。

なお、SubプロシージャMySub2は、VBAProjectに同名プロシージャが存在していませんので、プロジェクト名、モジュール名を省略して呼び出すことが可能です。一方で、Subプロシージャ MySubはVBAProjectにも同名プロシージャが存在していますので、プロジェクト名を省略すると、不具合が起きてしまいます（そして、この場合、自身のプロシージャを無限に呼び出すことになってしまいます）。

呼び出すメンバーが標準モジュール以外のメンバーであれば、参照設定をしたプロジェクト名 *projectname*、対象オブジェクト*object*そして、メンバー名*member*を用いて、以下のように記述することでアクセスすることができます。

> `[projectname.]object.member`

では、VBAProject2のシートモジュールにメンバーを追加してアクセスしてみましょう。リスト 7-3です。

リスト7-3 参照先プロジェクトのシートモジュール

```
VBAProject2シートモジュールSheet1
Public FirstName As String

Public Sub Greet()
    Debug.Print "こんにちは！" & FirstName & "です。"
End Sub
```

リスト7-2を、以下のリスト7-4のように変更して、SubプロシージャMySubを実行してみましょう。イミディエイトウィンドウで、各メンバーにアクセスできていることを確認できます。

```
VBAProject標準モジュールModule1
Sub MySub()

    With VBAProject2.Sheet1
        .FirstName = "Bob"
        .Greet 'こんにちは!Bobです。
    End With

End Sub
```

　他のプロジェクトを参照する場合も、オブジェクトモジュールに記述したメンバーは、「オブジェクト」という囲いの中で独立性を保った管理が可能になります。特に、参照をした場合は、管理すべきメンバーの構成がより複雑になりますから、オブジェクトモジュールへの記述を優先するほうが望ましいといえます。

　ただし、参照先プロジェクトに定義されたクラスは、そのままでは利用することができません。その方法は次節で見ていきます。

7-2-3 ▶ 他のプロジェクトのクラスを使用する

　参照先プロジェクトのクラスモジュールを利用する方法を見ていきましょう。前節の例に続けて、参照先プロジェクトVBAProject2のクラスモジュールClass1に、リスト7-5のように記述してクラスを定義します。

リスト7-5 参照先プロジェクトのクラスモジュール

```
VBAProject2クラスモジュールClass1
Public FirstName As String

Public Sub Greet()
    Debug.Print "こんにちは!" & FirstName & "です。"
End Sub
```

　ただし、このままではクラスClass1は参照元プロジェクトから使用することができません。実際、VBAProjectについてオブジェクトブラウザーで確認すると、図7-16のようにVBAProject2のメンバーとしてClass1が表示されていません。

図7-16 他のプロジェクトのクラスはメンバーに含まれない

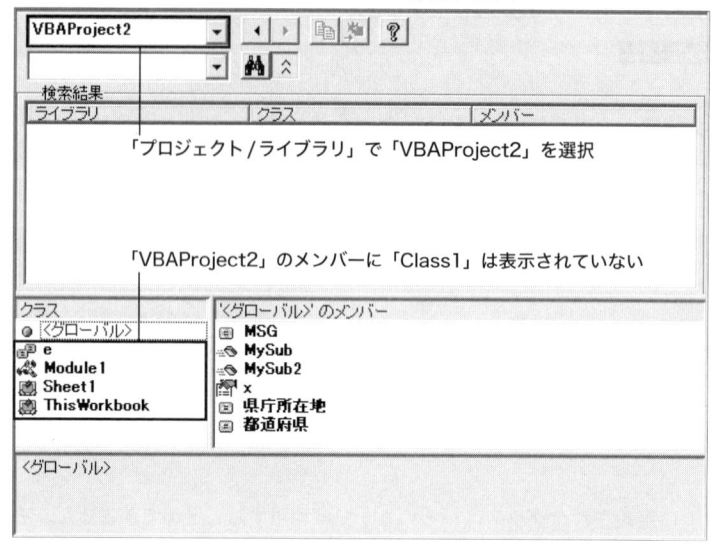

参照先プロジェクトのクラスを使用できるようにするためには、クラスのデザイン時プロパティとして用意されているInstancingプロパティを変更する必要があります。

Instancingプロパティは、プロパティウィンドウで変更をすることができます。デフォルトで「Private」に設定されているので、他のプロジェクトからアクセスすることができません。Instancingプロパティを「PublicNotCreatable」に変更することで、他のプロジェクトから使用することができるようになります。

図7-17では、クラスモジュールClass1について、プロパティウィンドウからInstancingプロパティをPublicNotCreatableに変更しています。

図7-17 クラスのInstancingプロパティを変更する

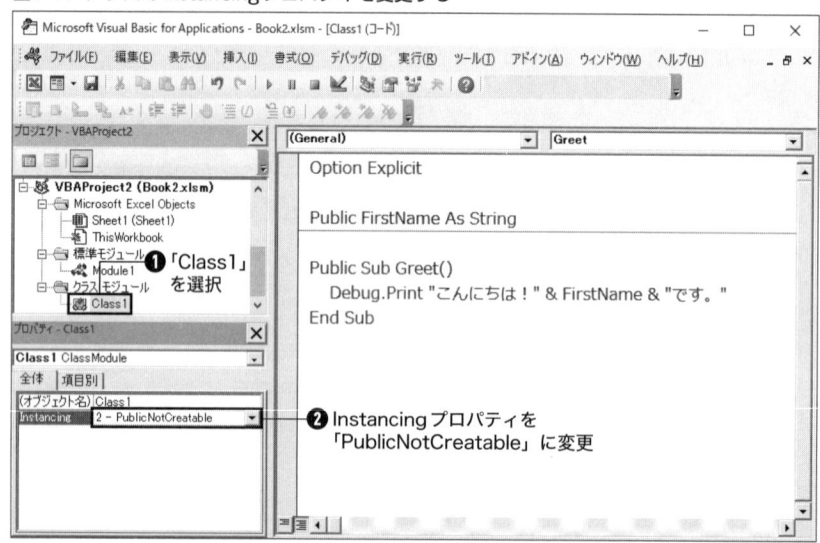

これにより、クラスClass1は参照元プロジェクトからアクセスできるようになります。プロジェクトVBAProjectについてオブジェクトブラウザーを確認すると、図7-18のようにクラスClass1が追加されたことが確認できます。

図7-18 参照先のクラスがメンバーに追加された

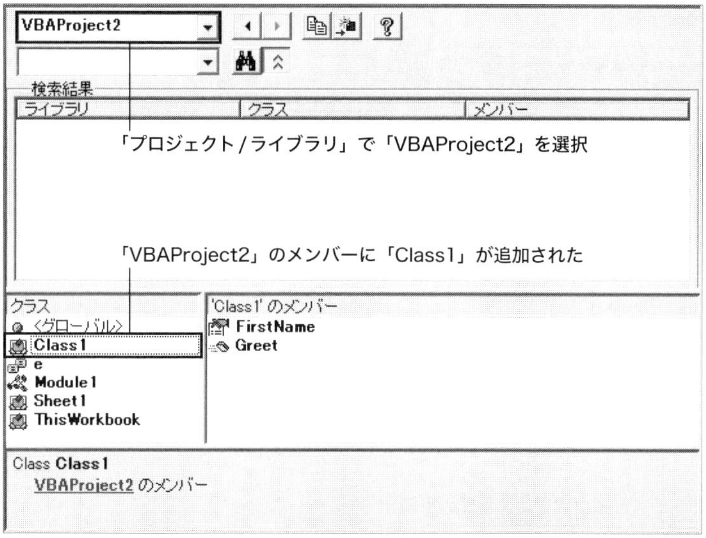

これで、参照先プロジェクトのクラスを使用できるようになったのですが、プロパティの値が「PublicNotCreatable」とあるとおり、インスタンスの生成は外部のプロジェクトでは行うことができません。

参照元プロジェクトVBAProjectに、クラスClass1のインスタンスを生成するコードを記述して確認してみましょう。リスト7-6をご覧ください。

リスト7-6 参照先プロジェクトのクラスからインスタンスを生成する

```
VBAProject標準モジュールModule1
Sub MySub()

    Dim c As Class1: Set c = New Class1

End Sub
```

コードを入力する際に、自動メンバー表示の候補に「Class1」が含まれているということは確認できますが、Subプロシージャ MySubを実行すると、図7-19のように「Newキーワードの使用法が不正です」というコンパイルエラーとなってしまいます。

図7-19 参照先プロジェクトのクラスからインスタンス生成はできない

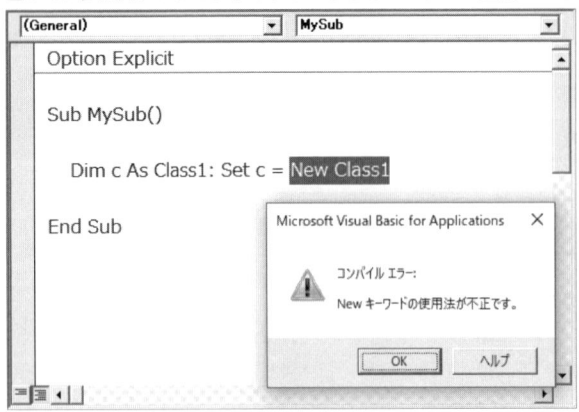

そのため、参照先プロジェクトのほうに、自身に定義されたクラスをインスタンス化して、それを他のプロジェクトに渡すためのプロシージャを用意しておく必要があります。

例として、参照先プロジェクトVBAProject2の標準モジュールにインスタンスを生成して渡すFunctionプロシージャを作成しました。リスト7-7をご覧ください。

リスト7-7 参照先プロジェクトのクラスとインスタンス生成の手続き

```
VBAProject2標準モジュールModule1
Public Function CreateClass1(ByVal newName As String) As Class1

    Dim c As Class1: Set c = New Class1
    c.FirstName = newName
    Set CreateClass1 = c

End Function
```
```
VBAProject2クラスモジュールClass1
Public FirstName As String

Public Sub Greet()
    Debug.Print "こんにちは！" & FirstName & "です。"
End Sub
```

CreateClass1を呼び出すことで、生成されたクラスClass1のインスタンスを戻り値として受け取ることができるようになります。例として、リスト7-8をご覧ください。

リスト7-8 参照先プロジェクトのクラスを使用する

```
VBAProject標準モジュールModule1
Sub MySub()

    Dim c As Class1: Set c = CreateClass1("Bob")
    Debug.Print c.FirstName 'Bob
    c.Greet 'こんにちは！Bobです。

End Sub
```

Subプロシージャ MySubを実行すると、参照先プロジェクトのクラスのインスタンスを生成し、そのメンバーにアクセスできていることがわかります。

さて、他のプロジェクトを参照し、そのプロジェクトにInstancingプロパティが「PublicNot Creatable」であるクラスが含まれているのであれば、そこに定義されているパブリックなプロシージャは、すべて参照元プロジェクトに公開されます。しかし、一部のプロシージャについては、自身のプロジェクトのどのモジュールからもアクセス可能にしておきたい一方で、他のプロジェクトからはアクセスできないようにしておきたいというニーズが生じるかもしれません。

そのような場合、プロシージャの宣言時にPublic、Privateキーワードの代わりに**Friend**キーワードを使用することができます。たとえば、Subプロシージャであれば、以下のような書式になります。

```
Friend Sub name([arglist])
    [statements]
End Sub
```

Friendキーワードを用いて宣言したプロシージャは、自プロジェクト全体からアクセスできますが、参照された他のプロジェクトからはアクセスできません。なお、Friendキーワードはオブジェクトモジュールでのみ使用可能であり、標準モジュールでは使用することができません。

Friendキーワードの使用は限定的ではありますが、次節で解説するアドインを活用する際などには有効かもしれません。

7-3 アドイン

7-3-1 ▶ アドインとは

拡張子xlsmのマクロ有効ブックに属するプロジェクトは、参照することで他のプロジェクトからアクセスして使用することができました。

たとえば、Book1.xlsmのVBAProjectからBook2.xlsmのVBAProject2を参照設定後、保存をします。すると、以降Book1.xlsmを起動するたびに、Book2.xlsmも自動で立ち上がります。その際、VBAProjectからVBAProject2への参照も維持されます。さらに、Book1.xlsmを閉じる前に、Book2.xlsmを閉じようとすると、図7-20のようなエラーメッセージが表示され閉じることができません。Book2.xlsmのみを閉じたい場合は、参照設定を解除する必要があります。

図7-20 参照されているブックは閉じることができない

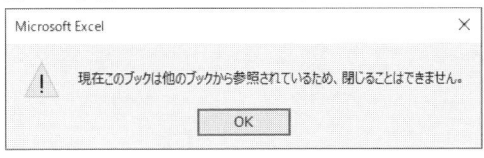

このように、拡張子xlsmのマクロ有効ブックを参照した場合、複数のブックが開いたままになってしまうので、作業の邪魔になるかもしれません。そこで、参照するプロジェクトが属するブックを拡張子xlamのExcelアドインとして保存するという方法があります。

アドインはExcelに機能追加をするための仕組みです。Excelアドインブックも、Excelブックの一種ですが、非表示でブックを開くことができるという特徴があります。つまり、参照するプロジェクトをExcelアドインブックとして保存をすることで、そのブックを非表示のまま参照をすることができます。

では、前節で作成したBook2.xlsmを使ってExcelアドインブックの参照の方法を見ていきましょう。事前準備として、Book1.xlsmについては、VBAProjectからVBAProject2への参照設定を解除して保存をしておいてください。

Book2.xlsmについて図7-21にしたがってExcelアドインブックとして名前をつけて保存をします。

図7-21 Excelアドインとして名前をつけて保存

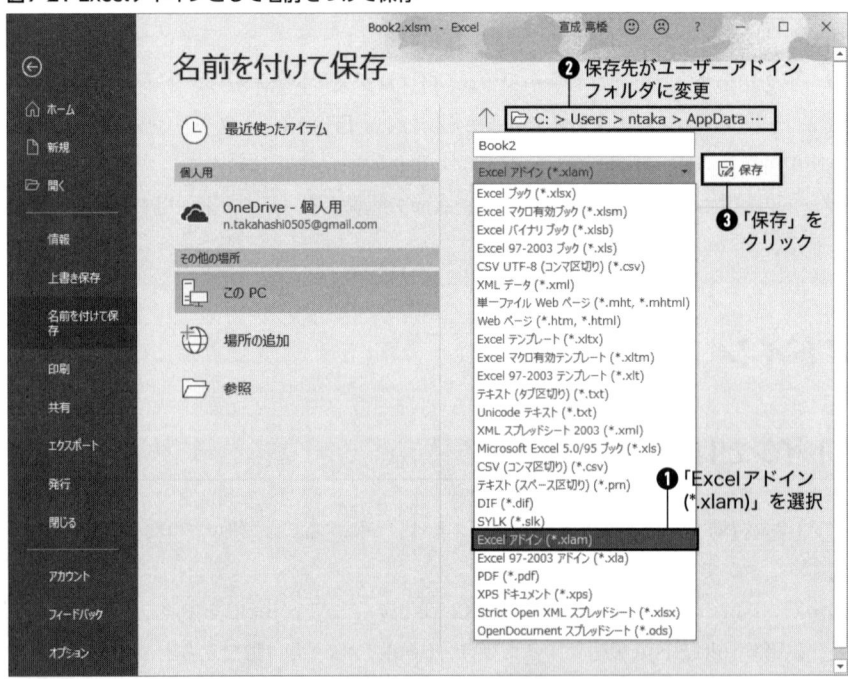

ファイル形式についてプルダウンから「Excelアドイン(*.xlam)」を選択すると、保存先が以下に変更されるはずです。このフォルダは、ユーザーアドインフォルダといいます。

　　C:¥Users¥ユーザー名¥AppData¥Roaming¥Microsoft¥Addlns

保存が完了したら、Book2.xlamを閉じます。

7-3-2 ▶ Excelアドインブックを参照する

続いてBook1.xlsmを開き、Book2.xlamの参照設定を進めていきましょう。VBEの「ツール」メニューから「参照設定」を選択して、参照設定ダイアログを開きます。図7-22にしたがって、「参照」ボタンから先ほど保存したユーザーアドインフォルダ内のExcelアドインブック「Book2.xlam」を開きます。

図7-22 Excelアドインブックを参照設定

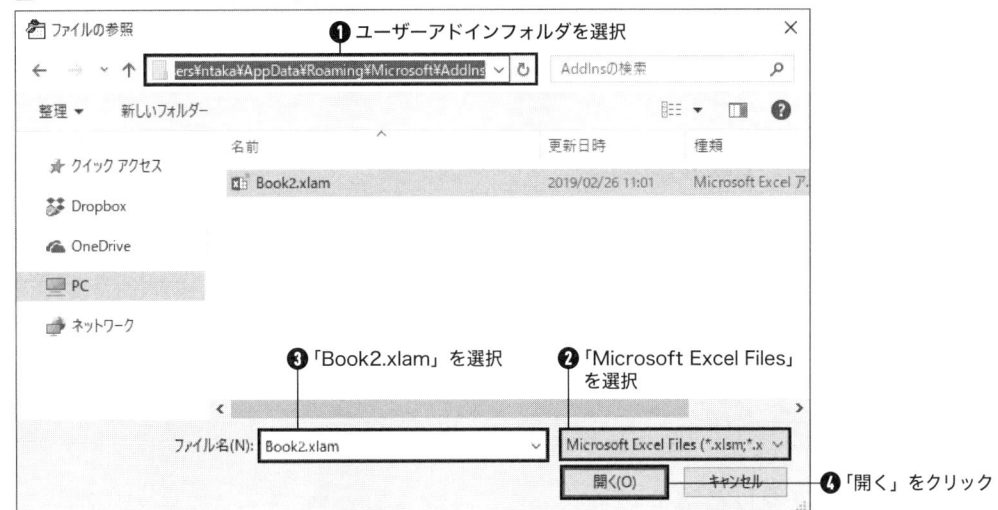

参照設定ダイアログで「VBAProject2」にチェックが入りますので、「OK」ボタンをクリックしてダイアログを閉じましょう。

Excelアドインブック「Book2.xlam」は非表示のままですが、図7-23のように、プロジェクトエクスプローラーでは、VBAProject2が参照先として設定されていることを確認できます。

また、VBAProject2のブックモジュールThisWorkbookのデザイン時プロパティについて、プロパティウィンドウで見てみましょう。IsAddinプロパティがTrueになっていることが確認できます。このプロパティをFalseにすると、Book2.xlamが表示状態になります。このIsAddinプロパティをTrueに設定できるのは、アドインとして保存したブックのみです。

図7-23 Excelアドインブックのプロジェクトを参照

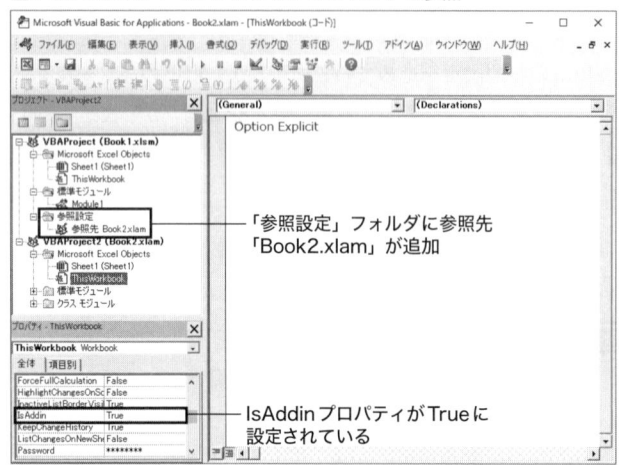

これで参照が完了しました。リスト7-2、リスト7-4、リスト7-8のSubプロシージャを実行することができることを確認してみてください。

7-4 ライブラリ

7-4-1 ▶ ライブラリとは

本章ではこれまで、作成したプロジェクトの参照についてお伝えしてきました。しかし、参照ができるのは自らが作成したプロジェクトだけではありません。あらかじめ用意されている、多数の「ライブラリ」を参照して利用することができます。

ライブラリとは、モジュールをまとめたものです。Excel VBAでは、表7-1に掲載しているライブラリが初期状態ですでに参照されている状態となっており、すぐに利用することができます（MSFormsはユーザーフォームを挿入すると自動で参照されます）。

表7-1 初期状態で参照されているライブラリ

ライブラリ名	説明	場所	役割
Excel	Microsoft Excel 16.0 Object Library	C:¥Program Files (x86)¥Microsoft Office ¥Root¥Office16¥EXCEL.EXE	Excelを操作する機能を提供
Office	Microsoft Office 16.0 Object Library	C:¥Program Files (x86)¥Common Files ¥Microsoft Shared¥OFFICE16¥MSO.DLL	Officeの各アプリケーションの共通機能を提供
stdole	OLE Automation	C:¥Windows¥SysWOW64¥stdole2.tlb	OLEオートメーション
VBA	Visual Basic For Applications	C:¥Program Files (x86)¥Common Files ¥Microsoft Shared¥VBA¥VBA7.1¥VBE7.DLL	VBA共通の関数・オブジェクト
MSForms	Microsoft Forms 2.0 Object Library	C:¥Windows¥SysWOW64¥FM20.DLL	ユーザーフォームを操作する機能を提供

※各ライブラリのバージョンおよび場所は執筆時点の著者環境によるもの

図7-24のように、オブジェクトブラウザーの「プロジェクト/ライブラリ」ボックスで、これらのライブラリについて選択可能となっており、それらのライブラリとそれに属するメンバーについて確認することができます。

なお、ライブラリとそのメンバーはオブジェクトブラウザーではその存在を確認することができますが、プロジェクトエクスプローラーには追加されません。

図7-24 オブジェクトブラウザーで選択できるライブラリ

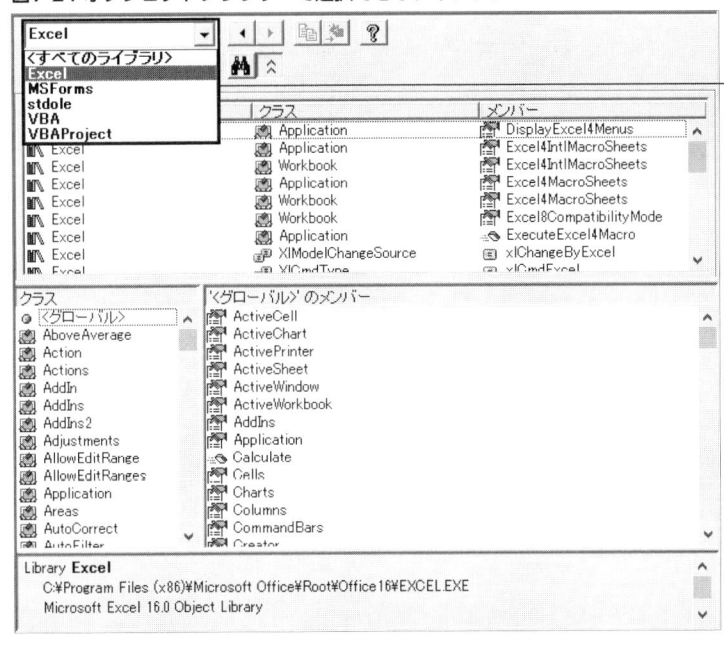

VBEの「ツール」メニューの「参照設定」では、図7-25のように、それらのライブラリについてチェックが入っていることが確認できます。

図7-25 ライブラリの参照設定

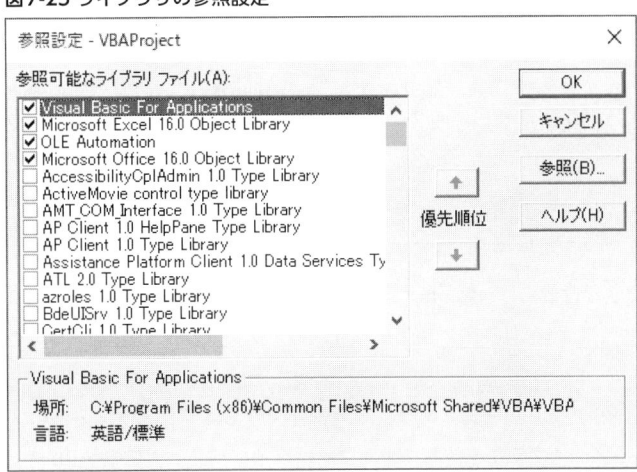

「Excel VBA」を活用するという視点では、Excelライブラリをはじめデフォルトで参照されている5つのライブラリだけでも十分に目的を果たす場合がほとんどと思われます。しかし、参照設定ダイアログでは、その他に非常に多くのライブラリが提供されていることが確認できます。その中から、よく使用されるライブラリを中心に、一部のライブラリを表7-2にまとめています。

表7-2 よく使用されるライブラリ

ライブラリ名	説明	場所	役割
Scripting	Microsoft Scripting Runtime	C:¥Windows¥SysWOW64¥scrrun.dll	ファイルシステムやディクショナリなどの機能を提供
Access	Microsoft Access 16.0 Object Library	C:¥Program Files (x86)¥Microsoft Office¥Root¥Office16¥MSACC.OLB	Accessを操作する機能を提供
Outlook	Microsoft Outlook 16.0 Object Library	C:¥Program Files (x86)¥Microsoft Office¥Root¥Office16¥MSOUTL.OLB	Outlookを操作する機能を提供
PowerPoint	Microsoft PowerPoint 16.0 Object Library	C:¥Program Files (x86)¥Microsoft Office¥Root¥Office16¥MSPPT.OLB	PowerPointを操作する機能を提供
Word	Microsoft Word 16.0 Object Library	C:¥Program Files (x86)¥Microsoft Office¥Root¥Office16¥MSWORD.OLB	Wordを操作する機能を提供
SHDocVw	Microsoft Internet Controls	C:¥Windows¥SysWOW64¥ieframe.dll	InternetExplorerを操作する機能を提供
MSHTML	Microsoft HTML Object Library	C:¥Windows¥SysWOW64¥mshtml.tlb	HTMLを操作する機能を提供
MSXML2	Microsoft XML, v6.0	C:¥Windows¥SysWOW64¥msxml6.dll	XMLを操作する機能を提供
VBScript_RegExp_55	Microsoft VBScript Regular Expressions 5.5	C:¥Windows¥SysWOW64¥vbscript.dll¥3	正規表現を操作する機能を提供
ADODB	Microsoft ActiveX Data Objects 6.1 Library	C:¥Program Files (x86)¥Common Files¥System¥ado¥msado15.dll	ActiveX Date Objectsによりデータベースを操作する機能を提供

※各ライブラリのバージョンおよび場所は執筆時点の著者環境によるもの

これらのライブラリを使用することで、ExcelからWord、PowerPoint、Outlookといった他のOfficeアプリケーションやHTML／XML文書、データベースの操作などが可能になります。

VBAというと「Excel VBA」つまりExcelを操作するものというイメージが強いかもしれませんが、VBAにおいてExcelは提供されているライブラリの一つでしかなく、その他の幅広い用途で活用できるようにライブラリが整えられているのです。

7-4-2 ▶ オートメーション

これら、多数のライブラリを活用できる背景には、オートメーションという仕組みの存在があります。オートメーションとは、アプリケーションから別のアプリケーションのオブジェクトを操作するための仕組みです。

オートメーションをサポートしているアプリケーションは、その操作できるオブジェクトとそのメンバーについての情報を記載したタイプライブラリを持ちます。タイプライブラリは、拡張子tlbファ

イル、拡張子olbファイルのほか、ダイナミックリンクライブラリファイル（.dll）や実行ファイル（.exe）などのファイルにも含まれています。

VBAでは、プロジェクトからそのタイプライブラリを参照することで、そのアプリケーションのオブジェクトを操作可能になります。その参照したライブラリで、どういった機能が提供されているのかについては、オブジェクトブラウザーで確認をすることができます。

さて、ライブラリも、プロジェクトと同様にモジュールの集まりです。ですから、オブジェクトブラウザーの「クラス」ボックスを確認することで、その構成がどのようになっているか確認することができます。「クラス」ボックスの内容は表7-3のいずれかに分類されます。

表7-3 ライブラリで使用できる機能

分類	表記	説明
モジュール	Module	グローバルで使用できるプロシージャや定数を定義
クラス	Class	インスタンスとして生成またはインスタンスを操作するためのクラスの定義
列挙型	Enum	グローバルで使用できる列挙型
ユーザー定義型	Type	グローバルで使用できるユーザー定義型

図7-26は、標準で参照されているVBAライブラリの「DateTimeモジュール」をオブジェクトブラウザーで開いている画面です。ライブラリに含まれているモジュール／クラス／列挙型／ユーザー定義型とそれに含まれるメンバーを確認することができます。

図7-26 オブジェクトブラウザーでライブラリを確認する

このように、タイプライブラリは様々な形式のファイルやその埋め込まれたものとして提供されていますが、私たちが独自で作成したプロジェクトと同様に確認でき、また取り扱いができるように作られています。

7-4-3 ▶ モジュールのメンバーを使用する

　プロジェクト内の標準モジュールにパブリックなメンバーを定義したとき、それらのメンバーはグローバルのメンバーとなり、プロジェクトのどこからでも、メンバー名のみの記述でアクセスすることができました。

　ライブラリで「モジュール」として提供されている機能も同様で、そのメンバーはグローバルのメンバーとして利用することができます。その書式は、ライブラリ名*libraryname*、モジュール名*modulename*そして、メンバー名*member*を用いて以下のとおりとなります。

```
[libraryname.][modulename.]member
```

　グローバルのメンバーになりますので、ライブラリ名やモジュール名は省略することができます。

　たとえば、リスト7-9はVBAライブラリの、Interactionモジュールに含まれる、SubプロシージャBeepを色々なパターンで呼び出すものです。[F5]キーで実行を継続をするたびに、ビープ音が再生されることを確認してみてください。

リスト7-9 VBAライブラリのInteractionモジュール

```
標準モジュールModule1
Sub MySub()

    VBA.Interaction.Beep
    Stop
    VBA.Beep
    Stop
    Interaction.Beep
    Stop
    Beep

End Sub
```

　なお、ライブラリで提供されている列挙型やそのメンバー、またユーザー定義型も同様にプロジェクト全体から使用することができます。

7-4-4 ▶ クラスのメンバーを使用する

　ライブラリで提供されているクラスのインスタンス*object*に対して、そのメンバー*member*を利用する場合は、以下の書式で利用することができます。

```
object.member
```

　この場合、対象となる*object*の記述が必須となります。ですから、クラスのメンバーの使用以前に*object*の生成または取得のいずれかの手順が必要となります。どちらの手順を使うのかは、クラスに

よって変わってきます。

　たとえば、VBAライブラリで提供されているCollectionクラスは、そのインスタンスを生成して利用することができます。リスト7-10のような形です。

リスト7-10 VBAライブラリのCollectionクラス

```
標準モジュールModule1
Sub MySub()

    Dim c As Collection: Set c = New Collection
    c.Add "Hoge"
    c.Add "Fuga"
    Debug.Print c.Item(1) 'Hoge
    Debug.Print c.Count '2

End Sub
```

　この例では、Collectionクラスのインスタンスを生成し、それに対して要素を追加し、1番目の要素と要素数をデバッグ出力するというものです。

　一方で、インスタンスを生成することができないケースもあります。たとえば、リスト7-11はExcelライブラリのWorkbookクラスのインスタンスを生成するものですが、実行すると図7-27のように「実行時エラー '429': ActiveXコンポーネントはオブジェクトを作成できません。」という実行時エラーが発生します。

リスト7-11 ExcelライブラリのWorkbookクラス

```
標準モジュールModule1
Sub MySub()

    Dim wb As Workbook: Set wb = New Workbook

End Sub
```

図7-27 インスタンスを作成できない場合のエラーメッセージ

```
Microsoft Visual Basic

実行時エラー '429':

ActiveX コンポーネントはオブジェクトを作成できません。


    継続(C)      終了(E)      デバッグ(D)      ヘルプ(H)
```

　Workbookオブジェクトは、その名のとおりブックを表すオブジェクトです。クラスは用意されていますが、VBAマクロから自由にそのインスタンスを生成することはできないようになっており、ブッ

クを作成する場合は、Excelの機能か、Openメソッドといったあらかじめ用意されているメソッドを使って、安全に作成するように作られているのです。

したがって、この場合には、あらかじめ用意されているメソッドを使ってインスタンスを生成してそれを取得するか、既に実在しているインスタンスを取得するかということになります。

Excelライブラリをはじめ、いくつかのライブラリでは、実在しているインスタンスを取得するための、グローバルのメンバーが用意されています。これらは、クラスのメンバーではありながらも、対象オブジェクトを省略することができるように作られています。

たとえば、Excelライブラリであれば図7-28のように多くのプロパティ、メソッドをオブジェクトの指定なしで使うことができます。これにより、様々なオブジェクトを容易に取得して取り扱えるように作られているのです。

図7-28 Excelライブラリのグローバルのメンバー

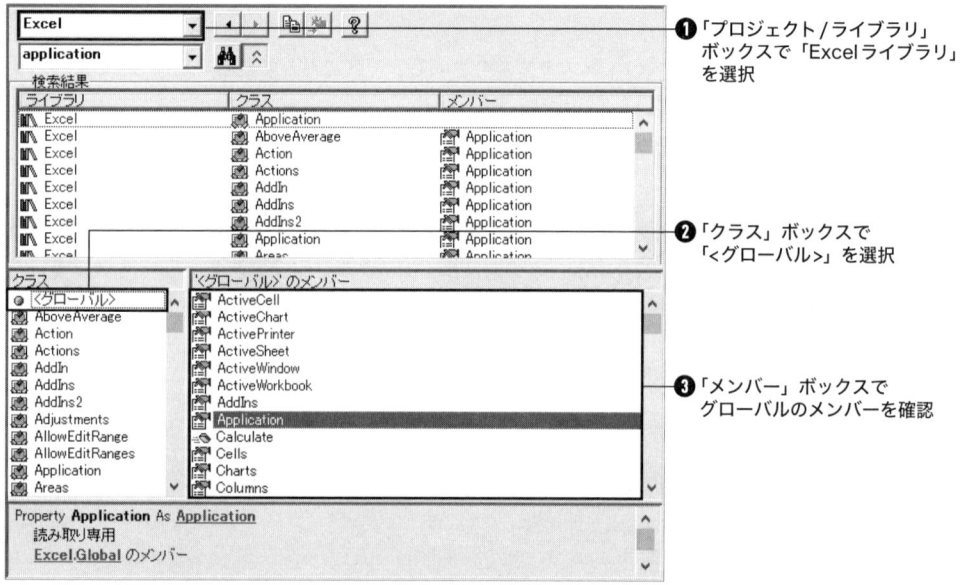

① 「プロジェクト/ライブラリ」ボックスで「Excelライブラリ」を選択

② 「クラス」ボックスで「<グローバル>」を選択

③ 「メンバー」ボックスでグローバルのメンバーを確認

7-4-5 ▶ 実行時バインディング

標準で参照されていないライブラリは、参照設定ダイアログから参照設定を行うことで、使用することができます。たとえば、Scriptingライブラリを参照設定することで、リスト7-12のようにDictionaryオブジェクトのインスタンスを生成して使用することができます。

リスト7-12 事前バインディング

```
Dim d As Dictionary
Set d = New Dictionary
```

マクロを実行する際、実際に実行される前にVBAがコードを解釈するコンパイルという動作が行われています。このコンパイル時に、コード内で使用されているオブジェクトについて、その定義さ

れたメンバーを関連付けるバインディングという処理が行われます。

これは実際に実行される前のコンパイル時に行われるので、事前バインディングといいます。

リスト7-13を実行してみましょう。

リスト7-13 事前バインディングを確認する

```
標準モジュールModule1
Sub MySub()

    Stop

    Dim d As Dictionary
    Set d = New Dictionary

End Sub
```

実行してStopステートメントによる中断時にローカルウィンドウを確認すると、図7-29のように Setステートメントは実行されていないにも関わらず、Dictionary型のオブジェクト変数dが用意されていることが確認できます。

図7-29 事前バインディング

一方で、コンパイル時ではなく、実行時にバインディングを行う実行時バインディングという方法があります。その名のとおり、コードが実際に実行された時点でバインディングが行われるもので、遅延バインディングともいいます。

多くの場合、参照するライブラリのコード補完を利用できるようになる点、固有のオブジェクト型を使用できるため安全かつ可読性が高まる点にメリットがあるため、事前バインディングのほうが望ましいといえます。ただし、ライブラリの参照設定を何らかの理由で省きたい場合など、実行時バインディングを使用することができます。

実行時バインディングを行うために、CreateObject関数と、GetObject関数という2つの関数が用意されています。

新たにインスタンスを生成して実行時バインディングをするのであれば、コード内でCreateObject関数を記述します。CreateObject関数は引数classで指定したクラスのインスタンスを生成し、その参照を返します。

```
CreateObject(class)
```

引数*class*は、生成するオブジェクトのアプリケーション名*appname*とクラス*objecttype*をピリオドでつないだ文字列を指定します。つまり、ScriptingライブラリのDictionaryクラスであれば「"Scripting.Dictionary"」となります。

例として、リスト7-14をご覧ください。参照設定がされていませんので、生成したインスタンスを格納するオブジェクト変数は汎用オブジェクト型のObject型にする必要があります。

リスト7-14 CreateObject関数による実行時バインディング

```
標準モジュールModule1
Sub MySub()

    Stop

    Dim d As Object
    Set d = CreateObject("Scripting.Dictionary")

    Stop

End Sub
```

実行時のローカルウィンドウのようすを確認してみましょう。1度目の中断時が図7-30、2度目の中断時が図7-31です。

図7-30 実行時バインディングのバインディング前

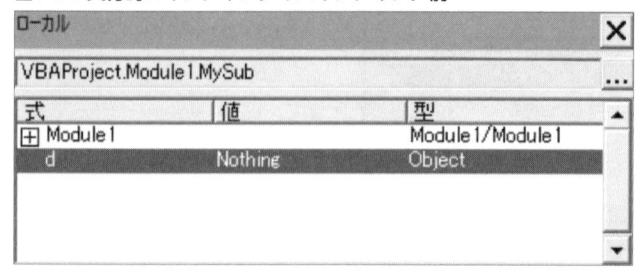

図7-31 実行時バインディングのバインディング後

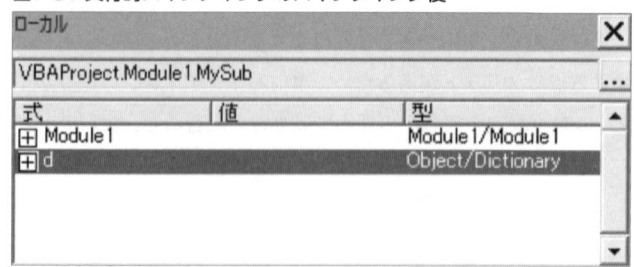

当然ですが、実行した後にDictionaryオブジェクトであるということが認識されていることがわかります。

指定したファイルまたは実在するインスタンスを取得して実行時にバインディングを行う場合は

GetObject関数を使用します。

```
GetObject([pathname][,class])
```

　引数*pathname*は取得するオブジェクトを含むファイルのパスを指定します。省略可能ですが、省略した場合は引数*class*を指定しなければなりません。

　引数*class*は、*CreateObject*関数のものと同様で、生成するオブジェクトのアプリケーション名*appname*とクラス*objecttype*をピリオドでつないだ文字列を指定します。

　各引数を指定した場合、省略した場合のGetObject関数の動作について、表7-4にまとめていますのでご覧ください。

表7-4 GetObject関数と引数による動作

引数 pathname	引数 class	説明
pathname	class	pathnameに関連付けられたアプリケーションのclassのインスタンスを取得する
	省略	pathnameに基づいて自動的に決定されたインスタンスを取得する
省略	class	現在アクティブなclassのインスタンスを取得する
空文字("")	class	classの新しいインスタンスを取得する

　例として、リスト7-15をご覧ください。デスクトップフォルダ「C:¥Users¥[ユーザー名]¥Desktop」にWordドキュメントファイル「Document1.docx」が格納されている状態としています。

リスト7-15 GetObject関数による実行時バインディング

```
標準モジュールModule1
Sub MySub()

    Dim pathName As String
    pathName = "C:¥Users¥[ユーザー名]¥Desktop¥Document1.docx"

    Dim doc As Object
    Set doc = GetObject(pathName)
    Debug.Print 1, doc.Name ' 1      Document1.docx

    Set doc = GetObject(pathName, "Word.Document")
    Debug.Print 2, doc.Name ' 2      Document1.docx

    Set doc = GetObject(, "Word.Application")
    Debug.Print 3, doc.Name ' 3      Microsoft Word

    Set doc = GetObject("", "Word.Document")
    Debug.Print 4, doc.Name ' 4      文書 1
    doc.Close

End Sub
```

　実行をすると、イミディエイトウィンドウの出力から既存のWordドキュメント、アクティブなWordアプリケーション、新規のWordドキュメントなどがオブジェクトとして取得できていることを

確認できます。

　このようにGetObject関数は多様な動作を実現することが可能です。しかし一方で、指定したファイルやアクティブなオブジェクトが存在しなかった場合なども想定する必要もあり、その使用には注意が必要です。

　繰り返しとなりますが、特に理由がない限りは、安心して扱うことができ、かつ可読性も確保されますので、事前バインディングを優先して使用するようにしましょう。

　本章では、プロジェクトおよびライブラリについて解説を進めてきました。

　プロジェクトはモジュールの集まりであり、私たちはプロジェクトという単位でVBAプログラムを管理したり、参照をして再利用をしたりすることができます。

　また、オートメーションという仕組みを通して、既に用意されている多種多様なライブラリを活用することができます。ライブラリもプロジェクトと同様に、モジュールの集合です。そのベースは、6章までで解説してきた構成要素から成り立っています。

　ライブラリがいかに多種多様であったとしても、モジュール、プロシージャ、ステートメント、式といった構成要素の十分な知識を得ることで、ライブラリの活用のしやすさは格段に違ってくるはずです。

　次章からいよいよ個別のライブラリについて触れていきます。8章では、VBAライブラリの前編として、いわゆる「VBA関数」と呼ばれるモジュール群について解説を進めていくことにしましょう。

Part 3
ライブラリ

8章

VBAライブラリその1 —— VBA関数

VBAライブラリには、私たちが頻繁に使う数々の便利な関数やステートメントが、あらかじめ定義されています。ここでは、どのようなメンバーが、どのように分類されているのか、またそれを使用する際の知識やテクニックをお伝えします。

8-1 VBAライブラリとは

8-1-1 ▣ VBAライブラリのクラス／モジュール

VBAライブラリはその名のとおり、VBAの基本的な機能を提供するライブラリです。オブジェクトブラウザーの「プロジェクト／ライブラリ」ボックスでは「VBA」、「参照設定」ダイアログでは「Visual Basic For Applications」と表記されます。

Excel VBAではデフォルトで参照設定がされていますので、VBEを立ち上げた瞬間から使用可能です。また、WordやPowerPointなど他のOfficeアプリケーションでVBAを使用する際にも、デフォルトで参照設定がなされています。

VBAライブラリで提供されている主なクラス／モジュールは表8-1に示すとおりです。

表8-1 VBAライブラリの主なクラス／モジュール

クラス・モジュール	説明
Module **Conversion**	データ型の変換をするプロシージャを提供するモジュール
Module **DateTime**	日付／時刻の操作をするプロシージャを提供するモジュール
Module **FileSystem**	ファイル／フォルダなどの操作するプロシージャを提供するモジュール
Module **Information**	値のチェックや情報の取得などを行うプロシージャを提供するモジュール
Module **Interaction**	システムやアプリケーションとやりとりを行うプロシージャを提供するモジュール
Module **Math**	数学演算を実行するプロシージャを提供するモジュール
Module **Strings**	文字列の操作をするプロシージャを提供するモジュール
Class **Collection**	コレクション表すオブジェクトを定義するクラス
Class **ErrObject**	エラーを表すオブジェクトを定義するクラス

このほかに、VBAライブラリでは、多くの列挙型や定数などが定義されています。いずれも共通の接頭辞が採用されており、列挙型は「Vb」からはじまるアルファベット、定数は「vb」からはじまるアルファベットで定義されています。

8-1-2 ▶ VBA関数の正体

表8-1をご覧いただいたとおり、VBAライブラリは多くの標準モジュールで構成されています。これら標準モジュールのメンバーはグローバルで使用可能ですから、プロジェクトのどのモジュールからでもメンバー名だけで直接呼び出すことができます。

それらのメンバーの中で、FunctionプロシージャまたはPropertyプロシージャで定義されている戻り値を持つものが、「VBA関数」と呼ばれています。つまり、VBA関数とは、VBAライブラリで定義されているグローバルな関数のことです。

一方で、VBAライブラリで定義されているグローバルで呼び出せるSubプロシージャも存在していますが、それらは分類としては「ステートメント」に分類されています。

> 📝 **Memo** Microsoft公式ドキュメントでは、VBA関数は「関数 (Visual Basic for Applications)」のページで紹介されています。
> https://docs.microsoft.com/ja-jp/office/vba/language/reference/functions-visual-basic-for-applications
> VBAライブラリに含まれるステートメントは「ステートメント」に含めて紹介されています。
> https://docs.microsoft.com/ja-jp/office/vba/language/reference/statements

すべてのVBA関数について、その役割はもちろん異なります。ですが、いずれもFunctionプロシージャまたはPropertyプロシージャで定義されていますから、その使い方には共通点があります。つまり、一つひとつを個別の関数として記憶するのではなく、いずれもVBAライブラリのいずれかのモジュールにカテゴライズされるものとして学習をすることで、その学習コストを低減することができるはずです。

本章では、VBAライブラリに含まれるモジュールとそのVBA関数および一部のステートメントについて、主要なものを紹介していきます。

8-2 文字列の操作をする──Stringsモジュール

8-2-1 ▶ Stringsモジュールとは

Stringsモジュールは、文字列に関する操作を行うプロシージャをまとめたモジュールです。文字列の情報を取得、変換や書式設定、検索や置換、加工などを行う数々のVBA関数により構成されています。主なメンバーを表8-2にまとめています。

表8-2 Stringsモジュールの主なメンバー

メンバー	説明
Function **Asc**(*String As String*) As Integer	文字列*String*の最初の文字に対応した文字コードを整数で返す 戻り値の範囲はDBCS（2バイトの文字セット）なら-32768 ～ 32767、非DBCS（1バイトの文字セット）なら0 ～ 255をの整数となる
Function **Chr**(*CharCode As Long*)	文字コード*CharCode*に対応する文字を返す
Function **Filter**(*SourceArray, Match As String, [Include As Boolean = True], [Compare As VbCompareMethod = vbBinaryCompare]*)	文字列型の配列*SourceArray*からフィルタした要素のみの配列を返す *Include*がTrueならば文字列*Match*を含む要素のみ、Falseならば文字列*Match*を含まない要素のみのフィルタとなる *Compare*は比較の種類を列挙型VbCompareMethodから指定する
Function **Format**(*Expression, [Format], [FirstDayOfWeek As VbDayOfWeek = vbSunday], [FirstWeekOfYear As VbFirstWeekOfYear = vbFirstJan1]*)	式*Expression*の値を、書式*Format*に従って書式指定をした文字列を返す *FirstDayOfWeek*には週の最初の曜日を列挙型*VbDayOfWeek*から、*FirstWeekOfYear*には年の最初の週を列挙型VbFirstWeekOfYearから指定する
Function **InStr**(*[Start], String1, String2, [Compare As VbCompareMethod = vbBinaryCompare]*)	文字列*String1*内を文字数*Start*の位置から検索し、*String2*が見つかった位置を整数で返す *Compare*は比較の種類を列挙型VbCompareMethodから指定する
Function **Join**(*SourceArray, [Delimiter]*) As String	配列*SourceArray*に含まれる文字列を区切り文字列*Delimiter*（既定値は半角スペース）で結合した文字列を返す
Function **LCase**(*String*)	文字列*String*を小文字に変換した文字列を返す
Function **Left**(*String, Length As Long*)	文字列*String*の左から*Length*で指定した文字数までの文字列を返す
Function **Len**(*Expression*)	*Expression*が文字列式の場合、その文字数を返す *Expression*が変数の場合、その変数が要するバイト数を返す
Function **LTrim**(*String*)	文字列*String*の左側のスペースを削除した文字列を返す
Function **Mid**(*String, Start As Long, [Length]*)	文字列*String*の文字数*Start*の位置から*Length*で指定した文字数までの文字列を返す
Function **MonthName**(*Month As Long, [Abbreviate As Boolean = False]*) As String	月を表す数値*Month*を示す文字列を返す *Abbreviate*をTrueにすると省略系の文字列となる
Function **Replace**(*Expression As String, Find As String, Replace As String, [Start As Long = 1], [Count As Long = -1], [Compare As VbCompareMethod = vbBinaryCompare]*) As String	文字列式*Expression*内の文字列*Find*を検索し、文字列*Replace*に置換した文字列を返す 文字数*Start*は検索を開始する位置を、*Count*は置換をする回数を指定する *Compare*は比較の種類を列挙型VbCompareMethodから指定する
Function **Right**(*String, Length As Long*)	文字列*String*の右から*Length*で指定した文字数までの文字列を返す
Function **RTrim**(*String*)	文字列*String*の右側のスペースを削除した文字列を返す
Function **Space**(*Number As Long*)	*Number*で指定した数のスペースからなる文字列を返す
Function **Split**(*Expression As String, [Delimiter], [Limit As Long = -1], [Compare As VbCompareMethod = vbBinaryCompare]*)	文字列式Expressionを区切り文字列*Delimiter*（既定値は半角スペース）で分割し配列として返す *Limit*には最大分割数を指定し、省略すると上限はなしとなる *Compare*は区切り文字の比較の種類を列挙型VbCompareMethodから指定する
Function **StrComp**(*String1, String2, [Compare As VbCompareMethod = vbBinaryCompare]*)	文字列*String1*を文字列*String2*と比較し、*String1*が小さいなら-1、等しいなら0、大きいなら1を返す *Compare*は比較の種類を列挙型VbCompareMethodから指定する
Function **StrConv**(*String, Conversion As VbStrConv, [LocaleID As Long]*)	文字列Stringを*Conversion*で指定する変換をして返す *Conversion*は変換の種類を列挙型VbStrConvから指定する システムのロケールID（言語を表すコード、日本語は1041）と異なる場合は、*LocaleID*に適用するロケールIDを指定する

Function **StrReverse**(*Expression As String*) As String	文字列*Expression*を反転させた文字列を返す
Function **String**(*Number As Long, Character*)	*Number*で指定した数の文字または文字コード*Character*からなる文字列を返す
Function **Trim**(*String*)	文字列*String*の前後のスペースを削除した文字列を返す
Function **UCase**(*String*)	文字列*String*を大文字に変換した文字列を返す
Function **WeekdayName**(*Weekday As Long*, [*Abbreviate As Boolean* = False], [*FirstDayOfWeek As VbDayOfWeek* = vbUseSystemDayOfWeek]) As String	曜日を表す数値*Weekday*を示す文字列を返す *Abbreviate*をTrueにすると省略系の文字列となる *FirstDayOfWeek*には週の最初の曜日を列挙型VbDayOfWeekから指定する

> 📝 **Memo** たとえばChr$、ChrB、ChrB$、ChrW、ChrW$というように、関数名に「$」「B」「W」の記号やアルファベットが付与されたVBA関数が存在しています。これらの記号は以下のような意味があります。
> - ・$：戻り値をString型に固定する
> - ・B：バイト単位で処理を行う
> - ・W：文字コードとしてUnicodeを使用する
> これらの使用頻度は高くないと考えますが、誤って使用をしないよう気をつけましょう。

　リスト8-1はStringsモジュールの各メンバーの動作を確認するものです。実行して、それぞれのメンバーがどのような働きをするかを確認しましょう。

リスト8-1 Stringsモジュールのメンバー

```
標準モジュールModule1
Sub MySub()

    Debug.Print Asc("A") '65
    Debug.Print Asc("あ") '-32096
    Debug.Print Chr(65) 'A
    Debug.Print Chr(-32096) 'あ

    Debug.Print StrConv("オハヨウ", vbHiragana) 'おはよう
    Debug.Print StrConv("今日は", vbKatakana)  '今日ハ
    Debug.Print StrConv("オハヨウ", vbNarrow) 'ｵﾊﾖｳ
    Debug.Print StrConv("ｺﾝﾆﾁﾊ", vbWide) 'コンニチハ

    Dim msg As String: msg = "My name is Bob."
    Debug.Print UCase(msg) 'MY NAME IS BOB.
    Debug.Print LCase(msg) 'my name is bob.
    Debug.Print Format(msg, ">") 'MY NAME IS BOB.

    Debug.Print Len(msg) '15

    Debug.Print Left(msg, 5) 'My na
    Debug.Print Right(msg, 5) ' Bob.
    Debug.Print Mid(msg, 4, 4) 'name

    Debug.Print InStr(msg, "Bob") '12
    Debug.Print StrComp("Bob", "Tom") '-1
```

```
    Debug.Print Replace(msg, "Bob", "Tom") 'My name is Tom.
    Debug.Print StrReverse(msg) '.boB si eman yM

    Dim words() As String: words = Split(msg)
    Debug.Print words(0), words(1), words(2), words(3) 'My    name    is    Bob.
    Debug.Print Join(words) 'My name is Bob.

    Dim subWords() As String: subWords = Filter(words, "B")
    Debug.Print subWords(0) 'Bob.

    Debug.Print "[" & LTrim("   Bob   ") & "]" '[Bob    ]
    Debug.Print "[" & RTrim("   Bob   ") & "]" '[    Bob]
    Debug.Print "[" & Trim("   Bob   ") & "]" '[Bob]

    Debug.Print String(3, "B") 'BBB
    Debug.Print "[" & Space(3) & "]" '[   ]

    Debug.Print MonthName(12), MonthName(12, True) '12月    12
    Debug.Print WeekdayName(7), WeekdayName(7, True) '土曜日    土

End Sub
```

8-2-2 ▶ 文字列を検索／置換する

　Stringsモジュールの Instr 関数を使うと、文字列について、指定した文字列を検索することができます。

InStr([*Start*], *String1*, *String2*, [*Compare*])

　Instr 関数は文字列 *String1* に文字列 *String2* が含まれる場合、その見つかった位置を整数で返します。見つからなかった場合は 0 が戻り値となります。なお、*Start* には検索の開始位置を指定し、省略した場合は最初の文字からの検索になります。

　したがって、Instr 関数の戻り値が 0 より大きいかどうかで、ある文字列に別の文字列が含まれるかどうかという判定を行うことができます。例として、リスト 8-2 について変数 myName の値を変更しながら、実行してみましょう。

リスト8-2 Instr関数による文字列を含むかの判定

```
標準モジュールModule1
Sub MySub()

    Dim msg As String: msg = "コンニチハ！ My name is Bob."
    Dim myName As String: myName = "Bob"

    If InStr(msg, myName) Then
        Debug.Print myName; "が含まれています"   '出力される
    Else
        Debug.Print myName; "は含まれていません"  '出力されない
    End If
```

```
End Sub
```

　文字列が含まれるかどうかの条件式はLike演算子でも構成することができますが、含まれるかどう
かを問うだけの判定であれば、Instr関数のほうがコードからその意図が伝わりやすいかもしれません。

　Instr関数の引数*Compare*には文字列の比較の方法を、表8-3に示す列挙型VbCompareMethod
から指定します。バイナリ比較では大文字／小文字、全角／半角、ひらがな／カタカナの区別をしま
すが、テキスト比較ではそれらの区別をしません。なお、引数*Compare*は名前付き引数で指定がで
きないため、引数*Start*も指定する必要があります。

表8-3 列挙型VbCompareMethod

定数	値	説明
vbUseCompareOption	-1	Option Compare ステートメントの設定を使用して比較を実行する
vbBinaryCompare	0	バイナリ比較を実行する
vbTextCompare	1	テキスト比較を実行する

　リスト8-3を実行すると、テキスト比較では大文字・小文字、全角・半角、ひらがな・カタカナが
同一のものとして判定されるということを確認できます。

リスト8-3 バイナリ比較とテキスト比較

```
標準モジュールModule1
Sub MySub()

    Dim msg As String: msg = "コンニチハ! My name is Bob."

    Debug.Print InStr(msg, "bob") > 0 'False
    Debug.Print InStr(1, msg, "bob", vbTextCompare) > 0 'True

    Debug.Print InStr(msg, "コンニチハ") > 0 'False
    Debug.Print InStr(1, msg, "コンニチハ", vbTextCompare) > 0 'True

    Debug.Print InStr(msg, "こんにちは") > 0 'False
    Debug.Print InStr(1, msg, "こんにちは", vbTextCompare) > 0 'True

End Sub
```

　引数*Compare*を省略した場合、Option Compareステートメントの指定に従いますが、それも省
略されている場合はvbBinaryCompare、つまりバイナリ比較となります。
　Option Compareステートメントの構文は以下のとおりで、モジュールの宣言セクションに記述し
ます。Binaryを指定した場合はバイナリ比較、Textを指定した場合はテキスト比較となります。ステー
トメントを記述しない場合の既定値はBinaryです。

```
Option Compare {Binary|Text}
```

文字列比較の方法の指定方法や、列挙型VbCompareMethodについては、Stringsモジュールの他のVBA関数でも頻繁に使用されますので、よく確認しておくとよいでしょう。

　文字列に含まれる指定の文字列を置換するには、Replace関数を使用します。

```
Replace(Expression, Find, Replace, [Start], [Count], [Compare])
```

　Replace関数は文字列式*Expression*から、文字列*Find*を見つけ出し、文字列*Replace*に置換をします。検索開始位置*Start*は省略すると最初からの検索となります。また、*Count*は置換をする回数を指定し、省略すると可能な置換をすべて行います。引数*Compare*は比較の種類を指定します。
　使用例をリスト8-4に示します。

リスト8-4 Replace関数による文字列の置換

```
標準モジュールModule1
Sub MySub()

    Dim tel As String: tel = "03.1234.5678"

    Debug.Print Replace(tel, ".", "-") '03-1234-5678
    Debug.Print Replace(tel, ".", "") '0312345678
    Debug.Print Replace(Replace(tel, ".", "(", Count:=1), ".", ")") '03(1234)5678

End Sub
```

　置換文字列を空文字とすることで、特定の文字列の削除を行うことができます。なお、空欄の削除をするのであれば、LTrim関数、RTrim関数、Trim関数を使用するほうがよいでしょう。
　また、置換の回数を組み合わせることで、より複雑なルールによる置換も可能です。

8-2-3 ◘ 文字列と配列

　VBA関数を使用することで、文字列と文字列を要素とする配列を変換したり、部分配列を生成したりすることが簡単に行なえます。ここでは、それらの機能を持つ3つの関数について紹介します。
　文字列から配列を生成するにはSplit関数を使用します。

```
Split(Expression, [Delimiter], [Limit], [Compare])
```

　Split関数は、文字列式*Expression*を区切り文字列*Delimiter*で分割し、それを配列として構成したものを戻り値として返します。*Delimiter*の既定値は半角スペースです。*Limit*には最大分割数を指定します。省略すると、可能な分割をすべて行います。*Compare*には比較の種類を指定します。

　Join関数は、文字列を要素とする配列から、1つの文字列を生成する関数です。これは、Split関

数の逆の操作といえます。

Join(*SourceArray, [Delimiter]*)

　配列*SourceArray*に含まれる文字列を、区切り文字列*Delimiter*で結合した文字列を返します。*Delimiter*の既定値は半角スペースです。
　文字列を要素とする配列から、特定の文字列を含むまたは含まない要素のみの配列を生成するのがFilter関数です。

Filter(*SourceArray, Match, [Include], [Compare]*)

　Filter関数は、文字列型の配列*SourceArray*からフィルタした要素のみの配列を戻り値として返します。引数*Include*がTrueならば文字列*Match*を含む要素のみ、Falseならば文字列*Match*を含まない要素のみのフィルタとなります。既定値はTrueです。*Compare*は比較の種類を列挙型VbCompareMethodから指定します。

　これらのVBA関数の使用例として、リスト8-5を実行してみましょう。

リスト8-5 文字列と配列

```
標準モジュールModule1
Option Base 1

Sub MySub()

    Dim text As String: text = "Bob Tom Ivy"
    Dim persons As Variant

    persons = Split(text)
    Call printArray(persons)
    Debug.Print Join(persons, ",")

    persons = Filter(persons, "o")
    Call printArray(persons)
    Debug.Print Join(persons, vbTab)

End Sub

Sub printArray(ByVal values As Variant)

    Dim i As Long
    For i = LBound(values) To UBound(values)
        Debug.Print i; values(i)
    Next i

End Sub
```

　SubプロシージャMySubを実行すると、イミディエイトウィンドウに以下のような出力が得られま

す。

```
0 Bob
1 Tom
2 Ivy
Bob,Tom,Ivy
0 Bob
1 Tom
Bob Tom
```

ここで注目すべき点は、生成された配列の下限値です。Option Baseステートメントで配列の下限値を1に指定しているにも関わらず、Split関数およびFilter関数で生成された配列は、その下限値が0になっています。Option Baseステートメントの有無に関わらず、常に下限値は0になりますので、注意するようにしましょう。

8-2-4 ▶ 文字列の書式指定

数値式、文字列式、日付式から、書式指定をした文字列を生成するには、Format関数を使用することができます。

```
Format(Expression, [Format], [FirstDayOfWeek], [FirstWeekOfYear])
```

書式指定の対象となる式*Expression* を、書式*Format* に従って書式指定をした文字列を返します。*Format* を省略した場合、式Expressionを文字列に変換して返します。*FirstDayOfWeek* には週の最初の曜日を、*FirstWeekOfYear* には年の最初の週を指定しますが、これらの引数は多くの場合、デフォルトで問題ないでしょう。

Format関数では、対象となる式*Expression* がどのデータ型を評価する式かで機能が異なりますので、順番に見ていきましょう。

数値式が対象の場合、書式*Format* には、名前付き数値書式を指定するか、記号文字などを組み合わせて作るユーザー定義数値書式を指定することができます。

名前付き数値書式は、表8-4に示す書式名を使用することができます。目的の書式名を文字列として引数*Format* として指定します。

表8-4 Format関数の名前付き数値書式

書式名	説明
General Number	桁区切り記号を付けずに数を表示
Currency	桁区切り記号を付けて小数部 2 桁までを表示
Fixed	少なくとも整数部 1 桁、小数部 2 桁を表示
Standard	桁区切り記号を付けて、少なくとも整数部 1 桁、小数部 2 桁を表示
Percent	数値を 100 倍して、右側にパーセント記号 (%) を付けて表示。小数部は常に2桁
Scientific	標準の指数表記
Yes/No	数値が 0 の場合は No、それ以外の場合は Yes を表示
True/False	数値が 0 の場合はFalse、それ以外の場合はTrue を表示
On/Off	数値が 0 の場合はOff、それ以外の場合はOnを表示

　名前付き数値書式で目的の書式がない場合は、表8-5に示す文字を組み合わせて、ユーザー定義数値書式を作成し、それを文字列として引数*Format*に指定します。

表8-5 ユーザー定義数値書式に使用できる文字

文字	説明
0	数字のプレースホルダー。1桁の数または0を表示 数値の桁数が書式の桁数よりも少ない場合は0で埋める
#	数字のプレースホルダー。1桁の数字または0を表示 数値の桁数が書式の桁数よりも少ない場合は何も表示されない
.	小数点
%	パーセント。数値を100倍して表示
,	1,000単位の桁区切り記号
E- E+ e- e+	指数形式で表示
- + $ ( )	リテラル文字。そのまま表示される
¥	エスケープ。次の文字を表示（円記号を表示する場合は「¥¥」）
"ABC"	二重引用符で囲まれた文字列を表示

　ユーザー定義数値書式では、セミコロン（;）で区切ることで、表8-6に示す4つのセクションについて個別に書式指定をすることができます。

表8-6 ユーザー定義数値書式のセクション

セクション数	第1セクション	第2セクション	第3セクション	第4セクション
1	すべての値	-	-	-
2	正の値と0	負の値	-	-
3	正の値	負の値	0	-
4	正の値	負の値	0	Null

　リスト8-6は、数値式に対するFormat関数の使用例です。実行して、その出力を確認してみましょう。

リスト8-6 数値式に対するFormat関数

```
標準モジュールModule1
Sub MySub()

    Dim number As Double: number = -123456.789
    Debug.Print Format(number, "Standard") '-123,456.79
    Debug.Print Format(number, "Currency") '-¥123,457
    Debug.Print Format(number, "Percent") '-12345678.90%
    Debug.Print Format(number, "On/Off") 'On
    Debug.Print Format(number, "0.0000") '-123456.7890
    Debug.Print Format(number, "#,##0;(#,##0)") '(123,457)

End Sub
```

　数値書式では、その書式によって特定の桁数で数値が四捨五入により丸められます。

　Format関数の対象となる式*Expression*が文字列式の場合、書式Formatには表8-7に示す文字を組み合わせたユーザー定義文字列書式を指定します。

表8-7 ユーザー定義文字列書式に使用できる文字

文字	説明
@	文字プレースホルダー。 文字またはスペースを表示
&	文字プレースホルダー。 文字または何も表示しない
<	すべての文字を小文字で表示
>	すべての文字を大文字で表示
!	プレースホルダーを左から右に向かって埋めるように設定（既定では、プレースホルダーは右から左の順に埋められる）

　ユーザー定義文字列書式では、セミコロン（;）で区切ることで、表8-8に示す2つのセクションについて個別に書式指定をすることができます。

表8-8 ユーザー定義文字列書式のセクション

セクション数	第1セクション	第2セクション
1	すべての値	-
2	文字列	Nullと空文字

　リスト8-7に文字列式に対するFormat関数の使用例を示します。実行して、イミディエイトウィンドウの出力を確認してみましょう。

リスト8-7 文字列式に対するFormat関数

```
標準モジュールModule1
Sub MySub()

    Dim myName As String: myName = "Bob"
    Debug.Print Format(myName, "@") & "です" 'Bobです
    Debug.Print Format(myName, "@@@@") & "です" ' Bobです
    Debug.Print Format(myName, "@@@@@") & "です" '  Bobです
    Debug.Print Format(myName, "!@@@@@") & "です" 'Bob  です
```

```
    Debug.Print Format(myName, "<") 'bob
    Debug.Print Format(myName, ">") 'BOB

End Sub
```

Format関数の対象となる式*Expression*が日付式であれば、書式*Format*には、表8-9に示す名前付き日付書式を指定するか、表8-10に示す記号文字などを組み合わせて作るユーザー定義日付書式を指定します。

表8-9 Format関数の名前付き日付書式

書式名	説明
General Date	システムの書式にしたがって日付と時刻のどちらか、または両方を表示
Long Date	システムの長い日付形式の書式に従って日付を表示
Medium Date	システムの中間の長さの日付書式を使用して日付を表示
Short Date	システムの短い日付書式を使用して日付を表示
Long Time	システムの長い時刻形式を使用して時刻を表示
Medium Time	システムの中間の長さの時刻形式を使用して時刻を表示
Short Time	システムの長い時刻形式を使用して時刻を表示

表8-10 ユーザー定義日付書式に使用できる文字

種別	記号	範囲	説明
区切り記号	/	-	日付の区切り記号
	:	-	時刻の区切り記号
西暦	yy	00〜99	2桁の西暦年
	yyyy	100〜9999	3桁または4桁の西暦年
和暦	g	M〜R	アルファベット1文字の年号
	gg	明〜令	漢字1文字の年号
	ggg	明治〜令和	漢字の年号
	e	0〜99	1桁または2桁の和暦年
	ee	00〜99	2桁の和暦年
四半期	q	1〜4	1〜3月が1となる
月	m	1〜12	1桁または2桁の月（前にhが存在していれば1桁または2桁の分が表示）
	mm	01〜12	2桁の月（前にhが存在していれば2桁の分が表示）
	mmm	Jan〜Dec	月を表すアルファベットの省略形
	mmmm	January〜December	月を表すアルファベット
週	ww	1〜54	週を表す数字（既定では1年のうち最初の週が1）
日	d	1〜31	1桁または2桁の日
	dd	01〜31	2桁の日
曜日	w	1〜7	曜日を表す数字（既定では日曜日が1）
	ddd	Sun〜Sat	アルファベット3文字の曜日
	dddd	Sunday〜Saturday	アルファベットの曜日
	aaa	日〜土	漢字1文字の曜日
	aaaa	日曜日〜土曜日	漢字の曜日

午前/午後	A/P	A〜P	午前/午後を表すアルファベット1文字
	a/p	a〜p	
	AM/PM	AM〜PM	午前/午後を表すアルファベット
	am/pm	am〜pm	
時	h	0〜23	1桁または2桁の時
	hh	00〜23	2桁の時
分	n	0〜59	1桁または2桁の分（前にhがある場合のみmを使用可）
	nn	00〜59	2桁の分（前にhがある場合のみmmを使用可）
秒	s	0〜59	1桁または2桁の秒
	ss	00〜59	2桁の秒

　リスト8-8は、日付式に対するFormat関数の使用例です。実行して、その出力を確認してみましょう。

リスト8-8 日付式に対するFormat関数

```
標準モジュールModule1
Sub MySub()

    Dim myDate As Date: myDate = #4/5/2019 9:08:07 AM#

    Debug.Print Format(myDate, "General Date") '2019/04/05 9:08:07
    Debug.Print Format(myDate, "Long Date") '2019年4月5日
    Debug.Print Format(myDate, "Medium Date") '19-04-05
    Debug.Print Format(myDate, "Short Date") '2019/04/05
    Debug.Print Format(myDate, "Long Time") '9:08:07
    Debug.Print Format(myDate, "Medium Time") '09:08 午前
    Debug.Print Format(myDate, "Short Time")  '09:08

    Debug.Print Format(myDate, "dddd, mmmm dd yyyy hh:nn:ss AM/PM")
    'Friday, April 05 2019 09:08:07 AM

    Debug.Print Format(myDate, "ddd, mmm d 'yy h:n:s a/p")
    'Fri, Apr 5 '19 9:8:7 a

    Debug.Print Format(myDate, "gggee年mm月dd日(aaaa) hh時nn分ss秒")
    '平成31年04月05日(金曜日) 09時08分07秒

    Debug.Print Format(myDate, "ge年m月d日(aaa) h時n分s秒")
    'H31年4月5日(金) 9時8分7秒

    Debug.Print Format(myDate, "第qクォーター、ww週目、曜日の数値はw")
    '第2クォーター、14週目、曜日の数値は6

End Sub
```

8-3-1 ▶ DateTimeモジュールとは

DateTimeモジュールは、日付や時刻に関する操作を行うプロシージャをまとめたモジュールです。日付値からの要素の取得、日付値の生成や演算などを行うメンバーが含まれています。主なメンバーを表8-11にまとめています。

表8-11 DateTimeモジュールの主なメンバー

メンバー	説明
Property **Date** As Variant	現在の日付
Function **DateAdd**(*Interval As String*, *Number As Double*, *Date*)	日付*Date*について*Interval*に指定した要素に数値*Number*を加算して返す
Function **DateDiff**(*Interval As String*, *Date1*, *Date2*, [*FirstDayOfWeek As* VbDayOfWeek = vbSunday], [*FirstWeekOfYear As* VbFirstWeekOfYear = vbFirstJan1])	*Interval*に指定した要素について、日付*Date1*と日付*Date2*の差を返す
Function **DatePart**(*Interval As String*, *Date*, [*FirstDayOfWeek As* VbDayOfWeek = vbSunday], [*FirstWeekOfYear As* VbFirstWeekOfYear = vbFirstJan1])	日付*Date*の*Interval*で指定した要素を返す
Function **DateSerial**(*Year As Integer*, *Month As Integer*, *Day As Integer*)	整数で指定する年*Year*、月*Month*、日*Day*から日付値を返す
Function **DateValue**(*Date As String*)	文字列*Date*から日付のみを持つ日付値を返す
Function **Day**(*Date*)	引数*Date*から日を取り出し1～31の整数で返す
Function **Hour**(*Time*)	引数*Time*から時を取り出し0～23の整数で返す
Function **Minute**(*Time*)	引数*Time*から分を取り出し0～59の整数で返す
Function **Month**(*Date*)	引数*Date*から月を取り出し1～12の整数で返す
Property **Now** As Variant	現在の日付と時刻
Function **Second**(*Time*)	引数*Time*から秒を取り出し0～59の整数で返す
Property **Time** As Variant	現在の時刻
Property **Timer** As Single	0時からの経過秒数
Function **TimeSerial**(*Hour As Integer*, *Minute As Integer*, *Second As Integer*)	整数で指定する年*Hour*、分*Minute*、秒*Second*から日付値を返す
Function **TimeValue**(*Time As String*)	文字列*Time*から時刻のみを持つ日付値を返す
Function **Weekday**(*Date*, [*FirstDayOfWeek As* VbDayOfWeek = vbSunday])	引数*Date*から曜日を取り出し1～7の整数で返す。既定では日曜日が1
Function **Year**(*Date*)	引数*Date*から年を取り出し整数で返す

リスト8-9はDateTimeモジュールの各メンバーの動作を確認するものです。実行して、それぞれのメンバーの役割を確認しましょう。

```
標準モジュールModule1
Sub MySub()

    Debug.Print Now '現在の日時
    Debug.Print Date '現在の日付
    Debug.Print Time '現在の時刻
    Debug.Print Timer '0時からの経過秒数

    Debug.Print DateSerial(2019, 4, 5) '2019/04/05
    Debug.Print DateValue("2019/4/5") '2019/04/05
    Debug.Print DateValue("2019年4月5日")  '2019/04/05

    Debug.Print TimeSerial(7, 8, 9) '7:08:09
    Debug.Print TimeValue("7:8:9") '7:08:09
    Debug.Print TimeValue("7時8分9秒") '7:08:09

    Dim myDate As Date: myDate = #4/5/2019 7:08:09 AM#

    Debug.Print Year(myDate), Month(myDate), Day(myDate) ' 2019      4       5
    Debug.Print Weekday(myDate) '6
    Debug.Print Hour(myDate), Minute(myDate), Second(myDate) ' 7        8        9

    Debug.Print DateDiff("yyyy", #1/1/1993#, myDate) ' 26
    Debug.Print DateAdd("m", 11, myDate)  '2020/03/05 7:08:09
    Debug.Print DatePart("q", myDate) ' 2

End Sub
```

8-3-2 ▶ 日付／時刻を生成する

　DateSerial関数およびTimeSerial関数は、各要素を表す整数値から、日付や時刻を生成する関数です。

　DateSerial関数は、年、月、日を与えて日付を生成する関数です。

```
DateSerial(Year, Month, Day)
```

　年、月、日をそれぞれ整数で必須の引数*Year*、*Month*、*Day*に指定することで、戻り値として日付値を返します。

　年*Year*は2桁までの整数の場合は、1930年から2029年の範囲内の年と解釈されます。確実に指定するのであれば、3桁以上で指定したほうがよいでしょう。

　通常、月*Month*は1から12の範囲、日*Day*は1から該当月の日数の上限を指定します。ただし、月数や日数の上限を超える数や、0以下の数値を指定することができます。その場合は、状況に応じて上位の単位に繰り上げや繰り下げが行われます。たとえば、*Day*に0を指定した場合は、前月の末日を表す日付が返されます。

　TimeSerial関数は必須の引数*Hour*、*Minute*、*Second*に、それぞれ時、分、秒を表す整数を指定

することで、時刻を生成して返します。

TimeSerial(*Hour, Minute, Second*)

TimeSerial関数は日付型の初期値である1899/12/30のいずれかの時刻を返します。

時Hourは0から23の範囲で指定します。範囲を超えた値を指定した場合、上位の単位である日が繰り上がります。分Minuteおよび秒Secondは0から59の範囲で指定しますが、その範囲を超える値や負の整数を指定した場合、上位の単位に繰り上げや繰り下げが行われます。

DateSerial関数とTimeSerial関数の使用例を、リスト8-10に示しますので、その出力を確認してみましょう。

リスト8-10 DateSerial関数とTimeSerial関数

```
標準モジュールModule1
Sub MySub()

    Debug.Print DateSerial(2019, 4, 5) '2019/04/05
    Debug.Print DateSerial(2019, 13, 5) '2020/01/05
    Debug.Print DateSerial(2019, 0, 5) '2018/12/05
    Debug.Print DateSerial(2019, 4, 31) '2019/05/01
    Debug.Print DateSerial(2019, 4, 0) '2019/03/31

    Debug.Print TimeSerial(7, 0, 0) '7:00:00
    Debug.Print TimeSerial(7, 70, 0) '8:10:00
    Debug.Print TimeSerial(7, -10, 0) '6:50:00
    Debug.Print TimeSerial(7, 0, 70) '7:01:10
    Debug.Print TimeSerial(7, 0, -10) '6:59:50

End Sub
```

8-3-3 ▶ 日付／時刻の演算をする

DateTimeモジュールのDateAdd関数、DateDiff関数、DatePart関数は日付型データの演算を行います。

DateAdd関数は日付の加算を行う関数で、その構文は以下のとおりです。

DateAdd(*Interval, Number, Date*)

日付型のデータ*Date*について、*Interval*に指定した要素に、数値*Number*を加算して返します。すべての引数を指定する必要があります。

引数*Interval*には表8-12に指定する文字列を指定します。たとえば、*Interval*に文字列"m"を指定し、*Number*に数値1を指定した場合、日付*Date*の翌月の日付値が返されます。

表8-12 引数Intervalに指定する文字列

文字列	説明
yyyy	年
q	四半期
m	月
ww	週
d	日
h	時
n	分
s	秒

DateDiff関数は日付の差を求める関数で、書式は以下のとおりです。

```
DateDiff(Interval, Date1, Date2, [FirstDayOfWeek], [FirstWeekOfYear])
```

引数*Interval*に指定した要素について、日付*Date1*と日付*Date2*の差を返します。*Interval*は DateAdd関数の引数と同様で、表8-12に示すいずれかの文字列を指定します。省略可能な引数として*FirstDayOfWeek*には週の最初の曜日を、*FirstWeekOfYear*には年の最初の週を指定します。

DatePart関数は日付から指定した要素の値を取り出す関数です。

```
DatePart(Interval, Date, [FirstDayOfWeek], [FirstWeekOfYear])
```

日付*Date*について引数*Interval*で指定した要素を取り出して返します。*Interval*の指定値は表 8-12に示すいずれかの文字列です。

リスト8-11は、これらの関数の使用例です。実行して動作を確認してみましょう。

リスト8-11 日付・時刻の演算

```vb
標準モジュールModule1
Sub MySub()

    Dim myDate As Date: myDate = #4/5/2019 7:08:09 AM#

    Debug.Print DateAdd("m", 3, myDate) '2019/07/05 7:08:09
    Debug.Print DateAdd("d", -5, myDate) '2019/03/31 7:08:09
    Debug.Print DateAdd("n", 55, myDate) '2019/04/05 8:03:09

    Debug.Print DateDiff("m", #1/1/2019#, myDate) '3
    Debug.Print DateDiff("d", #1/1/2019#, myDate) '94

    Debug.Print DatePart("yyyy", myDate) '2019
    Debug.Print DatePart("q", myDate) '2
    Debug.Print DatePart("h", myDate) '7

End Sub
```

8-4 数学演算を実行する──Mathモジュール

8-4-1 ▶ Mathモジュールとは

Mathモジュールは、数学関連の演算を行うプロシージャをまとめたモジュールです。その主なメンバーを表8-13にまとめています。

表8-13 Mathモジュールの主なメンバー

メンバー	説明
Function **Abs**(*Number*)	数値*Number*の絶対値を返す
Function **Atn**(*Number As Double*) As Double	数値*Number*のアークタンジェントを返す
Function **Cos**(*Number As Double*) As Double	数値*Number*のコサインを返す
Function **Exp**(*Number As Double*) As Double	自然対数の底を数値*Number*でべき乗をした値を返す
Function **Log**(*Number As Double*) As Double	数値*Number*の自然対数を返す
Sub **Randomize**([*Number*])	乱数ジェネレーターを初期化する 引数*Number*はシード値を指定し、省略した場合はTimer関数の戻り値が使用される
Function **Rnd**([*Number*]) As Single	0以上1未満の疑似乱数を返す 引数*Number*に正の値を指定すると次の乱数を、0を指定すると直前の乱数の値を、負の値を指定すると、それをシード値とした場合の同じ数値を返す
Function **Round**(*Number*, [*NumDigitsAfter Decimal As Long*])	数値*Number*を偶数丸めした値を返す *NumDigitsAfterDecimal*には小数点以下の桁数を指定する（既定値は0）
Function **Sgn**(*Number*)	数値*Number*の符号を表す数値を返す *Number*が0より大きければ1、0であれば0、0より小さければ-1を返す
Function **Sin**(*Number As Double*) As Double	数値*Number*のサインを返す
Function **Sqr**(*Number As Double*) As Double	数値*Number*の平方根を返す
Function **Tan**(*Number As Double*) As Double	数値*Number*のタンジェントを返す

リスト8-12はMathモジュールのいくつかのメンバーの動作を確認するものです。実行して、それぞれのメンバーがどのような働きをするかを確認しましょう。

リスト8-12 Mathモジュールのメンバー

```
標準モジュールModule1
Sub MySub()

    Debug.Print Abs(-3) '3
    Debug.Print Sgn(-3) '-1
    Debug.Print Sqr(3) '1.73205080756888

    Debug.Print Round(1.5) '2
    Debug.Print Rnd  '0～1未満の疑似乱数

End Sub
```

Round関数について注意点がありますので、補足をしておきます。Excelのワークシート関数で、数値の四捨五入を行う同名のROUND関数があるので勘違いをしやすいですが、VBAのRound関数は四捨五入ではなく、偶数丸めとなります。

　偶数丸めは、端数が0.5より小さいなら切り捨て、0.5より大きいなら切り上げ、ちょうど0.5のときは偶数になるほうに丸められます。リスト8-13を実行すると、その動作が確認できるでしょう。

リスト8-13 Round関数による偶数丸め

```
標準モジュールModule1
Sub MySub()

    Debug.Print 0.4, Round(0.4) '0.4    0
    Debug.Print 0.5, Round(0.5) '0.5    0
    Debug.Print 0.6, Round(0.6) '0.6    1

    Debug.Print 1.4, Round(1.4) '1.4    1
    Debug.Print 1.5, Round(1.5) '1.5    2
    Debug.Print 1.6, Round(1.6) '1.6    2

    Debug.Print 2.4, Round(2.4) '2.4    2
    Debug.Print 2.5, Round(2.5) '2.5    2
    Debug.Print 2.6, Round(2.6) '2.6    3

End Sub
```

　一般的に求められる端数処理は偶数丸めよりも、四捨五入のときが多いかもしれません。そのような場合は、Round関数ではなく、他の方法を使う必要があります。

　戻り値が文字列型でも問題ないのであれば、Format関数を使って「Format関数(*Number*, "0")」と指定する方法があります。また、Excelライブラリで提供されているWorksheetFunctionクラスのRoundメソッドを使用することも可能です。WorksheetFunctionクラスについては、11章で詳しく紹介します。

8-4-2 ▸ 乱数を生成する

　VBAではRnd関数を使用することで、疑似乱数を生成することができます。Rnd関数の書式は以下のとおりです。

Rnd([*Number*])

　Rnd関数は引数*Number*によって、どのように戻り値を返すかが決まります。それについて表8-14にまとめています。

表8-14 Rnd関数の引数Number

引数 Number の値	戻り値
0より大きい	疑似乱数シーケンスの次の値
0	直前に生成した値
0より小さい	*Number*をシード値とした場合の同じ値

0より大きい値を設定した場合、もしくは引数*Number*を省略した場合は、Rnd関数は0以上1未満の疑似乱数を返します。*Number*に0を指定すると、直前に生成した疑似乱数を再度返します。

Rnd関数が疑似乱数を生成するとき、シード値と呼ばれる値を元に何らかの計算のもと値を生成しています。シード値が等しいのであれば、常に同じ値が生成されます。引数*Number*に負の値を設定した場合は、その値をシード値として値を生成するので、*Number*が同じであれば常に同じ値を生成します。

多くの場合、Rnd関数の引数*Number*を指定する必要はないかもしれません。

ここで、注意すべきは、ブックを開いた時点で使用される初期シードは常に等しいということです。シード値が等しければ、次の値も同じになりますから、結果的に生成される疑似乱数シーケンスは常に一定となります。つまり、真にランダムではなく、一定のルールのもと一定の数値列が生成されるのです。これが「疑似乱数」と呼ばれている所以です。

そこで、生成される値にばらつきを持たせるために、Randomizeステートメントを使用してシード値を設定することができます。

```
Randomize([Number])
```

Randomizeステートメントは引数*Number*をシード値として新たに設定します。*Number*は省略すると、Timer関数の戻り値が使用されますので、多くの場合でその設定値が異なることが期待できます。

たとえば、リスト8-14をご覧ください。

リスト8-14 Rnd関数による乱数の生成

```
標準モジュールModule1
Sub MySub()

    'Randomize
    Debug.Print Rnd
    Debug.Print Rnd
    Debug.Print Rnd

End Sub
```

Randomizeステートメントをコメントアウトにより無効にした状態で実行する場合、ブックを立ち上げ直すたびに毎回同じ擬似乱数シーケンスが生成されていることが確認できます。Randomizeステートメントをコメントインして有効とした上で、同様にブックの立ち上げ直しとプロシージャを実

行すると、毎回生成される疑似乱数シーケンスが異なります。

著者の環境で実施した結果を表8-15にまとめておきます。

表8-15 Randomizeステートメントと疑似乱数シーケンス

Randomize ステートメント	疑似乱数シーケンス		
	1回目	2回目	3回目
無効	0.7055475	0.7055475	0.7055475
	0.5334240	0.5334240	0.5334240
	0.5795186	0.5795186	0.5795186
有効	0.5967676	0.8679621	0.1522333
	0.2191387	0.3586804	0.0996167
	0.4442495	0.1662496	0.1621907

Rnd関数を使用するときに、その範囲についてx以上、y未満としたい場合には、以下のような数式を使うとよいでしょう。

Rnd * (y − x) + x

また、その範囲を整数に限定したい場合は、小数点以下を切り捨てするInt関数を用いて以下のようにすることができます。

Int(Rnd * (y − x + 1) + x)

リスト8-15は1から6までの整数をRnd関数で生成するプロシージャです。実行すると、1から6までの整数が5つイミディエイトウィンドウに出力されます。

リスト8-15 Rnd関数で整数の乱数を生成

```
標準モジュールModule1
Sub MySub()

    Dim x As Long: x = 1
    Dim y As Long: y = 6

    Randomize
    Dim i As Long
    For i = 1 To 5
        Debug.Print Int(Rnd * (y − x + 1) + x)
    Next i

End Sub
```

8-5 データ型の変換をする──Conversionモジュール

8-5-1 ▶ Conversionモジュールとは

Conversionモジュールは、値の変換やそのデータ型の変換を行うプロシージャをまとめたモジュール群です。その主なメンバーを表8-16にまとめています。

表8-16 Conversionモジュールの主なメンバー

メンバー	説明
Function **CBool**(*Expression*) As Boolean	式*Expression*をBoolean型に変換して返す
Function **CByte**(*Expression*) As Byte	式*Expression*をByte型に変換して返す
Function **CCur**(*Expression*) As Currency	式*Expression*をCurrency型に変換して返す
Function **CDate**(*Expression*) As Date	式*Expression*をDate型に変換して返す
Function **CDbl**(*Expression*) As Double	式*Expression*をDouble型に変換して返す
Function **CInt**(*Expression*) As Integer	式*Expression*をInt型に変換して返す
Function **CLng**(*Expression*) As Long	式*Expression*をLong型に変換して返す
Function **CSng**(*Expression*) As Single	式*Expression*をSingle型に変換して返す
Function **CStr**(*Expression*) As String	式*Expression*をString型に変換して返す
Function **CVar**(*Expression*)	式*Expression*をVariant型に変換して返す
Function **CVErr**(*Expression*)	式*Expression*のエラー番号をエラー値に変換して返す
Function **Error**([*ErrorNumber*])	エラー番号*ErrorNumber*に対応するメッセージを返す *ErrorNumber*を省略した場合、エラーが発生していれば直前のエラーメッセージを返し、エラーが発生していない場合は空文字を返す
Function **Fix**(*Number*)	数値*Number*の整数部を返す *Number*が負の数の場合、それを超えない最小の負の整数を返す
Function **Hex**(*Number*)	数値*Number*を16進数で表す文字列を返す
Function **Int**(*Number*)	数値*Number*の整数部を返す *Number*が負の数の場合、それを超えない最大の負の整数を返す
Function **Oct**(*Number*)	数値*Number*を8進数で表す文字列を返す
Function **Str**(*Number*)	数値*Number*を文字列に変換して返す
Function **Val**(*String As String*) As Double	文字列*String*に含まれる数字を数値に変換して返す

8-5-2 ▶ データ型を変換する

VBAでは、状況に応じて型変換は自動で行われます。たとえば、値を型宣言されている変数に代入するときには、型変換が行われます。しかし、確実にもしくは明示的に型変換を行いたいときがあります。そのようなときには、Conversion モジュールで提供されている、CBool関数、CLng関数、CDate関数などの、アルファベット「C」とデータ型の短縮表現による関数群や、その他いくつかの関数を使用することができます。

リスト8-16はそれらのデータ型を変換する関数の使用例となります。

リスト8-16 データ型変換関数

```
標準モジュールModule1
Sub MySub()

    Debug.Print CBool(100 / 3) 'True
    Debug.Print CBool("False") 'False
    'Debug.Print CBool("Hoge") 'エラー: 型が一致しません

    Debug.Print CByte(100 / 3) '33
    Debug.Print CInt(100 / 3) '33
    Debug.Print CLng(100 / 3) '33
    'Debug.Print CInt(100000 / 3) 'エラー:オーバーフローしました

    Debug.Print CCur(100 / 3) '33.3333
    Debug.Print CSng(100 / 3) '33.33333
    Debug.Print CDbl(100 / 3) '33.3333333333333

    Debug.Print CDate("4/5 7:8") '2019/04/05 7:08:00
    Debug.Print CDate("4月5日 7時8分") '2019/04/05 7:08:00

    Debug.Print CStr(100 / 3) '33.3333333333333
    Debug.Print CStr(True) 'True
    Debug.Print CStr(#4/5/2019#) '2019/04/05

    Debug.Print CVar(123 & "000") '123000

    Debug.Print CVErr(2001) 'エラー 2001
    Debug.Print Error(2001) 'アプリケーション定義またはオブジェクト定義のエラーです。

    Debug.Print Str(100 / 3) ' 33.3333333333333
    Debug.Print Str(-100 / 3) '-33.3333333333333
    Debug.Print Val("123円") '123
    Debug.Print Val("4月5日") '4

End Sub
```

　アルファベット「C」からはじまるデータ型変換関数は、いずれも引数 *Expression* の値が変換後の
データ型の範囲を超える場合にはエラーとなります。リスト8-16の例にあるとおり、CBool関数に文
字列を与えたとき、CInt関数で32,767を超える数値を与えたときなどです。

　また、CBool、CByte、CInt、CLngの整数部だけ取り出す関数では、小数点以下について偶数丸
めがなされます。

　その他のデータ型を変換する関数として、Str関数とVal関数について補足をしておきます。

　Str関数は引数で与えられた数値 *Number* を文字列に変換して返す関数です。

Str(*Number*)

　Str関数は数値が正であれば半角スペースを、負であればマイナス記号（-）を文字列の先頭に付与
するという特殊な変換を行います。数値をそのまま文字列化する場合は、CStr関数を、書式を指定し

たい場合はFormat関数を使用できますので、Str関数を使用する機会は多くはないかもしれません。

Val関数は文字列に含まれる数字を数値に変換して返す関数です。

```
Val(String)
```

文字列*String*の先頭から数値として判定できるところまでを取り出し、数値に変換して返します。数値への変換ができない場合は0を返します。たとえば、先頭に「¥」が含まれているときなどは0を返します。

Val関数はCStr関数と異なり、数値として判定できない文字が含まれている場合でもエラーとはなりません。

さて、VBAではデータ型を変換する関数が、複数のモジュールに点在していますので、ここで主に使用するものを目的別に表8-17としてまとめておきましょう。

表8-17 データ型の変換に使用する関数

変換前のデータ型	変換後のデータ型	関数	説明
数値	数値	CLng関数 CSng関数 ほか	範囲を超える値を指定した場合はエラー
ブール値			Trueが-1、Falseが0
日付	数値		シリアル値
文字列			変換できない文字を含む場合はエラー
		Val関数	文字列から数値を検出する
数値	ブール値	CBool関数	0がFalse、それ以外はTrue
日付			#1899/12/30 0:0:0#がFalse、それ以外はTrue
文字列			"True"がTrue、"False"がFalse、それ以外はエラー
数値	日付	CDate関数	整数部を日付部、小数部を時刻部として変換
ブール値			Trueが"1899/12/29"、Falseが"0:00:00"
文字列			日付として解釈できない場合はエラー
数値	文字列	CStr関数	そのまま文字列に変換
		Format関数	書式設定が可能
ブール値		CStr関数 Format関数	Trueが"True"、Falseが"False"
日付		CStr関数	標準の書式で文字列に変換
		Format関数	書式設定が可能
数値	エラー値	CVErr関数	エラー番号をエラー値に変更

変換前のデータ型、変換後のデータ型はもちろん、引数として与える値がどのような状態か、エラーが発生する可能性はあるかどうか、書式設定をするかどうかなどで、各関数を使い分ける必要があります。

8-5-3 ▶ 数値を変換する

Conversionモジュールには、データ型を変換する関数以外にも、数値の変換をする関数がいくつか用意されています。リスト8-17はそのいくつかの関数の動作を確認するものです。実行して、それぞれのメンバーがどのような働きをするかを確認しましょう。

リスト8-17 値の変換

```
標準モジュールModule1
Sub MySub()

    Debug.Print Int(-100 / 3) '-34
    Debug.Print Fix(-100 / 3) '-33

    Debug.Print Hex(255) 'FF
    Debug.Print Oct(255) '377

End Sub
```

Int関数、Fix関数はいずれも数値の整数部を返す関数です。

```
Int(Number)
```

```
Fix(Number)
```

引数Numberが0以上であるときには同じ動作となりますが、0未満のときはその結果が異なります。Int関数がNumberを超えない最大の整数を返すのに対して、Fix関数はNumber以上の最小の整数を返します。

負の数値の取り扱う可能性がある場合は、目的に応じて使い分けるようにしましょう。

8-6 値の情報を得る──Informationモジュール

8-6-1 ▶ Informationモジュールとは

Informationモジュールは、値のチェックをしたり、値の情報を取得したりするためのプロシージャをまとめたモジュールです。

表8-18にInformationモジュールの主なメンバーについてまとめています。

表8-18 Informationモジュールの主なメンバー

メンバー	説明
Function **IMEStatus**() As VblMEStatus	Windowsの入力方式エディター IMEの現在のモードを表す整数を返す
Function **IsArray**(*VarName*) As Boolean	変数*VarName*が配列かどうかを表すブール値を返す
Function **IsDate**(*Expression*) As Boolean	式*Expression*が日付式である、または日付および時刻として認識できるかどうかを表すブール値を返す
Function **IsEmpty**(*Expression*) As Boolean	式*Expression*が初期化されているかどうかを表すブール値を返す　通常*Expression*には変数が指定される
Function **IsError**(*Expression*) As Boolean	式*Expression*がエラー値かどうかを表すブール値を返す
Function **IsMissing**(*ArgName*) As Boolean	省略可能なVariant型のパラメータ*ArgName*が省略されたかどうかを表すブール値を返す
Function **IsNull**(*Expression*) As Boolean	式*Expression*がNullかどうかを表すブール値を返す
Function **IsNumeric**(*Expression*) As Boolean	式*Expression*が数値式として評価できるかどうかを示すブール値を返す
Function **IsObject**(*Expression*) As Boolean	式*Expression*がオブジェクト式であるかどうかを示すブール値を返す
Function **QBColor**(*Color As Integer*) As Long	カラーインデックス番号*Color*に対応するRGBカラーコードを返す
Function **RGB**(*Red As Integer*, *Green As Integer*, *Blue As Integer*) As Long	色の要素*Red*、*Green*、*Blue*の組み合わせに対応するRGBカラーコードを返す
Function **TypeName**(*VarName*) As String	変数*VarName*の情報を表す文字列を返す
Function **VarType**(*VarName*) As VbVarType	変数*VarName*のデータ型を表す整数を返す

指定した値について様々なことをチェックする「Is」ではじまる名称の関数群、またはそのデータ型などの情報を得るVarType関数やTypeName関数、そしてRGBカラーコードやIMEの状態を取得する関数などが含まれています。

8-6-2 ▣ 値をチェックする

Informationモジュールでは「Is」ではじまる名称の関数で、引数で与えた値について様々なことをチェックすることができます。それら関数の戻り値はブール値なので、そのまま条件式として使用することができます。

リスト8-18は、数値、日付、配列、オブジェクトについてチェックをする例です。実行してイミディエイトウィンドウの出力を確認してみましょう。

リスト8-18 数値、日付、配列、オブジェクトのチェック

```
標準モジュールModule1
Sub MySub()

    Debug.Print IsNumeric(10) 'True
    Debug.Print IsNumeric("10") 'True
    Debug.Print IsNumeric("Hoge") 'False

    Debug.Print IsDate(#4/5/2019#) 'True
    Debug.Print IsDate("4/5") 'True
```

283

```
    Debug.Print IsDate(10) 'False

    Dim numbers(1 To 2) As Long
    Debug.Print IsArray(numbers) 'True
    Debug.Print IsArray(10) 'False

    Dim c As Class1
    Debug.Print IsObject(c) 'True
    Debug.Print c Is Nothing 'True

End Sub
```

これらの関数では引数が別のデータ型であったとしても、そのデータ型と認識可能な場合にはTrueを返します。たとえば、文字列の"10"はIsNumeric関数でTrueになりますし、文字列の"4/5"はIsDate関数でTrueになります。

IsObject関数は、引数で与えられた式がオブジェクト式かどうかを判定します。参照値が格納されていないオブジェクト変数でもTrueを返します。参照値がセットされていないかどうかは、Is演算子でNothingと比較することで判定します。

> 📝 **Memo** お気づきかもしれませんが、IsBoolean関数、IsString関数は残念ながら存在していません。文字列やブール値をはじめ、Infomationモジュールで判定をする関数が用意されていないデータ型について判定をするには、後述するTypeName関数やVarType関数を使用する方法があります。

リスト8-19はEmpty、Null、エラー値についてチェックをする例です。実行して動作を確認してみましょう。

リスト8-19 Empty、Null、エラー値のチェック

```
標準モジュールModule1
Sub MySub()

    Dim v As Variant
    Debug.Print IsEmpty(v) 'True

    v = 10
    Debug.Print IsEmpty(v) 'False

    v = Null
    Debug.Print IsNull(v) 'True

    v = ActiveCell.Value '※アクティブセルの値はエラー値
    Debug.Print IsError(v) 'True

End Sub
```

IsEmpty関数は初期化されていない変数を指定した場合、またはEmpty値である場合にTrueを返します。

IsNull関数は式にNull値が含まれているかどうかを判定します。代わりに「Expression = Null」や「Expression <> Null」を判定するための条件式とするのは避けたほうがよいでしょう。Nullを含む条件式は、ブール値を返さずにNullを返してしまうので、正しい結果を得られません。

　IsMissing関数は省略可能なVariant型のパラメータが省略されたかどうかを判定する関数です。例としてリスト8-20をご覧ください。

リスト8-20 IsMissing関数

```
標準モジュールModule1
Sub MySub()

    Call SayHello

End Sub

Sub SayHello(Optional myName As Variant)

    If IsMissing(myName) Then myName = InputBox("名前は？")

    Dim msg As String: msg = "Hello," & myName & "!"
    MsgBox msg

End Sub
```

　引数を渡さずにプロシージャSayHelloを呼び出すと、それを判定してInputBox関数を実行します。
　IsMissing関数はVariant型のパラメータのみを判定します。Variant型のパラメータが存在していなければFalseを返します。つまり、Variant型以外のデータ型のパラメータが省略されているかどうかは判定することができません。また、ParamArrayに対して使用をしても、常にFalseを返します。
　省略された引数については、Optionalキーワードの既定値が指定できますので、IsMissing関数はそれ以外の目的で使用するとよいでしょう。

8-6-3 ▣ 値の情報を取得する

　値のチェックをする際に、それが「Is」ではじまる名称の関数で対応ができない場合は、値について情報を取得するVarType関数およびTypeName関数を使用することができます。
　VarType関数は引数として与えた値についての情報を、整数で返します。

```
VarType(VarName)
```

　引数VarNameで与えた値について、そのデータ型などの情報を、表8-19に示す列挙型VbVarTypeで定義されている整数で返します。

表8-19 列挙型VbVarTypeのメンバー

定数	値	説明
vbEmpty	0	Empty値（未初期化）
vbNull	1	Null値（無効な値）
vbInteger	2	整数値
vbLong	3	長整数値
vbSingle	4	単精度浮動小数点値
vbDouble	5	倍精度浮動小数点値
vbCurrency	6	固定小数点値
vbDate	7	日付
vbString	8	文字列
vbObject	9	オブジェクト
vbError	10	エラー値
vbBoolean	11	ブール値
vbVariant	12	※バリアントの配列で使用される
vbByte	17	バイト値
vbArray	8192	配列

$VarName$が配列の場合は、vbArrayと他の定数との合計値が戻り値となります。たとえば、整数値の配列であれば、8192+2=8194となります。

TypeName関数は、引数として指定した値のデータ型などの情報を文字列で返します。

TypeName(*VarName*)

引数$VarName$で与えた値について、そのデータ型などの情報を表8-20に示す文字列で返します。値が配列の場合は、文字列の後ろに丸かっこ記号「()」が付与されます。

表8-20 TypeName関数の戻り値

戻り値	説明
固有オブジェクト型の名称	固有オブジェクト
Byte	バイト値
Integer	整数値
Long	長整数値
Single	単精度浮動小数点値
Double	倍精度浮動小数点値
Currency	通貨値
Date	日付
String	文字列
Boolean	ブール値
Error	エラー値
Empty	未初期化

（表8-20続き）

Null	Null値（無効な値）
Object	オブジェクト
Unknown	不明なオブジェクト
Nothing	参照をしていないオブジェクト変数

　リスト8-21はVarType関数とTypeName関数の使用例となります。実行してそれぞれの出力結果を比較してみましょう。

リスト8-21 VarType関数とTypeName関数

```
標準モジュールModule1
Sub MySub()

    Debug.Print VarType(10) '2
    Debug.Print TypeName(10) 'Integer

    Debug.Print VarType("Hoge") '8
    Debug.Print TypeName("Hoge") 'String

    Debug.Print VarType(#4/5/2019#) '7
    Debug.Print TypeName(#4/5/2019#) 'Date

    Debug.Print VarType(True) '11
    Debug.Print TypeName(True) 'Boolean

    Debug.Print VarType(Empty) '0
    Debug.Print TypeName(Empty) 'Empty

    Debug.Print VarType(Null) '1
    Debug.Print TypeName(Null) 'Null

    Debug.Print VarType(CVErr(2001)) '10
    Debug.Print TypeName(CVErr(2001)) 'Error

    Dim numbers(1 To 2) As Long
    Debug.Print VarType(numbers) '8195
    Debug.Print TypeName(numbers) 'Long()

    Dim c As Class1: Set c = New Class1
    Debug.Print VarType(c) '9
    Debug.Print TypeName(c) 'Class1

    Debug.Print VarType(Nothing) '9
    Debug.Print TypeName(Nothing) 'Nothing

    '※アクティブセルの値はエラー値
    Debug.Print VarType(ActiveCell) '10
    Debug.Print TypeName(ActiveCell) 'Range

End Sub
```

　VarType関数は、列挙型で定義されている整数を返しますので、If文による条件式作成時に入力補完の恩恵に預かることができます。注意点としては、引数にオブジェクトを指定したときに、既定の

メンバーが存在するならば、その値が判定されてしまうという点があります。リスト8-21のアクティブセルでエラー値を判定していることから、それを確認できます。

　TypeName関数は、オブジェクトについて、固有のオブジェクト名やNothing値も情報として取得ができます。オブジェクトの詳細について判定をする場合は、TypeName関数を使用することになるでしょう。

8-6-4 ▶ RGBカラーコードとIMEStatus

　QBColor関数とRGB関数はいずれもRGBカラーコードを取得する関数です。RGBカラーコードは通常は赤／緑／青の3色をそれぞれ2桁の16進数で表し、連結した計6桁の16進数です。

　RGB関数は色の要素Red、Green、Blueにそれぞれ数値を指定し、その組み合わせによるRGBカラーコードを返す関数です。

```
RGB(Red, Green, Blue)
```

　引数の指定値は10進数なら0〜255、16進数なら&00〜&FFとなります。

　QBColor関数は引数Colorに表8-21に示すカラーインデックス番号を指定することで、それに対応するRGBカラーコードを返します。

```
QBColor(Color)
```

表8-21 カラーインデックス番号とRGBカラーコード

数値	色	RGBカラーコード (16進数)
0	Black	000000
1	Blue	000080
2	Green	008000
3	Cyan	008080
4	Red	800000
5	Magenta	800080
6	Yellow	808000
7	White	C0C0C0
8	Gray	808080
9	Light Blue	0000FF
10	Light Green	00FF00
11	Light Cyan	00FFFF
12	Light Red	FF0000
13	Light Magenta	FF00FF
14	Light Yellow	FFFF00
15	Bright White	FFFFFF

リスト8-22はQBColor関数で生成したRGBカラーコードからRGBの成分をそれぞれ16進数の文字列として出力するものです。Hex関数やFormat関数の復習にもなりますので、実行して動作を確認してみましょう。

リスト8-22 QBColor関数とRGBカラーコード

```
標準モジュールModule1
Sub MySub()

    Dim i As Long
    For i = 0 To 15
        Dim color As Long: color = QBColor(i)

        Dim red As String, green As String, blue As String
        red = FormatHex(color Mod 256)
        green = FormatHex(Int(color / 256) Mod 256)
        blue = FormatHex(Int(color / 256 / 256))

        Debug.Print red, green, blue
    Next i

End Sub

Function FormatHex(ByVal number As Byte) As String

    FormatHex = Format(Hex(number), "00")

End Function
```

日本語入力ソフトウェアのIMEの状態を調べるにはIMEStatus関数を使うことができます。

IMEStatus

引数は不要で、戻り値としてIMEの状態を表す整数を返します。IMEの状態と整数の対応は表8-22に示す列挙型VbIMEStatusで定義されています。

表8-22 列挙型VbIMEStatusのメンバー

定数	値	説明
vbIMEModeNoControl	0	IMEが制御されていない
vbIMEModeOn	1	IMEがオンの状態
vbIMEModeOff	2	IMEがオフの状態
vbIMEModeDisable	3	IMEが無効
vbIMEModeHiragana	4	全角ひらがなモード
vbIMEModeKatakana	5	全角カタカナモード
vbIMEModeKatakanaHalf	6	半角カタカナモード
vbIMEModeAlphaFull	7	全角英数字モード
vbIMEModeAlpha	8	半角英数字モード

イミディエイトウィンドウでリスト8-23を実行して、現在のIMEの状態を調べてみましょう。

リスト8-23 IMEStatus関数

```
? IMEStatus
```

8-7 システムやアプリケーションとやりとりをする ──Interactionモジュール

8-7-1 ▶ Interactionモジュールとは

Interactionモジュールは、システムやアプリケーションとやりとりを行うためのプロシージャをまとめたモジュールです。その主なメンバーを表8-23にまとめています。

表8-23 Interactionモジュールの主なメンバー

メンバー	説明
Sub **AppActivate**(*Title*, [*Wait*])	アプリケーションウィンドウ*Title*をアクティブにする *Wait*は呼び出し側のアプリケーションがフォーカスを持つまで待機するかどうかを表すブール値を指定し、省略した場合はFalseとなる
Sub **Beep**()	ビープ音を鳴らす
Function **CallByName**(*Object As Object*, *ProcName As String*, *CallType As VbCallType*, *Args() As Variant*)	オブジェクト*Object*のメンバー*ProcName*を呼び出す *CallType*にはメンバーのタイプを表す整数、*Args()*には渡す引数の配列を指定する
Function **Choose**(*Index As Single*, *ParamArray Choice() As Variant*)	引数リスト*Choice()*から*Index*番目の値を返す
Function **CreateObject**(*Class As String*)	*Class*で表すクラスのインスタンスを生成して返す
Function **DoEvents**() As Integer	オペレーティングシステムに実行を渡す 戻り値として常に0を返す
Function **Environ**(*Expression*)	式*Expression*で指定した環境変数に関連付けられた文字列を返す
Function **GetObject**([*PathName*], [*Class*])	ファイル*PathName*またはクラス*Class*の実在するインスタンスを取得して返す
Function **IIf**(*Expression*, *TruePart*, *FalsePart*)	式*Expression*を評価し、Trueであれば*TruePart*を、Falseであれば*FalsePart*を返す
Function **InputBox**(*Prompt*, [*Title*], [*Default*], [*XPos*], [*YPos*], [*HelpFile*], [*Context*]) As String	表示内容*Prompt*、タイトル*Title*、デフォルト入力値*Default*で構成される入力ダイアログを表示し、ユーザーからの入力などの操作を受け付け、ボックスに入力された文字列を返す *XPos*、*YPos*にはボックスの表示位置の左端、上端をtwip単位の数値で指定する *HelpFile*と*Context*にはヘルプファイルを表す文字列と、ヘルプコンテキスト番号を表す数値を指定する
Function **MsgBox**(*Prompt*, [*Buttons As VbMsgBoxStyle = vbOKOnly*], [*Title*], [*HelpFile*], [*Context*]) As VbMsgBoxResult	表示内容Prompt、ボタン等の機能を表す値Buttons、タイトルTitleで構成されるメッセージダイアログを表示し、ユーザーからのボタンクリックを待機し、クリックしたボタンを表す整数を返す *HelpFile*と*Context*にはヘルプファイルを表す文字列と、ヘルプコンテキスト番号を表す数値を指定する

(表8-23続き)

Function **Partition**(*Number, Start, Stop, Interval*)	数値*Number*が開始値*Start*、終了値*Stop*、範囲の間隔*Interval*で区切られた複数の範囲のうち、どの範囲に含まれるかを示す文字列を返す
Sub **SendKeys**(*String As String*, [*Wait*])	*String*で表すキーボード操作をアクティブなウィンドウに送信する *Wait*はキーボード操作の完了まで待機するかどうかをブール値で指定する
Function **Shell**(*PathName*, [*WindowStyle As VbAppWinStyle = vbMinimizedFocus*]) As Double	*PathName*で指定する実行可能プログラムを実行し、成功した場合はそのプログラムのタスクIDを表す数値を、失敗した場合は0を返す *WindowsStyle*には実行したプログラムのウィンドウの状態を表す値を整数で指定する
Function **Switch**(ParamArray *VarExpr() As Variant*)	配列*VarExpr()*は式*exprn*と値*valuen*のリストで構成されており、左から順に式*exprn*を評価してTrueになった値*valuen*を返す

　7章で紹介したCreateObject関数、GetObject関数のほか、ダイアログを操作するMsgBox関数、InputBox関数、システムを操作する関数やステートメント、条件分岐を実現する関数など、様々なメンバーが含まれています。

8-7-2 ◻ メッセージダイアログを表示する

　ダイアログを表示してユーザーにメッセージを送りたいときには、MsgBox関数を使います。また、その戻り値として、ユーザーのボタン操作の結果を取得することができますので、簡易なユーザーインターフェースとしても有効です。

　MsgBox関数の書式は以下のとおりです。

```
MsgBox(Prompt, [Buttons], [Title], [HelpFile], [Context])
```

　表示内容*Prompt*は必須です。引数*Buttons*には、表8-24で示す列挙型VbMsgBoxStyleのメンバーから、ボタンとその配置、表示するアイコン、既定のボタンなどの設定を選択して指定します。複数項目を指定する場合は、その和とすることで複数指定することができます。タイトル*Title*にはウィンドウにタイトル部に表示する文字列を指定します。

　*HelpFile*と*Context*にはヘルプファイルを表す文字列と、ヘルプコンテキスト番号を表す数値を指定しますが、これらは省略することが多いかもしれません。

表8-24 列挙型VbMsgBoxStyleのメンバー

種別	定数	値	説明
ボタンと配置	vbOKOnly	0	OKボタン OK
	vbOKCancel	1	OKボタン、キャンセルボタン OK キャンセル
	vbAbortRetryIgnore	2	中止ボタン、再試行ボタン、無視ボタン 中止(A) 再試行(R) 無視(I)
	vbYesNoCancel	3	はいボタン、いいえボタン、キャンセルボタン はい(Y) いいえ(N) ヘルプ
	vbYesNo	4	はいボタン、いいえボタン はい(Y) いいえ(N)
	vbRetryCancel	5	再試行ボタン、キャンセルボタン 再試行(R) キャンセル
	vbMsgBoxHelpButton	16384	ヘルプボタンを追加する ヘルプ
アイコン	vbCritical	16	重大なメッセージアイコン
	vbQuestion	32	警告クエリアイコン
	vbExclamation	48	警告メッセージアイコン
	vbInformation	64	情報メッセージアイコン
既定のボタン	vbDefaultButton1	0	1番目のボタンを既定にする
	vbDefaultButton2	256	2番目のボタンを既定にする
	vbDefaultButton3	512	3番目のボタンを既定にする
	vbDefaultButton4	768	4番目のボタンを既定にする
モーダル	vbApplicationModal	0	アプリケーションモーダル
	vbSystemModal	4096	システムモーダル
その他	vbMsgBoxSetForeground	65536	メッセージボックスウィンドウを前景ウィンドウとして指定
	vbMsgBoxRight	524288	テキストを右揃えにする

ユーザーがボタンクリックなどの操作をした結果を表す数値がMsgBox関数の戻り値となります。結果と数値の対応は、表8-25に示す列挙型VbMsgBoxResultで定義されています。

表8-25 列挙型VbMsgBoxResultのメンバー

定数	値	説明
vbOK	1	OK
vbCancel	2	キャンセル
vbAbort	3	中止
vbRetry	4	再試行
vbIgnore	5	無視
vbYes	6	はい
vbNo	7	いいえ

　ユーザーがテキストを入力する入力ダイアログを使用するにはInputBox関数を使用します。

```
InputBox(Prompt, [Title], [Default], [XPos], [YPos], [HelpFile], [Context])
```

　表示内容*Prompt*は必須です。ウィンドウのタイトルとして*Title*、デフォルトの入力値として*Default*を指定することができます。*XPos*、*YPos*にはボックスの表示位置の左端、上端をtwip単位の数値で、*HelpFile*と*Context*にはヘルプファイルを表す文字列と、ヘルプコンテキスト番号を表す数値を指定します。

　InputBox関数の戻り値は、入力ダイアログでユーザーが入力した文字列となります。ユーザーが「キャンセル」ボタンを押した場合、戻り値は長さ0の文字列となります。

> **Memo** Excel VBAであれば、ExcelライブラリのApplicationクラスのメンバーであるInputBoxメソッドを使用することもできます。InputBoxメソッドは、ほぼInputBox関数と同様に使用可能ですが、引数Typeを指定することで入力するデータ型を制限することができるというメリットがあります。11章で改めて紹介します。

　リスト8-24はMsgBox関数とInputBox関数の使用例です。

リスト8-24 MsgBox関数とInputBox関数

```
標準モジュールModule1
Sub MySub()

    Dim msg As String: msg = "あなたはBobですか?"
    Dim style As Long: style = vbYesNo + vbQuestion + vbDefaultButton2
    Dim title As String: title = "名前の確認"

    Dim myName As String
    If MsgBox(msg, style, title) = vbYes Then
        myName = "Bob"
    Else
        myName = InputBox("あなたのお名前は?", title, "Tom")
```

```
    End If

    MsgBox "Hello! " & myName & "."

End Sub
```

　実行すると、図8-1のようなメッセージダイアログが表示されます。タイトル、ボタン配置やアイコン表示、既定のボタンなどについて指定のとおりになっていることを確認しましょう。

図 8-1 MsgBox関数によるメッセージダイアログ

　「はい」ボタンを押下すると、図8-2のように「Hello! Bob.」とメッセージダイアログが表示されます。タイトルやボタンなどの指定をしていませんので、デフォルトのシンプルなメッセージダイアログです。

図 8-2 MsgBox関数によるデフォルト状態のメッセージダイアログ

　最初のメッセージダイアログで「いいえ」ボタンを押下すると、図8-3の入力ダイアログが表示されます。ここで、デフォルト値が「Tom」になっていることを確認しておきましょう。

図 8-3 InputBox関数による入力ダイアログ

　入力ダイアログに名前の入力を行い「OK」を押下すると、その名前を用いた「Hello! ～」というメッセージダイアログが表示されます。

8-7-3 ▣ 式を判定する

Interactionモジュールでは If～Then～Else ステートメントや Select Case ステートメントのような式の判定をして、それに応じて何らかの分岐処理ををするような関数が用意されています。

IIf関数は、式が True か False かを判定してそれに応じた結果を返す関数です。式 *Expression* を評価し、True であれば *TruePart* を、False であれば *FalsePart* を戻り値として返します。

```
IIf(Expression, TruePart, FalsePart)
```

Switch関数は式と値のセットを引数として列挙し、最初に True になった式 *expr-n* と対になっている値 value-n を戻り値として返します。

```
Switch(expr-1, value-1 [, expr-2, values-2, …])
```

Choose関数は、引数として1以上の整数 *Index*、その後に式 *choice-n* を列挙し、*Index* 番目の式 *choice-n* を戻り値として返します。

```
Choose(Index, choice-1 [, choice-2, …])
```

これらの関数の使用例をリスト8-25に示します。実行をすると、それぞれの関数とその引数に応じた結果が出力されることを確認できます。

リスト8-25 IIf関数／Switch関数／Choose関数

```
標準モジュールModule1
Sub MySub()

    Dim x As Long: x = 2
    Debug.Print IIf(x Mod 2 = 0, "偶数", "奇数") '偶数
    Debug.Print Choose(x, "1つ目", "2つ目", "3つ目") '2つ目
    Debug.Print Switch(x Mod 2 = 0, "2の倍数", x Mod 3 = 0, "3の倍数") '2の倍数

End Sub
```

ただし、これらの関数の使用には注意が必要です。たとえば、リスト8-26のように、それぞれの式の判定の結果が、関数で与えられているようなケースです。

リスト8-26 IIf関数／Switch関数／Choose関数の関数呼び出し

```
標準モジュールModule1
Sub MySub()

    Dim x As Long: x = 2

    Debug.Print IIf(x Mod 2 = 0, SetValue("偶数"), SetValue("奇数")) '偶数
```

```
    Debug.Print Choose(1, SetValue("1つ目"), SetValue("2つ目")) '1つ目
    Debug.Print Switch(x Mod 2 = 0, SetValue("2の倍数"), x Mod 3 = 0, SetValue
("3の倍数")) '2の倍数

End Sub

Function SetValue(ByVal text As String) As String

    ActiveCell.Value = text
    ActiveCell.Offset(1).Activate

    SetValue = text

End Function
```

関数SetValueは、それぞれの関数から受け取った値をアクティブセルに入力し、アクティブセルの位置を1行下に移動しつつ、受け取った値自体を戻り値として返します。

実行すると、イミディエイトウィンドウの出力から正しく行われることが確認できます。しかし、シートへの入力を見ると、図8-4のようになります。

図 8-4 IIf関数／ Switch関数／ Choose関数の関数呼び出し

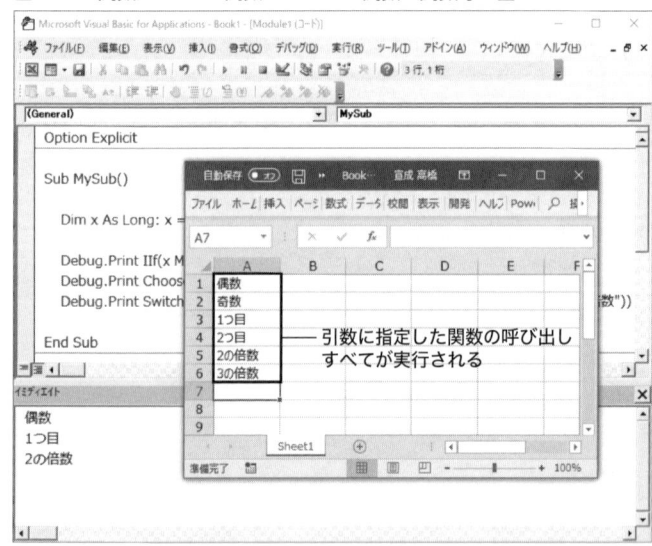

つまり、IIf関数／ Switch関数／ Choose関数の引数で指定された式は、その戻り値として選定されなかったものも含めてすべて実行されます。

これらの関数は、条件分岐をステップ数少なく実現できるものとして期待してしまいます。しかし、想定しない動作となることもありますので、関数をはじめ処理が行われるような式を引数として指定するのは避けたほうがよいでしょう。また、可読性などを考えると、特に理由がない限りは、一般的に使用されているIf～Then～Elseステートメント、Select Caseステートメントを優先して使用したほうがよいと考えます。

8-7-4 ▶ オブジェクトのメンバーを呼び出す

Interactionモジュールの CallByName 関数はオブジェクトのメソッドまたはプロパティにアクセスする関数です。

```
CallByName(Object, ProcName, CallType[, Args1 ,…])
```

オブジェクト *Object* と呼び出すメンバー *ProcName* を指定します。*CallType* には表8-26に示す列挙型 VbCallType で定義されている呼び出すメンバーのタイプを表す整数を指定します。*Args1,…* には、メンバー *ProcName* に渡す引数を必要な分だけ指定します。

表8-26 列挙型 VbCallType のメンバー

定数	値	説明
VbMethod	1	メソッドの実行
VbGet	2	プロパティの値を取得
VbLet	4	プロパティに値を設定
VbSet	8	プロパティにオブジェクト参照を設定

CallByName では、オブジェクトとそのメンバーを動的に指定することができますので、反復処理を用いてクラスのプロパティをまとめて設定する場合や、連番になっているフォームコントロールをまとめて操作する場合などに使用することができます。

例としてリスト8-27をご覧ください。

リスト8-27 CallByName 関数によるプロパティの設定

```
クラスモジュール Person
Public FirstName As String
Public Gender As String
Public Age As Long

標準モジュール Module1
Sub MySub()

    Dim properties(1 To 3) As String
    properties(1) = "FirstName"
    properties(2) = "Gender"
    properties(3) = "Age"

    Dim p As Person: Set p = New Person

    Dim i As Long
    For i = LBound(properties) To UBound(properties)
        CallByName p, properties(i), VbLet, Sheet1.Cells(1, i).Value
    Next i

    Stop

End Sub
```

Sheet1のA1からC1セルにFirstName、Gender、Ageに該当するデータが入力されている場合に、ループ処理でそれらのデータをクラスPersonの各プロパティに格納することができます。

実行してStopステートメントの中断時にローカルウィンドウを確認すると、図8-5のようにインスタンスpの各プロパティにデータが格納されていることを確認できます。

図 8-5 CallByName関数でプロパティを設定する

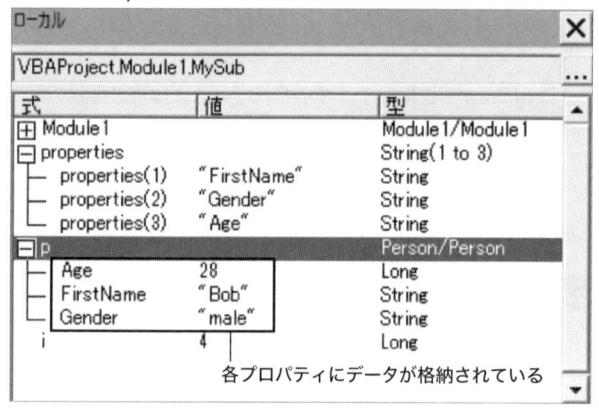

8-7-5 ▶ オペレーティングシステムを操作する

Interactionモジュールでは、オペレーティングシステムを操作するためのいくつかの関数またはステートメントが用意されています。

AppActivateステートメントは、指定したアプリケーションウィンドウをアクティブにするステートメントです。

```
AppActivate(Title, [Wait])
```

タイトル*Title*には文字とおりのウィンドウタイトルのほか、Shell関数の戻り値として得られるタスクIDを指定することもできます。引数*Wait*は呼び出し側のアプリケーションがフォーカスを持つまで待機するかどうかを表すブール値を指定し、省略した場合はFalseとなり、ステートメント実行とともに直ちに指定のウィンドウがアクティブになります。

Environ関数は環境変数の値を取得する関数です。環境変数とは、オペレーティングシステムが使用する変数で、その内容はユーザーが参照をすることができます。

```
Environ(Expression)
```

Environ関数は、式*Expression*で指定した環境変数に関連付けられた文字列を戻り値として返します。主な環境変数について、表8-27にまとめていますのでご覧ください。

表8-27 主な環境変数

環境変数	説明
APPDATA	アプリケーションデータフォルダパス
COMPUTERNAME	コンピュータ名
COMSPEC	コマンドプロンプトのパス
HOMEDRIVE	ホームドライブ
HOMEPATH	ユーザーのホームディレクトリのパス
OS	オペレーティングシステム名
PATH	環境変数PATHに設定されているパスの一覧
PATHEXT	拡張子なしで実行できるファイルの一覧
PROGRAMFILES	プログラムファイル用の共通ディレクトリ
PROMPT	コマンドプロンプトに表示する文字列指定
TEMP	アプリケーションのテンポラリーフォルダパス
USERNAME	ユーザー名
WINDIR	システムディレクトリ

Shell関数はパス*PathName*で指定した実行可能プログラムを実行します。

Shell(*PathName*, [*WindowStyle*])

*WindowsStyle*には実行したプログラムについてのウィンドウとフォーカスの状態を表す値を、表8-28に示す列挙型VbAppWinStyleで定義されている整数で指定します。プログラムの実行が成功した場合は、そのプログラムのタスクIDを表す数値を、失敗した場合は0を戻り値として返します。

表8-28 列挙型VbAppWinStyleのメンバー

定数	値	ウィンドウ	フォーカス
vbHide	0	非表示	渡す
vbNormalFocus	1	元のサイズと位置	渡す
vbMinimizedFocus	2	最小化	渡す
vbMaximizedFocus	3	最大化	渡す
vbNormalNoFocus	4	元のサイズと位置	渡さない
vbMinimizedNoFocus	6	最小化	渡さない

SendKeysステートメントは、アクティブウィンドウにキーボード操作を行うステートメントです。

SendKeys(*String*, [*Wait*])

キーボード操作を文字列*String*で指定します。*Wait*はキーボード操作の完了まで待機するかどうかをブール値で指定するもので、既定値はFalseです。

文字が表示されないキー操作や、直接指定できないキー操作をするには、表8-29に示す文字列を使用します。

表8-29 SendKeys ステートメントのキー

キー	文字列
BackSpace	{BACKSPACE}、{BS}、または {BKSP}
Break	{BREAK}
CapsLock	{CAPSLOCK}
Delete	{DELETE} または {DEL}
Enter	{ENTER} または ~
Esc	{ESC}
Help	{HELP}
Home、End	{HOME}、{End}
Insert	{INSERT} または {INS}
NumLock	{NUMLOCK}
PageUp、PageDown	{PGUP}、{PGDN}
ScrollLock	{SCROLLLOCK}
Tab	{TAB}
↑ ↓ ← →	{UP}、{DOWN}、{LEFT}、{RIGHT}
F1 ~ F16	{F1} ~ {F16}
+ ^ % ~	{+}、{^}、{%}、{~}
( ) { }	{(}、{)}、{{}、{}}
Shift	+
Ctrl	^
Alt	%

キーの繰り返しを指定するには {*key number*} の形式を使用します。*number* の数だけ *key* のキー操作を繰り返します。たとえば、「{LEFT 5}」は［←］キーを5回押します。

また、［Shift］［Ctrl］および［Alt］キーと任意のキーを押すようにするには、それぞれ「+」「^」「%」をキーの前に付与します。複数のキーを同時に押すようにするには、それらのキーを丸かっこで囲みます。たとえば、［Shift］キーを押しながら、［E］キーと［C］キーを同時に押す場合は「+(EC)」と指定します。

これらの関数の使用例として、リスト8-28をご覧ください。

リスト8-28 メモ帳を起動し操作する

```
標準モジュールModule1
Sub MySub()

    Dim taskId As Long: taskId = Shell("notepad.exe", vbNormalFocus)
    AppActivate taskId
    SendKeys Date & ":" & Environ("USERNAME")

End Sub
```

実行すると、図8-7のようにメモ帳の起動とアクティブ化を行い、実行日時とユーザー名を入力します。

図 8-7 VBA によるメモ帳の操作

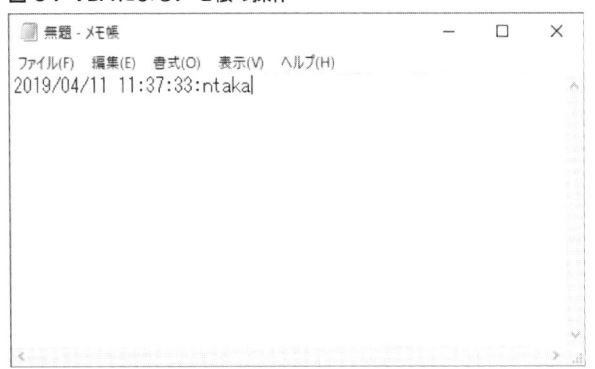

> ✎ **Memo** Excel VBA であれば、Excel ライブラリの Application クラスのメンバーである SendKeys メソッドも存在しています。SendKeys ステートメントと同様の機能が提供されています。

　VBA プログラムの実行中は、それが処理を専有しているため、オペレーティングシステムが受け付けるマウスやキーボードの操作や画面描画などのイベントは、処理されずにキュー（待ち行列）に蓄積されます。DoEvents 関数を使用すると、オペレーティングシステムに制御を渡してキューに蓄積されているそれらのイベントを先に実行をさせることができます。キュー内の処理がすべて完了すると、元の実行に戻ります。

　書式は以下のとおりです。

DoEvents

　戻り値は常に0となりますので、あまり使用することはないでしょう。

　リスト8-29はDoEvents関数の使用例となります。「何らかの処理」が実行時間のかかる処理だったとしても、実行中にプログラムの中断などの操作を行うことができ、画面描画も停止せずに応答していることを確認できます。

リスト8-29 DoEvents関数

```
標準モジュールModule1
Sub MySub()

    Dim t As Variant: t = Timer

    Dim i As Long
    For i = 0 To 50000
        DoEvents
        '何らかの処理
    Next i

    Debug.Print Timer - t, "秒でした"

End Sub
```

しかし、DoEvents関数を使用すると、処理速度についてのパフォーマンスが大きく低下します。リスト8-29では、プロシージャの実行時間がイミディエイトウィンドウに出力されますので、DoEvents関数を有効にしている場合とそうでない場合で、その実行時間の差を確認しておきましょう。また、処理の流れが通常と異なるため、予期せぬ動作となる可能性があります。DoEvents関数の必要以上の乱用は避けるべきでしょう。

本章では、VBAライブラリのうち、標準モジュールとして提供されているモジュールとそのメンバーについて解説を進めてきました。

メンバーとしては、VBA関数と呼ばれる多くの関数と、いくつかのステートメントが存在しており、文字列、日付や時刻、数学演算、値のチェックやシステムとのやり取りなど、様々な機能が提供されています。

しかし、そのすべてを四角四面に覚える必要はありません。いずれもFunctionプロシージャかSubプロシージャで構成されているので、その書式のベースはそのどちらかです。引数の指定などは、自動クイックヒントからの情報をガイドとすることができます。そこで不足している情報があれば、本書や公式ドキュメントなどの情報源を頼りにしてみてください。

次章はVBAライブラリの後編として、CollectionクラスおよびErrObjectクラスについて解説をしていきます。

Part
3
ライブラリ

9章

VBAライブラリその2
── コレクションとErrオブジェクト

VBAライブラリには、コレクションを操作するCollectionクラス、エラーを表す
ErrObjectクラスが提供されています。いずれもVBAでは基本的で重要な役割を果た
しますので、ここでその概要と使い方について見ていきましょう。

9-1 VBAライブラリで提供されるクラス

8章でお伝えしたとおり、VBAライブラリでは、多くの標準モジュールとして様々な機能が提供されています。それは、VBA関数と呼ばれる関数群と一部のステートメントで構成されていました。

それとは別に、VBAライブラリには2つのクラスが提供されています。Collectionクラスと、ErrObjectクラスです。表9-1に示すとおり、Collectionクラスはコレクションを表すオブジェクト、ErrObjectはエラーを表すオブジェクトです。

表9-1 VBAライブラリの主なクラス

クラス	説明
Class **Collection**	コレクション表すオブジェクトを定義するクラス
Class **ErrObject**	エラーを表すオブジェクトを定義するクラス

これらはクラスですから、そのクラスから生成されたインスタンスがその操作対象であり、それぞれのクラスに定義されているメンバーで操作をすることができます。

9-2 コレクションを操作する──Collectionクラス

9-2-1 ▶ コレクションとは

VBAでデータの集合を表すにはいくつかの選択肢があります。1つの方法としては3章で紹介をした配列があります。しかし、VBAの配列は、データの集合を高速に取り扱うことが可能ですが、サイズを動的に変更する必要があるときには、その使い勝手はよいとはいえません。

VBAでは、そのようなときに力を発揮する、**コレクション**という方法が用意されています。コレクションは、図9-1のように、整数の番号と、文字列のラベルを持つ入れ物を複数持つような構造になっています。それぞれの入れ物を**要素**といい、ユーザー定義型を除く任意のデータ型の値を格納できます。コレクションの要素の一つひとつをメンバーともいいます。

整数の番号は**インデックス**といい、1から順番に付番されます。文字列のラベルは**キー**といいます。

キーはユーザーが要素を追加する際に、自由に付与することができますが、付与する場合は同一コレクション内で重複させることはできません。

図9-1 コレクションのイメージ

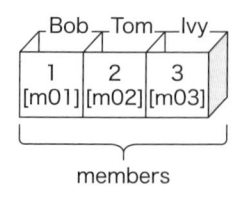

コレクションは、そのメソッドを使用することで、要素の追加や削除を容易に行うことができますので、動的に要素数が変化するデータの集合の取り扱いがしやすいという特徴があります。また、ユーザーが自由に設定できるキーを使って要素を参照することができるというメリットもあります。ただし、キーの付与は省略可能ですから、すべてのコレクションの要素にキーが存在しているとは限りません。

コレクションには、データ型などその種類について統一性のないメンバーを混在して含むことができきます。しかし、その場合はコレクションがどのようなデータの集合を取り扱うものか把握しづらくなります。なるべく同種のデータ、かつデータ型が揃っているメンバーで構成をしたほうがよいでしょう。

コレクションの機能は、VBAライブラリ内の**Collectionクラス**として提供されています。Collectionクラスは表9-2にまとめているように、要素の追加、参照、削除、そしてカウント数の取得をする4つのメンバーで構成されています。

表9-2 Collectionクラスのメンバー

メンバー	説明
Sub **Add**(*Item*, [*Key*], [*Before*], [*After*])	Collectionオブジェクトに*Item*をメンバーとして追加する インデックスの代わりに使用できるキー文字列を*Key*、追加する位置を*Before*または*After*のどちらかで指定する
Function **Count**() As Long	Collectionオブジェクト内の要素数を取得する
Function **Item**(*Index*)	Collectionオブジェクトのメンバーを取得する *Index*にはインデックスを表す数値または、キー文字列を指定する 既定のメンバー
Sub **Remove**(*Index*)	Collectionオブジェクトからメンバーを削除する *Index*にはインデックスを表す数値または、キー文字列を指定する

> **Memo** Collectionクラスと似た機能を持つものとして、データの集合を連想配列として扱うDictionaryクラスがあります。Dictionaryオブジェクトはキーの付与が必須であり、Collectionクラスでは提供されていないいくつかのメンバーを使用することができます。Scriptingライブラリに含まれており、本書では13章で詳しく解説をしています。

9-2-2 ▶ コレクションの生成と操作

コレクションを使用するには、まずインスタンスを生成する必要があります。Collection型のオブジェクト変数*objectvar*をあらかじめ宣言しておき、以下のようにNewキーワードを含むSetステートメントを使用します。

```
Set objectvar = New Collection
```

VBAライブラリは標準で参照されていますので、常に事前バインディングが可能です。実行時バインディングを行う必要性はありません。

コレクションに要素を追加するにはAddメソッドを使用します。以下の構文で、コレクション*object*に、要素*Item*を追加します。

```
object.Add(Item, [Key], [Before], [After])
```

キー*Key*は必須ではありません。付与する場合は、同一コレクション内で重複させることはできません。*Before*、*After*は追加する位置について、インデックスを表す数値またはキーを表す文字列で指定します。*Before*であればその前に、*After*であればその後ろに追加をします。また、指定する場合はどちらか一方のみだけ指定をすることができます。

コレクションの要素を参照するにはItemメソッドを使用します。

```
object[.Item](Index)
```

引数*Index*にインデックスを表す数値またはキーを表す文字列を指定することで、該当する要素を取り出すことができます。また、*Item*メソッドは既定のメンバーなので、メンバー名を省略して記述することもできます。

コレクションの要素を削除するにはRemoveメソッドを使用します。引数*Index*は他のメンバーと同様で、インデックスを表す数値またはキーを表す文字列で指定します。

```
object.Remove(Index)
```

コレクション*Object*の要素数を取得するには、Countメソッドを使用します。

```
object.Count
```

リスト9-1はCollectionオブジェクトとそのメンバーの使用例です。実行して動作を確認してみましょう。

リスト9-1 Collectionオブジェクト

```
標準モジュールModule1
Sub MySub()

    Dim persons As Collection: Set persons = New Collection

    With persons
        .Add "Bob", "m01"
        .Add "Tom", "m02"
        .Add "Ivy", "m03"
        .Add "Dan", Before:="m01"

        Debug.Print .Count '4
        Debug.Print .Item(1) 'Dan
        Debug.Print .Item("m02") 'Tom

        .Remove "m01"
        Debug.Print .Count '3
    End With

    'Debug.Print persons("m01") '実行時エラー

End Sub
```

9-3 自作コレクションを作る

9-3-1 ▶ コレクションを持つクラス

たとえば、クラスモジュールを使用して自作のクラスを作成するとします。そのクラスから、複数のインスタンスを生成するようなケースであれば、そのインスタンスの集合を、まとめて取り扱いたいというニーズが出てくるかもしれません。その場合、Collectionオブジェクトを使ってコレクション用のクラスを作成することができます。つまり、自作のコレクションです。

例として、リスト9-2に示すクラスPersonについて見ていきましょう。

```
クラスモジュールPerson
Public Id As String
Public FirstName As String
Public Age As Long
```

　PersonオブジェクトはIdプロパティ、FirstNameプロパティ、Ageプロパティという3つのプロパティをメンバーとして持つオブジェクトです。この、Personオブジェクトをコレクションとして持つことができる、クラスPersonsを作成します。リスト9-3をご覧ください。

リスト9-3 Personsクラス

```
クラスモジュールPersons
Public Items As Collection

Private Sub Class_Initialize()
    Set Items = New Collection
End Sub

Public Sub Add(ByVal newId As String, ByVal newName As String, ByVal newAge As Long)
    Dim p As Person: Set p = New Person
    With p
        .Id = newId
        .FirstName = newName
        .Age = newAge
    End With

    Items.Add p, newId
End Sub
```

　Personsクラスはパブリック変数によるItemsプロパティを持ちます。Collection型のオブジェクト変数ですから、Itemsプロパティはコレクションです。Personオブジェクトを要素として持たせることで、Personsコレクションを実現するというわけです。

　Collectionオブジェクトは使用する前にインスタンスの生成が必要になりますから、イベントプロシージャClass_Initializeで、Personsコレクションが生成されると同時に、新たなCollectionオブジェクトを生成して、Itemsプロパティにセットしています。

　Addメソッドは、3つの引数をnewId、newName、newAgeというパラメータで受け取ります。それらを元に、新たなPersonオブジェクトを生成し、Itemsプロパティが参照しているコレクションの要素として追加するメソッドです。

　Personsコレクションの確認をするために、リスト9-4のSubプロシージャMySubを標準モジュールに作成し、実行してみましょう。

リスト9-4 Personsコレクションの動作確認

```
標準モジュールModule1
Sub MySub()

    Dim myPersons As Persons: Set myPersons = New Persons
```

```
    With myPersons
        .Add "m01", "Bob", 25
        .Add "m02", "Tom", 32
        .Add "m03", "Ivy", 28

        Debug.Print .Items(1).FirstName 'Bob
        Debug.Print .Items("m02").Age '32
    End With

End Sub
```

myPersonsがPersonオブジェクトを要素とするコレクションとして、要素の追加、参照ができていることが確認できます。

9-3-2 ▫ 既定のメンバーを追加する

リスト9-2〜リスト9-4で作成したPersonsコレクションですが、要素を参照するときには「myPersons.Items(1)」というように、プロパティを明示して記述する必要があります。それを、通常のコレクションのようにメンバーを省略して「myPersons(1)」と記述したいのですが、どのようにすればよいでしょうか？

そのような場合は、6章で紹介した「属性」を使用することができます。変数であれば属性VB_VarUserMemIdを、プロシージャであれば属性VB_UserMemIdを0に設定することで、既定のメンバーに設定することができます。

では例として、リスト9-2のクラスPersonsについて、ItemsプロパティをプライベートのItems_プロパティに変更しつつ、要素を参照する既定のメンバーItemプロパティを新たに追加していきましょう。クラスPersonsをエクスポートして、リスト9-5のように修正を加えます。

修正をした箇所は、宣言セクションのプロパティをプライベート変数items_に変更をした点、Property GetプロシージャItemを属性の付与をしつつ追加した点です。

リスト9-5 自作コレクションに既定のメンバーを追加する

```
Persons.cls
VERSION 1.0 CLASS
BEGIN
  MultiUse = -1  'True
END
Attribute VB_Name = "Persons"
Attribute VB_GlobalNameSpace = False
Attribute VB_Creatable = False
Attribute VB_PredeclaredId = False
Attribute VB_Exposed = False
Option Explicit

Private items_ As Collection

Private Sub Class_Initialize()
```

```
        Set items_ = New Collection
End Sub

Public Sub Add(ByVal newId As String, ByVal newName As String, ByVal newAge As Long)
    Dim p As Person: Set p = New Person
    With p
        .Id = newId
        .FirstName = newName
        .Age = newAge
    End With

    items_.Add p, newId
End Sub

Public Property Get Item(ByVal index As Variant) As Person
Attribute Item.VB_UserMemId = 0
    Set Item = items_(index)
End Property
```

　Persons.clsを再度インポートし、その動作確認のためにリスト9-6のプロシージャMySubを実行してみましょう。

リスト9-6 Persons コレクションの既定のメンバー

`標準モジュールModule1`
```
Sub MySub()

    Dim myPersons As Persons: Set myPersons = New Persons

    With myPersons
        .Add "m01", "Bob", 25
        .Add "m02", "Tom", 32
        .Add "m03", "Ivy", 28

    End With

    Debug.Print myPersons(1).FirstName 'Bob
    Debug.Print myPersons("m02").Age '32

End Sub
```

　Itemプロパティを省略しても、Personsコレクションのメンバーにアクセスできていることを確認できます。

9-3-3 ▶ 列挙メソッドを追加する

　自作コレクションを作成したら、それに対してFor Each ～ Nextステートメントによるループ処理が行えるようになるととても便利です。For Each ～ Nextステートメントを使用するには、以下の条件を満たした列挙メソッドを定義する必要があります。

1. 属性VB_UserMemIdが-4に設定されている
2. 列挙子オブジェクトを返す

リスト9-7は、リスト9-5のPersonsクラスに追加する列挙メソッドNewEnumの定義です。属性の編集が必要となりますので、クラスモジュールをエクスポートして編集を行います。

リスト9-7 自作コレクションに列挙メソッドを追加する

```
Persons.cls
Public Function NewEnum() As IEnumVARIANT
Attribute NewEnum.VB_UserMemId = -4
    Set NewEnum = items_.[_NewEnum]
End Function
```

列挙メソッドNewEnumは、コレクションitem_に対する [_NewEnum]メソッドの戻り値を返すように設定されていますね。[_NewEnum]メソッドは、Collectionオブジェクトのメンバーで、For Each〜Nextステートメントによる列挙を可能にする列挙子オブジェクトと呼ばれるものを返します。

それを、自作コレクションの列挙メソッドにそのままセットすることで、自作コレクションのFor Each〜Nextステートメントによるループを可能にするのです。

[_NewEnum]メソッドは、Collectionオブジェクトの非表示のメンバーで、通常はオブジェクトブラウザーや自動メンバー表示では確認できません。図9-2のように、オブジェクトブラウザーで右クリックメニューを開き、「非表示のメンバーを表示」を選択することで表示されます。

図 9-2 オブジェクトブラウザーで非表示のメンバーを表示する

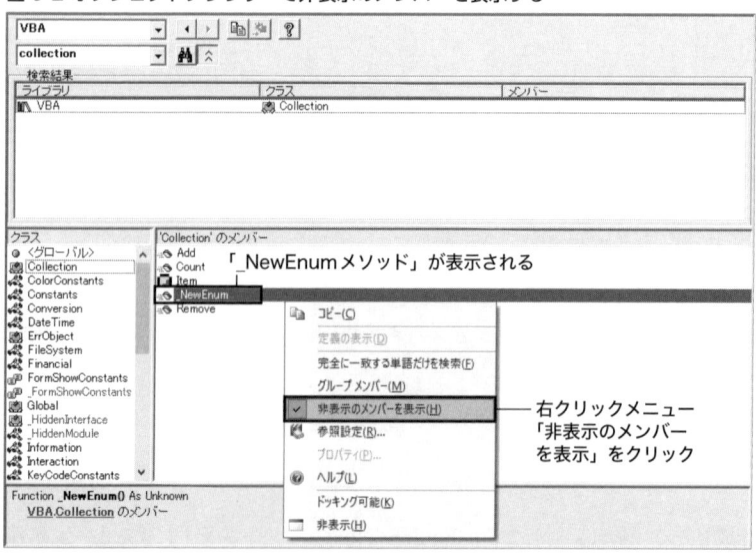

また、オブジェクトのメンバーとしてアンダースコアからはじまるメンバーは構文エラーとなり記述できません。そのような場合は、角括弧（[ ]）で囲むことで記述をすることができます。

リスト9-8のSubプロシージャMySubを実行して、Personsコレクションのループ処理について動作確認をしてみましょう。

リスト9-8 Personsコレクションのループ

```
標準モジュールModule1
Sub MySub()

    Dim myPersons As Persons: Set myPersons = New Persons

    With myPersons
        .Add "m01", "Bob", 25
        .Add "m02", "Tom", 32
        .Add "m03", "Ivy", 28
    End With

    Dim p As Person
    For Each p In myPersons
        Debug.Print p.FirstName, p.Age
    Next p

End Sub
```

Personsコレクションのすべてのメンバーについて、FirstNameプロパティとAgeプロパティが出力されるはずです。

9-4 エラーを表すオブジェクト――ErrObjectクラス

9-4-1 ▶ Errオブジェクトとは

ErrObjectクラスは、実行時エラーに関する情報を含むオブジェクトとそのメンバーを提供するクラスです。

ErrObjectのインスタンスは、Collectionクラスのようにコード内で生成する必要はなく、オブジェクトとして常に存在しています。そして、そのインスタンスは、VBAライブラリのInformationモジュールで提供されている、Err関数で取得することができます。

```
Err
```

したがって、ErrObjectのインスタンスについて何か操作をするとき「Err.*member*」と記述することになります。

 Memo Microsoftの公式ドキュメントをはじめ多くの文献では、ErrObjectのインスタンスを「Errオブジェクト」と表現しています。本書でも、以降はその表現に従います。

ErrObjectクラスの主なメンバーについて、表9-3にまとめていますのでご覧ください。

表9-3 ErrObjectクラスのメンバー

メンバー	説明
Property **Description** As String	エラーの説明
Property **HelpContext** As Long	ヘルプファイルのトピックのコンテキストID
Property **HelpFile** As String	ヘルプファイルのパス
Property **Number** As Long	エラーを識別するための数値、エラー番号 既定のメンバー
Property **Source** As String	エラーが発生したオブジェクトまたはアプリケーション名
Sub **Clear**()	Errオブジェクトのすべてのプロパティをクリアする
Sub **Raise**(*Number As Long*, [*Source*], [*Description*], [*HelpFile*], [*HelpContext*])	*Number*で表す実行時エラーを発生させる

Errオブジェクトの機能を確認する例として、リスト9-9を実行してみましょう。

リスト9-9 Errオブジェクト

```
標準モジュールModule1
Sub MySub()

    On Error GoTo ErrorHandler

    With Err
        .Clear
        .Raise 11
    End With

    Exit Sub

ErrorHandler:

    With Err

        Dim title As String: title = "エラーが発生しました"

        Dim m As String: m = ""
        m = m & "エラー番号:" & .Number & vbNewLine
        m = m & "エラー内容:" & .Description & vbNewLine
        m = m & vbNewLine
        m = m & "ヘルプを参照するには、「ヘルプ」ボタンをクリックしてください。"

        MsgBox m, vbExclamation + vbMsgBoxHelpButton, title, .HelpFile, .HelpContext

    End With

End Sub
```

リスト9-9を実行すると、ErrオブジェクトのRaiseメソッドにより、エラー番号11の実行時エラーが発生します。On Errorステートメントにより、実行時エラーが補足されErrorHandlerに処理が移ります。エラー処理として、図9-3のようなメッセージダイアログが表示されます。

図 9-3 Errオブジェクトを使用したメッセージダイアログ

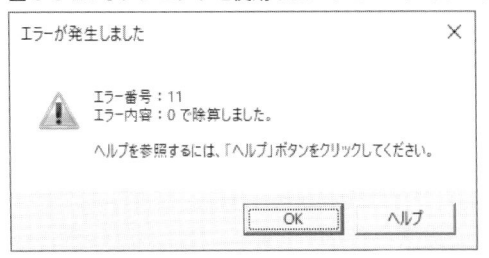

Numberプロパティと Descriptionプロパティで、エラー番号とその説明をダイアログ内に表示しています。また、HelpFileプロパティと HelpContextプロパティを MsgBox関数の引数 HelpFileおよび Contextに設定することで、「ヘルプ」ボタンを押したときにヘルプページを参照することができます。

今回の例では、図9-4のように Microsoft公式ドキュメントの「0で除算しました（エラー11）」のページが表示されます。

図 9-4 「ヘルプ」ボタンによるヘルプページの参照

実行時エラーについては、エラーダイアログだけではなく、Errオブジェクトの各プロパティを使用することで、エラーの詳しい情報を得たり、ヘルプに誘導をしたりすることができるようになります。開発者にもユーザーにもやさしいマクロを作成すべく、上手に使いこなしていきましょう。

本章では、VBAライブラリの CollectionクラスとErrObjectクラスとその使い方について解説をしました。いずれも、様々な場面で活用の機会があるはずです。

次章では、配列を操作する関数について紹介をしていきます。

10章

配列の操作

配列を扱う際に、基本としてマスターすべきいくつかの関数があります。これらはいずれのライブラリにも属さない特殊な立ち位置で提供されていますが、使用頻度の高い重要な関数になります。ここでその使い方を確認していきましょう。

10-1 配列を扱う関数

8章では、VBAライブラリについて解説をしてきました。その中で、配列を扱う関数がいくつか提供されていました。文字列と配列を変換するVBA関数がStringsモジュールで、配列かどうかを判定したり情報を得たりするVBA関数がInformationモジュールで提供されています。

Microsoft公式ドキュメントによると、それら以外に表10-1のような配列を扱う関数が提供されていることを確認できます。

表10-1 配列を扱う関数

関数	説明
Array(*arglist*)	配列を生成してそれを含むVariant型のデータを返す
LBound(*arrayname*, [*dimension*])	配列のインデックスの最小値を返す
UBound(*arrayname*, [*dimension*])	配列のインデックスの最大値を返す

さて、これら3つの関数ですが、VBAの基本的な機能であると見受けられますから、本来であればVBAライブラリなどのライブラリで提供されることを期待します。しかし、これらの関数は、オブジェクトブラウザーで検索したり、自動メンバー表示で呼び出したりすることはできないという特殊な扱いになっています。ただし、非常に使用頻度の高い重要な関数になりますので、ぜひマスターをしておきましょう。

10-1-1 ▶ 配列を生成する

配列に要素を一つひとつ代入していくのは手間がかかります。Array関数を使用することで、リストで指定した要素を持つ配列を生成することができます。

Array(*arglist*)

*arglist*には配列に格納したい要素をカンマ区切りで指定します。その場合、リストする要素の型は必ずしも揃っている必要はありません。Array関数の戻り値は、配列を格納したVariant型です。し

たがって、格納する変数はVariant型で宣言しておく必要があります。

また、インデックスの下限値はOption Baseステートメントの設定値に従います。Option Baseステートメントの既定値は0ですから、指定をしない場合は、Array関数により生成した配列のインデックスの下限値は0となります。

リスト10-1はArray関数の使用例となります。実行して動作を確認してみましょう。

リスト10-1 Array関数

```
標準モジュールModule1
Sub MySub()

    Dim numbers As Variant: numbers = Array(10, 30, 20)
    Debug.Print numbers(0), numbers(1), numbers(2) ' 10     30     20

    Dim members As Variant: members = Array("Bob", "Tom", "Ivy")
    Debug.Print members(0), members(1), members(2) 'Bob    Tom    Ivy

    Dim values As Variant: values = Array("Hoge", Date, Sheet1)
    Debug.Print values(0), values(1), values(2).Name 'Hoge  2019/04/25 Sheet1

End Sub
```

> **Memo** オブジェクトブラウザーで非表示のメンバーを表示すると、VBAライブラリの非表示のモジュール「_HiddenModule」に、「Array」というメンバーを見つけることができます。このメンバーは、表10-1で紹介したArray関数とは別ものであると考えられます。
> 「VBA.Array」というようにライブラリ名を修飾することで呼び出すことができ、その動作については、Option Baseステートメントによる影響を受けないという違いがありますが、あえて「VBA.Array」を使う理由は特にはないと考えます。

10-1-2 ▶ 配列のインデックスの最小値と最大値

配列のインデックスの最小値または最大値を調べるには、それぞれLBound関数とUBound関数を使用します。

LBound(*arrayname*, [*dimension*])

UBound(*arrayname*, [*dimension*])

それぞれ、配列*arrayname*のインデックスの最小値と最大値を整数で返します。引数*dimension*は、対象となる次元を表す整数を指定し、省略した場合の既定値は1です。なお、「L」はLower、「U」はUpperの頭文字と覚えるとよいでしょう。

リスト10-2を実行して、LBound関数とUBound関数の戻り値について、確認をしてみましょう。

リスト10-2 LBound関数／ UBound関数

```
標準モジュールModule1
Sub MySub()

    Dim numbers(1, 1 To 3) As Long
    Debug.Print LBound(numbers), UBound(numbers)     '0        1
    Debug.Print LBound(numbers, 2), UBound(numbers, 2) '1        3

    Dim members As Variant: members = Array("Bob", "Tom", "Ivy")
    Debug.Print LBound(members), UBound(members)     '0        2

End Sub
```

4章でお伝えしたとおり、配列に対してFor ～ Nextステートメントを使用する場合に、初期値は
LBound関数、最終値はUBound関数を使用して指定することができます。

配列が多次元であったとしても、それらの関数の引数 *dimension* を指定することで、ループ処理を
行えます。例としてリスト10-3を実行して、動作を確認してみてください。

リスト10-3 2次元配列のループ

```
標準モジュールModule1
Sub MySub()

    Dim numbers(1, 1 To 3) As Long
    numbers(0, 1) = 10: numbers(0, 2) = 30: numbers(0, 3) = 20
    numbers(1, 1) = 11: numbers(1, 2) = 31: numbers(1, 3) = 21

    Dim i As Long, j As Long
    For i = LBound(numbers) To UBound(numbers)
        For j = LBound(numbers, 2) To UBound(numbers, 2)
            Debug.Print numbers(i, j),
        Next j
        Debug.Print
    Next i

End Sub
```

Subプロシージャ MySubを実行すると、以下のような出力が得られるはずです。

```
10    30    20
11    31    21
```

本章では、配列を扱う3つの関数について紹介しました。いずれもオブジェクトブラウザーでは確
認できず、自動メンバー表示にも記載されないという特殊な関数ですが、配列を扱う上で必ずといっ
ていいほど使用する重要なものです。ぜひ、使いこなせるとよいでしょう。

次章はいよいよExcel VBAの中心的存在ともいえる、Excelライブラリとそのメンバーについて紹
介をしていきます。

11章

Excelライブラリ

VBAを習得する最大の目的はブック、シート、セルなどExcelの操作でしょう。これらはExcelライブラリのクラスとして提供されていますが、十分に理解せずに使用しているかもしれません。ここで、正しい知識を身につけておきましょう。

11-1 Excelライブラリ

11-1-1 ▶ Excelライブラリとは

Excelライブラリは、その名のとおり、Excelを操作するための機能を提供するライブラリです。WorkbookやWorksheet、Range、ListObjectなど、Excelに存在する様々な「モノ」がクラスとして定義されており、それらをオブジェクトとして操作するためのメンバーが用意されています。

オブジェクトブラウザーの「プロジェクト/ライブラリ」ボックスでは「Excel」、「詳細ペイン」や「参照設定」ダイアログでは「Microsoft Excel XX.X Object Library」と表示されています。

Excel VBAではデフォルトで参照設定がされていますので、VBEを立ち上げた瞬間から使用可能です。一方で、WordやPowerPointなど他のOfficeアプリケーションから使用する際には、デフォルトでは参照されていませんので、設定をする必要があります。

一般的に「Excel VBA」とは、VBAを用いて、このExcelライブラリで定義されているオブジェクトを操作することを指しています。

Excelライブラリでは、非常に多くのクラスが提供されています。本書では、Excelライブラリの中で最もよく使うグループとして、表11-1に挙げているクラスについて解説をしていきます。

表11-1 Excelライブラリの主なクラス

クラス	説明
Class **Application**	Excelアプリケーション自体を表すクラス
Class **ListColumn**	テーブル列を表すクラス
Class **ListColumns**	テーブル列のコレクションを表すクラス
Class **ListObject**	テーブルを表すクラス
Class **ListObjects**	テーブルのコレクションを表すクラス
Class **ListRow**	テーブル行を表すクラス
Class **ListRows**	テーブル行のコレクションを表すクラス
Class **Range**	セル、行、列、セル範囲を表すクラス
Class **Sheets**	シートのコレクションを表すクラス
Class **Workbook**	ブックを表すクラス
Class **Workbooks**	ブックのコレクションを表すクラス
Class **Worksheet**	ワークシートを表すクラス
Class **WorksheetFunction**	VBAからExcelワークシート関数を呼び出す機能を提供するクラス

11-1-2 ◨ Excelライブラリの階層構造

　Excelライブラリに含まれる各クラスは、たとえばApplication→Workbooks[Workbook]→Sheets[Worksheet]→Rangeなどという階層構造になっていて、上位のクラスにはその配下のオブジェクトを取得するためのメンバーが1つ以上提供されています。

　表11-1に挙げたクラスの階層構造を表したものが、図11-1です。

図11-1 Excelライブラリの階層構造

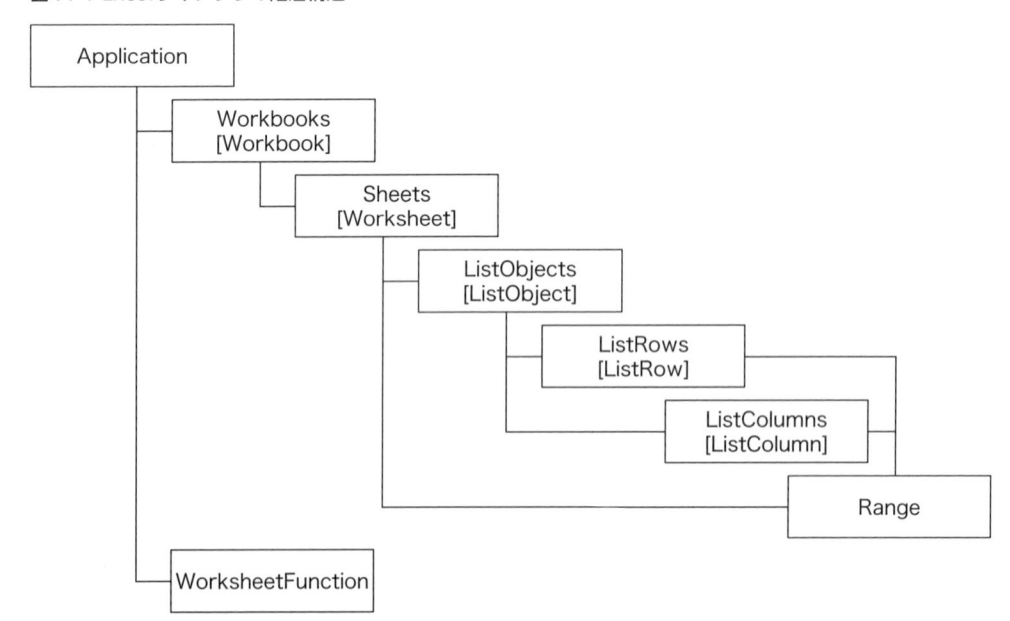

VBAでExcelに対して何らかの操作をする場合、上位のオブジェクトから配下のメンバーをたどっていき、操作対象のオブジェクトを取得することが目下の目的になります。その後、そのオブジェクトに対応するクラスで提供されているメンバーを用いて操作を行います。

> **Memo** Excelライブラリには表11-1、図11-1で掲載しているオブジェクト以外にも数多くのオブジェクトが含まれています。本書ですべてのオブジェクトについて紹介し切れないほどたくさんのオブジェクトが存在していますので、気になるオブジェクトがあれば、公式ドキュメントやオブジェクトブラウザーを参考にしながら、階層構造のどこに位置しているのか、どんなメンバーが存在しているのかを調べてみてください。
>
> また、Word、PowerPoint、Access、Outlookなど他のアプリケーションを操作するライブラリも、同様に階層構造を形作っています。メインで使用するオブジェクトと、その階層構造を把握することで、他のライブラリについても効率よく学習を進めることができるはずです。

11-1-3 ▸ Excelライブラリのグローバルのメンバー

Excelライブラリのオブジェクトをたどる作業は、必ずしも最上位のApplicationオブジェクトからスタートするわけではありません。というのも、Excelライブラリでは、グローバルのメンバーが多数用意されており、それらを使用する際は、対象となるオブジェクトの指定を省略して記述することが許されています。

図11-2のように、オブジェクトブラウザーでExcelライブラリのクラス「<グローバル>」を選択すると、そのメンバーを確認することができます。また、その任意のメンバーについて「詳細ペイン」を見ると、「Excel.Globalのメンバー」と記載されていることが確認できます。

図11-2 Excelライブラリのグローバルのメンバー

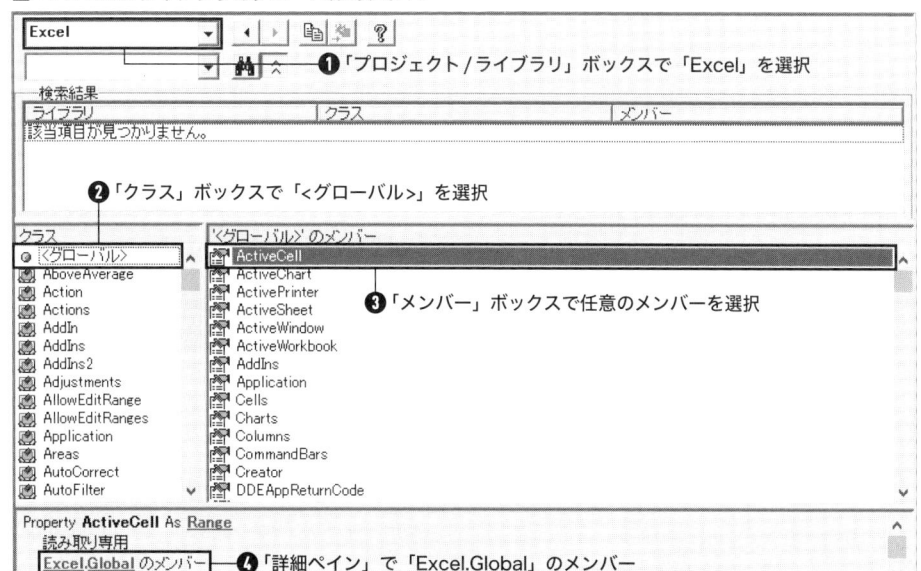

このように、VBAでは階層構造の最上位からたどらずとも、ショートカットをして下層のオブジェクトにアクセスする方法が用意されています。しかし、オブジェクトを省略して記述した場合、VBAがどのオブジェクトを省略したものと判定するかを、正確に把握しておく必要があります。

たとえば、Excelライブラリのグローバルメンバーを標準モジュールに記述します。この場合、多くのケースではVBAは、省略したオブジェクトはアクティブなオブジェクトであると判定します。しかし、アクティブなオブジェクトは、ユーザーの操作や動作環境に依存することがあり、常に一定とは限りません。ですから、その想定し得るすべてのケースについて、アクティブなオブジェクトと判定されても問題ないかどうかを検討する必要があります。

さらに、グローバルメンバーを記述するモジュールによっても、その判定結果は変わることがあります。ブックモジュールやシートモジュールに記述した場合、その実行の対象は、アクティブなオブジェクトではなく、その属するオブジェクトになることがあります。

このように、VBAにおいて記述の省略を正しく行うのは、多くの知識が必要な、高度なテクニックです。ですから、作法としては、基本的には省略をしないという選択肢をとり、可読性や信頼性の点で有効な場合にのみ省略を活用するという方針をとるのがよいかもしれません。

11-2 Excel アプリケーションを操作する —— Application クラス

11-2-1 ▶ Application クラスとは

Applicationクラスは、Excelのアプリケーション自体を操作するクラスです。非常に多くのメンバーが提供されており、その機能は多彩です。

Excelのいずれかのオブジェクトについて取得、操作を行う場合は、Applicationオブジェクトからそのメンバーを使用してたどるか、もしくはグローバルとして提供されているメンバーを使用するかのいずれかの方法をとることになります。

表11-2はApplicationクラスで提供されている主なプロパティをまとめたものです。配下のオブジェクトを取得するためのプロパティのほか、Excelアプリケーションに関する様々な設定を行うためのプロパティが提供されています。

表11-2 Applicationクラスの主なプロパティ

メンバー	グローバル	読み取り専用	説明
Property **ActiveCell** As Range	○	○	アクティブセルを表すRangeオブジェクト
Property **ActivePrinter** As String			現在使用しているプリンターの名前を表す文字列
Property **ActiveSheet** As Object	○	○	アクティブシートを表すオブジェクト
Property **ActiveWorkbook** As Workbook	○	○	アクティブなブックを表すWorkbookオブジェクト
Property **Application** As Application	○	○	Microsoft Excel アプリケーションを表す Application オブジェクト

Property **Calculation** As XlCalculation			計算モードを表す列挙型 XlCalculation のいずれかの値
Property **Cells** As Range	○	○	アクティブなシートのすべてのセルを表す Range オブジェクト
Property **Charts** As Sheets	○	○	アクティブなブックのすべてのグラフシートを表す Sheets コレクション
Property **Columns** As Range	○	○	アクティブなシートのすべての列を表す Range オブジェクト
Property **DefaultFilePath** As String			Microsoft Excel のカレントフォルダパスを表す文字列
Property **DisplayAlerts** As Boolean			特定の確認や警告のメッセージダイアログを表示するかどうかを表すブール値
Property **DisplayStatusBar** As Boolean			ステータスバーの表示／非表示を表すブール値
Property **EnableEvents** As Boolean			イベントが発生可能かどうかを表すブール値
Property **LibraryPath** As String		○	ライブラリフォルダのパスを表す文字列
Property **Name** As String		○	Microsoft Excel アプリケーションのアプリケーション名を表す文字列
Property **Path** As String		○	Microsoft Excel アプリケーションのフォルダパスを表す文字列
Property **PrintCommunication** As Boolean			プリンターとの通信が有効かどうかを表すブール値
Property **Range**(*Cell1*, [*Cell2*]) As Range	○	○	アクティブなシートの Cell1 および Cell2 で表す Range オブジェクト
Property **ReferenceStyle** As XlReferenceStyle			A1形式かR1C1形式かを表す値 xlA1 または xlR1C1 のいずれかの定数で指定する
Property **Rows** As Range	○	○	アクティブなシートのすべての行を表す Range オブジェクト
Property **ScreenUpdating** As Boolean			画面の更新を行うかどうかを表すブール値
Property **Selection** As Object	○	○	現在選択されているオブジェクト
Property **Sheets** As Sheets	○	○	アクティブなブックのすべてのシートを表す Sheets コレクション
Property **StartupPath** As String		○	スタートアップフォルダのパスを表す文字列
Property **StatusBar** As Variant			ステータスバーのテキスト
Property **TemplatesPath** As String		○	テンプレートフォルダのパスを表す文字列
Property **ThisWorkbook** As Workbook	○	○	現在のマクロのコードが実行されているブックを表す Workbook オブジェクト
Property **UserLibraryPath** As String		○	ユーザーアドインフォルダのパスを表す文字列
Property **UserName** As String			現在のユーザー名を表す文字列
Property **Version** As String		○	Microsoft Excel のバージョンを表す文字列
Property **Visible** As Boolean			Microsoft Excel アプリケーションの表示・非表示を表すブール値
Property **Workbooks** As Workbooks	○	○	開いているすべてのブックを表す Workbooks コレクション
Property **WorksheetFunction** As WorksheetFunction	○	○	WorksheetFunction オブジェクト
Property **Worksheets** As Sheets	○	○	アクティブなブックのすべてのワークシートを表す Sheets コレクション

11章　Excel ライブラリ

表11-3はApplicationクラスで提供されている主なメソッドをまとめたものです。Excelアプリケーションに対して操作を行うメソッドや、マクロの実行に関するメソッド、数値やセル範囲を求める便利な関数などが提供されています。

表11-3 Applicationクラスの主なメソッド

メンバー	グローバル	説明
Sub **Calculate**()	○	開いているすべてのブックについて計算を実行する
Function **CentimetersToPoints**(*Centimeters As Double*) As Double		センチメートル単位の数値を、ポイント単位に変換する
Function **ConvertFormula**(*Formula*, *FromReferenceStyle As XlReferenceStyle*, [*ToReferenceStyle*], [*ToAbsolute*], [*RelativeTo*])		数式*Formula*をA1形式またはR1C1形式、相対参照または絶対参照に変換する
Function **Evaluate**(*Name*)	○	引数*Name*で指定した名前文字列を、オブジェクトまたは値に変換する
Function **GetPhonetic**([*Text*]) As String		文字列*Text*の日本語のふりがなを取得する
Sub **Goto**([*Reference*], [*Scroll*])		*Reference*で指定したRangeオブジェクトが表すセル範囲を選択する
Function **InchesToPoints**(*Inches* As Double) As Double		インチ単位の数値をポイント単位に変換する
Function **InputBox**(*Prompt As String*, [*Title*], [*Default*], [*Left*], [*Top*], [*HelpFile*], [*HelpContextID*], [*Type*])		ユーザー入力用のダイアログボックスを表示する
Function **Intersect**(*Arg1 As Range*, *Arg2 As Range*, [*Arg3 As Range*, …, *Arg30 As Range*]) As Range	○	2つ以上の範囲の交差を表すRangeオブジェクトを返す
Sub **OnTime**(*EarliestTime*, *Procedure As String*, [*LatestTime*], [*Schedule*])		指定された時刻にプロシージャ*Procedure*を実行する
Sub **Quit**()		Microsoft Excel アプリケーションを終了する
Function **Run**([*Macro*], [*Arg1*], [*Arg2*, …, *Arg30*])	○	マクロまたは関数*Macro*を実行する
Sub **SendKeys**(*Keys*, [*Wait*])	○	Microsoft Excel アプリケーションにキーボード操作*Keys*を送信する
Function **Union**(*Arg1 As Range*, *Arg2 As Range*, [*Arg3 As Range*, …, *Arg30 As Range*]) As Range	○	2つ以上の範囲の集合を表すRangeオブジェクトを返す
Function **Wait**(*Time*) As Boolean		実行中のマクロを指定の時刻まで停止する

Applicationクラスのメンバーを使用するには、対象オブジェクトとしてApplicationオブジェクトを指定する必要があります。Applicationオブジェクトを取得するには、以下書式のApplicationプロパティを使用します。

[Application.]**Application**

少し不思議な書式に思えるかもしれませんが、ApplicationプロパティはApplicationクラスのメンバーで、Applicationオブジェクトを返します。また、グローバルのメンバーなので、対象となるオブジェクトは省略して記述することができます。

リスト11-1は、表11-2および表11-3で紹介したメンバーのうち、いくつかについてその動作を確

認するものです。実行して、イミディエイトウィンドウの出力を確認してみましょう。

リスト11-1 Applicationクラスのメンバー

```
標準モジュールModule1
Sub MySub()

    With Application

        Debug.Print .Version 'バージョン
        Debug.Print .Name 'Microsoft Excel
        Debug.Print .UserName 'ユーザー名
        Debug.Print .ActivePrinter '現在使用しているプリンター名

        Debug.Print .Path 'Excelアプリケーションフォルダパス
        Debug.Print .DefaultFilePath 'カレントフォルダパス
        Debug.Print .LibraryPath 'ライブラリフォルダパス
        Debug.Print .StartupPath 'スタートアップフォルダパス
        Debug.Print .TemplatesPath 'テンプレートフォルダパス
        Debug.Print .UserLibraryPath 'ユーザーアドインフォルダパス

        Debug.Print .GetPhonetic("今晩は") 'コンバンハ

        Debug.Print .CentimetersToPoints(100) '2834.64566929134
        Debug.Print .InchesToPoints(100) '7200

    End With

End Sub
```

11-2-2 ▣ ブックを取得する

　現在マクロを記述するブックを操作するのであれば、オブジェクト名「ThisWorkbook」を使用すれば、Workbookオブジェクトを取得することができます。しかし、他のWorkbookオブジェクトを操作するのであれば、何らかの方法で対象となるブックを取得する必要があります。

　まず、開いているすべてのブックをコレクションとして取得するには、ApplicationクラスのWorkbooksプロパティを用います。Workbooksプロパティはグローバルのメンバーなので、Applicationオブジェクトを省略して、以下のように記述することができます。

> [Application.]**Workbooks**

　Workbooksプロパティで取得できるのは、Workbooksコレクションになります。実際に、個々のブックを操作するためには、取得したコレクションから目的のWorkbookオブジェクトを取り出す操作が別途必要になります。

　別の方法として、アクティブなブックを取得するという方法があります。アクティブなブックを取得するにはActiveWorkbookプロパティを使用します。ActiveWorkbookプロパティもグローバルのメンバーなので、Applicationオブジェクトを省略して記述することが可能です。

```
[Application.]ActiveWorkbook
```

アクティブなブックはユーザー操作の干渉を受けるので、その影響をうける可能性があるのであれ
ば、ActiveWorkbookプロパティの使用はおすすめできません。しかし、マクロの実行中に新たなブッ
クを作成したときや、ブックを開いたときには、そのブックは常にアクティブになりますので、その
時点であれば確実に取得できます。

リスト11-2はこれらのプロパティを用いてブックを取得する簡単な例です。Workbookオブジェク
トのNameプロパティでブック名を、WorkbooksコレクションのCountプロパティでブックの数を
デバッグ出力します。

リスト11-2 ブックの取得

```
標準モジュールModule1
Sub MySub()

    Debug.Print ActiveWorkbook.Name 'Book1
    Debug.Print Workbooks.Count '1

End Sub
```

現在マクロを記述しているブックを取得するThisWorkbookプロパティについては、6章で紹介し
ましたが、以下書式を再掲します。

```
[Application.]ThisWorkbook
```

ブックのオブジェクト名を変更したとしても「ThisWorkbook」というワードで現在マクロを記述
するブックを取得することができます。

11-2-3 ▶ シートやセル範囲を取得する

Applicationクラスでは、シートやセル範囲を取得する多くのメンバーが提供されています。表
11-4に取得するオブジェクトの種類に応じて整理し直しました。

表11-4 Applicationクラスのシートやセル範囲を取得するプロパティ

取得する オブジェクト	メンバー	説明
Range	Property **ActiveCell** As Range	アクティブセルを表すRangeオブジェクト
	Property **Cells** As Range	アクティブなシートのすべてのセルを表すRangeオブジェクト
	Property **Columns** As Range	アクティブなワークシートのすべての列を表すRangeオブジェクト
	Property **Range**(*Cell1*, [*Cell2*]) As Range	アクティブなシートのCell1およびCell2で表すRangeオブジェクト
	Property **Rows** As Range	アクティブなワークシートのすべての行を表すRangeオブジェクト
	Property **Selection** As Object	現在選択されているオブジェクト
Worksheet, Chart	Property **ActiveSheet** As Object	アクティブシートを表すオブジェクト
Sheets	Property **Charts** As Sheets	アクティブなブックのすべてのグラフシートを表すSheetsコレクション
	Property **Sheets** As Sheets	アクティブなブックのすべてのシートを表すSheetsコレクション
	Property **Worksheets** As Sheets	アクティブなブックのすべてのワークシートを表すSheetsコレクション

　これらはすべてグローバルのメンバーなので、対象であるApplicationオブジェクトの記述は省略できます。また、階層においてブックを表すオブジェクトや、シートを表すオブジェクトが間に存在しているのであれば、それらも省略されることになります。ですから、これらApplicationクラスのプロパティについて、その使用が効果的かどうかを判断する必要があります。

　表11-4から2つのメンバーを紹介しましょう。
　Selectionプロパティは、アクティブウィンドウの現在選択されているオブジェクトを返します。

> [Application.]**Selection**

　戻り値の型がRange型ではなく、Object型になることに注意してください。その理由は予想できますか？
　現在選択されているのがセル範囲であればRangeオブジェクトを返しますが、たとえば図形オブジェクトが選択状態であれば、その図形を表すオブジェクトを返します。また、何も選択されていない場合には、Nothingを返します。
　ですから、セル範囲を取得することを前提にして使用するのであれば、TypeName関数で固有オブジェクト型を取得して判定するなどの処理が必要になるかもしれません。

　ActiveCellプロパティは、アクティブウィンドウのアクティブセルをRangeオブジェクトとして取得します。

> [Application.]**ActiveCell**

　アクティブセルは現在作業対象となっている単体セルのことです。アクティブウィンドウがワークシートでない場合は、ActiveCell プロパティの実行はエラーとなります。

　リスト11-3 は Selection プロパティと ActiveCell プロパティの使用例です。

リスト11-3 Selection プロパティと ActiveCell プロパティ

```
標準モジュールModule1
Sub MySub()

    Dim obj As Object: Set obj = Selection

    If TypeName(obj) = "Range" Then
        Debug.Print obj.Address
    Else
        Debug.Print TypeName(obj)
    End If

    Debug.Print ActiveCell.Address

End Sub
```

　アクティブウィンドウでワークシートの特定のセル範囲を選択しているのであれば、イミディエイトウィンドウにはその選択範囲のアドレスと、アクティブセルのアドレスが出力されます。アクティブウィンドウで図形を選択しているのであれば、図形オブジェクトの固有オブジェクト型と、アクティブセルのアドレスが出力されます。グラフシートをアクティブにしているのであれば、Nothing と出力された後、実行時エラーとなります。

　Selection プロパティおよび ActiveCell プロパティが、確実に Range オブジェクトを取得できると保証できるのであれば、その省略されているブックを表すオブジェクト、シートを表すオブジェクトは想定可能で、自明となりますので、その使用は効果的といえるかもしれません。
　一方で、その他 Application クラスで提供されているシートやセル範囲を取得するプロパティは、積極的には使用しないという方針でもよいかもしれません。

11-2-4 ▶ セル範囲の交差／集合を求める

　Application クラスの Intersect メソッドや Union メソッドを使用すると、セル範囲の交差や集合を求めることができます。
　Intersect メソッドは、複数の範囲の交差、つまり重なり合う範囲を表す Range オブジェクトを返します。

```
[Application.]Intersect(Arg1, Arg2, [Arg3, …, Arg30])
```

引数*Arg1*,*Arg2*,…にはRangeオブジェクトを指定し、その数は30まで指定できます。Intersectメソッドはグローバルメンバーなので、Applicationオブジェクトを省略して記述できます。交差する範囲が存在しない場合は、Nothingを返します。また、異なるワークシートの範囲が指定されている場合はエラーとなります。

Unionメソッドは、複数の範囲の集合を表す範囲をRangeオブジェクトとして返します。

```
[Application.]Union(Arg1, Arg2, [Arg3, …, Arg30])
```

引数*Arg1*,*Arg2*,…にはRangeオブジェクトを指定し、その数は30まで指定できます。指定するRangeオブジェクトは必ずしも隣接している必要はありません。Intersectメソッドと同様、異なるワークシートの範囲が指定されている場合はエラーとなります。

IntersectメソッドとUnionメソッドの使用例として、リスト11-4をご覧ください。

リスト11-4 IntersectメソッドとUnionメソッド

```
標準モジュールModule1
Sub MySub()

    With Sheet1
        Dim rng1 As Range: Set rng1 = .Range("C1:E5")
        Dim rng2 As Range: Set rng2 = .Range("B2:F4")
        Dim rng3 As Range: Set rng3 = .Range("A3:G3")
    End With

    With Union(rng1, rng2, rng3)
        .Select
        Debug.Print .Address '$C$1:$E$5,$B$2:$F$4,$A$3:$G$3
    End With
    Stop

    With Intersect(rng1, rng2, rng3)
        .Select
        Debug.Print .Address '$C$3:$E$3
    End With

End Sub
```

Subプロシージャ MySubを実行して、Stopステートメントで中断している際にSheet1を確認すると、図11-3のようにセル範囲が選択されていることが確認できます。イミディエイトウィンドウには「$C$1:$E$5,$B$2:$F$4,$A$3:$G$3」と出力されます。このようにUnionメソッドで、複数のセル範囲の集合を求めることができ、かつそれもRangeオブジェクトとして取り扱われていることが確認

できます。

図11-3 Unionメソッドによるセル範囲の選択

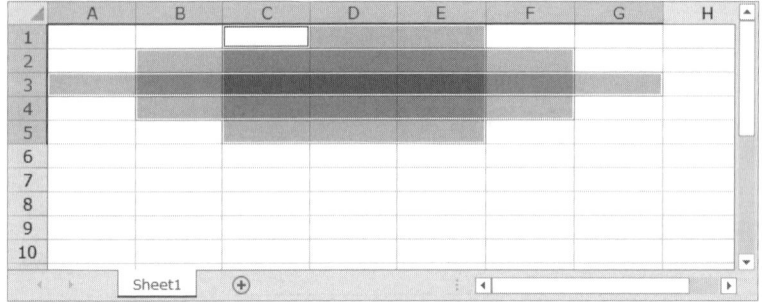

プロシージャの実行を再開して、再度Sheet1を確認すると、図11-4のようにセル範囲が選択されていることが確認できます。

図11-4 Intersectメソッドによるセル範囲の選択

11-2-5 ▶ ダイアログを操作する

Applicationクラスでは、ダイアログを操作するいくつかのメンバーが提供されています。

VBAライブラリのInputBox関数は、ユーザーがテキストを入力する入力ダイアログを使用する関数でした。Applicationクラスにも、入力ダイアログを使用する機能を提供するInputBoxメソッドが用意されています。

InputBoxメソッドはグローバルのメンバーではありませんので、Applicationオブジェクトの記述は必須です。省略した場合は、InputBox関数として判定されますので注意してください。書式は以下のとおりです。

```
Applictaion.InputBox(Prompt As String, [Title], [Default], [Left],
[Top], [HelpFile], [HelpContextID], [Type])
```

表示内容*Prompt*は必須です。引数*Title*はウィンドウのタイトル、*Default*はデフォルトの入力値です。*Left*と*Top*にはダイアログの左端の座標と、上端の座標をポイント単位で指定します。

HelpFile と *Context* にはヘルプファイルを表す文字列と、ヘルプコンテキスト番号を表す数値を指定します。

　ここまでの引数は、InputBox関数と同様ですが、InputBoxメソッドにはそれに加えて引数 *Type* が用意されています。*Type* にはInputBoxメソッドの戻り値のデータ型を表す数値を指定するもので、表11-5にその指定値についてまとめています。InputBox関数の戻り値は文字列でしたが、InputBoxメソッドでは、数式やRangeオブジェクトなど様々なデータを返すことができるのです。

表11-5 InputBoxメソッドの引数Typeの値

値	説明
0	数式
1	数値
2	文字列（既定値）
4	ブール値
8	セル参照（Rangeオブジェクト）
16	エラー値（#N/Aなどの）
64	値の配列

　複数のデータ型を入力可能にする場合は、それぞれの対応する値を加算した値を指定します。たとえば、数値と文字列の両方を入力可能にするのであれば、「1+2」すなわち3を指定します。

　リスト11-5を実行して、InputBoxメソッドの動作を確認してみましょう。

リスト11-5 InputBoxメソッド

```
標準モジュールModule1
Sub MySub()

    With Sheet1
        .Range("A1").Value = Application.InputBox("数値を入力してください", Type:=1)
        .Range("A2").Value = Application.InputBox("文字列を入力してください")
        .Range("A3").Value = Application.InputBox("ブール値を入力してください", Type:=4)
        .Range("A4").FormulaLocal = _
                Application.InputBox("数式を入力してください", Type:=0)
        .Range("A5").Value = _
                Application.InputBox("セル範囲を入力してください", Type:=8).Address
    End With

End Sub
```

　引数Typeと異なる型の値を入力した場合、図11-5のようにエラーメッセージが表示され、再入力となります。ですから、ダイアログへの入力時点で、その入力値のデータ型を限定したい場合に効果的です。

図11-5 InputBoxメソッドの入力エラーメッセージ

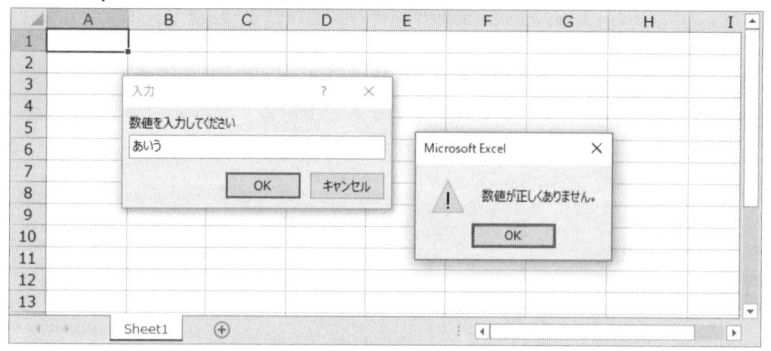

引数Typeを8、つまりセル参照とした場合、図11-6のようにシート上でマウス操作することで、ダイアログの入力欄にセル範囲を入力することが可能です。

図11-6 InputBoxメソッドでのセル参照の入力

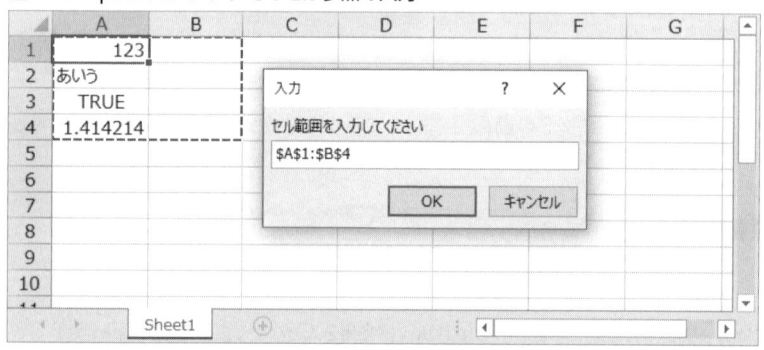

なお、InputBoxメソッドによる入力ダイアログで「キャンセル」を押下した場合、ブール値「False」を返します。一方で、InputBox関数でキャンセルをした場合は空文字が返ります。

11-2-6 ▣ ステータスバーを操作する

マクロの実行にある程度の時間がかかるのであれば、ステータスバーに現在の実行内容を表示するとユーザーに対して親切です。

ステータスバーの表示内容を取得および設定するには、ApplicationクラスのStatusBarプロパティを使用します。

```
Applictaion.StatusBar
```

任意の表示内容にしたい場合は、StatusBarプロパティに文字列で設定します。Excelアプリケーションがステータスバーをコントロールしているとき、StatusBarプロパティはFalseを返します。

330

また、ステータスバー自体の表示、非表示を表すのはDisplayStatusbarプロパティです。その設定値がTrueなら表示、Falseなら非表示となります。

```
Applictaion.DisplayStatusbar
```

では、ステータスバーの設定の例を見てみましょう。リスト11-6です。

リスト11-6 ステータスバーの設定

```
標準モジュールModule1
Sub MySub()

    With Application
        Dim oldStatusBar As Boolean: oldStatusBar = .DisplayStatusBar
        .DisplayStatusBar = True
        .StatusBar = "時間がかかる処理を実行しています"

        Stop

        .StatusBar = False
        .DisplayStatusBar = oldStatusBar
    End With
End Sub
```

プロシージャ MySub 実行時のステータスバーが非表示であっても、DisplayStatusBarプロパティで表示状態にし、図11-7のようにステータスバーにメッセージを表示します。

図11-7 ステータスバーの設定

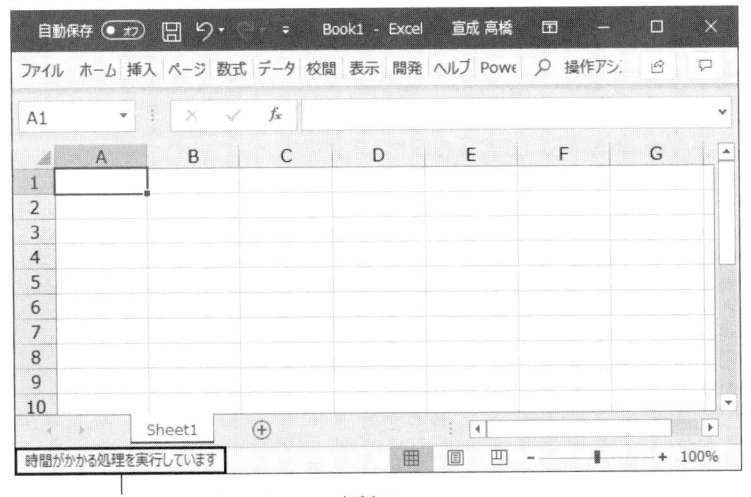

ステータスバーにメッセージが表示

実行完了前に、StatusBarプロパティにFalseを設定し、Excelにステータスバーのコントロールを返します。また、変数oldStatusBarに格納していたブール値を用いて、ステータスバーの表示状態を実行前の状態に復元しています。

11-2-7 ▣ 特定のメッセージを非表示にする

　マクロの中にファイルの保存や、シートやブックの削除などの処理がある場合、その処理を進めてよいかどうかの確認や警告のメッセージダイアログが表示されます。その際、ユーザーによるダイアログ操作をする必要があり、その間はマクロの実行が中断してしまいます。そのようなときには、確認や警告のメッセージを一時的に非表示にすることで、マクロを中断せずに続行させることができるようになります。

　Application クラスの DisplayAlerts プロパティは、特定の確認や警告のメッセージを表示するかどうかを表すプロパティです。

```
Application.DisplayAlerts
```

　通常は True に設定されていますが、False に設定することで、特定の確認や警告のメッセージダイアログを非表示にすることができます。

　たとえば、リスト 11-7 をご覧ください。

リスト 11-7 シート削除のメッセージを非表示にする

```
標準モジュールModule1
Sub MySub()

    'Application.DisplayAlerts = False

    With ThisWorkbook.Worksheets.Add
        .Name = "Hoge"
        .Delete
    End With

    Application.DisplayAlerts = True

End Sub
```

　そのまま Sub プロシージャ MySub を実行した場合、DisplayAlert プロパティを False に設定するステートメントはコメントアウトされていますので、図 11-8 のような確認のメッセージダイアログが表示されます。

図 11-8 シート削除の確認メッセージ

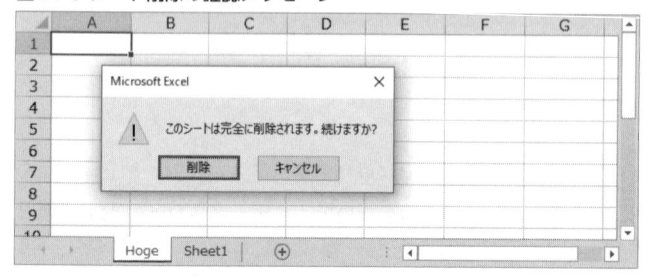

DisplayAlertプロパティをFalseに設定するステートメントをコメントインして有効にすることで、ダイアログの表示による中断なく処理を完了することができますので、確認してみてください。

　なお、本来であれば確認や警告を必要とする処理を、スルーさせることになりますので、DisplayAlertプロパティによる非表示設定は慎重に行うべきです。DisplayAlertsプロパティは、マクロの終了時に自動的にTrueに設定されますが、安全性とわかりやすさのために明示的にTrueに設定するステートメントを入れるほうが良いでしょう。

11-2-8 ▶ アプリケーションの設定とマクロの高速化

　Applicationクラスのメンバーを使うことで、Excelアプリケーションに関する様々な設定を行うことができます。この節では、それらのプロパティのうち、マクロの実行速度に関連する3つのプロパティと、確認メッセージについての設定をするプロパティについて紹介します。
　Calculationプロパティは、計算モードを表すプロパティです。

```
Application.Calculation
```

　設定値としては、表11-6に示す、列挙型XlCalculationのいずれかのメンバーを設定します。

表11-6 列挙型XlCalculationのメンバー

メンバー	値	説明
xlCalculationAutomatic	-4105	自動で計算をする
xlCalculationManual	-4135	手動で計算をする
xlCalculationSemiautomatic	2	テーブル以外自動で計算する

　計算モードが自動の場合、セルの値の編集によりシート上の計算式の再計算が行われます。それは、マクロの実行による編集でも再計算が発生するため、計算式が多い場合は、それだけ実行時間がかかってしまいます。そこで、計算モードをxlCalculationManual、つまり手動にしておくことで、その再計算を停止し、処理速度を向上させることができるのです。
　もちろん、再計算後の値を使用する場合は、再計算が必要になります。計算を実行するには、以下のApplicationクラスのCalculateメソッドを使うことができます。

```
[Application.]Calculate
```

　EnableEventsプロパティは、イベントの発生を可能にするかどうかを表すプロパティです。

```
Application.EnableEvents
```

　Trueに設定するとイベントが発生する状態、Falseに設定するとイベントが発生しなくなります。

本来は、意図的にイベント発生を抑えたいときに使用するものですが、イベントの検知をさせないことで、マクロの実行速度の向上を期待できます。

ScreenUpdatingプロパティは、画面の更新を行うかどうかを表すプロパティです。

```
Application.ScreenUpdating
```

Falseに設定することで画面更新が行われなくなります。マクロの処理過程を視覚的に確認することができなくなりますが、実行速度は向上します。

では、リスト11-8を用いて、これらのプロパティの設定により、どれだけマクロが高速になるのか確認してみましょう。Sheet2を追加した上で実行してみてください。

リスト11-8 マクロの実行速度と高速化

```
標準モジュールModule1
Sub MySub()

    Sheet1.Cells.Clear
    Dim start As Date: start = Time

    With Application
        .Calculation = xlCalculationManual
        .EnableEvents = False
        .ScreenUpdating = False
    End With

    With Sheet1
        Dim i As Long
        For i = 1 To 300
            .Cells(i, 1).Value = i
            .Cells(i, 2).FormulaLocal = "=SUM(A1:A" & i & ")"
            .Rows(i).Copy
            Sheet2.Cells(i, 1).PasteSpecial
        Next i
    End With

    With Application
        .Calculation = xlCalculationAutomatic
        .EnableEvents = True
        .ScreenUpdating = True
    End With

    Dim finish As Date: finish = Time
    Debug.Print Minute(finish - start) * 60 + Second(finish - start)

End Sub
```

Calculationプロパティの計算モード、およびEnableEventsプロパティとScreenUpdatingプロパティのブール値の設定について、いくつかのパターンを作り、それぞれ計5回実行した場合の合計時

間を計測してみます。筆者の環境で実施した結果が、表11-7になります。

表11-7 マクロの高速化についての計測結果

パターン	Calculation プロパティ	EnableEvents プロパティ	ScreenUpdating プロパティ	合計実行時間 [全てオンとの差]
全てオン	自動	True	True	147 [0]
計算モードのみ手動	手動	True	True	126 [-21]
イベント発生のみオフ	自動	False	True	140 [-7]
画面描画のみオフ	自動	True	False	66 [-81]
全てオフ	手動	False	False	59 [-88]

いずれのプロパティも、マクロの実行速度を上げる効果があることが確認できます。どのプロパティの設定がより効果を得られるかどうかというのは、マクロの内容によりますが、処理に実行時間がかかりそうなマクロについては、これらのテクニックの利用を検討してもよいでしょう。

ただし、マクロの実行完了前に、元の設定に戻すことを忘れないようにしておきましょう。

11-2-9 ▶ マクロの実行を時間で制御する

少し特殊な活用ができるApplicationクラスのメンバーとして、OnTimeメソッドがあります。OnTimeメソッドを使うと、タイマーのように指定した時刻に他のプロシージャを実行することができます。書式は以下のとおりです。

```
Application.OnTime(EarliestTime, Procedure, [LatestTime], [Schedule])
```

引数*EarliestTime*には実行する時刻を、*Procedure*には実行するプロシージャ名を文字列で指定します。一般的には、標準モジュールに記述したSubプロシージャを指定します。クラスモジュールやユーザーフォームに記述したプロシージャは指定できず、またプロシージャに引数を渡すことはできません。

引数*LatestTime*には、*EarliestTime*の時刻に実行できなかった場合、いつの時刻まで実行開始を待つかを指定します。省略した場合は、時刻に関係なく実行開始するまで待機します。

*Schedule*はブール値で、スケジュールを設定するか、解除をするかを指定します。既定値はTrueで指定した内容でスケジュールをセットしますが、Falseにすると指定した内容のスケジュールを解除することになります。

Waitメソッドは、指定した時刻までプロシージャの実行を停止するメソッドです。引数*Time*で指定した時刻までプロシージャを停止し、時刻になると再開をします。

```
Application.Wait(Time)
```

OnTimeメソッドとWaitメソッドの使用例について、リスト11-9に示します。

リスト11-9 OnTimeメソッドとWaitメソッド

```
標準モジュールModule1
Sub MySub()

    Application.OnTime Now + TimeSerial(0, 0, 3), "ShowMessage"

End Sub

Private Sub ShowMessage()

    MsgBox "時間になりました"

    Application.Wait Now + TimeSerial(0, 0, 3)

    MsgBox "3秒待機しました"

End Sub
```

Subプロシージャ MySubを実行すると、スケジュールがセットされます。3秒後に、Subプロシージャ ShowMessageが実行されます。表示された「時間になりました」というメッセージダイアログについて「OK」をクリックして閉じると、Waitメソッドによりその3秒後に「3秒待機しました」というメッセージダイアログが表示されるはずです。

11-2-10 □ ワークシート関数を使用する

VBAからワークシート関数を使用する方法が用意されています。ワークシート関数を使用することで、コードを簡潔に記述することができたり、実行速度の速い処理を実現できたりといったメリットを享受することができます。ワークシート関数を使用する方法の一つは、WorksheetFunctionクラスを使用する方法、もう一つはEvaluateメソッドを使う方法です。

WorksheetFunctionオブジェクトを使用することで、ワークシート関数を呼び出すことができます。WorksheetFunctionオブジェクトは、以下書式のApplicationクラスのWorksheetFunctionプロパティで取得します。

```
[Application.]WorksheetFunction
```

グローバルのメンバーなので、Applicationオブジェクトの記述は省略可能です。

ワークシート関数は、WorksheetFunctionクラスのFunctionプロシージャによるメソッドとして提供されていますので、以下書式で各ワークシート関数*name*を呼び出すことができます。

```
WorksheetFunction.name[(argumentlist)]
```

引数リスト*argumentlist*は呼び出すワークシート関数によって、指定する内容が異なります。

ワークシート関数のMAX関数とMIN関数を使用する例を見てみましょう。リスト11-10について、
Sheet1のA1セルからA10セルに適当な値を入力した上で実行してみてください。

リスト11-10 WorksheetFunctionオブジェクトによるMAX関数とMIN関数

```
標準モジュールModule1
Sub MySub()

    With Sheet1
        Dim rng As Range: Set rng = .Range("A1:A10")
        Debug.Print WorksheetFunction.Max(rng)
        Debug.Print WorksheetFunction.Min(rng)
    End With

End Sub
```

セル範囲を指定する場合には、Rangeオブジェクトを指定します。範囲を指定するワークシート関
数でいうと、VLOOKUP関数、COUNTIFS関数、SUMIFS関数などは使用頻度が高いかもしれません。
ただし、VLOOKUP関数やMATCH関数などで検索値が見つからないなど、ワークシート関数がエラー
値を返すような場合には、実行時エラーとなりますので注意してください。

別の例として、リスト11-11をご覧ください。VBAライブラリのRound関数による数値の丸めは偶
数丸めとなりますが、ワークシート関数のROUND関数を使用すれば、四捨五入を行うことができま
す。

リスト11-11 WorksheetFunctionオブジェクトによるROUND関数

```
標準モジュールModule1
Sub MySub()

    Debug.Print 2.4, Round(2.4) '2.4     2
    Debug.Print 2.5, Round(2.5) '2.5     2
    Debug.Print 2.6, Round(2.6) '2.6     3

    With WorksheetFunction
        Debug.Print 2.4, .Round(2.4, 0) '2.4     2
        Debug.Print 2.5, .Round(2.5, 0) '2.5     3
        Debug.Print 2.6, .Round(2.6, 0) '2.6     3
    End With

End Sub
```

ROUND関数だけでなく、ROUNDUP関数やROUNDDOWN関数などのワークシート関数も使用することができます。ワークシート関数を使用した数値の丸めに慣れ親しんでいる方は、Worksheet Functionオブジェクトによる数値の丸めに統一したほうがよいかもしれませんね。

ワークシート関数を使用する別の方法として、ApplicationクラスのEvaluateメソッドを使用する方法があります。

Evaluateメソッドは、文字列で表される様々な「名前」を評価して、オブジェクトや値に変換するメソッドで、以下の書式で記述します。

```
[Application.]Evaluate(Name)
```

引数*Name*には、表11-8で表すような種類の名前を使用できます。

表11-8 Evaluateメソッドの引数Nameの種類

名前	説明
数式	ワークシート関数も含む数式の結果
セル範囲	A1スタイルによる表現でRangeオブジェクト
定義された名前	名前を定義したオブジェクト

ご覧いただくとわかるとおり、ワークシート関数だけでなくそれを含む数式、セル範囲の参照、定義された名前など、幅広い「名前」を評価します。

Evaluateメソッドの大きな特徴は、その省略記法にあります。以下のように、角かっこ（[]）を使用しても同じ結果を得ることができます。

```
[Name]
```

例として、図11-9のようなシート「Sheet1」への操作を考えましょう。A1からA10の範囲に適当な数値が入力されています。E3からF5の範囲に「Fuga」という名前が定義されています。また、楕円の図形が配置されていて、その名前は「楕円 1」とします。

図11-9 Evaluateメソッドの対象となるシート

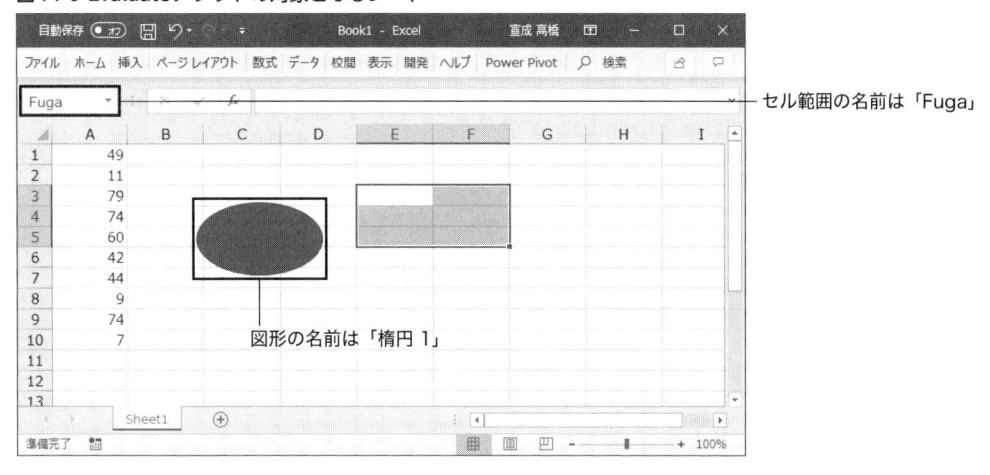

これに対して、Evaluateメソッドを使用する例として、リスト11-12をご覧ください。

リスト11-12 Evaluateメソッド

```
標準モジュールModule1
Sub MySub()

    [B1].Value = 123
    Evaluate("B2").Value = 456

    Debug.Print [B1].Value '123
    Debug.Print Evaluate("B2") '456

    Debug.Print [MAX(Sheet1!A1:A10)] '範囲の最大値79
    Debug.Print Evaluate("MAX(Sheet1!A1:A10)") '範囲の最大値79

    Debug.Print [ROUND(2.5,0)] '3
    Debug.Print Evaluate("ROUND(2.5,0)") '3

    Debug.Print [Fuga].Address '$E$3:$F$5
    Debug.Print Evaluate("Fuga").Address '$E$3:$F$5

    Debug.Print TypeName([楕円 1]) 'Oval
    Debug.Print TypeName(Evaluate("楕円 1")) 'Oval

End Sub
```

メソッド名を記述する通常の記法と、角かっこによる省略記法の両方で記述していますが、それぞれセルへの入力や、イミディエイトウィンドウの出力を確認してみてください。なお、リスト11-12のコードの冒頭に記述しているセルへの入力を行うステートメントですが、この例ではシートを明記していないので、対象はアクティブシートとなります。

Evaluateメソッドは角かっこによるシンプルな記法が実現でき、WorksheetFunctionクラスのメ

11章 Excelライブラリ

ンバーにないワークシート関数も使用することができるというメリットがあります。

　一方で、自動メンバー表示をはじめVBEの入力アシストの恩恵を受けられなくなりますし、記法の選択肢が大きく広がりコードの一貫性を保つ難易度が上がるかもしれません。また、現状ではポピュラーな記法とはいえませんので、他の人が読めなくなるというリスクもあるでしょう。

　チームでの運用で使用する場合は、コーディングガイドラインなどを整えて、それに沿った形で使用するとよいでしょう。

11-2-11 ▶ Applicationオブジェクトから取得できるオブジェクト

　Applicationオブジェクトからは、WorksheetFunctionオブジェクトの他にもいくつかのオブジェクトを取得し、利用することができます。主なオブジェクトまたはコレクションと、それを取得するメンバーについて表11-9にまとめています。

表11-9 Applicationクラスのオブジェクトを取得する主なプロパティ

メンバー	グローバル	読み取り専用	説明
Property **CommandBars** As CommandBars	○	○	すべてのコマンドバー（ツールバーやショートカットメニューなど）を表すCommandBarsコレクション
Property **FileDialog**(*fileDialogType As MsoFileDialogType*) As FileDialog		○	ファイルダイアログを表すFileDialogオブジェクト
Property **VBE** As VBE		○	VBEを表すVBEオブジェクト
Property **Windows** As Windows	○	○	すべてのウィンドウを表すWindowsコレクション

　本書でのこれらのクラスについての詳細な解説は割愛しますが、必要に応じて公式ドキュメントやオブジェクトブラウザーなどで調べてご活用ください。

11-2-12 ▶ Applicationクラスのイベント

　Applicationクラスにはイベントも用意されています。主に配下のブックまたはシートに対する操作で発生するイベントです。主なイベントについて、表11-10にまとめていますのでご覧ください。

表11-10 Applicationクラスの主なイベント

イベント	説明
Event **NewWorkbook**(*Wb As Workbook*)	新しいブックを作成したとき
Event **SheetActivate**(*Sh As Object*)	シートがアクティブになったとき
Event **SheetBeforeDelete**(*Sh As Object*)	シートが削除される前
Event **SheetBeforeDoubleClick**(*Sh As Object*, *Target As Range*, *Cancel As Boolean*)	シートがダブルクリックされたとき
Event **SheetBeforeRightClick**(*Sh As Object*, *Target As Range*, *Cancel As Boolean*)	シートが右クリックされたとき
Event **SheetCalculate**(*Sh As Object*)	シートが再計算されたとき
Event **SheetChange**(*Sh As Object*, *Target As Range*)	シートのセルが変更されたとき
Event **SheetDeactivate**(*Sh As Object*)	シートが非アクティブになったとき
Event **SheetFollowHyperlink**(*Sh As Object*, *Target As Hyperlink*)	シートのハイパーリンクをクリックしたとき 引数 *Hyperlink* は対象のHyperlinkオブジェクト
Event **SheetSelectionChange**(*Sh As Object*, *Target As Range*)	シートの選択範囲が変更されたとき
Event **WindowActivate**(*Wb As Workbook*, *Wn As Window*)	ウィンドウがアクティブになったとき
Event **WindowDeactivate**(*Wb As Workbook*, *Wn As Window*)	ウィンドウが非アクティブになったとき
Event **WindowResize**(*Wb As Workbook*, *Wn As Window*)	ウィンドウのサイズを変更したとき
Event **WorkbookActivate**(*Wb As Workbook*)	ブックがアクティブになったとき
Event **WorkbookAddinInstall**(*Wb As Workbook*)	ブックがアドインとして組み込まれたとき
Event **WorkbookAddinUninstall**(*Wb As Workbook*)	ブックのアドイン組み込みが解除されたとき
Event **WorkbookAfterSave**(*Wb As Workbook*, *Success As Boolean*)	ブックを保存した後 引数 *Success* は保存が成功したかどうかを表すブール値
Event **WorkbookBeforeClose**(*Wb As Workbook*, *Cancel As Boolean*)	ブックを閉じる前
Event **WorkbookBeforePrint**(*Wb As Workbook*, *Cancel As Boolean*)	ブックを印刷する前
Event **WorkbookBeforeSave**(*Wb As Workbook*, *SaveAsUI As Boolean*, *Cancel As Boolean*)	ブックを保存する前 引数 *SaveAsUI* は名前を付けて保存かどうかを表すブール値
Event **WorkbookDeactivate**(*Wb As Workbook*)	ブックが非アクティブになったとき
Event **WorkbookNewSheet**(*Wb As Workbook*, *Sh As Object*)	ブックに新しいシートを作成したとき
Event **WorkbookOpen**(*Wb As Workbook*)	ブックを開いたとき

Applicationクラスのイベントの多くは、イベントの対象となったWorkbookオブジェクトやWorksheetオブジェクトなどを引数としてイベントプロシージャに渡します。それらの引数には、共通のパラメーター名、役割を持つものが多いので、表11-11にまとめています。

表11-11 Applicationイベントの引数

引数	説明
Wb	イベントの対象のWorkbookオブジェクト
Sh	イベントの対象のWorksheetオブジェクトまたはChartオブジェクト
Target	イベントの対象のRangeオブジェクト
Win	イベントの対象のWindowオブジェクト
Cancel	イベント操作を中止するかどうかを表すブール値

ここで、引数Cancelはイベントを中止するかどうかを設定する特別なパラメーターです。イベントプロシージャに渡された時点ではFalseを格納していますが、プロシージャ内でTrueに設定するとそのイベントを中止する、つまりプロシージャが終了しても対象のイベントは発生しなくなります。

Applicationオブジェクトのイベントを使用する場合、Workbookオブジェクトに対するブックモジュールやWorksheetオブジェクトに対するシートモジュールといったオブジェクトモジュールが存在していません。ですから、クラスモジュール内にWithEventsキーワードによるオブジェクト変数を宣言することで、イベントをキャッチさせます。

リスト11-13はApplicationオブジェクトのイベントの簡単な例です。

リスト11-13 Applicationオブジェクトのイベント

```
クラスモジュールClass1
Public WithEvents App As Application

Private Sub App_NewWorkbook(ByVal Wb As Workbook)
    MsgBox "ブック " & Wb.Name & " が作成されました"
End Sub

標準モジュールModule1
Private c As Class1

Sub InitializeApp()
    Set c = New Class1
    Set c.App = Application
End Sub

Sub MySub()
    Workbooks.Add
End Sub
```

クラスモジュールClass1には、イベントに応答するためのWithEventsキーワードによるApplication型のオブジェクト変数Appを宣言します。また、イベントプロシージャ App_NewWorkbookはApplicationオブジェクトに対してブックの作成が発生したときに動作し、メッセージダイアログを表示するものです。

動作確認をする前に、標準モジュールModule1のSubプロシージャ InitializeAppを実行しておきます。プライベート変数cには、クラスClass1のインスタンスがセットされ、またそのインスタンスのプロパティ AppにはApplicationオブジェクトがセットされます。これで、Applicationオブジェクトへのイベントの発生をキャッチする準備が整います。

続いて、SubプロシージャMySubを実行すると新規のブックが作成されますので、図11-10のようにメッセージダイアログが表示されます。

図11-10 Applicationオブジェクトのイベントプロシージャによるメッセージ

Workbookクラスや Worksheet クラスで提供されているイベントの多くが Application クラスでも提供されています。クラスモジュールや WithEvents キーワードによる変数の準備が必要になるという手間がかかりますが、その一方で、1つのオブジェクト変数で Application オブジェクト配下の様々なイベントをキャッチできるようになるというメリットもあります。

11-3 ブックを操作する ——Workbooks クラス／ Workbook クラス

11-3-1 ▶ Workbooks クラスとは

Workbooks クラスはブックを表す Workbook オブジェクトのコレクションを操作する機能を提供するクラスです。メンバーの数は多くはありませんが、ブックの操作をする上で、使用頻度の高いメンバーで構成されています。

表11-12は Workbooks クラスの主なプロパティをまとめたものです。

表11-12 Workbooksクラスの主なプロパティ

メンバー	読み取り専用	説明
Property **Count** As Long	○	コレクションに含まれるオブジェクトの数
Property **_Default**(*Index*) As Workbook	○	既定のメンバー コレクションの要素のうち*Index*で参照される単一のオブジェクト
Property **Item**(*Index*) As Object	○	コレクションの要素のうち*Index*で参照される単一のオブジェクト
Property **Parent** As Object	○	親オブジェクト

表11-13は Workbooks クラスの主なメソッドとして、新規のブックを作成する、ブックを開くメソッドをまとめています。

表11-13 Workbooksクラスの主なメソッド

メンバー	説明
Function **Add**([*Template*]) As Workbook	新しいブックを作成する
Function **Open**(*Filename As String*, [*UpdateLinks*], [*ReadOnly*], [*Format*], [*Password*], [*WriteResPassword*], [*IgnoreReadOnlyRecommended*], [*Origin*], [*Delimiter*], [*Editable*], [*Notify*], [*Converter*], [*AddToMru*], [*Local*], [*CorruptLoad*]) As Workbook	*Filename*で指定するブックを開く

11-3-2 ▣ ブックを参照する

　Workbooksコレクションはブックの集合を表しますので、特定のブックを操作するのであれば、そこから単一のブックを取得するという段取りが必要になります。

　このコレクションから単一のオブジェクトを取り出すという操作は、コレクションで取り扱われるどのオブジェクトでも共通に発生するものなので、それを正しく理解することは効果的かつ重要です。

　Workbooksコレクションには、それに含まれる単一のオブジェクトを表すItemプロパティが用意されています。

```
expression.Item(Index)
```

　これによりWorkbooksコレクション*expression*から、引数*Index*で表される単一のオブジェクトを取得できます。*Index*には、インデックスを表す数値または、ブック名を文字列で指定します。

　ただし、WorkbooksクラスにおいてItemプロパティを用いることは、それほど多くはないかもしれません。というのも、Workbooksクラスには既定のメンバーとして、以下に示す_Defaultプロパティが用意されているからです。

　_DefaultプロパティはItemプロパティと同様、引数Indexすなわち、インデックスを表す数値またはブック名を表す文字列を指定して、単一のWorkbookオブジェクトを取り出すプロパティです。

```
expression[._Default](Index)
```

　_Defaultプロパティは既定のメンバーなので、そのメンバー名を省略して記述することができます。そして、この省略記法が一般的によく用いられています。

　_Defaultプロパティは非表示のメンバーとなっているので、オブジェクトブラウザーや自動メンバー表示では確認することができません。オブジェクトブラウザーで非表示のメンバーを表示するようにすると、図11-11のようにその存在を確認することができます。

図11-11 Workbooksクラスの_Defaultプロパティ

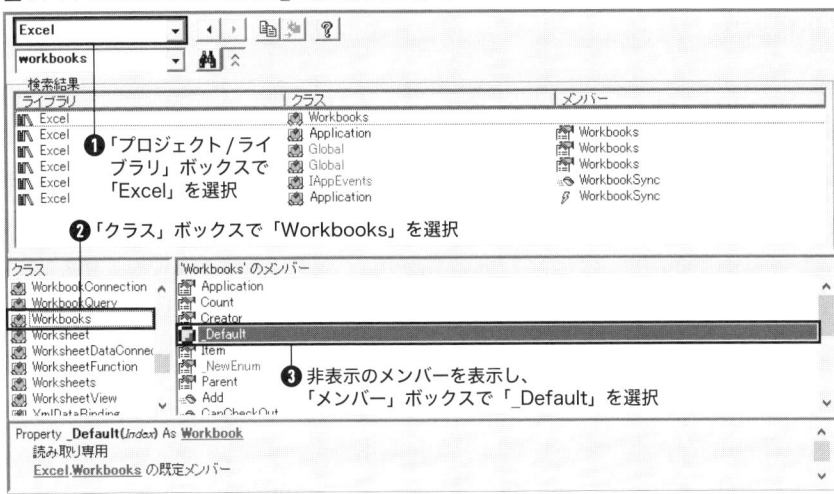

リスト11-14はItemプロパティおよび_Defaultプロパティの使用例です。前提として、未保存の
ブックBook1と、保存済みのブックBook2.xlsxが開いている状態としています。

リスト11-14 Workbooksコレクションからブックを参照する

```
標準モジュールModule1
Sub MySub()

    Debug.Print Workbooks.Item(1).Name 'Book1
    Debug.Print Workbooks.[_Default](1).Name 'Book1
    Debug.Print Workbooks(1).Name 'Book1

    Debug.Print Workbooks("Book1").Name 'Book1
    Debug.Print Workbooks("Book2.xlsx").Name 'Book2.xlsx

End Sub
```

> **Memo** VBAライブラリのCollectionクラスではItemプロパティが既定のメンバーでした。しかし、
> Workbooksコレクションをはじめ、Excelライブラリで提供されている多くのコレクション
> については、Itemプロパティではなく、非表示のメンバーである_Defaultプロパティが既定のメンバー
> となっているケースが多くあります。また、RangeクラスやListColumnクラスなどでも、非表示のメ
> ンバーである_Defaultプロパティが既定のメンバーとして用意されています。もちろん、その機能は
> クラスによって異なります。

Workbooksコレクションを対象にループ処理をすることができます。リスト11-15に、For Each
～NextステートメントおよびFor～Nextステートメントを使用したループの例を記載しています。
実行すると、それぞれのループでWorkbooksコレクションに含まれるブック名がイミディエイト
ウィンドウに出力されることを確認できます。

11章 Excel ライブラリ

```
標準モジュールModule1
Sub MySub()

    Dim wb As Workbook
    For Each wb In Workbooks
        Debug.Print wb.Name
    Next wb

    Dim i As Long
    For i = 1 To Workbooks.Count
        Debug.Print i, Workbooks(i).Name
    Next i

End Sub
```

　ループ内でブックのインデックスを使用したい場合は、リスト11-15の後半で行っているような For ～ Nextステートメントを使用する方法があります。ループの最終値をWorkbooksコレクション の要素数とするのです。

　Workbooksコレクション *expression* の要素数は、以下のようにCountプロパティで取得すること ができます。

> *expression*.**Count**

11-3-3 ▪ ブックを作成する／開く

　Workbooksコレクションのもう一つの重要な役割として、コレクションにブックを追加するという 役割があります。その追加の方法は2つあり、一つは新たなブックを作成することです。

　新たなブックを追加するには、WorkbooksクラスのAddメソッドを使用します。書式は以下のと おりです。

> *expression*.**Add**([*Template*])

　新たなブックを作成し、Workbooksコレクション *expression* に追加します。Addメソッドの戻り 値は、作成したWorkbookオブジェクトです。

　作成するブックに配置するシートの種類を省略可能な引数*Template*に設定します。設定値は、表 11-14に示す列挙型XlWBATemplateのいずれかのメンバーになり、その種類に応じた1枚のシート で構成するブックを追加します。引数*Template*を省略すると、Excel2013以降では1枚のワークシー ト、それ以前では3枚のワークシートで構成するブックとなります。多くの場合は省略で問題ないで しょう。

表11-14 列挙型XlWBATemplateのメンバー

メンバー	値	説明
xlWBATChart	-4109	グラフシート
xlWBATExcel4IntlMacroSheet	4	Excel バージョン4のマクロシート
xlWBATExcel4MacroSheet	3	Excel バージョン4のインターナショナルマクロシート
xlWBATWorksheet	-4167	ワークシート

リスト11-15はAddメソッドの使用例です。

リスト11-15 新しいブックを作成する

```
標準モジュールModule1
Sub MySub()

    Dim wb As Workbook: Set wb = Workbooks.Add
    Debug.Print wb.Name

    With Workbooks.Add
        Debug.Print .Name
    End With

End Sub
```

実行すると、結果として2つのブックが作成され、そのブック名がイミディエイトウィンドウに出力されます。

作成したブックをSetステートメントでオブジェクト変数に代入することはもちろんですが、作成したWorkbookオブジェクトをWithステートメントの対象とすることもできます。

Workbooksコレクションにブックを追加するもう一つの方法は、保存されているブックを開くことです。ブックを開くには、WorkbooksクラスのOpenメソッドを使用します。

```
expression.Open(Filename, [UpdateLinks], [ReadOnly], [Format],
[Password], [WriteResPassword], [IgnoreReadOnlyRecommended], [Origin],
[Delimiter], [Editable], [Notify], [Converter], [AddToMru], [Local],
[CorruptLoad])
```

文字列Filenameで指定したファイル名のブックを開き、Workbooksコレクションexpressionに追加します。Openメソッドの戻り値は開いたブックを表すWorkbookオブジェクトです。開くブックがカレントフォルダ以外に保存されている場合は、引数Filenameはフルパスで指定する必要があります。

Openメソッドには、引数Filename以外に多数の省略可能な引数があります。表11-15にまとめていますので、必要に応じてご覧ください。

表11-15 Workbooks コレクションの Open メソッドの引数

パラメーター	説明
FileName	開くブックのファイル名
UpdateLinks	ブックを開いた際に外部参照を更新するかどうかについて、3（更新する）または0（更新しない）を指定する
ReadOnly	ブックを読み取り専用モードで開くかどうかをブール値で指定する
Format	テキストファイルを開く際の区切り文字を1（タブ）、2（カンマ）、3（スペース）、4（セミコロン）、5（なし）、6（カスタム文字）から指定する
Password	パスワード保護されたブックを開くのに必要なパスワードを文字列で指定する。省略時、パスワードが必要な場合は入力ダイアログが表示される
WriteResPassword	書き込み保護されたブックに書き込みをするために必要なパスワードを指定する。省略時、パスワードが必要な場合は入力ダイアログが表示される
IgnoreReadOnlyRecommended	読み取り専用を推奨するメッセージを非表示にするかどうかをブール値で指定する
Origin	テキストファイルを開く際の、作成されたプラットフォームについて、列挙型 XlPlatform のメンバーから指定する。1(xlMacintosh)、2(xlMSDOS)、3(xlWindows)
Delimiter	引数 Format が6（カスタム文字）の場合の区切り文字を文字列で指定する
Editable	開くブックが Excel 4.0 のアドインでありウィンドウに表示する場合、または Excel テンプレートであり編集用で開く場合に True を設定する
Notify	ファイルが読み取り／書き込みモードで開けない場合に、ファイルを通知リストに追加するかどうかをブール値で指定する
Converter	ファイルを開くときに最初に実行するファイルコンバータのインデックスを指定する
AddToMru	最近使用したファイルの一覧にブックを追加するかどうかをブール値で指定する
Local	Excel の言語設定に合わせるかどうかをブール値で指定する。既定値は False で、その場合は VBA の言語設定で保存される
CorruptLoad	ブックの読み込み方法を列挙型 XlCorruptLoad のメンバーから指定する。既定値 xlNormalLoad（標準）、xlRepairFile（修復モード）、xlExtractData（データの抽出モード）

　リスト11-17は Open メソッドの使用例です。カレントフォルダのブック Hoge.xlsx と、カレントフォルダの Fuga.xlsx を開いて、そのブック名をイミディエイトウィンドウに出力します。なお、Fuga.xlsx には読み取りおよび書き込みのパスワード保護をかけているとして、パスワードを解除する内容にしています。

リスト11-17 ブックを開く

```
標準モジュールModule1
Sub MySub()

    Dim wb As Workbook: Set wb = Workbooks.Open("Hoge.xlsx")
    Debug.Print wb.Name 'Hoge.xlsx

    With Workbooks.Open( _
        Application.DefaultFilePath & "¥Fuga.xlsx", _
        Password:="hogehoge", _
        WriteResPassword:="fugafuga")

        Debug.Print .Name 'Fuga.xlsx
    End With

End Sub
```

引数*Filename*はカレントフォルダであればブック名のみの指定ができますが、カレントフォルダはユーザーの操作により変更の可能性がありますので、フルパスで指定するほうが確実です。その場合、既定のフォルダパスを表すApplicationクラスのDefaultFilePathプロパティや、「ThisWorkbook.Path」つまり現在のマクロを記述しているブックのフォルダパスなどが役立ちます。

また、読み取りや書き込みのパスワード保護がかけられているブックを開く際には、通常は図11-12や図11-13に示すようなダイアログが表示されますが、引数*Password*および*WriteResPassword*を指定することで、ユーザー入力なしに開くことができます。

図11-12 ブックの読み取りパスワード入力ダイアログ

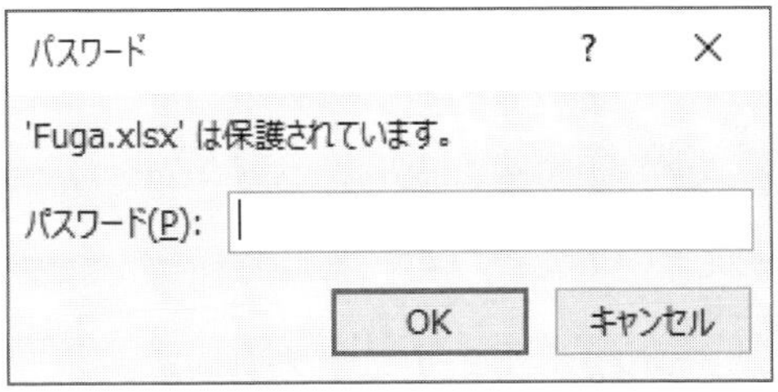

図11-13 ブックの書き込みパスワード入力ダイアログ

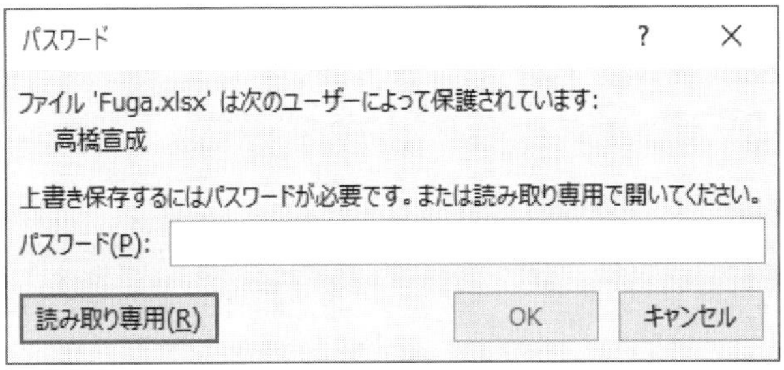

11-3-4 ▶ Workbookクラスとは

Workbookクラスは、ブックを操作する機能を提供するクラスです。

表11-16にWorkbookクラスの主なプロパティをまとめています。Workbookオブジェクトの配下のオブジェクトを取得するプロパティ、ブックの状態や情報を表すプロパティなどが提供されています。

表 11-16 Workbook クラスの主なプロパティ

メンバー	読み取り専用	説明
Property **Charts** As Sheets	○	ブックのすべてのグラフシートを表す Sheets コレクション
Property **FullName** As String	○	パスも含めたブック名を表す文字列
Property **HasPassword** As Boolean	○	ブックに読み取りパスワードが設定されているかどうかを表すブール値
Property **HasVBProject** As Boolean	○	ブックに VBA プロジェクトが含まれるかどうかを表すブール値
Property **IsAddin** As Boolean		ブックがアドインとして実行されているかどうかを表すブール値
Property **Name** As String	○	ブック名を表す文字列
Property **Parent** As Object	○	親オブジェクト
Property **Password** As String		ブックを開くためのパスワードを表す文字列
Property **Path** As String	○	ブックが保存されているフォルダパスを表す文字列
Property **ReadOnly** As Boolean	○	ブックが読み取り専用で開いているかどうかを表すブール値
Property **ReadOnlyRecommended** As Boolean		ブックを開く際に読み取り専用を推奨するかどうかを表すブール値
Property **Saved** As Boolean		ブックが最終保存状態かどうかを表すブール値
Property **Sheets** As Sheets	○	ブックのすべてのシートを表す Sheets コレクション
Property **Worksheets** As Sheets	○	ブックのすべてのワークシートを表す Sheets コレクション

　表 11-17 は Workbook クラスで提供されている主なメソッドをまとめたものです。これらのメソッドを使用することで、ブックに対して保存や保護といった操作を行うことができます。

表 11-17 Workbook クラスの主なメソッド

メンバー	説明
Sub **Activate**()	ブックに関連付けられている最初のウィンドウをアクティブにする
Sub **Close**([*SaveChanges*], [*Filename*], [*RouteWorkbook*])	ブックを閉じる
Sub **ExportAsFixedFormat**(*Type As XlFixedFormatType*, [*Filename*], [*Quality*], [*IncludeDocProperties*], [*IgnorePrintAreas*], [*From*], [*To*], [*OpenAfterPublish*], [*FixedFormatExtClassPtr*], [*WorkIdentity*])	ブックを PDF または XPS 形式でエクスポートする
Sub **PrintOut**([*From*], [*To*], [*Copies*], [*Preview*], [*ActivePrinter*], [*PrintToFile*], [*Collate*], [*PrToFileName*], [*IgnorePrintAreas*])	ブックを印刷する
Sub **PrintPreview**([*EnableChanges*])	ブックの印刷プレビューを表示する
Sub **Protect**([*Password*], [*Structure*])	ブックを保護する
Sub **Save**()	ブックを保存する
Sub **SaveAs**([*Filename*], [*FileFormat*], [*Password*], [*WriteResPassword*], [*ReadOnlyRecommended*], [*CreateBackup*], [*AccessMode As XlSaveAsAccessMode = xlNoChange*], [*ConflictResolution*], [*AddToMru*], [*TextCodepage*], [*TextVisualLayout*], [*Local*], [*WorkIdentity*])	ブックを別ファイルとして保存する
Sub **SaveCopyAs**(*Filename*)	ブックのコピーを保存する
Sub **Unprotect**([*Password*])	ブックの保護を解除する

　リスト 11-18 は Workbook クラスのプロパティのうち、いくつかについて動作を確認するものです。コメントは、リスト 11-17 で使用したブック Fuga.xlsx にマクロを追加したものについて筆者の環境

で実行した結果です。皆さんの環境でどのような結果になるか、イミディエイトウィンドウを確認してみましょう。

リスト11-18 Workbookクラスのメンバー

```
標準モジュールModule1
Sub MySub()

    With ThisWorkbook

        Debug.Print .Name 'Fuga.xlsm
        Debug.Print .Path '保存されているフォルダパス
        Debug.Print .FullName 'フルパスを含むファイル名

        Debug.Print .HasPassword 'True
        Debug.Print .Password '********

        Debug.Print .Parent.Name 'Microsoft Excel

        Debug.Print .ReadOnly 'False
        Debug.Print .ReadOnlyRecommended 'False
        Debug.Print .Saved 'True
        Debug.Print .HasVBProject 'True

    End With

End Sub
```

11-3-5 ▶ シートを取得する

シートを取得する際も、オブジェクト名による取得がシンプルで確実です。しかし、新たに作成したシートを操作する場合などは、オブジェクト名を使用することができません。ActiveSheetプロパティを用いてアクティブなシートを取得する方法もありますが、すべてのケースで必ずしも確実に取得できるとは限りません。

その際の別の手段として、Workbookオブジェクトの配下のシートを取得するという方法があります。ブックは複数のシートを持つことができますので、コレクションとして取得するのが基本となります。

ここで、注意すべきポイントとして念頭に置かなければいけないのが、シートには種類があるということです。一般的に取得したいシートはワークシートであることが多いですが、シートの種類としてグラフシートやその他のシートが存在しています。

Workbookクラスの Sheets プロパティは、配下のすべてのシートを表す Sheets コレクションを返します。

```
expression.Sheets
```

これにより Workbook オブジェクト *expression* の配下にあるすべてのシートを Sheets コレクショ

ンとして取得します。ただし、これはSheetsコレクションであり、Worksheetsコレクションではありません。つまり、グラフシートやその他の種類のシートもすべて含むコレクションです。

では、ワークシートの集合のみを取り出したいときはどうすればよいでしょうか？　その場合は、WorkbookクラスのWorksheetsプロパティを使用します。

> *expression*.**Worksheets**

Workbookオブジェクト*expression*の配下にあるすべてのシートをSheetsコレクションとして返します。ただし、Worksheetsプロパティの戻り値はWorksheetsコレクションではなく、Sheetsコレクションになります。つまり、Sheetsコレクションではありながらも、その要素はすべてWorksheetオブジェクトということになります。ですから、Worksheets型のオブジェクト変数に、Worksheetsプロパティの戻り値を代入しようとするとエラーになってしまいますので、注意が必要です。

同様に、WorkbookクラスのChartsプロパティを使用すると、Workbookオブジェクト*expression*配下のグラフシートのコレクションをSheetsコレクションとして取得することができます。

> *expression*.**Charts**

例として、現在のブックに2つのワークシート、1つのグラフシートが存在するとして、リスト11-19を実行してみましょう。それぞれのプロパティで取得できるコレクションが、いくつのシートを要素として持つかが確認できます。

リスト11-19 シートをコレクションとして取得する

```
標準モジュールModule1
Sub MySub()

    With ThisWorkbook
        Debug.Print .Sheets.Count '3
        Debug.Print .Worksheets.Count '2
        Debug.Print .Charts.Count '1
    End With

End Sub
```

WorksheetsプロパティはWorksheetsコレクションを返さないということを証明するために、リスト11-20を実行してみましょう。

リスト11-20 WorksheetsプロパティとWorksheetsコレクション

```
標準モジュールModule1
Sub MySub()

    With ThisWorkbook
```

```
        Debug.Print TypeName(.Worksheets) 'Sheets

        Dim mySheets As Worksheets
        Set mySheets = .Worksheets '実行時エラー「型が一致しません」
    End With

End Sub
```

　TypeName関数は「Sheets」を返します。また、Setステートメントでは「型が一致しません」といった実行時エラーが発生してしまいます。Sheetsコレクションを、Worksheets型のオブジェクト変数に代入しようとしたからです。このように、SheetsコレクションとWorksheetsコレクションは、類似点は多くありますが、別のオブジェクトなのです。

11-3-6 ▫ ブックを保存する／閉じる

　Workbookクラスにはブックの保存をするメソッドが3つ用意されています。Saveメソッド、SaveAsメソッド、SaveCopyAsメソッドです。また、ブックを閉じるCloseメソッドにも、ブックを保存する機能が提供されています。ここでは、それらのメソッドについて見ていきましょう。

　まず、シンプルにブックを上書き保存するには、以下のSaveメソッドを使います。

expression.**Save**

　これにより、Workbookオブジェクト*expression*を上書き保存します。一度も保存されていないブックであれば、カレントフォルダに作成時に自動で付与されたファイル名で保存されます。

　ブックについて名前を付けて保存するには、SaveAsメソッドを使います。書式は以下のとおりです。

expression.**SaveAs**([*Filename*], [*FileFormat*], [*Password*],
[*WriteResPassword*], [*ReadOnlyRecommended*], [*CreateBackup*], [*AccessMode*],
[*ConflictResolution*], [*AddToMru*], [*TextCodepage*], [*TextVisualLayout*],
[*Local*], [*WorkIdentity*])

　文字列*Filename*で指定したファイル名でWorkbookオブジェクト*expression*を保存します。引数*Filename*はフルパスで指定することもできますが、ファイル名のみを指定した場合はカレントフォルダに保存されます。完全に引数*Filename*を省略した場合は、ファイル名は現在のブック名、拡張子は引数*FileFormat*の既定値に準拠した拡張子となります。

　SaveAsメソッドには、多数の省略可能な引数がありますので、表11-18にまとめています。

表11-18 WorkbookクラスのSaveAsメソッドの引数

パラメーター	説明
FileName	保存するブックのファイル名
FileFormat	ファイルを保存するときに使用するファイル形式を列挙型XlFileFormatのメンバーから指定する。既定値は既存ファイルの場合は最後に指定したファイル形式、新規ファイルの場合は使用されているExcelのバージョンの形式となる
Password	ファイルを読み取りパスワードを文字列で指定する
WriteResPassword	ファイルの書き込みパスワードを表す文字列を指定する
ReadOnlyRecommended	ファイルを開く際に読み取り専用を推奨するメッセージを非表示にするかどうかをブール値で指定する
CreateBackup	バックアップファイルを作成するかどうかをブール値で指定する
AccessMode	ブックのアクセスモードを列挙型XlSaveAsAccessModeのメンバーから指定する xlNochange：アクセスモードを変更しない（既定値） xlExclusive：排他モード xlShared：共有モード
ConflictResolution	ブックを保存するときの競合の解決方法を列挙型XlSaveConflictResolutionのメンバーから指定する xlUserResolution：競合を解決するためのダイアログ ボックスを表示する（既定値） xlLocalSessionChanges：ローカル ユーザーの変更を自動的に受け入れる xlOtherSessionChanges：他のユーザーの変更を自動的に受け入れる
AddToMru	ブックを最近使用したファイルの一覧に追加するかどうかをブール値で指定する
TextCodepage	使用しない
TextVisualLayout	使用しない
Local	Excelの言語設定に合わせるかどうかをブール値で指定する。既定値はFalseで、その場合はVBAの言語設定で保存される

引数FileFormatは列挙型XlFileFormatで定義されている多数のファイル形式の中から指定をします。主なメンバーを表11-19にまとめています。

表11-19 列挙型XlFileFormatのメンバー

メンバー	値	説明	拡張子
xlWorkbookDefault	51	Excelブック（既定）	*.xlsx
xlOpenXMLWorkbookMacroEnabled	52	Excelマクロ有効ブック	*.xlsm
xlExcel12	50	Excelバイナリブック	*.xlsb
xlExcel8	56	Excel97-2003ブック	*.xls
xlCurrentPlatformText	-4158	現在のプラットフォームのテキスト	*.txt
xlCSVUTF8	62	CSV UTF-8	*.csv
xlXMLSpreadsheet	46	XMLデータ	*.xml
xlWebArchive	45	単一ファイルWebページ	.mht/.mhtml
xlHtml	44	Webページ	.htm/.html
xlOpenXMLTemplate	54	Excelテンプレート	*.xltx
xlOpenXMLTemplateMacroEnabled	53	Excelマクロ有効テンプレート	*.xltm
xlTemplate	17	Excel97-2003テンプレート	*.xlt
xlTextMac	19	Macintoshテキスト（タブ区切り）	*.txt
xlTextWindows	20	Windowsテキスト（タブ区切り）	*.txt
xlUnicodeText	42	Unicodeテキスト	*.txt
xlCSV	6	CSV	*.csv

xlTextPrinter	36	テキスト（スペース区切り）	*.prn
xlDIF	9	DIF	*.dif
xlSYLK	2	SYLK	*.slk
xlOpenXMLAddin	55	Excelアドイン	*.xlam
xlAddIn8	18	MicrosoftExcel 97-2003 アドイン	*.xla
xlOpenDocumentSpreadsheet	60	OpenDocument スプレッドシート	*.ods

ブックのコピーを保存するには、以下のSaveCopyAsメソッドを使用します。

---

expression.**SaveCopyAs**(*Filename*)

Workbookオブジェクト*expression*についてコピーを作成し、引数*Filename*で指定したファイル名で保存します。引数*Filename*はフルパスで指定することもでき、ファイル名のみを指定した場合はカレントフォルダに保存されます。

ブックを閉じるには、Closeメソッドを用います。書式は以下のとおりです。

---

expression.**Close**([*SaveChanges*], [*Filename*], [*RouteWorkbook*])

Workbookオブジェクト*expression*を閉じます。引数*SaveChanges*にはブックに変更がある場合に、変更を保存するかどうかをブール値で指定します。一度も保存されていないブックであれば、引数*Filename*がファイル名として使用されます。*Filename*が省略されている場合は、「名前を付けて保存」ダイアログボックスが表示されます。引数*RouteWorkbook*には、次の受信者にブックを回覧するかどうかをブール値で指定します。

では、ブックを保存するまたは閉じる処理について、そのサンプルコードを見てみましょう。リスト11-21です。コードを記述しているブックは「Book1.xlsm」として保存済みとします。

リスト11-21 ブックを保存する／閉じる

```
■標準モジュールModule1
Sub MySub()

    With ThisWorkbook
        Sheet1.Range("A1").Value = "Hoge"

        .Save

        Dim fileName As String: fileName = "Hoge_" & Format(Date, "yyyymmdd") & ".xlsm"
        .SaveCopyAs fileName

        Application.DisplayAlerts = False
        .SaveAs "Hoge.xlsx", xlWorkbookDefault
        Application.DisplayAlerts = True
```

```
        Sheet1.Range("A1").Value = "Fuga"

        .Close SaveChanges:=True, fileName:="Fuga.xlsx"
    End With

End Sub
```

　実行をすると、Book1.xlsmが保存されているフォルダに、図11-14のように3つのファイルが保存されます。

図11-14 ブックの保存

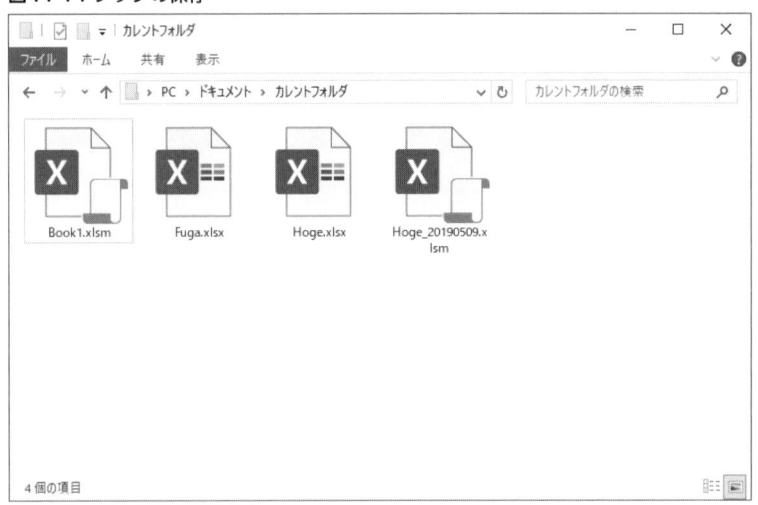

　「Hoge_20190509.xlsm」はSaveCopyAsメソッドによるファイルになります。実行した日付がファイル名に追加されますので、たとえば日単位のバックアップファイルとして使用できます。

　「Hoge.xlsx」は、SaveAsメソッドにより、ファイル名とファイル形式を変更して保存したものです。DisplayAlertsプロパティの設定ですが、マクロが存在するブックについて、Excelブック形式で保存しようとすると、図11-15のような確認ダイアログが表示されます。このダイアログを非表示にするために、DisplayAlertsプロパティをFalseに設定しているのです。

図11-15 マクロなしのブックに保存する際のダイアログ

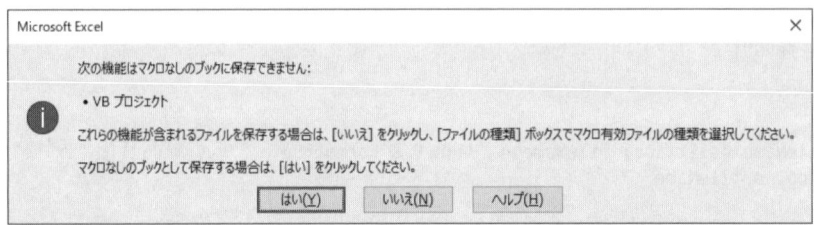

　しかし、この方法には問題があります。現在マクロを記述しているブックである「ThisWorkbook」の形式が、マクロなしのExcelブックに変更されてしまいます。この例の場合は、新規のブックを作

成して、シートやセルのデータをコピーしたものを保存するほうが、安全に処理を行えますね。

一方、「Fuga.xlsx」はClose メソッドによるもので、ファイルに変更があったので、別名で保存されています。

このように、ブックの保存についてもいくつかの選択肢が用意されています。運用や安全性、そして可読性をふまえてスマートな選択をするようにしましょう。

11-3-7 ▶ ブックを印刷する／ PDF出力する

ブックを印刷するには、以下書式のPrintOut メソッドを使用します。

```
expression.PrintOut([From], [To], [Copies], [Preview], [ActivePrinter],
[PrintToFile], [Collate], [PrToFileName], [IgnorePrintAreas])
```

Workbook オブジェクト expression について、各引数で指定したとおりに印刷します。指定可能な引数について表11-20にまとめていますのでご覧ください。なお、引数はすべて省略可能です。

表11-20 Workbook クラスの PrintOut メソッドの引数

パラメーター	説明
From	印刷を開始するページの番号を指定する。省略時は最初のページから印刷する
To	印刷を終了するページの番号を指定する。省略時は最後のページまで印刷する
Copies	印刷部数を指定する。既定値は 1
Preview	印刷する前にプレビューを実行するかどうかをブール値で指定する
ActivePrinter	使用するプリンターの名前を指定する
PrintToFile	ファイルへの出力とするかどうかをブール値で指定する
Collate	部単位で印刷するかどうかをブール値で指定する
PrToFileName	PrintToFile が True の場合の、出力先ファイルの名前を文字列で指定する
IgnorePrintAreas	印刷範囲を無視してオブジェクト全体を印刷するかどうかをブール値で指定する

リスト 11-22 は PrintOut メソッドの使用例です。

リスト11-22 ブックの印刷

標準モジュールModule1
```
Sub MySub()

    ThisWorkbook.PrintOut From:=2, To:=4, Preview:=True

End Sub
```

引数 Preview を True にしていますので、実行すると図11-16のように印刷プレビューが表示されます。この画面で「印刷」ボタンを選択すると実際に印刷されますが、「印刷プレビューを閉じる」ボタンをクリックした場合、印刷は実行されません。

図 11-16 PrintOut メソッドによる印刷プレビュー

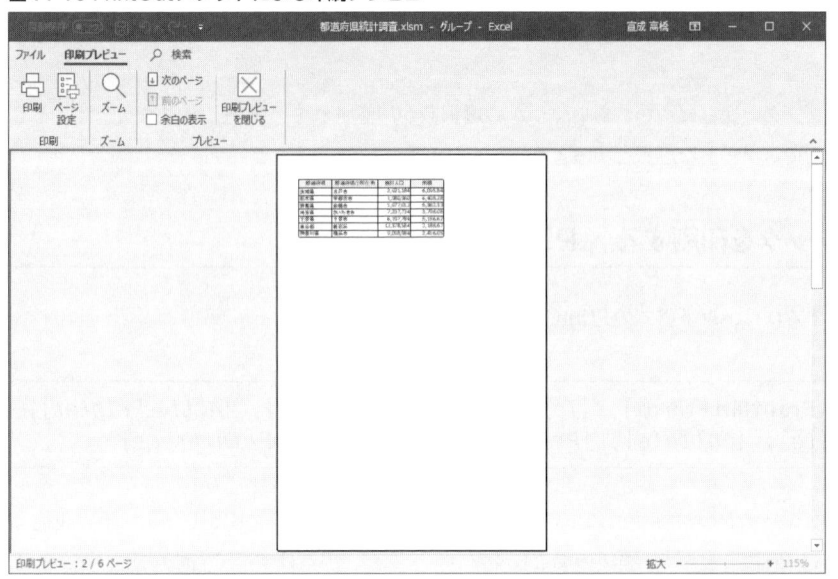

なお、PrintOut メソッドは Worksheets コレクション、Sheets コレクション、Worksheet オブジェクト、Range オブジェクトなどでも用意されているので、印刷する対象に応じて使い分けることが可能です。

> **Memo** ブックの印刷プレビューを実行するには、PrintPreview メソッドを使用することもできます。ただし、Workbook オブジェクトに対する PrintPreview メソッドは、現在選択されているシートのみがプレビューされます。つまり、ブックのすべてのシートをプレビューするのであれば、すべてのシートを選択状態にする必要があります。複数のシートについてプレビューをするのであれば、Sheets コレクションに対して PrintPreview メソッドを使用するほうがスマートかもしれません。

ブックを PDF として出力するには ExportAsFixedFormat メソッドを使用します。

```
expression.ExportAsFixedFormat(Type, [Filename], [Quality],
[IncludeDocProperties], [IgnorePrintAreas], [From], [To],
[OpenAfterPublish], [FixedFormatExtClassPtr], [WorkIdentity])
```

Workbook オブジェクト expression について、PDF 形式または XPS 形式で出力します。指定可能な引数について表 11-21 にまとめていますのでご覧ください。なお、引数 Type は必須で指定する必要がありますが、他の引数は省略可能です。

表11-21 Workbookクラスの ExportAsFixedFormat メソッドの引数

パラメーター	説明
Type	保存する形式を列挙型 xlFixedFormatType のメンバーで指定する xlTypePDF：PDF xlTypeXPS：XPS
FileName	保存するファイルの名前を文字列で指定する ファイル名のみを指定した場合はカレントフォルダに保存、引数を完全に省略した場合は、ファイル名は現在のブック名、拡張子は引数Typeに準拠した拡張子となる
Quality	出力品質を列挙型 XlFixedFormatQuality のメンバーで指定する xlQualityStandard：標準（既定値） xlQualityMinimum：最小サイズ
IncludeDocProperties	ドキュメントプロパティを出力ファイルに含めるかどうかを表すブール値を指定する
IgnorePrintAreas	印刷範囲を無視するかどうかを表すブール値を指定する
From	出力を開始するページ番号を指定する。省略時は最初のページから出力する
To	出力を終了するページの番号を指定する。省略時は最後のページまで出力する
OpenAfterPublish	出力後にファイルを開くかどうかをブール値で指定する
FixedFormatExtClassPtr	FixedFormatExt クラスへのポインター

　リスト11-23はExportAsFixedFormat メソッドの使用例です。実行すると、図11-17のように、出力されたPDFが開きます。

リスト11-23 ブックをPDFとして出力する

```
標準モジュールModule1
Sub MySub()

    ThisWorkbook.ExportAsFixedFormat _
        Type:=xlTypePDF, _
        From:=2, To:=4, _
        OpenAfterPublish:=True

End Sub
```

図11-17 ExportAsFixedFormat メソッドで出力した PDF

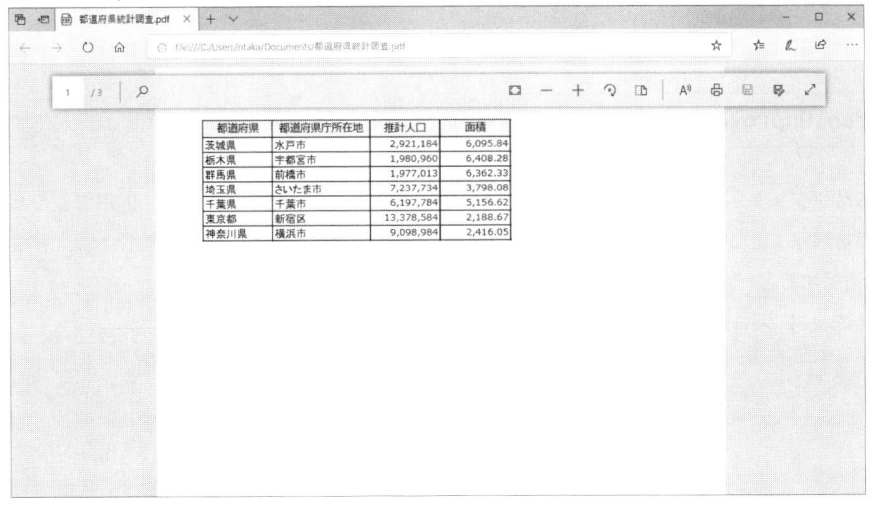

なお、ExportAsFixedFormatメソッドはWorksheetオブジェクト、Rangeオブジェクトに対しても使用可能です。ただし、PrintOutメソッドと異なり、WorksheetsコレクションやSheetsコレクションに対しては使用できませんので注意してください。また、ExportAsFixedFormatメソッドはExcel2010以降でのみ使用可能ですので、その点もご留意ください。

11-3-8 ▣ ブックを保護する

　ブックを保護することで、シートの追加、移動、名前の変更などの操作を行えないようにすることができます。シート名やシートの並び順など、ユーザーの操作でマクロの動作が影響を受ける場合は、ブックの保護を検討するとよいでしょう。Excelのリボンの「校閲」タブから手動での設定も可能ですが、WorkbookクラスのProtectメソッドを使うこともできます。

　Protectメソッドの書式は以下のとおりです。

```
expression.Protect([Password], [Structure])
```

　これにより、Workbookオブジェクト*expression*を保護します。引数*Password*には保護を解除するためのパスワードを指定します。省略可能ですが、その場合はパスワードなしで保護を解除できてしまうので、指定するようにしましょう。大文字、小文字、数字および記号を組み合わせた強力なパスワードをかけることも可能ですが、忘れると開けなくなりますので注意してください。

　引数*Structure*はブックの構造を保護するかどうかをブール値で指定します。既定値はFalseですが、通常はTrueを設定することになるでしょう。

> 📝
> **Memo**　Excel2007、Excel2010ではウィンドウのサイズや移動などを保護することができ、Protectメソッドの引数*Windows*にブール値を指定することで設定可能です。しかし、最新のExcelでは設定することはできません。

　ブックの保護を解除するには、Unprotectメソッドを使用します。

```
expression.Unprotect([Password])
```

　Workbookオブジェクト*expression*にかけられているパスワードを引数*Password*に指定することで、その保護を解除することができます。ブックの保護にパスワードがかけられている場合に、引数*Password*を省略するとパスワードの入力を求めるダイアログが開きます。

　使用例をリスト11-24に掲載しています。

リスト11-24 ブックの保護と解除

```
標準モジュールModule1
Sub MySub()

    With ThisWorkbook

        .Protect "hogehoge", Structure:=True
        Stop
        .Unprotect "hogehoge"

    End With

End Sub
```

　実行するとStopステートメントで中断しますが、その際にシートの構成について変更ができなくなっていることを確認しましょう。また、再開してUnprotectメソッドが実行されると、保護が解除されるはずです。

> **Memo**　ブックの保護をしても、シートの構成は保護されますが、ワークシート上のセルの編集は可能です。セルの編集に制限をかける場合は、ブックの保護とは別のシートの保護という機能を使用します。マクロでシートの保護を行う方法は、11-4で紹介します。

11-3-9 ▶ ブックの情報を取得する

　ブックには、作成者や会社、作成日時、更新日時など、さまざまな情報を持っていて、これらを組み込みプロパティといいます。

　図11-18に示すとおり、Excelリボンの「ファイル」の「情報」の画面で表示と設定が可能です。

図11-18 組み込みプロパティの表示と設定

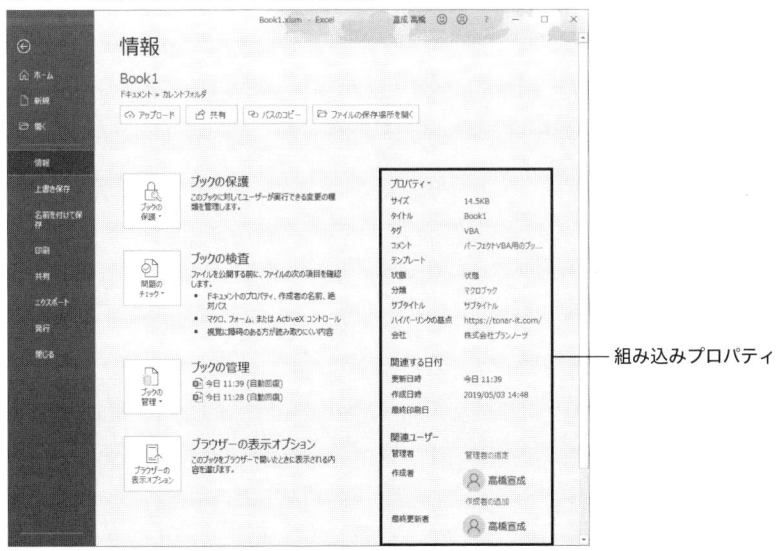

組み込みプロパティ

VBAでは、WorkbookクラスのBuiltinDocumentPropertiesプロパティを使用することで、組み込みプロパティを取得、設定をすることができます。

書式は以下のとおりです。

Part
3
ライブラリ

> *expression*.**BuiltinDocumentProperties**

BuiltinDocumentPropertiesプロパティは、組み込みプロパティのコレクションである、DocumentPropertiesコレクションを返します。個々の組み込みプロパティを取得／設定するには、DocumentPropertiesコレクションのItemプロパティを使用します。

> *expression*[.**Item**](*Index*)

これにより、引数*Index*で指定した組み込みプロパティを、DocumentPropertyオブジェクトとして取り出すことができます。*Index*には組み込みプロパティの名前またはインデックス番号を指定します。なお、ItemプロパティはDocumentPropertiesコレクションの既定のメンバーなので、省略して表記することも可能です。

引数Indexに指定できる主な組み込みプロパティについて、表11-22にまとめているのでご覧ください。

表11-22 主な組み込みプロパティ

組み込みプロパティ	説明
Title	タイトル
Subject	サブタイトル
Author	作成者
Keywords	タグ
Comments	コメント
Template	テンプレート
Last author	最終更新者
Revision number	リビジョン番号
Application name	アプリケーション名
Last print date	最終印刷日
Creation date	作成日時
Last save time	更新日時
Category	分類
Manager	管理者
Company	会社
Hyperlink base	ハイパーリンクの基点
Content status	状態

DocumentPropertyオブジェクトの値は、Valueプロパティで表されます。

```
expression.Value
```

Value プロパティで該当の組み込みプロパティ *expression* の値を取得することもできますし、代入ステートメントで設定をすることもできます。

リスト 11-25 は、現在マクロを記述しているブックについて、その組み込みプロパティの名前（Name プロパティで取得できます）とその値をイミディエイトウィンドウに出力します。

リスト 11-25 組み込みプロパティの取得

```
標準モジュールModule1
Sub MySub()

    On Error Resume Next

    Dim p As DocumentProperty
    For Each p In ThisWorkbook.BuiltinDocumentProperties
        Debug.Print p.Name, p.Value
    Next

End Sub
```

存在していない組み込みプロパティの値を取り出すとエラーになってしまいますので、On Error Resume Next ステートメントを入れています。皆さんのブックに対して実行して、組み込みプロパティの値を確認してみましょう。

11-3-10 ▶ Workbook オブジェクトから取得できるオブジェクト

Workbook オブジェクトでは、DocumentProperties コレクションの他にもいくつかのオブジェクトを取得し、利用することができます。主なオブジェクトまたはコレクションと、それを取得するメンバーについて表 11-23 にまとめていますので、必要に応じて公式ドキュメント等を調べながら使用してみましょう。

表 11-23 Workbook オブジェクトからオブジェクトを取得する主なプロパティ

メンバー	読み取り専用	説明
Property **BuiltinDocumentProperties** As Object	○	ブックのすべての組み込みドキュメントプロパティを表す DocumentProperties コレクション
Property **Names** As Names	○	ブック内のすべてのセル範囲の名前を表す Names コレクション
Property **PivotTables** As Object	○	ブック内のすべてのピボットテーブルを表す PivotTables コレクション
Property **VBProject** As VBProject	○	ブックの VBA プロジェクトを表す VBProject
Property **Styles** As Styles	○	ブックのすべてのスタイルを表す Styles コレクション
Property **Windows** As Windows	○	ブック内のすべてのウィンドウを表す Windows コレクション

11-3-11 ▸ Workbookクラスのイベント

Workbookクラスではブックに対する操作、または配下のシートに対する操作で発生するイベントが提供されています。ThisWorkbookなどの既存のWorkbookオブジェクトがイベントの対象であれば、そのブックモジュールにイベントプロシージャを記載することで比較的容易に使用できます。そうでない場合は、WithEventsキーワードによるオブジェクト変数を用意して、対象のWorkbookオブジェクトのイベントをキャッチできるようにします。

Workbookクラスの主なイベントについて、表11-24にまとめていますのでご覧ください。

表11-24 Workbookクラスの主なイベント

メンバー	説明
Event **Activate**()	ブックがアクティブになったとき
Event **AddinInstall**()	ブックがアドインとして組み込まれたとき
Event **AddinUninstall**()	ブックのアドイン組み込みが解除されたとき
Event **AfterSave**(*Success As Boolean*)	ブックを保存した後 引数*Success*は保存が成功したかどうかを表すブール値
Event **BeforeClose**(*Cancel As Boolean*)	ブックを閉じる前
Event **BeforePrint**(*Cancel As Boolean*)	ブックを印刷する前
Event **BeforeSave**(*SaveAsUI As Boolean, Cancel As Boolean*)	ブックを保存する前 引数*SaveAsUI*は名前を付けて保存かどうかを表すブール値
Event **Deactivate**()	ブックが非アクティブになったとき
Event **NewSheet**(*Sh As Object*)	ブックに新しいシートを作成したとき
Event **Open**()	ブックを開いたとき
Event **SheetActivate**(*Sh As Object*)	シートがアクティブになったとき
Event **SheetBeforeDelete**(*Sh As Object*)	シートが削除される前
Event **SheetBeforeDoubleClick**(*Sh As Object, Target As Range, Cancel As Boolean*)	シートがダブルクリックされたとき
Event **SheetBeforeRightClick**(*Sh As Object, Target As Range, Cancel As Boolean*)	シートが右クリックされたとき
Event **SheetCalculate**(*Sh As Object*)	シートが再計算されたとき
Event **SheetChange**(*Sh As Object, Target As Range*)	シートのセルが変更されたとき
Event **SheetDeactivate**(*Sh As Object*)	シートが非アクティブになったとき
Event **SheetFollowHyperlink**(*Sh As Object, Target As Hyperlink*)	シートのハイパーリンクをクリックしたとき 引数*Hyperlink*は対象のHyperlinkオブジェクト
Event **SheetSelectionChange**(*Sh As Object, Target As Range*)	シートの選択範囲が変更されたとき
Event **WindowActivate**(*Wn As Window*)	ウィンドウがアクティブになったとき
Event **WindowDeactivate**(*Wn As Window*)	ウィンドウが非アクティブになったとき
Event **WindowResize**(*Wn As Window*)	ウィンドウのサイズを変更したとき

Workbookクラスのイベントが発生した場合に、イベントプロシージャに渡すパラメーターについて、表11-25にまとめています。Applicationクラスのイベントと同様の役割を持つものが多いので、合わせて確認するとよいでしょう。

表 11-25 Application イベントの引数

引数	説明
Sh	イベントの対象の Worksheet オブジェクトまたは Chart オブジェクト
Target	イベントの対象の Range オブジェクト
Win	イベントの対象の Window オブジェクト
Cancel	イベント操作を中止するかどうかを表すブール値

リスト 11-26 は Workbook オブジェクトのイベントの簡単な例です。

リスト 11-26 Workbook オブジェクトのイベント

```
ブックモジュールThisWorkbook
Private Sub Workbook_BeforeClose(Cancel As Boolean)

    If Sheet1.Range("A1").Value = "" Then
        MsgBox "ブックを閉じる前にA1セルを入力してください"
        Cancel = True
    End If

End Sub
```

　BeforeClose イベントは、ブックを閉じる前に発生します。したがって、Sheet1 の A1 セルに入力がない場合に、ThisWorkbook が属するブックを閉じようとすると、図 11-19 のようなメッセージダイアログが表示された上で、ブックを閉じる動作をキャンセルします。

図 11-19 Workbook クラスの BeforeClose イベント

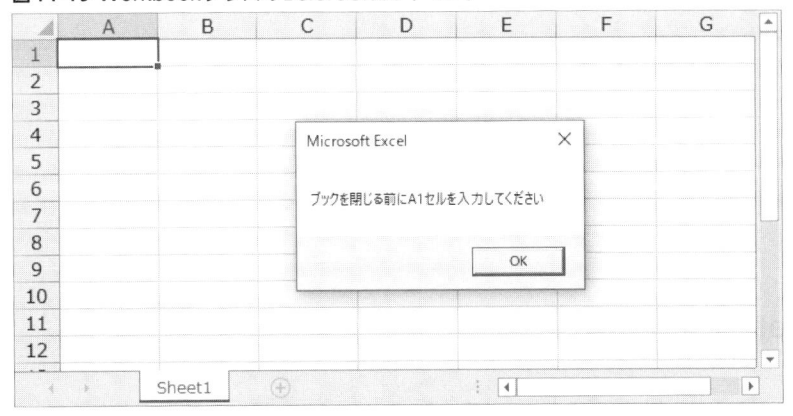

11 章 Excel ライブラリ

11-4 シートを操作する —Worksheet クラス／ Sheets クラス

11-4-1 ▶ シートを表すコレクションとオブジェクト

Excelライブラリにおいて、シートを表すオブジェクトはいくつかの種類があり、またそれを集合として操作するコレクションも存在しています。これらコレクション、オブジェクトについては混乱しやすいポイントなので、ここで一度整理をしておきましょう。

表11-26にシートの種類とそれに対するExcelライブラリ上のコレクション、オブジェクトについてまとめていますのでご覧ください。

表11-26 Sheetsクラスの主なプロパティ

シートの種類	コレクション	オブジェクト
シート	Sheets	-
ワークシート	Worksheets	Worksheet
グラフシート	Charts	Chart

まず、「シート」ですが、これはワークシートやグラフシートを含めてすべての種類のシートを表しています。これらを集合として扱うSheetsコレクションは存在していますが、単体のオブジェクトはWorksheetオブジェクトやChartオブジェクトとなりますから、「Sheetオブジェクト」はそもそも存在していません。

続いて、ワークシートやグラフシートについて見てみましょう。Worksheetsコレクション、Chartsコレクションもそれぞれ存在しています。しかし、11-3でお伝えしたとおり、WorksheetsプロパティやChartsプロパティで取得できるのは、いずれもSheetsコレクションになります。ですから、必然的にSheetsコレクションを操作する機会のほうが多いといえます。

以上を踏まえて、本書ではシートの集合を取り扱うSheetsコレクションと、単体のワークシートを表すWorksheetオブジェクトを中心に解説を進めていきます。

11-4-2 ▶ Sheetsクラスとは

Sheetsクラスはシートを表すWorksheetオブジェクトやChartオブジェクトのコレクションを操作するためのクラスです。表11-27にSheetsクラスの主なプロパティをまとめています。

表11-27 Sheetsクラスの主なプロパティ

メンバー	読み取り専用	説明
Property **Count** As Long	○	コレクションに含まれるオブジェクトの数
Property **_Default**(*Index*) As Object	○	既定のメンバー コレクションの要素のうち*Index*で参照される単一のオブジェクト
Property **Item**(*Index*) As Object	○	コレクションの要素のうち*Index*で参照される単一のオブジェクト
Property **Parent** As Object	○	親オブジェクト
Property **Visible** As Variant		コレクションを表示するかどうかを表すブール値

表11-28はSheetsクラスの主なメソッドをまとめています。新規のシートを追加する、シートコレクションの移動、削除、コピーまたは印刷といったメンバーが用意されています。

表11-28 Sheetsクラスの主なメソッド

メンバー	説明
Function **Add**([*Before*], [*After*], [*Count*], [*Type*]) As Object	シートを作成する
Sub **Copy**([*Before*], [*After*])	シートのコレクションをコピーする
Sub **Delete**()	シートのコレクションを削除する
Sub **Move**([*Before*], [*After*])	シートのコレクションを移動する
Sub **PrintOut**([*From*], [*To*], [*Copies*], [*Preview*], [*ActivePrinter*], [*PrintToFile*], [*Collate*], [*PrToFileName*], [*IgnorePrintAreas*])	シートのコレクションを印刷する
Sub **PrintPreview**([*EnableChanges*])	シートのコレクションを印刷プレビューする
Sub **Select**([*Replace*])	シートのコレクションを選択する

> **Memo** Worksheetsクラス、Chatrsクラスも、Sheetsクラスとほぼ同様のメンバー構成となっています。

11-4-3 ▷ シートを参照する

Sheetsコレクションから、特定のシートを取り出すプロパティとしてItemプロパティが用意されています。

```
expression.Item(Index)
```

Sheetsコレクション*expression*について、引数*index*で指定したシートを取得します。

引数*Index*は対象となるシート名を表す文字列か、インデックスを表す整数、もしくはそれらを要素とする配列です。引数*Index*が文字列または整数であれば、戻り値はWorksheetオブジェクトまたはChartオブジェクトになります。配列であれば、戻り値はSheetsコレクションとなります。

重要な点として、シートのインデックスは、ブックの最も左側に位置するシートを1として、そこから右方向に連番で付与されます。つまり、インデックスは並び順に依存しますので、常に一定とは

限りません。やはり、オブジェクト名を使用するほうが安全です。または、ブックの保護をしてシートの構成を変更できないようにするのも一つの手です。

さて、Workbooksクラスと同様、Sheetsクラスの既定のメンバーは非表示のメンバーである_Defaultプロパティで、Itemプロパティと同様の機能を持ちます。既定のメンバーですから、メンバー名を省略して記述が可能です。

```
expression[._Default](Index)
```

リスト11-27はシートを参照するサンプルコードです。現在マクロを記述しているブックに、左からワークシート「Sheet1」、グラフシート「グラフ1」があるとします。実行して、イミディエイトウィンドウの出力を確認してみてください。

リスト11-27 Sheetsコレクションからシートを参照する

```
標準モジュールModule1
Sub MySub()

    With ThisWorkbook
        Debug.Print .Sheets.Item(1).Name 'Sheet1
        Debug.Print .Sheets.[_Default](1).Name 'Sheet1
        Debug.Print .Sheets(1).Name 'Sheet1
        Debug.Print .Sheets(2).Name 'グラフ1

        Debug.Print .Worksheets(1).Name 'Sheet1
        Debug.Print .Charts(1).Name 'グラフ1

        Debug.Print .Sheets("Sheet1").Name 'Sheet1
        Debug.Print .Sheets("グラフ1").Name 'グラフ1

        Debug.Print .Sheets(Array("Sheet1", "グラフ1")).Count '2
        Debug.Print .Sheets(Array(1, 2)).Count '2
    End With

End Sub
```

要素数しか出力していませんが、引数*Index*にArray関数によるシート名またはインデックスの配列を与えてシートのコレクションも参照できていることを確認してください。

Sheetsコレクション*expression*の要素数は、以下のように**Countプロパティ**で取得することができます。

```
expression.Count
```

For Each〜Nextステートメントや、For〜Nextステートメントを使用して、Sheetsコレクションを対象にループ処理をすることができます。リスト11-28に、Sheetsコレクションに対するループの、いくつかのパターンを記載していますので、その出力を確認してみましょう。

```
標準モジュールModule1
Sub MySub()

    With ThisWorkbook
        Dim sh As Object
        For Each sh In .Sheets
            Debug.Print sh.Name
        Next sh
        Debug.Print

        For Each sh In .Worksheets
            Debug.Print sh.Name
        Next sh

        Dim i As Long
        For i = 1 To .Sheets.Count
            Debug.Print i, .Sheets(i).Name
        Next i
    End With

End Sub
```

　後半のループは、Sheetsコレクションの要素数を終了値に設定しています。これにより、ループ内でインデックスを使用することができます。

11-4-4 ▸ シートを追加する

　ブックに新たなシートを追加するには、SheetsクラスのAddメソッドを使用します。書式は以下のとおりです。

```
expression.Add([Before], [After], [Count], [Type])
```

　Sheetsコレクション*expression*に対して、新たなシートを追加します。Addメソッドの戻り値は作成したシートを表すオブジェクトです。

　引数*Before*および*After*にWorksheetオブジェクトまたはChartオブジェクトを指定するとその前またはその後ろにシートを追加します。これらの引数は同時に指定することはできません。いずれの引数も省略すると、作業中のシートの直前にシートを追加します。

　引数*Count*は追加するシートの数を指定しますが、省略時の既定値は1です。引数*Type*は追加するシートの種類について、列挙型XlSheetTypeのメンバーで指定します。既定値はxlWorksheetでワークシートです。xlChartを指定するとグラフシートとなります。

　例として、リスト11-29を実行してみましょう。

リスト11-29 シートの追加

```
標準モジュールModule1
Sub MySub()

    With ThisWorkbook.Sheets

        Dim ws As Worksheet: Set ws = .Add
        ws.Name = "Hoge"
        Debug.Print ws.Name 'Hoge

        .Add(After:=.Item(.Count)).Name = "Fuga"
        Debug.Print ActiveSheet.Name 'Fuga

    End With

End Sub
```

実行すると、最も左にワークシート「Hoge」が、最後のシートとしてワークシート「Fuga」が追加されます。また、シート「Fuga」の作成をしているAddメソッドですが、Sheetsコレクションの Countプロパティを用いて、最後のシートをオブジェクトとして取得し、それを引数*After*に指定しています。この方法もよく用いられるテクニックです。

なお、SheetsコレクションのAddメソッドの戻り値である、新しいシートもWithステートメントの対象オブジェクトに設定することができますので、場合に応じて活用ください。

11-4-5 ▶ Worksheetクラスとは

WorksheetクラスはExcelワークシートを操作するクラスです。Worksheetクラスのプロパティを表11-29にまとめています。主にワークシートの状態を表すもの、その配下のセル範囲を表す Rangeオブジェクトを取得するもので構成されています。

表11-29 Worksheetクラスの主なプロパティ

メンバー	読み取り専用	説明
Property **Cells** As Range	○	ワークシートのすべてのセルを表すRangeオブジェクト
Property **Columns** As Range	○	ワークシートのすべての列を表すRangeオブジェクト
Property **Index** As Long	○	ワークシートのコレクション内でのインデックス番号（すなわち並び順）
Property **Name** As String		ワークシートのシート名
Property **Next** As Object	○	次のシートを表すオブジェクト
Property **Parent** As Object	○	親オブジェクト
Property **Previous** As Object	○	前のシートを表すオブジェクト
Property **Range**(*Cell1*, [*Cell2*]) As Range	○	*Cell1* および *Cell2* で指定したセルまたはセル範囲を表すRangeオブジェクト
Property **Rows** As Range	○	ワークシートのすべての行を表すRangeオブジェクト
Property **Type** As XlSheetType	○	シートの種類

メンバー		説明
Property **UsedRange** As Range	○	ワークシートの使用されている範囲を表すRangeオブジェクト
Property **Visible** As XlSheetVisibility	○	ワークシートを表示するかどうかを表す列挙型XlSheetVisibilityの値 xlSheetVisible：表示する xlSheetHidden：非表示でユーザーが再表示できる xlSheetVeryHidden：非表示でユーザーが再表示できない

　表11-30は、Worksheetクラスの主なメソッドです。これらのメソッドを使用することで、ワークシートに対して様々な操作を行うことができます。

表11-30 Worksheetクラスの主なメソッド

メンバー	説明
Sub **Activate**()	ワークシートをアクティブにする
Sub **Calculate**()	ワークシートに対して計算を実行する
Sub **Copy**([*Before*], [*After*])	ワークシートをコピーする
Sub **Delete**()	ワークシートを削除する
Sub **ExportAsFixedFormat**(*Type As XlFixedFormatType*, [*Filename*], [*Quality*], [*IncludeDocProperties*], [*IgnorePrintAreas*], [*From*], [*To*], [*OpenAfterPublish*], [*FixedFormatExtClassPtr*], [*WorkIdentity*])	ワークシートをPDFまたはXPS形式でエクスポートする
Sub **Move**([*Before*], [*After*])	ワークシートを移動する
Sub **Paste**([*Destination*], [*Link*])	ワークシートにクリップボードの内容を貼り付ける
Sub **PasteSpecial**([*Format*], [*Link*], [*DisplayAsIcon*], [*IconFileName*], [*IconIndex*], [*IconLabel*], [*NoHTMLFormatting*])	ワークシートにクリップボードの内容を*Format*で指定した形式で貼り付ける
Sub **PrintOut**([*From*], [*To*], [*Copies*], [*Preview*], [*ActivePrinter*], [*PrintToFile*], [*Collate*], [*PrToFileName*], [*IgnorePrintAreas*])	ワークシートを印刷する
Sub **PrintPreview**([*EnableChanges*])	ワークシートの印刷プレビューを表示する
Sub **Protect**([*Password*], [*DrawingObjects*], [*Contents*], [*Scenarios*], [*UserInterfaceOnly*], [*AllowFormattingCells*], [*AllowFormattingColumns*], [*AllowFormattingRows*], [*AllowInsertingColumns*], [*AllowInsertingRows*], [*AllowInsertingHyperlinks*], [*AllowDeletingColumns*], [*AllowDeletingRows*], [*AllowSorting*], [*AllowFiltering*], [*AllowUsingPivotTables*])	ワークシートを保護する
Sub **SaveAs**(*Filename As String*, [*FileFormat*], [*Password*], [*WriteResPassword*], [*ReadOnlyRecommended*], [*CreateBackup*], [*AddToMru*], [*TextCodepage*], [*TextVisualLayout*], [*Local*])	ワークシートを別のファイルに保存する
Sub **Select**([*Replace*])	ワークシートを選択する
Sub **Unprotect**([*Password*])	ワークシートの保護を解除する

　リスト11-30はWorksheetクラスのプロパティのうち、いくつかについて動作を確認するものです。コメントはリスト11-28の実行後の状態で、実行した際のイミディエイトウィンドウの出力です。

リスト11-30 Worksheetクラスのメンバー

```
標準モジュールModule1
Sub MySub()

    With Sheet1

        Debug.Print .Name 'Sheet1
        Debug.Print .Index '2
        Debug.Print .Type '-4167: xlWorksheet
        Debug.Print .Visible '-1: xlSheetVisible

        Debug.Print .Parent.Name 'Book1
        Debug.Print .Next.Name 'Fuga
        Debug.Print .Previous.Name 'Hoge

    End With

End Sub
```

11-4-6 ▶ ワークシートからセル範囲を取得する

Excel VBAで作成するマクロの多くはセルの操作を伴いますから、セル範囲を表すRangeオブジェクトを取得する操作は非常に重要です。しかし、ExcelライブラリのRangeオブジェクトはその構造の理解が最も難しいオブジェクトの一つといってもいいかもしれません。また、その取得方法として、実に多様な選択肢が用意されています。

ですから、普段からRangeオブジェクトを取り扱っていたとしても、正しく理解ができていなかったり、そのケースにおいてよい選択ができていなかったりするということも十分にあり得るということを念頭に置いて進めていきましょう。

本節では、ワークシートからセル範囲を取得する2つのプロパティ、RangeプロパティとUsedRangeプロパティを紹介していきます。

Worksheetオブジェクトからセル範囲を表すRangeオブジェクトを取得する方法で最もスタンダードといってよい方法が、Rangeプロパティによる方法です。書式は以下のとおりです。

```
expression.Range(Cell1, [Cell2])
```

Worksheetオブジェクトを表す*expression*について、与えられた引数に応じた、ワークシート上の特定のセル範囲を表すRangeオブジェクトです。

引数*Cell1*のみ指定する場合、セル範囲名を表す文字列を指定します。セル範囲名は、A1形式の参照つまりアドレス、または名前の定義で指定した名前を指定することができます。

引数*Cells1*と*Cell2*の両方が指定されている場合は、取得するセル範囲の左上隅と右下隅のセルを、セル範囲名を表す文字列またはRangeオブジェクトで指定します。それぞれ単一セルを表す文字列またはRangeオブジェクトを指定するのが望ましいですが、セル範囲を指定した場合には、引数*Cell1*

が表す範囲の左上隅から、引数*Cell2*が表す範囲の右下隅までのセル範囲となります。

A1形式の参照を表す文字列には、範囲演算子のコロン（:）、共通部分演算子の半角スペース、ユニオン演算子のカンマ（,）を使用することができます。また、絶対参照とするドル記号（$）を含めても無視されます。

Rangeプロパティによるセル範囲の取得についての各パターンについての例を、リスト11-31にまとめています。Addressプロパティで、それぞれのパターンで取得したRangeオブジェクトのアドレスを確認することができます。なお、B2セルについて「Hoge」、D4からF6のセル範囲について「Fuga」と名前を定義しているものとしています。

リスト11-31 Rangeプロパティによるセル範囲の取得

```
標準モジュールModule1
Sub MySub()

    With Sheet1
        Debug.Print .Range("A1").Address '$A$1
        Debug.Print .Range("A1:E3").Address '$A$1:$E$3
        Debug.Print .Range("A1,E3").Address '$A$1,$E$3
        'Debug.Print .Range("A1 E3").Address '実行時エラー

        Debug.Print .Range("A1:E3, C3:D5").Address '$A$1:$E$3,$C$3:$D$5
        Debug.Print .Range("A1:E3 C3:D5").Address '$C$3:$D$3

        Debug.Print .Range("A:B").Address '$A:$B
        Debug.Print .Range("1:2").Address '$1:$2

        Debug.Print .Range("Hoge").Address '$B$2
        Debug.Print .Range("Fuga").Address '$D$4:$F$6

        Debug.Print .Range("A1", "E3").Address '$A$1:$E$3
        Debug.Print .Range(.Range("A1"), .Range("E3")).Address '$A$1:$E$3

    End With

End Sub
```

UsedRangeプロパティを使用すると、ワークシート上の使用しているセル範囲のみを取得することができます。対象とするセル範囲が変化する場合や、セル範囲名が明確に指定できない場合に有効です。Worksheetオブジェクトを表す*expression*について、以下の書式で使用します。

expression.**UsedRange**

Sheet1のセルの入力についてのいくつかのパターンについて、リスト11-32のコードをイミディエイトウィンドウで実行します。Selectメソッドでどのセル範囲が選択されるかを確認して、UsedRangeプロパティのはたらきを見ていきましょう。

リスト11-32 UsedRangeプロパティによるセル範囲の取得

```
Sheet1.UsedRange.Select
```

まず、図11-20のように単一セルに値が入力されている場合、実行後の選択範囲はその単一セルのみとなります。

図11-20 単一セルが使用されている

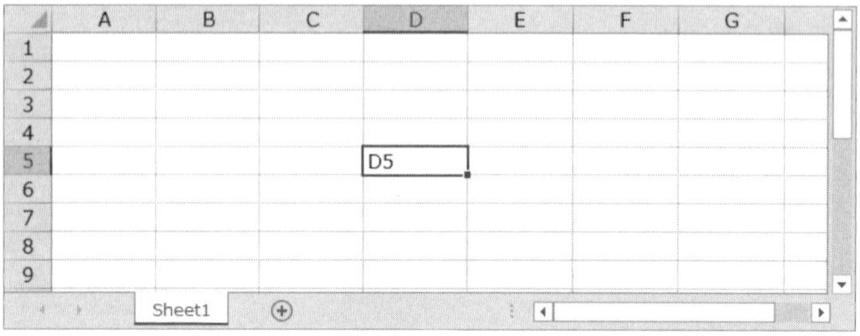

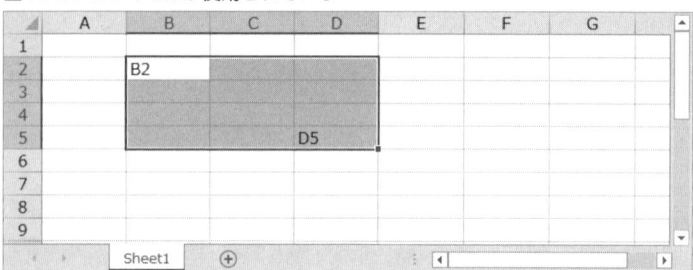

続いて、B2セルにも値を入力して、実行をします。すると、図11-21のように、B2セルを左上隅、D5を右下隅とするセル範囲を表すRangeオブジェクトが選択されます。

図11-21 2つのセルが使用されている

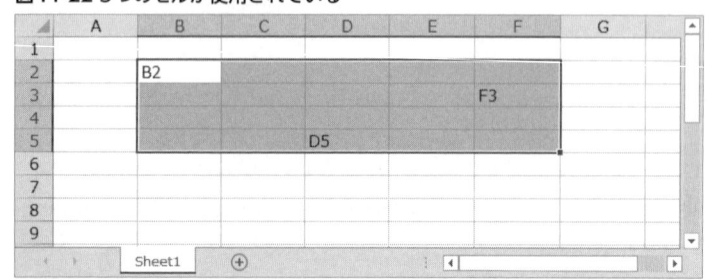

さらに、F3セルにも値を入力して実行をしてみましょう。その場合、図11-22のようにB2セルを左上隅、最も右側にあるF3セルを右端、最も下側にあるD5セルを下端にするセル範囲が選択されます。つまり、UsedRangeプロパティによるセル範囲は、値が入力されているセルをすべて含む最も小さなセル範囲ということになります。

図11-22 3つのセルが使用されている

なお、ワークシートでどのセルも使用されていない場合は、UsedRangeオブジェクトはA1セルを表すRangeオブジェクトとなります。

また、値が入力されていなくても、背景色や罫線などセルの書式設定がされている場合は、そのセルは「使用されている」ことになりますので、注意してください。

11-4-7 ▷ ワークシートから全体のセル範囲を取得する

Worksheetクラスでセル範囲を取得するには、前節でお伝えしたようにワークシートの一部のセル範囲を直接取得するアプローチとは別に、ワークシート全体のセル範囲を取得するというアプローチとがあります。

たとえば、ワークシートの特定のセルを行番号、列番号で指定したいというときがあります。この場合、よくリスト11-33のようなCellsプロパティを使用したステートメントを見かけます。

リスト11-33 Cellsプロパティでセルを指定する

```
? Sheet1.Cells(2, 3).Address
```

イミディエイトウィンドウで実行をすると、「$C$2」とその目的のセルのアドレスが出力されます。

リスト11-34のステートメントは、実際にはRangeオブジェクトの非表示かつ既定のメンバーである_Defaultプロパティを省略しているものであるということは、あまり触れられることがないかもしれません。省略せずに記述するとリスト11-32のようになります。

リスト11-34 Cellsプロパティと_Defaultプロパティでセルを指定する

```
? Sheet1.Cells.[_Default](2,3).Address
```

つまり、リスト11-33は実際には、以下のような2段階の処理を経て目的とするセルをRangeオブジェクトとして取得しているのです。

- ・ワークシートSheet1に対して全体のセル範囲をRangeオブジェクトとして取得する
- ・全体のセル範囲を表すRangeオブジェクトの2行目、3列目のセルをRangeオブジェクトとして取得する

この一段階目に当たる、ワークシート全体のセル範囲を取得するメンバーがいくつか用意されています。その中で最もポピュラーなものが、前述のCellsプロパティです。

```
expression.Cells
```

この書式で、Worksheetオブジェクトを表すexpressionのセル全体を表すRangeオブジェクトを取得します。

Cellsプロパティとは別に、ワークシート全体のセル範囲を取得するメンバーとして、Rowsプロパティと、Columnsプロパティが用意されています。それぞれの書式は以下のとおりです。

```
expression.Columns
```

```
expression.Rows
```

　これらも、Worksheetオブジェクトを表す*expression*のセル全体を表すRangeオブジェクトを取得します。

　お気づきと思いますが、以上3つのプロパティは「ワークシートのセル全体を表すセル範囲を取得する」という同じ機能を持っています。しかし、これら3つのプロパティの違いはどこにあるのでしょうか？

　まず、それを確認するための前提知識として、Rangeオブジェクトはコレクションとしての機能を持っていることをお伝えしておきます。内部に要素を持っており、その数をカウントすることができます。インデックスを用いて内部の要素を取り出すことができますし、For Each ～ Nextステートメントでループ処理を行うことができます。

　そのことを念頭に置いた上で、リスト11-35をご覧ください。ワークシートSheet1について、3つのプロパティを用いてワークシート全体のセル範囲を取得しています。そして、それぞれの取得したセル範囲についてアドレス、要素数、インデックスによる要素の参照を確認するというものです。

リスト11-35 Cellsプロパティ／Rowsプロパティ／Columnsプロパティ

```
標準モジュールModule1
Sub MySub()

    With Sheet1
        Debug.Print .Cells.Address '$1:$1048576
        Debug.Print .Cells.CountLarge '17179869184
        Debug.Print .Cells(1).Address  '$A$1
        Debug.Print .Cells(1, 1).Address '$A$1

        Debug.Print .Rows.Address '$1:$1048576
        Debug.Print .Rows.CountLarge '1048576
        Debug.Print .Rows(1).Address '$1:$1
        'Debug.Print .Rows(1, 1).Address '※実行時エラー

        Debug.Print .Columns.Address '$1:$1048576
        Debug.Print .Columns.CountLarge '16384
        Debug.Print .Columns(1).Address '$A:$A
        'Debug.Print .Columns(1, 1).Address '※実行時エラー
    End With

End Sub
```

　実行すると、Addressプロパティの値はいずれも「$1:$1048576」で同一ですが、他の出力内容は

異なっていることを確認できます。それら出力内容をまとめると、表11-31のようになります。

表11-31 3タイプのRangeオブジェクト

内容	.Cells	.Rows	.Columns
範囲	全て	全て	全て
要素数	セル数	行数	列数
(1)	A1セル	1行目	1列目
(1, 1)	A1セル	（実行時エラー）	（実行時エラー）

> **✎ Memo** CountLargeプロパティはRangeオブジェクトの要素数を表すプロパティです。Countプロパティも存在していますが、ワークシート全体のセルの数はCountプロパティで表現可能なLong型のサイズを超えるので、そのようなケースのためにそれ以上の数を表せるCountLargeプロパティが用意されています。
> リスト11-33では、それ以外にいくつかのRangeクラスのプロパティを使用して、要素数、セル範囲を取得していますが、詳しくは11-5で解説をします。

まず、皆さんが知っておくべき必要があることとして、Rangeオブジェクトにはタイプがあるということです。そして、そのタイプは内部の要素をどのように持っているかによって以下の3タイプに分かれます。

- 個々のセルを表すRangeオブジェクトを要素単位としている
- 行を表すRangeオブジェクトを要素単位としている
- 列を表すRangeオブジェクトを要素単位としている

比率的には個々のセルを要素単位として持つRangeオブジェクトを操作対象にすることが多いかもしれません。しかし、他のタイプのRangeオブジェクトを取り扱う機会も少なくありません。この点を正しく理解せずに、感覚的にRangeオブジェクトを使用しているケースもあると思いますので、ここでしっかりおさえておくとよいでしょう。

実際にセルやセル範囲の操作をするには、ワークシート全体のセル範囲を取得した後、その内部のセルや部分範囲を取得するという手順を踏む必要が出てきます。それについては、Rangeクラスのメンバーを駆使することになりますので、11-5で詳しく解説をします。

11-4-8 ▶ ワークシートをアクティブにする／選択する

ワークシートをアクティブにすることと選択することは、混同されがちですが異なる操作です。シートの選択は、文字どおり、選択されている状態にすることで、複数シートを選択することも可能です。一方で、アクティブなシートは、一番手前に表示されている作業対象のシートを表し、起動しているExcelアプリケーションすなわちApplicationオブジェクトに対して一つのみ存在することができます。

この節では、ワークシートをアクティブにする、および選択するメソッドを紹介します。

ワークシートをアクティブにするには、以下書式のActivateメソッドを使用します。

> *expression*.**Activate**

Worksheetオブジェクトを表す*expression*をアクティブにすることができます。*expression*が選択状態であれば、選択状態のままアクティブになります。そうではなく、他のシートが選択状態であれば、他のシートの選択状態は解除され、*expression*のみが選択状態となります。

ワークシートを選択するには、Selectメソッドを使用します。書式は以下のとおりです。

> *expression*.**Select**([*Replace*])

これにより、Worksheetオブジェクトを表す*expression*を選択します。引数*Replace*は、現在選択しているシートの選択状態を解除するかどうかを表すブール値を指定します。省略した場合はTrueとなります。

ActivateメソッドとSelectメソッドの動作を確認するために、ワークシートSheet1からSheet3までが存在している状態で、リスト11-36をイミディエイトウィンドウで1行ずつ実行をして、都度その動作を確認してみましょう。

リスト11-36 ActivateメソッドとSelectメソッド

```
Sheet1.Select  'Sheet1を選択
Sheet2.Select Replace:=False 'Sheet2も選択
Sheet3.Activate  'Sheet3をアクティブ→Sheet1、Sheet2の選択が解除
Sheet2.Select Replace:=False 'Sheet2も選択
```

なお、Activateメソッドは単体のワークシートつまりWorksheetオブジェクトでのみ使用できますが、SelectメソッドはSheetsクラスでも提供されています。たとえば、リスト11-37のような選択操作をすることも可能です。

リスト11-37 複数シートの選択

```
ThisWorkbook.Sheets.Select  '全てのシートを選択
Sheet3.Activate  'Sheet3をアクティブ→他のシートの選択解除
ThisWorkbook.Sheets(Array(1,2)).Select 'Sheet1、Sheet2を選択
```

11-4-9 ▶ ワークシートをコピーする／移動する／削除する

ワークシートをコピーするにはCopyメソッド、移動をするにはMoveメソッドが用意されています。書式はそれぞれ以下のとおりです。

```
expression.Copy([Before], [After])
```

```
expression.Move([Before], [After])
```

　これにより、Worksheetオブジェクトを表す*expression*をコピーおよび移動を行います。引数*Before*と引数*After*は、ワークシートのコピー先、移動先を表すWorksheetオブジェクト、Chartオブジェクトを指定します。指定をする場合はいずれか一方のみになります。いずれの引数も省略した場合は、新規ブックが作成され、その配下にコピーまたは移動されます。

　ワークシートを削除するには、Deleteメソッドを使用します。以下の書式で、Worksheetオブジェクトを表す*expression*を削除することができます。

```
expression.Delete
```

　リスト11-38はこれらのメソッドを動作確認するものです。イミディエイトウィンドウで1行ずつステートメントを実行して、動作を確認してみましょう。

リスト11-38 Copyメソッド／Moveメソッド／Deleteメソッド

```
Sheet1.Copy After:=ThisWorkbook.Sheets(ThisWorkbook.Sheets.Count) 'Sheet1をコピーする
ActiveSheet.Move Before:=Sheet1 '新しいシートが移動する
Sheet1.Delete 'Sheet1を削除する
```

　Deleteメソッドの実行時に表示される注意を促すメッセージダイアログは、11-2でお伝えしたApplicationクラスのDisplayAlertsプロパティで非表示にすることができます。

> **📝 Memo** 表示されているシート、すなわちVisibleプロパティがTrueであればCopyメソッドでコピーされたシート、Moveメソッドで移動されたシートはアクティブなシートになります。リスト11-37のように、この特性を利用して、ActiveSheetプロパティを使用してコピーまたは移動をしたシートを取得することができます。
> ただし、非表示のシートをコピーまたは移動した場合は、非表示のまま操作が行われるため、アクティブなシートはそれとは別のシートになります。ご注意ください。

11-4-10 ▶ ワークシートを保護する

　セルの編集など、ワークシート上の操作について制限をかけるには、シートの保護を行います。シートの保護をするには、WorksheetクラスのProtectメソッドを使用します。書式は以下のとおりです。

```
expression.Protect([Password], [DrawingObjects], [Contents], [Scenarios],
[UserInterfaceOnly], [AllowFormattingCells], [AllowFormattingColumns],
[AllowFormattingRows], [AllowInsertingColumns], [AllowInsertingRows],
[AllowInsertingHyperlinks], [AllowDeletingColumns], [AllowDeletingRows],
[AllowSorting], [AllowFiltering], [AllowUsingPivotTables])
```

Worksheetオブジェクトを表す*expression*を保護することができます。指定可能な引数について表11-32にまとめています。たくさんの引数が用意されていますが、すべての引数は省略可能で、かつ既定値でロックされたセルが保護されますので、多くの場合は引数*Password*と、マクロからの変更を許可する引数*UserInterfaceOnly*を使用することで事足りるでしょう。

表11-32 WorksheetクラスのProtectメソッドの引数

パラメーター	説明
Password	保護を解除するためのパスワードを文字列で指定する。引数を省略するとパスワードなしで解除可能となる
DrawingObjects	描画オブジェクトを保護するかどうかをブール値で指定する。既定値はTrue
Contents	ロックされたセルを保護するかどうかをブール値で指定する。既定値はTrue
Scenarios	シナリオを保護するかどうかをブール値で指定する。既定値はTrue
UserInterfaceOnly	画面上からの変更のみ保護をするかどうかをブール値で指定する。Trueにするとマクロからの変更は保護しない。既定値はFalseでマクロからの変更も保護される
AllowFormattingCells	セルの書式設定を許可するかどうかをブール値で指定する。既定値はFalse
AllowFormattingColumns	列の書式設定を許可するかどうかをブール値で指定する。既定値はFalse
AllowFormattingRows	行の書式設定を許可するかどうかをブール値で指定する。既定値はFalse
AllowInsertingColumns	列の挿入を許可するかどうかをブール値で指定する。既定値は False
AllowInsertingRows	行の挿入を許可するかどうかをブール値で指定する。既定値は False
AllowInsertingHyperlinks	ハイパーリンクの挿入を許可するかどうかをブール値で指定する。既定値はFalse
AllowDeletingColumns	列の削除を許可するかどうかをブール値で指定する。既定値は False
AllowDeletingRows	行の削除を許可するかどうかをブール値で指定する。既定値は False
AllowSorting	並べ替えを許可するかどうかをブール値で指定する。既定値は False
AllowFiltering	フィルターの設定を許可するかどうかをブール値で指定する。既定値はFalse
AllowUsingPivotTables	ピボットテーブルの使用を許可するかどうかをブール値で指定する。既定値はFalse

シートの保護を解除するには、WorksheetクラスのUnprotectメソッドを使用します。書式は以下のとおりです。

```
expression.Unprotect([Password])
```

Worksheetオブジェクト*expression*にかけられているパスワードを、引数*Password*に指定して実行することで、シートの保護を解除することができます。パスワードがかけられている場合に、引数*Password*を省略するとパスワードの入力を求めるダイアログが開きます。

例として、リスト11-39を実行してみましょう。

```
標準モジュールModule1
Sub MySub()

    With Sheet1
        .Protect Password:="hogehoge", UserInterfaceOnly:=True
        Stop
        .Range("A1").Value = "fuga"
        .Unprotect "hogehoge"
    End With

End Sub
```

　Stopステートメントによる中断時、Sheet1のセルを編集しようとすると、編集をすることはできずに、図11-23のようにシートの保護がされていることを知らせるダイアログが表示されます。

図11-23 シートの保護に関するダイアログ

　中断を再開すると、その直後のステートメントでSheet1のA1セルに値の入力を行いますので、マクロからはセルの編集が行えることが確認できます。

11-4-11 ▸ Worksheetオブジェクトから取得できるオブジェクト

　Worksheetオブジェクトでは、ワークシートに関連する、またはワークシート上に存在するいくつかのオブジェクトを取得することができます。主なオブジェクトやコレクションについて、またそれを取得するメンバーについて表11-33にまとめていますので、ご覧ください。

表11-33 Workbookオブジェクトからオブジェクトを取得する主なメンバー

メンバー	読み取り専用	説明
Function **ChartObjects**([*Index*]) As Object		シート上のすべての埋め込みグラフを表すChartObjectsコレクションまたは、*Index*で指定した単一のChartObjectオブジェクトを返す
Property **Comments** As Comments	○	シート上のすべてのメモを表すCommentsコレクション
Property **Hyperlinks** As Hyperlinks	○	シート上のすべてのハイパーリンクを表すHyperlinksコレクション
Property **ListObjects** As ListObjects	○	シート上のすべてのテーブルを表すListObjectsコレクション
Property **Names** As Names	○	シート上のすべてのセル範囲の名前を表すNamesコレクション
Property **PageSetup** As PageSetup	○	シートの印刷設定を表すPageSetupオブジェクト
Function **PivotTables**([*Index*]) As Object		シート上のすべてのピボットテーブルを表すPivotTablesコレクションまたは、*Index*で指定した単一のPivotTableオブジェクトを返す
Property **Shapes** As Shapes	○	シート上のすべての図形を表すShapesコレクション
Property **Sort** As Sort	○	シートの検索を行うSortオブジェクト
Property **Tab** As Tab	○	シートのタブを表すTabオブジェクト

テーブルのコレクションを表すListObjectsコレクションについては11-6で解説します。他のオブジェクトについては、本書では解説をしておりませんので、必要に応じて公式ドキュメント等を調べながら活用してください。

> ✏️ 表11-33のCommentsコレクションについて補足があります。
> **Memo** Office365では、他のユーザーとやり取りをするためのスレッド化された「コメント」機能が搭載されました。これまで「コメント」と呼ばれていたセルにメモを残す機能は「メモ」と名称が変更になっています。VBAでは、Commentsコレクション、CommentオブジェクトClearComments メソッド、定数 xlCellTypeCommentsなど「Comment」をその名称に含むメンバーが多数存在していますが、それらは「メモ」を表すものです。誤解しやすいと思いますので、ご注意ください。
> なお、本書ではOffice365にならい、スレッド化が可能な機能を「コメント」、従来のセルにメモをする機能を「メモ」と呼ぶことにしています。

11-4-12 ▶ Worksheetクラスのイベント

Worksheetクラスでは、ワークシートに対する操作で発生するイベントが提供されています。Worksheetオブジェクトに属するシートモジュールにイベントプロシージャを記述することで、イベントをきっかけに動作するプロシージャを作成可能です。

表11-34に、主なWorksheetクラスのイベントについてまとめていますのでご覧ください。

表11-34 Worksheetクラスの主なイベント

メンバー	説明
Event **Activate**()	シートがアクティブになったとき
Event **BeforeDelete**()	シートが削除される前
Event **BeforeDoubleClick**(*Target As Range, Cancel As Boolean*)	シートがダブルクリックされたとき
Event **BeforeRightClick**(*Target As Range, Cancel As Boolean*)	シートが右クリックされたとき
Event **Calculate**()	シートが再計算されたとき
Event **Change**(*Target As Range*)	シートのセルが変更されたとき
Event **Deactivate**()	シートが非アクティブになったとき
Event **FollowHyperlink**(*Target As Hyperlink*)	シートのハイパーリンクをクリックしたとき 引数*Hyperlink*は対象のHyperlinkオブジェクト
Event **SelectionChange**(*Target As Range*)	シートの選択範囲が変更されたとき

Applicationクラスや、Workbookクラスで提供されているシートについてのイベントとほぼ同様の構成となっています。また、引数*Target*はイベントの対象のRangeオブジェクト、引数*Cancel*はイベント操作の中止を表すブール値であるという点も同様ですので、合わせて確認をしておくとよいでしょう。

簡単な例として、リスト11-40をご覧ください。

リスト11-40 Worksheetオブジェクトのイベント

```
シートモジュールSheet1
Private Sub Worksheet_Change(ByVal Target As Range)

    If Not Intersect(Target, Range("A1:C3")) Is Nothing Then
        MsgBox ("指定のセル範囲の値が変更されました")
    End If

End Sub
```

Changeイベントは、ワークシート上のセルの編集をしたときに発生します。セルの編集を検知して、その編集をした範囲がパラメーター Targetに渡されますので、Intersect関数により「A1:C3」との共通部分を求めて、交差する部分があれば、図11-24のようなメッセージダイアログが表示されます。

特定のセル範囲が編集されたときのみ処理を実行したいときに活用することができます。

図11-24 WorksheetクラスのChangeイベント

11-5 セル範囲を操作する――Rangeクラス

11-5-1 ▸ Rangeクラスとは

Rangeクラスはセル範囲を操作するクラスです。11-4でもお伝えしているとおり、その内部の要素を集合として持つコレクションとしての特性も持っており、その要素の持ち方として単一セル、行範囲、列範囲の3タイプに分かれます。

Rangeクラスで提供されているプロパティを表11-35にまとめています。その値や数式を表すもの、状態を表すもの、部分範囲や変更を加えた範囲を表すものなど、実に様々なプロパティが提供されています。

表11-35 Rangeクラスの主なプロパティ

メンバー	読み取り専用	説明
Property **Address**([*RowAbsolute*], [*ColumnAbsolute*], [*ReferenceStyle As XlReferenceStyle* = xlA1], [*External*], [*RelativeTo*]) As String	○	セル範囲の参照範囲を表す文字列
Property **Areas** As Areas	○	セル範囲に含まれるすべてのセル範囲を表すAreasコレクション
Property **Cells** As Range	○	セル範囲のすべてのセルを表すRangeオブジェクト
Property **Column** As Long	○	セル範囲の列番号の最小値
Property **Columns** As Range	○	セル範囲のすべての列を表すRangeオブジェクト
Property **ColumnWidth** As Variant		セル範囲の列の幅を表すポイント数
Property **Count** As Long Property **CountLarge** As Variant	○	セル範囲に含まれるオブジェクトの数
Property **CurrentRegion** As Range	○	アクティブセル領域を表すRangeオブジェクト
Property **_Default**([*RowIndex*], [*ColumnIndex*])		セル範囲のうち*RowIndex*、*ColumnIndex*で表されるRangeオブジェクト、またはセル範囲の値
Property **End**(*Direction As XlDirection*) As Range	○	セル範囲を含む領域の終端のセルを表すRangeオブジェクト
Property **EntireColumn** As Range	○	セル範囲を含む列全体を表すRangeオブジェクト
Property **EntireRow** As Range	○	セル範囲を含む行全体を表すRangeオブジェクト
Property **Formula** As Variant Property **FormulaLocal** As Variant		セル範囲のA1参照形式の数式を表す値
Property **FormulaR1C1** As Variant Property **FormulaR1C1Local** As Variant		セル範囲のR1C1参照形式の数式を表す値
Property **Height** As Variant	○	セル範囲の高さを表すポイント数
Property **Hidden** As Variant		行や列が非表示かどうかを表すブール値
Property **HorizontalAlignment** As Variant		セル範囲の横方向の配置を表す列挙型XlHAlignの値 xlHAlignCenter：中央揃え xlHAlignCenterAcrossSelection：選択肢の中央揃え xlHAlignDistributed：均等割り付け xlHAlignFill：ページ幅に合わせる xlHAlignGeneral：データの種類に従って揃える xlHAlignJustify：両端揃え xlHAlignLeft：左揃え xlHAlignRight：右揃え
Property **Item**(*RowIndex*, [*ColumnIndex*])		セル範囲のうち*RowIndex*、*ColumnIndex*で表されるRangeオブジェクト
Property **MergeArea** As Range	○	セル範囲を含む結合されたセル範囲を表すRangeオブジェクト
Property **MergeCells** As Variant		セル範囲に結合セルが含まれるかどうかを表すブール値
Property **Name** As Variant		セル範囲の名前を表す値
Property **Next** As Range	○	次のセルを表すRangeオブジェクト
Property **NumberFormat** As Variant Property **NumberFormatLocal** As Variant		セル範囲の表示形式を表す文字列
Property **Offset**([*RowOffset*], [*ColumnOffset*]) As Range	○	セル範囲から指定のオフセットした範囲を表すRangeオブジェクト

(表11-35続き)

Property **Orientation** As Variant		セル範囲の文字の向きを表す整数値または列挙型XlOrientationの値 xlDownward：下向き xlHorizontal：水平方向 xlUpward：上向き xlVertical：下向きでセルの中央に配置
Property **Parent** As Object	○	親オブジェクト
Property **Previous** As Range	○	前のセルを表すRangeオブジェクト
Property **Range**(*Cell1*, [*Cell2*]) As Range	○	*Cell1* および*Cell2* で指定したセルまたはセル範囲を表すRangeオブジェクト
Property **Resize**([*RowSize*], [*ColumnSize*]) As Range	○	セル範囲をリサイズした範囲を表すRangeオブジェクト
Property **Row** As Long	○	セル範囲の行番号の最小値
Property **RowHeight** As Variant		セル範囲の行の幅を表すポイント数
Property **Rows** As Range	○	セル範囲のすべての行を表すRangeオブジェクト
Property **ShrinkToFit** As Variant		セル範囲の表示を縮小して全体を表示するかどうかを表すブール値
Property **Text** As Variant	○	セル範囲の書式付きテキストを表す文字列
Property **Value**		セル範囲の値
Property **VerticalAlignment** As Variant		セル範囲の縦方向の配置を表す列挙型XlVAlignの値 xlVAlignBottom：下揃え xlVAlignCenter：中央揃え xlVAlignDistributed：均等割り付け xlVAlignJustify：両端揃え xlVAlignTop：上揃え
Property **Width** As Variant	○	セル範囲の幅を表すポイント数
Property **WrapText** As Variant		セル範囲の表示についてテキストを折り返すかどうかを表すブール値

　Rangeクラスの主なメソッドを表11-36にまとめています。これらを使用することで、セルの選択、クリア、コピーやカットなどの編集など多様な操作を行うことができます。

表11-36 Rangeクラスの主なメソッド

メンバー	説明
Function **Activate**()	1つのセルをアクティブにする
Function **AutoFill**(*Destination As Range*, [*Type As XlAutoFillType = xlFillDefault*])	セル範囲に対してオートフィルを実行する
Function **AutoFilter**([*Field*], [*Criteria1*], [*Operator As XlAutoFilterOperator = xlAnd*], [*Criteria2*], [*VisibleDropDown*], [*SubField*])	セル範囲に対してオートフィルターを使用したフィルター処理をする
Function **AutoFit**()	セル範囲の幅と高さを自動調整する
Function **Calculate**()	セル範囲を計算する
Function **Clear**()	セル範囲をクリアする
Sub **ClearComments**()	セル範囲のすべてのメモをクリアする
Function **ClearContents**()	セル範囲のすべての値と数式をクリアする
Function **ClearFormats**()	セル範囲のすべての書式設定をクリアする
Sub **ClearHyperlinks**()	セル範囲のすべてのハイパーリンクをクリアする
Function **Copy**([*Destination*])	セル範囲をコピーする

Function **Cut**([*Destination*])	セル範囲をカットする
Function **Delete**([*Shift*])	セル範囲を削除する
Sub **ExportAsFixedFormat**(*Type As XlFixedFormatType*, [*Filename*], [*Quality*], [*IncludeDocProperties*], [*IgnorePrintAreas*], [*From*], [*To*], [*OpenAfterPublish*], [*FixedFormatExtClassPtr*], [*WorkIdentity*])	セル範囲をPDFまたはXPS形式でエクスポートする
Function **Find**(*What*, [*After*], [*LookIn*], [*LookAt*], [*SearchOrder*], [*SearchDirection As XlSearchDirection =* xlNext], [*MatchCase*], [*MatchByte*], [*SearchFormat*]) As Range	セル範囲内を検索する
Function **FindNext**([*After*]) As Range	Findメソッドによる検索を続行する
Function **Insert**([*Shift*], [*CopyOrigin*])	セル範囲に挿入をする
Sub **Merge**([*Across*])	セル範囲を結合する
Function **PasteSpecial**([*Paste As XlPasteType =* xlPasteAll*], [*Operation As XlPasteSpecialOperation =* xlPasteSpecialOperationNone*], [*SkipBlanks*], [*Transpose*])	セル範囲にクリップボードの内容を貼り付ける
Function **PrintOut**([*From*], [*To*], [*Copies*], [*Preview*], [*ActivePrinter*], [*PrintToFile*], [*Collate*], [*PrToFileName*])	セル範囲を印刷する
Function **PrintPreview**([*EnableChanges*])	セル範囲の印刷プレビューを表示する
Sub **RemoveDuplicates**([*Columns*], [*Header As XlYesNoGuess = xlNo*])	セル範囲から重複した行を削除する
Function **Replace**(*What*, *Replacement*, [*LookAt*], [*SearchOrder*], [*MatchCase*], [*MatchByte*], [*SearchFormat*], [*ReplaceFormat*]) As Boolean	セル範囲内の値を置換する
Function **Select**()	セル範囲を選択する
Function **Sort**([*Key1*], [*Order1 As XlSortOrder =* xlAscending], [*Key2*], [*Type*], [*Order2 As XlSortOrder = xlAscending*], [*Key3*], [*Order3 As XlSortOrder = xlAscending*], [*Header As XlYesNoGuess = xlNo*], [*OrderCustom*], [*MatchCase*], [*Orientation As XlSortOrientation = xlSortRows*], [*SortMethod As XlSortMethod = xlPinYin*], [*DataOption1 As XlSortDataOption = xlSortNormal*], [*DataOption2 As XlSortDataOption = xlSortNormal*], [*DataOption3 As XlSortDataOption = xlSortNormal*])	セル範囲を並び替える
Function **SpecialCells**(*Type As XlCellType*, [*Value*]) As Range	セル範囲内で条件を満たすすべてのセルをRangeオブジェクトとして取得する
Sub **UnMerge**()	セル範囲内のセル結合を解除する

　リスト11-41はRangeクラスのいくつかのプロパティについて、その動作を確認するものです。表11-35を見ながら、その役割を確認しておきましょう。

リスト11-41 Rangeクラスのメンバー

```
標準モジュールModule1
Sub MySub()

    With Sheet1.Range("B2")
        Debug.Print .Value 'hogefuga
        Debug.Print .Text 'hogefuga
        Debug.Print .FormulaLocal 'B2セルのA1参照形式の数式
        Debug.Print .FormulaR1C1Local 'B2セルのR1C1参照形式の数式
```

```
        Debug.Print .NumberFormatLocal 'G/標準

        Debug.Print .Next.Address '$C$2
        Debug.Print .Previous.Address '$A$2
    End With

    With Sheet1.Range("A1:C3")
        Debug.Print .Address '$A$1:$C$3
        Debug.Print .Parent.Name 'Sheet1

        Debug.Print .Count '9
        Debug.Print .CountLarge '9

        Debug.Print .Row '1
        Debug.Print .Column '1

        Debug.Print .RowHeight '15.75
        Debug.Print .ColumnWidth '8.11
        Debug.Print .Width '180
        Debug.Print .Height '47.25

        Debug.Print .MergeCells 'False

        Debug.Print .HorizontalAlignment '1
        Debug.Print .VerticalAlignment '-4108
        Debug.Print .Orientation '-4128
        Debug.Print .ShrinkToFit 'False
        Debug.Print .WrapText 'False

    End With

End Sub
```

Range オブジェクトはセル範囲を扱うオブジェクトであり、Excel VBA でマクロを作るのであれば、必ず使用されるオブジェクトといっても過言ではありません。様々な機能が提供されており、たくさんの書籍や Web サイトでその活用法が紹介されています。

しかし、実は既定のメンバーの扱いが特殊であったり、データのサイズの増減に弱かったり、一般に紹介されている以上に、その取り扱いは難しいのです。それを、うまくカバーする機能として「テーブル」があり、テーブルを使うほうが容易に目的を実現できるケースも多いのです。

本節では、Range クラスを中心に解説をしていますが、いくつかの処理はテーブルを使うほうが選択としては望ましいかもしれませんので、その前提で読み進めていくようにしましょう。

11-5-2 ▣ セル範囲のアドレスを取得する

これまで何度か使用してきた Address プロパティについて解説をします。Address プロパティはセル範囲の参照範囲を表す文字列、すなわちアドレスを表すプロパティです。書式は以下のとおりです。

```
expression.Address([RowAbsolute], [ColumnAbsolute], [ReferenceStyle
As XlReferenceStyle = xlA1], [External], [RelativeTo])
```

Rangeオブジェクト*expression*のアドレスを文字列で取得します。いくつかの省略可能な引数を指定することができますので、それを表11-37にまとめています。

表11-37 Rangeクラスの Address プロパティの引数

パラメーター	説明
RowAbsolute	行の参照を絶対参照とするかどうかを表すブール値。既定値はTrue
ColumnAbsolute	列の参照を絶対参照とするかどうかを表すブール値。既定値はTrue
ReferenceStyle	参照形式を表す列挙型 XlReferenceStyle のメンバーを指定する xlA1：A1形式（既定値） xlR1C1：R1C1形式
External	外部参照を返すかどうかをブール値で指定する。既定値はFalse
RelativeTo	引数*RowAbsolute*、引数*ColumnAbsolute*がいずれもFalseで、引数*ReferenceStyle*がxlR1C1のときの、基点となるRangeオブジェクトを指定する

Addressプロパティの使用例として、リスト11-42を実行して動作を確認してみましょう。

リスト11-42 Address プロパティ

```
標準モジュールModule1
Sub MySub()

    With Sheet1.Range("A1:C2")
        Debug.Print .Address '$A$1:$C$2
        Debug.Print .Address(False, False) 'A1:C2
        Debug.Print .Address(ReferenceStyle:=xlR1C1) 'R1C1:R2C3
        Debug.Print .Address(
          False, False, ReferenceStyle:=xlR1C1, RelativeTo:=Sheet1.Range("A1")
        ) 'RC:R[1]C[2]
    End With

End Sub
```

11-5-3 ▶ セル範囲からセル範囲を取得する

Worksheetクラスの Cells プロパティ、Rows プロパティ、Columns プロパティは、ワークシート全体のセル範囲を取得するプロパティです。これらのプロパティは、Rangeクラスでも提供されていますので、その働きを見ていきましょう。

これらのプロパティは、対象のRangeオブジェクトを*expression*として、以下のように記述することができます。

```
expression.Cells
```

```
expression.Rows
```

```
expression.Columns
```

対象のオブジェクトがセル範囲になりますので、いずれも「セル範囲から、その全体のセル範囲を取得する」という役割を持ちます。一見、これらのプロパティにはあまり意味がないように見えますが、そうではありません。

　Rangeオブジェクトには、その要素単位として単一セル、行範囲、列範囲のどれを持つかで3つのタイプに分かれるということを思い出してください。つまり、上記のプロパティを使用することで、そのタイプの切り替えをすることができるのです。

　例として、リスト11-43を実行してみましょう。

リスト11-43 セル範囲のタイプ別要素数

```
標準モジュールModule1
Sub MySub()

    With Sheet1.Range("A1:C2")
        Debug.Print .Cells.Count '6
        Debug.Print .Rows.Count '2
        Debug.Print .Columns.Count '3
    End With

End Sub
```

　コード内の「.Cells」「.Rows」「.Columns」はいずれも同じセル範囲A1:C2を表すRangeオブジェクトを返します。しかし、その要素数を調べると異なっていることがわかりますね。それぞれのRangeオブジェクトの要素単位が単一セル、行範囲、列範囲であり、その要素数が異なるからです。

　別の例も見てみましょう。Rangeオブジェクトはコレクションとしての特性もありますので、For Each～Nextステートメントでその内部の要素についてのループ処理を行うことができます。

　特定のセル範囲のCellsプロパティ、Rowsプロパティ、Columnsプロパティについて、For Each～Nextステートメントによるループをして、その動作を確認してみましょう。リスト11-44です。

リスト11-44 セル範囲のタイプ別ループ処理

```
標準モジュールModule1
Sub MySub()

    Dim r As Range
    With Sheet1.Range("A1:C2")

        For Each r In .Cells
            Debug.Print r.Address(False, False); " "; 'A1 B1 C1 A2 B2 C2
        Next r
        Debug.Print

        For Each r In .Rows
            Debug.Print r.Address(False, False); " "; 'A1:C1 A2:C2
        Next r
        Debug.Print

        For Each r In .Columns
            Debug.Print r.Address(False, False); " "; 'A1:A2 B1:B2 C1:C2
```

```
        Next r

    End With

End Sub
```

それぞれ、セル単位、行単位、列単位のループ処理となっていることが確認できますね。

11-5-4 ▶ セル範囲から要素を取得する

Rangeオブジェクトはその要素単位の集合で構成されるコレクションとして機能しますので、インデックスを用いてその要素単位の一つひとつを参照することができます。

一般的に、単一のセルや行範囲、または列範囲を参照する際に、よく見かける記述はリスト11-45のようなコードでしょう。

リスト11-45 セル、行範囲、列範囲を参照する

```
標準モジュールModule1
Sub MySub()

    With Sheet1
        Debug.Print .Cells(2, 2).Address '$B$2
        Debug.Print .Rows(2).Address '$2:$2
        Debug.Print .Columns(2).Address '$B:$B
    End With

End Sub
```

さて、このコードですが、Cellsプロパティ、Rowsプロパティ、Columnsプロパティに引数でインデックスを渡しているように見えますが、その理解は正しくありません。これら3つのプロパティは、Worksheetクラスでも、Rangeクラスでも提供されていますが、いずれの場合も引数を持たず、「シートまたはセル範囲の全体のセル範囲」を表すRangeオブジェクトを表します。

では、丸かっこ内の引数はいったい何ものでしょうか?

その正体は、Rangeオブジェクトの非表示の既定のメンバーである_Defaultプロパティです。既定のメンバーであるため、「_Default」が省略されて記述されており、これが一般的な記述の仕方として浸透しているのです。

では、構文を見ていきましょう。Rangeクラスの_Defaultプロパティの書式は以下のとおりです。

```
expression[._Default]([RowIndex], [ColumnIndex])
```

この書式で、Rangeオブジェクト*expression*の要素単位であるRangeオブジェクトを返します。*expression*が、要素単位として単一セル、行範囲、列範囲のどれを持つかで、_Defaultプロパティの

動作は異なります。

　*expression*の要素単位が単一セルの場合に限り、引数*RowIndex*と引数*ColumnIndex*の両方を指定することができます。その場合、*RowIndex*には行番号を表す数値、*ColumnIndex*には列番号を表す数値または文字列を指定します。たとえば、「(2, 2)」や「(2, "B")」などと記述します。

　要素単位が単一セルで、*ColumnIndex*を省略した場合は、*RowIndex*の数値について、セル範囲*expression*の左上隅を1とし、左から右、次に上から下の順番でアクセスできるセルを表します。

　Rangeオブジェクトのタイプが行範囲、列範囲の場合は、*RowIndex*のみを指定することができ、最も上の行または最も左の列を1とした場合のインデックス、または行範囲、列範囲を表す文字列を指定します。

　なお、以下に示すRangeクラスのItemプロパティは、ここで説明した_Defaultプロパティと同様の働きをします。

```
expression.Item(RowIndex, [ColumnIndex])
```

> **📝 Memo**　このように、Rangeオブジェクトの要素単位がどのタイプかによって_Defaultプロパティの動作は、変わってきますので注意が必要です。同様に、Rangeクラスのメンバーの中には、Rangeオブジェクトのタイプによって、その動作が異なるものが存在しています。たとえば、Visibleプロパティは要素単位が行範囲または列範囲でないときに使用するとエラーとなります。

> **📝 Memo**　実は、_Defaultプロパティの引数*RowIndex*は省略可能です。しかし、一方でItemプロパティの*RowIndex*は省略することができません。_Defaultプロパティで、すべての引数を省略した場合、Valueプロパティと同様の働きを持つと考えられています。つまり、既定のメンバーは唯一_Defaultプロパティであり、その与えられた引数に応じて、ItemプロパティまたはValueプロパティとして機能を持つという考え方です。
> よくRangeプロパティの既定のメンバーがItemプロパティである、またはValueプロパティであると説明されていますが、そうではなく、あくまで非表示の_Defaultプロパティです。

　さて、「要素を取得する」と表現してきましたが、厳密にはその表現は正しくありません。というのも、_Defaultプロパティ、Itemプロパティは、対象となるRangeオブジェクトの範囲を超えたセルや行範囲、列範囲を参照することができるからです。

　リスト11-46をご覧ください。いずれの場合も、対象となるRangeオブジェクトの範囲を超えるインデックスを指定していますが、実行してもエラーとはならずに、それぞれの出力がされます。

リスト11-46 範囲外のセル、行範囲、列範囲のアクセスする

```
標準モジュールModule1
Sub MySub()

    With Sheet1.Range("A1:C2")
```

```
            Debug.Print .Cells(7).Address '$A$3
            Debug.Print .Cells(3, 4).Address '$D$3
            Debug.Print .Rows(3).Address '$A$3:$C$3
            Debug.Print .Columns(4).Address '$D$1:$D$2
        End With

    End Sub
```

つまり、Rangeクラスの_Defaultプロパティ、Itemプロパティは、そのセル範囲の要素を参照するプロパティではなく、そのセル範囲のインデックス1（または(1, 1)）の要素を基点として、そこからのオフセット位置にある要素を参照するプロパティなのです。

11-5-5 ▣ セル範囲の領域を取得する

セル範囲を表すRangeオブジェクトですが、たとえば「A1:B2, D1:F3」というように、離れた位置にある複数のセル範囲を持つことも可能です。Areasプロパティを使用すると、離れた領域にあるセル範囲をコレクションとして取り出すことができます。

Areasプロパティの書式は以下のとおりです。

> *expression*.**Areas**

これにより、Rangeオブジェクト*expression*に含まれる領域のコレクションである、Areasコレクションを取得することができます。なお、Areasコレクションの要素はRangeオブジェクトです。「Areaオブジェクト」というオブジェクトは存在しません。

Areasコレクションは、他のコレクションと同様にCountプロパティ、_Defaultプロパティ、Itemプロパティ、Parentプロパティを持ちます。また、コレクションですからFor Each ～ Nextステートメントでループ処理をすることができます。

リスト11-47を実行して、Areasプロパティとそのメンバーの動作を確認してみましょう。

リスト11-47 AreasプロパティとAreasコレクション

```
標準モジュールModule1
Sub MySub()

    With Sheet1.Range("A1:B2, D1:F3")
        Debug.Print .Areas.Count '2
        Debug.Print .Areas(1).Address '$A$1:$B$2
        Debug.Print .Areas(2).Address '$D$1:$F$3
        Debug.Print .Areas.Parent.Address '$A$1:$B$2,$D$1:$F$3

        Dim r As Range
        For Each r In .Areas
            Debug.Print r.Address,  '$A$1:$B$2    $D$1:$F$3
        Next r
    End With

End Sub
```

11-5-6 ▶ さまざまなセル範囲の参照

Rangeクラスには、対象となるRangeオブジェクトを基点として、さまざまなセル範囲を取得する方法が用意されていますので、ここでそのいくつかを紹介していきます。

まず、特定のセル範囲からオフセットすなわち平行移動した範囲を表すRangeオブジェクトを返すOffsetプロパティです。

```
expression.Offset([RowOffset], [ColumnOffset])
```

Rangeオブジェクト*expression*について、行方向への移動数を*RowOffset*で、列方向への移動数を*ColumnOffset*で、正または負の整数で指定します。いずれも省略可能で、既定値はゼロです。

Resizeプロパティはセル範囲をリサイズしたRangeオブジェクトを返すプロパティです。書式は以下のとおりです。

```
expression.Resize([RowSize], [ColumnSize])
```

Rangeオブジェクト*expression*の左上のセルを基点として、行数*RowSize*、列数*ColumnSize*としたセル範囲を取得します。

連続した表の範囲について、自動でその範囲を判定して取得したいときに便利なのが、CurrentRegionプロパティです。

```
expression.CurrentRegion
```

この書式で、Rangeオブジェクト*expression*が含まれるアクティブセル領域をRangeオブジェクトとして取得することができます。アクティブセル領域というのは、空白行、空白列に囲まれた範囲のことで、Excelのワークシート上でショートカットキー［Ctrl］＋［Shift］＋［:］で選択される範囲と同様です。

CurrentRegionプロパティは、処理の対象となる表の範囲、またはその行数や列数が不明であるときに、効果を発揮します。ただし、空白行、空白列で囲まれた範囲を判別しますので、表の中に空行、空列が存在しないように表を作成しておく必要があります。

Endプロパティは、データのある終端セルを参照するプロパティです。

```
expression.End(Direction)
```

Rangeオブジェクト*expression*の左上のセルを基点として、引数*Direction*で指定した方向へ向

かってデータのある終端セルを求めます。これはExcelのワークシート上で［Ctrl］キーと十字キーの組み合わせで移動するセルと同様です。

引数*Direction*に指定する列挙型XlDirectionのメンバーを表11-38にまとめています。

表11-38 列挙型XlDirectionのメンバー

メンバー	値	説明	ショートカットキー
xlUp	-4162	上方向	［Ctrl］＋［↑］
xlDown	-4121	下方向	［Ctrl］＋［↓］
xlToLeft	-4159	左方向	［Ctrl］＋［←］
xlToRight	-4161	右方向	［Ctrl］＋［→］

Endプロパティはワークシート上の表の最終行の行番号や最終列の列番号を求める際によく使用されます。たとえば、リスト11-48のようなコードです。Sheet1についてB列の値がある最終行の行番号と、2行目の値がある最終列の列番号を求めることができます。

リスト11-48 表の最終行の行番号／最終列の列番号を求める

```
? Sheet1.Cells(Sheet1.Rows.Count, "B").End(xlUp).Row
? Sheet1.Cells(2, Sheet1.columns.Count).End(xlToLeft).Column
```

EntireRowプロパティ、EntireColumnプロパティは、対象となるセル範囲を含む行全体または列全体を表すセル範囲を返すプロパティです。それぞれの書式は以下のとおりです。

```
expression.EntireRow
```

```
expression.EntireColumn
```

なお、これらのプロパティで取得したRangeオブジェクトの要素単位は行範囲、または列範囲になります。

では、ここまで紹介してきたさまざまなセル範囲を参照するプロパティについて、その使用例を見てみましょう。Sheet1に図11-25のような表が作成されているとします。

図11-25 さまざまなセル参照の対象となる表

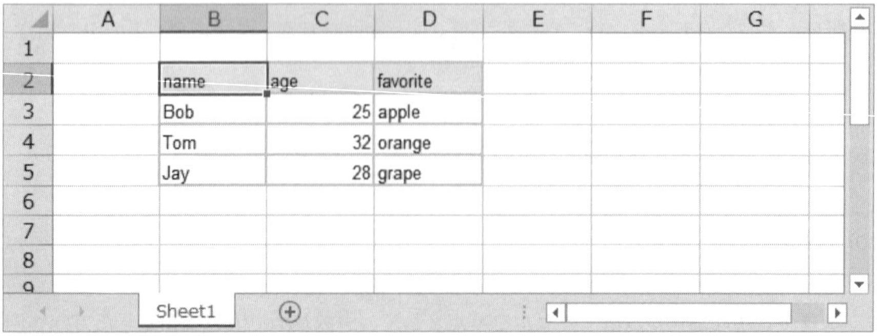

この表に対して、リスト11-49を実行して、各プロパティの動作を確認してみましょう。

リスト11-49 さまざまなセル範囲の参照

```
標準モジュールModule1
Sub MySub()

    With Sheet1.Range("B2:D5")
        Debug.Print .Offset(2, 1).Address '$C$4:$E$7
        Debug.Print .Offset(0, -1).Address  '$A$2:$C$5
        Debug.Print .Resize(5, 4).Address '$B$2:$E$6
        Debug.Print .Resize(1).Address '$B$2:$D$2
    End With

    With Sheet1.Range("B2")
        Debug.Print .CurrentRegion.Address '$B$2:$D$5
        Debug.Print .End(xlDown).Address '$B$5
        Debug.Print .End(xlToRight).Address '$D$2
        Debug.Print .EntireRow.Address '$2:$2
        Debug.Print .EntireColumn.Address '$B:$B
    End With

End Sub
```

セル範囲のうち、数式が含まれているセルや空白セルなど、特定の種類のセルのみを取り出したいときには、以下書式のSpecialCellsメソッドを使うことができます。

> *expression*.**SpecialCells**(*Type*, [*Value*])

これにより、Rangeオブジェクト*expression*内の引数*Type*で指定したセルの種類のみを取り出したセル範囲を返します。引数*Type*には、表11-39に示す列挙型XlCellTypeのメンバーを指定します。

表11-39 列挙型XlCellTypeのメンバー

メンバー	値	説明
xlCellTypeAllFormatConditions	-4172	条件付き書式が設定されているセル
xlCellTypeAllValidation	-4174	入力規則が設定されているセル
xlCellTypeBlanks	4	空白セル
xlCellTypeComments	-4144	メモが含まれているセル
xlCellTypeConstants	2	定数が含まれているセル
xlCellTypeFormulas	-4123	数式が含まれているセル
xlCellTypeLastCell	11	使用されているセル範囲内の最後のセル
xlCellTypeSameFormatConditions	-4173	同じ条件付き書式が設定されているセル
xlCellTypeSameValidation	-4175	同じ入力規則が設定されているセル
xlCellTypeVisible	12	すべての可視セル

*Type*の設定値が、定数（xlCellTypeConstants）または数式（xlCellTypeFormulas）であるときに、引数*Value*には、表11-40に示す列挙型XlSpecialCellsValueのいずれかのメンバーを指定します。

表11-40 列挙型XlSpecialCellsValueのメンバー

メンバー	値	説明
xlErrors	16	エラーのあるセル
xlLogical	4	論理値のあるセル
xlNumbers	1	数値のあるセル
xlTextValues	2	文字列のあるセル

では、実行例を見てみましょう。図11-26に示すSheet1の表について、リスト11-50を実行してみましょう。SpecialCellsメソッドで特定の種類のセルのみを取り出すことができることが確認できます。

図11-26 SpecialCellsメソッドの対象となる表

リスト11-50 SpecialCellsメソッドによるセル範囲の参照

```
標準モジュールModule1
Sub MySub()

    With Sheet1.Range("B2").CurrentRegion
        Debug.Print .SpecialCells(xlCellTypeBlanks).Address '$D$4,$C$5:$D$5
        Debug.Print .SpecialCells(xlCellTypeLastCell).Address '$D$5
        Debug.Print .SpecialCells(xlCellTypeConstants).Address
                '$D$2:$D$3,$C$2:$C$4,$B$2:$B$5
        Debug.Print .SpecialCells(xlCellTypeConstants, xlNumbers).Address '$C$3:$C$4
    End With

End Sub
```

11-5-7 ▶ セルの値を取得する／設定する

セルの値を取得または設定するにはValueプロパティを使用します。書式は以下のとおりです。

> *expression*.**Value**

Rangeオブジェクト*expression*が単一セルの場合は単一の値を、複数セルを含む場合は値の2次元配列を返します。いずれの場合も、セルに値が存在すればその値、存在しなければEmpty値が取得されます。

2次元配列としての取得となる場合、そのサイズはセル範囲のサイズに応じて自動で決定されます。

セル範囲の行数が配列の1次元目のサイズの上限値、列数が2次元目のサイズの上限値となります。ここで、Option Baseステートメントの指定に関係なく、どちらの次元についても、そのサイズの下限値は常に1となりますので、よく覚えておいてください。

　では、例として図11-27をご覧ください。こちらのシート上の表から単体セルの値およびセル範囲のデータを取得して、別の場所に出力するプロシージャをリスト11-51に用意しましたので、動作を確認していきましょう。

図11-27 Valueプロパティの対象となる表

	A	B	C	D	E	F	G	H
1								
2		name	age	favorite				
3		Bob	25	apple				
4		Tom	32	orange				
5		Jay	28	grape				
6								
7								
8								
9								

Sheet1

リスト11-51 Valueプロパティ

```
標準モジュールModule1
Sub MySub()

    Dim v As Variant
    With Sheet1
        v = .Range("B3").Value
        Debug.Print v 'Bob
        .Range("B7").Value = v

        v = .Range("B2:D5").Value
        Stop
        .Range("F2").Resize(UBound(v), UBound(v, 2)).Value = v
    End With

End Sub
```

　まず、単体セルであるB3セルの値を取得します。イミディエイトウィンドウには「Bob」と出力され、その値が、B7セルの値として設定されていることが確認できます。

　続く処理で、表全体すなわちセル範囲B2:D5についてValueプロパティを取得します。Stopステートメントによる中断時にローカルウィンドウを確認すると、図11-28のように4×3の2次元配列が生成され、そこに個々のセルの値が格納されていることを確認できます。

図11-28 Value プロパティで取得した２次元配列

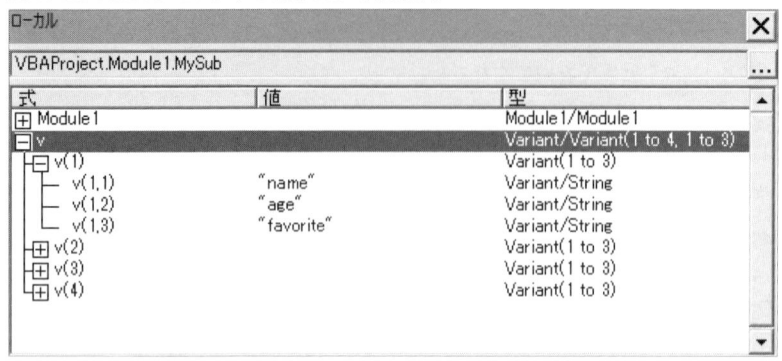

実行を再開すると、F2セルを基点とするセル範囲のValueプロパティに、取得した2次元配列のデータvを設定します。結果として、ワークシートSheet1は図11-29のような状態になりました。

図11-29 Value プロパティによる値の取得と設定

	A	B	C	D	E	F	G	H
1								
2		name	age	favorite		name	age	favorite
3		Bob	25	apple		Bob	25	apple
4		Tom	32	orange		Tom	32	orange
5		Jay	28	grape		Jay	28	grape
6								
7		Bob						
8								
9								

Sheet1

リスト11-50でセル範囲から取得した2次元配列を、別のセル範囲に設定するときに、Ubound関数を用いました。これにより、2次元配列の1次元目、2次元目のサイズと、設定対象となるセル範囲の行数、列数が一致します。

しかし、ここで書き込む対象となるセル範囲の行数、列数が一致していない場合はどうなるでしょうか？

元データのセル以外をクリアして、リスト11-52を実行してみましょう。元データを取得するセル範囲のサイズと、設定するセル範囲のサイズを、単体セルにした場合、設定するセル範囲を小さくした場合、設定するセル範囲を大きくした場合の3通りの動作を確認します。

リスト11-52 Value プロパティによる値の設定

```
標準モジュールModule1
Sub MySub()

    Dim v As Variant
    With Sheet1
        v = .Range("B2:D5").Value
```

```
        .Range("B7").Value = v
        .Range("F2").Resize(2, 2).Value = v
        .Range("F7").Resize(5, 4).Value = v
    End With

End Sub
```

　実行すると、図11-30のように設定されます。設定するセル範囲が小さい場合は、その範囲に収まる分だけが2次元配列から取り出されて設定されます。しかし、設定するセル範囲が大きい場合は、その範囲からはみ出した範囲には、エラー値「#N/A」が設定されます。

図11-30 Valueプロパティによる値の設定

	A	B	C	D	E	F	G	H	I	J
1										
2		name	age	favorite		name	age			
3		Bob	25	apple		Bob	25			
4		Tom	32	orange						
5		Jay	28	grape						
6										
7		name				name	age	favorite	#N/A	
8						Bob	25	apple	#N/A	
9						Tom	32	orange	#N/A	
10						Jay	28	grape	#N/A	
11						#N/A	#N/A	#N/A	#N/A	
12										
13										

Sheet1

> **Memo** Valueプロパティは、省略可能な引数*RangeValueDataType*を持ちます。この引数には、列挙型XlRangeValueDataTypeのメンバーを設定し、セル範囲のデータタイプを指定します、多くの場合は既定値であるxlRangeValueDefaultを設定値とします。

　さて、セルまたはセル範囲への値の取得、設定の際に、リスト11-53のように「Value」を省略して記述したコードを見かけます。このコードも、実行すると正しく動作をしますので確認をしてください。

リスト11-53 プロパティを省略した値の取得と設定

```
標準モジュールModule1
Sub MySub()

    Dim v As Variant
    With Sheet1
        v = .Range("B3")
        Debug.Print v 'Bob
        .Range("B7") = v

        v = .Range("B2:D5")
        Stop
        .Range("F2").Resize(UBound(v), UBound(v, 2)) = v
```

```
    End With

End Sub
```

　リスト11-52と同じ動作をしますので、その見た目どおり「Valueプロパティを省略した」と思われるかもしれませんが、そうではありません。省略されているのはValueプロパティではなく、非表示の既定メンバーである_Defaultプロパティです。

```
expression[._Default]
```

　11-5-4で、_Defaultプロパティはセル範囲から要素単位を取得するItemプロパティと同様の動作をするプロパティであると説明しました。しかし、その引数として指定できる*RowIndex, ColumnIndex*という2つの引数をいずれも省略した場合は、Valueプロパティと同様の機能を果たすという二重の役割を持つと考えられます。

　つまり、Rangeオブジェクトの既定のプロパティを省略するかどうかについては、Itemプロパティとして使う場合、Valueプロパティとして使う場合、これら2つのケースで省略するか否かという選択肢が生まれます。その判断は、可読性、信頼性、再利用性などを踏まえて都度判断する必要がありますが、ベースとしての方針を決めておくのもよいかもしれません。

　たとえば、Itemプロパティとして使うのであれば、必ず1つ以上の引数を渡すことになります。ですから、Rangeオブジェクトに対して何らかの引数があれば、Itemプロパティとしての既定のメンバーを省略していることはひと目で判断ができることが多いでしょう。また、この場合の戻り値の型が常にRangeオブジェクトになるので、データ型の視点でも安全に思えます。

　一方で、値を取得する場合の既定のメンバーの省略を考えましょう。こちらのケースでは、引数がありません。ですから、その記述がRangeオブジェクト自身を表現しているのか、Rangeオブジェクトの値を表現しているのかは、文脈を読み込まないと判断がしづらいことになります。データ型もRangeオブジェクトと、配列の可能性もあるVariant型と、両方が想定されます。データ型が異なりますので、その戻り値について取り扱う際に配慮が求められます。このことから、値を表現したい場合は、_Defaultプロパティの省略記法よりも、Valueプロパティを明記したほうが望ましいケースが多いといえるでしょう。

11-5-8 ▶ セルの数式を取得する／設定する

　Valueプロパティはセル範囲が持つ値を取得、設定するものでしたが、セルに数式が入力されている場合は、その結果である値の取得となります。数式を取得するには、以下に示すプロパティを使用します。

```
expression.Formula
expression.FormulaLocal
```

```
expression.FormulaR1C1
expression.FormulaR1C1Local
```

いずれも、Rangeオブジェクト*expression*の数式を取得します。*expression*が単一セルであれば文字列、複数セルであれば2次元配列となります。

A1形式の数式を扱う場合にはFormulaプロパティ、FormulaLocalプロパティを、R1C1形式の数式を扱う場合には、FormulaR1C1プロパティ、FormulaR1C1Localプロパティを使用します。

また、ユーザーの言語の表記を使用する場合は、ユーザーの言語を使用するFormulaLocalプロパティ、FormulaR1C1Localプロパティを使用します。

> **📝 Memo** 多くのワークシート関数は、Formula プロパティおよびFormulaR1C1プロパティでも使用可能ですが、たとえばYEN関数など日本語限定のワークシート関数を使用する場合は、FormulaLocal プロパティ、FormulaR1C1Localプロパティを使用する必要があります。

例として、図11-31のような表を考えてみましょう。E列はD列の値をみて「apple」であればTRUEと表示するという数式が入力されています。

図11-31 Formulaプロパティ／ FormulaR1C1プロパティの対象となるワークシート

	A	B	C	D	E	F	G	H
1								
2		name	birthday	favorite	isApple	age		
3		Bob	1993/11/11	apple	TRUE			
4		Tom	1990/11/5	orange	FALSE			
5		Jay	1995/7/7	grape	FALSE			
6								
7								
8								
9								

Sheet1 ⊕

では、このSheet1についてリスト11-54を実行して、その動作を確認してみましょう。

リスト11-54 Formulaプロパティ・FormulaR1C1プロパティ

```
標準モジュールModule1
Sub MySub()

    Dim v As Variant
    With Sheet1
        Debug.Print .Range("E3").Formula '=IF(D3="apple",TRUE)
        Debug.Print .Range("E3").FormulaR1C1 '=IF(RC[-1]="apple",TRUE)

        v = .Range("E3:E5").Formula
        Stop

        .Range("F3:F5").FormulaR1C1 = "=DATEDIF(RC[-3],TODAY(),""Y"")"
    End With

End Sub
```

　Stopステートメントの中断時にローカルウィンドウを確認すると、図11-32のように2次元配列内に数式の文字列が格納されていることが確認できます。

図11-32 Formulaプロパティで取得した二次元配列

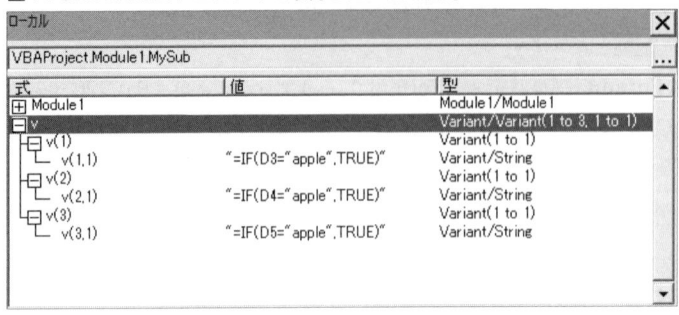

　実行を再開すると、結果的にSheet1の表は図11-33のように完成します。

図11-33 FormulaR1C1プロパティによる数式の設定の結果

	A	B	C	D	E	F	G	H
1								
2		name	birthday	favorite	isApple	age		
3		Bob	1993/11/11	apple	TRUE	25		
4		Tom	1990/11/5	orange	FALSE	28		
5		Jay	1995/7/7	grape	FALSE	23		
6								
7								
8								
9								

Sheet1

11-5-9 ▶ セル範囲を編集する

　セル範囲からの値の取得や設定にはValueプロパティを使用することができますが、クリップボードを介してデータのコピーまたはカットおよびペーストを行うことができます。
　セル範囲のコピー、カットを行うメソッドとして、以下に示す**Copy**メソッドと**Cut**メソッドが用意されています。

```
expression.Copy([Destination])
```

```
expression.Cut([Destination])
```

　それぞれ、*expression*で表されるRangeオブジェクトをコピーまたはカットをしてクリップボードに保管をします。引数*Destination*にRangeオブジェクトを指定することで、指定したセル範囲に貼り付けまで行います。引数*Destination*の左上隅のセルを基点として貼り付けが行われますので、必ずしも*expression*で表されるセル範囲のサイズと等しくなくても構いません。なお、省略した場合は、

クリップボードに保管するのみとなります。

では、使用例を見てみましょう。図11-34に示すSheet1に対して、リスト11-55を実行してみましょう。

図11-34 Copyメソッドと Cutメソッドの対象となるワークシート

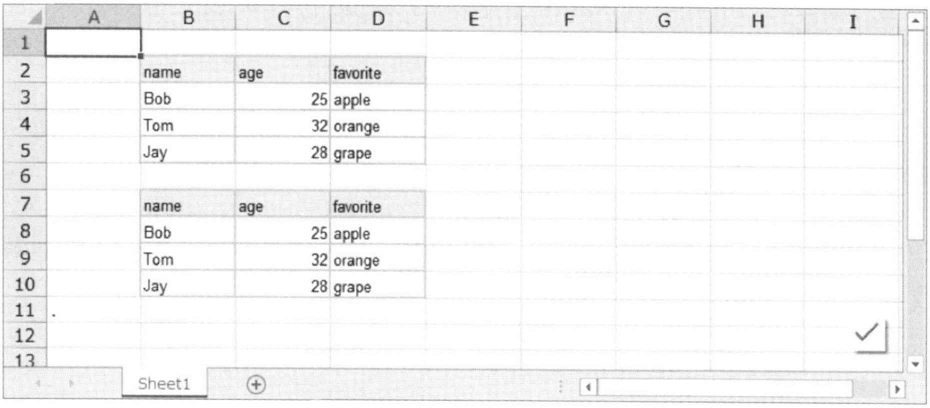

	A	B	C	D	E	F	G	H	I
1									
2		name	age	favorite					
3		Bob	25	apple					
4		Tom	32	orange					
5		Jay	28	grape					
6									
7		name	age	favorite					
8		Bob	25	apple					
9		Tom	32	orange					
10		Jay	28	grape					
11	.								
12									
13									

Sheet1

リスト11-55 Copyメソッドと Cutメソッド

```
標準モジュールModule1
Sub MySub()

    With Sheet1
        .Range("B2:D5").Copy .Range("F2")
        .Range("B7:D10").Cut .Range("F7")
    End With

End Sub
```

実行をすると、図11-35のようになるはずです。

図11-35 Copyメソッドと Cutメソッドによる結果

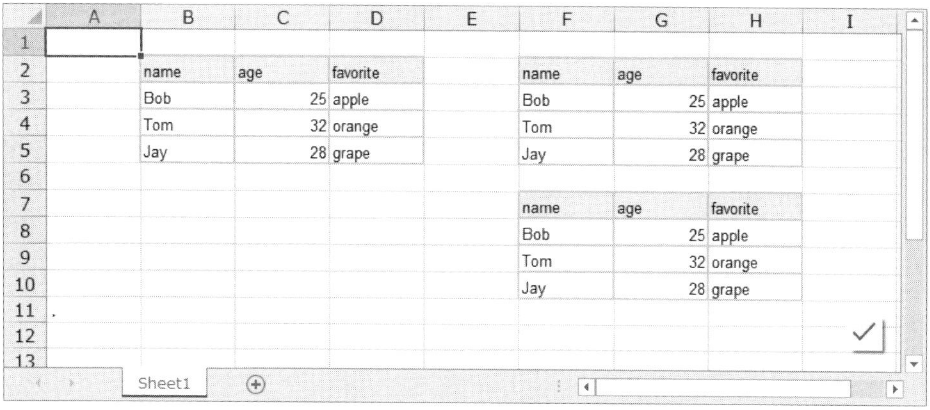

	A	B	C	D	E	F	G	H	I
1									
2		name	age	favorite		name	age	favorite	
3		Bob	25	apple		Bob	25	apple	
4		Tom	32	orange		Tom	32	orange	
5		Jay	28	grape		Jay	28	grape	
6									
7						name	age	favorite	
8						Bob	25	apple	
9						Tom	32	orange	
10						Jay	28	grape	
11	.								
12									
13									

Sheet1

CopyメソッドやCutメソッドで貼り付け先を指定しなかった場合、または形式を選択して貼り付けをしたい場合には、PasteSpecialメソッドを使用して貼り付けをすることができます。書式は以下のとおりです。

```
expression.PasteSpecial([Paste], [OperationAs], [SkipBlanks],
[Transpose])
```

*expression*で表すRangeオブジェクトに、クリップボードの内容の貼り付けが行われます。引数*Paste*、*OperationAs*、*SkipBlanks*、*Transpose*にはそれぞれ貼り付ける形式を表す列挙型XlPasteTypeのメンバー、貼り付ける際の演算方法を表す列挙型XlPasteSpecialOperationのメンバー、空白セルを無視するかどうかを表すブール値、行列の入れ替えをするかどうかを表すブール値を指定します。

これらの引数は、図11-36に示すExcelの「形式を選択して貼り付け」ダイアログの設定と対応をしていますので、比較すると理解が進むと思います。

図11-36 形式を選択して貼り付けダイアログ

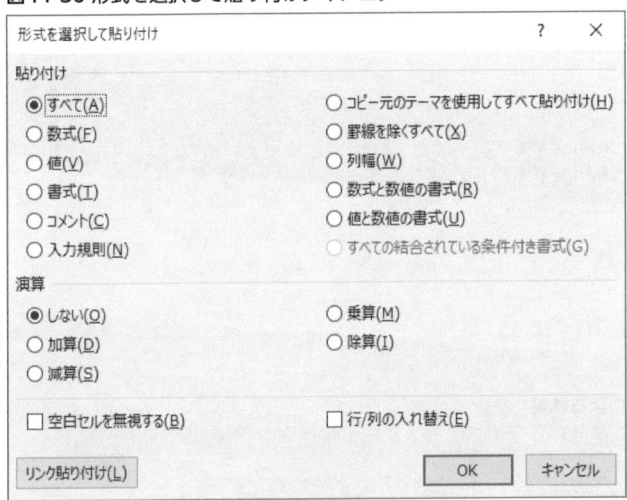

引数*Paste*に指定する列挙型XlPasteTypeのメンバーと、引数*OperationAs*に指定する列挙型XlPasteSpecialOperationのメンバーについて、それぞれ表11-41と表11-42にまとめていますのでご覧ください。

表11-41 列挙型XlPasteTypeのメンバー

メンバー	値	説明
xlPasteAll	-4104	すべて（既定値）
xlPasteFormulas	-4123	数式
xlPasteValues	-4163	値
xlPasteFormats	-4122	書式
xlPasteComments	-4144	メモ
xlPasteValidation	6	入力規則
xlPasteAllUsingSourceTheme	13	コピー元のテーマを使用してすべて貼り付け
xlPasteAllExceptBorders	7	罫線を除くすべて
xlPasteColumnWidths	8	列幅
xlPasteFormulasAndNumberFormats	11	数式と数値の書式
xlPasteValuesAndNumberFormats	12	値と数値の書式
xlPasteAllMergingConditionalFormats	14	すべての結合されている条件付き書式

表11-42 列挙型XlPasteSpecialOperationのメンバー

メンバー	値	説明
xlPasteSpecialOperationNone	-4142	演算をしない（既定値）
xlPasteSpecialOperationAdd	2	加算
xlPasteSpecialOperationSubtract	3	減算
xlPasteSpecialOperationMultiply	4	乗算
xlPasteSpecialOperationDivide	5	除算

図11-37に示すSheet1に対してPasteSpecialメソッドの使用例を見てみましょう。リスト11-56です。

図11-37 PasteSpecialメソッドの対象となるワークシート

リスト11-56 PasteSpecialメソッド

```
標準モジュールModule1
Sub MySub()

    With Sheet1
        .Range("B2:D5").Copy
```

```
        .Range("F2").PasteSpecial xlPasteFormats
        .Range("F7").PasteSpecial xlPasteValues, Transpose:=True
    End With

End Sub
```

　実行すると、図11-38のように書式だけのペーストや、行列を転置した値のみのペーストを行うことができました。

図11-38 PasteSpecialメソッドによる結果

	A	B	C	D	E	F	G	H	I
1									
2		name	age	favorite					
3		Bob	25	apple					
4		Tom	32	orange					
5		Jay	28	grape					
6									
7	.					name	Bob	Tom	Jay
8						age	25	32	28
9						favorite	apple	orange	grape
10									
11									
12									
13									

Sheet1 ⊕

> **Memo** クリップボードの内容を貼り付けるPasteSpecialメソッドとは別に、Worksheetクラスの Pasteメソッドを使用することができます。しかし、Pasteメソッドを使用する場合は、対象 となるオブジェクトがRangeオブジェクトではなく、Worksheetオブジェクトになりますので扱いづ らいかもしれません。

11-5-10 ▶ セル範囲をクリアする

　Rangeクラスにはセル範囲をクリアするためのいくつかのメソッドが用意されています。以下に示す、Clearメソッド、ClearContentsメソッド、ClearFormatsメソッドを紹介します。

```
expression.Clear
```

```
expression.ClearContents
```

```
expression.ClearFormats
```

　いずれもRangeオブジェクトを表す*expression*をクリアするものです。
　Clearメソッドはセル範囲の書式と内容をすべてクリアしますが、ClearContentsメソッドはセル範

囲の内容のみ、ClearFormatsメソッドはセル範囲の書式のみをクリアします。

では、図11-39のようなシートを用いて、これらのメソッドの使用例を見ていきましょう。リスト11-57をご覧下さい。

図11-39 セル範囲のクリアの対象となるワークシート

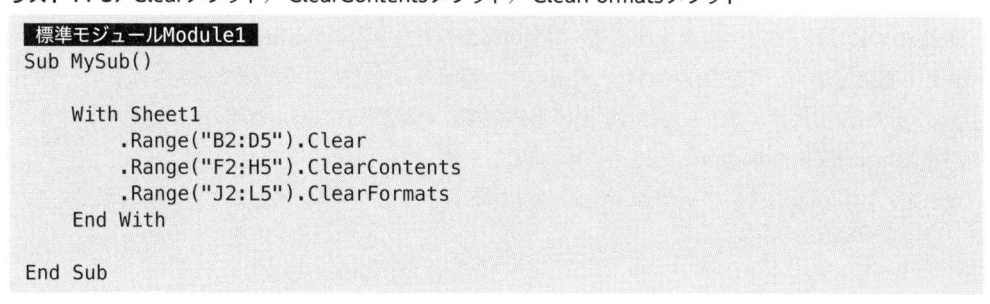

リスト11-57 Clearメソッド／ClearContentsメソッド／ClearFormatsメソッド

```
標準モジュールModule1
Sub MySub()

    With Sheet1
        .Range("B2:D5").Clear
        .Range("F2:H5").ClearContents
        .Range("J2:L5").ClearFormats
    End With

End Sub
```

Subプロシージャ MySubを実行すると、図11-40のようになります。それぞれのメソッドの動作がよくわかりますね。

図11-40 セル範囲のクリアの結果

ワークシート全体をクリアするときには、WorksheetオブジェクトのCellsプロパティと組み合わせて使用します。たとえば、ワークシートSheet1全体をクリアする場合には、リスト11-58のようにすればよいわけです。イミディエイトウィンドウからも実行することができますので、ご活用ください。

リスト11-58 ワークシート全体をクリアする

```
Sheet1.Cells.Clear
```

11-5-11 ▶ セル範囲を挿入／削除する

　セル範囲自体を新たに挿入するにはInsertメソッドを使用します。以下のように記述することで Rangeオブジェクト *expression* の位置に新たなセル範囲を挿入することができます。

```
expression.Insert([Shift], [CopyOrigin])
```

　引数 *Shift* には挿入によって発生するセル範囲の移動の方向を列挙型XlInsertShiftDirectionのメンバーから指定します。省略した場合は、対象のセル範囲の形状に応じて自動で決定されます。また、引数 *CopyOrigin* には、挿入したセル範囲の書式を隣接するどちらのセル範囲のものを適用するかを列挙型XlInsertFormatOriginのメンバーから指定します。

　それぞれの列挙型のメンバーについては、表11-43および表11-44にまとめていますのでご覧ください。

表11-43 列挙型XlInsertShiftDirectionのメンバー

メンバー	値	説明
xlShiftDown	-4121	下方向にシフトする
xlShiftToRight	-4161	右方向にシフトする

表11-44 列挙型XlInsertFormatOriginのメンバー

メンバー	値	説明
xlFormatFromLeftOrAbove	0	隣接した左または上のセル範囲の書式を適用する（既定値）
xlFormatFromRightOrBelow	1	隣接した右または下のセル範囲の書式を適用する

　セル範囲自体を削除して詰めるにはDeleteメソッドを使用します。書式は以下のとおりです。

```
expression.Delete([Shift])
```

　引数 *Shift* は削除によるセル範囲の移動の方向を、表11-45に示す列挙型XlDeleteShiftDirectionのメンバーから指定します。省略した場合は、対象のセル範囲の形状に応じて自動で決定されます。

表11-45 列挙型XlDeleteShiftDirectionのメンバー

メンバー	値	説明
xlShiftToLeft	-4159	左方向にシフトする
xlShiftUp	-4162	上方向にシフトする

リスト11-59はInsertメソッドとDeleteメソッドの簡単な例です。

リスト11-59 Insertメソッド／Deleteメソッド

```
標準モジュールModule1
Sub MySub()

    Dim v As Variant
    With Sheet1
        .Range("B4:D4").Delete
        .Rows("4:5").Insert
        .Columns("D").Insert
    End With

End Sub
```

図11-41のようなワークシートSheet1に対して、SubプロシージャMySubを実行すると、図11-42のように、セル範囲の挿入や削除が行われます。

図11-41 InsertメソッドとDeleteメソッドの対象となるワークシート

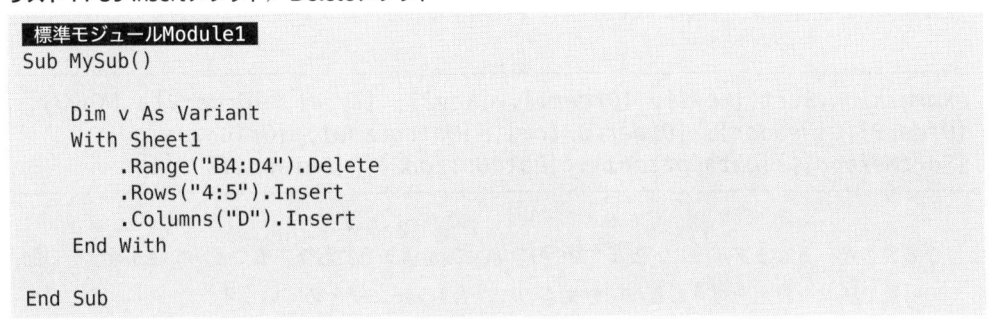

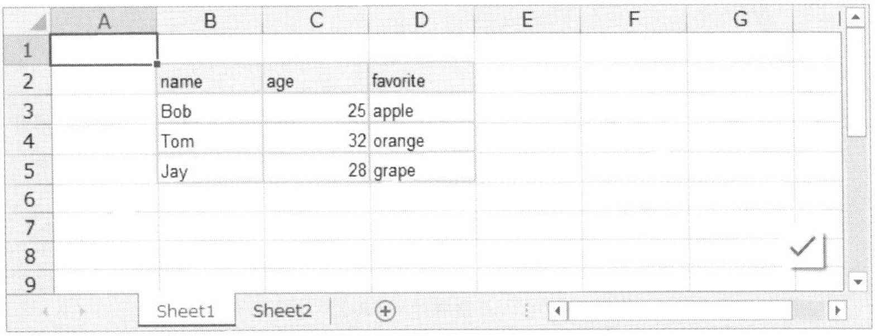

図11-42 InsertメソッドとDeleteメソッドの結果

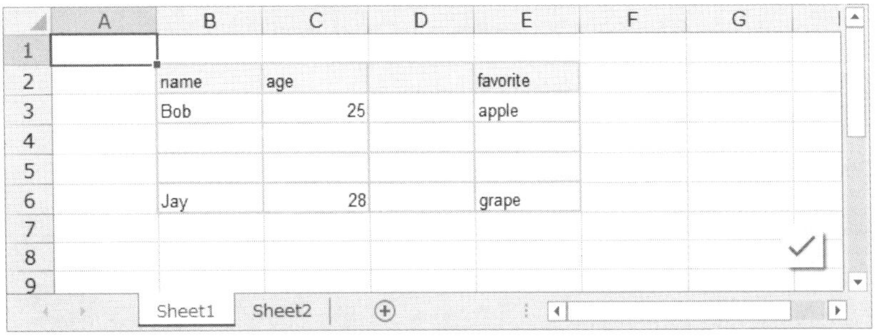

ご覧のとおり、セル範囲の挿入や削除を行うと、実行後にはセル位置の移動が発生します。実際に、どのセル範囲がどのように移動するかを想定しながら使用する必要がありますので、注意が必要です。

11-6で紹介するテーブルを使用するならば、そのような難しさはなく行や列の挿入、削除が行えますので、可能であればテーブルを使用することをおすすめします。

11-5-12 ▣ セル範囲をソートする

セル範囲の並び替えを行うにはSortメソッドを使用することができます。書式は以下のとおりです。

```
expression.Sort([Key1], [Order1], [Key2], [Type], [Order2], [Key3],
[Order3], [Header], [OrderCustom], [MatchCase], [Orientation],
[SortMethod], [DataOption1], [DataOption2], [DataOption3])
```

並び替えのキーとなるフィールドとその順序について、3つまで設定をすることができます。その他、多くの引数で様々な設定を行うことができますので、表11-46にまとめています。

表11-46 Sortメソッドの引数

パラメーター	説明
Key1 ～ Key3	並び替えの1～3番目のキーとなるフィールドをRangeオブジェクトまたはセル範囲を表す文字列で指定する
Order1 ～ Order3	*Key1 ～ Key3*で指定したフィールドの順序を列挙型XlSortOrderのメンバーから指定する - xlAscending：昇順（既定値） - xlDescending：降順
Header	最初の行をヘッダー行として扱うかどうかを列挙型XlYesNoGuessのメンバーから指定する - xlNo：ヘッダーとして扱わない（既定値） - xlYes：ヘッダーとして扱う - xlGuess：Excelが自動で判定する
OrderCustom	ユーザー設定の並べ替え順のリスト内の番号を示す、1から始まる整数を指定する
MatchCase	大文字小文字を区別するかどうかを表すブール値を指定する
Orientation	並べ替えの単位を列挙型XlSortOrientationのメンバーから指定する - xlSortRows：行単位で並び替える（既定値） - xlSortColumns：列単位で並び替える
SortMethod	並べ替えの方法を列挙型XlSortMethodのメンバーから指定する - xlPinYin：ふりがな順で並び替える（既定値） - xlStroke：総画数で並び替える
DataOption1 ～ DataOption3	*Key1 ～ Key3*で指定したフィールドのテキストを並べ替える方法を列挙型XlSortDataOptionのメンバーから指定する - xlSortNormal：数値データとテキストデータを個別に並び替える（既定値） - xlSortTextAsNumbers：テキストデータを数値データとして並び替える

> ✎ **Memo** 表11-46に示す以外に引数*Type*があります。並べ替える要素を列挙型XlSortTypeのメンバーから指定するものですが、ピボットテーブルの並び替えのときにのみ使用します。

では、使用例を見ていきましょう。図11-43の表について、1番目のキーとしてD列の性別を降順に、2番目のキーとしてC列の年齢を昇順に並び替えをするマクロを、リスト11-60に作成しました。

図11-43 Sortメソッドの対象となるワークシート

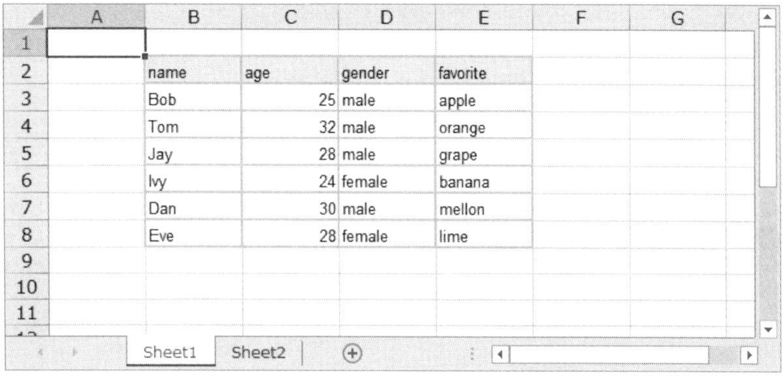

	A	B	C	D	E	F	G
1							
2		name	age	gender	favorite		
3		Bob	25	male	apple		
4		Tom	32	male	orange		
5		Jay	28	male	grape		
6		Ivy	24	female	banana		
7		Dan	30	male	mellon		
8		Eve	28	female	lime		
9							
10							
11							

Sheet1　Sheet2　⊕

リスト11-60 Sortメソッド

```
標準モジュールModule1
Sub MySub()

    With Sheet1
        .Range("B2").CurrentRegion.Sort _
            Key1:=.Range("D2"), Order1:=xlDescending, _
            Key2:=.Range("C2"), Order2:=xlAscending, _
            Header:=xlYes
    End With

End Sub
```

　Subプロシージャ MySubを実行すると、図11-44のように並び替えが行われます。

図11-44 Sortメソッドの結果

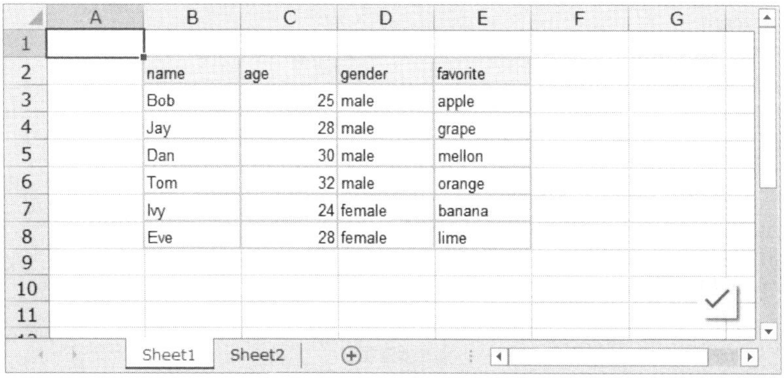

	A	B	C	D	E	F	G
1							
2		name	age	gender	favorite		
3		Bob	25	male	apple		
4		Jay	28	male	grape		
5		Dan	30	male	mellon		
6		Tom	32	male	orange		
7		Ivy	24	female	banana		
8		Eve	28	female	lime		
9							
10							
11							

Sheet1　Sheet2　⊕

　なお、Sortメソッドの引数*Header*、*Order1* ～ *Order3*、*Orientation* は実行後もその設定値が保存されます。省略すると、前回の実行により保存された設定が適用されますので、省略せずに設定をするのが望ましいでしょう。

> ✏️
> **Memo** セル範囲の並び替えを行う方法として、Sortメソッドとは別にSortオブジェクトを使用する
> 方法があります。並び替えの設定をオブジェクトとして取り扱うことができ、セルの背景色
> や文字色などについて並び替えを行えるなどSortメソッドと比べて多機能です。
> 本書では詳しくは紹介していませんが、機会があればぜひ活用をしてみてください。

11-5-13 ▣ セルの値を検索する／置換する

セル範囲を検索するにはFindメソッドを使用します。書式は以下のとおりです。

```
expression.Find(What, [After], [LookIn], [LookAt], [SearchOrder],
[SearchDirection], [MatchCase], [MatchByte], [SearchFormat])
```

Rangeオブジェクト *expression* について、引数 *What* で指定された値を検索し、最初の見つかった
セルをRangeオブジェクトとして返し、見つからなかった場合はNothingを返します。その他、指定
できる引数について表11-47にまとめていますのでご覧ください。

表11-47 Findメソッドの引数

パラメーター	説明
What	検索する値を指定する
After	指定した単一セルを表すRangeオブジェクトの後から検索を開始する。省略時は、対象セル範囲の左上隅の後のセルから検索を開始する
LookIn	検索対象を列挙型XlFindLookInのメンバーから指定する - xlFormulas：数式 - xlValues：値 - xlComment：メモ
LookAt	検索を完全一致とするかどうかを列挙型XlLookAtのメンバーから指定する - xlPart：部分一致 - xlWhole：完全一致
SearchOrder	検索を行方向に行うか、列方向に行うかについて列挙型XlSearchOrderのメンバーから指定する - xlByRows：行方向 - xlByColumns：列方向
SearchDirection	検索の向きについて、列挙型XlSearchDirectionのメンバーから指定する - xlNext：左から右、または上から下（既定値） - xlPrevious：右から左、または下から上
MatchCase	大文字と小文字を区別するかどうかを表すブール値を指定する
MatchByte	全角と半角を区別するかどうかを表すブール値を指定する
SearchFormat	検索するセルの書式を指定する

なお、Findメソッドの引数 *LookIn*、*LookAt*、*SearchOrder*、*MatchCase* および *MatchByte* は実
行後にその設定値が保存されます。保存されている設定値は、Excelの検索と置換ダイアログで確認
することができます。前回の実行時の設定や、Excelでの検索や置換の操作に影響を受けるので、省
略せずに設定をするほうが安全です。

Findメソッドは最初に見つけたセル範囲を返して終了しますので、それ単体の実行では複数の検索結果を見つけることができません。そのために、以下に示すFindNextメソッドが用意されています。

```
expression.FindNext([After])
```

FindNextメソッドは、Rangeオブジェクト*expression*に対して行われたFindメソッドによる検索を引き続き実行します。引数*After*で指定する単一セルの後から検索をします。引数*After*は省略可能ですが、その場合はセル範囲*expression*の左上隅のセルの後からの検索となります。FindNextメソッドの使用するケースを考えると、引数を省略することはあまりないかもしれません。

では、FindメソッドとFindNextメソッドの使用例を見ていきましょう。図11-45の表について、「an」という文字列を部分一致で検索するマクロを、リスト11-61として作成しました。

図11-45 FindメソッドとFindNextメソッドの対象となるワークシート

	A	B	C	D	E	F	G
1							
2		name	age	gender	favorite		
3		Bob	25	male	apple		
4		Tom	32	male	orange		
5		Jay	28	male	grape		
6		Ivy	24	female	banana		
7		Dan	30	male	mellon		
8		Eve	28	famele	lime		
9							
10							
11							

Sheet1　Sheet2　(+)

リスト11-61 FindメソッドとFindNextメソッド

```
標準モジュールModule1
Sub MySub()

    With Sheet1.Range("B2:E9")
        Dim rng As Range
        Set rng = .Find( _
            What:="an", After:=.Range("B2"), _
            LookIn:=xlValues, LookAt:=xlPart, _
            MatchCase:=False, MatchByte:=True)

        If Not rng Is Nothing Then
            Dim firstAddress As String:  firstAddress = rng.Address
            Do
                Debug.Print rng.Value, 'orange　banana　Dan
                Set rng = .FindNext(rng)
            Loop While rng.Address <> firstAddress
        End If
    End With

End Sub
```

実行すると、「an」を含むセルの値がイミディエイトウィンドウに出力されます。

FindNextメソッドは、セル範囲のすべてを検索し終わった後、また左上隅のセルに戻って検索を続行します。ですから、検索が終了するように最初に一致したセルまたはそのアドレスを記憶しておき、範囲全体の検索を終えたらループを終了するように構成する必要があります。

セル範囲の内容を置換するにはReplaceメソッドを使用します。書式は以下のとおりです。

```
expression.Replace(What, Replacement, [LookAt], [SearchOrder],
[MatchCase], [MatchByte], [SearchFormat], [ReplaceFormat])
```

Rangeオブジェクト*expression*について、引数*What*で指定された値を検索し、見つかったセルについて引数*Replacement*の値に置換をします。

Findメソッドとその書式は似ていますが、最初に一致したセルのRangeオブジェクトを返すFindメソッドに対して、Replaceメソッドは一致したセルをすべてについて置換を行います。多くの場合、その戻り値はブール値でTrueを返します。

表11-48にReplaceメソッドの他の引数についてまとめていますので、ご覧ください。

表11-48 Replaceメソッドの引数

パラメーター	説明
What	検索する値を指定する
Replacement	置換後の値を指定する
LookAt	検索を完全一致とするかどうかを列挙型XlLookAtのメンバーから指定する - xlPart：部分一致 - xlWhole：完全一致
SearchOrder	検索を行方向に行うか、列方向に行うかについて列挙型XlSearchOrderのメンバーから指定する - xlByRows：行方向 - xlByColumns：列方向
MatchCase	大文字と小文字を区別するかどうかを表すブール値を指定する
MatchByte	全角と半角を区別するかどうかを表すブール値を指定する
SearchFormat	検索するセルの書式を指定する
ReplaceFormat	置換するセルの書式を指定する

Replaceメソッドの引数*LookAt*、*SearchOrder*、*MatchCase*および*MatchByte*の設定値はその実行後も保存されます。省略すると、Excelの検索と置換ダイアログの設定値が適用されます。

図11-46の表について、「male」を「男性」に、「female」を「女性」に置換するマクロを作成しました。リスト11-62です。

図11-46 Replaceメソッドの対象となるワークシート

	A	B	C	D	E	F	G
1							
2		name	age	gender	favorite		
3		Bob	25	male	apple		
4		Tom	32	male	orange		
5		Jay	28	male	grape		
6		Ivy	24	female	banana		
7		Dan	30	male	mellon		
8		Eve	28	female	lime		
9							
10							
11							

Sheet1　Sheet2　(+)

リスト11-62 Replaceメソッド

```
標準モジュールModule1
Sub MySub()

    With Sheet1.Range("B2:E9")
        .Replace _
            What:="female", Replacement:="女性", _
            LookAt:=xlPart, MatchCase:=False, MatchByte:=True

        .Replace _
            What:="male", Replacement:="男性", _
            LookAt:=xlPart, MatchCase:=False, MatchByte:=True

    End With

End Sub
```

実行すると、図11-47のように置換が行われます。

図11-47 Replaceメソッドの結果

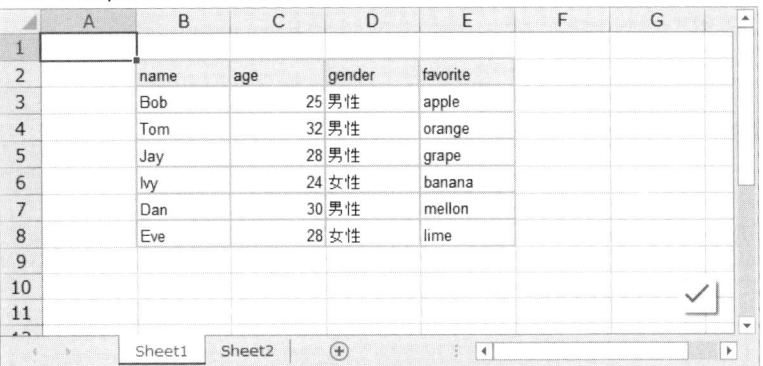

	A	B	C	D	E	F	G
1							
2		name	age	gender	favorite		
3		Bob	25	男性	apple		
4		Tom	32	男性	orange		
5		Jay	28	男性	grape		
6		Ivy	24	女性	banana		
7		Dan	30	男性	mellon		
8		Eve	28	女性	lime		
9							
10							
11							

Sheet1　Sheet2　(+)

11-5-14 ▶ Rangeオブジェクトから取得できるオブジェクト

Rangeオブジェクトからは、該当のセルまたはセル範囲について、文字のフォントを設定するFontオブジェクト、背景色などの内部装飾を取り扱うInteriorオブジェクト、入力規則を表すValidationオブジェクトなど、さまざまなオブジェクトを取得することができます。主なオブジェクトやコレクションについて、またそれを取得するメンバーについて表11-49にまとめていますので、ご覧ください。

表11-49 Rangeオブジェクトからオブジェクトを取得する主なメンバー

メンバー	読み取り専用	説明
Property **Areas** As Areas	○	セル範囲に含まれるすべてのセル範囲を表すAreasコレクション
Property **Borders** As Borders	○	セル範囲の罫線を表すBordersコレクション
Property **Comment** As Comment	○	セル範囲の左上隅のセルのメモを表すCommentオブジェクト
Property **Font** As Font	○	セル範囲のフォントを表すFontオブジェクト
Property **FormatConditions** As FormatConditions	○	セル範囲のすべての条件付き書式を表すFormatConditionsコレクション
Property **Hyperlinks** As Hyperlinks	○	セル範囲のすべてのハイパーリンクを表すHyperlinksコレクション
Property **Interior** As Interior	○	セル範囲の内部装飾を表すInteriorオブジェクト
Property **ListObject** As ListObject	○	セル範囲が含まれるテーブルを表すListObjectオブジェクト
Property **Phonetics** As Phonetics	○	セル範囲のすべてのふりがなを表すPhoneticsコレクション
Property **SparklineGroups** As SparklineGroups	○	セル範囲のすべてのスパークラインを表すSparklineGroupsコレクション
Property **Validation** As Validation	○	セル範囲の入力規則を表すValidationオブジェクト

本書では、AreasオブジェクトとListObjectオブジェクトについて紹介していますが、それ以外のオブジェクトについては必要に応じてご自身で調べながら活用をしてみてください。

11-6 テーブルを操作する

11-6-1 ▶ テーブルとその操作

Excel VBAで「表」を取り扱う方法として、ワークシートを表すWorksheetオブジェクトから、その表を形作るセル範囲をRangeオブジェクトとして取得するという流れが、しばしば紹介されています。しかし、Excel表を運用する上で、表の行数や列数に挿入や削除が行われたり、表の位置が変更されたりすると、セル範囲を表すRangeオブジェクトが影響を受けてしまいます。

たとえば、図11-48のような表について、それを同じくSheet1のF2セルを基点とするセル範囲に

値のみを転記したいとします。

図11-48 転記の対象となるデータ表

	A	B	C	D	E	F	G	H	I	J
1										
2		name	age	favorite						
3		Bob	25	apple						
4		Tom	32	orange						
5		Jay	28	grape						
6										
7										
8										
9										
10										

この目的を達成するために、リスト11-63のようなマクロを作りました。

リスト11-63 データ表を転記するマクロ

```
標準モジュールModule1
Sub MySub()

    With Sheet1
        Dim v As Variant
        v = .Range("B2:D5").Value
        .Range("F2").Resize(UBound(v), UBound(v, 2)).Value = v
    End With

End Sub
```

このマクロはデータ表が図11-48の状態のままであれば、正しく動作をします。しかし、データ表に変化が加わると正しく動作をしなくなります。たとえば、データ表をA1からの範囲に移動して、行を1行、列を1列追加して実行してみましょう。

結果は、図11-49のようになります。データ表のすべての範囲を転記することができていません。

図11-49 データ表に変更を加えた場合の転記

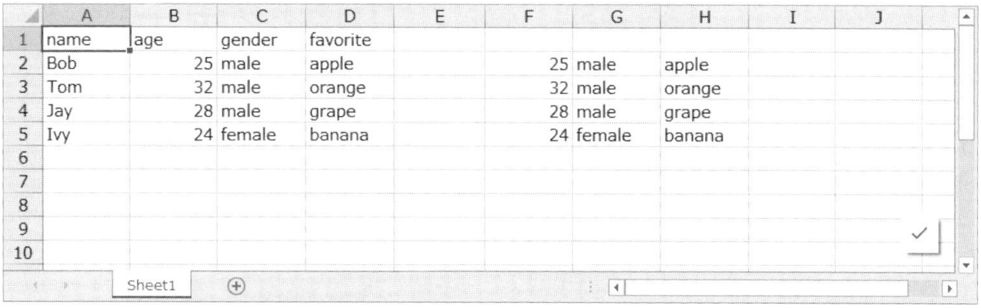

	A	B	C	D	E	F	G	H	I	J
1	name	age	gender	favorite						
2	Bob	25	male	apple		25	male	apple		
3	Tom	32	male	orange		32	male	orange		
4	Jay	28	male	grape		28	male	grape		
5	Ivy	24	female	banana		24	female	banana		
6										
7										
8										
9										
10										

そこで登場するのが、「**テーブル**」です。テーブルとは、Excelのワークシート上の表とそのデータをひとまとまりとして管理できる機能です。

データ表をテーブル化するには、表のいずれかにカーソルを置いた状態で、Excelのリボンから「挿入」→「テーブル」→「テーブル」とたどるか、ショートカットキー［Ctrl］＋［T］を使用することで、図11-50のような、テーブルの作成ダイアログが表示されます。このダイアログで範囲を指定して、「OK」をクリックすることで、対象のセル範囲をテーブル化することができます。

図11-50 テーブルの作成ダイアログで表をテーブル化する

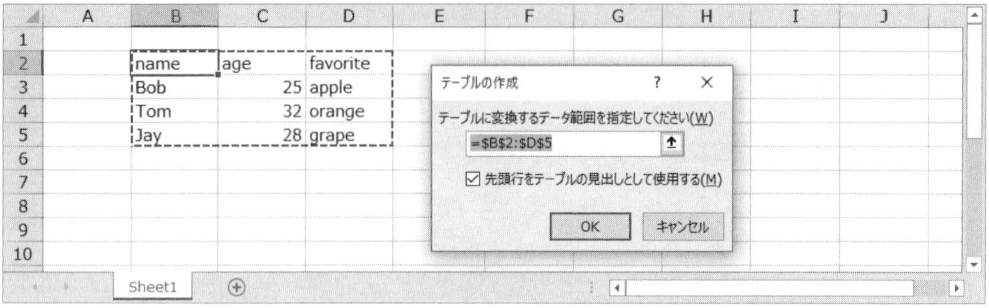

　テーブル化された状態が図11-51です。テーブル化をすると、テーブル全体にスタイルを設定したり、内部のデータに対してオートフィルターや並び替えをしたりといった操作が容易に行えるようになります。

図11-51 転記の対象となるテーブル

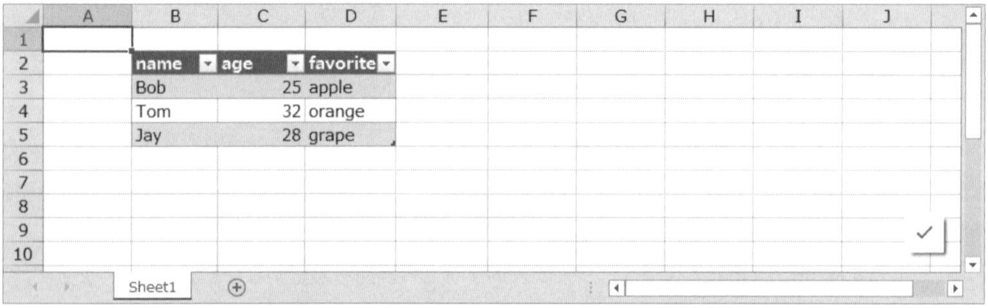

　では、この図11-51のテーブルに対して、データを転記するマクロを作ります。テーブルはVBAではExcelライブラリのListObjectオブジェクトとして取り扱うことができます。
　リスト11-64をご覧ください。

リスト11-64 テーブルのデータを転記するマクロ

```
標準モジュールModule1
Sub MySub()

    With Sheet1
        Dim v As Variant
        v = .ListObjects(1).Range.Value
        .Range("F2").Resize(UBound(v), UBound(v, 2)).Value = v
    End With

End Sub
```

リスト11-64は、初期状態の図11-51ではもちろん正しく動作をしますが、テーブルの移動をしたり、行や列の挿入をしたりしても正しく動作をします。図11-49のときと同様に、データ表をA1からの範囲に移動して、行を1行、列を1列追加して実行してみましょう。その結果が、図11-52になります。

図11-52 テーブルに変更を加えた場合の転記

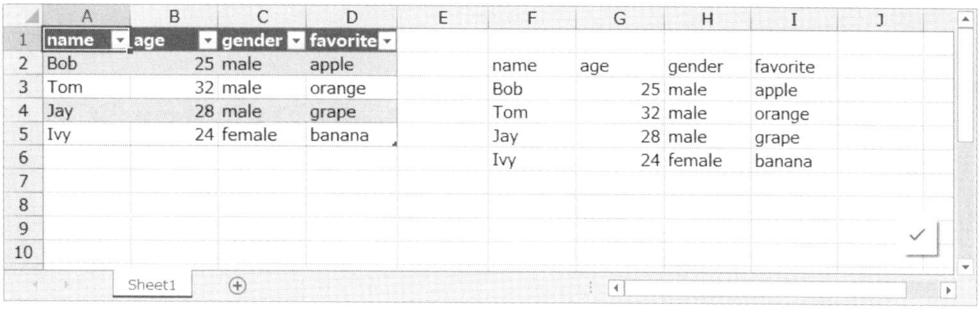

データの範囲がすべて転記できていることが確認できますね。

テーブルは、データ表をひとまとまりにして管理できる機能で、VBAではそのテーブルをExcelライブラリのListObjectオブジェクトとして取り扱うことができます。データの範囲のアドレス、含まれる行や列（もちろんその数も）、見出し、スタイル、オートフィルターや集計行の状態など、さまざまなものがListObjectオブジェクトのプロパティとして管理されています。

そして、行や列の追加や削除、テーブルの移動などが発生すると、必要なListObjectオブジェクトのプロパティの変更が自動で行われます。したがって、ユーザー側でその変化に備えたり、その変化をキャッチして対応したりといった努力は不要になるのです。

Excelユーザーの中には、テーブル機能を高度な機能と感じてしまい、敬遠してしまっている方がいるかもしれません。しかし、そんなことはありません。むしろ、データ表の扱いをシンプルかつスマートにするものですので、積極的に使用していくとよいでしょう。

> **Memo** テーブル機能はExcel2003までは「リスト機能」と呼ばれていました。しかし、VBAのExcelライブラリのオブジェクトに対してはその名称変更は反映されていません。ですから、「Table」というような表現は使われずに、テーブルを表すのはListObjectオブジェクト、テーブル行やテーブル列を表すのはListRowオブジェクトやListColumnオブジェクトといったように、「List」という単語が頻繁に使われているのです。

11-6-2 ▶ ListObjects クラスとは

テーブルはオブジェクトの階層構造としては、ワークシートの配下にあたります。また1つのワークシート上に、複数のテーブルを作成することができますので、取得する対象はテーブルのコレクションとなります。

したがって、テーブルを操作する場合は、多くの場合でWorksheetクラスのListObjectsプロパティ

を用いて取得することになります。

ListObjectsプロパティの書式は以下のとおりです。

```
expression.ListObjects
```

これによりWorksheetオブジェクト*expression*から、そのワークシート上に含まれるテーブルのコレクションを、ListObjectsコレクションとして取得します。

たとえば、ワークシートSheet1上にテーブルが作成されているのであれば、その数を調べるコードは以下のリスト11-65のようになります。

リスト11-65 ListObjectsプロパティ

```
? Sheet1.ListObjects.Count
```

ListObjectsクラスは、テーブルを表すListObjectオブジェクトのコレクションを操作するためのクラスです。表11-50に示すとおり、他のコレクションと同様のメンバー構成となっています。

表11-50 ListObjectsクラスの主なメンバー

メンバー	読み取り専用	説明
Property **Count** As Long	○	コレクションに含まれるオブジェクトの数
Property **_Default**(*Index*) As ListObject	○	既定のメンバー コレクションの要素のうち*Index*で参照される単一のオブジェクト
Property **Item**(*Index*) As ListObject	○	コレクションの要素のうち*Index*で参照される単一のオブジェクト
Property **Parent** As Object	○	親オブジェクト
Function **Add**([*SourceType As XlListObjectSourceType = xlSrcRange*], [*Source*], [*LinkSource*], [*XlListObjectHasHeaders As XlYesNoGuess = xlGuess*], [*Destination*], [*TableStyleName*]) As ListObject	-	テーブルを作成する

11-6-3 ▶ テーブルを参照する

ListObjectsコレクションから、特定のテーブルを表すListObjectオブジェクトを取り出すプロパティとしてItemプロパティが提供されています。

```
expression.Item(Index)
```

この書式により、ListObjectsコレクション*expression*から、引数*Index*で表されるテーブルをListObjectオブジェクトとして取得することができます。引数*Index*には、インデックスを表す整数か、

テーブル名を表す文字列を指定します。

　ワークシート上にテーブルが1つだけであれば、インデックス1と指定することができます。テーブル名は、Excelでテーブルを選択した状態で、リボンの「デザイン」→「テーブル名」の欄で変更をすることができます（図11-53）。

図11-53 テーブル名

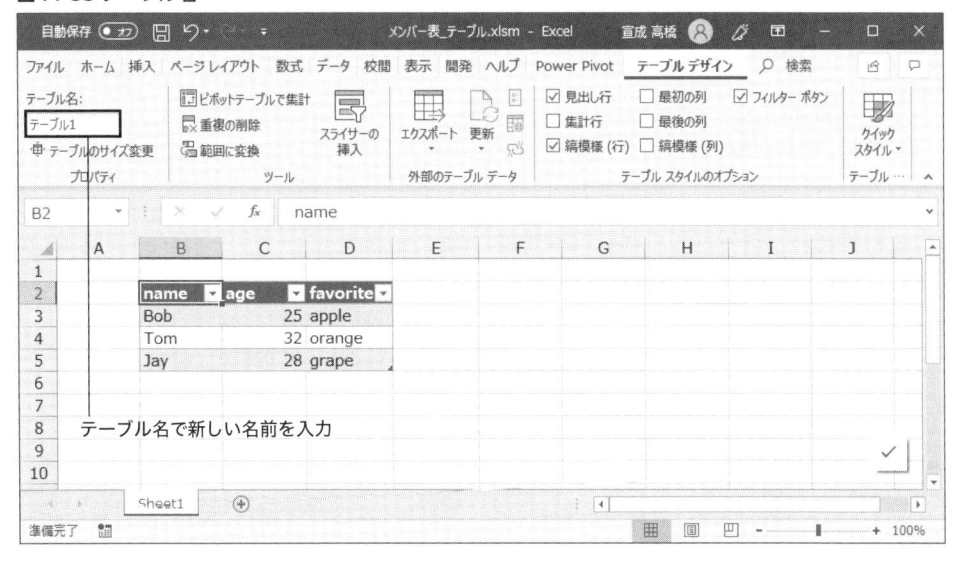

　他のコレクションと同様、非表示かつ既定のメンバーである_Defaultプロパティも存在しています。書式は以下のとおりで、既定のメンバーであるためプロパティ名を省略して記述することができます。

```
expression[._Default](Index)
```

　図11-52のテーブルに対して、リスト11-66のプロシージャを実行して、イミディエイトウィンドウの出力を確認してみましょう。

リスト11-66 ListObjectsコレクションからテーブルを参照する

```
標準モジュールModule1
Sub MySub()

    With Sheet1

        Debug.Print .ListObjects.Item(1).Name 'テーブル1
        Debug.Print .ListObjects.[_Default](1).Name 'テーブル1
        Debug.Print .ListObjects(1).Name 'テーブル1
        Debug.Print .ListObjects("テーブル1").Name 'テーブル1

    End With

End Sub
```

あまり使用する機会は多くないかもしれませんが、ListObjectsコレクションは、他のコレクションと同様にFor Each ～ Nextステートメントによるループ処理を行うこともできます。

11-6-4 ▸ テーブルを追加する

テーブルを新たに追加する場合は、ListObjectsクラスのAddメソッドを使用します。書式は以下のとおりです。

```
expression.Add([SourceType], [Source], [LinkSource],
[XlListObjectHasHeaders], [Destination], [TableStyleName])
```

ワークシート上の表をテーブル化することに使用するのであれば、データソースはセル範囲となります。Addメソッドは戻り値として、ListObjectオブジェクトを返します。

表11-51に挙げているとおり、その他いくつかの引数が用意されています。ワークシートの表をテーブル化する場合、対象となるセル範囲や、ヘッダー行の扱いについては、Excelが自動で判別をしてくれますので、実際には使用しない引数が多いかもしれません。

表11-51 ListObjectクラスのAddメソッドの引数

パラメーター	説明
SourceType	テーブルの元データとなるデータソースの種類を列挙型XlListObjectSourceTypeのメンバーから指定する - xlSrcRange：セル範囲（既定値） - xlSrcExternal：外部データソース
Source	引数SourceTypeがxlSrcRangeの場合、データソースとなるセル範囲をRangeオブジェクトで指定する。省略時はExcelが自動で対象範囲を判定する 引数SourceTypeがxlSrcExternalの場合は、データソースへの接続を指定する配列を指定する
LinkSource	外部データソースをListObjectオブジェクトにリンクするかどうかを表すブール値を指定する 引数SourceTypeがxlSrcRangeの場合は、指定値は無効となる
XlListObjectHasHeaders	データソースの先頭行をヘッダーとして扱うかどうかを列挙型XlYesNoGuessのメンバーから指定する - xlNo：ヘッダーとして扱わない - xlYes：ヘッダーとして扱う - xlGuess：Excelが自動で判定する（既定値）
Destination	引数SourceTypeがxlSrcExternalの場合に、作成するテーブルの左上隅となる単一セルをRangeオブジェクトで指定する 引数SourceTypeがxlSrcRangeの場合は、指定値は無効となる
TableStyleName	テーブルに設定するスタイル名を表す文字列を指定する。省略時は既定のテーブルスタイルが適用される

たとえば、図11-54にあるような表をテーブル化していきましょう。

図11-54 テーブルのデータソースとなる表

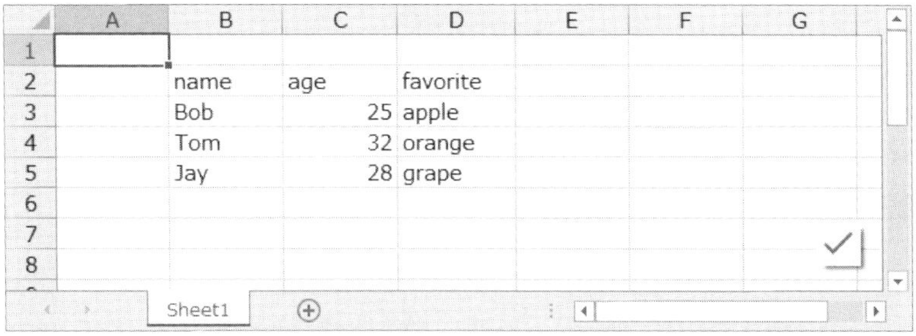

最もシンプルな方法は、リスト11-67のコードです。1行のステートメントで完結しますので、イミディエイトウィンドウでも実行が可能です。実行結果が図11-55になります。

リスト11-67 Addメソッドによるテーブルの追加

```
Sheet1.ListObjects.Add
```

図11-55 表のテーブル化

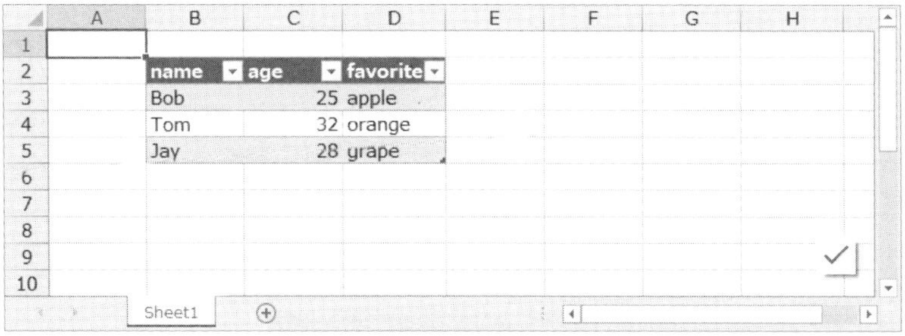

この場合、Addメソッドで必要となるデータソースのタイプとその範囲、また先頭行をヘッダーとして扱うかどうかは、Excelにより自動で判定されます。また、スタイルも既定のものが採用されます。ワークシート上に唯一のデータ表であれば、この方法で十分に対応できるかもしれません。

少し複雑な例も見ておきましょう。図11-56のように、ワークシート上に複数のデータ表が存在しており、かつ、見出しもありません。

図11-56 表が複数存在するワークシート

このようなケースでは、Addメソッドにデータ範囲を表す引数 *Source* と、先頭行を見出し行とするかどうかを表す引数 *XlListObjectHasHeaders* を設定することになります。そのコード例として、リスト11-68をご覧ください。

リスト11-68 引数やプロパティを組み合わせたAddメソッド

```
標準モジュールModule1
Sub MySub()

    With Sheet1
        With .ListObjects.Add(Source:=.Range("F3:H5"), XlListObjectHasHeaders:=xlNo)
            .Name = "tableMembers"
            .TableStyle = ""
        End With
    End With

End Sub
```

　このコードを実行した結果が図11-57です。セル範囲とヘッダー行の指定をしていますので、セルF3を基点とするセル範囲に作られていた表がテーブル化の対象となり、かつヘッダー行が新たに追加されました。

　また、追加したListObjectオブジェクトに対して、Nameプロパティによるテーブル名の設定と、TableStyleプロパティによるスタイルの設定も同時に行っています。TableStyleプロパティは、空文字を設定することで、スタイルを解除することができます。スタイルを適用したくないときや、テーブルを解除する際にスタイルも事前に解除しておくときに使用するとよいでしょう。

図11-57 引数やプロパティを組み合わせた表のテーブル化

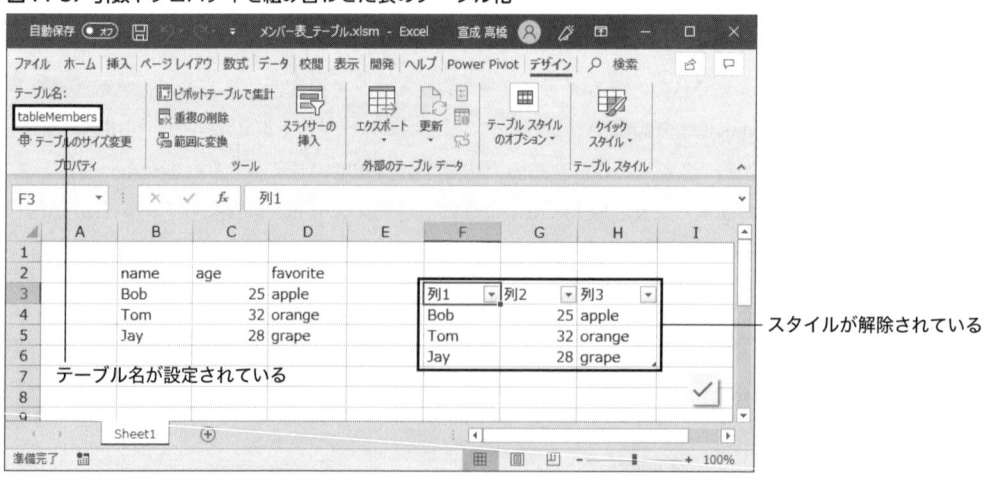

　なお、Addメソッドは、対象となるセル範囲がすでにテーブル化されている場合はエラーとなりますので、そのケースが発生する可能性がある場合は、エラー処理を入れる必要があります。

11-6-5 ▶ ListObjectクラスとは

ListObjectクラスは、テーブルを操作する機能を提供するクラスです。

表11-52にListObjectクラスの主なプロパティをまとめています。テーブルに含まれる行や列、またはテーブルの各要素が配置されているセル範囲、オートフィルターやスタイルの設定などを表すプロパティなどが提供されています。

表11-52 ListObjectクラスの主なプロパティ

メンバー	読み取り専用	説明
Property **DataBodyRange** As Range	○	テーブルのデータ範囲を表すRangeオブジェクト
Property **HeaderRowRange** As Range	○	テーブルのヘッダー行の範囲を表すRangeオブジェクト
Property **ListColumns** As ListColumns	○	テーブルのすべての列を表すListColumnsコレクション
Property **ListRows** As ListRows	○	テーブルのすべての行を表すListRowsコレクション
Property **Name** As String		テーブルの名前を表す文字列
Property **Parent** As Object	○	親オブジェクト
Property **Range** As Range	○	テーブルの範囲を表すRangeオブジェクト
Property **ShowAutoFilter** As Boolean		テーブルのオートフィルターを有効にするかどうかを表すブール値
Property **ShowAutoFilterDropDown** As Boolean		テーブルのオートフィルタードロップダウンを表示するかどうかを表すブール値
Property **ShowHeaders** As Boolean		テーブルのヘッダー行を表示するかどうかを表すブール値
Property **ShowTableStyleColumnStripes** As Boolean		テーブルに列の縞模様スタイルを使用するかどうかを表すブール値
Property **ShowTableStyleFirstColumn** As Boolean		テーブルの最初の列のスタイル設定をするかどうかを表すブール値
Property **ShowTableStyleLastColumn** As Boolean		テーブルの最後の列のスタイル設定をするかどうかを表すブール値
Property **ShowTableStyleRowStripes** As Boolean		テーブルに行の縞模様スタイルを使用するかどうかを表すブール値
Property **ShowTotals** As Boolean		テーブルの集計行を表示するかどうかを表すブール値
Property **TableStyle** As Variant		テーブルのスタイルを表すTableStyleオブジェクトまたはその名前を表す文字列
Property **TotalsRowRange** As Range		テーブルの集計行の範囲を表すRangeオブジェクト

図11-58のテーブルを用いて、リスト11-69を実行して、これらのプロパティが実際のテーブルやその設定値とどう対応しているのかを確認してみましょう。

図11-58 ListObjectオブジェクトのプロパティを確認する

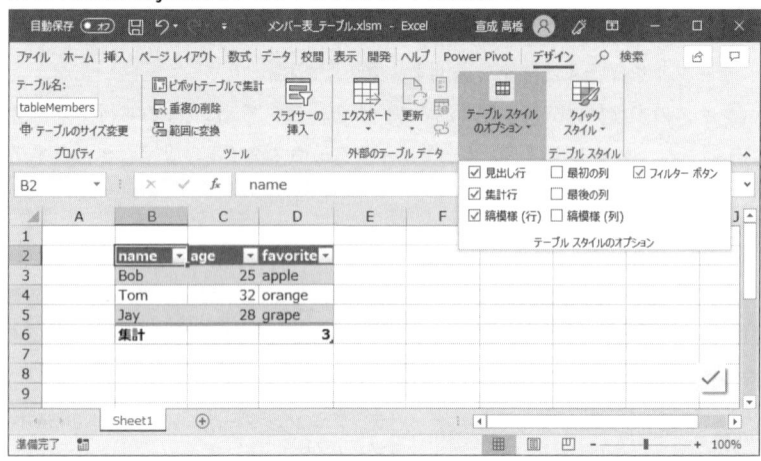

リスト11-69 ListObjectオブジェクトのプロパティ

```
標準モジュールModule1
Sub MySub()

    With Sheet1.ListObjects(1)
        Debug.Print .Name 'tableMembers
        Debug.Print .Parent.Name 'Sheet1

        Debug.Print .ListRows.Count '3
        Debug.Print .ListColumns.Count '3

        Debug.Print .Range.Address '$B$2:$D$6
        Debug.Print .HeaderRowRange.Address '$B$2:$D$2
        Debug.Print .DataBodyRange.Address '$B$3:$D$5
        Debug.Print .TotalsRowRange.Address '$B$6:$D$6

        Debug.Print .ShowHeaders 'True
        Debug.Print .ShowTotals 'True
        Debug.Print .ShowAutoFilter 'True
        Debug.Print .ShowAutoFilterDropDown 'True

        Debug.Print .TableStyle.Name 'TableStyleMedium2
        Debug.Print .ShowTableStyleRowStripes 'True
        Debug.Print .ShowTableStyleColumnStripes 'False
        Debug.Print .ShowTableStyleFirstColumn 'False
        Debug.Print .ShowTableStyleLastColumn 'False
    End With

End Sub
```

　表11-53にはListObjectクラスの主なメソッドを、表11-54にはListObjectオブジェクトからオブ
ジェクトを取得する主なプロパティをまとめています。必要に応じて、公式ドキュメント等を調べな
がら活用してみてください。

表11-53 ListObjectクラスの主なメソッド

メンバー	説明
Sub **Delete**()	テーブルを削除し、ワークシートからセルデータをクリアする
Sub **Resize**(*Range As Range*)	テーブルのセル範囲をRangeオブジェクト*Range*に変更する
Sub **Unlist**()	テーブル化を解除する

表11-54 ListObjectクラスのオブジェクトを取得する主なプロパティ

メンバー	読み取り専用	説明
Property **AutoFilter** As AutoFilter	○	テーブルのオートフィルターを表すAutoFilterオブジェクト
Property **Slicers** As Slicers	○	テーブルのすべてのスライサーを表すSlicersコレクション
Property **Sort** As Sort	○	テーブルの検索を行うSortオブジェクト
Property **TableStyle** As Variant		テーブルのスタイルを表すTableStyleオブジェクトまたはその名前を表す文字列

11-6-6 ▶ テーブルからセル範囲を取得する

テーブルはその内部のセル範囲を管理、保持しています。しかも、テーブル全体の範囲だけでなく、ヘッダー行、データ行、集計行のそれぞれについて、その範囲を管理しており、それぞれのセル範囲をRangeオブジェクトとして取得するプロパティが存在しています。

テーブルが配置されている全体のセル範囲を取得するのは、以下のRangeプロパティです。

```
expression.Range
```

これにより、ListObjectオブジェクト*expression*から、テーブル全体のセル範囲を表すRangeオブジェクトを取得できます。

また、ヘッダー行、データ行そして集計行のセル範囲をそれぞれ取得するのが、以下のHeaderRowRangeプロパティ、DataBodyRangeプロパティ、TotalsRowRangeプロパティです。

```
expression.HeaderRowRange
```

```
expression.DataBodyRange
```

```
expression.TotalsRowRange
```

ListObjectオブジェクト*expression*からヘッダー行、データ行および集計行のセル範囲をRangeオブジェクトとして取得することができます。

では、これらのプロパティの使用例を見てみましょう。リスト11-70をご覧ください。

リスト11-70 テーブルからセル範囲を取得する

```
標準モジュールModule1
Sub MySub()

    With Sheet1.ListObjects(1)
        Debug.Print .Range.Address(False, False)
        Debug.Print .HeaderRowRange.Address(False, False)
        Debug.Print .DataBodyRange.Address(False, False)
        Debug.Print .TotalsRowRange.Address(False, False)
    End With

End Sub
```

　対象となるテーブルは図11-59です。これに対してリスト11-70を実行して、それぞれのセル範囲のアドレスを求めます。

図11-59 セル範囲を取得する対象となるテーブル

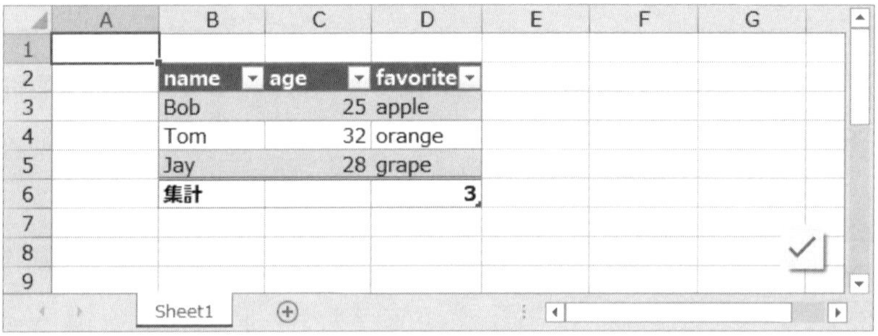

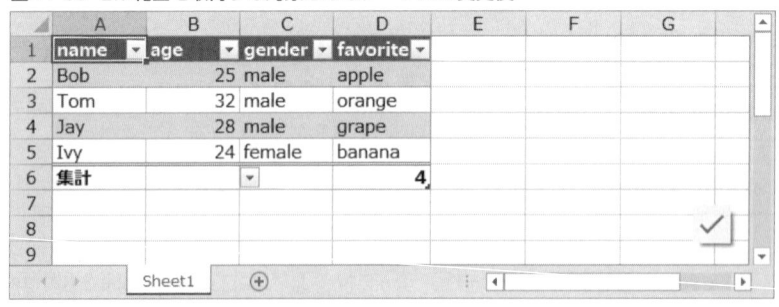

　続いて、このテーブルについて行や列の追加や、テーブルの移動などを行いました。その結果が、図11-60ですが、ここで再度リスト11-70を実行してみましょう。

図11-60 セル範囲を取得する対象となるテーブルの変更後

　テーブルの変更前と変更後について、イミディエイトウィンドウの出力をまとめたものが表11-55です。テーブルの各要素のセル範囲の変更が反映されていることが確認できます。

表11-55 テーブルの変更とセル範囲の変化

プロパティ	変更前（図11-59）	変更後（図11-60）
Range	B2:D6	A1:D6
HeaderRowRange	B2:D2	A1:D1
DataBodyRange	B3:D5	A2:D5
TotalsRowRange	B6:D6	A6:D6

このように、テーブルを使用することでデータ表の範囲の変化に柔軟に対応することが可能となります。

11-6-7 ▶ テーブル行やテーブル列を取得する

テーブルはその内部の行や列もオブジェクトとして保有しています。行を表すオブジェクトがListRowオブジェクト、列を表すオブジェクトがListColumnオブジェクトです。本書はそれぞれ「テーブル行」「テーブル列」と表現することにします。

テーブル内に行や列は複数存在しますので、それぞれListRowsコレクション、ListColumnsコレクションとして集合を取り扱います。

ListObjectオブジェクトから行および列のコレクションを取り出すには、ListRowsプロパティおよびListColumnsプロパティを使用します。

---

expression.**ListRows**

---

expression.**ListColumns**

ListObjectオブジェクト*expression*から行のコレクションであるListRowsコレクション、および列のコレクションであるListColumnsコレクションを取得することができます。

では、使用例を見てみましょう。リスト11-71です。

リスト11-71 ListRowsプロパティ／ListColumnsプロパティ

```
標準モジュールModule1
Sub MySub()

    With Sheet1.ListObjects(1)
        Debug.Print .ListRows.Count
        Debug.Print .ListColumns.Count
    End With

End Sub
```

ListRowsコレクションとListColumnsコレクションのそれぞれの要素数を取得します。前述の図11-59および図11-60のテーブルに対してそれぞれ実行して確認してみましょう。

それぞれの実行結果について、イミディエイトウィンドウの出力を表11-56にまとめています。テー

ブルの変更に応じて、それぞれのコレクションの要素数も変更がされていることが確認できます。

表11-56 テーブルの変更と行・列の要素数の変化

プロパティ	変更前（図11-59）	変更後（図11-60）
ListRows	3	4
ListColumns	3	4

　なお、ここでListRowsコレクションの数として、ヘッダー行と集計行はその数に含まれていないことを確認しましょう。ListRowオブジェクトとして取り扱われるのはデータ行のみで、ヘッダー行と集計行は含まれません。

11-6-8 ▶ ListRowsクラスとテーブル行の参照

　ListRowsクラスはテーブル行のコレクションを操作するクラスです。表11-57に示すとおり、他のコレクションとほぼ同様のメンバー構成となっています。

表11-57 ListRowsクラスの主なメンバー

メンバー	読み取り専用	説明
Property **Count** As Long	○	コレクションに含まれるオブジェクトの数
Property **_Default**(*Index*) As ListRow	○	既定のメンバー コレクションの要素のうち*Index*で参照される単一のオブジェクト
Property **Item**(*Index*) As ListRow	○	コレクションの要素のうち*Index*で参照される単一のオブジェクト
Property **Parent** As Object	○	親オブジェクト
Function **Add**([*Position*], [*AlwaysInsert*]) As ListRow	-	テーブル行を追加する

　ListRowsコレクションから、特定の行を表すListRowオブジェクトを取得するにはItemプロパティが用意されています。

```
expression.Item(Index)
```

　ListRowsコレクション*expression*から引数*Index*で表されるListRowオブジェクトを返します。引数*Index*は、インデックスを表す整数で、テーブルの先頭のデータ行から順番に1からはじまる整数が割り当てられています。したがって、データ行の挿入や削除が行われると、インデックスは変更となります。

　ListRowsクラスにも既定のメンバーである_Defaultプロパティが用意されており、Itemプロパティと同様の機能を果たします。

```
expression[._Default](Index)
```

たとえば、図11-61について、リスト11-72を実行して、それぞれの方法でテーブル行の参照をしてみましょう。

図11-61 テーブル行の参照の対象となるテーブル

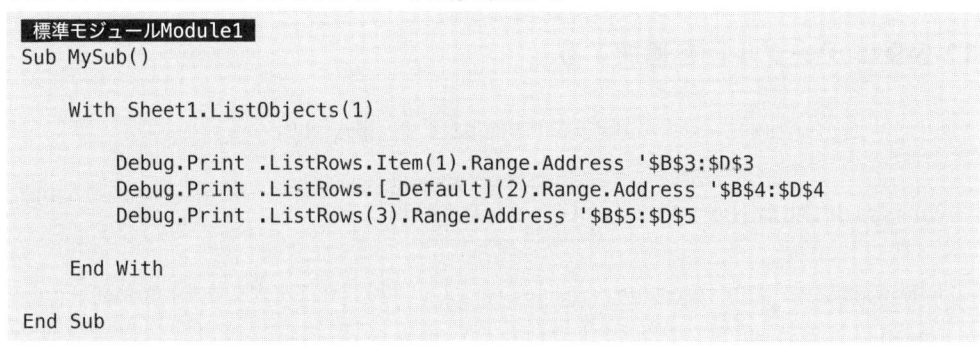

リスト11-72 ListRowsコレクションからテーブル行を参照する

```
標準モジュールModule1
Sub MySub()

    With Sheet1.ListObjects(1)

        Debug.Print .ListRows.Item(1).Range.Address '$B$3:$D$3
        Debug.Print .ListRows.[_Default](2).Range.Address '$B$4:$D$4
        Debug.Print .ListRows(3).Range.Address '$B$5:$D$5

    End With

End Sub
```

ListRowsコレクションは、For Each ～ NextステートメントまたはFor ～ Nextステートメントでループ処理をすることができます。For ～ Nextステートメントの場合は、ListRowsコレクションに含まれる要素数がループの最終値となりますので、それを求めるために、ListRowsコレクションの要素数を取得するCountプロパティを使用すればよいでしょう。

---
expression.**Count**

この書式で、ListRowsコレクション*expression*の要素数を求めることができます。

では、リスト11-73を実行して、それらの反復ステートメントによるListRowsコレクションへのループ処理を試してみましょう。

リスト11-73 ListRowsコレクションのループ

```
標準モジュールModule1
Sub MySub()

    With Sheet1.ListObjects(1)
```

```
        Dim record As ListRow
        For Each record In .ListRows
            Debug.Print record.Range.Address
        Next record

        Dim i As Long
        For i = 1 To .ListRows.Count
            Debug.Print i, .ListRows(i).Range.Address
        Next i

    End With

End Sub
```

For Each ～ Next ステートメントでは、テーブル内の個々のテーブル行の範囲が、For ～ Next ステートメントでは、テーブル行のインデックスと範囲がイミディエイトウィンドウに出力されます。

11-6-9 ▸ テーブル行を追加する

テーブルに行を追加するには、Addメソッドを使用します。書式は以下のとおりです。

```
expression.Add([Position], [AlwaysInsert])
```

ListRowsコレクション expressionが含まれるテーブルに新たな行を追加します。Addメソッドの戻り値は作成されたListRowオブジェクトです。

引数Positionは作成する位置をインデックスで指定します。省略した場合は、最下行が対象となります。引数AlwaysInsertには、行の追加によりテーブルが拡張された場合に、常にテーブルの下のセル範囲をシフトするかどうかをブール値で指定します。Falseの場合、その下に位置するセル範囲が空であればその行を使用します。多くの場合は、既定値のTrueのままがよいでしょう。

例として、図11-62のテーブルに、リスト11-74を実行してテーブル行を追加してみましょう。

図11-62 テーブル行の追加の対象となるテーブル

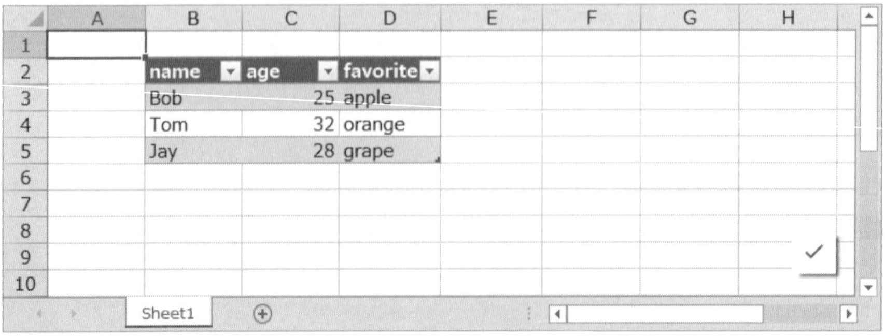

リスト11-74 Addメソッドによるテーブル行の追加

```
標準モジュールModule1
Sub MySub()

    With Sheet1.ListObjects(1).ListRows

        Dim record As ListRow: Set record = .Add(Position:=2)
        record.Range.Value = Array("Ivy", 24, "banana")

        .Add.Range.Value = Array("Dan", 30, "mellon")

    End With

End Sub
```

実行結果は図11-63のようになります。

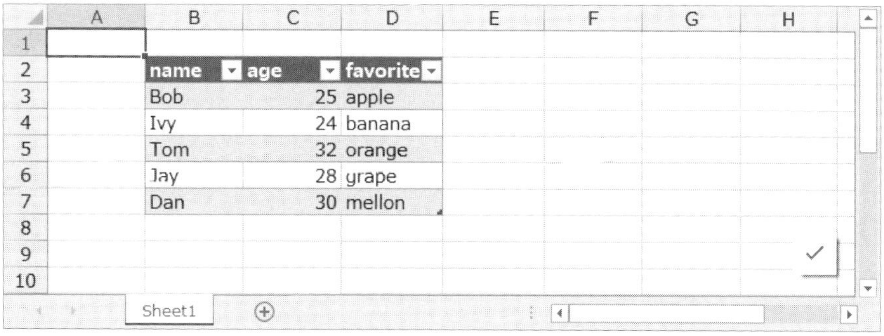

図11-63 テーブル行の追加と値の設定

1回目のAddメソッドでは、インデックス2の位置に、ListRow型のオブジェクト変数recordに追加したテーブル行を代入して、それに対して値の設定を行っています。

2回目のAddメソッドでは、引数Positionが省略されているため最下行にテーブル行が追加されます。また、Addメソッドの戻り値が、追加されたListRowオブジェクトであることを利用して、そのRangeオブジェクトに値の設定も同時に行っていることを確認しましょう。

11-6-10 ListRowクラスとテーブル行の操作

ListRowクラスは、テーブル行を操作するための機能を提供するクラスです。主なメンバーを表11-58にまとめていますのでご覧ください。

表11-58 ListRowクラスの主なメンバー

メンバー	読み取り専用	説明
Property **Index** As Long	○	テーブル行のインデックス番号
Property **Parent** As Object	○	親オブジェクト
Property **Range** As Range	○	テーブル行の範囲を表すRangeオブジェクト
Sub **Delete**()	-	テーブル行を削除する

テーブル行の値を操作するには、Rangeプロパティで取得したRangeオブジェクトを経由して操作をすることになります。書式は以下のとおりで、*expression*が表すListRowオブジェクトのセル範囲を取得します。

> *expression*.**Range**

こうして取得したRangeオブジェクトから、配列で値の読み書きをしたり、インデックスを指定して特定のセルの値を操作したりすることができます。

例として、図11-64のテーブルについて、テーブル行の値の参照と設定をしていきましょう。リスト11-75をご覧ください。

図11-64 テーブル行の操作の対象となるテーブル

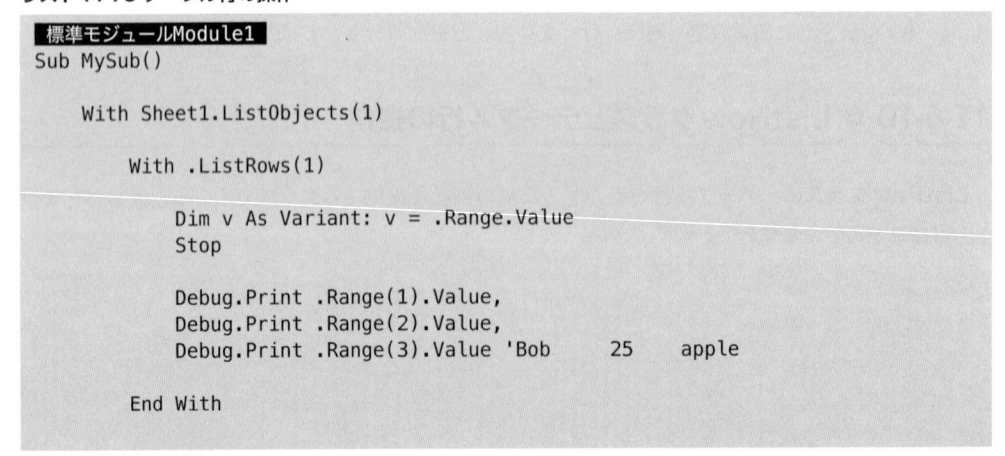

リスト11-75 テーブル行の操作

```
標準モジュールModule1
Sub MySub()

    With Sheet1.ListObjects(1)

        With .ListRows(1)

            Dim v As Variant: v = .Range.Value
            Stop

            Debug.Print .Range(1).Value,
            Debug.Print .Range(2).Value,
            Debug.Print .Range(3).Value 'Bob      25      apple

        End With
```

```
        .ListRows(2).Range(1).Value = "Tim"
        .ListRows(3).Range.Value = Array("Ivy", 24, "banana")

    End With

End Sub
```

　Stopステートメントで中断の際に、ローカルウィンドウを確認すると、図11-65のようになります。テーブル行は行数1のセル範囲になりますので、1次元目のサイズが1の2次元配列として取得していることがわかります。

図11-65 テーブル行から取得した配列

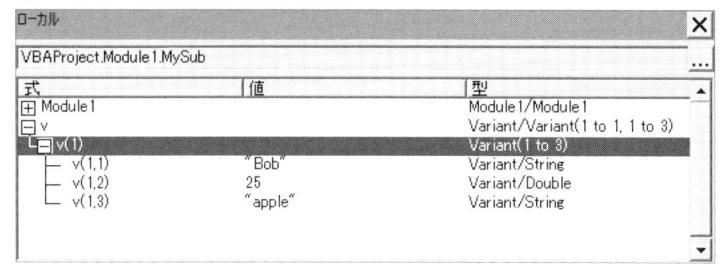

　実行を再開して、すべての処理が完了した時点のテーブルが、図11-66になります。

図11-66 テーブル行の値の設定

	A	B	C	D	E	F	G	H
1								
2		name	age	favorite				
3		Bob	25	apple				
4		Tim	32	orange				
5		Ivy	24	banana				
6								
7								
8								
9								
10								

11-6-11 ▶ ListColumnsクラスとテーブル列の参照

　ListColumnsクラスはテーブル列のコレクションを操作するクラスです。主なメンバーを表11-59にまとめていますが、ほぼ他のコレクションと同様のメンバー構成になっていることがわかるでしょう。

表11-59 ListColumnsクラスの主なメンバー

メンバー	読み取り専用	説明
Property **Count** As Long	○	コレクションに含まれるオブジェクトの数
Property **_Default**(*Index*) As ListColumn	○	既定のメンバー コレクションの要素のうち*Index*で参照される単一の オブジェクト
Property **Item**(*Index*) As ListColumn	○	コレクションの要素のうち*Index*で参照される単一の オブジェクト
Property **Parent** As Object	○	親オブジェクト
Function **Add**([*Position*]) As ListColumn	-	テーブル列を追加する

ListColumnsコレクションから、テーブル列を表すListColumnオブジェクトを取得するには、Itemプロパティを使用することができます。

```
expression.Item(Index)
```

ListColumnsコレクション*expression*から引数*Index*で表されるListColumnオブジェクトを返します。引数*Index*には、インデックスを表す整数またはテーブル列の名前を表す文字列を指定します。インデックスは、テーブルの先頭の列から順番に1からはじまる整数が割り当てられています。列の挿入や削除が行われると、インデックスは変更となります。一方、テーブル列の名前は、該当のテーブル列の見出しとして使用されている文字列で、ListColumnオブジェクトのNameプロパティで表されます。

ListColumnsクラスにも既定のメンバーである_Defaultプロパティが用意されており、Itemプロパティと同様の機能を果たします。

```
expression[._Default](Index)
```

では、図11-67をご覧ください。このテーブルについて、テーブル列を取得する例として、リスト11-76を実行して、その動作を確認してみましょう。

図11-67 テーブル列の参照の対象となるテーブル

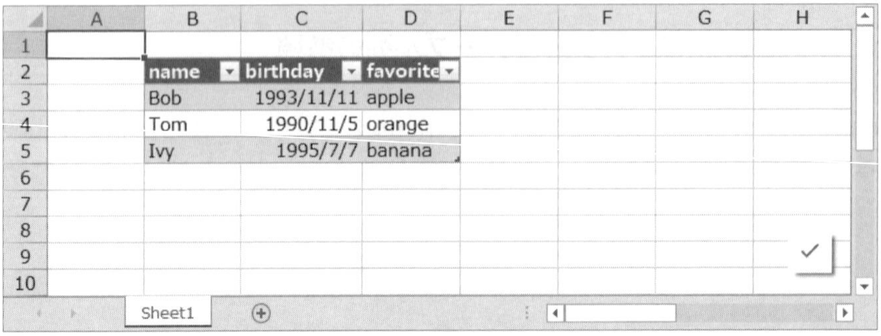

リスト11-76 ListColumns コレクションからテーブル列を参照する

```
標準モジュールModule1
Sub MySub()

    With Sheet1.ListObjects(1)

        Debug.Print .ListColumns.Item(1).Range.Address '$B$2:$B$5
        Debug.Print .ListColumns.[_Default](2).Range.Address '$C$2:$C$5
        Debug.Print .ListColumns(3).Range.Address '$D$2:$D$5

        Debug.Print .ListColumns("name").Range.Address '$B$2:$B$5

    End With

End Sub
```

ListColumns コレクションも、他のコレクションと同様にFor Each ～ Next ステートメントまたはFor ～ Next ステートメントでループ処理をすることができます。例として、リスト11-77を実行して、その動作を確認してください。

リスト11-77 ListColumns コレクションのループ

```
標準モジュールModule1
Sub MySub()

    With Sheet1.ListObjects(1)

        Dim field As ListColumn
        For Each field In .ListColumns
            Debug.Print field.Range.Address
        Next field

        Dim i As Long
        For i = 1 To .ListColumns.Count
            Debug.Print i, .ListColumns(i).Range.Address
        Next i

    End With

End Sub
```

For ～ Next ステートメントでは、ListColumns コレクションの要素数を最終値として設定するために、Count プロパティを用いています。

---

expression.**Count**

この書式でListColumns コレクション expression の要素数を求めることができます。

11-6-12 ▶ テーブル列を追加する

　テーブル列を追加するには、ListColumnsコレクションのAddメソッドを使用します。書式は以下のとおりです。

```
expression.Add([Position])
```

　ListColumnsコレクション*expression*が含まれるテーブルに新たなテーブル列を追加します。Addメソッドの戻り値は作成されたListColumnオブジェクトとなります。

　引数*Position*は作成する位置をインデックスで指定します。省略した場合は、テーブルの最終列の次にテーブル列が追加されます。なお、引数*Position*には、テーブル列の名前を指定することはできません。

　例として、図11-68のテーブルに、リスト11-78を実行してテーブル列を追加してみましょう。

図11-68 テーブル列の追加の対象となるテーブル

	A	B	C	D	E	F	G	H
1								
2		name	birthday	favorite				
3		Bob	1993/11/11	apple				
4		Tom	1990/11/5	orange				
5		Ivy	1995/7/7	banana				
6								
7								
8								
9								✓
10								

Sheet1

リスト11-78 Addメソッドによるテーブル列の追加

```
標準モジュールModule1
Sub MySub()

    With Sheet1.ListObjects(1).ListColumns

        Dim data As Variant: data = Array("gender", "male", "male", "female")
        Dim field As ListColumn: Set field = .Add(Position:=3)
        field.Range.Value = WorksheetFunction.Transpose(data)

        With .Add
            .Range(1).Value = "age"
            .Range(2).Formula = "=DATEDIF([@birthday],TODAY(),""Y"")"
        End With

    End With

End Sub
```

実行結果は図11-69のようになります。

図11-69 テーブル列の追加と値の設定

	A	B	C	D	E	F	G	H
1								
2		name ▾	birthday ▾	gender ▾	favorite▾	age ▾		
3		Bob	1993/11/11	male	apple	25		
4		Tom	1990/11/5	male	orange	28		
5		Ivy	1995/7/7	female	banana	23		
6								
7								
8								
9								
10								

Sheet1

1回目のAddメソッドでは、インデックス3の位置にテーブル列を挿入しています。テーブル列のセル範囲に値を設定するには、Array関数で生成した配列を転置する必要がありますので、Worksheet Functionクラスの Transpose メソッドを使用しています。

2回目のAddメソッドでは、引数Positionが省略されているため最終列にテーブル列が追加されます。Addメソッドの戻り値は追加したListColumnオブジェクトになりますので、それをWithステートメントの対象として、見出しと計算式を設定しています。テーブル化していれば、テーブル列のデータ範囲の最初のセル（ここでは、インデックス2のセル）に計算式を設定すれば、残りのデータ範囲すべてに計算式が反映されます。この点も、テーブル化のメリットといえるでしょう。

11-6-13 ▶ ListColumn クラスとテーブル列の操作

ListColumnクラスはテーブル列を操作するクラスです。主なメンバーを表11-60にまとめていますのでご覧ください。

表11-60 ListColumnクラスの主なメンバー

メンバー	読み取り専用	説明
Property **DataBodyRange** As Range	○	テーブル列のデータ範囲を表すRangeオブジェクト
Property **_Default** As String		テーブル列の名前を表す文字列
Property **Index** As Long	○	テーブル列のインデックス番号
Property **Name** As String		テーブル列の名前を表す文字列
Property **Parent** As Object	○	親オブジェクト
Property **Range** As Range	○	テーブル列の範囲を表すRangeオブジェクト
Property **Total** As Range	○	テーブル列の集計行を表すRangeオブジェクト
Property **TotalsCalculation** As XlTotalsCalculation		テーブル列の集計行の種類を表す列挙型XlTotalsCalculationの値
Sub **Delete**()	-	テーブル列を削除する

テーブルの値を操作するには、テーブル行のセル範囲を経由する方法とは別に、テーブル列の
セル範囲を取得して、それに対して操作をするという方法もあります。テーブル列からセル範囲を
取得する場合、その全体のセル範囲を取得するRangeプロパティのほか、データ範囲を取得する
DataBodyRangeプロパティ、集計行のセルを取得するTotalプロパティを使用することができます。

```
expression.Range
```

```
expression.DataBodyRange
```

```
expression.Total
```

それぞれ、ListColumnオブジェクトを表すexpressionのセル範囲、データ範囲、集計行範囲を
Rangeオブジェクトとして取得します。

また、テーブル列はテーブル行と異なる点として、文字列の名前を持ちます。これはテーブルの見
出しの役割を果たすもので、ListColumnsコレクションのItemプロパティや_Defaultプロパティで、
その名前を用いてテーブル列を参照することができるのは前述したとおりです。テーブル列の名前は
Nameプロパティで表されます。

```
expression.Name
```

ListColumnクラスには既定のメンバーとして、_Defaultプロパティが存在していますが、これは
Nameプロパティと同様の機能を持ちます。しかし、わかりやすさのためにプロパティの省略は使用
しないほうがよいでしょう。

```
expression[._Default]
```

Memo ListColumnクラスには既定のメンバーである_Defaultプロパティが存在していますが、
ListRowクラスには既定のメンバーは存在していません。

では、これらのプロパティの使用例について見ていきましょう。図11-70に対して、リスト11-79
を実行して、その動作を確認してみましょう。

図11-70 テーブル列の操作の対象となるテーブル

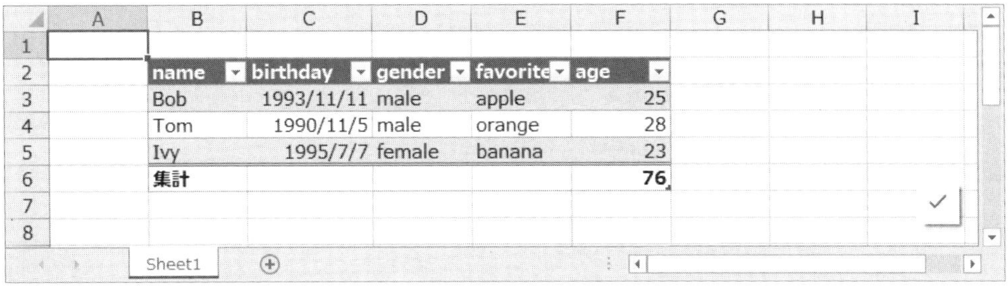

▲	A	B	C	D	E	F	G	H	I
1									
2		name ▼	birthday ▼	gender ▼	favorite▼	age ▼			
3		Bob	1993/11/11	male	apple	25			
4		Tom	1990/11/5	male	orange	28			
5		Ivy	1995/7/7	female	banana	23			
6		集計				76			
7									
8									

Sheet1 (+)

リスト11-79 テーブル列の操作

```
標準モジュールModule1
Sub MySub()

    With Sheet1.ListObjects(1)

        Debug.Print .ListColumns(1).Name 'name
        Debug.Print .ListColumns(1) 'name

        .ListColumns(1).Name = "firstName"

        With .ListColumns(1)

            Debug.Print .Range.Address '$B$2:$B$6
            Debug.Print .DataBodyRange.Address '$B$3:$B$5
            Debug.Print .Total.Address '$B$6

            Debug.Print .Range(3).Value 'Tom
            Debug.Print .DataBodyRange(2).Value 'Tom

            .DataBodyRange(2).Value = "Tim"

        End With

        Debug.Print .ListColumns("age").Total.Value '76

    End With

End Sub
```

リスト11-79の実行結果は図11-71のようになります。インデックス1のテーブル列の見出しと、データ行の2つ目の値が設定されているのを確認してください。

11章 Excelライブラリ

図11-71 テーブル列の見出しと値の設定

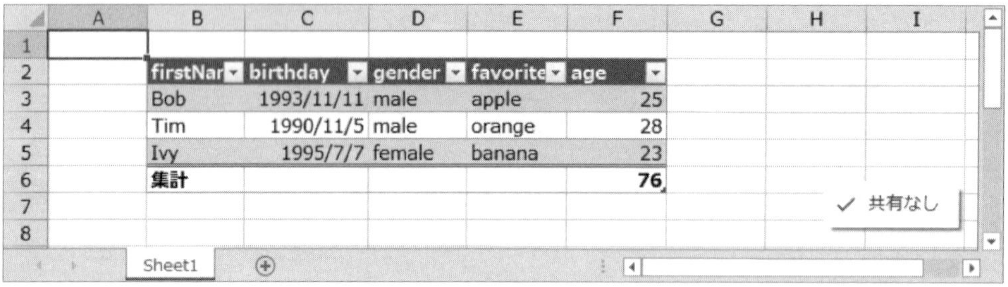

▲	A	B	C	D	E	F	G	H	I
1									
2		firstNar▼	birthday ▼	gender ▼	favorite▼	age ▼			
3		Bob	1993/11/11	male	apple	25			
4		Tim	1990/11/5	male	orange	28			
5		Ivy	1995/7/7	female	banana	23			
6		集計				76			✓ 共有なし
7									
8									

Sheet1　⊕

　テーブル列の集計行の計算方法には、いくつかの種類があります。ListColumnクラスのTotals Calculationプロパティを使うと、その種類を設定することができます。

```
expression.TotalsCalculation
```

　ListColumnオブジェクト*expression*で表されるテーブル列の集計方法を、表11-64に示す列挙型 XlTotalsCalculationの値から設定をすることができます。

表11-61 列挙型XlTotalsCalculationのメンバー

メンバー	値	説明
xlTotalsCalculationNone	0	なし
xlTotalsCalculationAverage	2	平均
xlTotalsCalculationCount	3	個数
xlTotalsCalculationCountNums	4	数値の個数
xlTotalsCalculationMax	6	最大
xlTotalsCalculationMin	5	最小
xlTotalsCalculationSum	1	合計
xlTotalsCalculationStdDev	7	標準偏差
xlTotalsCalculationVar	8	標本分散

　では、TotalsCalculationプロパティの簡単な使用例として、リスト11-80をイミディエイトウィンドウで実行してみます。

リスト11-80 TotalsCalculationプロパティ

```
Sheet1.ListObjects(1).ListColumns("age").TotalsCalculation = xlTotalsCalculation
Average
```

　図11-71のテーブルに対して実行をすると、図11-72のように集計行の計算方法を平均に変更することができます。

図11-72 テーブル列の集計について計算方法を設定

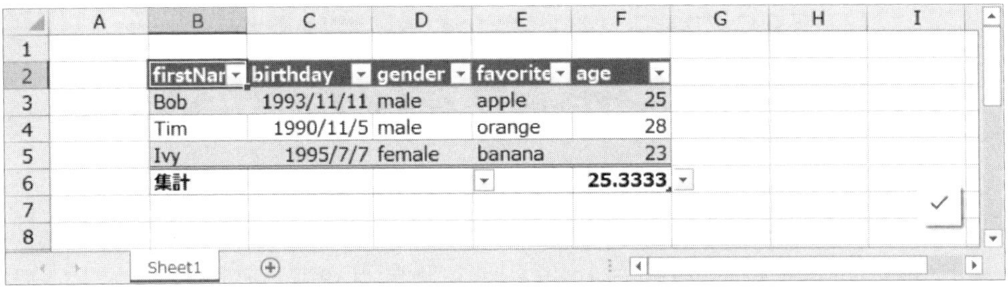

　本章では、Excelライブラリの中でも最も使用頻度の高いグループである、Excelアプリケーション、ブック、シートそしてセル範囲を操作する機能を紹介してきました。これらは、初心者でも取り扱う機会が多いにも関わらず、オブジェクトの省略や非表示の既定のメンバーとその機能、複数種類が存在するシート、Rangeオブジェクトの3つのタイプなど、その実態はなかなかに複雑であることをご理解いただけたでしょうか。そして、VBAは、多少あやふやな理解や勘違いがあったとしても、それなりに動作をしてしまうという特性がありますが、ここでその知識を再構築しておくことで、今後の学習や開発の効果を高める一助になればと考えます。

　また、テーブル機能を使用することで、複雑化しやすいセル範囲の管理や操作を簡略化し、実にスマートに取り扱うことができるようになることも紹介しました。

　次章はフォームを操作する機能が提供されているMSFormライブラリについて解説を進めていきましょう。

12章
MSFormsライブラリと
ユーザーフォーム

ユーザーフォームとコントロールを使用することで、アプリケーションを操作するためのインターフェースを作成することができます。ここでは、それらのオブジェクトを操作する機能を提供するMSFormsライブラリについて見ていきましょう。

12-1 ユーザーフォームを操作するライブラリ

12-1-1 ▶ MSFormsライブラリとは

　MSFormsライブラリは、ユーザーフォームとそれに配置する部品であるコントロールを操作する機能を提供するライブラリです。ユーザーフォームを操作するUserFormクラスのほか、TextBox、Label、CheckBox、CommandButtonをはじめとする各コントロールを操作するクラスが提供されています。

　MSFormsライブラリはデフォルトでは参照設定がされていませんが、ユーザーフォームを挿入した時点で自動的に参照設定がなされ、オブジェクトブラウザーや「参照設定」ダイアログで確認することができます。オブジェクトブラウザーの「プロジェクト/ライブラリ」ボックスでは「MSForms」、「詳細ペイン」や「参照設定」ダイアログでは「Microsoft Forms X.X Object Library」と表記されます。

　ユーザーフォームは、Excel以外にもWord、PowerPoint、OutlookといったOfficeアプリケーションでも挿入することができますので、その場合もMSFormライブラリを使用して操作をすることになります。一方Accessでフォームを操作する際は、ユーザーフォームではなくAccessのフォーム機能を使用しますので、AccessライブラリのFormクラスを使用することになります。

　MSFormsライブラリでは、約30のクラスが提供されていますが、主なものを表12-1にまとめていますのでご覧ください。

表12-1 MSFormsライブラリの主なクラス

クラス	説明	コントロールの機能
Class **Control**	コントロールを表すクラス	-
Class **Controls**	コントロールのコレクションを表すクラス	-
Class **CheckBox**	チェックボックスを表すクラス	オン／オフの2つの選択状態を切り替える
Class **ComboBox**	コンボボックスを表すクラス	テキスト入力またはリスト選択をする
Class **CommandButton**	コマンドボタンを表すクラス	ボタン
Class **Frame**	フレームを表すクラス	フォーム上でコントロールを囲う枠
Class **Image**	画像を表すクラス	画像
Class **Label**	ラベルを表すクラス	フォームに表示する文字列
Class **ListBox**	リストボックスを表すクラス	リストから選択をする（複数選択可）
Class **MultiPage**	マルチページを表すクラス	タブによってページを切り替える（各ページは異なるコントロールを配置可能）
Class **OptionButton**	オプションボタンを表すクラス	オン／オフの2つの選択状態を切り替える（グループで1つのみがオンにできる）
Class **ScrollBar**	スクロールバーを表すクラス	スクロールにより範囲の値を設定する
Class **SpinButton**	スピンボタンを表すクラス	2つのボタンで値を上下する
Class **TabStrip**	タブストリップを表すクラス	タブでページを切り替える（各ページで同じコントロールのみ配置可能）
Class **TextBox**	テキストボックスを表すクラス	テキストボックス
Class **ToggleButton**	トグルボタンを表すクラス	ボタンの押下で2つの状態を切り替える
Class **UserForm**	ユーザーフォームを表すクラス	-

　なお、MSFormsライブラリに定義されているグローバルのメンバーは「fm」で始まる列挙型とそのメンバーである定数のみで、クラスとそのメンバーはグローバルで定義されていません。

12-1-2 ▸ MSFormsライブラリの構造とコントロール

　MSFormライブラリは、図12-1のようにUserForm→Controls[Control]という階層構造になっています。コントロールの集合はControlsコレクションで表されます。Controlsコレクションには、様々な種類のコントロールが混在している形になります。

図12-1 MSFormライブラリの階層構造

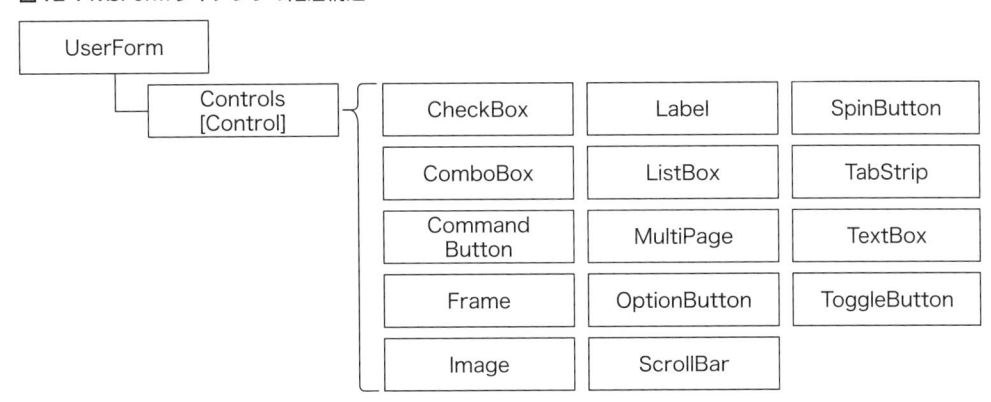

12章　MSFormsライブラリとユーザーフォーム

各コントロールについて固有のオブジェクトが用意されていますが、それらはより汎用的なControlオブジェクトとして表すことも可能です。

さて、MSFormsライブラリを読み解く際には注意が必要です。というのも、あるコントロールを操作するためのメンバーは、Controlクラスと固有のクラスに分かれて存在してしまっているからです。たとえば、マウスポインタがあるときに表示されるテキストを表すControlTipTextプロパティはControlクラスで提供されていますが、コントロール自体の表示テキストを表すCaptionプロパティは固有のクラスで提供されています。

また、Controlクラスで提供されているからといって、すべてのコントロールで使用できるメンバーであるとは限りません。たとえば、ControlクラスのCancelプロパティやDefaultプロパティは、コマンドボタンでのみ使用可能で、他の種類のコントロールでは使用することはできません。

ですから、オブジェクトブラウザーから、特定のコントロールで使用できるメンバーを正しく把握するのは困難です。一方で、自動メンバー表示やプロパティウィンドウであれば、対象のコントロールで使用できるControlクラスと固有のクラスのメンバーが混在して表示されますので、これらを頼りに使用できるメンバーを確認するとよいでしょう。なお、プロパティウィンドウではデザイン時プロパティのみ確認可能です。

コマンドボタンのケースを見てみましょう。図12-2のように、自動メンバー表示とプロパティウィンドウで、Controlクラスで提供されているControlTipTextプロパティと、CommandButtonクラスで提供されているCaptionプロパティを両方確認することができます。

図12-2 コントロールのメンバーの確認

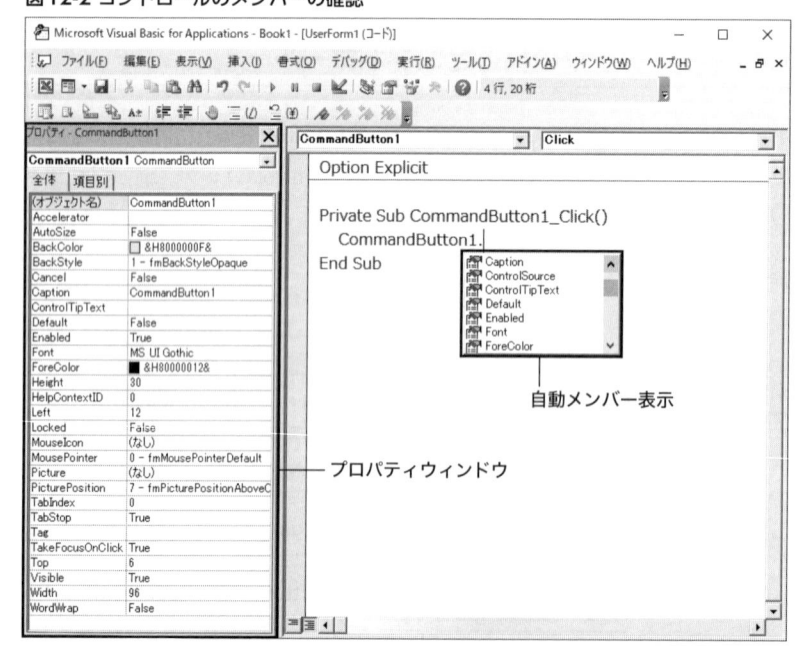

12-1-3 ▶ ユーザーフォームのメンバーのありか

コントロールだけではなく、ユーザーフォームを操作するメンバーについても、いくつかのクラスで分散して提供されています。MSFormsライブラリのUserFormクラスがその一つですが、MSFormsライブラリ外のUnknown1ライブラリの_Formクラス、およびUnknown2ライブラリの_Formクラスでも提供されていると考えられます。

たとえば、図12-3に示すとおり、オブジェクトブラウザーでUserFormクラスのメンバーを確認すると、オブジェクト名を表すNameプロパティや、ユーザーフォームを表示するShowメソッドの存在を確認することができません。

図12-3 UserFormクラスに存在しないメンバー

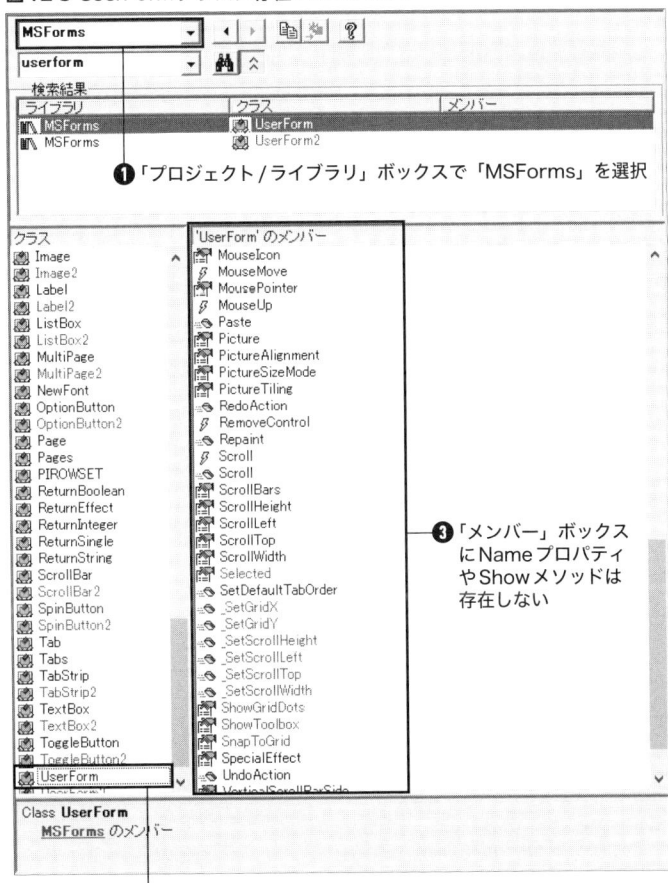

一方で、オブジェクトブラウザーの非表示のメンバーを表示している状態で、検索ボックスを用いて「show」を検索してみると、図12-4のようにUnknown1ライブラリの_Formクラスで提供されていることが確認できます。しかし、残念ながら詳細ペインの「_Form」をクリックしても、その内容を確認することはできません。

図12-4 _FormクラスのShowメソッド

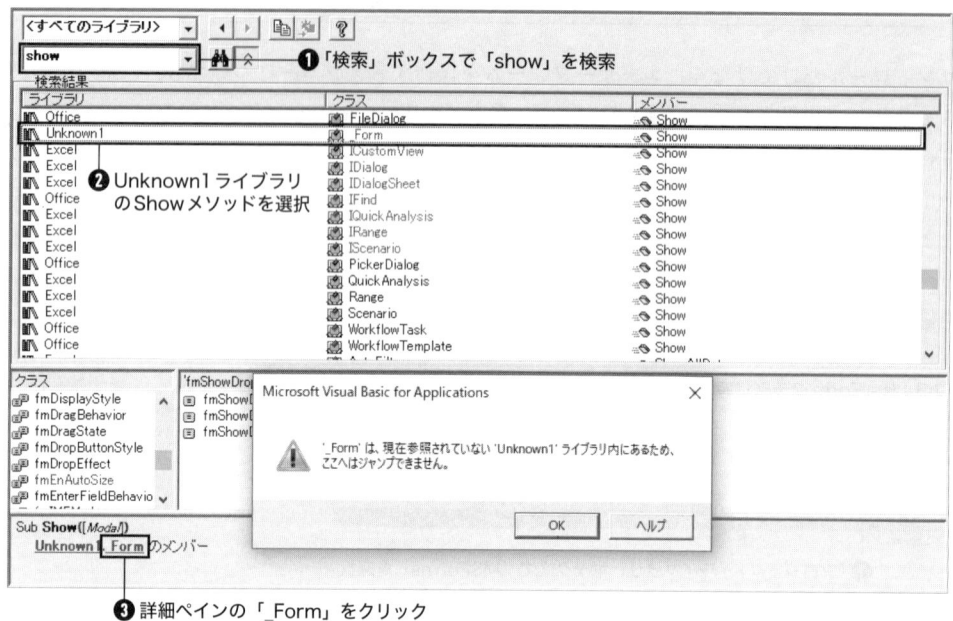

❸ 詳細ペインの「_Form」をクリック

　このように、ユーザーフォームや各コントロールに対して使用できるメンバーについて、その体系がどのようになっているのかを把握するのは簡単ではありません。主要なものに限りますが、次節で表12-2に示すユーザーフォームとコントロールについて、使用できるメンバーを一覧していますのでご活用ください。

表12-2 本書で紹介するユーザーフォームとコントロール

機能	オブジェクト
ユーザーフォーム	UserForm
ラベル	Label
テキストボックス	TextBox
コンボボックス	ComboBox
チェックボックス、オプションボタン	CheckBox、OptionButton
コマンドボタン	CommandButton

12-1-4 ▶ ユーザーフォームとコントロールのメンバー

　表12-3はユーザーフォームと一部のコントロールで使用できる主なプロパティをまとめています。ユーザーフォームやコントロールの外観や機能を設定するプロパティの多くはデザイン時に設定が可能です。プロパティウィンドウでプロパティを変更することで、その役割を視覚的に確認することができますので、ぜひ試してみてください。

表12-3 ユーザーフォームとコントロールの主なプロパティ

プロパティ	オブジェクト						デザイン時	説明
	User Form	Label	Text Box	Combo Box	Check Box・Option Button	Command Button		
Property **Accelerator** As String		○			○	○	○	オブジェクトのアクセラレーターキーを表す文字列
Property **ActiveControl** As Control	○							オブジェクト上のフォーカスされているControlオブジェクト。読み取り専用
Property **Alignment** As fmAlignment					○		○	オブジェクト内の表示テキストの位置を表す列挙型fmAlignmentのメンバー - fmAlignmentLeft：左端 - fmAlignmentRight：右端
Property **AutoSize** As Boolean		○	○	○	○	○	○	オブジェクトのサイズをコンテンツのサイズに合わせて自動調整するかどうかを表すブール値。既定値はFalse
Property **AutoTab** As Boolean			○	○			○	オブジェクトに最大文字数を超えた入力が行われたときにフォーカスを次のコントロールに移すかどうかを表すブール値
Property **BackColor** As OLE_COLOR	○	○	○	○	○	○	○	ユーザーフォームの背景色を表す整数
Property **BackStyle** As fmBackStyle		○	○	○	○	○	○	コントロールの背景スタイルを表す列挙型fmBackStyleのメンバー - fmBackStyleTransparent：背景を透明にする - fmBackStyleOpaque：背景を不透明にする（既定値）
Property **BorderColor** As OLE_COLOR	○	○	○	○			○	オブジェクトの枠線の色を表す整数
Property **BorderStyle** As fmBorderStyle	○	○	○	○			○	オブジェクトの枠線のスタイルを表す列挙型fmBorderStyleのメンバー - fmBorderStyleNone：枠線なし - fmBorderStyleSingle：枠線あり（既定値）
Property **BoundColumn** As Variant				○			○	オブジェクトのValueプロパティに設定するリストの列番号を表す整数
Property **Cancel** As Boolean						○	○	オブジェクトをキャンセルボタンにするかどうかを表すブール値。既定値はFalse
Property **Caption** As String	○	○			○	○	○	オブジェクトの表示テキストを表す文字列
Property **ColumnCount** As Long				○			○	オブジェクトが持つリストの列数を表す整数
Property **Controls** As Controls	○							オブジェクト配下のControlsコレクション。読み取り専用
Property **ControlSource** As String			○	○	○		○	オブジェクトのValueプロパティにリンクさせるセル範囲を表す文字列

(表12-3続き)

Property							説明
Property ControlTipText As String		○	○	○	○	○	オブジェクトにマウスポインタがあるときに表示する文字列
Property Default As Boolean					○	○	オブジェクトをデフォルトボタンにするかどうかを表すブール値。既定値はFalse
Property Enabled As Boolean	○	○	○	○	○	○	オブジェクトが有効かどうかを表すブール値
Property Font As NewFont	○	○	○	○	○	○	オブジェクトのフォントを表すNewFontオブジェクト
Property ForeColor As OLE_COLOR	○	○	○	○	○	○	オブジェクトの前景色を表す整数
Property GroupName As String				○		○	オブジェクトのグループ名を表す文字列
Property Height As Single	○	○	○	○	○	○	オブジェクトの高さを表すポイント数
Property Left As Single	○	○	○	○	○	○	オブジェクトの左端とそれを含むコンテナの左端の距離を表すポイント数
Property LineCount As Long			○				オブジェクトに入力されているテキストの行数を表す整数。読み取り専用
Property List([row], [column])				○			オブジェクトのリストの項目を表す
Property ListCount As Long				○			オブジェクトのリスト数を表す整数。読み取り専用
Property ListIndex As Variant				○			オブジェクトの現在選択されているリストのインデックス
Property Locked As Boolean			○	○	○	○	オブジェクトが編集のロックをされているかどうかを表すブール値。既定値はFalse
Property MatchEntry As fmMatchEntry				○			オブジェクトの入力文字に対するリストの値をマッチングする方法を表す列挙型fmMatchEntryのメンバー
Property MaxLength As Long			○	○		○	オブジェクトに入力できる最大文字数を表す整数。既定値0は制限なしを表す
Property MouseIcon As StdPicture	○	○	○	○	○	○	MousePointerプロパティがユーザーカスタムに設定されているときの画像
Property MousePointer As fmMousePointer	○	○	○	○	○	○	オブジェクト上のマウスカーソルの形状を表す列挙型fmMousePointerのメンバー
Property MultiLine As Boolean			○			○	オブジェクトに複数行のテキストを表示するかどうかを表すブール値。既定値はTrue
Property Name As String	○	○	○	○	○	○	オブジェクト名を表す文字列
Property PasswordChar As String			○			○	オブジェクトへの入力文字の代わりに表示するプレースホルダー文字。空文字（既定値）の場合は入力文字をそのまま表示する
Property Picture As StdPicture	○				○	○	オブジェクトの背景に表示する画像

(表12-3続き)

プロパティ								説明
Property **PictureAlignment** As fmPictureAlignment	○						○	オブジェクトの背景に表示する画像の表示位置を表す列挙型fmPictureAlignmentのメンバー - fmPictureAlignmentTopLeft：左上端に合わせる - fmPictureAlignmentTopRight：右上端に合わせる - fmPictureAlignmentCenter：中央に配置する（既定値） - fmPictureAlignmentBottomLeft：左下端に合わせる - fmPictureAlignmentBottomRight：右下端に合わせる
Property **PictureSizeMode** As fmPictureSizeMode	○						○	オブジェクトの背景に表示する画像の表示方法を表す列挙型fmPictureSizeModeのメンバー - fmPictureSizeModeClip：表示領域からはみ出した部分は切り捨てる（既定値） - fmPictureSizeModeStretch：表示領域に合わせて引き伸ばす - fmPictureSizeModeZoom：表示領域に合わせて縦横比を保ったまま引き伸ばす
Property **PictureTiling** As Boolean	○						○	オブジェクトの背景に表示する画像を全体に並べるかどうかを表すブール値。既定値はFalse
Property **RowSource** As String				○			○	オブジェクトのリストのソースとなるセル範囲のアドレスを表す文字列
Property **ScrollBars** As fmScrollBars	○		○				○	オブジェクトにスクロールバーを表示するかどうかを表す列挙型fmScrollBarsのメンバー - fmScrollBarsNone：表示しない（既定値） - fmScrollBarsHorizontal：水平スクロールバーを表示する - fmScrollBarsVertical：垂直スクロールバーを表示する - fmScrollBarsBoth：両方のスクロールバーを表示する
Property **ScrollHeight** As Single	○						○	オブジェクトのスクロールバーで表示できる高さを表すポイント数
Property **ScrollLeft** As Single	○						○	オブジェクトの実際の左端から現在表示されているオブジェクトの左端までの距離を表すポイント数
Property **ScrollTop** As Single	○						○	オブジェクトの実際の上端から現在表示されているオブジェクトの上端までの距離を表すポイント数
Property **ScrollWidth** As Single	○						○	オブジェクトのスクロールバーで表示できる幅を表すポイント数
Property **ShowModal** As Boolean	○						○	オブジェクトをモーダル表示するかどうかを表すブール値 - True：モーダル表示 - False：モードレス表示

（表12-3続き）

プロパティ	User Form	Label	Text Box	Combo Box	Check Box·Option Button	Command Button	説明
Property **TabIndex** As Integer		○	○	○	○	○	オブジェクトのタブオーダーの順番を表す整数
Property **TabStop** As Boolean		○	○	○	○	○	オブジェクトがTabキーによるフォーカスを受け取るかどうかを表すブール値
Property **Tag** As String	○	○	○	○	○	○	オブジェクトのタグ情報を表す文字列
Property **Text** As String			○	○		○	オブジェクトが持つテキストを表す文字列
Property **TextAlign** As fmTextAlign		○	○	○	○	○	オブジェクトのテキスト配置を表す列挙型fmTextAlignのメンバー - fmTextAlignLeft：左揃え（既定値） - fmTextAlignCenter：中央揃え - fmTextAlignRight：右揃え
Property **TextColumn** As Variant				○		○	オブジェクトのTextプロパティに設定するリストの列番号を表す整数
Property **Top** As Single	○	○	○	○	○	○	オブジェクトの上端とそれを含むコンテナの上端の距離を表すポイント数
Property **Value** As Variant			○	○	○	○	オブジェクトが持つ値
Property **Visible** As Boolean		○	○	○	○	○	オブジェクトを表示しているかどうかを表すブール値。既定値はTrue
Property **Width** As Single	○	○	○	○	○	○	オブジェクトの幅を表すポイント数
Property **WordWrap** As Boolean		○	○		○	○	オブジェクトのテキストを折り返すかどうかを表すブール値。既定値はTrue
Property **Zoom** As Integer	○					○	オブジェクトの表示倍率を表す10〜400までの整数

　ユーザーフォームと一部のコントロールで使用できる主なメソッドを表12-4にまとめています。ユーザーフォームの表示や非表示などの操作をするものなど、オブジェクトの操作をするいくつかのメソッドが提供されています。

表12-4 ユーザーフォームとコントロールの主なメソッド

プロパティ	オブジェクト						説明
	User Form	Label	Text Box	Combo Box	Check Box·Option Button	Command Button	
Sub **AddItem**([*pvargItem*], [*pvargIndex*])				○			オブジェクトのリストの*pvargIndex*の位置にアイテム*pvargItem*を追加する
Sub **Move**(*Left As Single*, [*Top*], [*Width*], [*Height*])	○						オブジェクトを移動する
Sub **PrintForm**()	○						オブジェクトを印刷する
Sub **Hide**()	○						オブジェクトを非表示にする

	User Form	Label	Text Box	Combo Box	Check Box・Option Button	Command Button	説明
Sub **RedoAction**()	○						オブジェクト上で行った元に戻す操作をやり直す
Sub **RemoveItem**(*pvargIndex*)				○			オブジェクトのリストから*pvargIndex*の位置にアイテムを削除する
Sub **Repaint**()	○						オブジェクトを再描画して更新する
Sub **Scroll**([*xAction*], [*yAction*])	○						オブジェクトのスクロールバーを移動する
Sub **SetFocus**()		○	○	○	○	○	オブジェクトにフォーカスを移動する
Sub **Show**([*Modal*])	○						オブジェクトを表示する
Sub **UndoAction**()	○						オブジェクト上で行った操作を元に戻す

　表12-5は、ユーザーフォームと一部のコントロールで使用できる主なイベントについてまとめています。ユーザーフォームが初期化されたときや破棄されたとき、またマウス操作やキー操作などユーザーフォームやコントロールの操作を受け付けるなど重要な役割を果たします。

　ユーザーフォームを使用するのであれば、間違いなくイベントを使用することになります。その際は、各イベントに対応するイベントプロシージャをフォームモジュールに記述します。

表12-5 ユーザーフォームとコントロールの主なイベント

プロパティ	オブジェクト						説明
	User Form	Label	Text Box	Combo Box	Check Box・Option Button	Command Button	
Event **Activate**()	○						オブジェクトがアクティブになったとき
Event **Change**()			○	○	○		オブジェクトのValueプロパティが変更されたとき
Event **Click**()	○	○		○	○	○	オブジェクトをクリックしたとき
Event **Deactivate**()	○						オブジェクトが非アクティブになったとき
Event **DblClick**(*Cancel As ReturnBoolean*)	○	○	○	○	○	○	オブジェクトをダブルクリックしたとき
Event **Enter**()			○	○	○	○	オブジェクトがフォーカスを受け取る前
Event **Exit**(*Cancel As ReturnBoolean*)			○	○	○	○	オブジェクトからフォーカスが移動する前
Event **Initialize**()	○						オブジェクト初期化されたとき
Event **Layout**()	○						オブジェクトのサイズが変更されたとき
Event **KeyDown**(*KeyCode As ReturnInteger, Shift As Integer*)	○		○	○	○	○	オブジェクト上でキーを押したとき
Event **KeyPress**(*KeyAscii As ReturnInteger*)	○		○	○	○	○	オブジェクト上でANSIキー*KeyAscii*を押したとき
Event **KeyUp**(*KeyCode As ReturnInteger, Shift As Integer*)	○		○	○	○	○	オブジェクト上でキーを離したとき
Event **MouseDown**(*Button As Integer, Shift As Integer, X As Single, Y As Single*)	○	○	○	○	○	○	オブジェクト上でマウスボタンを押したとき

（表12-5続き）

Event **MouseMove**(*Button As Integer, Shift As Integer, X As Single, Y As Single*)	○	○	○	○	○	○	オブジェクト上でマウスカーソルを移動したとき
Event **MouseUp**(*Button As Integer, Shift As Integer, X As Single, Y As Single*)	○	○	○	○	○	○	オブジェクト上でマウスボタンを離したとき
Event **QueryClose**(*Cancel As Integer, CloseMode As Integer*)	○						オブジェクトを閉じる前
Event **Scroll**(*ActionX As fmScrollAction, ActionY As fmScrollAction, RequestDx As Single, RequestDy As Single, ActualDx As ReturnSingle, ActualDy As ReturnSingle*)	○						オブジェクトのスクロールバーを動かしたとき
Event **Terminate**()	○						オブジェクトが破棄されたとき
Event **Zoom**(*Percent As Integer*)	○						オブジェクトのZoomプロパティを変更したとき

> **Memo** ユーザーフォームのイベントであるActivateイベント、Deactivateイベント、QueryCloseイベント、Terminateイベントもオブジェクトブラウザーで確認することができないメンバーです。

12-2 ユーザーフォームを操作する

12-2-1 ▶ ユーザーフォームを読み込む／表示する

デザイン時に構築したユーザーフォームは、VBEの「ユーザーフォームの実行」で表示することができますが、多くの場合は他のマクロからその表示の指示をする必要があります。実際に表示するときには、ユーザーフォームをメモリ上に読み込む（Load）と、それを画面上に表示する（Show）と2つの段階が存在しています。

Showメソッドはユーザーフォームを画面上に表示するメソッドですが、ユーザーフォームがロードされていなければ、先にロードをした上で表示を行います。

```
object.Show [Modal]
```

これにより、UserFormオブジェクト*object*を表示します。引数*Modal*には、表12-6に示す表示の方法を表す列挙型_FormShowConstantsのメンバーを指定します。モーダル表示の場合、ユーザー

ザーフォームを表示している間は、Excel上で他の操作を行うことができなくなります。モードレス表示であれば、ユーザーフォームを表示している間も、Excelの他の操作を行うことができます。

表12-6 列挙型_FormShowConstantsのメンバー

メンバー	値	説明
vbModal	1	ユーザーフォームをモーダル表示する
vbModeless	0	ユーザーフォームをモードレス表示する

VBEでユーザーフォームUserForm1を挿入した上で、リスト12-1をイミディエイトウィンドウで実行して、ユーザーフォームの表示を確認してみましょう。

リスト12-1 ユーザーフォームの表示

```
UserForm1.Show vbModeless
```

モーダル表示、モードレス表示については、デザイン時プロパティのShowModalプロパティで設定をしておくこともできます。

```
object.ShowModal
```

ShowModalプロパティのデータ型はブール型になり、Trueならモーダル表示、Falseならモードレス表示となります。

ユーザーフォームをロードだけするのであれば、Loadステートメントを使用します。以下の書式で、ユーザーフォーム*object*をメモリ上に読み込むことができます。

```
Load object
```

Loadステートメントだけではユーザーフォームは表示されませんので、読み込みだけをしてユーザーフォームの様々な初期設定を行いたいときに使用することができます。

たとえば、リスト12-2を実行すると、図12-5のように、Captionプロパティで表示テキストを、HeightプロパティとWidthプロパティでそのサイズを変更した上でユーザーフォームを表示させることができます。

リスト12-2 Loadステートメントによるユーザーフォームの表示

```
標準モジュールModule1
Sub MySub()

    Load UserForm1
    With UserForm1
        .Caption = "Hoge"
        .Height = 100
        .Width = 300
```

```
            .Show
        End With

End Sub
```

図12-5 プロパティ設定後に表示したユーザーフォーム

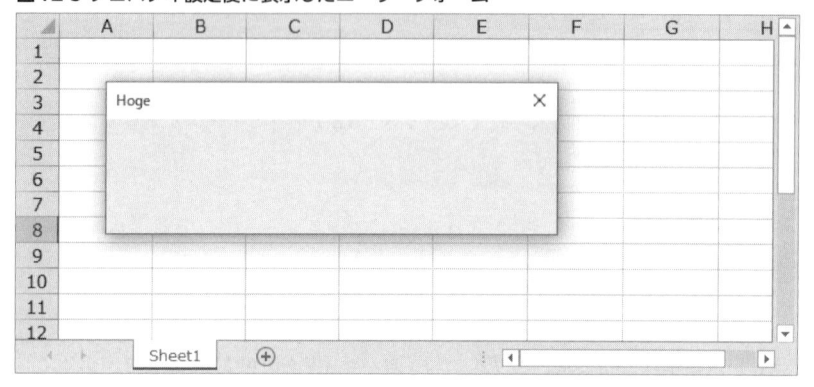

　ユーザーフォームの初期設定はInitializeイベントを使用することもできます。リスト12-3はリスト12-2と同内容の初期設定を、イベントプロシージャ UserForm_Initializeで行うものになります。

リスト12-3 Initializeイベントによるユーザーフォームの初期設定

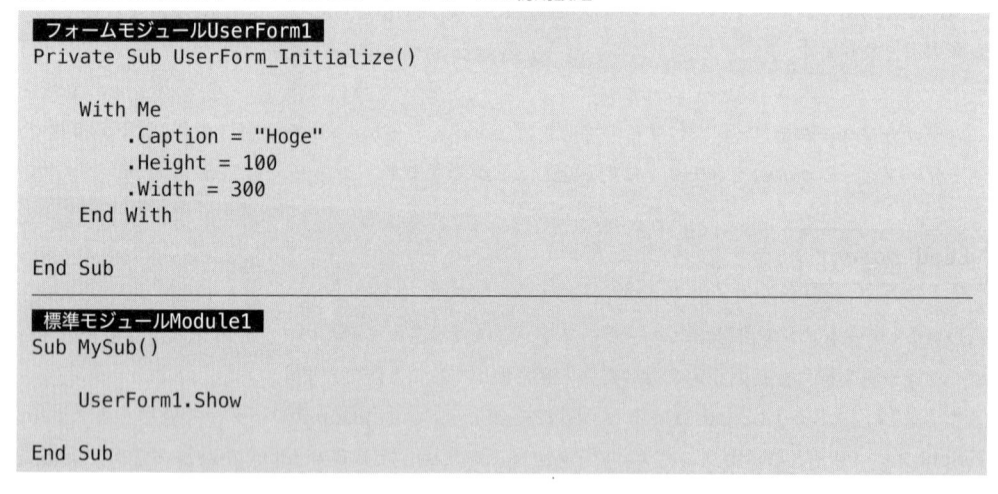

```
フォームモジュールUserForm1
Private Sub UserForm_Initialize()

    With Me
        .Caption = "Hoge"
        .Height = 100
        .Width = 300
    End With

End Sub
```

```
標準モジュールModule1
Sub MySub()

    UserForm1.Show

End Sub
```

　標準モジュールModule1のプロシージャ MySubを実行すると、図12-5のユーザーフォームの表示を確認することができます。ユーザーフォームの初期設定は、イベントプロシージャ UserForm_Initializeに書くほうがユーザーフォームに関するコードをフォームモジュールにまとめられ、標準モジュールを軽くすることができます。一方で、Initializeイベントは引数を受けられませんので、他の処理の結果次第でユーザーフォームの内容を変更して表示したいときには、標準モジュールでLoadステートメントを使用する必要が出てきます。

12-2-2 ▷ ユーザーフォームを非表示にする／閉じる

ユーザーフォームを非表示にするには、Hideメソッドを使用します。以下の書式で、ユーザーフォームobjectを非表示にすることができます。

```
object.Hide
```

Hideメソッドを実行しても非表示になるだけで、ユーザーフォームはメモリ上には引き続き存在しています。ですから、対象のユーザーフォームに対してプロパティの変更などの操作を引き続き行うことができます。

ユーザーフォームを閉じる、すなわちメモリから完全に解放をするには、以下のUnloadステートメントを使用します。

```
Unload object
```

これによりUserForm オブジェクトobjectをメモリから解放します。

リスト12-4を実行して、ユーザーフォームの非表示と解放について確認してみましょう。

リスト12-4 ユーザーフォームの非表示と解放

```
標準モジュールModule1
Sub MySub()

    With UserForm1
        .Show vbModeless
        Stop
        .Hide
        .BackColor = RGB(200, 250, 250)
        Stop
        .Show vbModeless
        Stop
    End With

    Unload UserForm1

End Sub
```

非表示のタイミングでユーザーフォームの背景色が変更されていることが確認できます。なお、Unloadステートメントが実行されると、ユーザーフォームの各プロパティはデザイン時のものに戻りますので、再実行して最初に表示されるときにはデフォルトの背景色になっていますね。

ユーザーフォームを閉じるときのイベントにはQueryCloseイベントとTerminateイベントとがあります。その違いは閉じる操作のキャンセルができるかどうかです。QueryCloseイベントではキャンセルができますが、Terminateイベントではそれができません。

イベントプロシージャ UserForm_QueryCloseは、引数Cancelを持ちます。イベント発生時の初期値は整数0ですが、この値を1に設定することで、ユーザーフォームを閉じることをキャンセルすることができます。

例としてリスト12-5をご覧ください。

リスト12-5 ユーザーフォームを閉じるときのイベント

```
フォームモジュールUserForm1
Private Sub UserForm_QueryClose(Cancel As Integer, CloseMode As Integer)

    If MsgBox("本当に閉じても良いですか?", vbYesNo) = vbNo Then
        Cancel = 1
    End If

End Sub
```

フォームモジュールにこちらのコードを入力した上で、ユーザーフォームを表示、そしてそのフォームを「×」ボタンで閉じる作業をしてみましょう。図12-6のようなメッセージダイアログが表示され、そこで「いいえ」を選択すると、ユーザーフォームの閉じる処理をキャンセルすることができます。

図12-6 イベントプロシージャ UserForm_QueryClose によるメッセージダイアログ

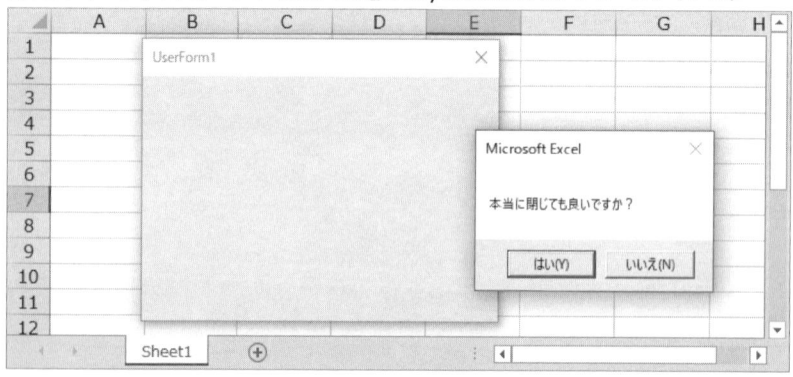

> **Memo** Excelライブラリの各クラスで提供されているイベントでは、引数Cancelはブール型でしたが、UserFormクラスのQueryCloseイベントではIntegerつまり整数型になりますので、その違いに注意をしてください。

12-2-3 ▶ コントロールを取得する

ユーザーフォーム上のコントロールを操作するには、目的のコントロールをオブジェクトとして取得する必要があります。ユーザーフォームはもちろん、そこに配置するコントロールにはオブジェクト名を付与することができますので、それを用いて目的のオブジェクトにアクセスすることができます。

たとえば、図12-7のユーザーフォーム UserForm1 をご覧ください。ラベルLabel1、テキストボッ

クス TextBox1、コマンドボタン CommandButton1 が配置されています。

図12-7 コントロールを配置したユーザーフォーム

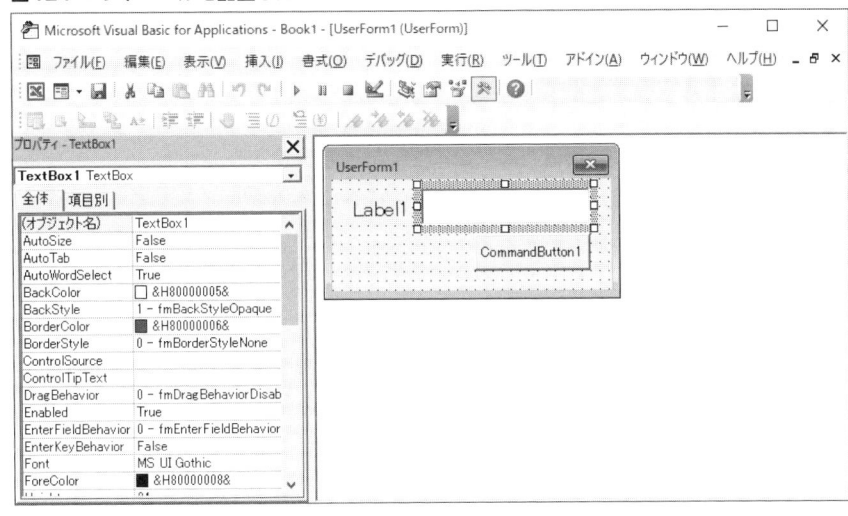

　このユーザーフォームの各コントロールにオブジェクト名を使ってアクセスする例がリスト 12-6 です。

リスト12-6 オブジェクト名によるコントロールの取得

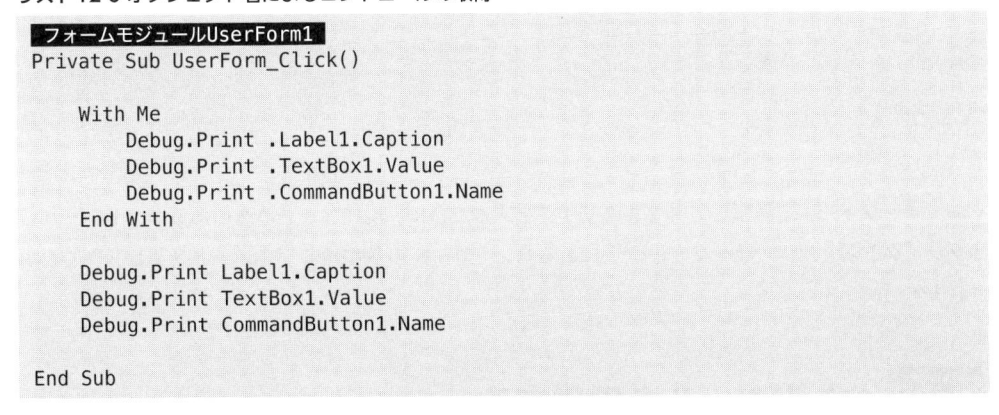

```
フォームモジュールUserForm1
Private Sub UserForm_Click()

    With Me
        Debug.Print .Label1.Caption
        Debug.Print .TextBox1.Value
        Debug.Print .CommandButton1.Name
    End With

    Debug.Print Label1.Caption
    Debug.Print TextBox1.Value
    Debug.Print CommandButton1.Name

End Sub
```

　ユーザーフォームを表示してクリックをすると、Label1 の表示テキスト、TextBox1 の入力値、CommandButton1 のオブジェクト名がイミディエイトウィンドウに 2 回表示されます。

　フォームモジュールですので、そのモジュールが属する UserForm オブジェクト自身は Me キーワードで表すことができますし、またその Me キーワード自体も省略が可能です。したがって、ユーザーフォーム上のコントロールは、その配置しているユーザーフォームのフォームモジュールに記載する限り、オブジェクト名のみでアクセスすることができます。

　UserForm オブジェクト *object* 上のフォーカスされているコントロールを取得するには Active

Controlプロパティを使用します。書式は以下のとおりです。

```
object.ActiveControl
```

　また、ユーザーフォーム上のすべてのコントロールをコレクションとして取得する場合はControlsプロパティを用います。書式は以下のとおりで、UserFormオブジェクト*object*に属するすべてのコントロールをControlsコレクションとして取得します。

```
object[.Controls]
```

　ControlsプロパティはUserFormクラスの既定のメンバーなので、プロパティの記述を省略することができますが、そのオブジェクト式がUserFormオブジェクト自身を表すのか、それに含まれるControlsコレクションを表すのかがわかりづらくなりますので、省略せずに明記したほうがよいでしょう。

　ActiveControlプロパティとControlsプロパティの使用例として、リスト12-7をご覧ください。

リスト12-7 ActiveControlプロパティ・Controlsプロパティ

```
フォームモジュールUserForm1
Private Sub UserForm_DblClick(ByVal Cancel As MSForms.ReturnBoolean)

    Debug.Print ActiveControl.Name
    Debug.Print Controls.Count

End Sub
```

　ユーザーフォームを表示してダブルクリックをするたびに、現在フォーカスのあるコントロールのオブジェクト名と、ユーザーフォーム上にあるコントロールの数がイミディエイトウィンドウに表示されます。

12-3 コントロールを操作する

12-3-1 ▶ Controlsクラスとコントロールの参照

　Controlsクラスは、コントロールのコレクションを操作するためのクラスです。その要素はLabelオブジェクトやTextBoxオブジェクトといったコントロールの種類に応じた固有のオブジェクトですが、より汎用的なControlオブジェクトとして扱うことも可能です。

　表12-7にControlsクラスの主なメンバーをまとめています。

表12-7 Controlsクラスの主なメンバー

メンバー	説明
Property **Count** As Long	コレクションに含まれるオブジェクトの数。読み取り専用
Function **Item**(*Index*) As Object	コレクションの要素のうち*Index*で参照される単一のオブジェクト。既定のメンバー

Controlsコレクションから、特定のコントロールを取り出すには、以下書式のItemメソッドを使用します。

> *object*[**.Item**](*Index*)

これにより、Controlsコレクション*object*の要素のうち、引数*Index*で表すコントロールを参照します。引数*Index*にはインデックスを表す整数、またはコントロールのオブジェクト名を文字列で指定します。なお、Controlsコレクションのインデックスは0からはじまります。そのインデックスが1からはじまるCollectionオブジェクトやWorkbooksコレクション、Sheetsコレクションなどと異なりますので注意してください。

Itemメソッドは Controlsコレクションの既定のメンバーなので、省略をして記述することもできます。

リスト12-8はコントロールを参照するサンプルコードです。コード内のコメントは、図12-7のユーザーフォームUserForm1に対して実行した場合の結果です。インデックス0のコントロールはケースによって異なりますが、筆者の環境では「TextBox1」となりました。

リスト12-8 Controlsコレクションからコントロールを参照する

```
標準モジュールModule1
Sub MySub()

    With UserForm1
        With .Controls
            Debug.Print .Item(0).Name 'TextBox1
            Debug.Print .Item("Label1").Name 'Label1
        End With

        Debug.Print .Controls(0).Name 'TextBox1
        Debug.Print .Controls("Label1").Name 'Label1
        Debug.Print .Label1.Name 'Label1
    End With

End Sub
```

なお、参照するコントロールのオブジェクト名が明らかな場合は、リスト12-8の最後のステートメントにあるように「UserForm1.Label1」というオブジェクト名による参照が可能です。したがって、Itemメソッドの引数に文字列を指定する場合、変数を組み合わせて使用するときなどに限られるかもしれません。その事例については後述するリスト12-10に示していますので、合わせてご確認ください。

Controlsコレクションも他のコレクションと同様にFor Each ～ Nextステートメント、For ～ Nextステートメントによるループ処理を行うことができます。リスト12-9はControlsコレクションのループ処理の例になります。

リスト12-9 Controlsコレクションのループ

```
標準モジュールModule1
Sub MySub()

    With UserForm1
        Dim c As Control
        For Each c In .Controls
            Debug.Print c.Name
        Next c

        Dim i As Long
        For i = 0 To .Controls.Count - 1
            Debug.Print .Controls(i).Name
        Next i
    End With

End Sub
```

リスト12-9を実行すると、ユーザーフォームUserForm1に含まれるすべてのコントロールのオブジェクト名が2回出力されます。後半のループはFor ～ Nextステートメントによるものですが、ループの最終値にControlsコレクションの要素数を表すCountプロパティを用いています。書式は以下のとおりで、これによりControlsコレクション*object*の要素数を求めることができます。

```
object.Count
```

ただし、ループ処理の最終値に使用する場合、Controlsコレクションのインデックスは0ではじまりますので、要素数-1がインデックスの最大値になることに注意してください。

もう一つ別の例として、図12-8のようなユーザーフォームUserForm2を考えてみましょう。

図12-8 複数のチェックボックスを含むユーザーフォーム

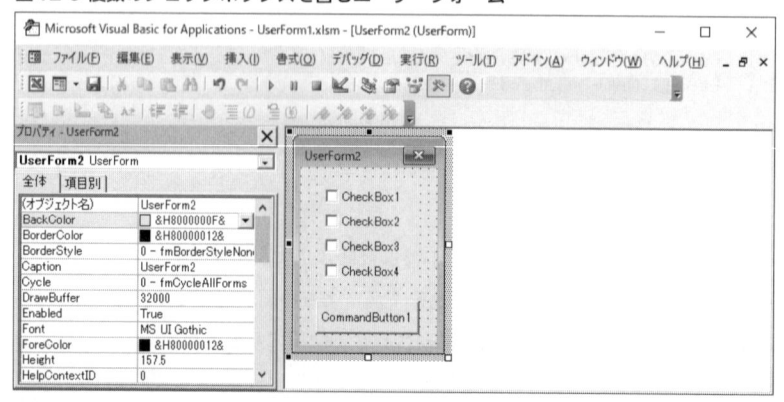

ユーザーフォームUserForm2には、複数のチェックボックスとコマンドボタンが配置されています。このユーザーフォーム上の、すべてのチェックボックスのみに何らかのループ処理を行いたいときにはどうすればよいでしょうか?

リスト12-9のように単純なループでは、コマンドボタンもループの対象になってしまいます。いくつかの方法が考えられますが、リスト12-10に2パターンのループを掲載していますのでご覧ください。

リスト12-10 チェックボックスのみをループする

```
フォームモジュールUserForm2
Private Sub CommandButton1_Click()

    With UserForm2
        Dim c As Control
        For Each c In .Controls
            If TypeName(c) = "CheckBox" Then
                Debug.Print c.Name, c.Value
            End If
        Next c

        Dim i As Long
        For i = 1 To 4
            Set c = .Controls("CheckBox" & i)
            Debug.Print c.Name, c.Value
        Next i
    End With

End Sub
```

ユーザーフォームUserForm2を表示してコマンドボタンCommandButton1をクリックすると、各チェックボックスのオブジェクト名と現在の値が2回表示されます。

前半のループ処理では、TypeName関数でコントロールのタイプを調べて「CheckBox」かどうかを判定しています。こちらは、チェックボックスの数に増減やオブジェクト名の変更があったとしても、そのままのコードで対応ができるというメリットがあります。後半のループ処理は、チェックボックスの数だけのFor〜Next文として、インデックスの指定を「CheckBox」とカウント変数を結合した文字列とする方法です。こちらは、コードはシンプルですが、ユーザーフォームの変更には弱いコードとなります。

12-3-2 ▶ CommandButtonコントロール

CommandButtonコントロールはコマンドボタン、すなわちユーザーフォーム上のコマンドボタンを表すコントロールです。コマンドボタンをクリックすることで、何らかの動作を発生させることができます。CommandButtonクラスのメンバーおよびControlクラスの一部のメンバーを使用して操作をすることができ、表示内容などのプロパティはデザイン時に設定が可能です。表12-2〜表12-4で使用できるメンバーについて確認してみましょう。

コマンドボタンに表示するテキストを表すのがCaptionプロパティです。書式は以下のとおりです。

| object.**Caption** |

これにより、コマンドボタン*object*の表示テキストの取得と設定を行うことができます。Captionプロパティは、ラベルやチェックボックスなど、表示テキストをもつ他のコントロールでも提供されています。

コマンドボタンはClickイベントのイベントプロシージャを作成することで、クリックされたときに何らかの処理をさせることができます。

例として、図12-9のようなユーザーフォームUserForm3を見ていきましょう。まず、デザイン時にコマンドボタンCommandButton1のCaptionプロパティを「入力」に変更します。

図12-9 コマンドボタンのCaptionプロパティ

Captionプロパティを「入力」に設定

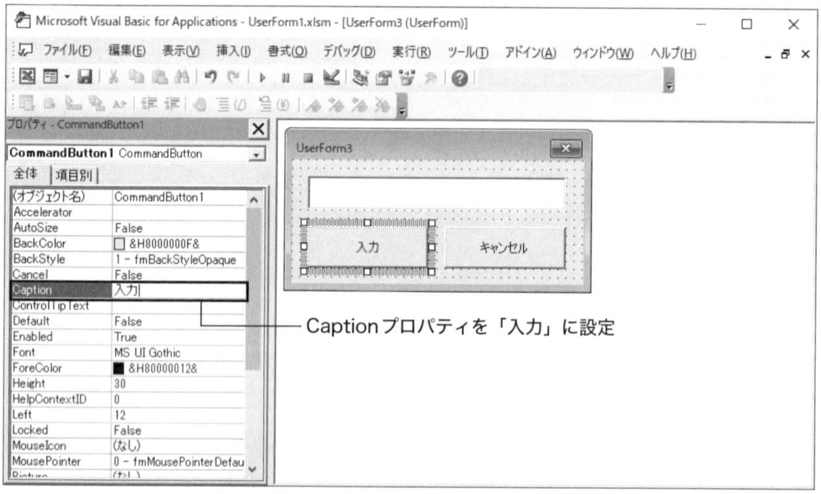

デザイン時のフォームイメージでもコマンドボタンCommandButton1の表示テキストが変更されたことを確認できます。同様に、コマンドボタンCommandButton2のCaptionプロパティを「キャンセル」に設定します。

フォームモジュールUserForm3に、リスト12-11のコードを入力します。それぞれのコマンドボタンをクリックしたときのイベントプロシージャです。

リスト12-11 コマンドボタンのClickイベント

```
フォームモジュールUserForm3
Private Sub CommandButton1_Click()
    MsgBox TextBox1.Value & "が入力されました"
End Sub

Private Sub CommandButton2_Click()
    Unload Me
End Sub
```

ユーザーフォームUserForm3を表示して、「入力」ボタンをクリックすると、図12-10のようにメッセージダイアログが表示されます。「キャンセル」ボタンをクリックすると、ユーザーフォームが閉じることも確認しておきましょう。

図12-10 コマンドボタンのクリックによるメッセージダイアログ

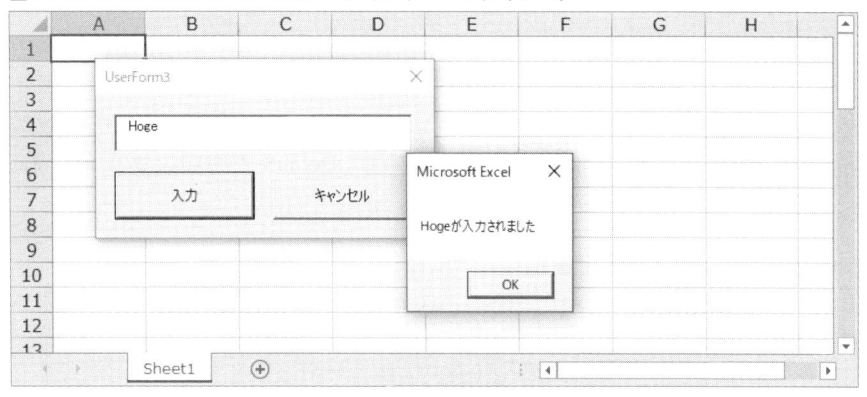

　コマンドボタンはデザイン時プロパティを使用して、さまざまな機能を付与することができます。その一つがAcceleratorプロパティです。書式は以下のとおりです。

> *object*.**Accelerator**

　Acceleratorプロパティには任意のキーを表す1文字を設定します。それにより、[Alt] キーとその設定したキーの組み合わせで、コマンドボタンをクリックする、チェックボックスであれば値を切り替えるといったアクションを行うことができます。Acceleratorプロパティに複数の文字を設定した場合は、先頭の文字が設定されたものとなります。

　このように設定したキーをアクセスキーといいます。表示テキストにアクセスキーに設定した文字が含まれている場合は、コマンドボタンの表示テキスト上の、該当の文字に下線が引かれるようになりますので、例えばCaptionプロパティを「入力(I)」、Acceleratorプロパティを「I」とするなど、表示テキストの1文字がアクセスキーに設定されるようにするとよいでしょう。

　コマンドボタンを既定のボタンに設定するにはDefaultプロパティを、キャンセルボタンに設定するにはCancelプロパティを使用します。

> *object*.**Default**

> *object*.**Cancel**

　いずれも設定値はブール値になり、Trueに設定することで既定のボタンまたはキャンセルボタンにすることができます。

既定のボタンに設定するとフォーカスがないときでも［Enter］キーでClickイベントを発生させることができるようになります。キャンセルボタンに設定すると、フォーカスがないときでも［Esc］キーでClickイベントを発生させることができます。

　なお、既定のボタンもキャンセルボタンも、それぞれユーザーフォーム上に1つだけをTrueに設定することができます。いずれかをTrueに設定すると、他のコマンドボタンの該当のプロパティは自動的にFalseに設定されます。

　では、図12-9のユーザーフォームUserForm3のコマンドボタンについて、いくつかのプロパティを設定してみましょう。まず、図12-11のように、コマンドボタンCommandButton1について、Captionプロパティを「入力(I)」、Acceleratorプロパティを「I」、DefaultプロパティをTrueに設定します。

図12-11 コマンドボタンのプロパティを設定する

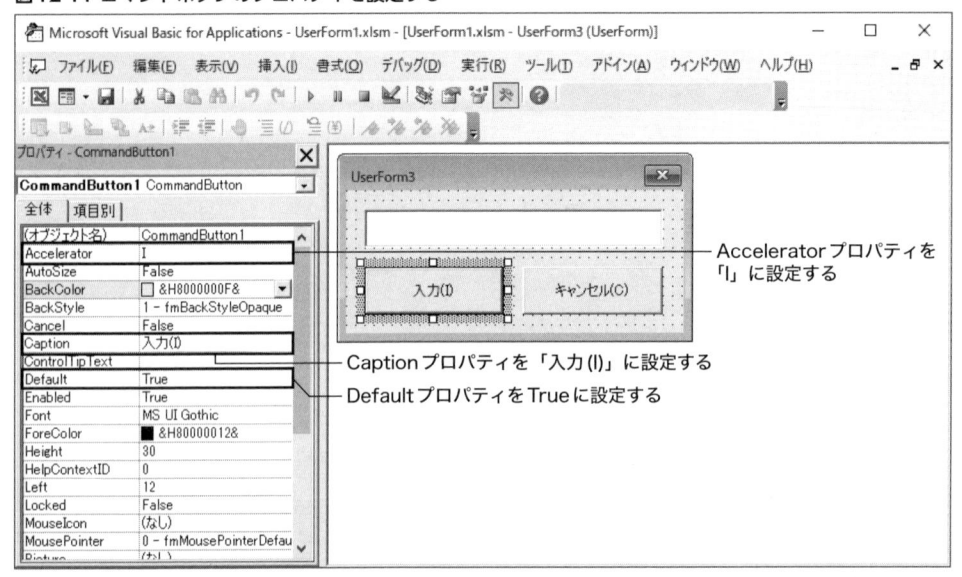

　コマンドボタンCommandButton2については、Captionプロパティを「キャンセル(C)」、Acceleratorプロパティを「C」、CancelプロパティをTrueに設定します。

　この状態でユーザーフォームUserForm3を表示して、テキストボックスに入力をしてみましょう。図12-12のように、テキストを入力し、テキストボックスフォーカスがあるままの状態で［Enter］キーを押すと、メッセージダイアログが表示されます。

図12-12 既定のボタンによるClickイベント

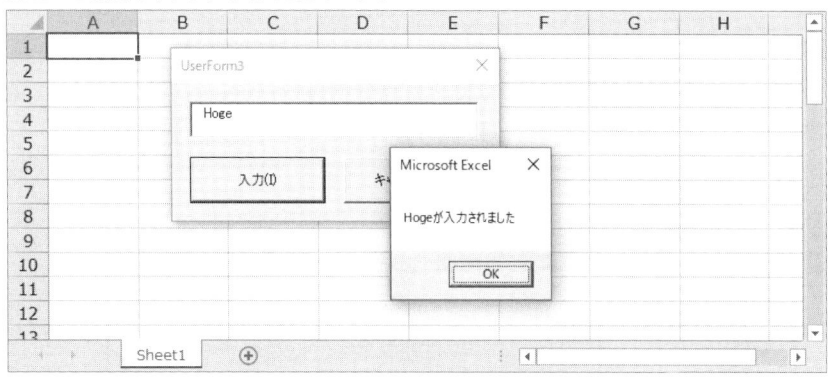

また、[Esc] キーによるキャンセルボタンの動作や、アクセスキーによる動作も確認しておきましょう。

12-3-3 ▶ Labelコントロール

Labelコントロールはラベル、すなわちユーザーフォーム上に文字列を表示するためのコントロールです。LabelクラスのメンバーとControlクラスのメンバーのいくつかを使用して操作をすることができます。その表示内容や機能の多くはデザイン時プロパティで設定が可能です。表12-2〜表12-4でLabelコントロールではどのようなメンバーを使用することができるか確認してみましょう。

ラベルに表示するテキストはCaptionプロパティで表されます。以下の書式でラベル*object*の表示テキストの取得と設定を行うことができます。

`object[.Caption]`

CaptionプロパティはLabelクラスの既定のメンバーになりますので、プロパティの省略が可能です。ただし、読みやすさのために明記したほうがよいでしょう。

Fontプロパティはフォントを設定するためのFontオブジェクトを取得します。ユーザーフォームまたは文字列の表示または入力領域を持つコントロールはそれぞれFontオブジェクトを持ち、その文字列のフォントを設定することができます。書式は以下のとおりです。

`object.Font`

コードでFontオブジェクトを取得し、さらにその配下のプロパティを設定することで、フォントを変更することもできますが、図12-13にあるように、デザイン時に「フォント」ダイアログを呼び出してFontオブジェクトの設定を完了することができます。

12章 MSForms ライブラリとユーザーフォーム

467

図12-13 ラベルのフォントを設定する

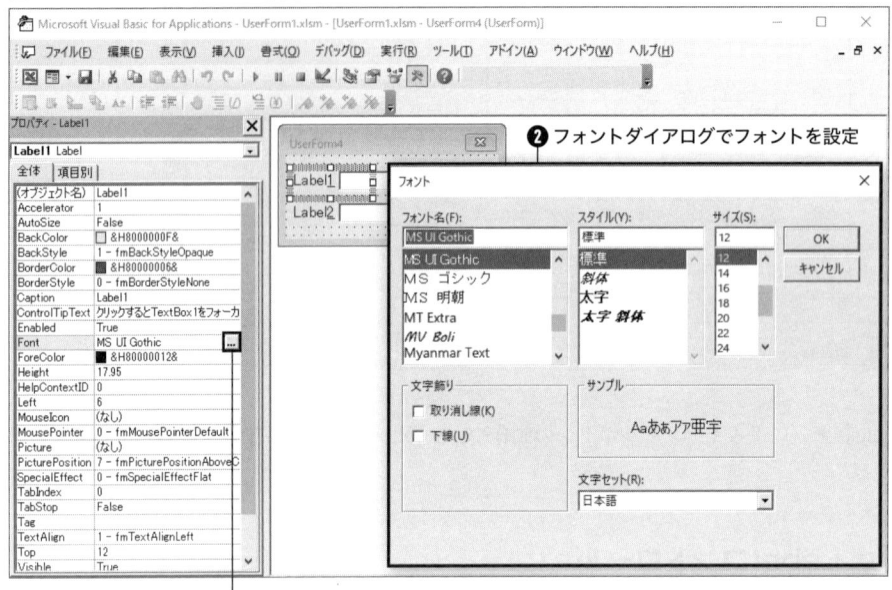

❷ フォントダイアログでフォントを設定

❶ Font プロパティを選択し3点リーダーアイコンをクリック

　Font プロパティはテキストを表示する機能を持つ多くのコントロールで設定をすることができます。

　Label クラスにもアクセスキーを設定する Accelerator プロパティが提供されています。書式は以下のとおりです。

```
object.Accelerator
```

　ラベル自体はクリックなどの動作がありません。しかし、Label クラスの Accelerator プロパティは、そのラベルの次のタブオーダーを持つコントロールがフォーカスされるという便利な特性を持っています。

　たとえば、図12-14はラベル Label1 の Accelerator プロパティに「1」、ラベル Label2 の Accelerator プロパティに「2」を設定したものです。[Alt] + [1]、[Alt] + [2] の組み合わせで、それぞれの次のタブオーダーを持つテキストボックスがフォーカスされます。

　TextBox コントロールには直接 Accelerator プロパティが使用できませんので、この例のように、ラベルへのアクセスキー設定が有効です。

図12-14 ラベルのアクセスキー

ControlTipTextプロパティはコントロール上にマウスカーソルを置いたときに表示されるテキストを指定します。書式は以下のとおりです。

`object.ControlTipText`

ControlTipTextプロパティはControlクラスで提供されているメンバーで、すべてのコントロールで使用することができます。

たとえば、図12-15は、ユーザーフォームUserForm4のラベルLabel2にControlTipTextプロパティを設定した際の表示です。

図12-15 ControlTipTextプロパティによるテキストの表示

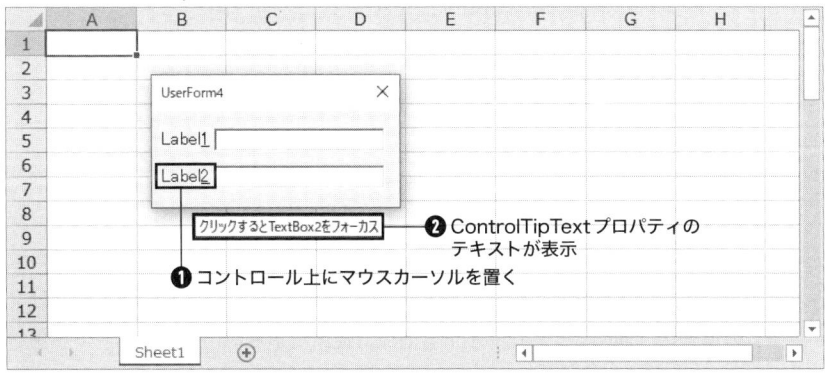

Labelコントロールは表示用のコントロールですが、いくつかのイベントを持ちます。リスト12-12はラベルをクリックしたときに、対応するテキストボックスをフォーカスするイベントプロシージャの使用例です。

リスト12-12 ラベルのClickイベント

```
フォームモジュールUserForm4
Private Sub Label1_Click()
    TextBox1.SetFocus
End Sub

Private Sub Label2_Click()
    TextBox2.SetFocus
End Sub
```

図12-15に示すユーザーフォームのテキストボックスをそれぞれTextBox1、TextBox2とした場合、リスト12-12をフォームモジュールに記述してユーザーフォームを表示すると、ラベルのクリックでテキストボックス間のフォーカス移動ができるようになります。

12-3-4 ▶ TextBox コントロール

TextBoxコントロールはテキストボックス、すなわち文字列の入力をするためのコントロールです。多くの場合、コマンドボタンなど組み合わせて、ユーザーからのデータ入力を受け付けるために使用します。TextBoxクラスのメンバーと、一部のControlクラスのメンバーを使用して、入力されている文字列やテキストボックスに関する設定の多くはデザイン時に行うことができます。表12-2～表12-4でTextBoxコントロール使用できる主なメンバーを確認してみましょう。

テキストボックスへの入力値はValueプロパティ、またはTextプロパティで表されます。それぞれ以下の書式でテキストボックス*object*の入力値の取得および設定を行うことができます。

> *object*[`.Value`]

> *object*`.Text`

ValueプロパティとTextプロパティはいずれもテキストボックスへの入力値を表しますが、その違いは取得するデータ型です。Valueプロパティはバリアント型であるのに対し、Textプロパティは文字列型になります。多くの場合は、他のコントロールでも同様に使用できるValueプロパティを用いて問題はないでしょう。

なお、TextBoxクラスではValueプロパティが既定メンバーなので省略をすることも可能ですが、わかりやすさのためにプロパティは明記したほうがよいでしょう。

テキストボックスで複数行を入力できるようにするには、MultiLineプロパティを使用します。

> *object*`.MultiLine`

MultiLineプロパティのデフォルト値はFalseで、その場合はテキストボックスには複数行を入力することができません。Trueにすることで、テキストボックスに複数行を入力できるようになります。

　複数行入力をする場合、デフォルトでは［Ctrl］＋［Enter］で改行を行います。シンプルに［Enter］のみでの改行をできるように設定するのがEnterKeyBehaviorプロパティです。

```
object.EnterKeyBehavior
```

　デフォルトではFalseですが、Trueに設定することで、複数行入力が可能なテキストボックスの改行を［Enter］キーのみで行えるようになります。

　また、テキストボックスにスクロールバーを設置するには、ScrollBarsプロパティを使用します。

```
object.ScrollBars
```

　その設定値は、表12-8に示す列挙型fmScrollBarsのメンバーです。

表12-8 列挙型fmScrollBarsのメンバー

メンバー	説明
fmScrollBarsNone	表示しない（既定値）
fmScrollBarsHorizontal	水平スクロールバーを表示する
fmScrollBarsVertical	垂直スクロールバーを表示する
fmScrollBarsBoth	両方のスクロールバーを表示する

　図12-16に示すようなユーザーフォームUserForm5について考えましょう。「コメント」を表すTextBox1について、デザイン時にMultiLineプロパティをTrue、EnterKeyBehaviorプロパティをTrue、ScrollBarsプロパティをfmScrollBarsVerticalに設定しました。

図12-16 TextBoxコントロールに複数行の設定をする

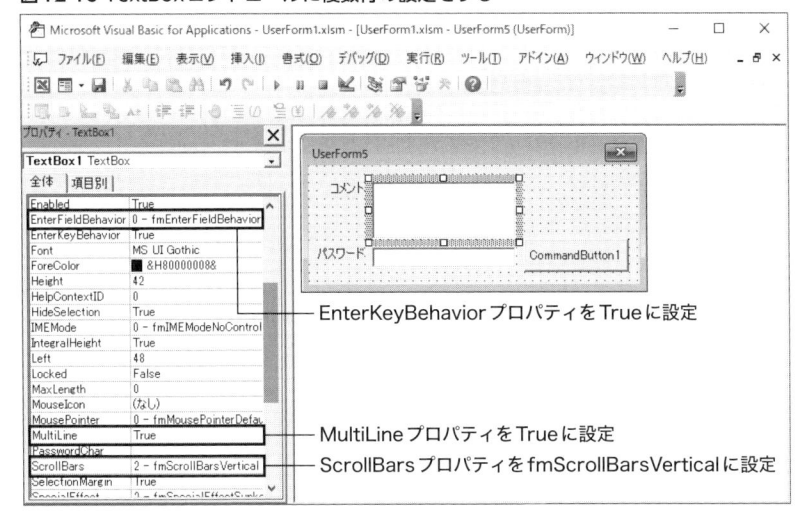

ユーザーフォーム UserForm5 を表示すると、図12-17のように表示されます。複数行入力と［Enter］キーによる改行、そしてスクロールバーの表示について確認をすることができます。

図12-17 複数行入力可能なテキストボックス

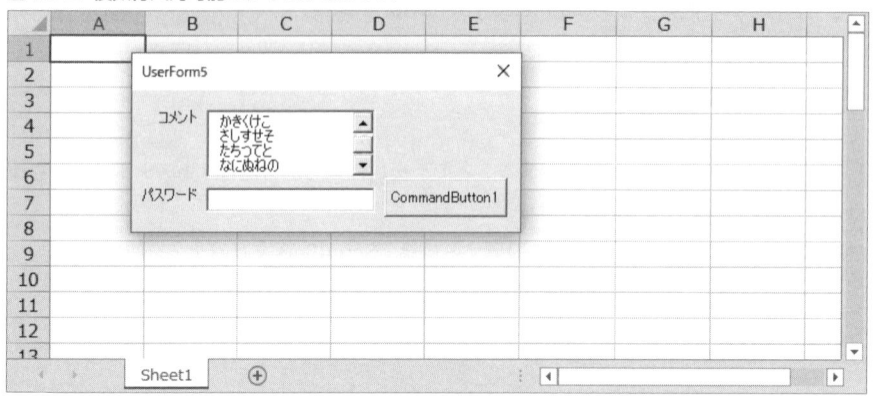

テキストボックスを使用する場合、その入力される文字列には文字数制限が必要だったり、パスワードなど表示させたくない内容だったりします。そのようなときに使用するのが、MaxLength プロパティと PasswordChar プロパティです。それぞれ書式は以下のとおりです。

```
object.MaxLength
```

```
object.PasswordChar
```

MaxLength プロパティは入力可能な文字数を表すプロパティです。デフォルト値は0でその場合は、入力できる文字数の制限はありません。

PasswordChar プロパティは入力された文字を隠すときなどに代わりに表示する文字を表すプロパティです。デフォルトでは空文字で、その場合はテキストボックスに入力された文字はそのまま表示されます。

たとえば、図12-18のユーザーフォーム UserForm5 ですが、「パスワード」入力用として用意した TextBox2について、MaxLength プロパティを8、PassWordChar プロパティを「*」に設定しました。

図12-18 TextBoxコントロールに入力制限とパスワードの設定をする

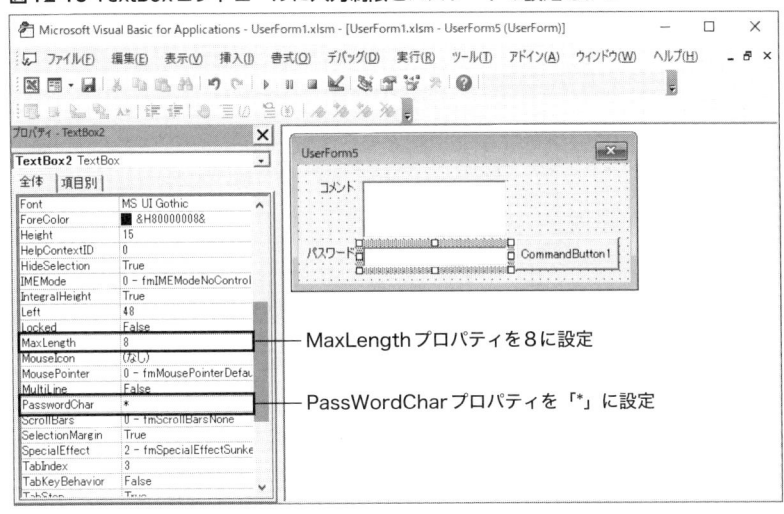

MaxLength プロパティを8に設定

PassWordChar プロパティを「*」に設定

ユーザーフォームUserForm5を表示すると、図12-19のように「パスワード」欄には8文字までの入力、また入力された文字が「*」で表示されることが確認できます。

図12-19 パスワード入力用のテキストボックス

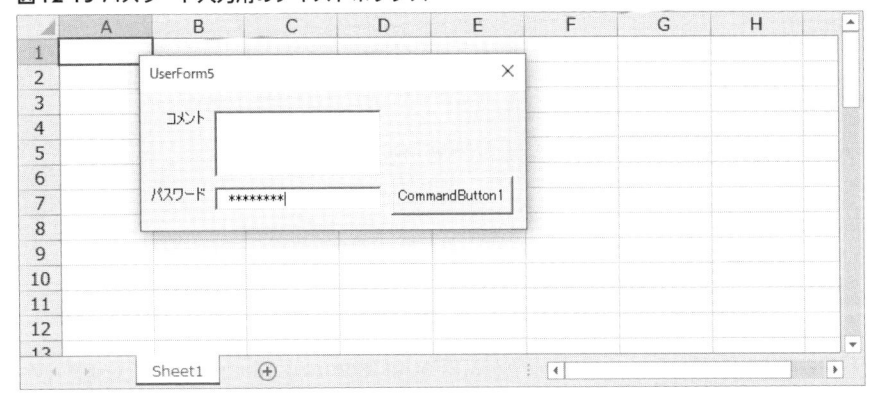

ユーザーからテキストボックスの入力をうながす場合、そのデータ型や文字数など正しい形式が求められる場合があります。その際、テキストボックスへの入力後に、その入力文字列の判定をする必要がありますが、その際に便利なのがExitイベントです。

Exitイベントはそのコントロールからフォーカスが外れたときに発生するイベントで、多くのコントロールで提供されています。

例として、図12-18のTextBox2について、リスト12-13のイベントプロシージャを作成してみましょう。

リスト12-13 Exitイベントによるテキストボックスの入力判定

```
フォームモジュールUserForm5
Private Sub TextBox2_Exit(ByVal Cancel As MSForms.ReturnBoolean)

    With TextBox2
        If Len(.Value) < 4 Or Not IsNumeric(.Value) Then
            MsgBox "4〜8文字の数値を入力してください"
            Cancel = True
        End If
    End With

End Sub
```

その上で、ユーザーフォームUserForm5を表示し、テキストボックスTextBox2にテキストを入力します。文字数が4文字より少ない場合や、入力値に数値以外を含む場合、[Tab]キーでフォーカスを移動しようとしたり、[Enter]キーで確定したりすると、図12-20のようなメッセージダイアログが表示され、その動作がキャンセルされます。

図12-20 Exitイベントで表示されたメッセージダイアログ

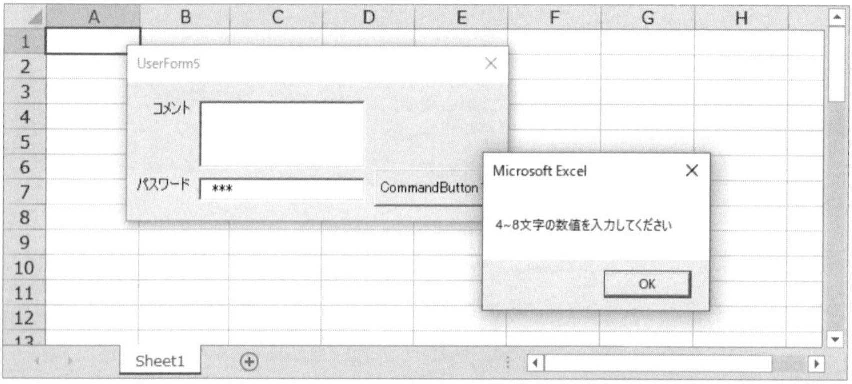

Exitイベントから渡される引数Cancelはその型がMSForms.ReturnBooleanとなっています。ただ、これは実質的にはブール値になり、イベントプロシージャ内にTrueを設定すると、イベントの発生をキャンセルします。つまり、フォーカスは他のコントロールに移ることなく、テキストボックスにフォーカスが留まります。

12-3-5 ▣ ComboBoxコントロール

ComboBoxコントロールはコンボボックス、すなわちテキストの直接入力に加えて、リスト選択によるデータの入力も行うことができるコントロールです。ただし、複数行の入力や、複数データの選択はできません。

ComboBoxクラスのメンバーとControlクラスの一部のメンバーを使用して操作をすることができます。表12-2〜表12-4で使用できるメンバーについて確認してみましょう。

コンボボックスの値はValueプロパティまたはTextプロパティで表されます。以下の書式でコンボボックス*object*の表示テキストの取得と設定を行うことができます。

```
object[.Value]
```

```
object.Text
```

これらのプロパティはいずれもコンボボックスの入力値を表しますが、テキストボックスの際と同様、その違いはデータ型です。Valueプロパティはバリアント型、Textプロパティは文字列型です。なお、Valueプロパティは既定メンバーですが、わかりやすさのためにプロパティは省略をせずに明記したほうがよいでしょう。

コンボボックスのリストは事前に設定する必要があります。まず先にシンプルな例として、図12-21のようなコンボボックスComboBox1をユーザーフォームUserForm6に作成しました。

図12-21 コンボボックス

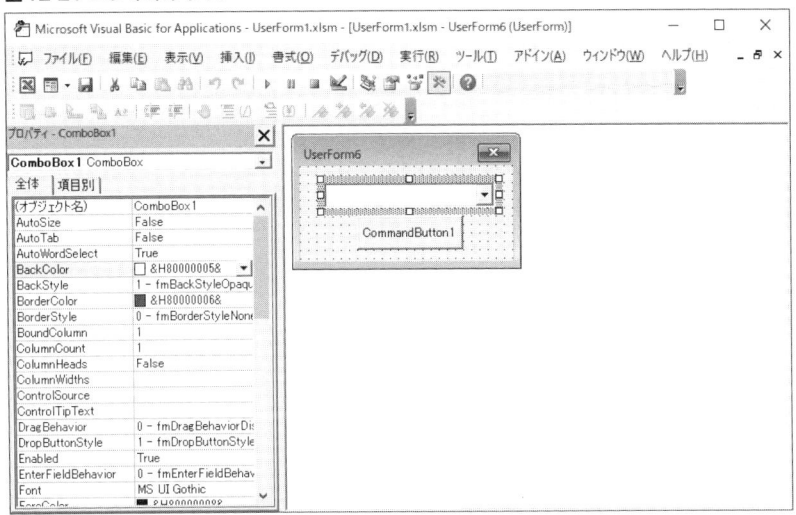

そして、リスト12-14に示すコードをフォームモジュールUserForm6に記載して表示をしてみると、図12-22のようにコンボボックスComboBox1にリストが設定されていることが確認できます。

リスト12-14 コンボボックスにリストを設定する

```
フォームモジュールUserForm6
Private Sub UserForm_Initialize()
    With ComboBox1
        .List = Array("Bob", "Tom", "Jay")
    End With
End Sub
```

図12-22 シンプルなリストが設定されたコンボボックス

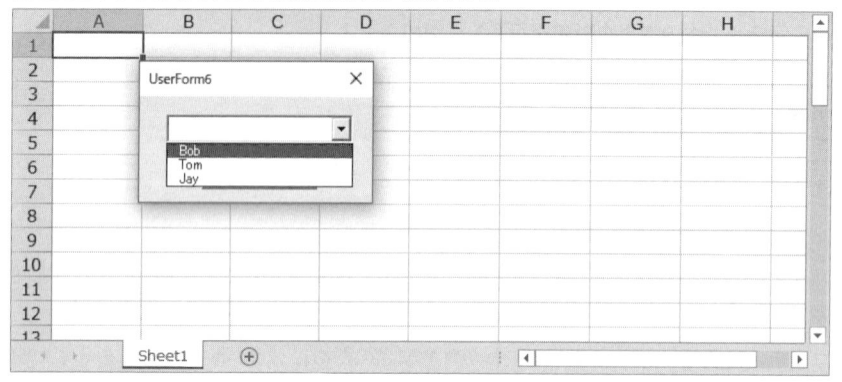

コンボボックスのリストを表すのは List プロパティです。書式は以下のとおりです。

```
object.List([row], [column])
```

構文の解説の前に、コンボボックスのリストの構造についてお伝えしておきましょう。

前述の例では、シンプルなリストをコンボボックスに追加しました。利用シーンとしては、行方向つまり1次元のリストだけで事足りることも多くあります。しかし、コンボボックスのリストは行×列つまり2次元の構造を持たせることができます。

List プロパティの引数 *row* および引数 *column* には、行インデックス、列インデックスを指定します。これにより、該当の行および列に存在する値を参照します。なお、行および列のインデックスは、0からはじまる整数です。

List プロパティの引数をいずれも省略した場合、配列を設定することでコンボボックスのリストを設定することができます。1次元配列を設定すると1列で構成されるシンプルなリストを、2次元配列を設定すると、複数の列を持つリストを設定することができます。

コンボボックスのリストが複数列で構成されている場合、コンボボックスの Value プロパティ、Text プロパティにそれぞれどの列を対応させるか設定することができます。それぞれ BoundColumn プロパティと TextColumn プロパティを用います。

```
object.BoundColumn
```

```
object.TextColumn
```

注意点として、これらのプロパティは列インデックスではなく、列番号を表す1以上の整数です。したがって、最初の列の番号は0ではなく1となり、いずれのプロパティも既定値は1です。また、0を指定すると ListIndex プロパティの値が割り当てられます。

ListIndex プロパティは、現在選択されている行のインデックスを表すプロパティです。リストの

インデックスなので、0からはじまる整数です。

object.**ListIndex**

また、コンボボックスに表示する列数を指定するプロパティが、以下のColumnCountプロパティです。

object.**ColumnCount**

では、これらのプロパティの機能を確認していきましょう。図12-21で紹介したユーザーフォームUserForm6について、リスト12-14をリスト12-15のように変更をします。また、ワークシートSheet1に、図12-23のような表が入力されているとします。

リスト12-15 コンボボックスに複数列のリストを設定

```
フォームモジュールUserForm6
Private Sub UserForm_Initialize()
    With ComboBox1
        Dim lists As Variant: lists = Sheet1.Range("A2:B4")
        .List = lists
        .ColumnCount = 2
        .BoundColumn = 2
        .TextColumn = 1
    End With
End Sub

Private Sub CommandButton1_Click()
    With ComboBox1
        Debug.Print .ListIndex, .Text, .Value
    End With
End Sub
```

図12-23 コンボボックスのリストのソースとなるワークシート

	A	B	C	D	E	F	G
1	name	age					
2	Bob	25					
3	Tom	32					
4	Jay	28					
5							
6							
7						✓	
8							

Sheet1 ⊕

ユーザーフォームUserForm6を表示すると、図12-24のようにコンボボックスに2列分が反映されていることが確認できます。また、リスト選択をしてコマンドボタンCommandButton1をクリックすると、イミディエイトウィンドウに、選択している行のインデックス、「name」列の値、「age」列の値が出力されますので、確認してみましょう。

図12-24 複数列のリストを表示するコンボボックス

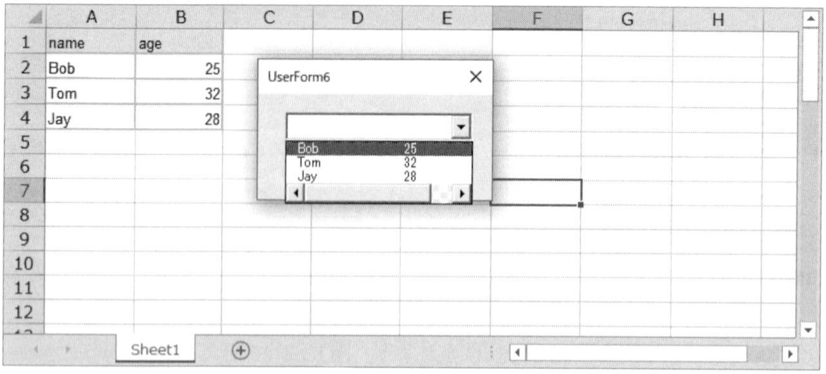

コンボボックスのリストを設定するもう一つの方法としてRowSourceプロパティを使用することができます。書式はこちらです。

---

object.**RowSource**

RowSourceプロパティには、リストのソースとなるワークシートのセル範囲アドレスを文字列で指定します。たとえば、リスト12-15のListプロパティと同範囲を指定するのであれば、「Sheet1!A2:B4」という文字列になります。RowSourceプロパティはデザイン時で設定できるというメリットがありますが、設定範囲の変更にはあまり強くありませんので、ケースバイケースでListプロパティと使い分けるとよいでしょう。

コンボボックスには直接入力も可能で、さらに1文字以上入力した時点でリストの中から候補を検索し、呼び出す、マッチングという便利な機能があります。どのように、候補を検索するかを設定するのが、以下のMatchEntryプロパティです。

---

object.**MatchEntry**

設定値は表12-9に示す列挙型fmMatchEntryのメンバーになります。

表12-9 列挙型fmMatchEntryのメンバー

メンバー	説明
fmMatchEntryFirstLetter	基本マッチング。1文字の入力テキストが前方一致する最初の候補を検索する
fmMatchEntryComplete	拡張マッチング。すべての入力テキストが前方一致する候補を検索する（既定値）
fmMatchEntryNone	マッチングをしない

例として、図12-25のようなワークシートSheet1のA列の都道府県名リストをソースとしたコンボボックスの例を考えてみましょう。

コンボボックスのMatchEntryプロパティがデフォルトの拡張マッチング、すなわちfmMatchEntry

Completeである場合、「大」と一文字入力すると、図のように「大阪府」がマッチします。

図12-25 1文字による拡張マッチング

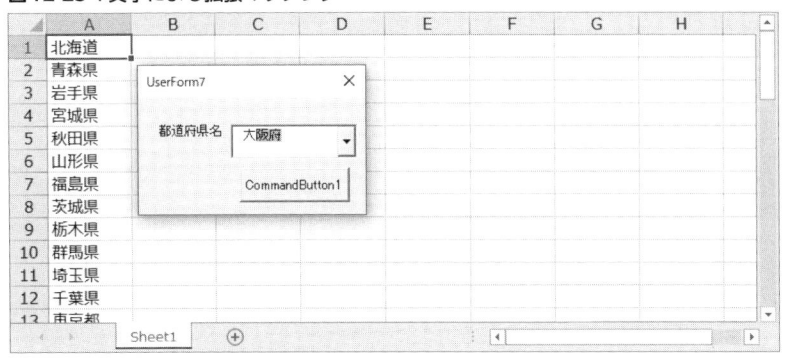

「大分県」を入力したい場合は、図12-26に示すように「大分」まで入力することでマッチします。

図12-26 2文字による拡張マッチング

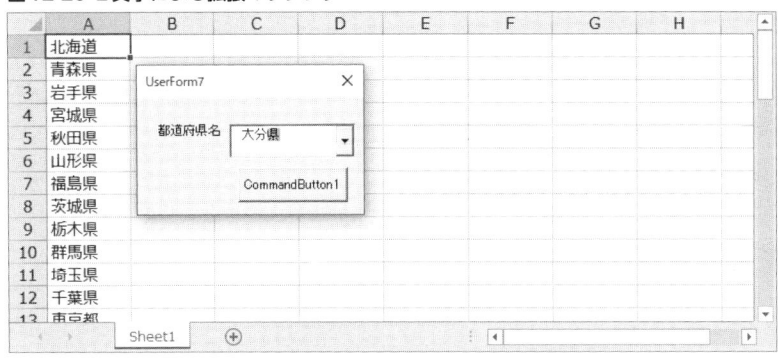

コンボボックスを基本マッチング、すなわちMatchEntryプロパティの値をfmMatchEntryFirst Letterに設定した場合、2文字以上でマッチングしなくなります。つまり、「大分県」をマッチングして呼び出すことはできなくなります。

一般的にデフォルトの拡張マッチングで問題はないと思いますが、ここではコンボボックスの便利なマッチングの機能について確認をしておきましょう。

12-3-6 ▶ CheckBoxコントロール／OptionButtonコントロール

CheckBoxコントロールとOptionButtonコントロールは、いずれもオン／オフの状態を切り替える機能を持つチェックボックスまたはオプションボタンを表すコントロールです。その状態はブール値で表現され、オンの場合はTrue、オフの場合はFalseの値を持ちます。

両者の違いは、単体で独立してオンとオフを切り替えられるかどうかです。チェックボックスは単体で独立してオン／オフを切り替えられるのに対して、オプションボタンはグルーピングされた複数のオプションボタンのうち、1つのみがオンの状態をとります。つまり、同じグループに属するオプショ

ンボタンは自動的にオフになります。

　これらのコントロールはそれぞれCheckBoxクラス、OptionButtonクラスのメンバーと、一部の
Controlクラスのメンバーで操作することが可能です。表12-2〜表12-4でそれぞれどのようなメン
バーを使用することができるか確認してみましょう。プロパティの多くはデザイン時に設定が可能で
す。

　チェックボックスやオプションボタンに表示するテキストはCaptionプロパティで表されます。以
下の書式でコントロール*object*の表示テキストの取得と設定を行うことができます。

| *object*.**Caption** |

　チェックボックスまたはオプションボタンの値はValueプロパティで表されます。それぞれ以下の
書式でテキストボックス*object*の入力値の取得および設定を行うことができます。

| *object*[**.Value**] |

　Valueプロパティの値は、オンの状態であればTrue、オフの状態であればFalseとなります。いず
れのクラスでもValueプロパティが既定メンバーとなりますが、わかりやすさのために省略をせずに
プロパティを明記したほうがよいでしょう。

　例として、図12-27に示す、ユーザーフォームUserForm8について見てみましょう。チェックボッ
クスCheckBox1と、オプションボタンOptionButton1を配置しています。

図12-27 チェックボックスとオプションボタン

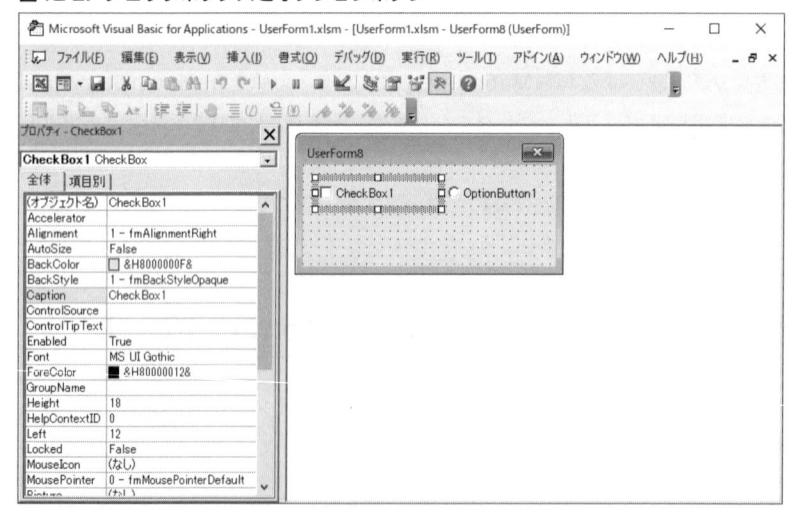

　フォームモジュールUserForm8にリスト12-16のようなコードを記述して、ユーザーフォームを表
示してみましょう。

```
フォームモジュールUserForm8
Private Sub CheckBox1_Click()

    MsgBox createMessage(CheckBox1)

End Sub

Private Sub OptionButton1_Click()

    MsgBox createMessage(OptionButton1)

End Sub

Private Function createMessage(ByVal obj As Object) As String

    Dim msg As String: msg = ""
    msg = msg & obj.Caption & "の値が "
    msg = msg & obj.Value & " になりました"
    createMessage = msg

End Function
```

　ユーザーフォームUserForm8を表示して、チェックボックスCheckBox1やオプションボタンOptionButton1をクリックすると、図12-28のようにメッセージダイアログが表示されます。

図12-28 チェックボックスとオプションボタンのクリックイベント

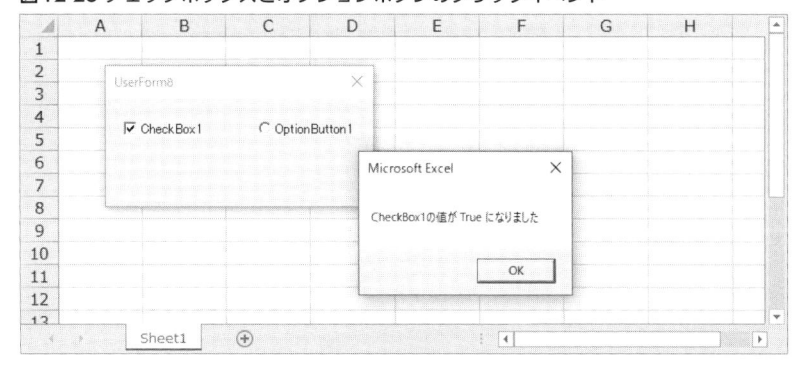

　ただし、チェックボックスCheckBox1はクリックをするたびにオン／オフを切り替えられるのに対して、オプションボタンOptionButton1は一度オンにすると、クリックをしてもオフには戻せないことを確認しましょう。

　オプションボタンはグループ化された複数のオプションボタンのうち1つがオン、それ以外のオプションボタンはオフというルールを常に保ちます。したがって、オプションボタンをオフにするためには、グルーピングされている他のオプションボタンをオンにする必要があります。

　オプションボタンをグループ設定するのが、以下書式のGroupNameプロパティです。

> *object*.**GroupName**

GroupNameプロパティはグループ名を文字列で表します。グループ名を指定することで、同じグループ名を持つオプションボタンがグループ化されます。GroupNameプロパティはデフォルトでは空文字ですので、ユーザーフォーム上にグループが1つであれば、すべてのオプションボタンが空文字グループということでグルーピングされます。

> 📝 **Memo** オプションボタンをグルーピングする別の方法としてフレームを使用する方法があります。特定のフレーム内に配置されたオプションボタンは、それだけでグルーピングされます。Frameコントロールは、他のコントロールを配置するという意味でUserFormオブジェクトと似た役割を持ちます。実際に、使用できるメンバーも共通のものが多いので確認してみてください。

オプションボタンは一般的には複数のオプションボタンのグループで使用することになります。その場合の、リスト12-16に示したコードを考えてみましょう。オプションボタンをクリックしたときのイベントプロシージャ OptionButton1_Click と同様のコードを、OptionButton2、OptionButton3……とすべてのオプションボタンの数だけ記述する必要があります。フォームモジュールのコードが冗長になってしまいますし、オプションボタンの数の増減に対応するのも面倒です。

この場合、クラスモジュールと WithEvent キーワードを用いて宣言したオブジェクト変数を使用します。例として、図12-29のユーザーフォーム UserForm9 について見ていきましょう。

図12-29 複数のオプションボタンによるユーザーフォーム

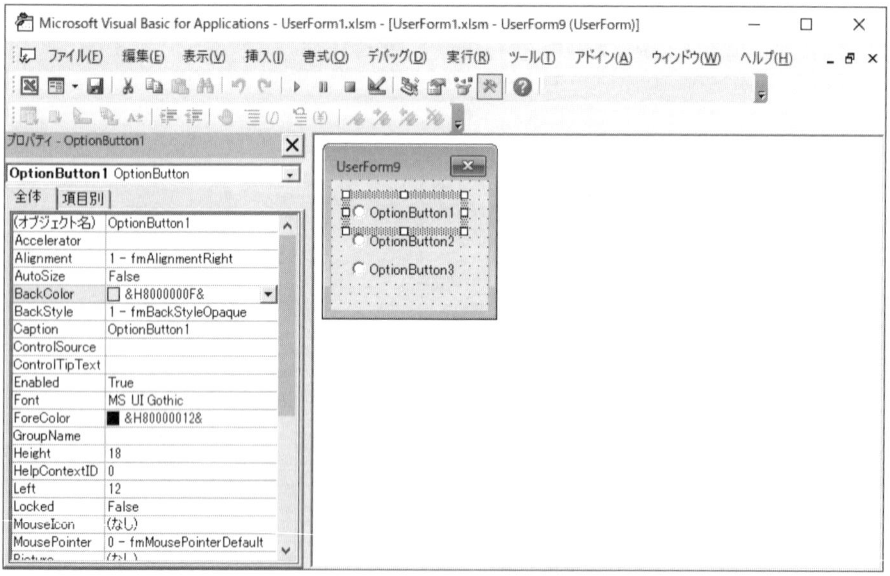

まず、OptionButtonObject というクラスを作成します。リスト12-17をご覧ください。

リスト12-17 オプションボタンのイベントに応答するオブジェクトのクラス

```
クラスモジュールOptionButtonObject
Private WithEvents myOptionButton_ As MSForms.OptionButton

Public Property Set SetOptionButton(newOptionButton As MSForms.OptionButton)
    Set myOptionButton_ = newOptionButton
End Property

Private Sub myOptionButton__Click()
    MsgBox createMessage(myOptionButton_)
End Sub

Private Function createMessage(ByVal obj As Object) As String
    Dim msg As String: msg = ""
    msg = msg & obj.Caption & "の値が "
    msg = msg & obj.Value & " になりました"
    createMessage = msg
End Function
```

　プライベート変数myOptionButton_に格納されたオブジェクトはOptionButtonコントロールのイベントに応答するようになります。この例では、myOptionButton__Clickプロシージャにより、オプションボタンのクリックでメッセージを生成して、ダイアログを表示するというものです。

　プライベート変数myOptionButton_に格納を行うのが、Property Set プロシージャ SetOptionButtonです。

　続いて、フォームモジュールUserForm9を見ていきましょう。リスト12-18です。

リスト12-18 ユーザーフォーム初期化時の処理

```
フォームモジュールUserForm9
Private optionButtons_ As Collection

Private Sub UserForm_Initialize()

    Set optionButtons_ = New Collection

    Dim c As Control
    For Each c In Controls
        If TypeName(c) = "OptionButton" Then
            Dim newOptionButton As OptionButtonObject
            Set newOptionButton = New OptionButtonObject

            Set newOptionButton.SetOptionButton = c
            optionButtons_.Add newOptionButton
        End If
    Next c

End Sub
```

　ユーザーフォームの初期化時に、フォーム上のすべてのオプションボタンについて、OptionButtonObjectクラスのインスタンスを生成し、OptionButtonコントロール格納していきます。そして、そ

れらをフォームモジュール上のコレクションoptionButtons_に追加して保管するというものです。

ユーザーフォームUserForm9を表示し、各オプションボタンをクリックすると、図12-30のように
メッセージダイアログが表示されるので、確認してみましょう。

図12-30 オプションボタンのクリックによるメッセージダイアログ

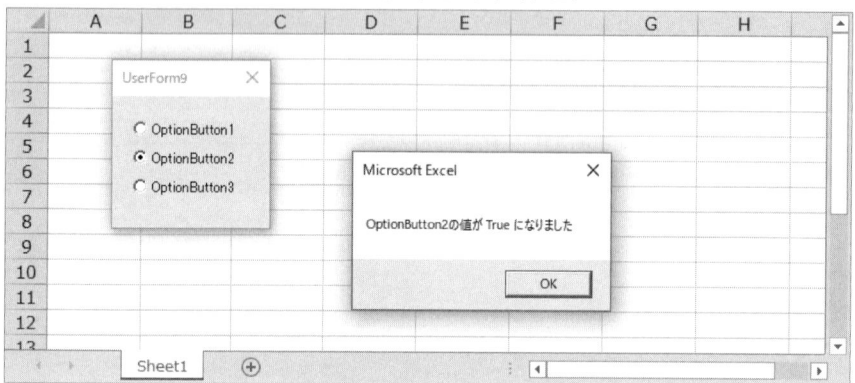

本章では、ユーザーフォームとそのコントロールを操作するクラスとそのメンバーについて紹介し
ました。

ユーザーフォームやコントロールを操作するメンバーは複数のライブラリ、またはクラスにまたがっ
て存在していますが、デザイン時プロパティや自動メンバー表示を頼りにしながら、本書も活用いた
だければと思います。

次章ではフォルダやファイルの操作、辞書などの機能を提供するScriptingライブラリについて紹
介をしていきます。

13章

Scriptingライブラリ

Scriptingライブラリではファイルやフォルダなどを操作するファイルシステム、およびデータの集合を取り扱う辞書を扱う機能が提供されています。標準ライブラリではないものの、活用シーンはとても多いので、ぜひマスターしておきましょう。

13-1 ファイルシステムの操作と辞書によるライブラリ

13-1-1 ▶ Scriptingライブラリとは

Scriptingライブラリは、フォルダやファイルといったファイルシステムを扱う機能、またデータの集合を表す辞書とよばれる機能を提供するライブラリです。

ファイルシステムに関連して、ファイルシステムへのアクセスを司るFileSystemObjectクラスのほか、Drive、Folder、File、TextStreamといったクラスが提供されています。また、辞書はDictionaryクラスで提供されています。Scriptingライブラリで提供されている主なクラスについて、表13-1にまとめていますのでご覧ください。

表13-1 Scriptringライブラリの主なクラス

クラス	説明
Class **Dictionary**	辞書を表すクラス
Class **Drive**	ドライブを表すクラス
Class **Drives**	ドライブのコレクションを表すクラス
Class **File**	ファイルを表すクラス
Class **Files**	ファイルのコレクションを表すクラス
Class **FileSystemObject**	ファイルシステムへのアクセスを提供するクラス
Class **Folder**	フォルダを表すクラス
Class **Folders**	フォルダのコレクションを表すクラス
Class **TextStream**	テキストファイルへの順次アクセスを提供するクラス

Scriptingライブラリはデフォルトでは参照設定がされていません。したがって、使用する際は、参照設定ダイアログで参照を行うか、CreateObject関数などでバインディングをして使用することになります。

参照設定ダイアログでは図13-1のように、「Microsoft Scripting Runtime」と表され、その場所は「C:¥Windows¥SysWOW64¥scrrun.dll」とされています。ダイアログでライブラリにチェックを入れて、「OK」をクリックすることで、参照設定を行うことができます。ひと手間はかかりますが、コード補完や固有のオブジェクト型を利用できるようになりますので、可能であれば参照設定をしておき

たいですね。

図13-1 参照設定ダイアログのScriptingライブラリ

図13-1 参照設定ダイアログのScriptingライブラリ

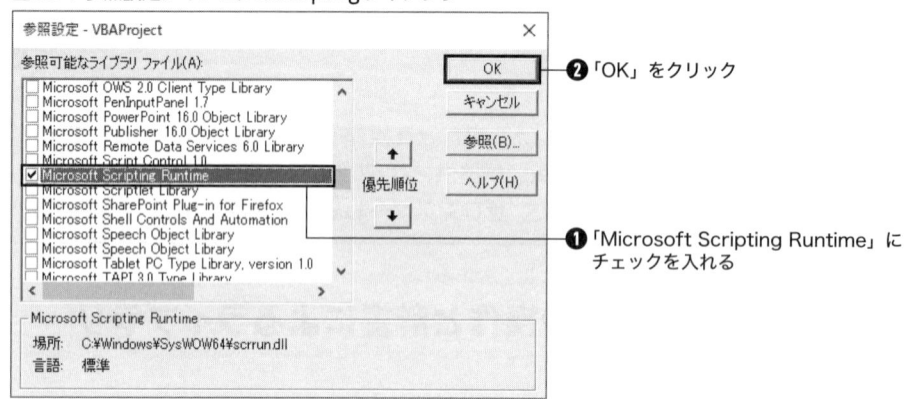

参照設定をすると、図13-2のようにオブジェクトブラウザーで含まれるクラスとそのメンバーを確認することができます。「プロジェクト/ライブラリ」ボックスでの表記や、詳細ペインでのライブラリ名は「Scripting」となっています。

図13-2 オブジェクトブラウザーでScriptingライブラリを確認

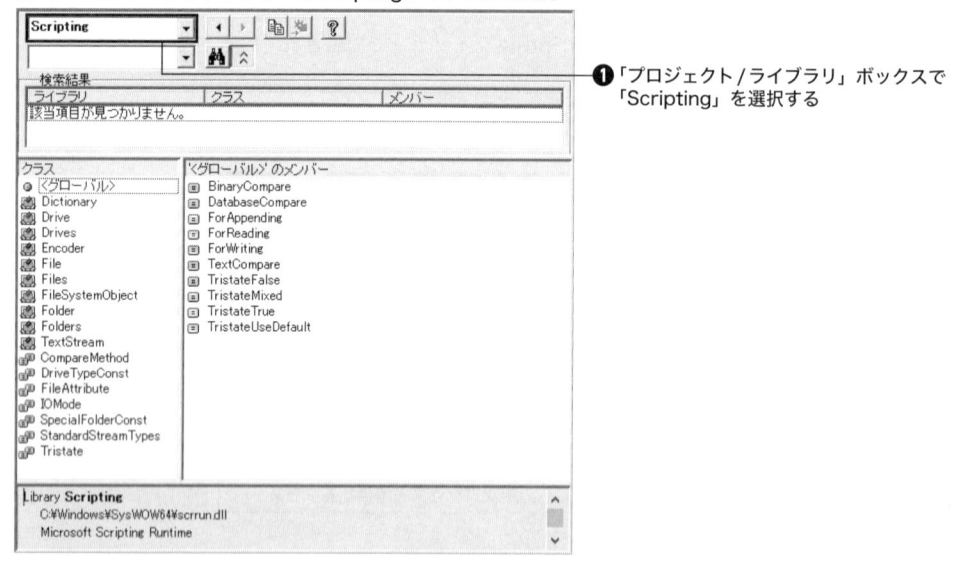

なお、グローバルのメンバーは、いくつかの列挙型のメンバーである定数のみで、クラスとそのメンバーはグローバルで定義されていません。

13-1-2 ▣ Scriptingライブラリの構造

Scriptingライブラリの構造は、図13-3のようになります。ファイルシステムに関連するオブジェ

クトは FileSystemObject → Drives[Drive] → Folders[Folder] → Files[File] → TextStream という階層構造になっています。これは実際のファイルシステムの階層構造と同様ですからイメージが湧きやすいですね。なお、辞書を表す Dictionary クラスだけは、独立して存在しているような形になります。

図13-3 Scripting ライブラリの階層構造

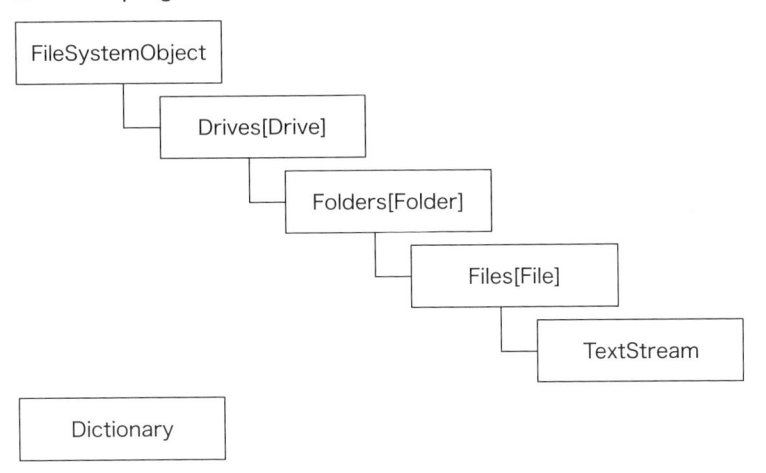

Excel ライブラリでは、上位のオブジェクトから配下のメンバーを順番にたどって取得するという手順が基本でしたが、Scripting ライブラリでは FileSystemObject クラスの機能が強力で、下位に存在する各オブジェクトを直接的に取得したり、操作したりする機能が充実しています。

たとえば、FileSystemObject クラスで提供されている GetFolder メソッド、GetFile メソッドおよび OpenTextFile メソッドを使用することで、Drive コレクションをはじめとしたオブジェクトを経由することなく、Folder オブジェクト、File オブジェクトおよび TextStream オブジェクトを取得可能です。

それぞれ操作する対象となるオブジェクトを取得した上で、対応するクラスで提供されているメンバーを用いて操作を行います。

ところで、ファイルシステムを操作する機能は VBA ライブラリの FileSystem モジュール内でも提供されています。Dir 関数、Open 関数、FileCopy 関数、MkDir 関数などをはじめ多くの関数が提供されており、デフォルトの状態でこれらの操作を行えるのはメリットと感じられるかもしれません。

しかし、ファイルシステムの操作対象となる各要素をオブジェクトとして利用できることには以下に挙げるように数々のメリットがあります。

- 可読性の高いコードが書ける
- 使用するメンバーが対象となるオブジェクトに閉じており安全に使用できる
- コレクションの機能を使用できる
- 自動メンバー表示によるコード補完が使用できる
- 固有のオブジェクト型が使用できる

・便利なメンバーが多数用意されている

このような理由から、本書ではファイルシステムに関する操作については、VBA関数による方法の紹介はあえて省き、Scriptingライブラリによる方法を紹介しています。

13-2 ファイルシステムオブジェクト ——FileSystemObjectクラス

13-2-1 ▣ FileSystemObjectクラスとは

FileSystemObjectクラスは、ファイルシステムへのアクセスを提供するクラスです。VBAからファイルシステム、すなわちドライブ、フォルダおよびファイルを操作するための入り口としての役割とともに、それらを直接的に操作するメンバーも多数提供しています。

表13-2にFleSystemObjectクラスで提供されている主なメンバーをまとめています。

表13-2 FileSystemObjectクラスの主なメンバー

メンバー	読み取り専用	説明
Function **BuildPath**(*Path As String, Name As String*) As String		*Path*で表されるパスに文字列*Name*を連結したパスを生成する
Sub **CopyFile**(*Source As String, Destination As String*, [*OverWriteFiles As Boolean = True*])		*Source*で表される1つまたは複数のファイルを、*Destination*で表されるフォルダにコピーする *OverWriteFiles*はファイルを上書きするかを表すブール値を指定する
Sub **CopyFolder**(*Source As String, Destination As String*, [*OverWriteFiles As Boolean = True*])		*Source*で表される1つまたは複数のフォルダを、*Destination*で表されるフォルダにコピーする *OverWriteFiles*はファイルを上書きするかを表すブール値を指定する
Function **CreateFolder**(*Path As String*) As Folder		*Path*で表されるフォルダを作成する
Function **CreateTextFile**(*FileName As String*, [*Overwrite As Boolean* = True], [*Unicode As Boolean* = False]) As TextStream		FileNameで表されるテキストファイルを作成し、TextStreamオブジェクトとして返す *OverWrite*にはファイルを上書きするかどうかをブール値で指定する 文字コードをUnicodeにする場合は*Unicode*にTrueを指定する（既定値はFalseで、文字コードはASCIIとなる）
Sub **DeleteFile**(*FileSpec As String*, [*Force As Boolean* = False])		*FileSpec*で表されるファイルを削除する *Force*には読み取り専用属性が設定されているファイルを削除するかどうかをブール値で指定する
Sub **DeleteFolder**(*FolderSpec As String*, [*Force As Boolean* = False])		*FolderSpec*で表されるフォルダを削除する *Force*には読み取り専用属性が設定されているフォルダを削除するかどうかをブール値で指定する
Function **DriveExists**(*DriveSpec As String*) As Boolean		*DriveSpec*で表されるドライブが存在しているかを表すブール値を返す
Property **Drives** As Drives	○	Drivesコレクションを取得する

（表13-2続き）

Function **FileExists**(*FileSpec As String*) As Boolean		*FileSpec*で表されるファイルが存在しているかを表すブール値を返す
Function **FolderExists**(*FolderSpec As String*) As Boolean		*FolderSpec*で表されるフォルダが存在しているかを表すブール値を返す
Function **GetAbsolutePathName**(*Path As String*) As String		*Path*で表されるパスから完全なパスを取得する
Function **GetBaseName**(*Path As String*) As String		*Path*で表されるパスからベース名を取得するベース名はファイル拡張子を除く
Function **GetDrive**(*DriveSpec As String*) As Drive		*DriveSpec*で表されるDriveオブジェクトを返す
Function **GetDriveName**(*Path As String*) As String		*Path*で表されるパスからドライブ名を取得する
Function **GetExtensionName**(*Path As String*) As String		*Path*で表されるパスから拡張子を取得する
Function **GetFile**(*FilePath As String*) As File		*FilePath*で表されるFileオブジェクトを取得する
Function **GetFileName**(*Path As String*) As String		*Path*で表されるパスからファイル名を取得する
Function **GetFolder**(*FolderPath As String*) As Folder		*FolderPath*で表されるFolderオブジェクトを取得する
Function **GetParentFolderName**(*Path As String*) As String		*Path*で表されるパスからフォルダ名を取得する
Function **GetSpecialFolder**(*SpecialFolder As SpecialFolderConst*) As Folder		*SpecialFolder*に指定した列挙型SpecialFolderConstの値に応じたFolderオブジェクトを取得する - WindowsFolder：Windowsフォルダ - SystemFolder：システムフォルダ - TemporaryFolder：環境変数TMPに指定されている一時フォルダ
Function **GetTempName**() As String		一時的なファイル名またはフォルダ名を生成する
Sub **MoveFile**(*Source As String, Destination As String*)		*Source*で表される1つまたは複数のファイルを、*Destination*で表されるフォルダに移動する
Sub **MoveFolder**(*Source As String, Destination As String*)		*Source*で表される1つまたは複数のフォルダを、*Destination*で表されるフォルダに移動する
Function **OpenTextFile**(*FileName As String*, [*IOMode As IOMode* = ForReading], [*Create As Boolean* = False], [*Format As Tristate* = TristateFalse]) As TextStream		FileNameで表されるテキストファイルを開きTextStreamオブジェクトを返す *IOMode*には入出力モードを表す列挙型IOModeの値を指定する - ForReading：読み取り専用 - ForWriting：上書き専用 - ForAppending：追加専用 *Format*には開くファイルの文字コードを表す列挙型Tristateの値を指定する - TristateUseDefault：システムの既定の文字コード - TristateTrue：Unicode - TristateFalse：ASCII

　プロパティとして提供されているのはDrivesプロパティのみで、他は値を返す目的のものも含めてメソッドとして提供されています。

13-2-2 ◩ FileSystemObjectオブジェクトの生成と操作

FileSystemObjectクラスのメンバーを使用するには、そのインスタンスを生成する必要があります。参照設定がされていれば、事前バインディングが可能で、以下のようにNewキーワードを使用してインスタンスを生成することができます。

```
New FileSystemObject
```

参照設定をしていない場合は、実行時バインディングとなり、CreateObject関数を用いて以下のように記述します。

```
CreateObject("Scripting.FileSystemObject")
```

では、表13-2のいくつかのFileSystemObjectのメンバーについて、その動作を確認してみましょう。リスト13-1です。

リスト13-1 FileSystemObjectクラスのメンバー

```
標準モジュールModule1
Sub MySub()

    With New FileSystemObject

        Dim myPath As String: myPath = .BuildPath(ThisWorkbook.Path, "hoge.txt")
        Debug.Print myPath 'C:¥Users¥ntaka¥ファイルシステム¥hoge.txt

        Debug.Print .DriveExists("C") 'True
        Debug.Print .FolderExists("C:¥Users¥ntaka¥ファイルシステム") 'True
        Debug.Print .FileExists(myPath) 'True

        Debug.Print .GetAbsolutePathName(myPath) 'C:¥Users¥ntaka¥ファイルシステム¥
hoge.txt
        Debug.Print .GetDriveName(myPath) 'C:
        Debug.Print .GetParentFolderName(myPath) 'C:¥Users¥ntaka¥ファイルシステム
        Debug.Print .GetFileName(myPath) 'hoge.txt
        Debug.Print .GetBaseName(myPath)  'hoge
        Debug.Print .GetExtensionName(myPath) 'txt

        Debug.Print .GetTempName 'rad9C101.tmp
    End With

End Sub
```

リスト13-1のコメントは筆者の環境で「C:¥Users¥ntaka¥ファイルシステム¥hoge.txt」というファイルが存在している場合の結果です。皆さんの環境の適当なフォルダとファイルを用意して動作確認をしてみましょう。

他のメンバーは次節以降で、各クラスの配下のメンバーと合わせて紹介していきます。

13-2-3 ▶ ドライブ／フォルダ／ファイルを取得する

ドライブを取得するには、以下書式のDrivesプロパティを使用することができます。

> *object*.**Drives**

*object*はFileSystemObjectクラスのインスタンスです。これにより、現在使用しているドライブをDrivesコレクションとして取得することができます。

特定のドライブ、フォルダまたはファイルを取得するには、Drivesプロパティで取得したDrivesコレクションからDrivesオブジェクト→Foldersコレクション→……たどっていくことも可能ですが、FileSystemObjectクラスから直接的に特定のオブジェクトを取得する手段が用意されています。

GetDriveメソッド、GetFolederメソッドそしてGetFileメソッドです。書式はそれぞれ以下のとおりです。

> *object*.**GetDrive**(*DriveSpec*)

> *object*.**GetFolder**(*FolderPath*)

> *object*.**GetFile**(*FilePath*)

それぞれの引数はドライブ、フォルダ、ファイルのパスを表す文字列になります。パスは絶対パスやもちろん相対パスで指定することも可能です。ここで、引数DriveSpecはドライブのパスだけではなく、ドライブを表す文字であるドライブレターを使用することも可能です。

いずれも、パスを相対パスで指定する場合、「.」はカレントフォルダ、「..」は親フォルダを表します。ただし、VBAのカレントフォルダは、現在記述しているExcelマクロブックが存在しているフォルダではなく、Excelのオプションで設定されている「既定のローカルファイルの保存場所」になります。

リスト13-2を実行して、さまざまな方法によるドライブ、フォルダ、ファイルの取得を試してみましょう。

リスト13-2 ドライブ／フォルダ／ファイルの取得

```
標準モジュールModule1
Sub MySub()

    With New FileSystemObject
        Debug.Print .Drives.Count '2

        Debug.Print .GetDrive("C:").Path 'C:
        Debug.Print .GetDrive("C").Path 'C:

        Dim myPath As String: myPath = ThisWorkbook.Path
        Debug.Print .GetFolder(myPath).Name 'ファイルシステム
        Debug.Print .GetFolder(".").Name 'Documents
```

```
        Debug.Print .GetFolder("..").Name 'ntaka

        Dim fileName As String: fileName = "hoge.txt"
        Debug.Print .GetFile(myPath & "¥" & fileName).Name 'hoge.txt
        Debug.Print .GetFile(.BuildPath(myPath, fileName)).Name 'hoge.txt
        Debug.Print .GetFile("..¥ファイルシステム¥hoge.txt").Name 'hoge.txt

    End With

End Sub
```

コメントはリスト13-1と同様の環境で実施した場合の出力です。皆さんの環境で必要なフォルダ、ファイルを用意して実行してみましょう。

13-3 ドライブを操作する ——Drivesクラス／Driveクラス

13-3-1 ▶ Drivesクラスとドライブの参照

Drivesクラスはドライブを表すDriveオブジェクトのコレクションを操作するクラスです。他のオブジェクトのコレクションと同様の機能が提供されています。表13-3にそのメンバーをまとめています。

表13-3 Drivesクラスの主なメンバー

メンバー	読み取り専用	説明
Property **Count** As Long	○	コレクションに含まれるオブジェクトの数
Property **Item**(*Key*) As Drive	○	既定のメンバー コレクションの要素のうち*Key*で参照される単一のオブジェクト

ItemプロパティでDrivesコレクションから、特定のドライブを表すDriveオブジェクトを取得することができます。

```
object[.Item](Key)
```

この書式により、Drivesコレクション*object*から引数*Key*で表されるドライブを取得します。引数*Key*はドライブを表すパスかドライブレターを指定します。インデックスのような整数で指定して取得することはできません。なお、ItemプロパティはDrivesクラスの既定のメンバーなので、省略して記述することが可能です。

Drivesコレクションの要素数、すなわちドライブ数を取得するCountプロパティも用意されています。書式はこちらです。

```
object.Count
```

例としてリスト13-3を実行してみましょう。

リスト13-3 Drivesコレクションからドライブを参照する

```
標準モジュールModule1
Sub MySub()

    With New FileSystemObject

        Debug.Print .Drives.Item("C:").Path 'C:
        Debug.Print .Drives("C").Path 'C:
        Debug.Print .Drives.Count '2

        Dim myDrive As Drive
        For Each myDrive In .Drives
            Debug.Print myDrive.Path
        Next myDrive

    End With
End Sub
```

　DrivesコレクションからのDriveオブジェクトおよびその要素数の取得、そしてDriveコレクションのFor Each ～ Next文によるループの例となります。皆さんの環境で使用しているすべてのドライブがデバッグ出力されるか確認してください。

13-3-2 ▣ Driveクラスとは

　Driveクラスはドライブを操作する機能を提供するクラスです。そのメンバーはドライブの情報を得るためのプロパティで構成されています。主なメンバーを表13-4にまとめていますのでご覧ください。

表13-4 Driveクラスの主なメンバー

メンバー	読み取り専用	説明
Property **AvailableSpace** As Variant	○	Driveオブジェクトの利用可能な容量を表すバイト数
Property **DriveLetter** As String	○	Driveオブジェクトのドライブ文字を表す文字列
Property **DriveType** As DriveTypeConst	○	Driveオブジェクトのドライブの種類を表す列挙型 DriveTypeConstのメンバー - CDRom：CD-ROMドライブ - Fixed：固定 - RamDisk：RAMディスク - Remote：ネットワークドライブ - Removable：リムーバブルドライブ - UnknownType：不明

Property **FreeSpace** As Variant	○	Driveオブジェクトの空き領域の容量を表すバイト数
Property **IsReady** As Boolean	○	Driveオブジェクトの準備ができているかどうかを表すブール値
Property **Path** As String	○	既定のメンバー Driveオブジェクトのパスを表す文字列
Property **RootFolder** As Folder	○	DriveオブジェクトのルートフォルダであるFolderオブジェクト
Property **SerialNumber** As Long	○	Driveオブジェクトのシリアルナンバーを表す整数
Property **TotalSize** As Variant	○	Driveオブジェクトの合計容量を表すバイト数
Property **VolumeName** As String	○	Driveオブジェクトのボリューム名を表す文字列

ドライブのパスを取得するPathプロパティはDriveクラスの既定のメンバーです。書式は以下のとおりです。

object[**.Path**]

プロパティの記述は省略することができますが、わかりやすさのために省略せずに明記したほうがよいでしょう。

Driveクラスのメンバーの使用例がリスト13-4です。コメントは筆者の環境での結果になりますので、皆さんの環境での出力を確認してみてください。

リスト13-4 Drive クラスのメンバー

```
標準モジュールModule1
Sub MySub()

    With New FileSystemObject
        With .GetDrive("C")

            Debug.Print .DriveLetter 'C
            Debug.Print .VolumeName 'Windows
            Debug.Print .Path 'C:

            Debug.Print .DriveType '2
            Debug.Print .IsReady 'True
            Debug.Print .SerialNumber 'シリアルナンバー

            Debug.Print .TotalSize '254721126400
            Debug.Print .AvailableSpace '154361606144
            Debug.Print .FreeSpace '154361606144
        End With
    End With

End Sub
```

13-4 フォルダを操作する ——Foldersクラス／Folderクラス

13-4-1 ▶ Foldersクラスとは

Foldersクラスはフォルダを表すFolderオブジェクトのコレクションを操作する機能を提供するクラスです。表13-5に示すとおり、コレクションとしての機能に加えて、フォルダを追加するAddメソッドが用意されています。

表13-5 Foldersクラスの主なメンバー

メンバー	読み取り専用	説明
Function **Add**(*Name As String*) As Folder		Foldersコレクションに*Name*で表すフォルダを追加する
Property **Count** As Long	○	コレクションに含まれるオブジェクトの数
Property **Item**(*Key*) As Drive	○	既定のメンバー コレクションの要素のうち*Key*で参照される単一のオブジェクト

FoldersコレクションからFolderオブジェクトを参照するのはItemプロパティを使用します。

```
object[.Item](Key)
```

これにより、Foldersコレクション*object*の要素である引数*Key*で表されるフォルダをFolderオブジェクトとして取得することができます。引数*Key*はフォルダ名を表す文字列を指定します。インデックスなどの整数を指定することはできません。なお、ItemプロパティはFoldersコレクションの既定のメンバーですので、そのプロパティの記述は省略することが可能です。

Foldersコレクション*object*の要素数を取得するのは、以下書式のCountプロパティです。

```
object.Count
```

これらのメンバーの使用例として、リスト13-5をご覧ください。

リスト13-5 Foldersコレクションからフォルダを参照する

```
標準モジュールModule1
Sub MySub()

    With New FileSystemObject

        Dim myPath As String: myPath = ThisWorkbook.Path
        Dim myFolders As Folders: Set myFolders = .GetFolder(myPath).SubFolders

        Debug.Print myFolders.Item("hoge").Name 'hoge
```

```
        Debug.Print myFolders("fuga").Name 'fuga
        Debug.Print myFolders.Count '2

        Dim myFolder As Folder
        For Each myFolder In myFolders
            Debug.Print myFolder.Name
        Next myFolder
    End With

End Sub
```

　コメントは、マクロを記述しているExcelマクロブックと同じフォルダに「hoge」「fuga」という2
つのフォルダが存在している状態で実行したものです。

　また、For Each～NextステートメントによるFoldersコレクションへのループ処理により、フォ
ルダ内のサブフォルダ名がイミディエイトウィンドウに出力されることを確認しましょう。

13-4-2 ▶ フォルダを作成する

　フォルダを作成するには、FoldersコレクションのAddメソッドを使うことができます。書式は以
下のとおりです。

> *object*.**Add**(*Name*)

　これにより、Foldersコレクション*object*の要素として、フォルダ名*Name*の新たなフォルダを作
成し、追加します。

　フォルダを作成するには別の方法があります。FileSystemObjectクラスのCreateFolderメソッド
を使用する方法です。書式は以下のとおりです。

> *object*.**CreateFolder**(*Path*)

　*objcet*はFileSystemObjectオブジェクトです。引数*Path*には絶対パスもしくはカレントフォルダ
からの相対パスを指定します。

　これらのメソッドの使用例として、リスト13-6をご覧ください。

リスト13-6 フォルダを作成する

```
標準モジュールModule1
Sub MySub()

    With New FileSystemObject

        Dim myPath As String: myPath = ThisWorkbook.Path
```

```
            Dim myFolders As Folders: Set myFolders = .GetFolder(myPath).SubFolders

            myFolders.Add "piyo"
            .CreateFolder myPath & "¥foo"

        End With
End Sub
```

Foldersクラスの Add メソッド、FileSystemObject クラスの CreateFolder メソッドでそれぞれフォルダを作成しています。実行すると図13-4のように、新たなフォルダ「piyo」と「foo」が追加されていることを確認できます。

図13-4 作成したフォルダ

Add メソッドは Folders コレクションの取得が必要ですが、引数の指定はフォルダ名の指定だけで作成できます。一方で、CreateFolder メソッドは、Folders コレクションの取得は不要ですが、引数としてパスを指定する必要があります。よりスマートに記述できるほうを選択するとよいでしょう。

13-4-3 ▶ Folder クラスとは

Folder クラスはフォルダを操作する機能を提供するクラスです。

まず、Folder クラスに含まれるプロパティを、表13-6としてまとめていますのでご覧ください。フォルダの情報を取得または設定するプロパティや、関連するオブジェクトを取得するプロパティが提供されています。

表13-6 Folder クラスの主なプロパティ

メンバー	読み取り専用	説明
Property **Attributes** As FileAttribute		Folder オブジェクトの属性を表す列挙型 FileAttribute の値
Property **DateCreated** As Date	○	Folder オブジェクトが作成された日時
Property **DateLastAccessed** As Date	○	Folder オブジェクトが最後にアクセスされた日時
Property **DateLastModified** As Date	○	Folder オブジェクトが最後に変更された日時
Property **Drive** As Drive	○	Folder オブジェクトが存在する Drive オブジェクト

（表13-6続き）

Property Files As Files	○	Folderオブジェクトに含まれるFilesコレクション
Property IsRootFolder As Boolean	○	Folderオブジェクトがルートフォルダかどうかを表すブール値
Property Name As String		Folderオブジェクトのフォルダ名を表す文字列
Property ParentFolder As Folder	○	Folderオブジェクトの親フォルダであるFolderオブジェクト
Property Path As String	○	既定のメンバー Folderオブジェクトのパスを表す文字列
Property ShortName As String	○	Folderオブジェクトのショートネームを表す文字列
Property ShortPath As String	○	Folderオブジェクトのショートパスを表す文字列
Property Size As Variant	○	Folderオブジェクトの使用容量
Property SubFolders As Folders	○	Folderオブジェクトに含まれるFoldersコレクション
Property Type As String	○	Folderオブジェクトのタイプを表す文字列

　Pathプロパティはフォルダのパスを取得するプロパティです。

```
object[.Path]
```

　この書式により、Folderオブジェクト*object*のパスを文字列として取得できます。プロパティの記述は省略することができますが、明記することをおすすめします。

　表13-7はFolderクラスの主なメソッドをまとめたものです。これらのメソッドを使用してコピーや削除といったフォルダの操作およびテキストファイルの作成をすることができます。

表13-7 Folderクラスの主なメソッド

メンバー	説明
Sub Copy(*Destination As String*, [*OverWriteFiles As Boolean* = True])	Folderオブジェクトを*Destination*で表されるフォルダにコピーする *OverWriteFiles*はファイルを上書きするかを表すブール値を指定する
Function CreateTextFile(*FileName As String*, [*Overwrite As Boolean* = True], [*Unicode As Boolean* = False]) As TextStream	Folderオブジェクトにテキストファイルを作成しTextStreamオブジェクトとして返す *OverWrite*はファイルを上書きするかを表すブール値を指定する 文字コードをUnicodeにする場合は*Unicode*にTrueを指定する（既定値はFalseで、文字コードはASCIIとなる）
Sub Delete([*Force As Boolean* = False])	Folderオブジェクトを削除する *Force*には読み取り専用属性が設定されているフォルダを削除するかどうかをブール値で指定する
Sub Move(*Destination As String*)	Folderオブジェクトを*Destination*で表されるフォルダに移動する

　リスト13-7はFolderクラスのいくつかのプロパティについて、その動作を確認するものです。コメントは筆者の環境の「C:¥Users¥ntaka¥ファイルシステム」というフォルダを対象にした場合の出力です。皆さんの環境内の任意のフォルダで実行をして確認をしてみましょう。

リスト13-7 Folderクラスのメンバー

```
標準モジュールModule1
Sub MySub()

    With New FileSystemObject
        With .GetFolder("C:¥Users¥ntaka¥ファイルシステム")

            Debug.Print .Name 'ファイルシステム
            Debug.Print .Path 'C:¥Users¥ntaka¥ファイルシステム

            Debug.Print .Drive.Path 'C:
            Debug.Print .ParentFolder.Path 'C:¥Users¥ntaka

            Debug.Print .ShortName 'ファイ~1
            Debug.Print .ShortPath 'C:¥Users¥ntaka¥ファイ~1

            Debug.Print .DateCreated '2019/07/02 9:41:38
            Debug.Print .DateLastAccessed '2019/07/02 11:29:57
            Debug.Print .DateLastModified '2019/07/02 11:29:57

            Debug.Print .Attributes '16
            Debug.Print .IsRootFolder 'False
            Debug.Print .Size '16532
            Debug.Print .Type 'ファイル フォルダー

        End With
    End With

End Sub
```

13-4-4 ▶ サブフォルダ／ファイルを取得する

　フォルダ内のフォルダ（サブフォルダといいます）を取得するには、SubFoldersプロパティを使用することができます。サブフォルダは複数存在し得ますからSubFoldersプロパティの戻り値は、Foldersコレクションとなります。書式は以下のとおりです。

> *object*.**SubFolders**

　これにより、Folderオブジェクト*object*配下のFoldersコレクションを取得することができます。
　また、フォルダ内のファイルを取得するには、Filesプロパティを使用します。ファイルも複数存在し得ますので、Filesプロパティは以下書式によりFolderオブジェクト*object*配下のFilesコレクションを表します。

> *object*.**Files**

　これらの使用例として、リスト13-8をご覧ください。

リスト13-8 SubFoldersプロパティ／Filesプロパティ

```
標準モジュールModule1
Sub MySub()

    With New FileSystemObject
        With .GetFolder("C:¥Users¥ntaka¥ファイルシステム")

            Debug.Print .SubFolders.Count '4
            Debug.Print .Files.Count '3

        End With

        With .GetDrive("C").RootFolder

            Debug.Print .SubFolders.Count '15
            Debug.Print .Files.Count '3

        End With
    End With

End Sub
```

この例では、「C:¥Users¥ntaka¥ファイルシステム」とドライブCのサブフォルダおよびファイルの数をデバッグ出力します。皆さんの環境の任意のフォルダやドライブを対象として実行をしてみてください。

なお、Driveオブジェクトに対してSubFoldersプロパティやFilesプロパティを直接使用することができませんので、この例のようにRootFolderプロパティでドライブのルートフォルダをFolderオブジェクトとして取得してから実行します。

13-4-5 ▶ フォルダをコピーする／移動する／削除する

フォルダをコピーするには、FolderクラスのCopyメソッドを使用することができます。

```
object.Copy(Destination, [OverWriteFiles])
```

この書式で、Folderオブジェクト*object*をコピーします。引数*Destination*はコピー先フォルダのパスを絶対パスまたはカレントフォルダからの相対パスで指定します。また、引数*OverWriteFiles*は既存のフォルダがあるときに上書きをするかどうかをブール値で指定します。Falseに指定すると、上書きはされません。既定値はTrueです。

Moveメソッドはフォルダを移動するメソッドです。以下書式で、Folderオブジェクト*object*を移動します。

```
object.Move(Destination)
```

引数*Destination*には、移動先となるフォルダのパスを絶対パスまたはカレントフォルダからの相対パスを指定します。

フォルダを削除するには、Folderクラスの Delete メソッドを使用します。書式はこちらです。

```
object.Delete([Force])
```

これにより Folder オブジェクト*object*を削除します。省略可能な引数*Force*には読み取り専用のフォルダも削除するかどうかをブール値で指定します。既定値はFalseです。

では、図13-5のようなフォルダを対象に、これらのメソッドの動作を確認してみましょう。フォルダパスは「C:¥Users¥ntaka¥ファイルシステム」としています。

図13-5 コピー・移動・削除の対象となるサブフォルダ

名前	更新日時	種類	サイズ
foo	2019/07/05 11:19	ファイル フォルダー	
fuga	2019/07/05 10:50	ファイル フォルダー	
hoge	2019/07/05 10:50	ファイル フォルダー	
piyo	2019/07/05 11:19	ファイル フォルダー	
コピー移動先	2019/07/06 10:57	ファイル フォルダー	
fso.xlsm	2019/07/05 12:32	Microsoft Excel マ...	18 KB
hoge.txt	2019/07/02 10:29	テキスト ドキュメント	0 KB

7 個の項目

これに対して、リスト13-9を実行してみましょう。

リスト13-9 Folderクラスのメソッドによるフォルダのコピー／移動／削除

```
標準モジュールModule1
Sub MySub()

    With New FileSystemObject
        Dim myDestination As String
        myDestination = ThisWorkbook.Path & "¥コピー移動先¥"

        With .GetFolder("C:¥Users¥ntaka¥ファイルシステム")

            .SubFolders("hoge").Copy myDestination
            .SubFolders("fuga").Move myDestination
            .SubFolders("piyo").Delete

        End With
    End With

End Sub
```

実行すると元のフォルダ「ファイルシステム」から「fuga」「piyo」は取り除かれ、「コピー移動先」に「hoge」「fuga」が追加されます。

フォルダのコピー、移動および削除の操作をするメソッドはFileSystemObjectクラスでも用意されています。それぞれ、以下に示すCopyFolderメソッド、MoveFolderメソッド、DeleteFolderメソッドです。

```
object.CopyFolder(Source, Destination, [OverWriteFiles])
```

```
object.MoveFolder(Source, Destination)
```

```
object.DeleteFolder(FolderSpec, [Force])
```

　*object*はFileSystemObjectオブジェクトです。引数*Destination*、*OverWriteFiles*、*Force*はFolderクラスのメソッド群と同様です。

　引数*Source*および*FolderSpec*は、対象となるフォルダのパスを表す文字列で、絶対パスまたはカレントフォルダからの相対パスを指定します。これらの引数には、パスの最後の構成要素についてワイルドカードを使用して、複数のフォルダを操作対象とすることができます。使用できるワイルドカードは任意の文字列を表すアスタリスク（*）と、任意の1文字を表すクエスチョンマーク（?）です。たとえば、「C:¥Users¥ntaka¥ファイルシステム¥*」と指定することで、ファイルシステムフォルダ配下のすべてのサブフォルダを対象とすることができます。

　では、これらの使用例を見てみましょう。リスト13-10です。

リスト13-10 FileSystemObjectクラスのメソッドによるフォルダのコピー／移動／削除

```
標準モジュールModule1
Sub MySub()

    With New FileSystemObject
        Dim myPath As String: myPath = ThisWorkbook.Path
        Dim myDestination As String: myDestination = myPath & "¥コピー移動先¥"

        .CopyFolder myPath & "¥hoge", myDestination
        .MoveFolder myPath & "¥f*", myDestination
        .DeleteFolder myPath & "¥piyo"

    End With

End Sub
```

　図13-5のフォルダに対して実行をすると、フォルダ「ファイルシステム」から「fuga」「foo」「piyo」が取り除かれ、フォルダ「コピー移動先」に「hoge」「fuga」「foo」が追加されます。

　複数のフォルダをまとめて操作したい場合には、FileSystemObjectクラスのメソッドを使用するとよいでしょう。

13-4-6 ◙ テキストファイルを作成する

CreateTextFileメソッドはテキストファイルを作成するメソッドです。書式は以下のとおりです。

```
object.CreateTextFile(FileName, [Overwrite], [Unicode])
```

　これによりFolderオブジェクト*object*の配下に引数*Filename*をファイル名とするテキストファイルを作成します。引数*Overwrite*はファイルを上書きするかどうかを表すブール値で、既定値はTrueです。引数*Unicod*にTrueを指定すると、テキストファイルの文字コードがUnicodeとなります。既定値はFalseでその場合のテキストファイルの文字コードはASCIIとなります。
　CreateTextFileメソッドの戻り値は、テキストファイルへの読み書きなどのアクセスが可能なTextStreamオブジェクトです。TextStreamオブジェクトとその操作については13-6で詳しく解説します。

　テキストファイルの作成はFileSystemObjectクラスのCreateTextFileメソッドを使うことでも実現可能です。書式はFolderクラスのそれと同様で、以下となります。

```
objecl.CreateTextFile(FileName, [Overwrite], [Unicode])
```

　*object*はFileSystemObjectオブジェクトとなります。こちらの引数*Filename*は、パスも含むファイル名となり、絶対パスかカレントフォルダからの相対パスとなります。

　では、テキストファイルを作成する例として、リスト13-11を実行してみましょう。

リスト13-11 テキストファイルの作成

```
標準モジュールModule1
Sub MySub()

    With New FileSystemObject
        Dim myPath As String: myPath = ThisWorkbook.Path

        .GetFolder(myPath).CreateTextFile "hoge.txt"
        .CreateTextFile myPath & "¥fuga.txt"

    End With

End Sub
```

　マクロを記述しているExcelマクロブックと同じフォルダに、「hoge.txt」と「fuga.txt」が作成されることを確認できるはずです。どちらのクラスのCreateTextFileメソッドを使用するかは、Folderオブジェクトが取得できているかどうかで判断するとよいでしょう。

13 章 Scripting ライブラリ

13-5 ファイルを操作する──Filesクラス／Fileクラス

13-5-1 ▸ Filesクラスとは

　Filesクラスはファイルを表すFileオブジェクトのコレクションを取り扱う機能を提供するクラスです。表13-8にそのメンバーを記載しているとおり、他のコレクションと同様にCountプロパティとItemプロパティを使用することができます。

表13-8 Filesクラスの主なメンバー

メンバー	読み取り専用	説明
Property **Count** As Long	○	コレクションに含まれるオブジェクトの数
Property **Item**(*Key*) As Drive	○	既定のメンバー コレクションの要素のうち*Key*で参照される単一のオブジェクト

　ItemプロパティはFilesコレクションのFileオブジェクトを参照します。書式は以下のとおりです。

```
object[.Item](Key)
```

　Filesコレクション*objcet*のうち、引数*Key*で表されるファイルをFileオブジェクトとして取得します。引数*Key*にはファイル名を表す文字列を指定し、インデックスなどの整数を指定することはできません。また、ItemプロパティFilesクラスにおいても既定のメンバーなので、その記述は省略可能です。

　以下書式のCountプロパティはFilesコレクション*objcet*の要素数を表します。

```
object.Count
```

　これらのプロパティの使用例について、リスト13-12を実行してみましょう。

リスト13-12 Filesコレクションからファイルを参照する

```
標準モジュールModule1
Sub MySub()

    With New FileSystemObject

        Dim myPath As String: myPath = ThisWorkbook.Path
        Dim myFiles As Files: Set myFiles = .GetFolder(myPath).Files

        Debug.Print myFiles.Item("hoge.txt").Name 'hoge.txt
        Debug.Print myFiles("fuga.txt").Name 'fuga.txt
        Debug.Print myFiles.Count '4

        Dim myFile As File
        For Each myFile In myFiles
```

```
            Debug.Print myFile.Name
        Next myFile
    End With

End Sub
```

コメントは、マクロを記述しているExcelマクロブック「fso.xlsm」と同じフォルダにファイル「hoge.txt」「fuga.txt」が存在している状態で実行したものです。

また、後半のFor Each～Nextステートメントにより、同フォルダに含まれるすべてのファイル名がデバッグ出力されるので確認してみましょう。

> **✏ Memo** この例では「~$fso.xlsm」というチルダとドルマークではじまるファイル名が出力され、Countプロパティの結果にも含まれています。これは、Excelファイルを開いた際に生成されるテンポラリファイルです。

13-5-2 ▣ File クラスとは

Fileクラスはファイルを操作する機能を提供するクラスです。表13-9に主なプロパティをまとめています。ファイルの情報を取得するプロパティや、関連するオブジェクトを取得するプロパティが提供されています。

表13-9 File クラスの主なプロパティ

メンバー	読み取り専用	説明
Property **Attributes** As FileAttribute		Fileオブジェクトの属性を表す列挙型FileAttributeの値
Property **DateCreated** As Date	○	Fileオブジェクトが作成された日時
Property **DateLastAccessed** As Date	○	Fileオブジェクトが最後にアクセスされた日時
Property **DateLastModified** As Date	○	Fileオブジェクトが最後に変更された日時
Property **Drive** As Drive	○	Fileオブジェクトが存在するDriveオブジェクト
Property **Name** As String		Fileオブジェクトのファイル名を表す文字列
Property **ParentFolder** As Folder	○	Fileオブジェクトの親フォルダであるFolderオブジェクト
Property **Path** As String	○	既定のメンバー Fileオブジェクトのパスを表す文字列
Property **ShortName** As String	○	Fileオブジェクトのショートネームを表す文字列
Property **ShortPath** As String	○	Fileオブジェクトのショートパスを表す文字列
Property **Size** As Variant	○	Fileオブジェクトのファイル容量
Property **Type** As String	○	Fileオブジェクトのタイプを表す文字列

Fileクラスにおいても、ファイルのパスを取得するPathプロパティが既定のメンバーです。書式は以下のとおりで、プロパティを省略可能ですが、わかりやすさのために明記したほうがよいでしょう。

```
object[.Path]
```

表13-10はFileクラスの主なメソッドをまとめていますので、ご覧ください。

表13-10 Fileクラスの主なメソッド

メンバー	説明
Sub **Copy**(*Destination As String*, [*OverWriteFiles As Boolean* = True])	Fileオブジェクトを*Destination*で表されるフォルダにコピーする *OverWriteFiles*はファイルを上書きするかを表すブール値を指定する
Sub **Delete**([*Force As Boolean* = False])	Fileオブジェクトを削除する *Force*には読み取り専用属性が設定されているフォルダを削除するかどうかをブール値で指定する
Sub **Move**(*Destination As String*)	Fileオブジェクトを*Destination*で表されるフォルダに移動する
Function **OpenAsTextStream**([*IOMode As IOMode* = ForReading], [*Format As Tristate* = TristateFalse]) As TextStream	Fileオブジェクトを TextStream オブジェクトとして開く *IOMode*には入出力モードを表す列挙型IOModeの値を指定する - ForReading：読み取り専用 - ForWriting：上書き専用 - ForAppending：追加専用 *Format*には開くファイルの文字コードを表す列挙型Tristateの値を指定する - TristateUseDefault：システムの既定の文字コード - TristateTrue：Unicode - TristateFalse：ASCII

リスト13-13はFileクラスのいくつかのメンバーについて、その動作を確認するものです。コメントは筆者の環境でファイル「C:¥Users¥ntaka¥ファイルシステム¥hoge.txt」に対して実行した際のイミディエイトウィンドウの出力です。GetFileメソッドの引数には、皆さんの環境のファイルパスを指定して実行してみてください。

リスト13-13 Fileクラスのメンバー

```
標準モジュールModule1
Sub MySub()

    With New FileSystemObject
        With .GetFile("C:¥Users¥ntaka¥ファイルシステム¥hoge.txt")

            Debug.Print .Name 'hoge.txt
            Debug.Print .Path 'C:¥Users¥ntaka¥ファイルシステム¥hoge.txt

            Debug.Print .Drive.Path 'C:
            Debug.Print .ParentFolder.Path  'C:¥Users¥ntaka¥ファイルシステム

            Debug.Print .ShortName 'hoge.txt
            Debug.Print .ShortPath 'C:¥Users¥ntaka¥ファイ~1¥hoge.txt

            Debug.Print .DateCreated '2019/07/02 10:27:46
            Debug.Print .DateLastAccessed '2019/07/02 10:29:53
            Debug.Print .DateLastModified '2019/07/02 10:29:53

            Debug.Print .Attributes '32
            Debug.Print .Size '0
            Debug.Print .Type 'テキスト ドキュメント

        End With
```

```
    End With

End Sub
```

13-5-3 ▶ ファイルの属性

ファイルやフォルダには個別に読み取り専用かどうか、隠しファイルかどうかといった設定がされています。それらの設定を属性といいます。エクスプローラーでファイルに対して右クリックメニューを開き「プロパティ」を選択すると、図13-6のように、属性の設定を行うことができます。

図13-6 ファイルの属性

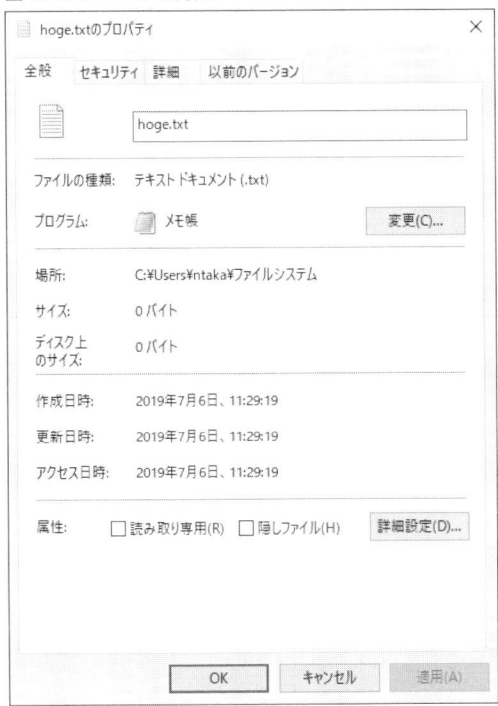

属性には、「読み取り専用」「隠しファイル」のほかにも種類がありますが、ファイルであればFileクラス、フォルダであればFolderクラスのメンバーである、Attributesプロパティを使ってその参照や設定が可能です。書式はこちらです。

```
object.Attributes
```

これによりFileオブジェクトまたはFolderオブジェクト*object*の属性についての情報を整数値で得ることができます。

Attributesプロパティの値は、表13-11に示す列挙型FileAttributeのいずれかのメンバーの合算値になります。たとえば、対象のファイルが読み取り専用の隠しファイルであれば「1+2」でその値は3、

対象が読み取り専用のフォルダであれば「1+16」でその値は17となります。列挙型FileAttributeの
メンバーはビット値となっているので、論理演算により取得や設定、反転などが可能です。

　また、Attributesプロパティは書き込みも可能なプロパティですが、書き込みができる属性は限定
されていますので、その点も確認をしておきましょう。

表13-11 列挙型FileAttributeのメンバー

メンバー	値	説明	書き込み
Normal	0	標準のファイル	○
ReadOnly	1	読み取り専用ファイル	○
Hidden	2	隠しファイル	○
System	4	システムファイル	○
Volume	8	ディスクドライブボリュームラベル	
Directory	16	フォルダまたはディレクトリ	
Archive	32	アーカイブ可能	○
Alias	1024	リンクまたはショートカット	
Compressed	2048	圧縮ファイル	

　リスト13-14はAttributesプロパティの使用例ですのでご覧ください。

リスト13-14 ファイル／フォルダの属性

```
標準モジュールModule1
Sub MySub()

    With New FileSystemObject
        Dim myAttributes As Long
        Dim myPath As String: myPath = ThisWorkbook.Path

        With .GetFolder(myPath)
            Debug.Print .Name, .Attributes,
            If .Attributes And Directory Then
                Debug.Print "フォルダです"
            Else
                Debug.Print "フォルダではありません"
            End If
        End With

        With .GetFile(myPath & "\hoge.txt")
            Debug.Print .Name, .Attributes,
            If .Attributes And ReadOnly Then
                Debug.Print "読み取り専用ですので解除します"
                .Attributes = .Attributes Xor ReadOnly
            Else
                Debug.Print "読み取り専用ではありませんので設定します"
                .Attributes = .Attributes Or ReadOnly
            End If
        End With

    End With
End Sub
```

マクロが記述されているExcelマクロブックが保存されているフォルダと、同フォルダのファイル「hoge.txt」の属性を取得します。同時に、And演算により、フォルダかどうかまたは読み取り専用かどうかについて判定処理を行います。

　さらに、ファイルについてはその結果に応じて、読み取り属性について、Xor演算による反転やOr演算による設定を行っています。たとえば、「hoge.txt」が読み取り専用でないときに、プロシージャMySubを実行し、その後ファイルのプロパティを確認すると、図13-7のように読み取り専用属性が設定されていることを確認できます。

図13-7 ファイルの読み取り専用属性の設定

　再度実行すると、読み取り専用属性が解除されますので、確認をしてみてください。

13-5-4 ▶ ファイルをコピーする／移動する／削除する

　ファイルをコピーする、移動するおよび削除するには、それぞれFileクラスの**Copy**メソッド、**Move**メソッドそして**Delete**メソッドを使用することができます。その書式は以下のとおりです。

```
object.Copy(Destination, [OverWriteFiles])
```

```
object.Move(Destination)
```

```
object.Delete([Force])
```

　引数*Destination*はコピーまたは移動先のフォルダパスを絶対パスもしくはカレントフォルダから
の相対パスで指定します。引数*OverWriteFiles*にはファイルを上書きするかどうかを表すブール値
で、既定値はTrueです。引数*Force*は読み取り専用属性が設定されているファイルを削除するかど
うかを表すブール値で、既定値はFalseです。いずれのメソッドも、Folderクラスの同名のものと酷
似していますね。

　では、図13-8のようなフォルダ内のファイルを対象に、リスト13-15を実行して、これらメソッド
の動作について確認していきます。

図13-8 コピー／移動／削除の対象となるファイル

名前	更新日時	種類	サイズ
コピー移動先	2019/07/08 10:32	ファイル フォルダー	
fso.xlsm	2019/07/06 11:33	Microsoft Excel マ...	18 KB
foo.txt	2019/07/08 9:50	テキスト ドキュメント	1 KB
fuga.txt	2019/07/06 11:29	テキスト ドキュメント	0 KB
hoge.txt	2019/07/08 9:50	テキスト ドキュメント	1 KB
piyo.txt	2019/07/08 9:50	テキスト ドキュメント	1 KB

6 個の項目

リスト13-15 File クラスのメソッドによるファイルのコピー／移動／削除

```
標準モジュールModule1
Sub MySub()

    With New FileSystemObject
        Dim myDestination As String
        myDestination = ThisWorkbook.Path & "¥コピー移動先¥"

        With .GetFolder("C:¥Users¥ntaka¥ファイルシステム")

            .Files("hoge.txt").Copy myDestination
            .Files("fuga.txt").Move myDestination
            .Files("piyo.txt").Delete

        End With
    End With

End Sub
```

　プロシージャ MySubを実行すると、元のフォルダから「fuga.txt」「piyo.txt」が取り除かれ、「コピー
移動先」のフォルダに「hoge.txt」「fuga.txt」が生成されることが確認できます。

　これらファイルの操作についても、FileSystemObjectのメンバーが用意されています。それぞれ、

CopyFileメソッド、MoveFileメソッド、DeleteFileメソッドです。

```
object.CopyFile(Source, Destination, [OverWriteFiles])
```

```
object.MoveFile(Source, Destination)
```

```
object.DeleteFile(FileSpec, [Force])
```

*object*はFileSystemObjectオブジェクトです。引数*Destination*、*OverWriteFiles*、*Force*はFileクラスの各メソッドと同様のものとなります。引数*Source*、*FileSpec*は対象のファイルのパスを表す文字列です。絶対パスかカレントフォルダからの相対パスを表しますが、これらにはワイルドカードを使用することができます。

では、これらのメソッドの例としてリスト13-16を見てみましょう。

リスト13-16 FileSystemObjectクラスのメソッドによるファイルのコピー／移動／削除

```
標準モジュールModule1
Sub MySub()

    With New FileSystemObject
        Dim myPath As String: myPath = ThisWorkbook.Path
        Dim myDestination As String: myDestination = myPath & "¥コピー移動先¥"

        .CopyFile myPath & "¥hoge.txt", myDestination
        .MoveFile myPath & "¥f*.txt", myDestination
        .DeleteFile myPath & "¥piyo.txt"
    End With

End Sub
```

図13-8のフォルダに対して実行すると、元のフォルダには「hoge.txt」のみが残り、「コピー移動先」のフォルダに「hoge.txt」「fuga.txt」「foo.txt」が生成されますので、確認をしてみてください。

13-5-5 ▶ テキストファイルを開く

Fileオブジェクトがテキストファイルであれば、以下書式のOpenAsTextStreamメソッドで開いてTextStreamオブジェクトとして操作をすることができます。

```
object.OpenAsTextStream([IOMode], [Format])
```

これによりFileオブジェクト*object*をTextStreamオブジェクトとして取得し、アクセスができるようになります。引数*IOMode*には、テキストファイルを開いた際の入出力モードを表す列挙型IOModeのいずれかのメンバーを指定します（表13-12）。既定値は読み取りモードを表すForReadingです。

表13-12 列挙型IOModeのメンバー

メンバー	値	説明
ForReading	1	読み取り専用（既定値）
ForWriting	2	書き込み用、既存のファイルは上書きとなる
ForAppending	8	書き込み用、ファイルの末尾に書き込まれる

引数*Format*には開くファイルの文字コードを表す列挙型Tristateのメンバーを指定します（13-13）。既定値はTristateUseDefaultです。

表13-13 列挙型Tristateのメンバー

メンバー	値	説明
TristateUseDefault	-2	システムの既定の文字コード
TristateTrue	-1	Unicode
TristateFalse	0	ASCII

OpenAsTextStreamメソッドと同じ機能を持つOpenTextFileメソッドがFileSystemObjectクラスでも提供されており、その書式は以下のとおりです。

```
object.OpenTextFile(FileName, [IOMode], [Format])
```

*object*はFileSystemObjectオブジェクトとなります。必須の引数*FileName*に、開くテキストファイルのパスを絶対パスまたはカレントフォルダからの相対パスで指定します。引数*IOMode*、*Format*は省略可能で、FileクラスのOpenAsTextStreamメソッドと同様です。

OpenTextFileメソッドの使用例として、リスト13-17をご覧ください。

リスト13-17 テキストファイルを開く

```
標準モジュールModule1
Sub MySub()

    With New FileSystemObject

        Dim myPath As String: myPath = ThisWorkbook.Path & "¥hoge.txt"

        With .GetFile(myPath).OpenAsTextStream
            Debug.Print .ReadLine 'Hello TextStream!
            .Close
        End With

        With .OpenTextFile(myPath)
            Debug.Print .ReadLine 'Hello TextStream!
            .Close
        End With

    End With

End Sub
```

現在マクロを記述しているExcelマクロブックと同じフォルダ内の「hoge.txt」を開き、その1行目のテキストをイミディエイトウィンドウに出力するというものです。この例では、テキストファイルの1行目に「Hello TextStream!」というテキストが書き込まれているとしています。

　テキストファイルは開いた後に、読み書きをすることができますが、その方法は次節で解説をしていきます。

13-6 テキストファイルを操作する ——TextStreamクラス

13-6-1 ▶ TextStreamクラスとは

　TextStreamクラスはテキストファイルへアクセスする機能を提供するクラスです。テキストファイルをTextStreamオブジェクトとして作成したり、開いたりすることで、テキストファイルに対してテキストの読み取りや書き込みを行うことができるようになります。

　ただし、文字コードについては注意すべき点があります。TextStreamオブジェクトで読み書きができる文字コードは標準のShift-JISと、UTF-16の2種類です（公式ドキュメントではそれぞれASCII、Unicodeと表現されています）。つまり、現在幅広く使用されているUTF-8を読み書きすることができません。したがって、csvファイルなどで他システムとのデータ交換を目的とする場合には、文字コードが対応をしていることが条件となります。

> **Memo** 文字コードがUTF-8のテキストファイルを扱う場合は、ADODBライブラリのStreamクラスを使用することができます。ADODBライブラリの参照設定ダイアログの表示名は「Microsoft ActiveX Data Objects X.X Library」です。テキストファイルのアクセスのほか、データベースへのアクセスをする機能などを提供しています。

　TextStreamクラスの主なプロパティを表13-14にまとめていますのでご覧ください。TextStreamオブジェクトでは、現在読み書きをしている位置を保持しており、それをファイルポインタと呼びます。そのファイルポインタの情報を得るためのプロパティが提供されています。

表13-14 TextStreamクラスの主なプロパティ

メンバー	読み取り専用	説明
Property **AtEndOfLine** As Boolean	○	TextStreamオブジェクトのファイルポインタが行末にあるかどうかを表すブール値
Property **AtEndOfStream** As Boolean	○	TextStreamオブジェクトのファイルポインタがファイルの末尾にあるかどうかを表すブール値
Property **Column** As Long	○	TextStreamオブジェクトのファイルポインタの列番号を表す整数
Property **Line** As Long	○	TextStreamオブジェクトのファイルポインタの行番号を表す整数

表13-15はTextStreamクラスで提供されている主なメソッドです。TextStreamオブジェクトとして開いているテキストファイルに対して、読み取りや書き込みをするなどの操作を行うことができます。

表13-15 TextStreamクラスの主なメソッド

メンバー	説明
Sub **Close**()	TextStreamファイルを閉じる
Function **Read**(*Characters As Long*) As String	TextStreamファイルから*Characters*で指定した文字数の文字列を読み取る
Function **ReadAll**() As String	TextStreamファイルからすべての文字列を読み取る
Function **ReadLine**() As String	TextStreamファイルから1行分の文字列を読み取る
Sub **Skip**(*Characters As Long*)	TextStreamファイルについて*Characters*で指定した文字数をスキップする
Sub **SkipLine**()	TextStreamファイルについて1行分をスキップする
Sub **Write**(*Text As String*)	TextStreamファイルに文字列*Text*を書き込む
Sub **WriteBlankLines**(*Lines As Long*)	TextStreamファイルに*Lines*で指定した行数の改行文字を書き込む
Sub **WriteLine**([*Text As String*])	TextStreamファイルに文字列*Text*と改行文字を書き込む

テキストファイルとして、図13-9のようなテキストファイルを、現在マクロを記述しているExcelマクロブックと同じフォルダに保存してあるとします。

図13-9 TextStreamクラスの操作対象となるテキストファイル

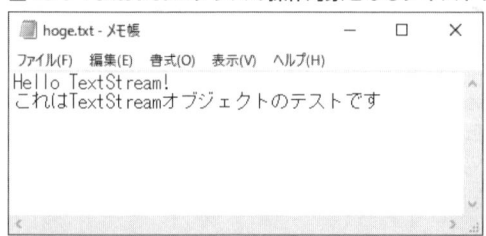

このテキストファイルに対して、リスト13-18を実行してTextStreamクラスのいくつかのプロパティの動作を確認していきます。

リスト13-18 TextStreamクラスのメンバー

```
標準モジュールModule1
Sub MySub()

    With New FileSystemObject

        Dim myPath As String: myPath = ThisWorkbook.Path & "¥hoge.txt"
        With .OpenTextFile(myPath)

            Debug.Print .AtEndOfLine 'False
            Debug.Print .AtEndOfStream 'False
            Debug.Print .Line '1
            Debug.Print .Column '1

            Debug.Print .ReadAll
```

```
            Debug.Print .AtEndOfLine 'True
            Debug.Print .AtEndOfStream 'True
            Debug.Print .Line '2
            Debug.Print .Column '26

            .Close

        End With
    End With

End Sub
```

　テキストファイルを開いた瞬間は、TextStreamオブジェクトのファイルポインタは行番号1、列番号1の位置にあります。ここでReadAllメソッドによりテキストファイルすべてを読み取ると、ファイルポインタが移動し、各プロパティの値が変化することがわかります。

13-6-2 ▶ テキストファイルから読み込む

　テキストファイルからテキストを読み込むにはTextStreamクラスのReadメソッド、ReadLineメソッド、ReadAllメソッドを使用することができます。

　Readメソッドは、TextStreamオブジェクト*object*の現在のファイルポインタから引数*Characters*で指定した文字数だけを読み込んで返します。

```
object.Read(Characters)
```

　ReadLineメソッドとReadAllメソッドは、それぞれ現在のファイルポインタから改行文字までと、現在のファイルポインタからファイルの末尾までを読み込んで返します。

```
object.ReadLine
```

```
object.ReadAll
```

　なお、これらのメソッドを使用する前にテキストファイルを読み取り専用で開きますが、OpenTextStreamメソッドの引数*IOMode*の既定値が読み取り専用のForReadingになりますので、特に指定をする必要はありません。

　では、例として前述の図13-9に対して、リスト13-19のプロシージャを実行してみましょう。イミディエイトウィンドウの出力をコメントとして記載しています。

リスト13-19 テキストファイルからの読み込み

```
標準モジュールModule1
Sub MySub()

    With New FileSystemObject

        Dim myPath As String: myPath = ThisWorkbook.Path & "\hoge.txt"
        With .OpenTextFile(myPath)
            Debug.Print .Read(5) 'Hello
            Debug.Print .ReadLine ' TextStream!
            Debug.Print .ReadAll 'これはTextStreamオブジェクトのテストです
            .Close
        End With

    End With

End Sub
```

　テキストファイルの読み込みを行う際の、よく使用するパターンを2つ紹介します。まず、Read Lineメソッドを使用して、行単位で読み込むパターンとして、リスト13-20をご覧ください。

リスト13-20 ReadLineメソッドによる行単位の読み込み

```
標準モジュールModule1
Sub MySub()

    With New FileSystemObject

        Dim myPath As String: myPath = ThisWorkbook.Path & "\hoge.txt"
        With .OpenTextFile(myPath)

            Do While Not .AtEndOfStream
                Debug.Print .line,,ReadLine
            Loop

            .Close
        End With

    End With

End Sub
```

　Do～Loopステートメントの繰り返し条件として、ファイルポインタが末尾にあるかどうかを返すAtEndOfStreamプロパティを使用することで、シンプルな記述によるループが実現できます。前述の図13-9に対して実行をすると、図13-10のような出力が得られます。

図13-10 ReadLineメソッドによる読み込み

別のパターンとして、リスト13-21をご覧ください。こちらは、ReadAllメソッドで全体を読み取った上で、Split関数で改行文字を区切り文字とすることで、配列に格納するというパターンです。

リスト13-21 ReadAllメソッドによる全体の読み込み

```
標準モジュールModule1
Sub MySub()

    With New FileSystemObject

        Dim myPath As String: myPath = ThisWorkbook.Path & "¥hoge.txt"
        With .OpenTextFile(myPath)

            Dim values As Variant: values = Split(.ReadAll, vbCrLf)
            Stop

            .Close
        End With

    End With

End Sub
```

Stopステートメントによる中断時にローカルウィンドウを確認すると、図13-11のように配列変数valuesに行単位でテキストが格納されていることを確認できます。

図13-11 ReadAllメソッドによる読み込み

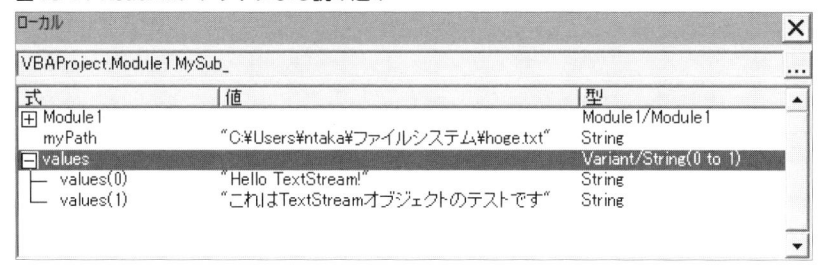

13-6-3 ▣ テキストファイルに書き込む

テキストファイルにテキストを書き込むにはTextStreamクラスのWriteメソッド、WriteLineメソッドを使用することができます。それぞれ書式は以下のとおりです。

```
object.Write(Text)
```

```
object.WriteLine([Text])
```

Writeメソッドは、TextStreamオブジェクト*object*の現在のファイルポインタの位置に文字列*Text*を書き込みます。WriteLineメソッドは、現在のファイルポインタの位置に文字列*Text*とともに、改行文字を書き込みます。

なお、書き込むテキストファイルをOpenTextStreamメソッドで開く場合には、引数*IOMode*の値を上書きで書き込みをするForWriting、または追加で書き込みをするForAppendingに指定する必要があります。

これらのメソッドの例として、リスト13-22をご覧ください。

リスト13-22 テキストファイルへの書き込み

```
標準モジュールModule1
Sub MySub()

    With New FileSystemObject

        Dim myPath As String: myPath = ThisWorkbook.Path & "¥fuga.txt"

        With .CreateTextFile(myPath)
            .Write "Hello "
            .Write "TextStream!"
            .WriteLine
            .WriteLine "テキストファイルへの書き込みです"
            .Close
        End With

        With .OpenTextFile(myPath, ForAppending)
            .WriteLine "テキストファイルへの追加書き込みです"
            .Close
        End With

    End With

End Sub
```

Subプロシージャ MySubを実行すると、現在マクロを記述しているExcelマクロブックと同じフォルダに「fuga.txt」というファイルが生成されます。その上で、上書き書き込みと追加書き込みを行っています。実行後に、ファイルを開くと図13-12に示すような内容になっていることを確認できます。

図13-12 テキストファイルへの書き込み

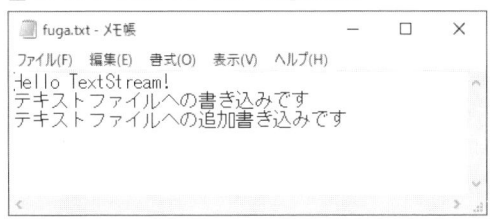

13-7 辞書を操作する──Dictionaryクラス

13-7-1 ▶ 辞書とは

　VBAではデータの集合を表す方法がいくつかあります。これまで紹介してきた配列やコレクションはその方法の一つです。ここでは、別の方法である「辞書」について解説をしていきます。

　辞書は複数の値を格納することができ、その値を**アイテム**といいます。辞書では、その格納するアイテムとペアとなる**キー**と呼ばれる値を用意します。辞書内においてキーがラベル代わりとなり、目的のアイテムを参照するという仕組みです。図13-13のように、任意のラベルを持つ入れ物を複数持つような構造といえます。

図13-13 辞書のイメージ

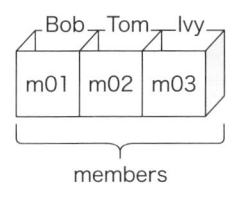

　ですから、キーは辞書内で一意である必要があります。なお、キーのデータ型は一般的には文字列を用いますが、配列を除くデータ型の値を用いることができます。

　なお、辞書はまたの名を連想配列、またはハッシュともよばれます。

　辞書はコレクションと類似していますが、その違いを確認しておきましょう。

　コレクションでは要素に対するキーは省略可能であり、必須ではありません。コレクションでは常にインデックスが付与されますので、キーを省略したとしても、インデックスで参照が可能です。

　辞書はアイテムとペアとなるキーの設定は必須です。それにより、キーの存在を確認したり、キーの一覧を取得したりといった、便利なメンバーを使用することができます。一方で、辞書にはインデックスは付与されませんので、それによる参照を行うことはできません。

　VBAでは辞書を**Dictionaryオブジェクト**として操作をします。表13-16に、**Dictionaryクラス**で提供されている主なプロパティをまとめているのでご覧ください。コレクションと似ていますが、キー

を表すKeyプロパティが用意されています。

表13-16 Dictionaryクラスの主なプロパティ

メンバー	読み取り専用	説明
Property **CompareMode** As CompareMethod		辞書内の文字列キーの比較モードを表す列挙型VbCompareMethodの値 - vbUseCompareOption：Option Compare ステートメントの設定を使用する - vbBinaryCompare：バイナリ比較（既定値） - vbTextCompare：テキスト比較
Property **Count** As Long	○	辞書内のキー／アイテムのペアの数
Property **Item**(*Key*)		既定のメンバー 辞書内の*Key*に対するアイテムの値
Property **Key**(*Key*)		辞書内の*Key*で表すキーの値 設定専用

　表13-17はDictionaryクラスで提供されているメソッドをまとめたものです。これらを使用することで、キー／アイテムの追加や削除、すべてのアイテムやキーの取得、キーの存在判定などを行うことができます。

表13-17 Dictionaryクラスのメソッド

メンバー	説明
Sub **Add**(*Key, Item*)	Dictionary オブジェクトに新しいキー／アイテムのペアを追加する
Function **Exists**(*Key*) As Boolean	Dictionary オブジェクトに*Key*で指定したキーが存在しているかどうかを表すブール値
Function **Items**()	辞書に含まれるすべてのアイテムを配列で返す
Function **Keys**()	辞書に含まれるすべてのキーを配列で返す
Sub **Remove**(*Key*)	辞書から*Key*で指定したキーとそのアイテムを削除する
Sub **RemoveAll**()	辞書のすべてのキー／アイテムのペアを削除する

13-7-2 ▶ 辞書の生成と操作

　辞書を使用するには、そのインスタンスを生成する必要があります。参照設定がされていれば、事前バインディングが可能ですので、以下のようにNewキーワードによりインスタンスを生成することができます。

```
New Dictionary
```

　参照設定をしていない場合は、実行時バインディングとなり、CreateObject関数を用いて以下のように記述します。

```
CreateObject("Scripting.Dictionary")
```

辞書にキー／アイテムのペアを追加するにはAddメソッドを使用します。以下の構文で、辞書*object*に、キー*Key*とアイテム*Item*のペアを追加します。

```
object.Add(Key, Item)
```

辞書のアイテムを参照するにはItemプロパティを使用します。

```
object[.Item](Key)
```

Itemプロパティではキー*Key*のペアであるアイテムを参照します。ItemプロパティはDictionaryクラスの既定のメンバーなので、その表記を省略して記述することができます。

辞書のキー／アイテムのペアを削除するにはRemoveメソッドを使用します。以下書式で、キー*Key*とそのペアであるアイテムを辞書*object*から削除します。

```
object.Remove(Key)
```

Removeメソッドは存在していないキーを指定すると、実行時エラーとなってしまいます。それを防ぐときには、辞書にキーが存在しているかを判定する以下のExistsメソッドを使うとよいでしょう。

```
object.Exists(Key)
```

辞書*object*にキー*Key*が存在しているならTrue、そうでない場合はFalseを戻り値として返します。辞書*object*のキーとアイテムのペア数を取得するには、以下書式のCountプロパティを使用します。

```
object.Count
```

では、これらのメンバーを使用して、辞書を操作する簡単な例としてリスト13-23を見てみましょう。

リスト13-23 辞書の生成と操作

```
標準モジュールModule1
Sub MySub()

    Dim members As Dictionary: Set members = New Dictionary

    With members
        .Add "m01", "Bob"
        .Add "m02", "Tom"

        Debug.Print .Count '2
        Debug.Print .Item("m01") 'Bob

        If .Exists("m01") Then .Remove "m01"
```

```
    End With

    members("m02") = "Tim"
    Debug.Print members("m02") 'Tim

    Stop

End Sub
```

辞書membersを作成して、キー／アイテムのペアの追加、ペア数の出力、アイテムの参照、ペアの削除などの操作を行っています。また、特定のキーのアイテムの上書き設定ができていることも確認しておきましょう。

Collectionオブジェクトでは特定のインデックスに対して値を設定することができず、RemoveメソッドとAddメソッドを使用するしかありませんでしたが、辞書では実現することができるのです。

また、Stopステートメントによる中断時の、ローカルウィンドウの様子が図13-14です。アイテムの値は確認できませんが、ペアの数とキーについて確認をすることができます。

図13-14 辞書の生成と操作

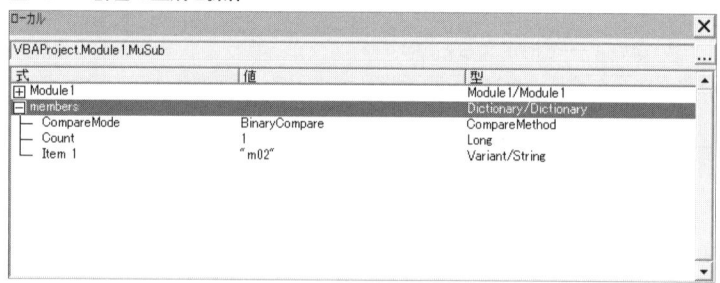

では、存在しないキーを使用してアイテムの設定、参照をしようとすると、どうなるでしょうか？リスト13-24を実行して確認してみましょう。

リスト13-24 辞書で存在しないキーを参照する

```
標準モジュールModule1
Sub MySub()

    Dim members As Dictionary: Set members = New Dictionary

    members("m01") = "Bob"
    Debug.Print members("m01") 'Bob
    Debug.Print members("m02") '

    Stop

End Sub
```

SubプロシージャMySubはエラーの発生もせずに動作します。Stopステートメントによる中断時のローカルウィンドウの様子が、図13-15です。

図13-15 辞書で存在しないキーを参照する

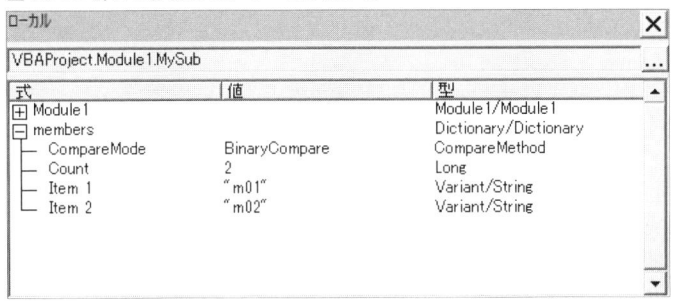

　存在しないキーを指定してアイテムを設定すると、そのキーとアイテムがペアとして辞書に追加されます。また、同様に存在しないキーを参照するだけでも、キーとアイテムのペアが追加され、そのときのアイテムの値はEmpty値になります。つまり、Addメソッドを使わずに、キーとアイテムのペアを追加することが可能です。

　辞書のアイテムを設定、参照する際には、存在しないキーについてそのペアを追加してよいかどうか、注意して取り扱う必要があります。

13-7-3 ▶ 辞書のループ処理

　辞書はFor Each ～ Nextステートメントでループ処理を行うことができます。毎回のループで取り出すのはキーとなりますので、取り出したキーをItemプロパティの引数として設定することで、ペアとなっているアイテムを参照します。

　リスト13-25を実行してその動作を確認してみましょう。

リスト13-25 For Each~Nextステートメントによる辞書のループ

```
標準モジュールModule1
Sub MySub()

    Dim members As Dictionary: Set members = New Dictionary

    With members
        .Add "m01", "Bob"
        .Add "m02", "Tom"
        .Add "m03", "Ivy"
    End With

    Dim myKey As Variant
    For Each myKey In members
        Debug.Print myKey, members(myKey)
    Next myKey

End Sub
```

　実行すると、キーとアイテムのペア一覧がイミディエイトウィンドウに出力されます。

　Dictionaryクラスでは、すべてのキーまたはすべてのアイテムを配列として取り出す機能も提供さ

れています。以下に挙げるKeysメソッドとItemsメソッドです。

$$object.\textbf{Keys}$$

$$object.\textbf{Items}$$

これにより、それぞれ辞書*object*のすべてのキーの配列およびすべてのアイテムの配列を取得することができます。

これらを使ったループ処理も行うことができますので、例を見てみましょう。リスト13-26です。

リスト13-26 KeysメソッドとItemsメソッドを使用した辞書のループ

```
標準モジュールModule1
Sub MySub()

    Dim members As Dictionary: Set members = New Dictionary
    With members
        .Add "m01", "Bob"
        .Add "m02", "Tom"
        .Add "m03", "Ivy"

        Dim i As Long
        Dim myItems As Variant: myItems = .Items
        For i = LBound(myItems) To UBound(myItems)
            Debug.Print i, myItems(i)
        Next i

        Dim myKeys As Variant: myKeys = .Keys
        For i = LBound(myKeys) To UBound(myKeys)
            Debug.Print i, myKeys(i), .Item(myKeys(i))
        Next i
    End With

End Sub
```

Subプロシージャ MySubを実行すると、まず配列のインデックスとアイテムの一覧が、続いて配列のインデックスとキー／アイテムのペア一覧がイミディエイトウィンドウに出力されます。

本章では、Scriptingライブラリについて紹介しました。Scriptingライブラリは標準のライブラリではありませんが、ファイルシステムと辞書という、使用する機会の多い機能が提供されていますので、選択肢としてぜひ持っておきたいところです。

ファイルシステムに関しては、VBA関数による操作よりも、FileSystemObjectクラスとその配下のクラスを使用するほうが、安全性や可読性という面でメリットがあります。辞書はコレクションとの使い分けになります。コレクションのほうが手軽に使用できますが、アイテムの設定や並び替えなどの操作を頻繁に行うのであれば、多機能な辞書を選択するほうがよいかもしれません。

次章はExcel VBAによるデータ管理アプリケーションとその作り方を例に、これまでの総まとめをしていくこととしましょう。

Part 4

実践 Excel VBA プログラミング

14章　アプリケーション開発

14章

アプリケーション開発

実際にアプリケーションを開発／運用する場合、開発の進め方やデータの持ち方、運用を想定することなどいくつかの工夫をすることができます。ここでは、名簿管理ツールを題材に、これまでの総まとめも兼ねて、開発／運用のテクニックを学んでいきましょう。

14-1 名簿管理ツールの開発

14-1-1 名簿管理ツールの概要

本章では、これまで学習した内容を踏まえて、具体的なアプリケーションを例として、その開発の手順とポイントを見ていきます。開発するアプリケーションは、名簿管理ツールです。Excelで名簿を管理することは多々ありますが、ユーザーフォームを経由してそのデータを追加、更新ができるようなアプリケーションを開発していきます。

まずは、完成した状態とその動作を見ていくことにしましょう。ぜひ、各動作がどのようなコードで実現されているか想像しながらご覧ください。

Excelマクロブック「名簿管理.xlsm」を立ち上げた状態が図14-1です。「名簿」というシート名で唯一のシートが存在しています。また、「名簿」シート上には、テーブルでメンバーのデータが記載されています。メンバーごとに、ID、名前、性別、誕生日、アクティブといった5つの項目が入力されています。メンバーのIDは1をスタートとした一意の整数で、データを追加した順番に振られています。

図14-1「名簿管理.xlsm」の「名簿」シート

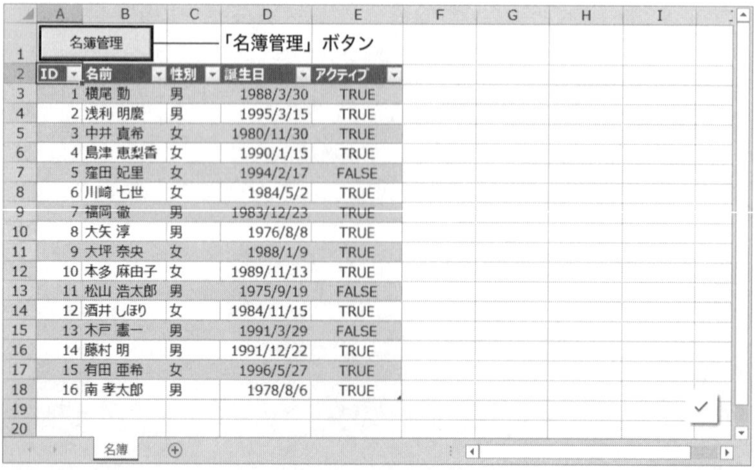

ID	名前	性別	誕生日	アクティブ
1	横尾 勲	男	1988/3/30	TRUE
2	浅利 明慶	男	1995/3/15	TRUE
3	中井 真希	女	1980/11/30	TRUE
4	島津 恵梨香	女	1990/1/15	TRUE
5	窪田 妃里	女	1994/2/17	FALSE
6	川崎 七世	女	1984/5/2	TRUE
7	福岡 徹	男	1983/12/23	TRUE
8	大矢 淳	男	1976/8/8	TRUE
9	大坪 奈央	女	1988/1/9	TRUE
10	本多 麻由子	女	1989/11/13	TRUE
11	松山 浩太郎	男	1975/9/19	FALSE
12	酒井 しほり	女	1984/11/15	TRUE
13	木戸 憲一	男	1991/3/29	FALSE
14	藤村 明	男	1991/12/22	TRUE
15	有田 亜希	女	1996/5/27	TRUE
16	南 孝太郎	男	1978/8/6	TRUE

「名簿」シート上にある「名簿管理」ボタンをクリックすると、図14-2のようなユーザーフォーム「名簿管理」がモードレス表示されます。

図14-2 ユーザーフォーム「名簿管理」

コンボボックス「ID」

ここで、「ID」の欄はコンボボックスで作られており、1以上かつIDの最大値以下の整数と「New」という文字列のみが入力できるようになっています。コンボボックスにIDを入力すると該当のIDのメンバーのデータがユーザーフォームのコントロールに呼び出されます。データが呼び出された状態が、図14-3です。

図14-3 IDによるデータの呼び出し

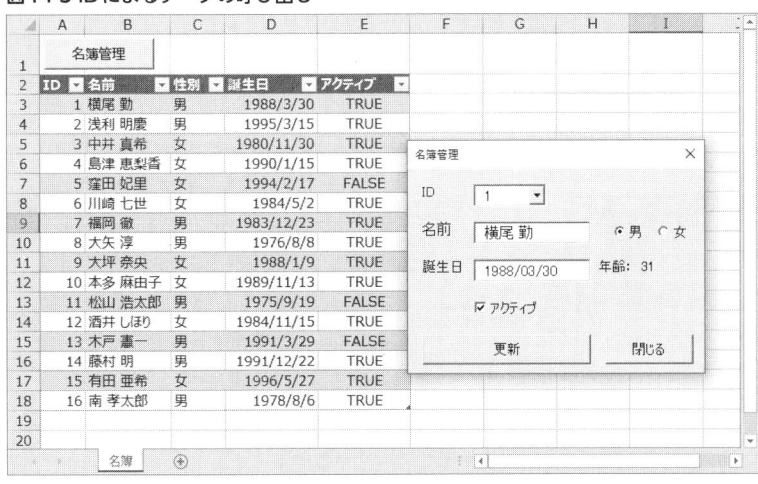

ラベル「年齢」ですが、テーブル上のデータには年齢を表す項目はありません。ですから、誕生日の項目から計算をして表示するようにしています。

コマンドボタン「更新」は、名簿のデータを更新するためのボタンです。IDを使用してデータを呼

び出した後、各コントロールの内容を修正した上で、コマンドボタン「更新」をクリックすると、図14-4のようにテーブル上のデータも更新されます。

図14-4 データの更新

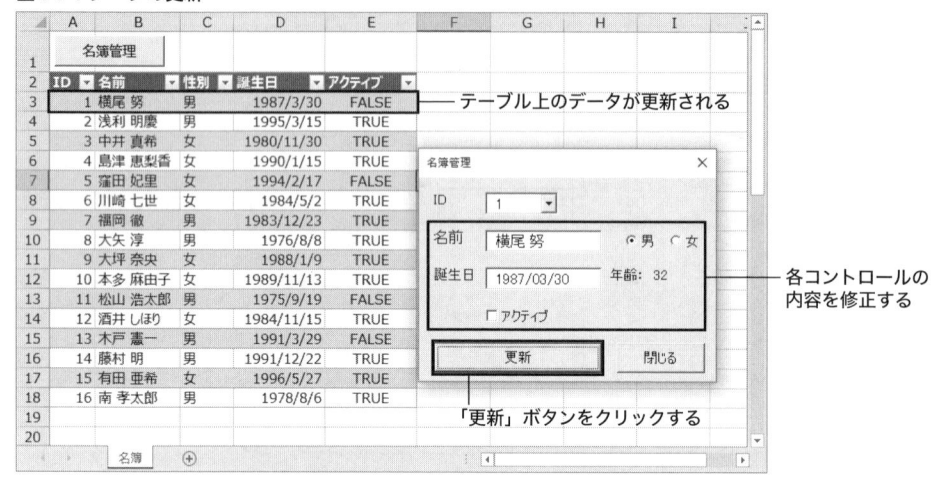

ここで、想定外のデータが入力できないような仕組みを入れています。たとえば、コンボボックス「ID」に存在しないIDを入力した場合、テキストボックス「誕生日」に日付として認識できないようなデータを入力した場合などです。

データの追加の方法を見ていきましょう。

コンボボックス「ID」に「New」という文字列を入力すると、図14-5のようにユーザーフォーム「名簿管理」の各コントロールの値がクリアされます。

図14-5 「New」による各コントロールの値のクリア

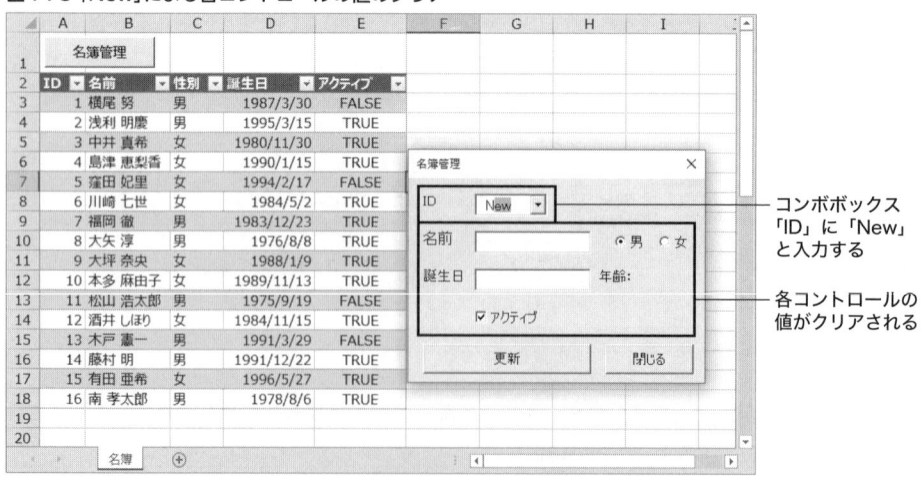

コンボボックス「ID」が「New」の状態で、他のコントロールに必要事項を入力して、コマンドボ

タン「更新」をクリックすると、図14-6のように、最後尾のIDのデータとして、新たなデータを追加することができます。

図14-6 データの追加

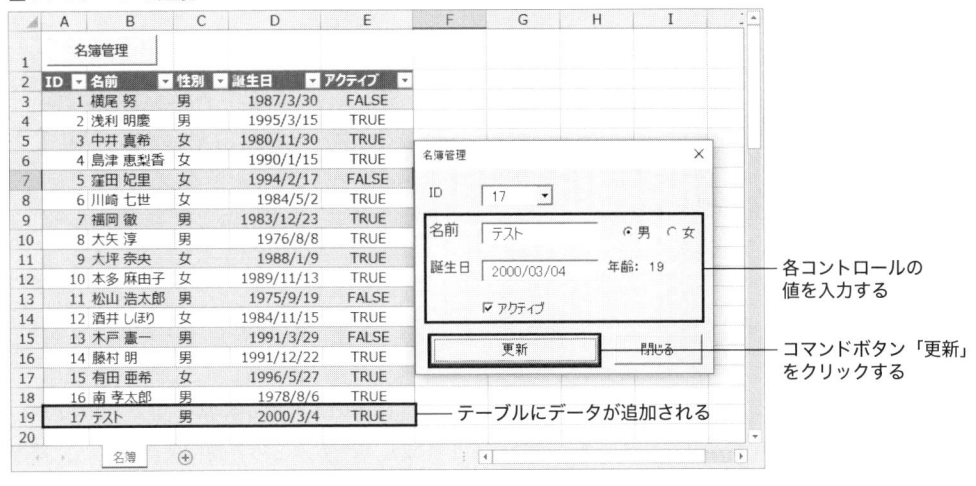

以上が名簿管理ツールの動作になります。

14-1-2 ▶ プロジェクトの構成と開発手順

名簿管理ツールのプロジェクトの構成は表14-1のとおりです。

表14-1 名簿管理ツールのプロジェクト構成

モジュール	説明
標準モジュールModule1	・「名簿」シート上のボタンコントロールで動作するマクロを記述
クラスモジュールPerson	・名簿データの「レコード」をつかさどるクラスを定義
シートモジュールSheet1	・「名簿」シート。シート上にテーブルとボタンコントロール「名簿管理」を配置 ・シートの読み書きとPersonオブジェクトのコレクションとその処理の定義
ブックモジュールThisWorkbook	・ブックが開いたときのイベントプロシージャを定義
フォームモジュールUserForm1	・名簿データの更新、追加を行うユーザーフォーム ・コントロールの操作によるイベントプロシージャと関連処理を定義

イベントプロシージャはイベント発生の対象となるオブジェクトに紐づくモジュールに記述する必要があります。また、シートの操作であればシートモジュールに、ユーザーフォームの操作であればフォームモジュールにというように、関連するオブジェクトのモジュールに処理を記述していきます。

クラスモジュールPersonは、名簿データの「レコード」をつかさどります。複数種類のデータを1セットにして管理する方法として、独自クラスによるオブジェクトは適しています。ユーザー定義型という選択肢もありますが、メソッドをモジュール内で定義および管理できる、メンバーのスコープをコントロールできるという点で、クラスのほうが有効なケースが多いでしょう。

結果として、今回の例では、標準モジュールには、ボタンコントロール「名簿管理」で動作するマ

クロのみを記述する形になりました。標準モジュール以外のオブジェクトモジュールにコードを寄せていくことで、全体としてより堅牢になりつつ、把握とメンテナンスがしやすいプロジェクト構成になります。

開発の手順は以下のように進めていきます。

1. データベースを準備する
2. クラスを作成する
3. シートモジュールの処理を作る
4. ユーザーフォームを作成する

適した開発手順は開発をするアプリケーションによるので、必ずしもこの限りではありませんが、開発の手順のパターンの一つとしてなぞってみてください。

なお、この規模のアプリケーションの開発になると、動作確認の難易度が非常に高まりますので、進め方としてその点は注意が必要です。多くのコードを作成してからまとめて動作確認すると、動作確認をすべき対象のコードがそれだけ増えてしまいますので、その分、バグの発見や特定、修正が困難になります。ですから、なるべく小さな部品単位（例えばプロシージャ単位）で動作確認をしながら進めていくとよいでしょう。その際に、標準モジュールなどに動作確認用のプロシージャを作成する方法が有効です。本書でも、そのような進め方を心がけていますので、参考にしてください。

14-1-3 ▶ ドキュメンテーションコメント

アプリケーション開発では、たくさんのプロシージャを定義することになります。どのプロシージャがどのような役割を果たすのか、ひと目でわかるように、プロシージャごとにドキュメンテーションコメントを記述しておくとよいでしょう。

VBAでは決まったドキュメンテーションコメントの形式があるわけではありませんが、一例としてリスト14-1のようなコメントの仕方を紹介します。

リスト14-1 ドキュメンテーションコメント

```
標準モジュールModule1
'**
'* 長方形の面積を計算して返す
'*
'* @param x {Long} 縦の長さ(cm)
'* @param y {Long} 横の長さ(cm)
'* @return {Long} 面積(平方cm)
'*
Function GetArea(ByVal x As Long, ByVal y As Long) As Long
    GetArea = x * y
End Function
```

ドキュメンテーションコメントのはじまりは「'**」でスタートし、その範囲内のすべての行の最初

に「*」を付与します。冒頭で、プロシージャの役割を簡潔に説明します。「@param」「@return」は、それぞれパラメータと戻り値について、そのデータ型、簡潔な説明を記述します。

VBEでは、コード内のプロシージャ名にカーソルがあるときに［Shift］+［F2］キーで、そのプロシージャの定義の位置にジャンプしますので、ドキュメンテーションコメントがあれば、そのプロシージャのさまざまな情報をひと目で確認できます。確認後、［Ctrl］+［Shift］+［F2］で元の位置に戻ることができます。

この章では、上記のドキュメンテーションコメントの表記を踏襲して、アプリケーション開発を進めていきます。

14-2 データベースを準備する

14-2-1 ▶ データを１つにまとめる

では、実際のアプリケーションを開発する手順を見ていきましょう。まず、どこから着手すべきでしょうか？

Excel VBAでデータを管理するツールを開発する際は、データベースを準備することから始めます。データの状態が開発に適した状態であるのと、そうでないのとでは、開発の難易度が大きく変わってきます。ですから、データの状態を開発に適した状態、すなわちデータベースとして整えておくことは、強く意識すべきです。

たとえば、名簿管理ツールを開発しようとしたとき、その元となるデータが図14-7のような状態にあったとします。

図14-7 データが複数に分かれている

名簿管理ツールとして取り扱うデータが別シートに分散しているケースです。このまま、開発を進めるのはおすすめできません。操作対象となる表が複数になるので、処理がそれだけ増えていき、コードが複雑になります。似たようなケースとして、ブックが分かれている場合、シート上の複数のセル

範囲にデータが配置されているケースなども同様です。同じ種類のデータは1つの表にまとめておくべきです。

14-2-2 ▶ テーブル化する

データを1つにまとめると、図14-8のようになりました。

図14-8 B2セルから始まるデータ表

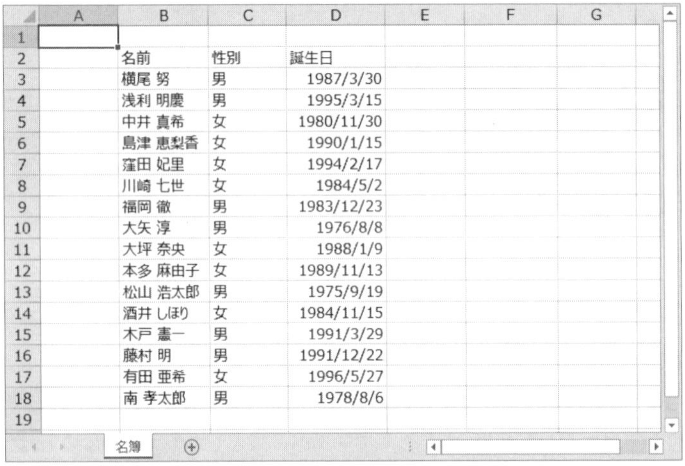

このような表を対象にマクロを組む例も見かけますが、まだ工夫の余地があります。たとえば、各データに対するループ処理を考えた場合、最終行の判定はどのように行えばよいでしょうか。また、B列にもう1列挿入された場合、対象となるセル範囲のアドレスもずれますが、それに耐えられる仕組みはどう作ればよいでしょうか。

そこで、おすすめしたいのがテーブルです。図14-8をテーブル化したのが図14-9です。

図14-9 テーブル化したデータ表

テーブルはデータをひとまとまりで管理するオブジェクトです。オブジェクトの配下で、データ本体、見出し、配置されているセル範囲が管理されていますので、ユーザーがそれらを個別に管理する必要はありません。

行や列の追加や削除、配置するセル範囲の変更を行ったとしても、ひとまとまりのオブジェクトとしてそれらの変化を吸収します。11章でもお伝えしているとおり、マクロからの取り扱いも圧倒的に楽になります。

14-2-3 ▶ IDを付与する

さらに、図14-10のように、項目として「ID」と「アクティブ」を追加します。

図14-10 項目「ID」と「アクティブ」を追加

	A	B	C	D	E	F	G
1							
2	ID	名前	性別	誕生日	アクティブ		
3	1	横尾 努	男	1987/3/30	FALSE		
4	2	浅利 明慶	男	1995/3/15	TRUE		
5	3	中井 真希	女	1980/11/30	TRUE		
6	4	島津 恵梨香	女	1990/1/15	TRUE		
7	5	窪田 妃里	女	1994/2/17	FALSE		
8	6	川崎 七世	女	1984/5/2	TRUE		
9	7	福岡 徹	男	1983/12/23	TRUE		
10	8	大矢 淳	男	1976/8/8	TRUE		
11	9	大坪 奈央	女	1988/1/9	TRUE		
12	10	本多 麻由子	女	1989/11/13	TRUE		
13	11	松山 浩太郎	男	1975/9/19	FALSE		
14	12	酒井 しほり	女	1984/11/15	TRUE		
15	13	木戸 憲一	男	1991/3/29	FALSE		
16	14	藤村 明	男	1991/12/22	TRUE		
17	15	有田 亜希	女	1996/5/27	TRUE		
18	16	南 孝太郎	男	1978/8/6	TRUE		
19							

名簿

テーブルの中でいずれかのデータを特定することを考えてみましょう。多くの場合、それを「名前」で行ってしまうかもしれませんが、それは望ましくはありません。というのも、「名前」データには、入力ミスや表記のゆらぎといった要素が入り込みやすいからです。たった1文字を間違えて入力してしまっていたとしても、そのデータはヒットしませんし、苗字と名前の間のスペースが全角なのか半角なのかといった揺らぎは、頻繁に発生します。

したがって、データを特定するために、それを目的とした「ID」という項目を用意するようにしましょう。人にとっては意味のないデータに見えますが、コンピュータにとっては強力なデータとなります。「ID」は一意である必要があります。そして、半角英数字で、構成ルールがシンプルなほうがよいでしょう。

14-2-4 ▶ データの削除について

「アクティブ」の項目について解説しましょう。

名簿としてメンバーを管理する必要がなくなった場合、多くはそのデータを行ごと削除してしまう

かもしれません。しかし、データ管理の視点では、データ削除は望ましくありません。というのも、そのメンバーのデータが存在していたという事実も削除されてしまい、何かのきっかけでデータが必要になったときに手が打てなくなってしまいます。

たとえば、アクティブでないデータを削除すると図14-11のようになりますが、削除したデータについては文字どおり失われてしまいます。

図14-11 データの削除

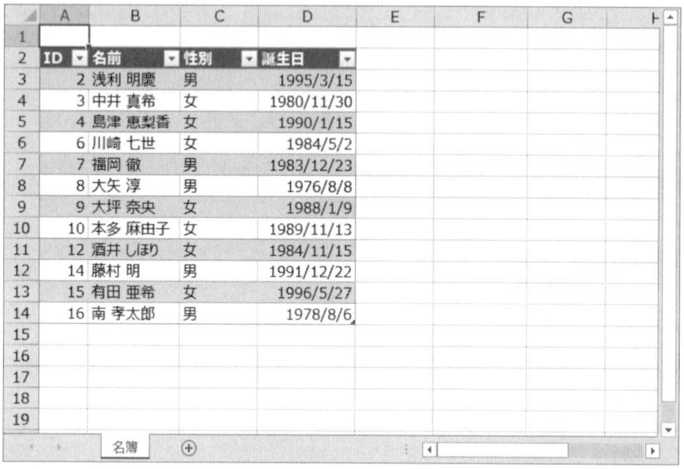

それを避けるために、「アクティブ」という欄を設けて、名簿として管理する必要がなかったとしても「FALSE」とするのみで、データ自体は残しておくのです。

14-2-5 ▶ データベースとは

データベースとは、コンピュータがそのデータを保管、検索、更新しやすい形で保管されているデータの集まりとその仕組です。

Excelはデータベースソフトではありませんが、データをテーブル化して、かつ列単位で同じ種類、同じデータ型に整えることができた場合、それはデータベースとして有効に活用できるようになります。

データベース用語として、一つひとつのデータの集まりをテーブルといいます。そして、図14-12に示すとおり、テーブルに含まれる1件のデータをレコード、同じ種類／同じデータ型で揃えられた列をフィールドといいます。フィールドには必ず見出しが付与されていて、それがフィールドの名前となります。

図14-12 データベースとテーブル

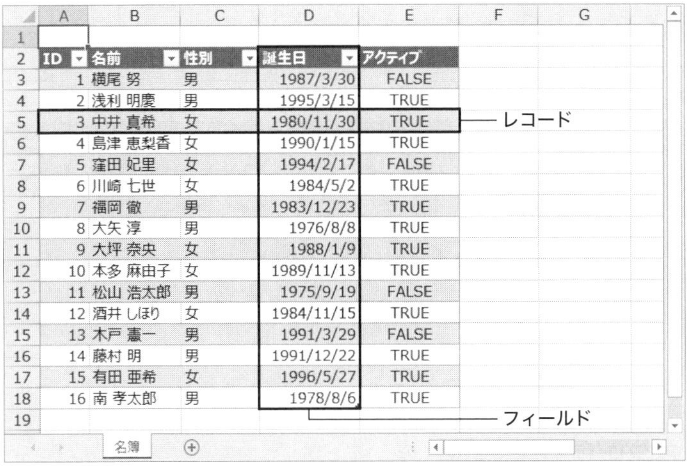

図14-12 データベースとテーブル

　ちなみに、「年齢」はテーブルのフィールドとして用意していません。というのも、誕生日さえあればそこから算出可能だからです。Excel表では、計算式を用いて別の列に出力しておくことも多いかもしれませんが、データベースとしては、容量削減の観点からも、他のフィールドから計算可能なものは、含めなくてよいでしょう。

　データベースとその準備をお伝えしてきました。Excel VBAでデータを扱う場合、元のデータをテーブル化してデータベースの状態で準備することを強くおすすめします。マクロで扱うデータの状態が、アプリケーション開発の難易度に大きく影響するからです。データが整っているだけで、シンプルなコードで目的を達成することができるようになります。

　プログラミングというとコードの書き方に目が行きがちですが、データの持ち方はそれと同じ、むしろ、それ以上にアプリケーション開発の成功に影響を与えるといっても過言ではありません。

14-3 クラスを作成する

14-3-1 ▶ データをプロパティとして定義する

　名簿データの「レコード」は、ID、名前、性別、誕生日、アクティブという5種類のデータが含まれています。クラスは、これらのような複数の種類のデータをひとまとめにするのに、とても有効な手段です。名簿データのレコードはメンバーを表しますから、それをオブジェクト化すると、それはメンバー自体を表すオブジェクトとなります。

　レコードに含まれる個々のデータをプロパティとして定義します。また、オブジェクトを操作する必要があればメソッドを定義し、プロパティから何らかの計算処理を加えて値を生成するときには、取得用のプロパティを定義することができます。

では、名簿データのレコードを表すオブジェクト、それを定義するクラスPersonを作成していきましょう。まず、レコードに含まれるデータですが、整理すると表14-2となります。

表14-2 クラスPersonのデータ一覧

項目	プロパティ	データ型	説明
ID	Id	Long	1から順番に付与する整数。他のオブジェクトと重複せずに一意に決まる
名前	Name	String	
性別	Gender	String	「男」または「女」
誕生日	Birthday	Date	
アクティブ	Active	Boolean	在籍していればTrue、さもなくばFalse

これらのプロパティをクラスモジュールPersonの宣言セクションに定義します。リスト14-2です。

リスト14-2 クラスPersonのデータをプロパティとして定義

```
クラスモジュールPerson
Public Id As Long
Public Name As String
Public Gender As String
Public Birthday As Date
Public Active As Boolean
```

すべてパブリック変数で定義しています。プライベート変数で定義するほうが安全ではありますが、設定用、取得用それぞれのPropertyプロシージャの定義が必要になり、コードが複雑になりやすいというデメリットもあります。必要であればスコープを狭くするというスタンスでよいでしょう。

14-3-2 ▶ インスタンスに初期値を設定する

続いて、生成したPersonクラスのインスタンスに初期値を設定するプロシージャを作成していきましょう。リスト14-3をご覧ください。

リスト14-3 クラスPersonの初期値を設定するメソッド

```
クラスモジュールPerson
'**
'* Personクラスのインスタンスに初期値を設定する
'*
'* @param myRange {Range} 設定するレコードのセル範囲
'*
Public Sub Initialize(ByVal myRange As Range)
    Id = myRange(eId).Value
    Name = myRange(eName).Value
    Gender = myRange(eGender).Value
    Birthday = myRange(eBirthday).Value
    Active = myRange(eActive).Value
End Sub
```

元データはテーブルに存在しているので、レコードが記述されている1行分のRangeオブジェクトを渡すことで、各フィールドの値を対応するプロパティに設定します。

Rangeオブジェクト myRange の引数として用いられている、eId、eNameなどはSheet1モジュールの宣言セクションにリスト14-4のように定義されている列挙型のメンバーです。

リスト14-4 フィールド番号を表す列挙型の定義

```
シートモジュールSheet1
Enum eFieldsSheet1
    eId = 1
    eName
    eGender
    eBirthday
    eActive
End Enum
```

では、リスト14-3のInitializeメソッドの動作確認をしましょう。標準モジュールに、リスト14-5を作成し、実行してみてください。

リスト14-5 インスタンスの生成と初期設定の動作確認

```
標準モジュールModule1
Sub MySub()

    Dim p As Person: Set p = New Person
    p.Initialize Sheet1.ListObjects(1).ListRows(1).Range

    Stop

End Sub
```

Stopステートメントによる中断時に、ローカルウィンドウでインスタンスpの内容を確認しましょう。図14-13のように、テーブル上の1行目のレコードのデータが格納されているはずです。

図14-13 インスタンスの初期値の確認

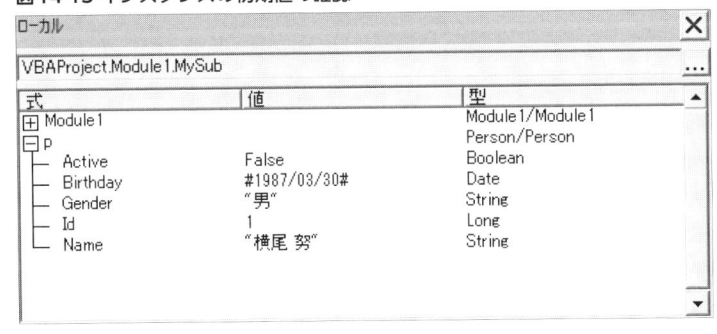

14-3-3 ▶ プロパティを定義する

名簿管理ツールのユーザーフォームには「年齢」を表示する必要があります。年齢は誕生日から算

出することができますので、Property Get プロシージャによるプロパティとして定義しておきましょう。リスト14-6のAgeプロパティです。

リスト14-6 年齢を求めるプロパティ

```
クラスモジュールPerson
'**
'* Personクラスの年齢を取得する
'*
'* @return {Long} 年齢
'*
Public Property Get Age() As Long

    Dim myAge As Long
    myAge = DateDiff("yyyy", Me.Birthday, Date)

    If Date < DateSerial(Year(Now), Month(Me.Birthday), Day(Me.Birthday)) Then
        myAge = myAge - 1
    End If

    Age = myAge

End Property
```

現時点の日付とBirthdayプロパティの「年」の差分を取ります。そして、今年の誕生日を過ぎていなければ、年齢から1を減算します。

Ageプロパティの動作を確認するコードが、リスト14-7です。

リスト14-7 Ageプロパティの動作確認

```
標準モジュールModule1
Sub MySub()

    Dim p As Person: Set p = New Person
    p.Initialize Sheet1.ListObjects(1).ListRows(1).Range

    Debug.Print p.Age '32

End Sub
```

実行すると、テーブル上の1行目のレコードについて、算出された年齢がイミディエイトウィンドウに出力されます。

14-4 シートモジュールの処理を作る

14-4-1 ▶ コレクションを定義する

Personオブジェクトはレコード1行分を表します。テーブルには複数のレコードが存在するので、

Personオブジェクトを集合として取り扱えるようにしておくと便利です。

　VBAでは集合を扱う方法として、配列、コレクションそして辞書が用意されていますが、要素数の増減に対応のしやすさ、集合に対してそれほど複雑な操作をしないという点から、今回はコレクションを選択します。

　続いて、コレクションを定義する場所についてですが、複雑な操作をするのであれば独自コレクションのクラスとしてクラスPersonsなどを新たに定義するという選択肢もあります。しかし、今回はそこまで複雑なことをしません。また、できるだけオブジェクトに持たせておくのが望ましいので、今回はシートモジュールSheet1に定義をして、WorksheetオブジェクトSheet1のプロパティとして持たせることにします。

　リスト14-8はPersonsプロパティとMaxIdプロパティの定義です。

リスト14-8 コレクションの定義

```
シートモジュールSheet1
Public Persons As Collection
Public MaxId As Long 'IDの最大値
```

　Personsプロパティは、Personオブジェクトのコレクションを返す役割を持ちます。MaxIdプロパティは、IDの最大値を取得しておくものです。新規でレコードを追加するときに、そのIDの値を算出するのに使用します。

14-4-2 ▶ データの読み書きをする処理を作る

　次に、ワークシートSheet1のテーブルのデータをコレクションとして取得／適用する処理を作っていきます。シートモジュールSheet1にリスト14-9を追加で記述します。

リスト14-9 データの読み書き

```
シートモジュールSheet1
'**
'* テーブル上のデータをPersonsコレクションとして格納する
'*
Public Sub LoadData()
    Set Persons = New Collection

    With ListObjects(1)
        Dim myRow As ListRow
        For Each myRow In .ListRows

            Dim p As Person: Set p = New Person
            p.Initialize myRow.Range
            Persons.Add p, CStr(p.Id) 'キーはString型

        Next myRow

        MaxId = .ListRows.Count
```

```
        End With

End Sub
```

```
'**
'* Personsコレクションのデータをテーブルに適用する
'*
Public Sub ApplyData()

    With ListObjects(1)
        If .ListRows.Count > 0 Then .DataBodyRange.EntireRow.Delete

        Dim p As Person
        For Each p In Persons
            Dim values As Variant
            values = Array(p.Id, p.Name, p.Gender, p.Birthday, p.Active)
            .ListRows.Add.Range = values
        Next p

        MaxId = .ListRows.Count
    End With

End Sub
```

　LoadData メソッドは、テーブルのデータを Persons コレクションに取得する処理です。具体的には、新たな Collection オブジェクトを生成しパブリック変数 Persons にセット、また、テーブルの各レコードについて Person クラスのインスタンスを生成し、Persons コレクションに追加していくという内容です。

　Apply メソッドは、Persons コレクションのデータを、テーブルに適用する処理です。いったんテーブル上のすべてのデータ行を削除してから、Persons に存在するすべての Person オブジェクトのデータをデータ行として追加していくというシンプルな手法を選択しています。データ量によっては都度対象のデータ行のみ更新、追加するという方針のほうが適しているかもしれません。

　これら作成したメソッドの動作確認をしていきましょう。リスト 14-10 の Sub プロシージャ MySub を実行してみましょう。

リスト14-10 データの読み書きの確認

```
標準モジュールModule1
Sub MySub()

    With Sheet1
        .LoadData

        With .Persons(1)
            .Name = "横尾 勤"
            .Birthday = #3/30/1988#
            .Active = True
        End With

        .ApplyData
```

```
        End With

End Sub
```

　LoadDataメソッドを実行して、Sheet1のPersonsプロパティにテーブルのデータをコレクションとしてセットします。コレクションPersonsの要素について、いくつかの適当な変更を加えて、ApplyDataメソッドにより、テーブルに適用します。

　たとえば、データ取得前の状態が図14-14であった場合、SubプロシージャMySubの実行後のテーブルは図14-15のようになります。

図14-14 データ取得前のテーブル

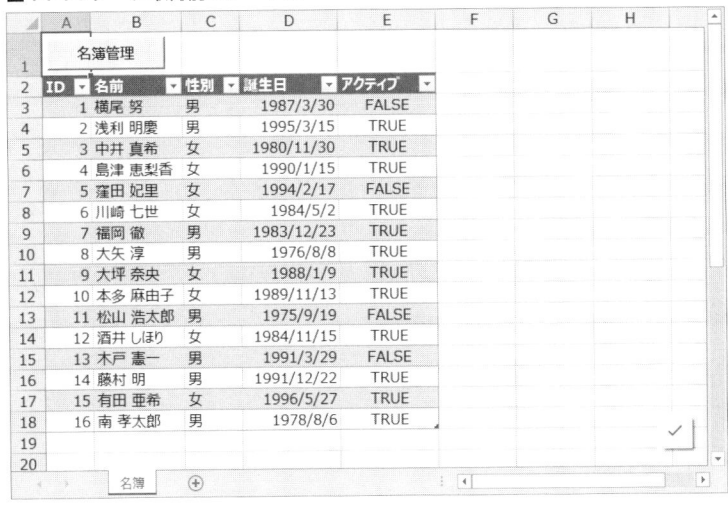

図14-15 データ適用後のテーブル

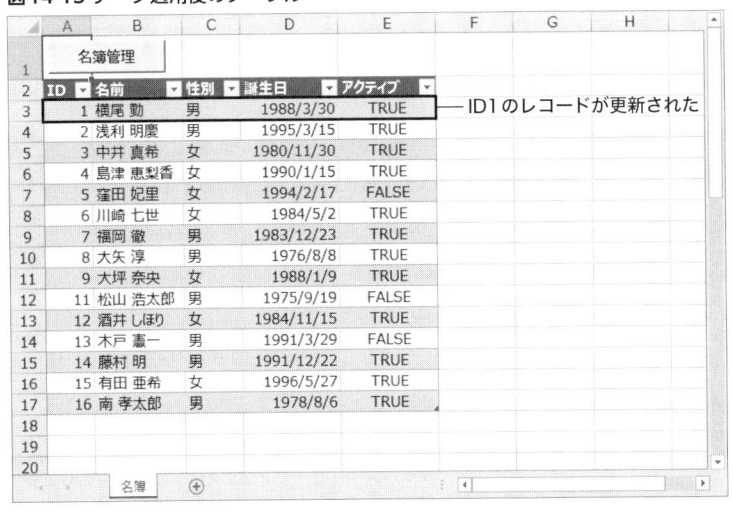

541

14-5 ユーザーフォームを作成する

14-5-1 ▶ コントロールを配置する

データの更新、追加を行うためのユーザーフォームを作成していきます。ユーザーフォームUserForm1を挿入し、図14-16のようにコントロールを配置します。

図14-16 ユーザーフォーム UserForm1

マクロで操作の対象となるコントロールについて表にまとめたものが表14-3です。タブオーダーも入力しやすい順番に設定をしておきましょう。

表14-3 配置するコントロール

タブオーダー	コントロール	説明
1	コンボボックス ComboBoxId	・IDを入力するとフォームに該当のレコードのデータを呼び出す ・"New"を入力するとフォームをクリアする
2	テキストボックス TextBoxName	・名前を入力する
3	オプションボタン OptionButtonMale	・性別の"男"を表す選択肢
4	オプションボタン OptionButtonFemale	・性別の"女"を表す選択肢
5	テキストボックス TextBoxBirthday	・誕生日を入力する
6	ラベル LabelAge	・年齢を表示するラベル
7	チェックボックス CheckBoxActive	・アクティブかどうかを表す
8	コマンドボタン CommandButtonUpdate	・IDで表すレコードのデータをフォームの内容で更新する ・IDが"New"の場合は、新たなレコードを追加する
9	コマンドボタン CommandButtonClose	・フォームを閉じる

ユーザーフォームとコントロールについて、表14-4のようにデザイン時プロパティを設定していきます。

表14-4 デザイン時プロパティの設定

オブジェクト	プロパティ	説明
UserForm1	Caption	名簿管理
OptionButtonMale	Caption	男
	GroupName	Gender
OptionButtonFemale	Caption	女
	GroupName	Gender
LabelAge	Caption	(空文字)
CheckBoxActive	Caption	アクティブ
CommandButtonUpdate	Caption	更新
CommandButtonClose	Caption	閉じる
	Cancel	True

これらのコントロール以外に、「ID」「名前」「誕生日」「年齢:」を表示するためのラベルを配置します。

14-5-2 ▶ ユーザーフォームの表示をする

ユーザーフォームUserForm1の表示はワークシートSheet1上に作成したボタンコントロールのクリックをトリガーとします。ボタンをクリックした際に呼び出すプロシージャを、標準モジュールに記述します。リスト14-11です。

リスト14-11 ユーザーフォームの表示

```
標準モジュールModule1
'**
'* ユーザーフォームUserForm1を表示する
'* (Sheet1のコントロールボタン「名簿管理」にマクロを登録)
'*
Sub ShowUserForm()
    UserForm1.Show vbModeless
End Sub
```

SubプロシージャShowUserFormを実行すると図14-17のように、ユーザーフォームが表示されます。

図14-17 ユーザーフォームの表示

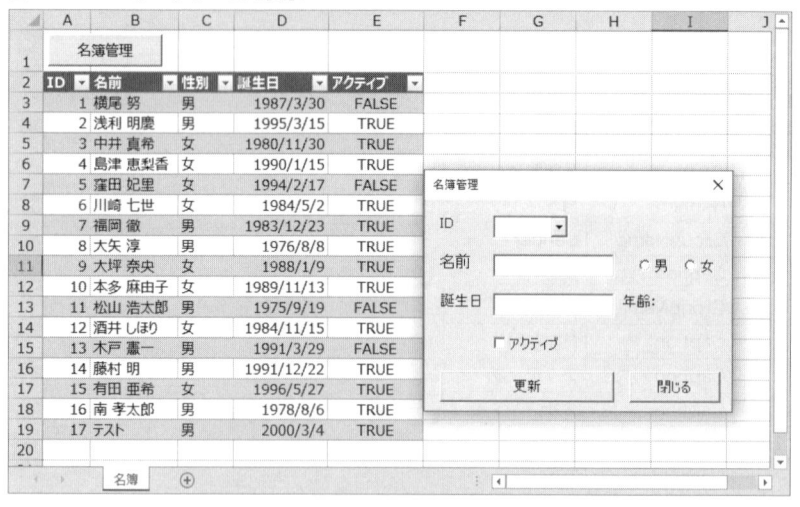

　Showメソッドでvb Modelessを指定してモードレス表示としているため、ユーザーフォームを表示している間も画面のスクロールやテーブルの操作をすることができます。

　続いて、ワークシートSheet1上にコントロールボタンを配置していきます。図14-18のようにリボンの「開発」→「挿入」→「フォームコントロール」→「ボタン（フォームコントロール）」を選択し、シート上にドラッグすることで配置することができます。

図14-18 コントロールボタンの配置

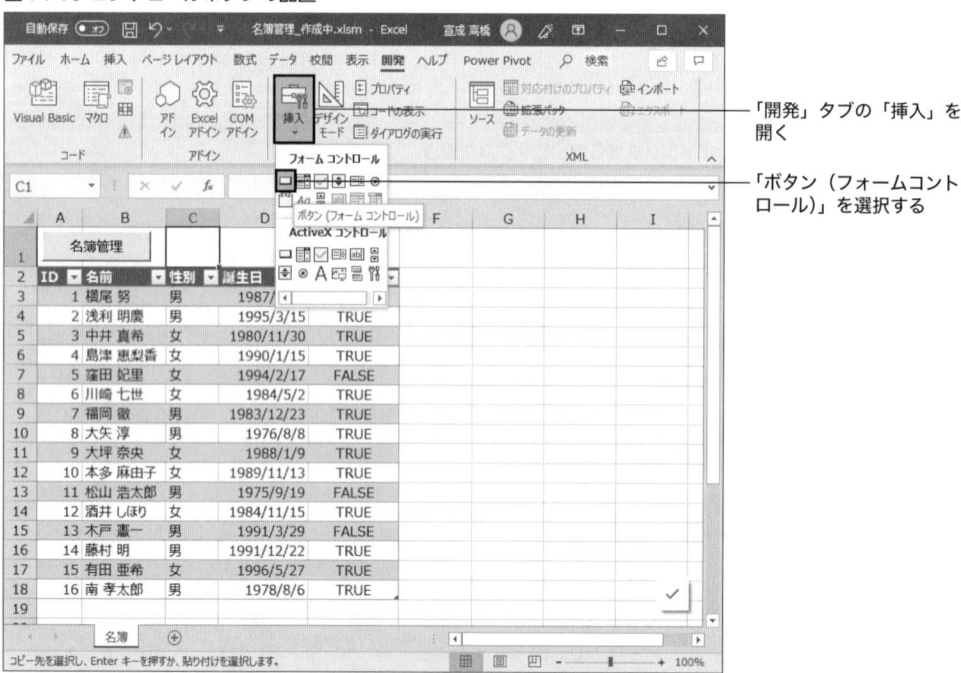

「開発」タブの「挿入」を開く

「ボタン（フォームコントロール）」を選択する

シート上でドラッグをすると、図14-19に示す「マクロの登録」ダイアログが表示されるので、先ほど作成したプロシージャ「ShowUserForm」を選択して「OK」とします。

図14-19「マクロの登録」ダイアログ

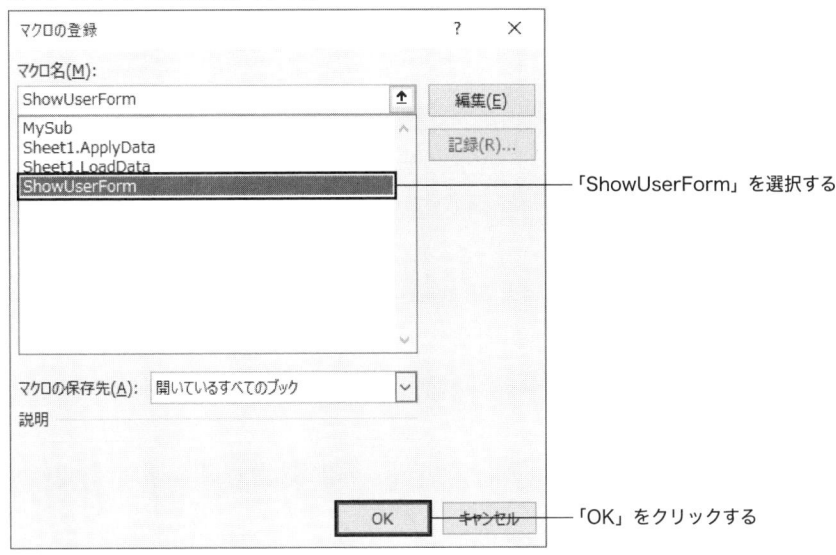

これで配置したコントロールボタンのクリックによりSubプロシージャ ShowUserFormを呼び出すことができます。コントロールボタンの表示は、ボタンを右クリック→「テキストの編集」から編集ができますので、「名簿管理」としておきます

コントロールボタン「名簿管理」クリックするとユーザーフォームUserForm1が表示されますので、確認をしましょう。

> **📝 Memo** 今回は、フォームコントロールのコントロールボタンを使用しましたが、ActiveXコントロールのコントロールボタンを配置することもできます。ActiveXコントロールは、ユーザーフォームに配置したコントロールと同じように扱うことができます。シートモジュールにイベントプロシージャを記述して、イベントに応じた動作をさせることができます。

14-5-3 ▣ ユーザーフォームの初期化時の処理

現時点ではコンボボックス ComboBoxIdのリストには何も表示されません。ですから、ユーザーフォームUserForm1を表示した際に、リストを設定する処理を追加します。また、同時にシートモジュールSheet1のLoadDataメソッドを呼び出して、テーブル上のデータをコレクションとして読み出します。

フォームモジュールUserForm1にリスト14-12を記述しましょう。

リスト14-12 ユーザーフォームの初期化時の処理

```
フォームモジュールUserForm1
'**
'* イベントプロシージャ: UserForm_Initialize
'*
Private Sub UserForm_Initialize()
    Call Sheet1.LoadData
    Call LoadIdList
End Sub


'**
'* コンボボックスComboBoxIdのリストを読み込む
'*
Private Sub LoadIdList()

    With Sheet1.ListObjects(1)
        If .ListRows.Count > 1 Then
            Dim lists As Variant: lists = .ListColumns(1).DataBodyRange
            ComboBoxId.List = lists
        End If
    End With

    ComboBoxId.AddItem "New"

End Sub
```

SubプロシージャUserForm_Initializeはユーザーフォームの初期時に実行されるイベントプロシージャです。これにより、ユーザーフォームの表示時にシートモジュールSheet1のLoadDataメソッドと、LoadIdListメソッドが呼び出されます。

LoadIdListメソッドは、テーブルの1列目のデータ範囲を配列で取得し、それをコンボボックスComboBoxIdのリストとして設定し、さらに文字列「New」をリストの末尾に追加します。

ユーザーフォームを表示して確認をすると、図14-20のようにコンボボックスComboBoxIdにリストが追加されていることが確認できます。

図14-20 コンボボックスComboBoxIdのリスト表示

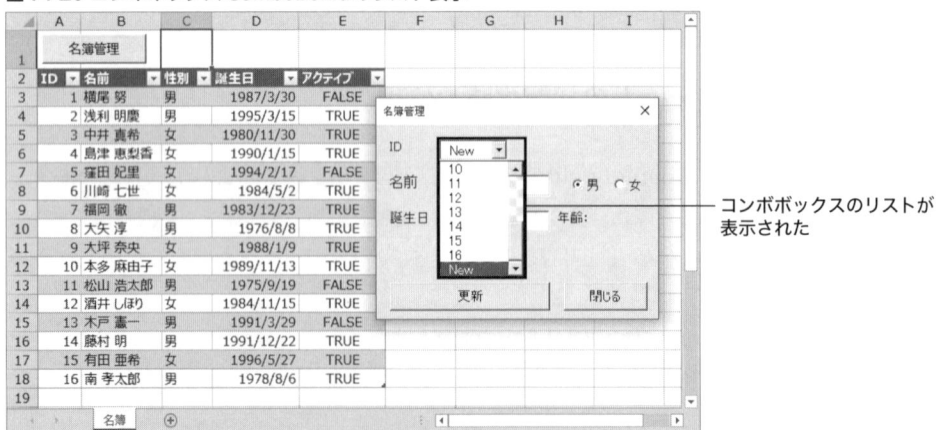

コンボボックスのリストが表示された

14-5-4 ▸ ユーザーフォームにデータを表示する

コンボボックスComboBoxIdでリストから値を選択した際に、それが存在するIDであれば、該当のIDのデータを各コントロールに表示するようにしていきます。また、その値が文字列「New」であれば、コントロールの内容をクリアします。

コンボボックスの値を変更したときを表すのはChangeイベントですから、リスト14-13のイベントプロシージャをフォームモジュールUserForm1に追加します。

リスト14-13 コンボボックスの値が変更されたときのイベントプロシージャ

```
フォームモジュールUserForm1
'**
'* イベントプロシージャ: ComboBoxId_Change
'*
Private Sub ComboBoxId_Change()

    With ComboBoxId
        If IsValidId Then
            If IsNumeric(.Value) Then
                Call LoadFields(.Value)
            Else
                Call ClearFields
            End If
        End If
    End With

End Sub
```

独自のプロパティとメソッドがいくつか使用されていますが、それぞれの役割は以下のとおりです。

- IsValidIdプロパティ：値がコンボボックスComboBoxIdの値として適正かどうかを表すブール値
- LoadFieldsメソッド：値をIDとするレコードのデータを各コントロールの値として呼び出す
- ClearFieldsメソッド：各コントロールの値をクリアする

各コントロールにデータを呼び出すLoadFieldsメソッドや、各コントロールの値をクリアするClearFieldsメソッドは、コンボボックスの値が実在するIDである場合または「New」である場合にのみ動作をさせたいので、その判定が必要です。その役割を担うのが、リスト14-14のIsValidIdプロパティです。

リスト14-14 コンボボックスの値が適正かどうか判定する

```
フォームモジュールUserForm1
'**
'* コンボボックスComboBoxIdの値が適正かどうか
'*
'* @return {Boolean} コンボボックスComboBoxIdの値が1以上IDの最大値以下、または"New"かどうか
'*
```

```
Private Property Get IsValidId() As Boolean

    IsValidId = False
    With ComboBoxId
        If (.Value > 0 And .Value <= Sheet1.MaxId) Or (.Value = "New") Then IsValidId = True
    End With

End Property
```

コンボボックスComboBoxIdの値が、0より大きくワークシートSheet1のMaxIdプロパティ以下である場合、または文字列「New」である場合はTrue、そうでない場合はFalseとなります。

IsValidIdプロパティがTrueで、コンボボックスComboBoxIdの値が数値として判定される場合は、その値を引数としてLoadFieldsメソッドが呼び出されます。リスト14-15をご覧ください。

リスト14-15 各コントロールにデータを呼び出す

```
フォームモジュールUserForm1
'**
'* 各コントロールの値として指定したIDのレコードのデータを呼び出す
'*
'* @param myId {Long} 呼び出すレコードのID
'*
Private Sub LoadFields(ByVal myId As Long)

    With Sheet1.Persons.Item(myId)
        ComboBoxId.Value = myId
        TextBoxName.Value = .Name
        Call SetGender(.Gender)
        TextBoxBirthday.Value = .Birthday
        LabelAge.Caption = .Age
        CheckBoxActive.Value = .Active
    End With

End Sub
```
```
'**
'* 性別を表す文字列 ("男"または"女") をもとにオプションボタンの値を設定する
'*
'* @param myGender {String} 性別を表す文字列
'*
Private Sub SetGender(ByVal myGender As String)

    OptionButtonFemale.Value = True
    If myGender = "男" Then OptionButtonMale.Value = True

End Sub
```

受け取ったmyIdをキーとして、PersonsコレクションからPersonオブジェクトを特定します。Personオブジェクトの各プロパティの値を、対応するコントロールの値としてセットしていきます。対応表について表14-5にまとめています。

表14-5 コントロールとPersonオブジェクト

項目	コントロール	Person オブジェクト
ID	ComboBoxId.Value	Id
名前	TextBoxName.Value	Name
性別	OptionButtonMale.Value または OptionButtonFemale.Value	Gender
誕生日	TextBoxBirthday.Value	Birthday
年齢	LabelAge.Caption	Age
アクティブ	CheckBoxActive.Value	Active

　性別に関しては、PersonオブジェクトのGenderプロパティは文字列ですので、それを2つのオプションボタンOptionButtonMaleおよびOptionButtonFemaleの状態に変換する必要があります。その処理を行っているのが、SetGenderメソッドです。

　IsValidIdプロパティがFalseで、コンボボックスComboBoxIdの値が「New」である場合は、リスト14-16のClearFieldsメソッドにより各コントロールの値をクリアします。

リスト14-16 各コントロールの値をクリアする

```
フォームモジュールUserForm1
'**
'* 各コントロールの値をクリアする
'*
Private Sub ClearFields()

    TextBoxName.Value = ""
    OptionButtonMale.Value = True
    TextBoxBirthday.Value = ""
    LabelAge.Caption = ""
    CheckBoxActive.Value = True

End Sub
```

　これらの処理の動作確認をしていきましょう。ユーザーフォームを表示して、コンボボックスComboBoxIdに存在しているIDを入力すると、図14-21のように、該当のレコードのデータが各コントロールに呼び出されます。

図14-21 データを各コントロールに呼び出す

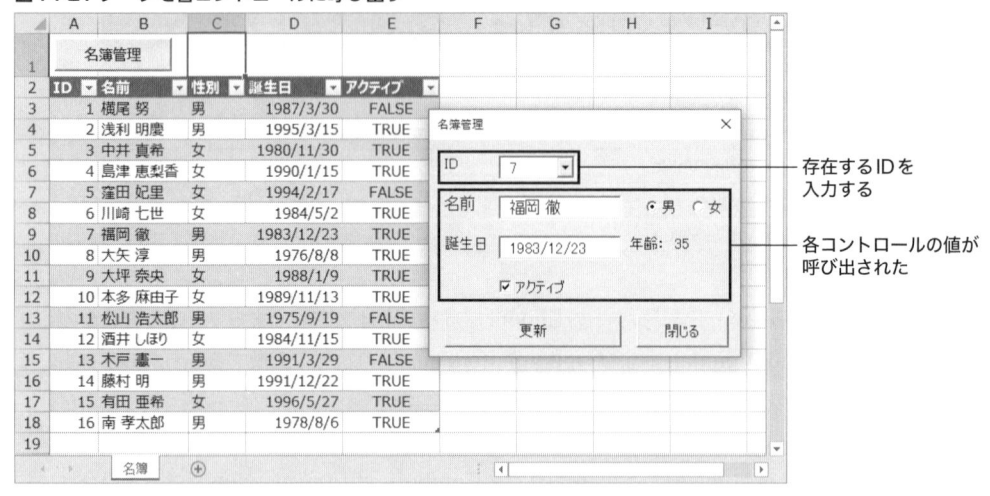

コンボボックスComboBoxIdに「New」を入力すると、図14-22のように、各コントロールの値がクリアされます。

図14-22 各コントロールの値をクリアする

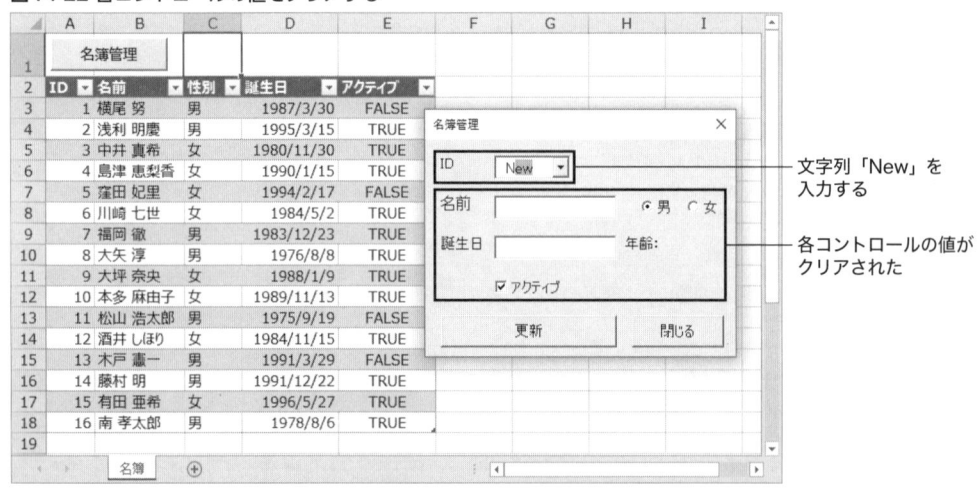

コンボボックスComboBoxIdの値として適正でない値を入力した場合は、何の動作も起きないことも確認しておきましょう。

14-5-5 ▶ レコードを更新／追加する

ユーザーフォームUserForm1上の各コントロールへの入力後にコマンドボタンCommandButton Updateをクリックすることで、データの更新または追加を行います。最終的に、ワークシートSheet1のテーブルにレコードを更新または追加することになりますので、シートモジュールSheet1

に処理を追加していきます。リスト14-17のUpdatePersonメソッド、AppPersonメソッドです。

リスト14-17 レコードを更新する・追加する

```
シートモジュールSheet1
'**
'* PersonsコレクションのPersonオブジェクトを更新する
'*
'* @param p {Person} 更新するPersonオブジェクト
'*
Public Sub UpdatePerson(p As Person)

    With Persons(p.Id)
        .Id = p.Id
        .Name = p.Name
        .Gender = p.Gender
        .Birthday = p.Birthday
        .Active = p.Active
    End With

    Call ApplyData
End Sub

'**
'* PersonsコレクションにPersonオブジェクトを追加する
'*
'* @param p {Person} 追加するPersonオブジェクト
'*
Public Sub AddPerson(p As Person)
    Persons.Add p, CStr(p.Id)
    Call ApplyData
End Sub
```

　いずれのメソッドもPersonオブジェクトをパラメータpとして受け取ります。UpdatePersonメソッドであれば、PersonsコレクションのID内の該当のIDのPersonオブジェクトのプロパティを書き換えます。AddPersonメソッドであればPersonsコレクションに受け取ったPersonオブジェクトを追加します。

　標準モジュールにリスト14-18のSubプロシージャを作成して、動作の確認をしてみましょう。

リスト14-18 レコードの更新と追加を確認する

```
標準モジュールModule1
Sub MySub()

    With Sheet1
        .LoadData

        Dim p As Person: Set p = New Person
        With p
            .Id = 1
            .Name = "横尾 勤"
            .Gender = "男"
            .Birthday = #3/30/1988#
            .Active = True
        End With
```

```
        .UpdatePerson p

        p.Id = .MaxId + 1
        .AddPerson p

    End With

End Sub
```

　ここでプロシージャMySubを実行する前に注意が必要です。クラスPersonのInstancingプロパティが「Private」のままで実行をすると、図14-23のようなコンパイルエラーとなってしまいます。

図14-23 プライベートオブジェクトモジュールに関するコンパイルエラー

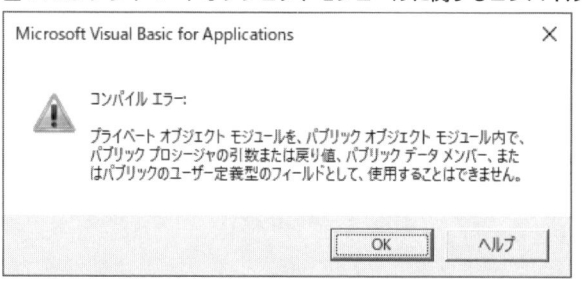

　ですから、図14-24のようにプロパティウィンドウでクラスPersonのInstancingプロパティを「PublicNotCreatable」に変更をしましょう。

図14-24 クラスのInstancingプロパティを変更する

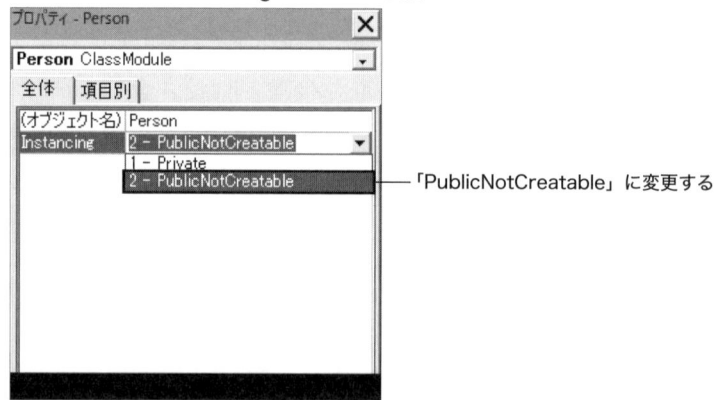

「PublicNotCreatable」に変更する

　ワークシートSheet1のテーブルが図14-25の状態のときに、リスト14-18のプロシージャMySubを実行すると、図14-26のようにID1のレコードの更新と、ID17のレコードの追加が行われたことを確認できます。

図14-25 レコードの更新／追加前のテーブル

図14-26 レコードの更新／追加後のテーブル

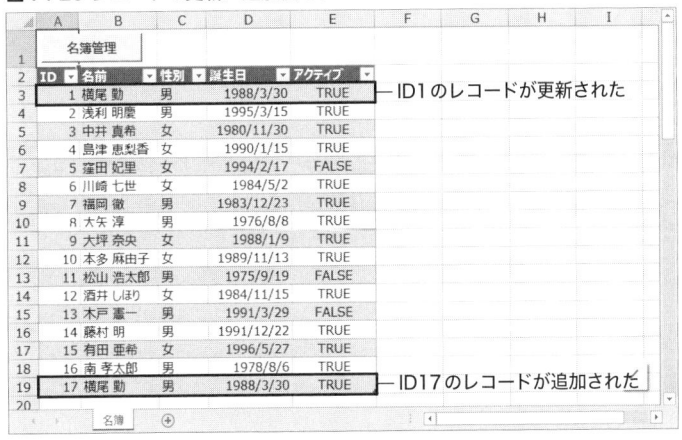

14-5-6 ▶ ボタンクリックで処理を呼び出す

コマンドボタンCommandButtonUpdateのClickイベント発生時に、各コントロールの値をもとに
Personオブジェクトを生成して、前節で作成したレコードの更新または追加のメソッドを呼び出しま
す。フォームモジュールUserForm1にコマンドボタンCommandButtonUpdateクリック時のイベン
トプロシージャを追加していきましょう。リスト14-19です。

リスト14-19 データの更新または追加をする

```
フォームモジュールUserForm1
'**
'* イベントプロシージャ: CommandButtonUpdate_Click
'*
Private Sub CommandButtonUpdate_Click()

    If CheckFields Then
        Dim p As Person: Set p = New Person
```

```
        p.Name = TextBoxName.Text
        p.Birthday = TextBoxBirthday.Value
        p.Gender = "女"
        If OptionButtonMale.Value = True Then p.Gender = "男"
        p.Active = CheckBoxActive.Value

        If ComboBoxId.Value = "New" Then
            p.Id = Sheet1.MaxId + 1
            Call Sheet1.AddPerson(p)
        Else
            p.Id = ComboBoxId.Value
            Call Sheet1.UpdatePerson(p)
        End If

        Call LoadFields(p.Id)
        Call LoadIdList
    End If

End Sub
```

　まず、If ～ Then ステートメントの条件式として使用している CheckFields メソッドですが、これは各コントロールの値が適正かどうかを判定するものです。

　各コントロールの値が適正であれば、データの更新または追加を行っていきます。その際、コンボボックス ComboBoxId が文字列「New」であれば新たな ID を発行した上でレコードの追加、存在する ID であれば該当のレコードの更新となります。

　リスト 14-20 は各コントロールの値をチェックする CheckFields メソッドの定義です。

リスト 14-20 各コントロールの値をチェックする

```
フォームモジュールUserForm1
'**
'* 各コントロールの値が正しく入力されているかどうかを判定する
'*
'* @return {Boolean} すべてのコントロールの値が正しく入力されているかどうか
'*
Private Function CheckFields() As Boolean

    CheckFields = True

    If Not IsValidId Then
        MsgBox "「ID」は1以上IDの最大値以下の数値または""New""を入力してください", vbInformation
        CheckFields = False
    End If

    If Len(TextBoxName.Text) = 0 Then
        MsgBox "「名前」に入力してください", vbInformation
        CheckFields = False
    End If

    If Not IsDate(TextBoxBirthday.Value) Then
        MsgBox "「誕生日」に日付を入力してください", vbInformation
        CheckFields = False
    End If
```

既に作成しているIsValidIdプロパティは「ID」を判定しますが、CheckFieldsメソッドは、それも含めて他のコントロール、すなわち「名前」「誕生日」のチェックも行います。適正な値でないコントロールについて、それぞれメッセージダイアログを表示して、戻り値としてFalseを返します。

この処理はPropertyプロシージャでも実装が可能ですが、値を取得するだけでなく、メッセージダイアログを表示するという動作も伴っているので、今回はFunctionプロシージャで実装をしています。

ユーザーフォームUserForm1を表示して、動作確認をしていきましょう。図14-27のように、各コントロールに適正な値を入力した状態で、「更新」ボタンをクリックすると、図14-28のようにテーブルのレコードが更新されます。

図14-27 レコードの更新

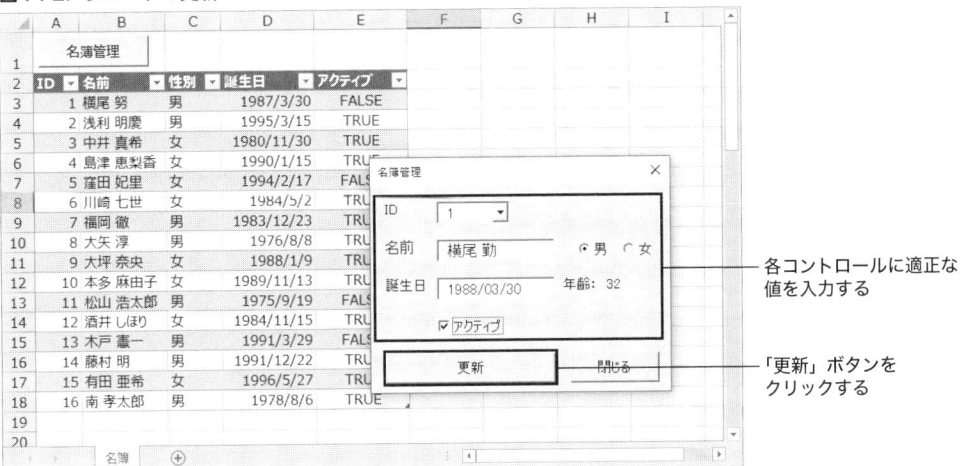

各コントロールに適正な値を入力する

「更新」ボタンをクリックする

図14-28 レコード更新後のテーブル

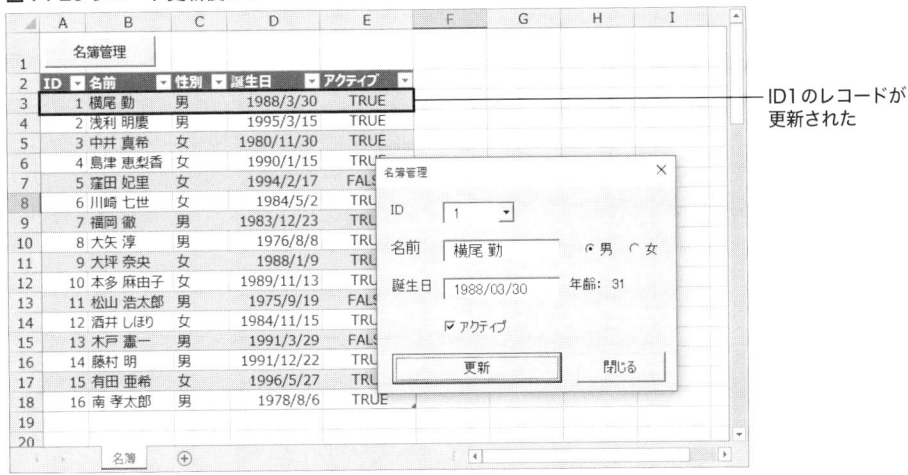

ID1のレコードが更新された

14章 アプリケーション開発

555

図14-29のように、「ID」に文字列「New」を入力して「更新」ボタンをクリックすると、図14-30のように.レコードの追加となります。

図14-29 レコードの追加

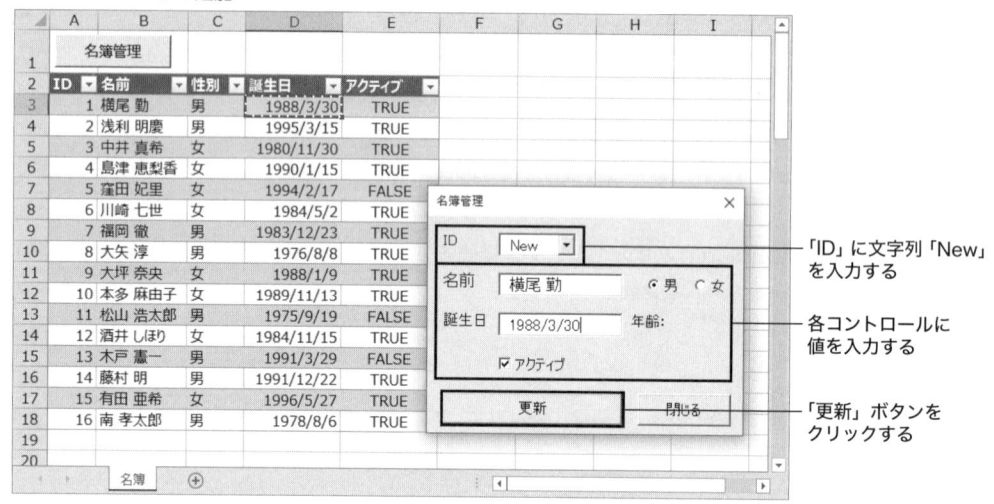

図14-30 レコード追加後のテーブル

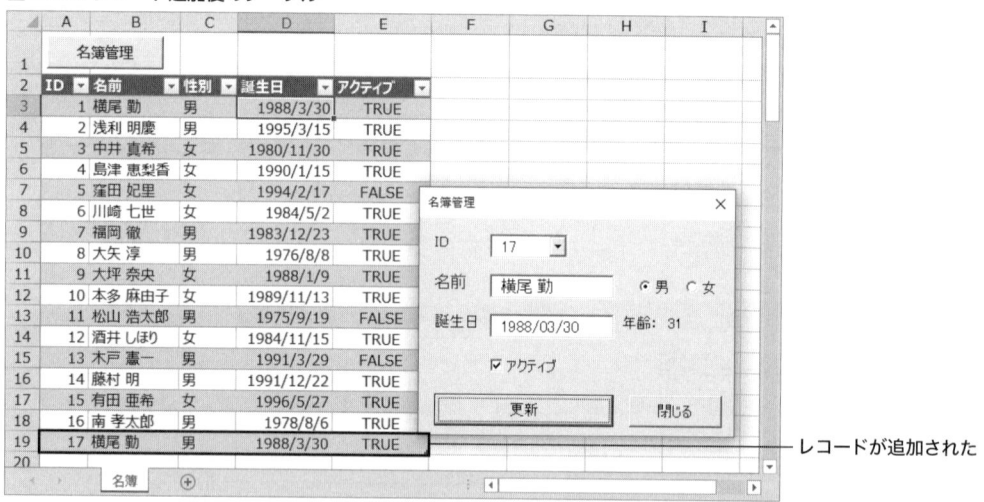

　また、「ID」「名前」「誕生日」について適正でない値が入力されている状態で「更新」ボタンをクリックすると、図14-31のように、その内容に応じてメッセージダイアログが表示され、テーブルの変更は行われません。

図14-31 入力されたデータのチェック

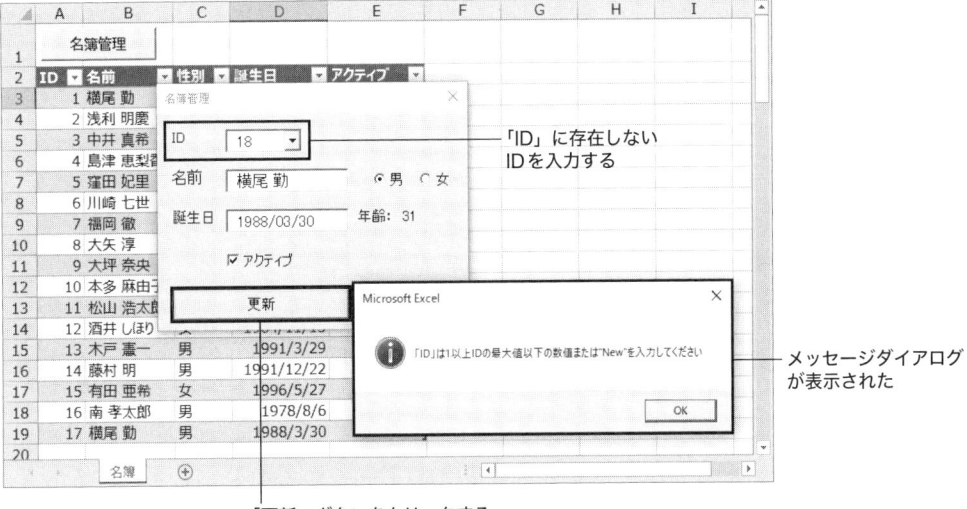

「ID」に存在しない
IDを入力する

メッセージダイアログ
が表示された

「更新」ボタンをクリックする

14-5-7 ▶ ユーザーフォームを閉じる

「閉じる」ボタンであるコマンドボタンCommandButtonCloseのクリック時に、ユーザーフォームを閉じる処理を追加します。リスト14-21のイベントプロシージャを、フォームモジュールUserForm1に追加しましょう。

リスト14-21 ユーザーフォームを閉じる

```
フォームモジュールUserForm1
'**
'* イベントプロシージャ: CommandButtonClose_Click
'*
Private Sub CommandButtonClose_Click()
    Unload Me
End Sub
```

ユーザーフォームを表示して、図14-32のように「閉じる」ボタンをクリックすると、ユーザーフォームが閉じますので確認をしましょう。

14
章

アプリケーション開発

図14-32 ユーザーフォームを閉じる

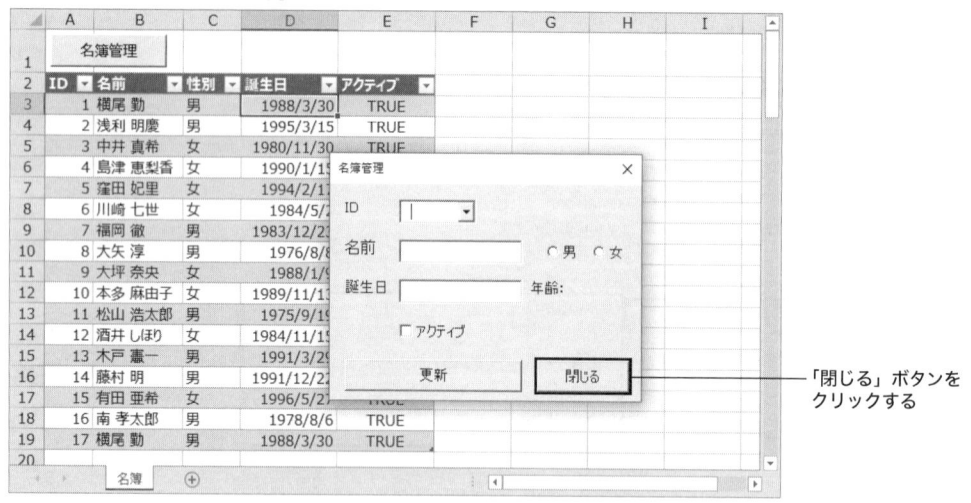

「閉じる」ボタンを
クリックする

また、コマンドボタンCommandButtonCloseのCancelプロパティをTrueに設定していますので、
[Esc] キーでも、ユーザーフォームを閉じることができます。

14-6 運用を想定する

14-6-1 ▶ シートの保護をする

アプリケーションの機能としては、これで実装が完了しました。しかし、実際の運用を想定すると、
システム側で工夫を加えたほうがよいケースが出てくることがあります。

たとえば、この名簿管理ツールでいうと、データの更新や追加はユーザーフォームで行うことを想
定していますが、ワークシートSheet1のテーブルを直接操作ができますので、想定しないデータの
変更や削除が行われてしまう可能性があります。特に、VBAに詳しくないユーザーも含む複数人でア
プリケーションを運用するときには、そのようなリスクが高いかもしれません。

そのような場合は、シートの保護をしておいて、テーブルを直接編集ができないようにするという
手段があります。図14-33のように、「校閲」タブの「保護」→「シートの保護」からシートの保護
を行います。

図14-33 シートの保護

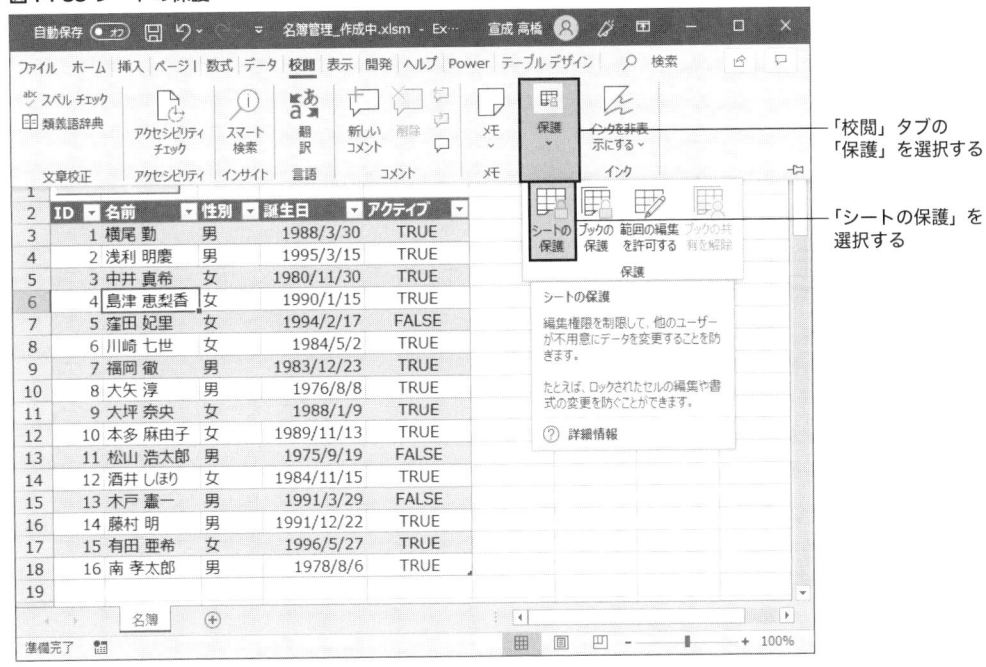

図14-33 シートの保護

「校閲」タブの
「保護」を選択する

「シートの保護」を
選択する

　図14-34のように「シートの保護」ダイアログが表示されますので、シートの保護を解除するパスワードを入力します。また、ユーザーがオートフィルターを使用する可能性がありますので、「オートフィルターの使用」にチェックを入れて操作を許可しておきます。

図14-34 「シートの保護」ダイアログ

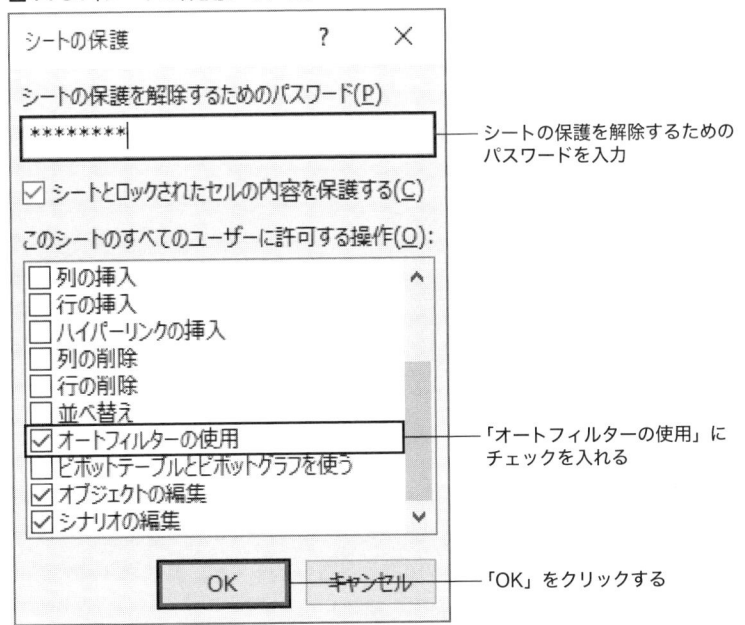

シートの保護を解除するための
パスワードを入力

「オートフィルターの使用」に
チェックを入れる

「OK」をクリックする

「OK」をクリックすると、再度パスワードの入力が求められ、正しく入力するとシートの保護をすることができます。

ただし、シートを保護した状態でユーザーフォームを表示してデータの更新や追加をしようとすると、図14-35のような実行時エラーが表示されてしまいます。

図14-35 実行時エラー「アプリケーション定義またはオブジェクト定義のエラーです」

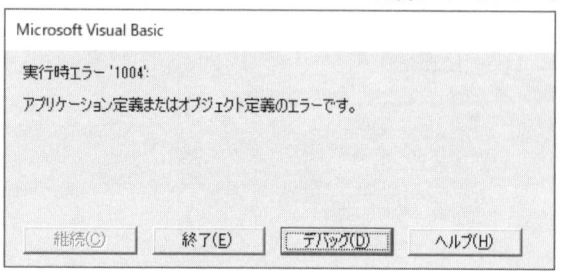

これは、シートの保護により、ワークシートSheet1についてマクロからの操作も保護されているからです。それに対応をするために、シートモジュールSheet1のテーブルの更新を行うApplyDataメソッドをリスト14-22のように修正します。

リスト14-22 テーブルの更新時に保護を解除する

```
シートモジュールSheet1
'**
'* Personsコレクションのデータをテーブルに適用する
'*
Public Sub ApplyData()

    Me.Unprotect "hogehoge"

    With ListObjects(1)
        If .ListRows.Count > 0 Then .DataBodyRange.EntireRow.Delete

        Dim p As Person
        For Each p In Persons
            Dim values As Variant
            values = Array(p.Id, p.Name, p.Gender, p.Birthday, p.Active)
            .ListRows.Add.Range = values
        Next p

        MaxId = .ListRows.Count
    End With

    Me.Protect "hogehoge", AllowFiltering:=True

End Sub
```

ApplyDataメソッドの呼び出されたときに、Unprotectメソッドでシートの保護を解除します。テーブルの更新が完了した後に、Protectメソッドでシートの保護を再付与します。これにより、マクロからだけテーブルの更新ができるようになりますので、動作を確認してみてください。

14-6-2 ▶ オートフィルターを解除する

シートの保護時に「オートフィルター」の操作を可能にしているため、別の問題が起こってしまう可能性があります。たとえば、図14-36のように、テーブルに対してオートフィルターで「性別」について女性でフィルタをかけている状態で、ユーザーフォームの「更新」ボタンをクリックするとします。

図14-36 オートフィルターでフィルターをかけているテーブル

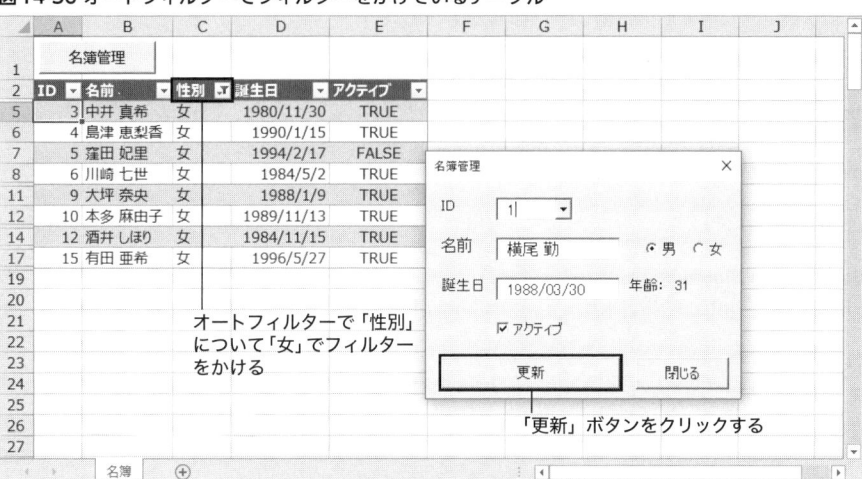

すると、リスト14-19のイベントプロシージャ CommandButtonUpdate_Click が呼び出され、ワークシート Sheet1 のテーブルが更新されますが、図14-37のように特定のいくつかのレコードが重複して追加されてしまうのです。

図14-37 いくつかのレコードが重複して追加

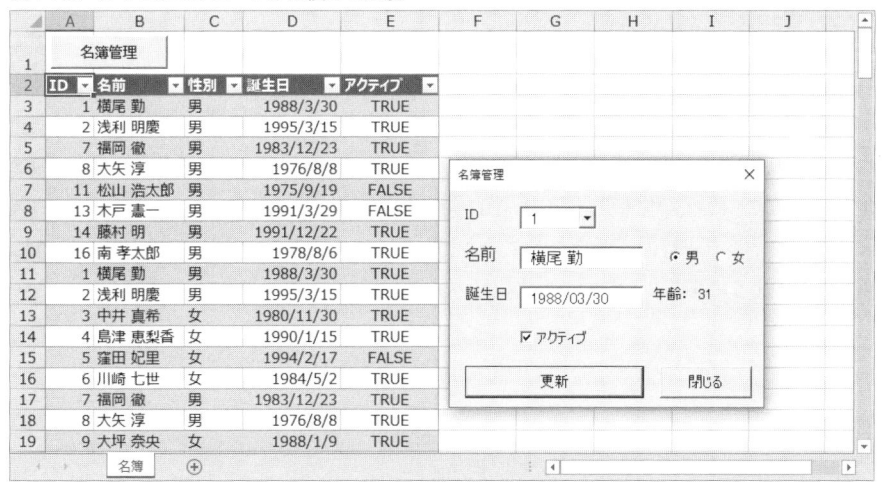

この原因は、オートフィルターです。リスト14-22のApplyDataメソッドは、RangeオブジェクトのDeleteメソッドでいったんすべてのレコードを削除した上で、保持しているPersonsコレクションのすべてのレコードを再追加という処理をしています。しかし、オートフィルターのフィルターにより非表示になっている行範囲は削除されずに残ってしまうのです。

したがって、フィルターで隠されているレコードも含めて再追加されるので、一部のレコードが重複してしまうという現象が起きます。

この対策として、シンプルなのは、ApplyDataメソッドの実行前にオートフィルターをいったん解除してしまうことです。リスト14-23のように修正をしましょう。

リスト14-23 テーブル更新時にオートフィルターの解除をする

```
シートモジュールSheet1
'**
'* Personsコレクションのデータをテーブルに適用する
'*
Public Sub ApplyData()

    ListObjects(1).ShowAutoFilter = False
    Me.Unprotect "hogehoge"

    With ListObjects(1)
        If .ListRows.Count > 0 Then .DataBodyRange.EntireRow.Delete

        Dim p As Person
        For Each p In Persons
            Dim values As Variant
            values = Array(p.Id, p.Name, p.Gender, p.Birthday, p.Active)
            .ListRows.Add.Range = values
        Next p

        MaxId = .ListRows.Count
    End With

    Me.Protect "hogehoge", AllowFiltering:=True
    ListObjects(1).ShowAutoFilter = True

End Sub
```

テーブルの更新処理の前に、ListObjectクラスのShowAutoFilterプロパティをFalseに設定をしてオートフィルターを非表示にし、処理が完了したらTrueに戻します。

この設定により、フィルター時に「更新」ボタンによるテーブル更新をしても、図14-38のようにレコードが重複しないようにすることができます。

図14-38 オートフィルターでフィルター時のテーブル更新

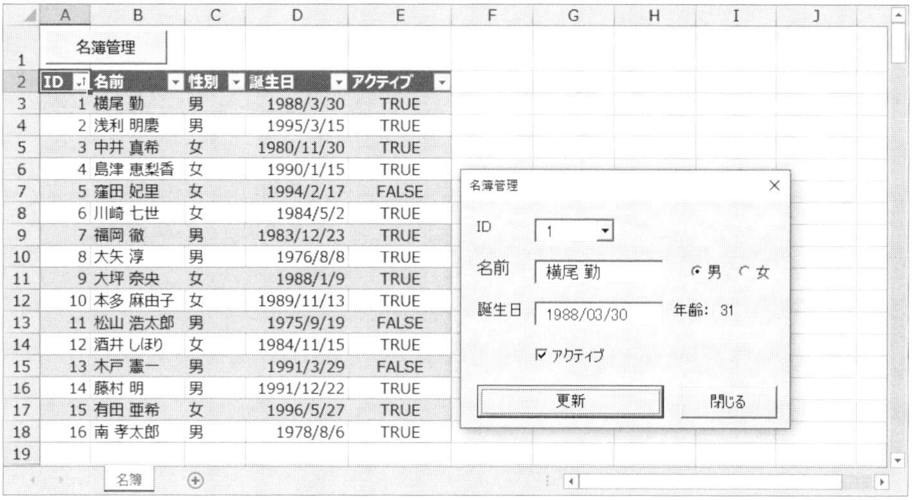

14-6-3 ▶ マクロの高速化をする

　実際の運用を想定した場合、扱うレコード数がどれほどの量になるかは重要です。名簿管理ツールでも、そのレコード数が多くなるにつれて「更新」ボタンによる処理時間がとても長くなってしまい、運用に耐えられなくなる可能性があります。

　標準モジュールにリスト14-24のSubプロシージャMySubを作成して検証してみましょう。

リスト14-24 テーブル更新の実行速度を測定する

```
標準モジュールModule1
Sub MySub()

    Dim start As Date: start = Time

    Call ShowUserForm
    Call Sheet1.ApplyData
    Unload UserForm1

    Dim finish As Date: finish = Time
    Debug.Print Minute(finish - start) * 60 + Second(finish - start)

End Sub
```

　たとえば、レコードの数を2000件にして、筆者の環境で3回実行してみました。イミディエイトウィンドウには、それぞれ「17」「23」「19」と出力されました。2000件でも少しの待ち時間を要しますので、これ以上レコード数が増える場合は、運用に耐えられなくなる可能性が十分にあります。

　ApplicationクラスのScreenUpdatingプロパティをFalseにして、画面描画を停止することで高速化をするというアイデアは今回のケースでは十分な成果は得られません。実際に、その対応で実行した結果は「15」「21」「27」でした。

時間がかかっている原因は、ApplyDataメソッド内にあるListRowsクラスのAddメソッド、また それにより追加されたテーブル行範囲への値の書き込みです。それをレコード数分行っているために、 全体として実行時間がかさんでしまう結果となってしまっているのです。

ここでとれる対策は、書き込むべきデータを、いったん2次元配列に変換して、まとめてワークシー トへ書き込むという手法です。

ワークシートへの書き込みは、配列への値の格納に比べて、かなり処理時間が遅いという事実があ ります。書き込むべきデータの2次元配列化をすれば、ワークシートへの書き込みは「1回」で済む ようになりますから、処理時間の大きな改善を期待することができます。

では、シートモジュールSheet1のApplyDataメソッドを修正していきましょう。リスト14-25です。

リスト14-25 2次元配列によるテーブルの更新

```
シートモジュールSheet1
'**
'* Personsコレクションのデータをテーブルに適用する
'*
Public Sub ApplyData()

    ListObjects(1).ShowAutoFilter = False
    Me.Unprotect "hogehoge"

    With ListObjects(1)
        If .ListRows.Count > 0 Then .DataBodyRange.EntireRow.Delete

        MaxId = Persons.Count
        Dim values() As Variant: ReDim values(1 To MaxId, 1 To 5)

        Dim p As Person
        For Each p In Persons
            values(p.Id, eId) = p.Id
            values(p.Id, eName) = p.Name
            values(p.Id, eGender) = p.Gender
            values(p.Id, eBirthday) = p.Birthday
            values(p.Id, eActive) = p.Active
        Next p

        Dim baseRange As Range: Set baseRange = .Range(1, 1).Offset(1)
        baseRange.Resize(MaxId, 5).Value = values

    End With

    Me.Protect "hogehoge", AllowFiltering:=True
    ListObjects(1).ShowAutoFilter = True

End Sub
```

配列変数valuesを行数＝レコード数、列数＝フィールド数の2次元配列として準備します。その配 列変数valuesにPersonsコレクションのデータをすべて格納し、テーブルのデータ範囲となるべきセ ル範囲にまとめて書き込みを行うのです。

リスト14-24を使用して実行速度を測定すると、3回実行した結果が「0」「1」「0」となりました。

かなりの改善がみられたことがわかります。

　このように、データ量が多い場合には、配列を使用する必要が出てきます。しかし一方で、配列を使用するほうがコードは複雑になります。実際の運用を想定して、どれほどのデータ量になるかを頭に入れながら、どちらの方法を選択すべきかを考えるようにしましょう。

　本章では、アプリケーション開発の一例について紹介しました。

　まず、データの持ち方としてはデータベースを意識すること、できればテーブルを活用することをおすすめします。また、細かく動作確認をしながら進めること、ドキュメンテーションコメントなど、進め方について、いくつかの工夫をすることができます。小さな積み重ねであったとしても、規模が大きくなるにしたがって、全体の開発効率を大きく左右します。

　さらに、同じ機能であったとしても、その実現のためにいくつもの選択肢が存在しています。開発の進めやすさだけではなく、運用体制や扱うデータ量などにより、選ぶべき選択肢が変わってきます。どのような選択肢があるかということを知ることはもちろん、常によりよい選択肢を選ぶ判断力が求められます。ぜひ、日々の開発経験や学習をとおして、力を磨き続けてください。

おわりに

　本書の企画について、技術評論社さんに最初に提案をさせていただいたのは、2017年12月でした。そこから、編集さんと何度も企画のやり取りを行い、実際に企画が通過したのは2018年7月。そして、現在執筆が完了した今は、2019年7月です。つまり、企画に8か月を費やし、執筆に1年を費やしたことになります。

　私は過去に2冊のプログラミング本を執筆していますが、本書『パーフェクトExcel VBA』はそれらの何倍もの時間がかかりました。執筆にかけた時間は550時間を超えました。事前にある程度想定はしていましたが、ここまで大変な作業になろうとは……。

　公式ドキュメントはもちろん、信頼できる書籍やWebサイト、もしくは実際に検証用のコードを書いて実行する、そのようないくつもの方法を組合せてエビデンスをとり、一つひとつの項目を解説し、それを体系としてまとめる。つまり、時間がかかったという事実は、それだけ「Excel VBAについて体系的な知識を得ることが難しかった」ということを表しています。

　しかし、これはよいことで、本書として出版できた今、皆さんが同じような苦労を同じような時間をかけて行う必要はなくなりました。皆さんには、本書の購入と、学習時間というリソースを投資いただく必要がありますが、その投資後のExcel VBAの学習と活用をする時間は、より価値ある時間になるはずです。そして、結果として皆さんや、皆さんが所属するチームの「働く」の価値が上がります。さらに、そのような成果があちこちで見られるようになったとき、Excel VBAをはじめとするノンプログラマーのプログラミング学習やその仕事での活用が、より評価され、その地位が向上することにつながるのではないかと期待しています。

　そのチャンスをつかめたという意味では、私の550時間程度はたいしたことではありませんね。

　さて、最後になりますが、長い期間にわたって生活面や精神面で支え続けてくれた家族、暖かくそして力強く応援をしてくださったコミュニティ「ノンプロ研」の皆さん、そして企画から出版まで根気よく伴走をしてくださった編集部の皆さんに心から感謝いたします。

索引

著者紹介

高橋宣成（たかはし・のりあき）

　株式会社プランノーツ代表取締役。1976年5月5日こどもの日に生まれる。

　電気通信大学大学院電子情報学研究科修了後、サックスプレイヤーとして活動。自らが30歳になったことを機に就職。モバイルコンテンツ業界でプロデューサー、マーケターなどを経験。しかし「正社員こそ不安定」「IT業界でもITを十分に活用できていない」「生産性よりも長時間労働を評価する」などの現状を目の当たりにする。日本のビジネスマンの働き方、生産性、IT活用などに課題を感じ、2015年6月に独立、起業。

　現在「ITを活用して日本の『働く』の価値を高める」をテーマに、VBA、Google Apps Script、Pythonなどのプログラム言語に関する研修、セミナー講師、執筆、メディア運営、コミュニティ運営など、ノンプログラマー向け教育活動を行う。

　コミュニティ「ノンプログラマーのためのスキルアップ研究会」主宰。Linkedinラーニングトレーナー。自身が運営するブログ「いつも隣にITのお仕事」は、月間100万PVを超える人気を誇る。

いつも隣にITのお仕事
https://tonari-it.com/

カバーイラスト ■ ダバカン
装丁 ■ 安達恵美子
本文デザイン・DTP ■ 株式会社マップス
編集 ■ 伊東健太郎

■ お問い合わせについて

本書の内容に関するご質問は、小社ホームページにて本書の問い合わせ
ページから、もしくは下記の宛先までFAXまたは書面にてお送りください。お
電話によるご質問、および本書に記載されている内容以外のご質問には、一
切お答えできません。あらかじめご了承ください。

> 住所　〒162-0846 東京都新宿区市谷左内町21-13
> 　　　　株式会社技術評論社 書籍編集部
> 　　　　『パーフェクトExcel VBA』質問係
> Fax　　03-3513-6167
> サポートホームページ　https://book.gihyo.jp

なお、ご質問の際に記載いただいた個人情報は質問の返答以外の目的には
使用いたしません。また、質問の返答後は速やかに破棄させていただきます。

パーフェクトExcel VBA（エクセル ブイビーエー）

2019年 12月 7日　初版　第1刷発行
2022年 6月17日　初版　第5刷発行

著　者	高橋 宣成（たかはし のりあき）
発行者	片岡 巌
発行所	株式会社技術評論社
	東京都新宿区市谷左内町21-13
	電話　03-3513-6150　販売促進部
	03-3513-6160　書籍編集部
印刷／製本	昭和情報プロセス株式会社

定価はカバーに表示してあります。

造本には細心の注意を払っておりますが、万一、乱丁（ページの乱れ）や落丁（ページの
抜け）がございましたら、小社販売促進部までお送りください。送料小社負担にてお取り
替えいたします。

ISBN978-4-297-10875-5　C3055
Printed in Japan